Pflier · Jahn · Jentsch

Elektrische Meßgeräte und Meßverfahren

Vierte, völlig neubearbeitete Auflage
von **G. Jentsch**

Springer-Verlag Berlin Heidelberg GmbH 1978

Dr.-Ing. Paul M. Pflier
Nürnberg

Dr.-Ing. Hans Jahn
Siemens AG, Bereich Meß- und Prozeßtechnik, Karlsruhe

Dipl.-Ing. Gerhard Jentsch
Siemens AG, Bereich Meß- und Prozeßtechnik, Karlsruhe

Mit 392 Abbildungen

Bisher erschienene Auflagen:

Elektrische Meßgeräte und Meßverfahren

   1. Auflage 1951. Von P. M. Pflier

   2. Auflage 1957. Von P. M. Pflier

Pflier/Jahn, Elektrische Meßgeräte und Meßverfahren

   3. Auflage 1965. Von H. Jahn

ISBN 978-3-662-06965-3   ISBN 978-3-662-06964-6 (eBook)
DOI 10.1007/978-3-662-06964-6

Library of Congress Cataloging in Publication Data. Pflier, Paul Martin. Elektrische Messgeräte und Messverfahren. Includes bibliography and index. 1. Electric meters. 2. Electric measurements. I. Jahn, Hans 1925 — joint author. II. Jentsch, Gerhard, ed. III. Title. TK301. P48 1978 621. 37'4 78-5184

Bindearbeiten: K. Triltsch, Würzburg   2061/3020 — 543210

Vorwort zur vierten Auflage

Die Meßtechnik hat durch die stürmische Entwicklung der Elektronik und die Fortschritte in der Halbleitertechnik eine bemerkenswerte Bereicherung der Meßtheorie erfahren. Dem Meßtechniker steht heute über die traditionelle Fehlertheorie und Statistik hinaus das gesamte Rüstzeug der Nachrichten- und Regelungstechnik zur Verfügung. Neue Meßverfahren sind aber in der Praxis nicht so häufig, wie es das Studium wissenschaftlicher Veröffentlichungen vermuten läßt. Studenten, Praktiker und Ingenieure können auch heute nicht auf die Kenntnis allgemeingültiger, bisher bewährter Meß- und Konstruktionsprinzipien verzichten.

In der vorliegenden Neuauflage wurde daher die bewährte Darstellung der klassischen Meßgeräte und -verfahren unter Verzicht auf gelegentlichen Ballast methodisch-didaktisch überarbeitet und aktualisiert.

Die Abschnitte über elektrische Meßverstärker und die digitale Meßtechnik sind unter Berücksichtigung der heutigen Halbleitertechnik wesentlich erweitert gefaßt. Mit diesen meßtechnischen und technologischen Innovationen steigen Genauigkeit, Auflösungsvermögen und Reproduzierbarkeit. Im einzelnen werden die Funktionsglieder der Meßkette zum Aufnehmen, Anpassen, Verstärken, Verarbeiten und Ausgeben von Meßgrößen von der herkömmlichen analogen Meßtechnik bis zur digitalen automatischen Meßwertverarbeitung behandelt und ein umfassender Überblick über die Eigenschaften, Schaltungen und Anwendungen von Meßgeräten zur Messung elektrischer und nichtelektrischer Größen gegeben.
Der Verfasser hat sich bemüht, das Grundsätzliche der meßtechnischen Probleme herauszuarbeiten. Der Leser, der eine Antwort auf Fragen zu speziellen geräte- und verfahrenstechnischen Problemen sucht, findet im Anhang ein über den üblichen Rahmen hinausgehendes, abschnittsweise zugeordnetes Schrifttum, das die wesentlichen Veröffentlichungen in jeweils chronologischer Reihenfolge enthält. Dafür wurde auf besondere Literaturhinweise innerhalb der Abschnitte verzichtet.

Den Fachkollegen der Firmen Gossen, Hartmann & Braun, Norma und den Mitarbeitern der SIEMENS AG, die dem Verfasser wertvolle

Anregungen und Beiträge für die Neuauflage zur Verfügung stellten, sei an dieser Stelle herzlich gedankt. Ebenso gedankt sei den in den Bildunterschriften genannten Firmen, die mit neuem Bildmaterial zur Aktualisierung beigetragen haben.

Karlsruhe, im Juni 1978   GERHARD JENTSCH

Inhaltsverzeichnis

1. Meßtechnische Begriffe

1.1. Grundlagen des Messens

Aufgabe der Meßtechnik ist es, den wahren Wert einer Größe in einem gegebenen Augenblick mit einer zweckentsprechenden Genauigkeit zu ermitteln oder durch fortlaufende Anzeige bzw. Registrierung solcher Augenblickswerte ein Bild vom Verlauf eines Vorganges zu geben. Eine Messung ist der Vergleich der Meßgröße mit einer artgleichen Vergleichsgröße, der sogenannten Maßeinheit oder kurz Einheit.

Als Grundlage für reproduzierbare und universelle vergleichbare Meßergebnisse sind unveränderliche, international anerkannte Einheiten geschaffen worden: Das auf den Basisgrößen Länge, Masse, Zeit, Stromstärke, Temperatur, Stoffmenge und Lichtstärke beruhende Internationale Einheitssystem (Système International d' Unités, SI). Die entsprechenden Basiseinheiten sind bekanntlich das Meter (m), das Kilogramm (kg), die Sekunde (s), das Ampere (A), das Kelvin (K), das Mol (mol) und die Candela (cd). Die zugrundeliegenden internationalen Vereinbarungen wurden von der Generalkonferenz für Maß und Gewicht (CGPM) getroffen. Im SI gibt es für jede Größe eine und nur eine Einheit.

In der Bundesrepublik Deutschland hat die Physikalisch-Technische Bundesanstalt nach dem „Gesetz über Einheiten im Meßwesen" die gesetzlichen Einheiten mit möglichst kleiner Unsicherheit darzustellen, die nationalen Normale zu entwickeln und an die internationalen Normale anzuschließen. Prototypen von maßverkörperten Einheiten, auch Urmaße genannt, werden international in hierfür privilegierten Laboratorien aufbewahrt. Es besteht aber das Bestreben, die Definitionen der Einheiten auf atomare Parameter und Fundamentalkonstanten der Physik, die an jedem Ort gemessen werden können, zurückzuführen. Die Grundlagenforschung befaßt sich ständig mit der Entwicklung neuer Meßmethoden zur laufenden Anpassung der Einheiten-Definitionen an den jeweiligen Stand der naturwissenschaftlichen Erkenntnis. Daraus resultieren Verfahren, nach denen nichtverkörperte Einheiten dargestellt und maßverkörperte Einheiten zeitlich unveränderlich und unabhängig von maßverkörperten Prototypen werden. Die Ungenauigkeiten, die zwangsläufig entstehen, wenn an Hand von bereits mit Toleranzen behafteten gesetzlichen Normalen Gebrauchsnormale zum Eichen von industriellen Geräten geschaffen werden, sind meistens gegen die größere Unsicherheit der Meßgeräte und Meßverfahren zu vernachlässigen.

1.2. Die Fehler und ihr Einfluß auf das Meßergebnis

Die Fehler einer Messung setzen sich aus dem Grundfehler des Meßgerätes, den durch Umwelteinflüsse hervorgerufenen zusätzlichen Einflußeffekten, den Fehlern des Meßverfahrens und den persönlichen Fehlern des Beobachters zusammen.

Als die Meßergebnisse verfälschende Umwelteinflüsse sind z. B. zu beachten Temperatur, Luftdruck, Feuchte, elektrische Spannung, Frequenz und fremde elektrische oder magnetische Felder. Verfälschende persönliche Einflüsse sind abhängig von der Aufmerksamkeit, der Übung, der Sehschärfe und dem Schätzungsvermögen des Beobachters.

Bei jeder Meßaufgabe muß man das bestgeeignete Meßverfahren und Meßgerät hinsichtlich Empfindlichkeit, Genauigkeit, Eigenverbrauch, Frequenzbereich, Temperaturbereich, Kurvenformabhängigkeit, Auflösungsvermögen, Überlastbarkeit usw. sorgfältig wählen und sich an Hand der gegebenen Unterlagen über die zu erwartende Genauigkeit des Meßergebnisses klarwerden.

1.3. Regeln für Meßgeräte

Infolge dieser vielfältigen Eigenschaften elektrischer Meßgeräte ist es nicht leicht, ein Meßgerät durch wenige Zahlenangaben hinreichend zu kennzeichnen und Meßgeräte gleicher Art, gleicher Genauigkeit und gleicher Überlastungsfähigkeit können sich immer noch sehr wesentlich voneinander unterscheiden. Um willkürliche Abmachungen zwischen Herstellern und Verbrauchern zu vermeiden und eine Verständigung über Güte und Betriebssicherheit zu gewährleisten, hat man in allen Industrieländern Regeln für den Meßgerätebau aufgestellt und versieht Meßgeräte, die diesen Regeln entsprechen, mit einem besonderen Kennzeichen.

Auf internationaler Ebene werden Empfehlungen für elektrische Meßgeräte von der International Electrotechnical Commission (IEC) erarbeitet.

Der Fachnormenausschuß Elektrotechnik (FNE) im Deutschen Normenausschuß (DNA) und der Vorschriftenausschuß des Verbandes Deutscher Elektrotechniker (VDE), die inzwischen in der Deutschen elektrotechnischen Kommission (DKE) zusammengefaßt wurden, haben beschlossen, die IEC-Empfehlungen vollharmonisiert in das deutsche Normen- und Vorschriftenwerk zu übernehmen.

Auf die einschlägigen DIN/VDE-Vorschriften wird hier aber nur so weit eingegangen, wie es das Verständnis des Textes erfordert. Dem

Benutzer elektrischer Meßgeräte wird jedoch empfohlen, sich mit den geltenden Vorschriften und Normen vertraut zu machen.

Anhang 1. enthält die wichtigsten zur Zeit der Drucklegung geltenden Vorschriften und Normen für elektrische Meßgeräte.

1.4. Genauigkeitsanforderungen

1.4.1. Grundfehler

Auch ein sehr sorgfältig justiertes Meßgerät zeigt nicht den wahren Wert der Meßgröße an, sondern einen mehr oder weniger fehlerhaften Wert. Die Differenz zwischen dem angezeigten und dem richtigen Wert ist der absolute Fehler F. Der Fehler ist positiv, wenn die Anzeige des Meßgerätes zu groß ist.

Fehler = falscher Wert — richtiger Wert = Istwert — Sollwert.

Der relative Fehler ist

$$F_{rel\%} = \frac{\text{Istwert} - \text{Sollwert}}{\text{Sollwert}} 100\% = \frac{\text{falsch} - \text{richtig}}{\text{richtig}} 100\%.$$

Um die Genauigkeit eines Meßgerätes festzulegen, wird der Grundfehler in Prozent des Bezugswertes angegeben. Der Bezugswert ist nach DIN 43781 z. B. der Meßbereichsendwert.

$$F_{rel\% E} = \frac{\text{Istwert} - \text{Sollwert}}{\text{Bezugswert}} 100\%.$$

Bei Meßgeräten mit nichtlinearer gedrängter Skale, die keine separate lineare Skale haben, entspricht der Bezugswert der Skalenlänge.

Der Grundfehler beruht auf Unvollkommenheiten der Justierung, auf Fehlern des verwendeten Meßgerätes, die im Meßprinzip oder im Meßwerkaufbau liegen, auf der Reibung und Zufälligkeiten. Der Grundfehler läßt sich durch gewisse Vorsichtsmaßnahmen beim Messen verringern. So kann z. B. der Reibungsfehler durch leichtes Klopfen verringert oder beseitigt werden. Die Umkehrspanne, das ist der Unterschied in der Anzeige, je nachdem man sich dem gleichen Sollwert von unten oder von oben nähert, wird ausgeschaltet, indem man den Mittelwert beider Ablesungen bildet.

Die DIN/VDE-Vorschriften lassen für elektrische Meßgeräte in den einzelnen Klassen folgende Fehlergrenzen zu:

Klassenzeichen	0,05	0,1	0,2	0,5	1	1,5	2,5	5
Fehlergrenzen $\pm$ %	0,05	0,1	0,2	0,5	1	1,5	2,5	5

Dabei ist vorausgesetzt, daß die vom Hersteller angegebenen Referenzbedingungen eingehalten werden. Die Referenzbedingungen, z. B. für die Gebrauchslage und die Nennfrequenz bzw. den Nennfrequenzbereich sollen auf der Meßgeräteskale angegeben sein.

1.4.2. Einflußgrößen

Wenn unter anderen als den Referenzbedingungen gemessen wird, können noch zusätzliche Fehler auftreten. Sie dürfen bei Änderung einer Einflußgröße innerhalb des Nenngebrauchsbereichs aber nicht größer sein als in der Tabelle angegeben ist. Der Einflußeffekt wird in Prozent des Bezugswertes angegeben. Einige Einflußgrößen sind:

Lageeinfluß. Die Meßgeräte können infolge Änderung der Reibung sowie durch ungenaue Äquilibrierung einen zusätzlichen Fehler haben, wenn sie nicht in ihrer normalen Gebrauchslage benutzt werden.

Temperatureinfluß. Der Temperatureinfluß beruht auf der Temperaturabhängigkeit der elektrischen, magnetischen und mechanischen Eigenschaften der für das Meßwerk verwendeten Werkstoffe, also der Änderung des elektrischen und magnetischen Widerstands, der Dielektrizitätskonstante, der Koerzitivkraft sowie der mechanischen Festigkeit mit der Temperatur und auf Wärmedehnungen.

Spannungseinfluß. Meßgeräte für eine bestimmte Nennspannung können bei abweichender Spannung infolge der veränderten Drehmomente und Erwärmung der durch Sättigungserscheinungen im Eisen der Meßwerke zusätzliche Anzeigefehler haben. Das gilt beispielsweise für Leistungsfaktormesser, Zeigerfrequenzmesser, Quotientenmesser und Leistungsmesser. Leistungsmesser können z. B. etwas verschiedene Werte anzeigen, je nachdem sie mit vollem Strom und halber Spannung oder mit halbem Strom und voller Spannung betrieben werden.

Anwärmeinfluß. Unter Anwärmeinfluß versteht man den Unterschied in der Anzeige zwischen kurz und lang dauernder Einschaltung mit demselben Meßwert; er kommt zustande durch Änderung der elastischen und magnetischen Eigenschaften der Meßwerkbaustoffe, durch Wärmedehnung sowie durch die Temperaturabhängigkeit des elektrischen Widerstands und der Dielektrizitätskonstanten, er ist im allgemeinen um so größer, je höher die Übertemperatur des Meßwerks im Betrieb ist. Für Präzisionsmeßwerke wird kein zusätzlicher Fehler durch die Anwärmung zugestanden. Er ist im Anzeigefehler enthalten.

Frequenzeinfluß. Der Frequenzeinfluß kommt zustande durch die Frequenzabhängigkeit der Eisen- und Kupferverluste und der Dielektrizitätskonstanten sowie durch frequenzabhängige Blindwiderstände.

Alle Meßgeräte mit merkbarem Frequenzeinfluß sind auch abhängig von der Kurvenform und haben zusätzliche Fehler, wenn die Wechselstromkurve von der Sinusform abweicht.

Leistungsfaktoreinfluß. Die Anzeige eines Leistungsmessers kann trotz gleicher Leistung etwas verschieden sein je nach der Größe der Phasenverschiebung. So kann ein Leistungsmesser beispielsweise

> bei voller Spannung, halbem Strom und $\cos \varphi = 1$,
> bei voller Spannung, vollem Strom und $\cos \varphi = 0{,}5$ ind.,
> bei voller Spannung, vollem Strom und $\cos \varphi = 0{,}5$ kap.

etwas voneinander abweichende Werte zeigen.

Fremdfeldeinfluß. Viele Meßwerke arbeiten mit Magnetfeldern, die von Dauermagneten oder stromdurchflossenen Spulen erzeugt werden. Überlagert sich diesen Meßfeldern ein äußeres fremdes Magnetfeld, so entstehen Fehler, worauf man besonders beim Aufstellen von Meßgeräten in der Nähe von Hochstromleitungen achten muß. Der Fremdfeldeinfluß wird den VDE-Vorschriften entsprechend bei einem Fremdfeld von 0,5 mT bei ungünstigster Stromart, Phasenlage und Frequenz geprüft. Mehrere gleichzeitig vorhandene Fremdfelder können vektoriell zu einem resultierenden Feld addiert werden.

Auch elektrische Fremdfelder können Fehler hervorrufen, beispielsweise bei elektrostatischen Meßwerken infolge Änderung des Meßfelds oder infolge statischer Aufladung und der elektrostatischen Anziehungskräfte. Nötigenfalls müssen diese Felder abgeschirmt werden.

Es ist in jedem einzelnen Fall erforderlich, sich über die Größe der möglichen Fehler klar zu sein, man muß deshalb stets genauestens die Grundlagen prüfen, auf denen das Meßergebnis beruht, sowie die äußeren Umstände, unter denen es zustande kam. Nur eine ständige kritische Überwachung der Meßverfahren, Meßgeräte und der Umwelt verhindert falsche Meßergebnisse.

1.5. Systematische und zufällige Fehler

1.5.1. Systematische Fehler

Die Fehlerquellen können Fehler systematischer oder zufälliger Art hervorrufen. Mit ihrer Definition und rechnerischen Behandlung befaßt sich DIN 1319.

Die systematischen Fehler sind Fehler der benutzten Maße und Meßgeräte sowie Fehler durch meßbare Umwelteinflüsse; zu den systematischen Fehlern sind auch erfaßbare persönliche Einflüsse des Beobachters zu rechnen. Systematische Fehler haben eine bestimmte Größe und ein bestimmtes Vorzeichen und lassen sich meist durch eine Berichtigung aufheben, sie sind also im allgemeinen beherrschbar. Es gibt jedoch auch systematische Fehler, deren Ursachen unbekannt sind und die sich infolgedessen auch nicht berichtigen lassen. Die systematischen Fehler sind demnach teils beherrschbar, teils nicht beherrschbar, sie haben jedoch immer eine bestimmte, wenn auch unbekannte Größe und ein bestimmtes, wenn auch unbekanntes Vorzeichen.

1.5.2. Zufällige Fehler

Die zufälligen Fehler rühren von nicht bestimmbaren Änderungen des Meßgeräts oder der Umwelt her, sie schwanken nach Größe und Vorzeichen und sind nicht beherrschbar, sie sind die Ursache der Streuung.

Wenn derselbe Beobachter dieselbe konstante Meßgröße mehrmals nacheinander mit demselben Meßgerät mißt und dabei die Umweltbedingungen konstant hält oder ihren Einfluß berichtigt, wenn er ferner alle beherrschbaren Fehler durch Berichtigung ausgeschaltet hat, weichen die Ergebnisse der Einzelmessungen dennoch voneinander ab, sie streuen um einen Mittelwert. Diese Streuung rührt allein von den unkontrollierbaren zufälligen Fehlern her, die eben wegen ihrer Zufälligkeit nicht beherrschbar und nicht zu berichtigen sind. Solche zufälligen Fehler können zurückgehen auf nicht bestimmbare Schwankungen in der Auffassung des Beobachters, nicht bestimmbare Fehler im Meßgerät, etwa hervorgerufen durch Lagerspiel, elastische Nachwirkungen oder mechanische Fertigungsmängel. Die zufälligen Fehler schwanken nach Größe und Vorzeichen.

Aus n gemessenen Einzelwerten ermittelt man den Mittelwert $\bar{A}$ als arithmetisches Mittel der Einzelwerte A_i.

$$\bar{A} = \frac{1}{n} \sum_{i=1}^{n} A_i.$$

Der Mittelwert weicht vom richtigen Wert um einen geringeren Betrag ab als die Einzelwerte, und zwar um so weniger, je größer die Zahl der Einzelmessungen ist.

Das wichtigste Maß für die Gruppierung der Einzelwerte um den Mittelwert ist die Streuung oder die mittlere quadratische Abweichung s, auch Standardabweichung genannt:

$$s = \sqrt{\frac{1}{n-1} \sum_{i=1}^{n} (A_i - \bar{A})^2}.$$

Bei rein zufälliger Verteilung der Fehler und einer genügend großen Zahl von Messungen gruppieren sich die Einzelwerte A_i um den Mittelwert $\bar{A}$ nach dem bekannten Fehlerverteilungsgesetz von Gauß.

1.5.3. Fehlerfortpflanzung der systematischen Fehler

Der maximal mögliche Fehler einer Funktion

$$M = f(x, y)$$

läßt sich aus den systematischen Fehlern ax und by, den Toleranzen der beiden voneinander unabhängigen Meßgrößen x und y berechnen

$$\Delta M = \frac{\partial f}{\partial x}\, ax + \frac{\partial f}{\partial y}\, by$$

a und b müssen klein gegen 1 sein.

Multiplikation. Das Meßergebnis ergibt sich aus dem Produkt zweier mit Toleranzen behafteter Meßgrößen

$$M = x \cdot y.$$

Die maximal mögliche Toleranz des Meßergebnisses ist dann

$$\Delta M = \pm x \cdot y(a + b)$$

und die relative Toleranz des Meßergebnisses

$$\frac{\Delta M}{M} = \pm(a + b).$$

Die maximale Toleranz des Meßergebnisses ist also gleich der Summe der Toleranzen der Faktoren.

Bei gleichen Toleranzen der Einzelfaktoren ist also die Toleranz des Produkts um so kleiner, je kleiner die Zahl der Faktoren ist, d. h., von mehreren möglichen Meßverfahren ist dasjenige vorzuziehen, mit dem man das Meßergebnis auf dem kürzesten Weg erhält; z. B. ist die Leistungsmessung bei gleichen Toleranzen der Meßgeräte mit einem Wattmeter genauer als mit Strom- und Spannungsmesser.

Division. Auch bei der Division addieren sich im Meßergebnis die Toleranzen von Dividend und Divisor

$$M = \frac{x}{y},$$

$$\Delta M = \frac{x}{y}\,(\pm a \pm b); \qquad \frac{\Delta M}{M} = \pm a \pm b.$$

Addition

$$M = x + y,$$

$$\Delta M = \pm (ax + by); \quad \frac{\Delta M}{M} = \pm \frac{ax + by}{x + y}.$$

Bei der Addition ist also die Größe der Toleranz abhängig von der Größe der Summanden, und der Fehler des Meßergebnisses richtet sich bei sehr verschieden großen Summanden nach der Toleranz des größeren, der deshalb besonders genau gemessen werden muß.

Subtraktion

$$M = x - y,$$

$$\Delta M = \mp (ax + by); \quad \frac{\Delta M}{M} = \mp \frac{(ax + by)}{x - y}.$$

Wie die Gleichung zeigt, kann der Fehler des Meßergebnisses bei der Subtraktion sehr groß werden, wenn x und y groß, ihre Differenz dagegen klein ist, weshalb man alle Meßverfahren vermeiden sollte, bei denen das Ergebnis als Differenz großer Zahlen auftritt.

1.5.4. Fehlerfortpflanzung der zufälligen Fehler

Durch die Toleranzrechnung erhält man den maximal möglichen Fehler des Meßergebnisses, der mittlere Fehler bei rein zufälligen Fehlerursachen ergibt sich nach dem Fehlerfortpflanzungsgesetz von Gauß. Ist das Meßergebnis M eine Funktion der unabhängigen Veränderlichen x und y

$$M = f(x, y) \tag{1.5.1}$$

und wurden die Standardabweichungen s_x und s_y nach Gl. (1.5.1) aus Meßreihen mit gleicher Anzahl von Einzelwerten ermittelt, so berechnet sich die Standardabweichung s_M für das Meßergebnis aus der Gleichung

$$s_M = \sqrt{\left(\frac{\partial f}{\partial x} \cdot s_x\right)^2 + \left(\frac{\partial f}{\partial y} \cdot s_y\right)^2}.$$

Ist M das Produkt der unabhängigen Veränderlichen x und y mit den Standardabweichungen s_x und s_y, dann errechnet sich die Standardabweichung s_M wie folgt:

$$M = f(x, y) = x \cdot y; \quad \frac{\partial f}{\partial x} = y; \quad \frac{\partial f}{\partial y} = x,$$

$$s_M = \sqrt{(y \cdot s_x)^2 + (x \cdot s_y)^2}.$$

Ist M eine lineare Funktion

$$M = ax + by,$$

so hat das Meßergebnis die Standardabweichung

$$s_M = \sqrt{(as_x)^2 + (bs_y)^2}.$$

1.6. Empfindlichkeit

Unter Empfindlichkeit E eines Meßverfahrens oder Meßgeräts, bei dem der Meßwert an einer Strichskale abgelesen wird, versteht man das Verhältnis der beobachteten Verschiebung Δl einer Zeigermarke zu der sie verursachenden Änderung ΔM der Meßgröße:

$$E = \frac{\Delta l}{\Delta M}.$$

Die Empfindlichkeit eines Meßgeräts mit Strichskale hat also immer die Dimension Länge/Meßgröße. Daraus folgt, daß alle Meßgrößen bei Meßgeräten mit Zeigermarken letzten Endes auf eine Länge zurückgeführt werden müssen, denn nur Längen kann man ablesen. Die Empfindlichkeit eines Meßgeräts oder Meßverfahrens ist um so höher, je größer der Weg der Ablesemarke für eine bestimmte Änderung der Meßgröße ist. Zur genaueren Kennzeichnung kann man von Stromempfindlichkeit, Spannungsempfindlichkeit, Anfangsempfindlichkeit usw. sprechen. Der reziproke Wert der Empfindlichkeit ist die Konstante des Meßgerätes, das ist die Änderung der Meßgröße, die eine Verschiebung der Anzeigemarke um einen Teilstrich bewirkt. So spricht man z. B. von Stromkonstante, ballistischer Konstante usw.

Bei Meßgeräten mit einer Ziffernskale, z. B. den Digitalmeßgeräten, ist die Empfindlichkeit das Verhältnis der Änderung ΔZ der Anzeige in Ziffernschritten zu der sie verursachenden Änderung ΔM der Meßgröße

$$E = \frac{\Delta Z}{\Delta M}.$$

Die Empfindlichkeit hat nichts mit der Genauigkeit zu tun, ein Meßgerät oder Meßverfahren kann sehr empfindlich, aber dabei ungenau sein und umgekehrt, und es ist stets darauf zu achten, daß Empfindlichkeit und Genauigkeit in einem angemessenen Verhältnis stehen.

1.7. Eigenverbrauch

Elektrische Meßgeräte verbrauchen zum Erzeugen des Drehmoments und zur Temperaturkompensation eine elektrische Leistung, die dem Meßkreis entzogen wird und das Meßergebnis fälschen kann, wenn sie

nicht gegenüber der Leistung des Meßkreises verschwindend klein ist
oder im Meßergebnis berücksichtigt wird. Unter sonst gleichen Verhältnissen ist deshalb das Meßgerät mit dem geringsten Eigenverbrauch
zu bevorzugen.

1.8. Überlastbarkeit

Alle Betriebsmeßgeräte sind vorübergehenden Überlastungen ausgesetzt und dürfen dabei nicht beschädigt werden. Die Überlastung beansprucht das Meßwerk mechanisch infolge der Drehmomentsteigerung
und thermisch infolge der größeren Wärmeentwicklung. Man unterscheidet deshalb zwischen dynamischer und thermischer Überlastungsfähigkeit und gibt beide in Vielfachen des Meßbereichendwertes an.

Der dynamische Grenzstrom ist die erste Amplitude eines sehr kurzen
Stromstoßes, den das Meßwerk gerade noch aushält, der thermische

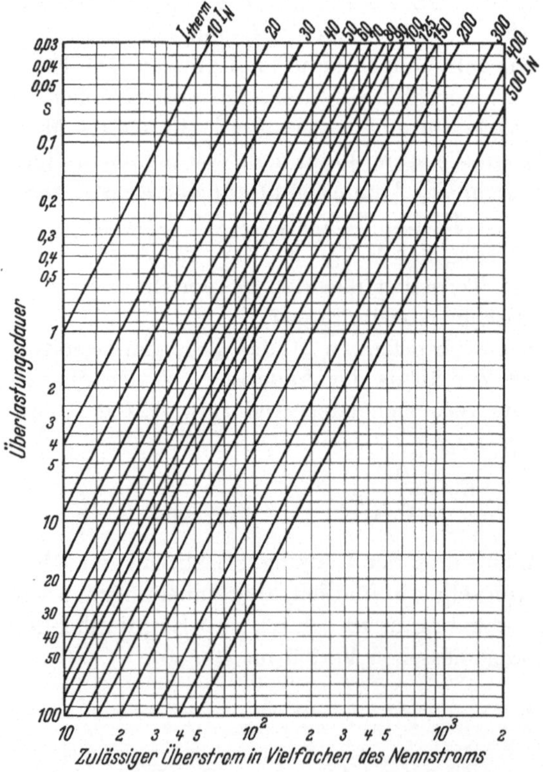

Abb. 1.8.1 Thermische Überlastungsfähigkeit eines Meßgerätes. Zusammenhang
zwischen Überlastungsdauer t und der Größe des Überstroms in Vielfachen a des
Nennstroms I_n mit dem thermischen Grenzstrom I_therm als Parameter

Grenzstrom ist der Effektivwert des Stromes, der eine Sekunde lang ohne Beschädigung vertragen wird. Aus dem thermischen Grenzstrom kann man die während anderer Überlastungszeiten zulässige Stromstärke errechnen, wenn die Überlastungsdauer so klein ist, daß während der Überlastung keine wesentliche Wärmemenge abgeführt wird (Abb. 1.8.1).

Unter dieser Voraussetzung kann man

$$(I_{\text{therm}})^2 \, t_0 = (aI_n)^2 \, t$$

setzen, d. h., wenn der thermische Grenzstrom ($t_0 = 1$) $I_{\text{therm}} = bI_n$ ist, dann ist während der Zeit t der a-fache Nennstrom aI_n zulässig, wobei

$$t = \left(\frac{b}{a}\right)^2 t_0 .$$

2. Direkt wirkende elektrische Meßwerke

2.1. Aufbau und Eigenschaften von elektrischen Meßwerken

2.1.1. Schwingungseigenschaften des beweglichen Organs

Eigenfrequenz. Das bewegliche Organ ist ein aus einer Masse und einer Feder bestehendes schwingungsfähiges System und führt nach einmaligem Anstoß Schwingungen um die Gleichgewichtslage aus. Die Bewegungsgleichung lautet:

$$\Theta\,\frac{\mathrm{d}^2\gamma}{\mathrm{d}t^2} + D\gamma = 0.$$

Darin ist

Θ Trägheitsmoment,
D Direktionsmoment,
γ Ausschlagwinkel,
t Zeit.

Die Kreisfrequenz ω_0 dieser Schwingung ist

$$\omega_0 = 2\pi\nu_0 = \sqrt{\frac{D}{\Theta}},$$

die Schwingungsdauer

$$T_0 = \frac{1}{\nu_0} = 2\pi\sqrt{\frac{\Theta}{D}}.$$

Dämpfung. Das einmal angestoßene bewegliche Organ würde dauernd mit gleich großer Amplitude und der Frequenz ν_0 um die Gleichgewichtslage schwingen, wenn ihm nicht durch Luft- und Lagerreibung Energie entzogen würde. Diese natürliche Dämpfung ist jedoch gering und muß durch Luft-, Flüssigkeits- oder Wirbelstromdämpfung vergrößert werden. Die Bewegungsgleichung des gedämpften Systems lautet:

$$\Theta\,\frac{\mathrm{d}^2\gamma}{\mathrm{d}t^2} + p\,\frac{\mathrm{d}\gamma}{\mathrm{d}t} + D\gamma = 0.$$

Darin ist p der Dämpfungsfaktor.

Wird vom beweglichen Organ, z. B. infolge eines Stroms in der Drehspule eines Drehspulmeßwerks ein elektrisches Moment $M(t)$ erzeugt, so ist die Bewegungsgleichung zu erweitern

$$\Theta \frac{\mathrm{d}^2\gamma}{\mathrm{d}t^2} + p \frac{\mathrm{d}\gamma}{\mathrm{d}t} + D\gamma = M(t).$$

Wenn man anstelle des Ausschlagwinkels γ den Ausschlag y auf der Skale bzw. bei Registriermeßwerken auf dem Registrierpapier und den dimensionslosen Zeitmaßstab $\tau = \omega_0 t$ einführt, ergibt sich für die Bewegungsgleichung

$$y''(\tau) + 2\alpha y'(\tau) + y(\tau) = z(\tau)$$

Der Koeffizient α wird als Dämpfungsgrad bezeichnet. Für ihn gilt

$$\alpha - \frac{p}{2\Theta\omega_0}. \tag{2.1.1}$$

Bei den Drehspulmeßwerken tritt beim Dämpfungsgrad noch ein zweites Glied hinzu, das den elektrodynamischen Dämpfungsanteil beschreibt (siehe Gl. 2.2.1), $z(\tau)$ beschreibt die das bewegliche Organ antreibende Meßgröße.

Der Dämpfungsgrad kennzeichnet den Schwingungszustand des beweglichen Organs:

Schwingungszustand	Dämpfungsgrad
Ungedämpft	$\alpha = 0$
Periodisch gedämpft	$\alpha < 1$
Aperiodisch gedämpft	$\alpha = 1$
Überperiodisch gedämpft	$\alpha > 1$

Der Dämpfungsgrad α läßt sich aus der Größe $\ddot{u}$ der ersten Überschwingung in Prozent der endgültigen Einstellung ermitteln.

$$\frac{1}{\alpha} = \sqrt{1 + \left(\frac{\pi}{\ln \dfrac{\ddot{u}}{100}}\right)^2} \quad \text{(Abb. 2.1.1)}$$

Durch die Dämpfung hat sich auch die Eigenschwingungsdauer T_0 bzw. die Eigenfrequenz ν_0 des beweglichen Organs geändert, sie ist

$$T = \frac{T_0}{\sqrt{1 - \alpha^2}} \quad \text{bzw.} \quad \nu = \nu_0 \sqrt{1 - \alpha^2}.$$

Wiedergabetreue. Um den Einfluß des Dämpfungsgrads auf die Wiedergabetreue eines Meßwerks vollständig beurteilen zu können, muß noch

die Frequenzabhängigkeit des Amplituden- und Phasenfehlers unter-
sucht werden. Diese Betrachtungen haben besondere Bedeutung für die
Registriermeßwerke zum Aufzeichnen schnell veränderlicher Größen.

Da alle Kurvenformen nach Fourier als eine Überlagerung sinusförmiger Schwingungen verschiedener Frequenzen aufgefaßt werden
können, genügt es, den Ausschlagsverlauf beim Anlegen eines Sinus-
stroms mit der Frequenz v_m und einer Amplitude A_0 zu betrachten. Die
Bewegungsgleichung heißt dann

$$y'' + 2\alpha y' + y = A_0 \sin \varkappa\tau.$$

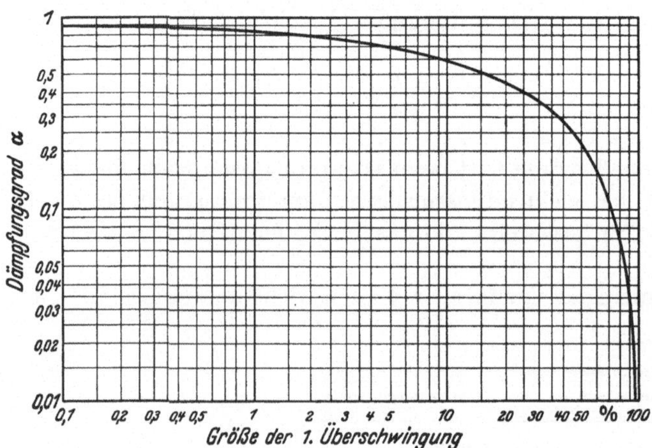

Abb. 2.1.1 Dämpfungsgrad α abhängig von der Größe der ersten Überschwingung
in % der endgültigen Einstellung

$\varkappa$ gibt das Verhältnis der Meßfrequenz v_m zur Eigenfrequenz des Meßwerks v_0 an.

$$y = A \sin \varkappa(\tau - \tau^*)$$

beschreibt die tatsächlich ausgeführte Bewegung des beweglichen Organs.
A ist die aufgezeichnete Amplitude und $\tau^* = \omega_0 t^*$ die Verzögerungszeit
zwischen Vorgang und aufgezeichnetem Vorgang. Das bewegliche Organ
führt also auch eine Sinusschwingung aus. Amplitude und Phasenlage
weichen jedoch vom wahren Vorgang ab. Das Verhältnis der angezeigten
zur wahren Amplitude bezeichnet man als Abbildungsmaßstab M

$$M = \frac{A}{A_0} = \frac{1}{\sqrt{(1 - \varkappa^2)^2 + (2\alpha\varkappa)^2}}.$$

M ist in Abb. 2.1.2a in Abhängigkeit vom Frequenzverhältnis für
verschiedene Dämpfungsgrade aufgetragen. Erstrebenswert sind für M

Werte um 1. Für einen Dämpfungsgrad $\alpha = 0{,}7$ beträgt der Amplitudenfehler bei der Eigenfrequenz ($\varkappa = 1$), etwa 30%. Wenn die Meßfrequenz nur 60% der Eigenfrequenz beträgt, also für $\varkappa = 0{,}6$, bleibt der Amplitudenfehler bereits unter 5%. Registriermeßwerke werden deshalb bei einem Dämpfungsgrad um $\alpha = 0{,}7$ betrieben.

Für die auftretende Verzögerungszeit τ^* gilt

$$\tau^* = \frac{1}{\varkappa} \arctan \frac{2\alpha\varkappa}{1 - \varkappa^2}.$$

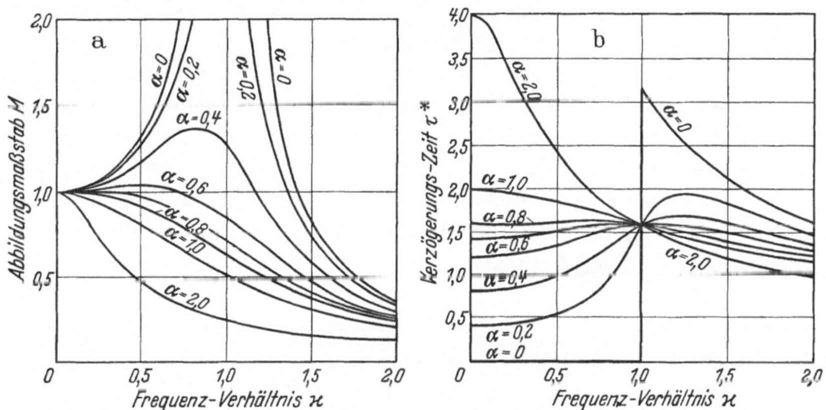

Abb. 2.1.2a u. b Abbildungsmaßstab und Verzögerungszeit, abhängig vom Frequenzverhältnis $\varkappa$ bei verschiedenen Dämpfungsgraden α.

Frequenzverhältnis $\varkappa = v_m/v_0$; Verzögerungszeit $\tau^* = \omega_0 t^*$; α Dämpfungsgrad; v_0 Eigenfrequenz in ungedämpftem Zustand; v_m Meßfrequenz

Der Frequenzgang der Verzögerungszeit ist in Abb. 2.1.2b ebenfalls in Abhängigkeit vom Frequenzverhältnis für verschiedene Dämpfungsgrade aufgetragen.

Beruhigungszeit. Für Präzisions-, Betriebs- und Einbaumeßgeräte ist es üblich, anstelle von Eigenschwingungsdauer und Dämpfungsgrad die Beruhigungszeit, mitunter auch die erste Überschwingung anzugeben.

Die Beruhigungszeit ist die Zeit zwischen dem Zeitpunkt des Einschaltens einer $^2/_3$ der Skalenlänge entsprechenden Meßgröße und demjenigen Zeitpunkt, an dem die Differenz der Umkehrpunkte der Zeigerschwingungen gegenüber der endgültigen Zeigerstellung höchstens noch 1,5% der Skalenlänge beträgt.

Welche Beruhigungszeit ein Meßwerk haben soll, hängt von dem Anwendungszweck des Meßgerätes ab. Um z. B. die Skale eines Präzisionsmeßwerks auf 0,1% abzulesen, sind mehrere Sekunden erforderlich. Die hohe Genauigkeit des Meßwerks läßt sich nur ausnutzen, wenn konstante oder langsam veränderliche Größen gemessen werden. Die Beruhigungszeit des Meßwerks braucht deshalb nur so kurz zu sein, daß man das Warten auf das Einspielen des Zeigers nicht unangenehm empfindet, so daß eine Beruhigungszeit in der Größenordnung von 1 s angemessen erscheint.

Für ein Meßwerk, das schnell veränderliche Größen mißt, etwa in einem Aussteuerungsmesser, ist eine Beruhigungszeit in der Größenordnung von 50 ms angemessen.

Ein solches Meßgerät muß eine grobe Skalenteilung mit wenigen kräftigen Strichen und eine breite, gut sichtbare Zeigermarke besitzen, da in der kurzen verfügbaren Zeit doch nicht genau abgelesen werden könnte und eine zu feine Skalenteilung das Ablesen eher erschweren würde. Die Dämpfung dieses Meßwerks soll aperiodisch sein. Es müssen demnach Genauigkeit, Zeigerausführung, Skalenteilung, Beruhigungszeit und Dämpfung sinnvoll aufeinander abgestimmt sein, und es darf nicht die wichtigste Eigenschaft eines Meßgerätes zugunsten anderer weniger wichtiger vernachlässigt werden.

2.1.2. Lagerung des beweglichen Organs

Von der Lagerung des beweglichen Organs wird ein kleiner Reibungsfehler, eine möglichst kleine elastische Nachwirkung, ein geringer Kippfehler und große Schüttel- und Stoßfestigkeit gefordert.

Welche Lagerungsart, Spitzen-, Zapfen-, Spannband- oder Hängebandlagerung zu bevorzugen ist, hängt von der Aufgabenstellung ab und muß vom Meßgerätehersteller sorgfältig geprüft werden.

Spannbandlagerung. Bei der Spannbandlagerung wird das bewegliche Organ durch Metallbänder, mitunter auch Quarzfäden, zwischen zwei Spannfedern gespannt. Die Spannbänder können gleichzeitig Lagerelemente und Stromzuführung sein. Sie erzeugen außerdem das für die Funktion eines Meßwerks notwendige Gegendrehmoment. Die Spannbandlagerung hat besonders in ihrer modernen Form als Kurz-Spannbandlagerung seit 1950 einen hohen technischen Stand erreicht. Hierzu haben im wesentlichen die Arbeiten zur Verminderung der elastischen Nachwirkung und die Einführung der Abfangvorrichtung am beweglichen Organ, die das Spannbandmeßwerk auch stoßfest macht, beigetragen.

Für den Meßwerkbau werden Drehmomente von 1 µNmm bis zu 3 Nmm bei Endausschlag benötigt. Das Drehmoment errechnet sich aus den Bandabmessungen und dem Schubmodul des verwendeten

Materials

$$M = \frac{\pi}{32}\, d^4 G\, \frac{\gamma}{l} \qquad \text{für runden Querschnitt}$$

und

$$M = \eta h b^3 G\, \frac{\gamma}{l} \qquad \text{für rechteckigen Querschnitt}$$

Darin bedeuten:

d Durchmesser des Drahts,
h, b Seitenabmessungen des Bands, wobei $h > b$,
l Länge des Drahts bzw. Bands,
G Schubmodul oder Gleitmodul des Materials,
γ Torsionswinkel,
η Faktor, der vom Seitenverhältnis des Bands abhängt (Tabelle)

h/b	1	2	6	10
η	0,140	0,229	0,299	0,313

Beim Spannband ist gegenüber dem Spanndraht bei gleichem Drehmoment ein wesentlich größerer Querschnitt möglich, wodurch die mechanische Festigkeit des Bands der des Drahts überlegen ist.

Beispielsweise ergibt sich für einen Draht von 0,1 mm² Querschnitt ein fünfmal so großes Drehmoment wie für ein Spannband gleichen Querschnitts mit einem Seitenverhältnis $h/b = 10$. Zu beachten ist jedoch, daß mit wachsendem Seitenverhältnis nach Gl. (2.1.2) auch der durch die Vorspannung erzeugte Anteil am Gesamtdrehmoment größer wird. Deshalb bleibt man bei Präzisions-Meßwerken mit dem Seitenverhältnis möglichst unter 5.

Die mechanische Beanspruchung eines Spannbands beim Transport, bei Vibration und Stößen, ist außerordentlich groß. Durch besondere Abfangvorrichtungen (Abb. 2.1.3) kann man aber die Amplituden begrenzen.

Lenkt man das bewegliche Organ eines spannbandgelagerten Meßwerks etwa eine Stunde auf Endausschlag aus und läßt es dann überschwingungsfrei in seine Ruhelage zurückkehren, so geht es nicht sofort in seine Ausgangsstellung zurück, sondern wird kurz davor stehenbleiben. Diese Abweichung nennt man elastische Nachwirkung. Erst nach einigen Stunden nimmt das bewegliche Organ wieder seine alte Stellung ein. Die elastische Nachwirkung ist vom Spannbandmaterial, vom Auslenkwinkel, von der Auslenkdauer und von der Befestigungsart der Spannbänder abhängig. Sie ist kleiner als der Reibungsfehler eines gleichwertigen Meßwerkes mit Spitzenlagerung. Sie verschlechtert sich auch nicht bei rauher Behandlung. Dagegen wird der Reibungs-

fehler bei spitzengelagerten Meßwerken durch Vibrationen und Stößen
prinzipiell größer.

Bei der Auslegung von Spannbandlagerungen müssen auch der Temperaturkoeffizient des Drehmoments und der spezifische Widerstand
des Bandmaterials, wenn das Spannband bei niederohmigen Drehspulen
zur Stromzuführung benutzt wird, beachtet werden.

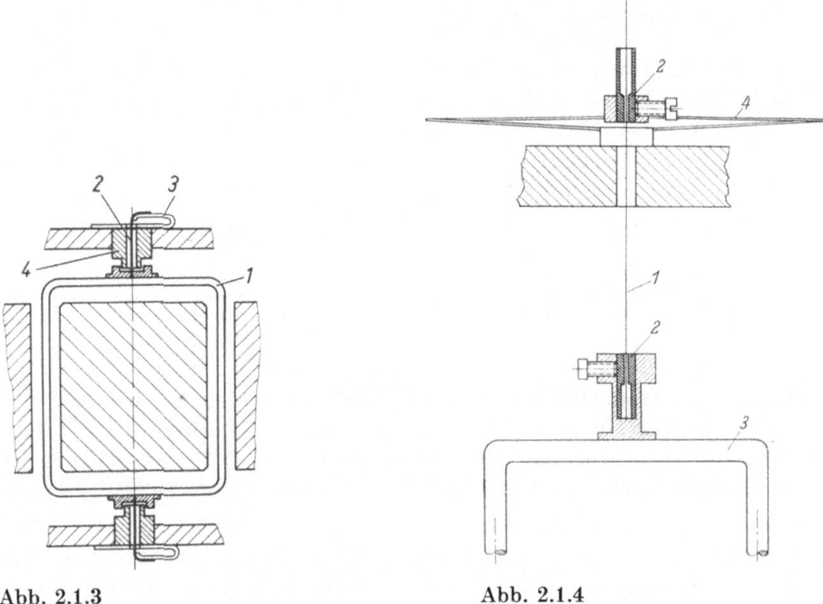

Abb. 2.1.3   Abb. 2.1.4

Abb. 2.1.3 Spannbandlagerung (Gossen).
1 Drehspule; *2* Spannband; *3* Spannfeder; *4* Abfangvorrichtung

Abb. 2.1.4 Spannbandlagerung, Befestigung des Bands durch Klemmen.
1 Spannband; *2* Klemmhülse; *3* Drehspule; *4* Spannfeder

Damit die elastischen Eigenschaften des Bands auch nach dem Einbau erhalten bleiben, geht man von der direkten Lötung des Spannbands
immer mehr zur Klemmung über (Abb. 2.1.4).

Es ist auch üblich, das Spannband vor der Lötstelle abzufangen, so
daß der durch das Löten in seinen Torsionseigenschaften verschlechterte
Teil des Bandes nicht zum Drehmoment beiträgt.

Die Spannbänder werden mit Hilfe von Spannfedern vorgespannt.
Die Vorspannung F muß möglichst konstant sein, weil durch sie ein
zusätzliches Drehmoment M_F entsteht.

$$M_F = \frac{b^2 + h^2}{12l}\, F \cdot \gamma \tag{2.1.2}$$

Dieser durch die Vorspannung erzeugte Anteil am Drehmoment macht bei einigen Meßinstrumenten bis zu 25% des Gesamtdrehmoments aus.

Die Erschütterungsunempfindlichkeit spannbandgelagerter Meßwerke wird mit wachsender Vorspannung des Spannbands besser. Man sollte aber die Vorspannung nicht größer wählen als die halbe Bruchlast.

Als Mittel, die Erschütterungsempfindlichkeit eines spannbandgelagerten Meßwerks herabzusetzen, ist ein auf das Spannband wirkender Ölring zur Vermeidung unerwünschter Seitenschwingungen bekannt geworden. Auch bei den niederfrequenten Registriermeßwerken für Lichtstrahloszillographen ist eine solche Vibrationsdämpfung üblich.

Hängebandlagerung. Die Hängebandlagerung (Abb. 2.1.5) wird nur bei hochempfindlichen Spiegelgalvanometern (Abb. 3.1.1 rechts) benutzt. Instrumente mit Hängeband erhalten Libelle und Einstellfüße, damit sie genau senkrecht aufgestellt werden können. Zum Transport muß das bewegliche Organ mit Hilfe einer Arretiervorrichtung festgehalten werden.

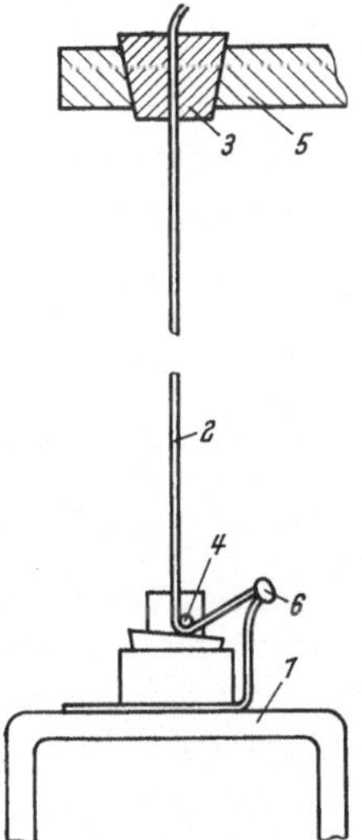

Abb. 2.1.5 Hängebandlagerung.
1 Drehspule; *2* Hängeband; *3* Klemmeinrichtung des Hängebandes; *4* Bolzen auf dem Achsstummel; *5* Systemträger; *6* Lötstelle

Spitzenlagerung. Bei der Spitzenlagerung ruht das bewegliche Organ mit der halbkugelig abgerundeten Kuppe seiner kegelig angeschliffenen Achse in einem ebenfalls halbkugelig, jedoch mit größerem Durchmesser ausgeschliffenem Lager. Je nachdem das bewegliche System im Lager steht oder hängt, spricht man von Außen- oder Innenspitzenlagerung (Abb. 2.1.6 u. 2.1.7). Unter dem Einfluß der zwischen Achsspitze und Kegelstein bestehenden Lagerkraft F bildet sich an der Berührungsstelle eine kreisförmige Berührungsfläche vom Radius

$$a = \sqrt{0{,}68 F(\alpha_1 + \alpha_2)\frac{r_1 r_2}{r_2 - r_1}},$$

darin bedeuten

α_1, α_2 die Dehnungszahlen der Lagerwerkstoffe,
r_1, r_2 die Krümmungsradien von Spitze und Lagerschale,
F die Lagerkraft.

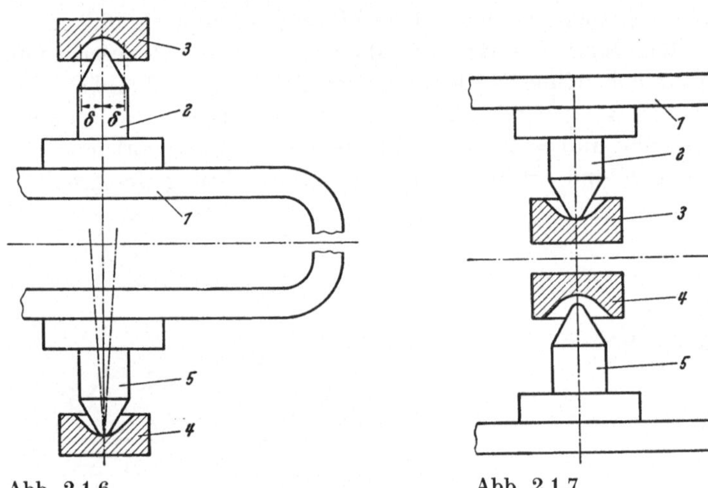

Abb. 2.1.6   Abb. 2.1.7

Abb. 2.1.6 Außenspitzenlagerung.

1 Drehspule; *2* obere' Achsspitze; *3* oberer Kegelstein; *4* unterer Kegelstein;
5 untere Achsspitze; δ Kippwinkel

Abb. 2.1.7 Innenspitzenlagerung.

1 Drehspule; *2* obere Achsspitze; *3* oberer Kegelstein; *4* unterer Kegelstein;
5 untere Achsspitze

Der größte Druck herrscht in der Mitte dieser Berührungsfläche; er beträgt

$$p_{max} = \frac{1{,}5F}{a^2\pi} = \sqrt[3]{0{,}235\,\frac{F}{(\alpha_1 + \alpha_2)^2}\left(\frac{r_2 - r_1}{r_1 r_2}\right)^2}.$$

Das Reibungsmoment eines solchen Lagers ist

$$M_R = \frac{2}{3}\,\mu_r a F,$$

worin μ_r der Reibungskoeffizient der Lagerwerkstoffe ist. Die Reibung ist also um so größer, je größer das Systemgewicht und je größer die

Berührungsfläche ist, d. h. je weicher die Lagerwerkstoffe sind. Die Spitzen werden in erster Linie aus Stahl gefertigt. Für das Lager werden verschiedene Werkstoffe, z. B. Bronze, Glas, Halbedelsteine und Edelsteine, verwendet. Am gebräuchlichsten ist das Saphirlager. Selbstverständlich kann man auch die Lagerpfanne am beweglichen System und die Spitze fest anordnen. Die Ausführung richtet sich danach, welches Teil häufiger ausgewechselt werden muß, da eine Auswechselung an den festen Systemteilen leichter durchführbar ist als am beweglichen Organ. Der Spitzenradius liegt je nach Systemgewicht zwischen 15 und 100 μm, der Lagerradius ist etwa zwei- bis dreimal so groß.

Für eine Lagerkraft von 10 mN errechnen sich bei Stahlspitzen und Saphirpfannen von 50 bzw. 150 μm Radius etwa folgende Werte: Radius der Berührungsfläche $a = 1,5$ μm; maximale spezifische Flächenpressung $p_{max} = 2000$ N/mm²; das Reibungsmoment bei einem Reibungskoeffizienten $\mu_r' = 0,4$ zu 4 μNmm. Dabei ist

$$\text{für Stahl } \alpha_1 = 5 \cdot 10^{-6} \text{ mm}^2/\text{N},$$

$$\text{für Saphir } \alpha_2 = 2 \cdot 10^{-6} \text{ mm}^2/\text{N}$$

Die Reibungszahl ist für Stahl auf Saphir $\mu_r = 0,13$; in der Praxis muß man jedoch mit mindestens dem dreifachen Wert, also $\mu_r' = 0,4$, rechnen.

Das Reibungsmoment eines neuen Spitzenlagers ist demnach bei senkrechter Lagerung außerordentlich klein, vergrößert sich aber sehr stark, wenn die Spitze durch Stöße und Erschütterungen deformiert wird und dadurch der Reibungsradius wächst. Bei waagerechter Lagerung ist infolge der notwendigen Spitzenluft der Reibungsradius und damit das Reibungsmoment von vornherein um ein Mehrfaches größer.

Spitzenlagerung mit gefedertem Lagerstein. Wenn die mittlere Flächenpressung über etwa $p = 2000$ N/mm² hinausgeht, oder wenn das Meßwerk gröberen Stößen und Erschütterungen ausgesetzt werden muß, empfiehlt es sich, gefederte Lagersteine einzusetzen; die Vorspannung der Feder soll etwa doppelt so groß sein wie das Gewicht des beweglichen Organs. Bei gleichen Anforderungen an die Erschütterungsfestigkeit wie bei den ungefederten Lagersteinen kann der Spitzenradius und damit die Reibung kleiner gehalten werden.

Ein Außenspitzenlager mit gefederten Lagersteinen zeigt Abb. 2.1.8. Der Kegelstein drückt gegen eine Feder, die in einem Zylinder geführt wird.

Zapfenlager. Schwere Systeme lagert man mit zylindrischen Zapfen in Loch- und Decksteinen (Abb. 2.1.9) wobei das Ende der Achse halbkugelig poliert, der Lochstein meist olivenförmig ausgeschliffen und der Deckstein plan oder halbkugelig ausgeschliffen ist. Bei senkrechter Lage ähnelt das Lager weitgehend der Spitzenlagerung, es hat jedoch eine größere Reibung, weil der Krümmungsradius der Achse wesentlich größer ist als der Spitzenradius und weil die Reibung in den Halslagern hinzukommt. Bei waagerechter Lagerung ist die Reibung allein durch die Halslager bestimmt und das Reibungsmoment

$$M_R = \mu_r r F,$$

wenn μ_r die Reibungszahl, r der Reibungsradius und F die Lagerkraft ist.

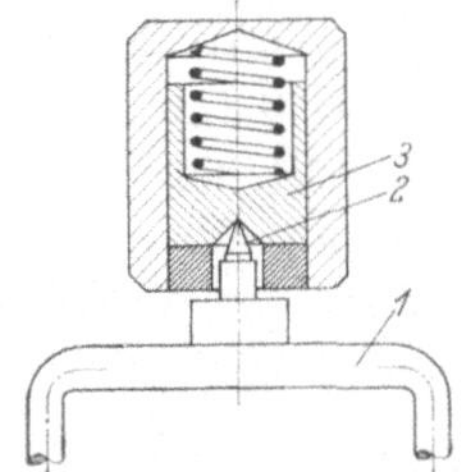

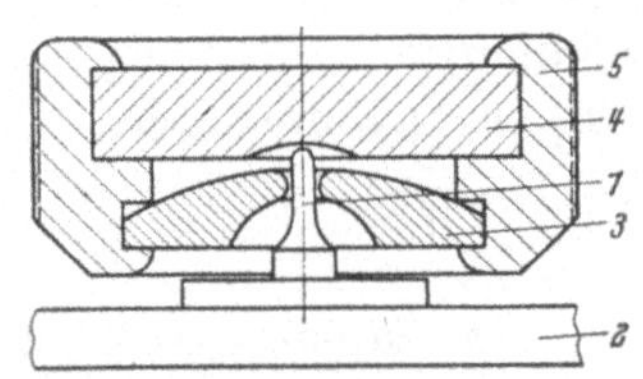

Abb. 2.1.8   Abb. 2.1.9

Abb. 2.1.8 Gefedertes Außenspitzenlager.
1 Drehspule; 2 Achsspitze; 3 gefederter Kegelstein

Abb. 2.1.9 Zapfenlagerung.
1 Lagerzapfen; 2 Drehspule; 3 Lochstein; 4 Deckstein; 5 Steinfassung

Beispielsweise errechnet sich bei waagerechter Lagerung und einer Lagerkraft $F = 10$ mN mit einer 0,2 mm Stahlachse in einem Saphirlochstein mit dem Reibungskoeffizienten $\mu_r' = 0,4$, das Reibungsmoment zu 0,4 mNmm. Zapfenlager werden hauptsächlich bei registrierenden Geräten sowie bei erschütterungssicheren Schalttafel-Meßgeräten angewendet, bei denen größere Drehmomente verfügbar sind.

2.1.3. Einstellvorgang

Meßwerke mit mechanischer oder magnetischer Richtkraft. Solange die Meßgröße nicht eingeschaltet ist, wird das bewegliche Organ von einer Richtkraft in der Nullage gehalten, nach dem Ausschalten wird es durch diese Richtkraft wieder in die Nullage zurückgeführt. Wird eine Meßgröße eingeschaltet, so wirkt auf das bewegliche Organ eine zweite, von der Meßgröße erzeugte Kraft ein und versucht es von der Nullage wegzubewegen, so daß es sich auf einen Skalenpunkt einstellt, in dem ablenkende Kraft und Richtkraft entgegengesetzt gleich sind. Da es sich fast immer um Drehbewegungen handelt, können an Stelle der Kräfte Drehmomente eingesetzt werden, und die Gleichgewichtsbedingung lautet dann

$$M = M_1 + M_2 = 0. \tag{2.1.3}$$

Darin bedeuten:

M_1 von der Meßgröße herrührendes ablenkendes Moment,
M_2 von der Richtkraft herrührendes Richtmoment,
M resultierendes Moment oder Beschleunigungsmoment.

Das Ablenkmoment ist im allgemeinen eine Funktion der Meßgröße X und des Ausschlagwinkels γ. Das Richtmoment ist unabhängig von der Meßgröße und nur eine Funktion des Ausschlagwinkels γ. Das im Ausschlagsinn wirkende Ablenkmoment M_1 wird positiv, das entgegenwirkende Richtmoment M_2 negativ bezeichnet. Dann ist

$$M_1 = f_1(X, \gamma),$$
$$-M_2 = f_2(\gamma),$$

und für die Gleichgewichtslage ist der Ausschlagwinkel γ eine Funktion der Meßgröße X

$$\gamma = \varphi(X).$$

Aus der Kenntnis der Funktionen f_1 und f_2 kann man die Gleichgewichtslage für jeden Wert der Meßgröße X und somit den Skalenverlauf ermitteln (Abb. 2.1.10).

Meßwerke ohne Richtkraft. Auf das bewegliche Organ richtkraftloser Meßwerke wirken im ausgeschalteten Zustand keinerlei Kräfte, und es bleibt in beliebiger Lage stehen. Beim Einschalten wirken mindestens zwei von der Meßgröße abhängige und gegeneinander gerichtete Kräfte, und das bewegliche Organ stellt sich auf einen Skalenwert ein, in dem beide Kräfte entgegengesetzt gleich sind. Es ist

$$M_1 = f_1(X, \gamma),$$
$$-M_2 = f_2(Y, \gamma),$$
$$\gamma = \varphi(X).$$

Das Einstellmoment. Dreht man das bewegliche Organ um einen kleinen Winkel $\Delta\gamma$ aus seiner Gleichgewichtslage heraus, so ändern sich dabei Ablenkmoment und Richtmoment um die Beträge ΔM_1 bzw. ΔM_2, die Gleichgewichtslage ist gestört, und es tritt ein resultierendes Moment, das Einstellmoment M_e auf. Es ist

$$M_e = M_1 + \Delta M_1 + M_2 + \Delta M_2;$$

nach Gl. (2.1.3) ist

$$M_1 + M_2 = 0,$$

folglich

$$M_e = \Delta M_1 + \Delta M_2.$$

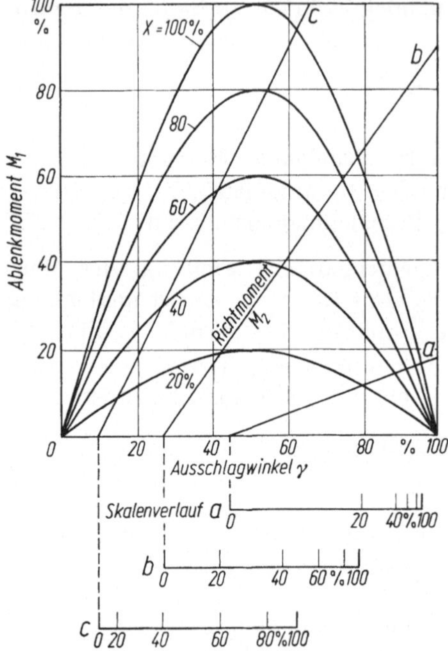

Abb. 2.1.10 Ermittlung des Skalenverlaufs aus Ablenkmoment und Richtmoment.

$M_1 = f_1(X, \gamma)$ Ablenkmoment, abhängig vom Ausschlagwinkel für die Werte 20,
40, 60, 80, 100% der Meßgröße; $-M_2 = f_2(\gamma)$ Spiegelbild der Federcharakteristik,
abhängig vom Ausschlagwinkel γ. Die Schnittpunkte von M_1 und $-M_2$ sind
Gleichgewichtspunkte, sie entsprechen den Skalenwerten 20, 40, 60, 80, 100%,
und kennzeichnen den Skalenverlauf. Das Beispiel zeigt die Verhältnisse bei
linear-homogenem Magnetfeld

Das Einstellmoment muß das Bestreben haben, die Gleichgewichtslage
wiederherzustellen, wenn die Einstellung stabil sein soll. Das auf die
Winkeleinheit bezogene Einstellmoment heißt spezifisches Einstellmoment D_e; in der Praxis wird es meist auf 90° umgerechnet und ist
dann

$$D_{e90} = \frac{\partial(M_1 + M_2)}{\partial\gamma}\,\frac{\pi}{2}.$$

Die Einstellung des beweglichen Organs ist

stabil für $D_e < 0$,
labil für $D_e = 0$,
unstabil für $D_e > 0$.

Sie erfolgt um so sicherer, je größer das spezifische Einstellmoment ist.

2.1.4. Systemgewicht und Gütezahl

Das spezifische Einstellmoment allein genügt jedoch nicht, die Einstellsicherheit eines Meßwerks zu beurteilen, vielmehr hängt seine mechanische Güte auch vom Systemgewicht und der Reibung ab. Die Größe des Reibungsfehlers ist durch die Art der Lagerung bedingt. Ist das bewegliche Organ spannbandgelagert, so ist der Reibungsfehler praktisch Null. Spitzengelagerte Anzeigegeräte weisen einen Reibungsfehler auf, ebenso wie die Zapfenlagerung bei Schreibgeräten.

Die Einstellsicherheit des beweglichen Organs wächst mit dem Verhältnis des Drehmoments M zum Reibungsmoment M_R. Da mit dem Drehmoment Eigenverbrauch und Erwärmung zunehmen, kann es nicht beliebig gesteigert werden, und man muß das Reibungsmoment möglichst niedrig halten. Das erreicht man durch die Wahl von Lagerwerkstoffen mit kleinem Reibungskoeffizienten sowie durch Verringern des Reibungsradius und des Systemgewichts bis zu der durch die erforderliche mechanische Festigkeit gegebenen unteren Grenze. Im Meßgerätebau sind Systemgewichte von 3 mg beim Spulenschwinger, bis zu etwa 20 g bei Schreibern üblich. Sehr schwere Systeme hebt man gelegentlich magnetisch an, um den Lagerdruck zu vermindern. Bei gleichartigen Meßwerken kann man allein das Verhältnis des Drehmoments zum Gewicht des beweglichen Organs als Maß für die mechanische Größe betrachten und bezeichnet den Ausdruck

$$\Gamma_{\mathrm{SI}} = \frac{100\,D}{m}$$

als mechanischen Gütefaktor (Abb. 2.1.11). Darin bedeuten:

D für 90° erforderliches Drehmoment in Nmm,
G das Systemgewicht (Masse) in g,
Γ_{SI} den Gütefaktor,
n eine dimensionslose Zahl.

Bei Zapfenlagerung und waagerechter Spitzenlagerung ist $n = 1$, bei senkrechter Spitzenlagerung $n = 1,5$. Da gelegentlich alle Meßwerke einmal mit senkrechter Achse benutzt werden, rechnet man aus Sicherheitsgründen allgemein mit $n = 1,5$ und bezeichnet den so errechneten Quotienten Γ_{SI} als Keinath-Gütefaktor.

Für ein einfaches robustes Meßwerk, etwa in einem Betriebs- oder Einbaumeßgerät sollte der Gütefaktor nicht unter 0,8 liegen. Es gelingt aber bei Anwendung besonderer Sorgfalt und Verwendung entsprechender Materialien, z. B. gefederter Lagersteine, Präzisionsmeßwerke mit einem Gütefaktor von nur 0,4 herzustellen.

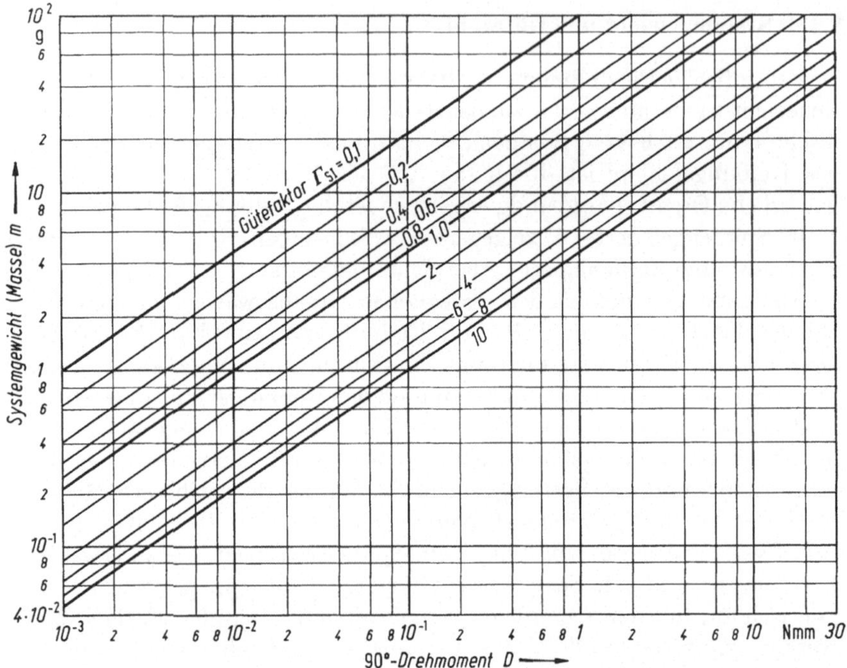

Abb. 2.1.11 Nomogramm für die Gütefaktoren $0,1\cdots10$ und Drehmomente von $0,001\cdots30$ Nmm bei Systemgewichten von $0,04\cdots100$ g

2.1.5. Beschleunigungssicherheit

Alle Meßgeräte werden durch Transportstöße beansprucht, viele außerdem im Betrieb durch Beschleunigungen, Schwingungen und Stöße; besonders stark mechanisch beansprucht sind Meßgeräte an Werkzeugmaschinen und Hebezeugen sowie in Fahrzeugen, Flugzeugen und Schiffen.

Es treten drei verschiedenartige Beanspruchungen auf: Länger dauernde Beschleunigungen in einer Richtung beim Anfahren, Kurven und Bremsen von Fahrzeugen. Kurz dauernde große Beschleunigungen und Schwingungen bei Stößen und länger dauernde Wechselbeschleunigungen mit verschiedenen Frequenzen und Amplituden durch Schwingungen an der Einbaustelle. Diesen verschiedenen Beanspruchungen muß das Meßwerk eine angemessene Zeit standhalten, ohne an Genauigkeit einzubüßen. Die angemessene Lebensdauer kann sehr verschieden lang sein, sie liegt bei Meßgeräten in Flugzeugen etwa bei einigen tausend Betriebsstunden, bei einem Meßgerät an einer Werkzeugmaschine bei einigen Jahren.

Die Beschleunigungen können verschiedene Fehler herbeiführen: Während der Dauer der Beschleunigung zeigen schlecht ausgewuchtete Systeme falsch, die Lagerreibung kann größer sein, das bewegliche Organ kann an feste Meßwerkteile anschlagen. Durch die Beschleunigungen kann das System aus den Lagern springen und seine Lagerung beschädigt oder zerstört werden. Ferner können sich ungenügend gesicherte Schrauben lösen, einzelne Teile in Resonanz kommen und Brüche durch Überlastung und Ermüdung auftreten. Am stärksten gefährdet ist das bewegliche Organ und seine Lagerung, es widersteht Beschleunigungen um so besser, je leichter es ist. Das bewegliche Organ kann auf dreierlei Weise gelagert werden. Die Spannbandlagerung ist am unempfindlichsten gegen Beschleunigungen, sofern man eine Überbeanspruchung des Bands und Anschlagen des beweglichen Organs an den festen Systemteilen durch federnde Befestigung der Spannbänder und durch Abfangvorrichtungen verhindert. Schlimmstenfalls zeigt das Meßwerk während der Beschleunigungen vorübergehend falsch oder das bewegliche Organ wird durch häufiges Anschlagen an die Abfangvorrichtung beschädigt.

Am meisten gefährdet sind Spitzenlager. Da das bewegliche Organ mit Rücksicht auf die Reibung eine gewisse Spitzenluft aufweisen muß, kann es bei Beschleunigungen in den Lagern hämmern, wodurch sich die Spitzen pilzförmig anstauchen oder einseitig abplatten, und die Reibung wächst. Spitzen mit kleinem Krümmungsradius haben zwar eine kleine Anfangsreibung, werden aber infolge der höheren spezifischen Belastung schneller zerstört. Bei ständigen Vibrationen reiben sich die Stahlspitzen ab und es entsteht durch Reibungsoxydation in den Lagern ein gefährliches Schleifmittel. Federnde Lager vermögen nur teilweise Abhilfe zu bringen, sie erhöhen die Gefahr, daß das bewegliche Organ aus den Lagern springt. Am wenigsten gefährdet sind Zapfenlager, sie haben aber infolge des großen Reibungsradius eine beträchtliche Anfangsreibung und können nur bei Meßwerken mit starkem Drehmoment angewendet werden.

Um die Beschleunigungssicherheit der Meßgeräte zu beweisen, führt man Typen- und teilweise auch Stückprüfungen durch.

Beschleunigungsprüfung. Die Wirkung länger dauernder einseitiger Beschleunigungen prüft man auf Drehtischen, auf die das Meßgerät hintereinander in den drei Ebenen aufgespannt wird. Bei konstanter Drehzahl n ist die Zentripetalbeschleunigung

$$a = \omega_1{}^2 r = (2\pi n)^2\, r\,.$$

Darin ist ω_1 die Winkelgeschwindigkeit, r der Radius des Schleudertischs. Abb. 2.1.12 zeigt die Beschleunigung a in Vielfachen der Erdbeschleunigung g, abhängig von Schleuderdrehzahl und Schleuderradius.

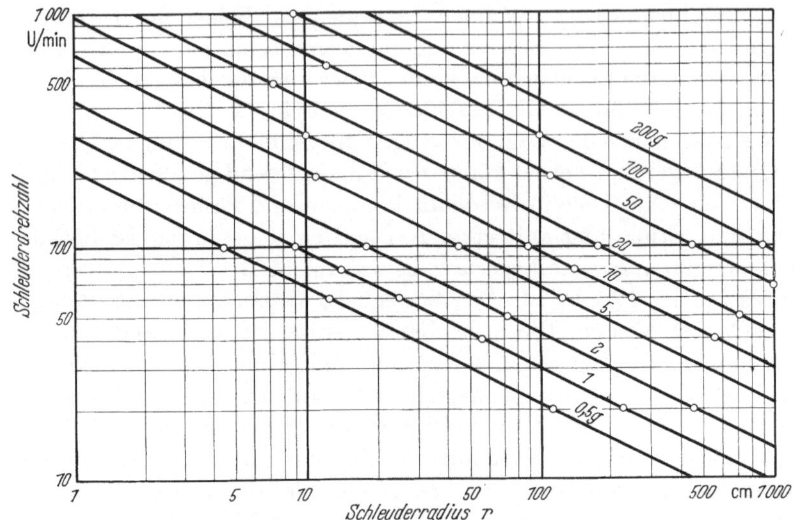

Abb. 2.1.12 Abhängigkeit der Zentripetalbeschleunigung in Vielfachen der Erdbeschleunigung von der Schleuderdrehzahl n und dem Schleuderradius r

Erschütterungsprüfung. Auf ihr Verhalten bei Wechselbeschleunigungen prüft man die Meßgeräte während einer längeren Betriebsdauer auf Schütteltischen mit Sinusschwingungen, und zwar ebenfalls in den drei Ebenen. Führt der Tisch sinusförmige Schwingungen mit der maximalen Amplitude $\hat{A}$ und der Kreisfrequenz ω aus

$$s = \hat{A} \sin \omega t,$$

dann ist die Beschleunigung

$$a = \frac{\mathrm{d}^2 s}{\mathrm{d}t^2} = \hat{A}\omega^2 \sin \omega t$$

und die maximal auftretende Beschleunigung

$$\hat{a} = \hat{A}\omega^2.$$

Die maximalen Beschleunigungen können aus Abb. 2.1.13, abhängig von der Amplitude A und der Frequenz $v = \omega/2\pi$ des Schütteltischs, abgelesen werden.

Stoßprüfung. Stoßprüfungen führt man meist mit Hilfe der Schwerkraft durch. Entweder läßt man ein Gewicht mit definierter Geschwindigkeit auf den Prüfling fallen oder man läßt den Prüfling frei fallen und bremst ihn in meßbarer Weise ab. Die aufgetretene Beschleunigung a bestimmt

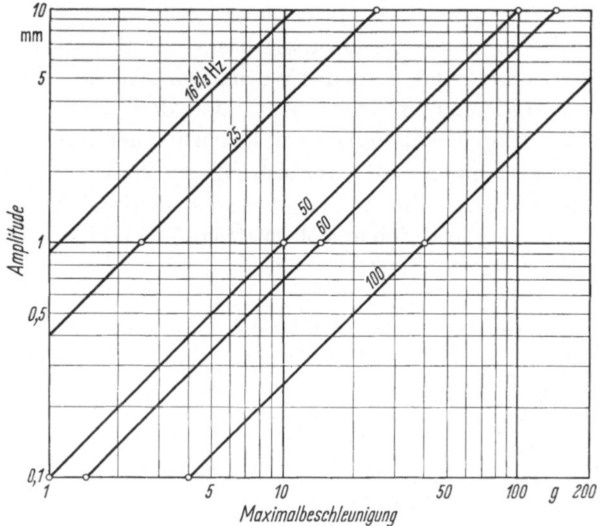

Abb. 2.1.13 Abhängigkeit der Maximalbeschleunigung in Vielfachen der Erd-beschleunigung g von der Amplitude und Frequenz sinusförmiger Schwingungen

man aus der maximalen Bremskraft F und der Masse m, denn es ist

$$a = \frac{F}{m}.$$

Die Bremskraft kann man mechanisch etwa aus einem Kugeleindruck oder aus der Stauchung eines Meßzylinders bestimmen, elektrisch mit einem mechanisch-elektrischen Kraftmesser und entsprechenden Meß-geräten. Bei Verwendung eines Oszillographen erhält man auf diese Weise näheren Aufschluß über den Stoßvorgang und die dabei aufge-tretenen Beschleunigungen und Frequenzen. Auch aus der Weg-Zeit-oder Geschwindigkeit-Zeit-Kurve kann man die Beschleunigungen beim Stoßvorgang ermitteln.

2.2. Ausführung und Wirkungsweise von elektrischen Meßwerken

2.2.1. Drehspulmeßwerke

Prinzip

Auf einen stromdurchflossenen Leiter in einem Magnetfeld wirkt eine Kraft F, die ihn in Bewegung zu setzen versucht. Es ist

$$F = ilB \sin \alpha.$$

Darin bedeuten i den Leiterstrom, l die Leiterlänge, B die Induktion, α den Winkel zwischen Leiter und Feldrichtung. Dieses von Biot-Savart aufgestellte ponderometrische Grundgesetz der Wechselwirkung zwischen stromführenden Leitern und Magnetfeldern liegt auch dem Drehspulmeßwerk zugrunde. Das Magnetfeld liefert ein Dauermagnet, der zusammen mit einem Eisenkern einen Luftspalt begrenzt, in dem sich eine stromdurchflossene Spule dreht (Abb. 2.2.1) wobei es unerheblich ist, ob der innere Kern oder das äußere Joch aus Magnetmaterial bestehen.

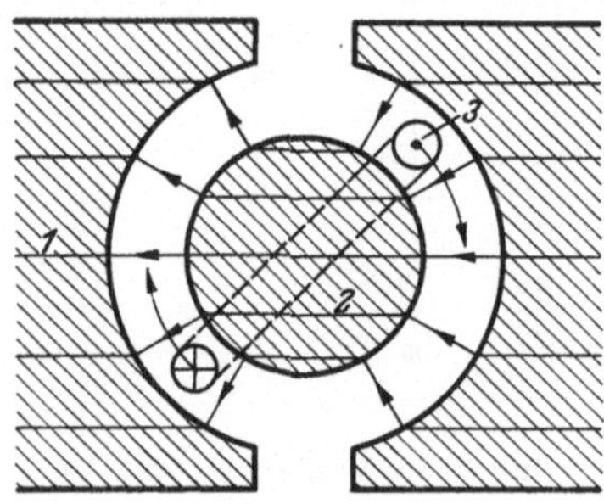

Abb. 2.2.1 Grundanordnung des Drehspulmeßwerks.

1 äußeres Joch; *2* innerer Kern; *3* Drehspule

Berechnung

Drehmomentberechnung. Das auf die Drehspule ausgeübte Drehmoment ist bei radialhomogenem Feld

$$M_1 = iwdlB. \tag{2.2.1}$$

Darin sind

M_1 Drehmoment,
iw Amperewindungszahl,
dl wirksame Windungsfläche der Drehspule,
B Luftspaltinduktion.

Zwei Spiralfedern oder Spannbänder führen der Drehspule den Strom zu und erzeugen gleichzeitig das mit dem Ausschlagwinkel wachsende Richtmoment M_2, das dem Drehmoment M_1 entgegenwirkt:

$$M_2 = -D\gamma,$$

wobei D das auf den Winkel bezogene Richtmoment, das Direktionsmoment ist. Der Ausschlag des Meßwerks wird dann

$$\gamma = ki.$$

Der Ausschlag des Drehspulmeßwerks ist also proportional dem Strom in der Drehspule, und das Einstellmoment ist an allen Skalenpunkten gleich groß, wie sich aus der Drehmomentcharakteristik (Abb. 2.2.2) ergibt.

Dämpfung des Drehspulmeßwerks. Bei der Bewegung der Drehspule im Magnetfeld wird in der Spule eine Spannung induziert von der Größe

$$u_2 = -wdlB\,\frac{\mathrm{d}\gamma}{\mathrm{d}t}.$$

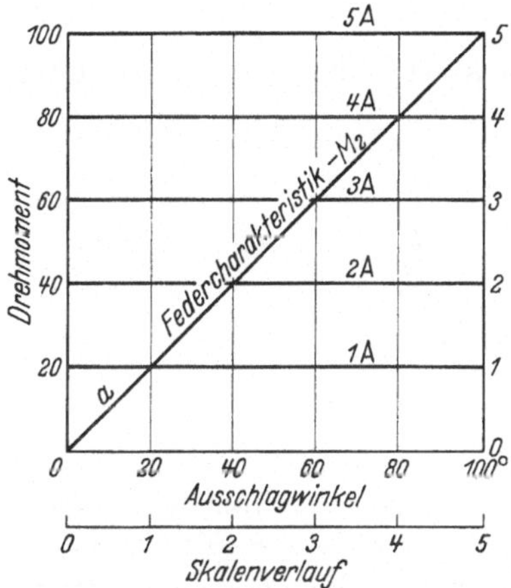

Abb. 2.2.2 Drehmomentcharakteristik eines Drehspulmeßwerks

Darin bedeuten

u_2 Spannung,
w Windungszahl,
dl wirksame Windungsfläche der Drehspule,
B Induktion.

Die Spannung u_2 ist der von außen aufgedrückten Spannung entgegengerichtet und hat einen Ausgleichstrom i_2 zur Folge, der dem Meßstrom entgegenwirkt, also die Bewegung zu verhindern sucht und somit eine schwingungsdämpfende Wirkung ausübt. Das ist die bekannte Regel von Lenz als Spezialfall des Prinzips von le Chatelier, wonach jeder Vorgang in einem stabilen System einen zweiten auslöst, der die Wirkung des ersten aufzuheben versucht.

Die induzierte Spannung u_2 erzeugt einen Strom

$$i_2 = \frac{u_2}{R}.$$

R ist der Gesamtwiderstand des Meßkreises und besteht aus dem Drehspulwiderstand R_i und dem Meßschaltungswiderstand R_M

$$R = R_i + R_M.$$

Durch die Bewegung der stromdurchflossenen Drehspule in einem Feld mit der Induktion B entsteht ein Dämpfungsanteil elektrodynamischen Ursprungs, der neben den Baugrößen den Meßschaltungswiderstand R_M enthält. So bekommt der als Dämpfungsgrad bezeichnete Koeffizient α der Bewegungsgleichung (Gl. 2.1.1) die Form

$$\alpha = \frac{p}{2\omega_0\Theta} + \frac{(wdlB)^2}{2\omega_0\Theta(R_i + R_M)}. \tag{2.2.2.}$$

Der Meßschaltungswiderstand R_M kann je nach der Meßaufgabe unterschiedlich sein.

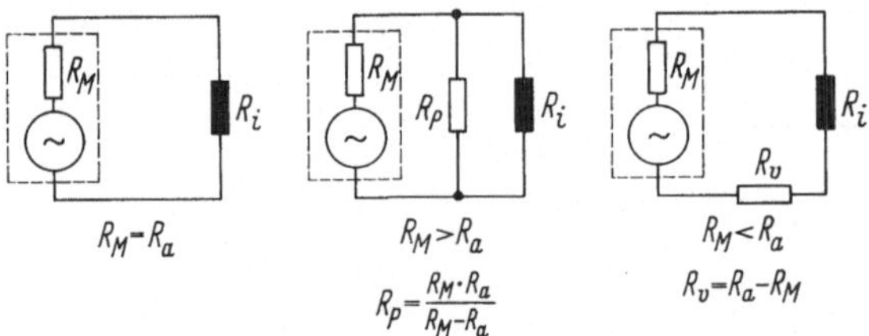

Abb. 2.2.3 Dämpfungsanpassung der Meßschaltung an Drehspulmeßwerke durch Vor- und Nebenwiderstände.

R_M Meßschaltungswiderstand; R_a vom Hersteller für einen bestimmten Dämpfungsgrad geforderter Meßschaltungswiderstand; R_i Meßwerkwiderstand; R_p Parallelwiderstand; R_v Vorwiderstand

Wenn ein bestimmter Dämpfungsgrad erforderlich ist, beispielsweise bei sehr empfindlichen Meßwerken oder beim Registrieren zeitlich schnell veränderlicher Vorgänge mit Spulenschwingern muß, um eine gute Wiedergabetreue zu erzielen, der Meßschaltungswiderstand entweder einem vom Hersteller geforderten Abschlußwiderstand R_a entsprechen oder diesem durch Vor- und Nebenwiderstände angepaßt werden (Abb. 2.2.3).

Der erste Anteil der Gl. (2.2.2) enthält den Dämpfungsfaktor p, die Eigenfrequenz ω_0 und das Trägheitsmoment des beweglichen Organs Θ, also Größen, auf die ausschließlich der Hersteller Einfluß hat.

Der Dämpfungsfaktor p wird von der Reibung der Drehspule in dem diese umgebenden Medium z. B. Luft oder Flüssigkeit beeinflußt. Wenn die natürliche Dämpfung nicht mehr ausreicht, erhalten Drehspulmeßwerke zusätzliche Dämpfungsmittel.

Diese können in einem Kurzschlußrahmen bestehen, der gleichzeitig Träger für die Drehspule ist. Luftdämpfung wird bei Drehspulmeßwerken kaum verwendet. Dagegen haben sich Wirbelstromdämpfung und Öldämpfung besonders bei Schreibermeßwerken gut eingeführt. Abb. 2.2.4

zeigt ein Drehspulmeßwerk für Schreiber, bei dem beide Anordnungen wahlweise eingesetzt werden können. Mit der Öldämpfung läßt sich in weiten Grenzen die Einstellzeit des Schreibers justieren.

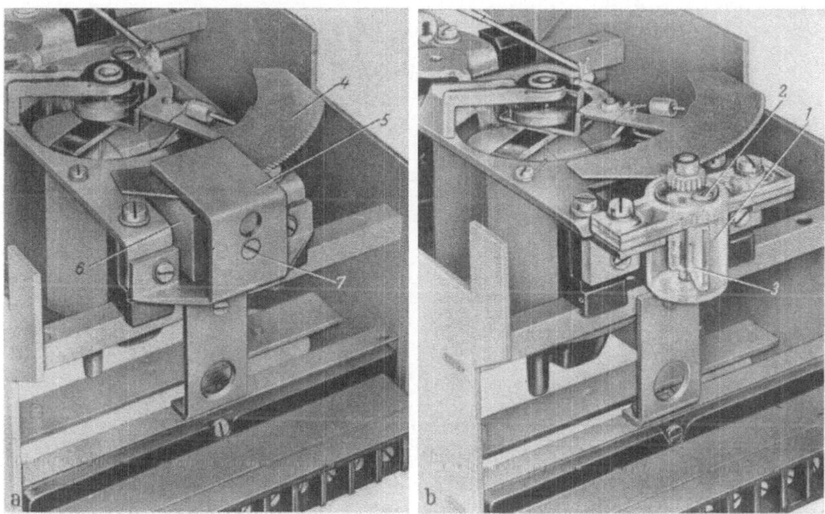

Abb. 2.2.4 Drehspulmeßwerk für Schreiber (SIEMENS).
a) mit Wirbelstromdämpfung; b) mit Öldämpfung; *1* Öldämpferkammer; *2* Verschlußschraube der Dampferkammer; *3* Dämpferflügel für Öldämpfung; *4* Dämpferflügel für Wirbelstromdämpfung; *5* Rückschluß für die Wirbelstromdämpfung; *6* Dämpfermagnet; *7* Schraube zum Einstellen der Wirbelstromdämpfung

Abbildung 2.2.5 zeigt eine bei Registriermeßwerken für Lichtstrahloszillographen übliche Öldämpfung. Hier befindet sich lediglich die Drehspule und das untere Spannband in einem oben offenen Ölrohr, das mit Siliconöl gefüllt ist.

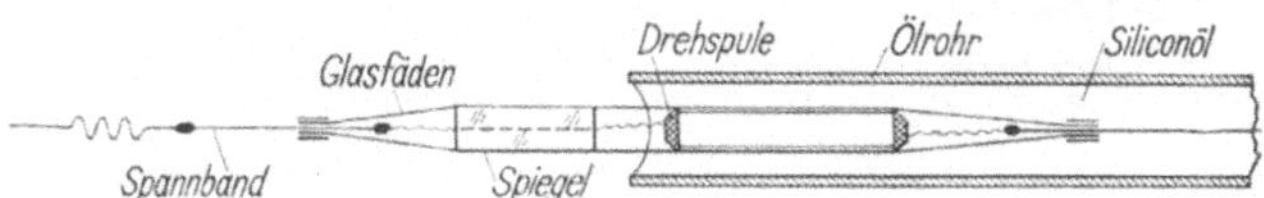

Abb. 2.2.5 Öldämpfung bei Spulenschwingern (H & B)

Federberechnung. Eine Spiralfeder mit rechteckigem Querschnitt hat ein Drehmoment

$$M_2 = \frac{10}{12}\,\frac{bh^3E}{L}\,\gamma,$$

eine Länge

$$L = \frac{\gamma E h}{2 k_b},$$

den Gangabstand

$$a = \frac{\pi}{L}\,(r_a^2 - r_i^2)$$

und die Gangzahl

$$n = \frac{L}{\pi(r_i + r_a)}.$$

Darin bedeuten

M_2 Federdrehmoment (Nmm),
b Federbreite (mm),
h Federdicke (mm),
k_b Biegungsbeanspruchung des Federmaterials (N/mm²),
a Abstand zweier Gänge (mm),
γ Ausschlagswinkel (Bogenmaß),
E Elastizitätsmodul (N/mm²),
L Federlänge (mm),
n Zahl der Federgänge,
r_i Innenradius der Feder (mm),
r_a Außenradius der Feder (mm).

Die meisten Federn für Meßwerke sind in DIN 43801 genormt.

Auch für Federn gilt hinsichtlich der elastischen Nachwirkung das unter Spannbändern Gesagte. Meistens werden zwei gegenläufig angeordnete Federn vorgesehen, damit ihr Rolleffekt bei Temperaturänderungen keine Anzeigeänderungen hervorruft.

Magnetberechnung.

B Induktion im Magneten,
H Feldstärke im Magneten,
B_r Remanenz,
H_c Koerzitivkraft,
B_a Induktion im günstigsten Arbeitspunkt,
H_a Feldstärke im günstigsten Arbeitspunkt,
B_L Luftspaltinduktion,
H_L Feldstärke im Luftspalt,
$\mu_0 = 4\pi\,10^{-7}$ H/m magnetische Feldkonstante,
F_L Querschnitt des Luftspalts,
l_L Länge des Luftspalts,

F_M Querschnitt des Magnets,
l_M Länge des Magnets,
σ Streufaktor oder Ausnutzungsfaktor,
Φ Fluß.

Für die Magnetberechnung benötigt man die Entmagnetisierungskurve des Magnetmaterials (Abb. 2.2.6). Die von den Herstellern angegebenen Magnetisierungskurven gelten für geschlossene Magnetkreise.
Bei Meßwerken ist wegen des Luftspalts der Kreis aber niemals geschlossen. Der Luftspalt verringert die wirksame Feldstärke.

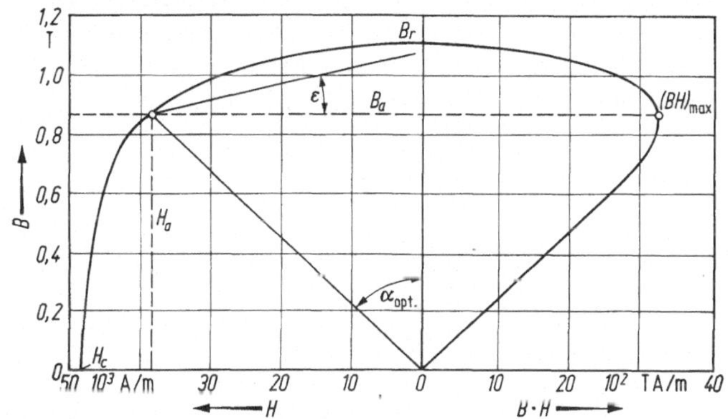

Abb. 2.2.6 Entmagnetisierungs- und Energieinhaltskurve für einen AlNiCo-
Magnetstahl

Der Fluß im Luftspalt Φ_L ist um den Faktor σ gegenüber dem Fluß Φ
kleiner.

$$\sigma = \frac{\Phi_L}{\Phi} = \frac{B_L F_L}{B F_M}. \tag{2.2.3}$$

Der Streufaktor σ, der stark von der Geometrie des Magnetkreises
abhängt, ist meist nur schwer abzuschätzen. Deshalb sollte man die Genauigkeit bei der Berechnung von Magnetkreisen nicht überschätzen.
Unter Vernachlässigung der magnetischen Spannungen über die
Weicheisenteile sind die magnetischen Spannungen über den Magneten
und den Luftspalt gleich groß. Das heißt

$$H_L l_L = H l_M. \tag{2.2.4}$$

Aus den Gln. (2.2.2) u. (2.2.3) erhält man

$$\frac{H B_L}{H_L B} = \sigma \frac{F_M l_L}{F_L l_M} \tag{2.2.5}$$

oder mit

$$B_L = \mu_0 H_L .$$
(2.2.6)

$$\frac{\mu_0 H}{B} = \sigma \, \frac{F_M l_L}{F_L l_M} = \tan \alpha .$$
(2.2.7)

In den Magnetisierungskurven wird B über H — in der Einheit Tesla[1] und A/m — aufgetragen (Abb. 2.2.6) d. h. Gl. (2.2.6) entspricht dem $\tan \alpha$ des Winkels zwischen der Arbeitsgerade und der B-Koordinate. Von den Herstellern von Meßwerkmagneten wird die optimale Arbeitsgerade für die einzelnen Magnetmaterialien zumeist angegeben. Dabei ist die unmittelbare Angabe des $\tan \alpha$ oder aber die Angabe der Feldstärke H_a und der Induktion B_a im günstigsten Arbeitspunkt üblich.

Die Luftspaltinduktion ergibt sich aus Gl. (2.2.4) u. (2.2.5)

$$B_L H_L = BH \, \frac{F_M l_M}{F_L l_L} \, \sigma$$

mit Gl. (2.2.6) erhält man

$$B_L = \sqrt{\mu_0 BH \, \frac{F_M l_M}{F_L l_L} \, \sigma} .$$

Die Luftspaltinduktion B_L wächst demnach mit dem Energieinhalt des Magneten BH. Deshalb wird angestrebt, daß der Arbeitspunkt auf der Magnetisierungskurve dem vom Hersteller angegebenen Wert $(BH)_{\max}$ entspricht. Fehlt die Angabe des Herstellers über den günstigsten Arbeitspunkt oder wurde die Entmagnetisierungskurve selbst experimentell ermittelt, so kann man in guter Näherung als Arbeitsgerade die Diagonale eines Rechtecks mit den Seiten B_r und H_c ansehen.

Wird der Magnet vor der Montage des Meßwerks aufmagnetisiert, was bei bestimmten Magnetkreisen unumgänglich ist, so sinkt beim Entfernen des Kerns infolge des größeren Luftspalts die Induktion ab. Wird bei der Montage der Kern wieder eingesetzt, steigt die Induktion wieder an, erreicht jedoch nicht den alten Wert. Wird das Herausnehmen und Wiedereinsetzen des Kerns mehrfach ausgeführt, so wird das Absinken jedesmal kleiner bis sich schließlich ein stabiler Arbeitspunkt einstellt. Die Lage dieses Arbeitspunkts hängt natürlich davon ab, an welchem Punkt der Entmagnetisierungskurve mit dem Herausnehmen des Kerns begonnen wurde.

Verbindet man diese stabilen Arbeitspunkte, so erhält man annähernd eine Gerade. Der Tangens des Winkels ε, den diese Gerade mit der H-

---

[1] 1 Tesla $= 1$ Vs/m^2

Koordinate bildet, wird als reversible bzw., da es sich um Permanentmagnete handelt, als permanente Permeabilität μ_p bezeichnet.

$$\tan \varepsilon = \mu_p .$$

Auch die Werte von μ_p sind in den Listen der Hersteller zu finden. Abbildung 2.2.7 zeigt Ausführungsformen von Dauermagneten für Drehspulmeßwerke.

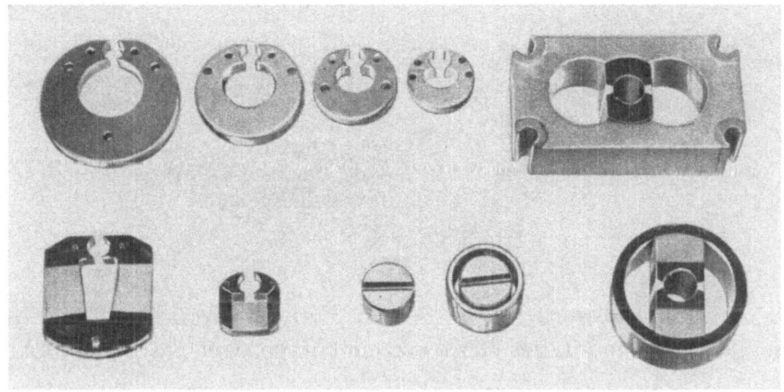

Abb. 2.2.7 Ausführungsformen von Dauermagneten für Drehspulmeßwerke

Eigenschaften des Drehspulmeßwerks

Skalenverlauf. Das Feld des klassischen Drehspulmeßwerks mit Außenmagnet, dessen Luftspalt von konzentrischen Kreisen begrenzt wird, ist innerhalb des Ausschlagswinkels konstant und die Skale verläuft praktisch proportional dem Drehspulstrom. Meßbereich und Anzeigebereich fallen zusammen.

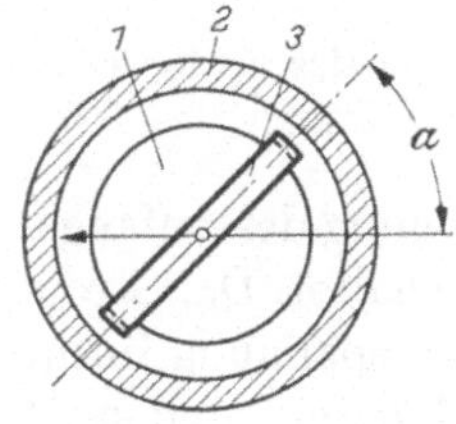

Abb. 2.2.8 Kernmagnet-Drehspulmeßwerk.
1 Magnetkern; *2* Rückschlußzylinder; *3* Drehspule; α Winkel zwischen Magnetisierungsrichtung und Nulllage der Drehspule

Beim Kernmagnetmeßwerk nach Abb. 2.2.8 liegt ein in Richtung des Durchmessers magnetisierter Zylinder innerhalb der Drehspule. Den magnetischen Rückschluß bildet ein zylindrischer Eisenmantel. Bei dieser Anordnung ist das Feld trotz konzentrischen Luftspalts nicht konstant, sondern verläuft nach einer Sinusfunktion, und der Skalenverlauf hängt von der relativen Lage der Magnetisierungsrichtung zur Nullstellung der Drehspule ab.

Bei der Ausführung mit Außenmagnet kann man den Skalenverlauf beeinflussen, indem man entweder die Feldstärke oder die induzierte Windungslänge mit dem Ausschlagswinkel verändert. Gebräuchlich ist, den Feldverlauf durch Änderung der Luftspaltlänge zu beeinflussen, indem man Kern oder Polschuhen eine vom Kreis abweichende Form gibt. In Abb. 2.2.9 sind beispielsweise die Polschuhe stark abgeflacht,

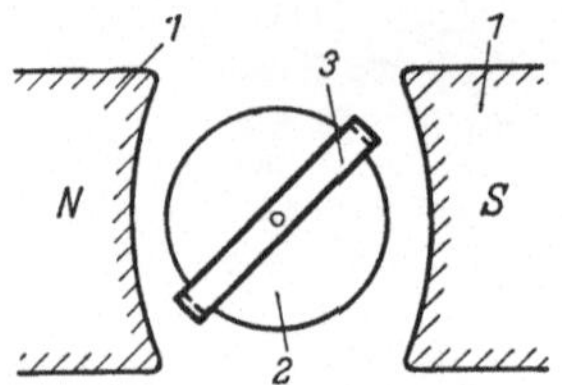

Abb. 2.2.9 Drehspulmeßwerk mit Außenmagnet und abgeflachten Polschuhen.

1 Polschuh; *2* Eisenkern; *3* Drehspule

wodurch man ein Meßwerk erhält, dessen Skale am Anfang und Ende zusammengedrängt und in der Mitte auseinandergezogen ist. Beim Kernmagnetmeßwerk kann der Skalenverlauf durch aufgesetzte Schalen oder Kalotten beeinflußt werden.

Eine Dehnung des Anfangs- oder Endbereichs von Meßgeräten kann auch mit Zenerdioden erreicht werden.

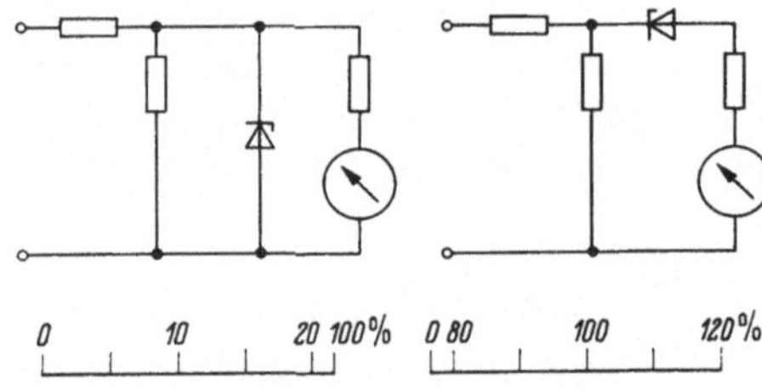

Abb. 2.2.10 Schaltungen zur Dehnung des Anfangs- und Endbereichs von Meßgeräten.

links: Dehnung des Anfangsbereichs;

rechts: Dehnung des Endbereichs

Abbildung 2.2.10 links zeigt eine Schaltung zur Dehnung des Anfangsbereichs. Eine Zenerdiode ist dem Meßwerk parallelgeschaltet. Der Strom durch das Meßwerk steigt bis zum Erreichen der Zenerspannung linear an. Nach Erreichen der Zenerspannung wird diese stark leitend und stellt einen niederohmigen Nebenschluß dar. Diese Schaltung in entsprechender Dimensionierung ist auch zum Schutz von empfindlichen Meßgeräten geeignet.

Bei der in Abb. 2.2.10 rechts gezeigten Schaltung liegt die Zenerdiode in Reihe zum Meßwerk. Wird ein solches Meßgerät an eine Gleichspannung gelegt, so fließt erst nach Erreichen der Zenerspannung Strom durch das Meßwerk. Unterhalb der Zenerspannung hat die Zenerdiode einen sehr großen Widerstand. Der Anfangsbereich ist stark gedrängt. Der größte Teil der Skala steht für den Endbereich zur Verfügung. Solche Meßgeräte werden vielfach zum Überwachen von Betriebsspannungen eingesetzt. Dabei erfolgt die Auslegung z. B. so, daß bei Nennspannung die Anzeige etwa in Skalenmitte, bei 15% Unterschreitung am Skalenanfang und bei 15% Überschreitung am Skalenendwert steht.

Die in Abb. 2.2.10 gezeigten Schaltungen werden nicht nur für Anzeiger, sondern auch für Linienschreiber angewendet.

Für Wechselstrommeßgeräte mit gedehntem Anfangs- oder Endbereich genügt es nicht, den in Abb. 2.2.10 gezeigten Schaltungen eine Gleichrichterschaltung hinzuzufügen. Der Oberwelleneinfluß wäre erheblich. Zu deren Verringerung werden deshalb Siebglieder, z. B. Tiefpässe und Reihenresonanzkreise vorgesehen.

Anzeiger mit gedehntem Anfangs- oder Endbereich werden zumeist in den Klassen 0,5 und 1 geliefert.

Eigenverbrauch. Da das Meßfeld nicht von der Meßgröße erzeugt werden muß, sondern von einem Dauermagnet geliefert wird und sehr hoch gewählt werden kann, verbraucht das Drehspulmeßwerk nur sehr geringe Leistung und beeinflußt die Verhältnisse auch in energiearmen Kreisen kaum, so daß sein Eigenverbrauch nur selten rechnerisch berücksichtigt werden muß. Bei den Spiegelgalvanometern reicht die Empfindlichkeit bis an die durch die Brownsche Molekularbewegung gezogene Grenze heran.

Der Eigenverbrauch der Schalttafelmeßgeräte spielt nur bei Nebenwiderständen für sehr große Ströme oder bei Vorwiderständen für sehr hohe Spannungen eine Rolle, das Meßwerk allein verbraucht 1 μW bis 100 mW.

Überlastbarkeit. Die Drehspule kann aus mechanischen Gründen selten so dünn hergestellt werden, wie es mit Rücksicht auf die Querschnittsbelastung der Leiter möglich wäre, das Drehspulmeßwerk ist deshalb thermisch meist hoch überlastbar. Da das Drehmoment nur linear mit der Stromstärke steigt, läßt sich fast immer auch ein dynamisch hinreichend fester Aufbau erzielen.

Grundfehler. Es gibt serienmäßig hergestellte Präzisionsdrehspulmeßwerke mit max. 0,1% Grundfehler, die über viele Jahre konstant bleiben.

Temperatureinfluß. Mit der Temperatur ändern sich die Feldstärke des Dauermagnets und die elastischen Eigenschaften der Richtfeder. Beide Änderungen sind nicht sehr bedeutend und ihre Wirkungen heben sich zu einem wesentlichen Teil auf. Drehspulstrommesser haben deshalb einen kleinen Temperatureinfluß. Bei Spannungsmessern ist er dagegen infolge der Änderung des Drehspul- und Federwiderstands mit der Temperatur erheblich größer, weshalb Spannungsmesser einen Vorwiderstand mit negativem Temperaturkoeffizienten oder einen sehr großen temperaturunabhängigen Vorwiderstand erhalten müssen. Dasselbe gilt für Strommesser mit temperaturunabhängigem Nebenwiderstand, die ja als Spannungsmesser angesehen werden können, da sie den Spannungsabfall am Nebenwiderstand messen. Bezeichnet R_v den temperaturunabhängigen Vorwiderstand und R_d den Widerstand von Drehspule und Zuführungsfedern mit dem Temperaturkoeffizienten α, dann errechnet sich für die Temperaturänderung Δt ein Temperaturfehler

$$f_{t\%} = -\frac{R_t - R_0}{R_0} \cdot 100\% = -\frac{\alpha \Delta t}{1 + \dfrac{R_v}{R_{d_0}}}\, 100\%,$$

wobei R den Gesamtwiderstand $R_v + R_d$ bei den Temperaturen t bzw. t_0 bedeutet.

Der Unterschied in den Anzeigen bei kurz oder lang dauernder Einschaltung ist der Anwärmeinfluß. Beim Drehspulmeßwerk ist er infolge des geringen Eigenverbrauchs und der schwachen Querschnittbelastung der Leiter in den weitaus meisten Fällen sehr klein. Nach den VDE-Regeln wird für Meßgeräte der Klassen 0,1 bis 0,5 kein Anwärmeinfluß festgelegt. Er muß bei diesen Meßwerken hinreichend klein sein.

Fremdfeldeinfluß. Magnetische Fremdfelder beeinflussen das Drehspulmeßwerk nur im Verhältnis des Fremdfelds zum Meßfeld, das ist meist sehr wenig, weil es gut eisengeschlossen ist und die fremden Magnetfelder gegenüber den gebräuchlichen Meßfeldern selten ins Gewicht fallen.

Einbaueinfluß. Sehr empfindliche Meßwerke in Schalttafelmeßgeräten, die in oder auf Schalttafeln bzw. Frontplatten aus Eisen oder Nichteisenmetallen verwendet werden, können in ihrer Anzeige merklich beeinflußt werden. Die zulässigen Einflußeffekte und die empfohlenen Kennzeichnungen sind in den VDE-Regeln festgelegt.

Bei Schalttafelmeßgeräten mit Kernmagnetmeßwerken ist der Einbaueinfluß praktisch gleich Null.

Anwendungsgebiet

Mit dem Drehspulmeßwerk werden Gleichströme und Gleichspannungen von den kleinsten bis zu den größten Werten gemessen und aus dem Meßergebnis Widerstand und Leistung im Stromkreis ermittelt. Ein weiteres sehr umfangreiches Anwendungsgebiet erhält das Drehspulmeßwerk dadurch, daß sich die verschiedenartigsten Meßgrößen elektrischer und nichtelektrischer Natur in Gleichspannungen umwandeln lassen.

Ausführungsformen

Drehspulmeßwerke für Galvanometer. Galvanometer werden als analoge Anzeiger für sehr kleine Gleichströme und Gleichspannungen verwendet, z. B. zum Messen von Kriechströmen, Thermospannungen, Hochohmwiderständen und Isolationswerten, ferner als Nullindikatoren zum Abgleichen von Brücken und Kompensatoren. Das wesentliche Merkmal der Galvanometer ist ihre hohe Empfindlichkeit, dagegen ist ihre Beruhigungszeit verhältnismäßig groß, und schnell schwingende Typen sind nicht gleichzeitig höchst empfindlich, weshalb man in jedem Fall abwägen muß, ob kurze Einstellzeit oder hohe Empfindlichkeit wichtiger ist. Hohe Stromempfindlichkeit erreicht man durch starke Magnetfelder,

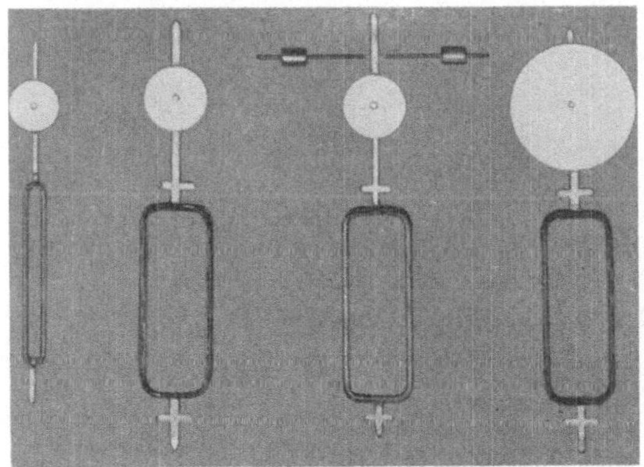

Abb. 2.2.11 Drehspulen verschiedener Galvanometer.
Von links nach rechts: Schnellschwinger; mittlere Schwingungsdauer; große Schwingungsdauer für ballistisches Galvanometer; für Demonstrationsgalvanometer

große Windungszahlen, großen Spulendurchmesser, kleinen Drahtdurchmesser, kleines Drehmoment und langen Zeiger (Lichtzeiger). An Stelle der Spiralfedern und Spitzenlager treten zunehmend Torsionsbänder mit kleinem Richtmoment, die gleichzeitig das System tragen und den Strom zuführen. Hohe Eigenfrequenz erzielt man durch kleinen Spulendurchmesser, leichte Wicklung, leichte Armaturen und hohes Drehmoment.

Es sind zwei grundsätzliche Ausführungsformen der Aufhängung des beweglichen Organs von Galvanometern gebräuchlich. Beim Hängebandsystem wird die Drehspule an einem langen Torsionsband frei aufgehängt. Beim Spannbandmeßwerk wird die Drehspule zwischen zwei durch Federn gespannten Torsionsbändern gehalten.

Die Drehspulen von Spiegelgalvanometern sind je nach Verwendungszweck verschieden gestaltet (Abb. 2.2.11).

Drehspul-Präzisionsmeßwerke. Das Drehspul-Präzisionsmeßwerk ist auf höchste Genauigkeit und Konstanz sowie kleinste Umwelteinflüsse gezüchtet, es braucht weder hoch überlastbar noch besonders erschütterungsfest zu sein; Beruhigungszeit und Eigenverbrauch spielen keine ausschlaggebende Rolle, solange sie in normalen Grenzen bleiben. Die Präzisionsmeßwerke müssen auf feste Strom- und Spannungswerte abgeglichen sein, damit man ihr Zubehör austauschen kann. Die Vor- und Nebenwiderstände sollen mindestens dieselbe Genauigkeit haben wie das Meßgerät, im allgemeinen sind sie wesentlich genauer. Präzisionsmeßgeräte werden in Laboratorien, Eich- und Prüfräumen eingesetzt, wo es sich darum handelt konstante, langsam veränderliche oder geregelte Größen mit höchster Genauigkeit zu messen.

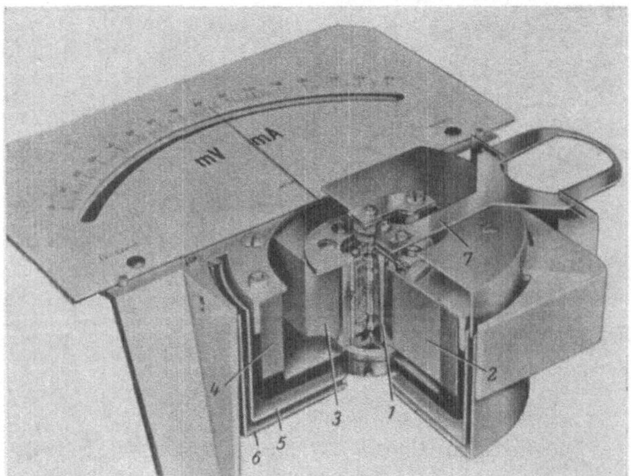

Abb. 2.2.12 Meßwerk eines Präzisions-Drehspul-Zeigermeßwerks Kl. 0,2 (SIEMENS).

1 Drehspule; *2* Dauermagnet; *3* Polschuh; *4* Rückschlußzylinder; *5* innerer Schirm; *6* äußerer Schirm; *7* Nullpunktrücker

Selbstverständlich erhält das bewegliche Organ von Präzisionsmeßwerken die beste verfügbare Lagerung; das ist Lagerung mit Spitzen in Saphiren oder Spannbandlagerung. Um die Reibung klein zu halten, soll der Krümmungsradius der Spitzen nicht größer gewählt werden, als es mit Rücksicht auf das Systemgewicht notwendig ist. Der Lagerstein soll einen möglichst spitzen Konus mit einem Krümmungsradius von etwa dem zwei- bis dreifachen Spitzenradius haben. Übliche Werte sind Spitzenradius 15···25 µm, Steinradius 30···75 µm. Infolge der unbedingt notwendigen Lagerluft kann die Achse des beweglichen Organs bei äußerer Spitzenlagerung verschiedene Lagen in den Lagerpfannen einnehmen, wodurch bei zu großem Krümmungsradius des Steins, bei flachen Lagerkegeln oder bei zu großer Achsluft ein merkbarer Kippfehler entstehen kann. Spannband- und Innenspitzenlagerung haben keinen Kippfehler. Zeiger und Skale müssen eine gute Ablesung gestatten, damit das Meßergebnis nicht durch einen zusätzlichen Ablesefehler verfälscht wird. Es sind also sehr dünne Skalenstriche und dünne Zeiger aus Aluminium oder Glaszeiger erforderlich. Die Ablesung wird zuweilen durch Anleuchten der Skale und durch schwenkbare Ableselupen erleichtert. Den Parallaxenfehler vermeidet man durch Spiegelunterlegung oder Lichtzeiger in Form einer auf die Skale projizierten Marke. Abb. 2.2.12 zeigt das Meßwerk eines Präzisions-Drehspul-Zeigermeßwerks mit spiegelunterlegter Skale.

Das Meßwerk enthält ein hochwertiges Magnetsystem, das im Arbeitsluftspalt nach magnetischer Stabilisierung eine Induktion von 500 mT liefert. Der Steg dieses Systems besteht aus zwei Magneten, den Polschuhen und dem zylindrischen Kern. Das Ganze wird von einem Rückschlußring umschlossen, der zugleich das Meßwerk gegen den Einfluß magnetischer Fremdfelder abschirmt. Zum Schutz vor besonders hohen Fremdfeldstärken kann das Meßwerk mit einem zusätzlichen magnetischen Schirm ausgerüstet werden.

Drehspulmeßwerke für Betriebsmeßgeräte. Im Gegensatz zu den Präzisionsmeßwerken sind Drehspulmeßwerke z. B. in Schalttafelanzeigern für einen ganz bestimmten Meßbereich und rasch veränderliche Größen bestimmt und müssen deshalb eine kurze Beruhigungszeit bei guter Dämpfung haben. Selten sind sie genauer als 1%, und da sie überdies aus größerer Entfernung abgelesen werden, erhalten sie Skalen mit wenigen kräftigen Teilstrichen.

Abbildung 2.2.13 ist ein Schnitt durch das Meßwerk eines Schalttafelmeßgerätes mit Außenmagnet, Abb. 2.2.14 das Meßwerk eines Schalttafelmeßgerätes mit Drehspul-Kernmagnet.

Auch bei Betriebsmeßgeräten geht man mehr und mehr auf Spannbandlagerung und gelegentlich auch auf Lichtzeiger über, wodurch man kleinere Leistungsaufnahme, höhere Genauigkeit, höhere Empfindlichkeit und kürzere Beruhigungszeiten erreicht.

Besonders lange, weithin ablesbare Skalen erhält man durch Vergrößern des Ausschlagswinkels auf über 250° bei den Kreisskalenmeßwerken. Bei gleichen Gehäuseabmessungen ist die Skale etwa 1,7mal länger als bei 90° Ausschlagswinkel.

Drehspulmeßwerke für Direktschreiber. Die Funktion der Meßwerke für Schreiber unterscheidet sich nicht von der der anzeigenden Standardmeßwerke. Jedoch werden Drehmomente von 1 bis 15 Nmm anstelle von 0,1 Nmm und darunter bei Standardmeßwerken gebraucht, um die Reibung zwischen Feder und Papier zu überwinden. Ein großes Drehmoment ist auch notwendig, um bei dem großen Trägheitsmoment eine erträgliche Einstellzeit zu erhalten. Abb. 2.2.4a u. b zeigen ein Drehspulschreibermeßwerk mit Wirbelstrom- bzw. Flüssigkeitsdämpfung.

Abb. 2.2.13 Drehspulmeßwerk (H & B).

1 Magnet; *2* Eisenkern; *3* Polschuh; *4* Drehspule; *5* Richtfeder und Stromzuführung; *6* Nullpunkteinstellung; *7* Äquilibrierarm

Mit Hilfe von Verstärkern (Abschn. 3.16.) kann man den Leistungsverbrauch erheblich senken und auch Meßbereiche für kleinste Ströme und Spannungen ausführen. Vielfach werden die Verstärker unmittelbar im Schreiber eingebaut.

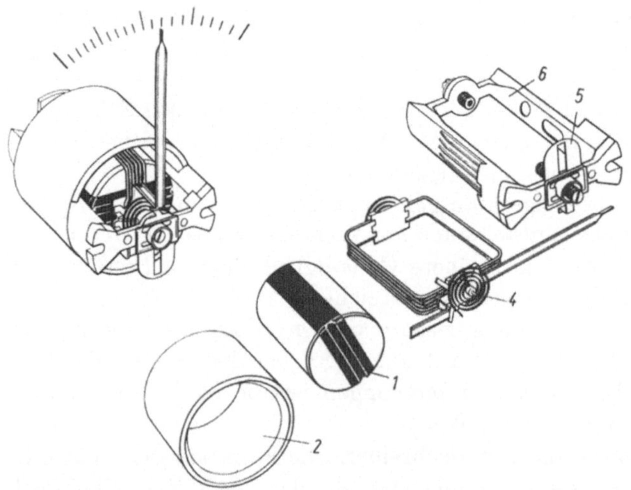

Abb. 2.2.14 Drehspul-Kernmagnetmeßwerk (Gossen).

1 Kernmagnet; *2* Eisenrückschluß; *3* Drehspule; *4* Richtfeder und Stromzuführung; *5* Äquilibrierarm; *6* Halterung für Spitzenlager

Schreiber werden als tragbare Geräte und für den Schalttafeleinbau hergestellt.

Drehspulmeßwerke für Lichtstrahl-Registrierverfahren. Als Registriermeßwerke haben sich das Doppelsaitengalvanometer (Abb. 2.2.15) und das Drehspulgalvanometer (Abb. 2.2.16) durchgesetzt. Schleifenschwinger sind Doppelsaitengalvanometer. Spulenschwinger sind Drehspulgalvanometer.

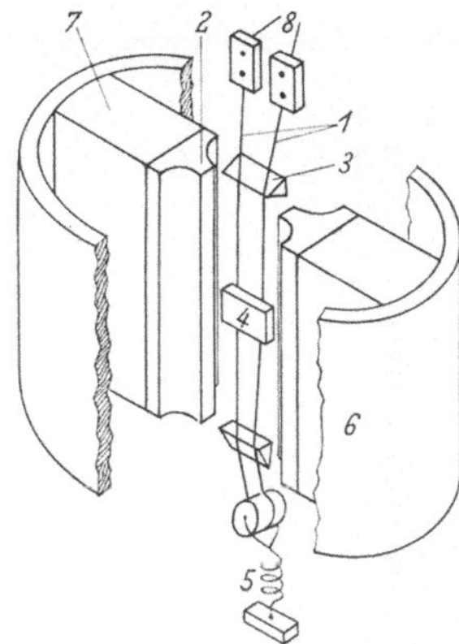

Abb. 2.2.15 Prinzip des Schleifenschwingers (SIEMENS).

1 Seiten; *2* Polschuh; *3* Steg; *4* Spiegel; *5* Spannfeder; *6* magnetischer Rückschluß; *7* Dauer- oder Elektromagnet; *8* Anschlußklemmen

Spulenschwinger lassen sich empfindlicher und auch hochfrequenter ausführen als Schleifenschwinger. Sie erfordern weniger Raum, weil sich ihre Spiegelebene leichter senkrecht zur Richtung des Magnetfelds anordnen läßt.

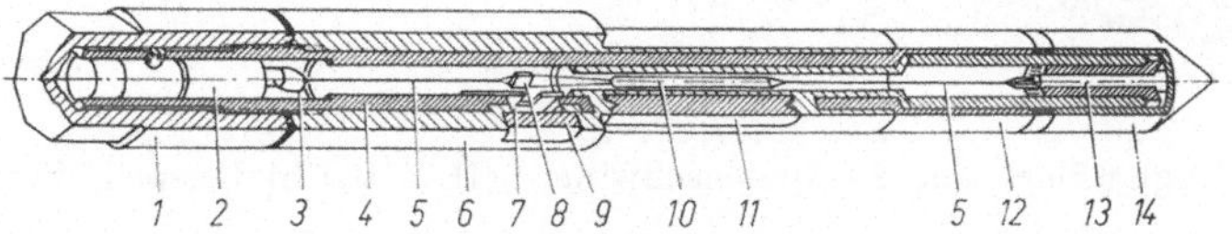

Abb. 2.2.16 Schnitt durch einen Spulenschwinger, zweifach vergrößert (SIEMENS).

1 Verschlußkappe; *2* obere Achse; *3* Feder; *4* Tragrohr; *5* Spannbänder; *6* Isolierstoffgehäuse; *7* Blende; *8* Spiegel; *9* Linse; *10* Drehspule; *11* Polschuh; *12* oberer Kontaktring; *13* untere Achse; *14* unterer Kontaktring

Spulenschwinger werden als schlanke, steckbare Drehspuleinsätze ausgeführt (Abb. 2.2.17). Die Magnetblöcke sind Bestandteil der Oszillographen. Die äußere Form der Schwinger hängt davon ab, ob das Gehäuse Polschuhe zur Konzentration der Feldlinien auf den Luftspalt besitzt, an welcher Stelle die Isolation zwischen den Meßkanälen liegt und

für welche Prüfspannung diese ausgelegt wurde. Auch die Mittel zum
optischen Justieren des Schwingers im Gerät beeinflussen die Gehäuseform. Abb. 2.2.17 zeigt einen Magnetblock für 25 Spulenschwinger.

Schleifenschwinger lassen sich gut für hohe Prüfspannungen ausführen, so daß zwischen zwei Meßkanälen mehr als 10 kV Potentialunterschied bestehen darf. Sie lassen sich auch als elektrodynamische
Registriermeßwerke zum Registrieren von Leistungen ausführen, wenn
der Dauermagnet durch einen Elektromagnet ersetzt wird. Beim Schleifenschwinger liegt die Spiegelebene in Richtung des Magnetfelds. Auch

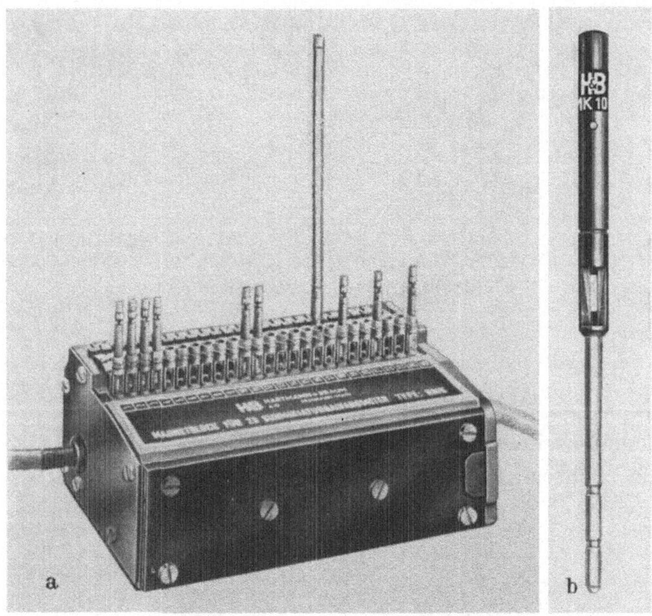

Abb. 2.2.17 a) Magnetblock für 25 Spulenschwinger (H & B); b) Beispiel eines
Spulenschwingers

dies hat Vorteile. Der Spiegel kann in der Mitte des beweglichen Organs
sitzen, ohne daß durch den Magneten der Lichtein- und -austritt gestört
wird. Der dadurch mögliche völlig symmetrische Aufbau des beweglichen
Organs vermeidet schädliche Nebenfrequenzen.

Der für eine gute Wiedergabetreue (Abschn. 2.1.1.) zweckmäßige
Dämpfungsgrad $\alpha = 0{,}7$ wird bei den Schleifenschwingern durch Öldämpfung eingestellt. Spulenschwinger werden bis zu Eigenfrequenzen
von etwa 500 Hz elektrodynamisch, bei höherer Eigenfrequenz ebenfalls
mit Öl gedämpft. Über die Dämpfung von Spulenschwingern wird im
Abschnitt 2.1.1. berichtet.

Die höchste Eigenfrequenz, für die es noch Sinn hat, Schwinger herzustellen, wird durch die Eigenerwärmung bestimmt. Der Eigenverbrauch wächst mit der vierten Potenz der Eigenfrequenz.

$$P \sim \frac{\omega_0^4 \Theta^2 R_i}{(BwF)^2},$$

darin bedeuten:

ω_0 Eigenfrequenz,
Θ Trägheitsmoment,
R_i Innenwiderstand,
B Luftspaltinduktion,
w Windungszahl,
F Windungsfläche.

Tabelle 2.2.1 Technische Daten von schnellschwingenden Galvanometern unterschiedlicher Eigenfrequenz und Empfindlichkeit

Typ	Grenzfrequenz bei Amplitudenfehler		Galvanometerwiderstand R_G	Abschlußwiderstand R_A	Stromempfindlichkeit S_i $\dfrac{mm}{mA \cdot m}$	zulässige Amplitude bei 300 mm Lichtzeiger	zulässiger Strom I_{zul}
	5%	30%					
	Hz	Hz	Ω	Ω	mA·m	mm	mA
100 M	60	100	40	120	8 800	100	10
200 M	120	200	40	40	2 000	100	15
500 M	300	500	40	10	350	100	20
1 000 M	600	1 000	35	100	74	100	20
2 000 M	1 200	2 000	35	100	17	100	50
4 000 M	2 400	4 000	35	100	6,0	100	50
10 000 M	6 000	10 000	55	beliebig	2,0	45	50
20 000 M	12 000	20 000	55	beliebig	0,5	10	50

Tabelle 2.2.1 zeigt Beispiele technischer Daten von schnellschwingenden Galvanometern unterschiedlicher Eigenfrequenz und Empfindlichkeit.

Die obere Grenze, bei der es noch sinnvoll ist, mechanische Schwinger herzustellen, liegt bei über 15 kHz. Dabei ist die Aufzeichnungsamplitude bereits begrenzt. Die niedrigste Frequenz, für die Spulenschwinger hergestellt werden, liegt bei etwa 10 Hz. Sie wird durch die Erschütterungsempfindlichkeit bestimmt.

2.2.2. Kreuzspulmeßwerke

Prinzip

Das Kreuzspulmeßwerk läßt sich aus dem Drehspulmeßwerk entwickeln.
Zunächst macht man das Feld im Luftspalt ungleichmäßig, etwa dadurch, daß man den Luftspalt verschieden lang macht, an Stelle einer
Drehspule bringt man zwei um den kleinen Winkel 2δ gekreuzte Drehspulen an, und schließlich ersetzt man die Richtfedern durch nahezu
richtkraftlose Stromzuführungsbänder. Jede der beiden Drehspulen entwickelt ein Drehmoment, das eine Funktion des Spulenstroms und der

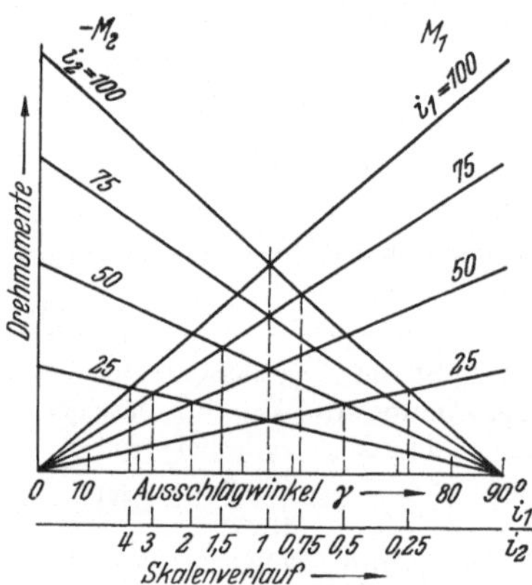

Abb. 2.2.18 Drehmomentcharakteristiken eines Kreuzspulmeßwerks mit linearem Drehmomentanstieg

Feldstärke ist, die Feldstärke ihrerseits ist aber örtlich verschieden, also
eine Funktion des Drehwinkels γ. Wählt man die Stromrichtungen in
den Spulen so, daß sich die entwickelten Drehmomente entgegenwirken,
so stellt sich das bewegliche Organ auf einen Punkt ein, in dem die Drehmomente M_1 und M_2 entgegengesetzt gleich sind. In stromlosem Zustand
bleibt es in einer beliebigen Stellung stehen und muß durch besondere
Zusatzeinrichtungen in die Nullstellung gebracht werden, damit es nicht
einen falschen Meßwert vortäuscht. Bei Abschaltung einer Spule geht
es in die eine oder andere Endlage.

Es ist

$$M_1 = k_1 i_1 f_1(\gamma),$$
$$M_2 = k_2 i_2 f_2(\gamma),$$

und für den Gleichgewichtszustand gilt

$$M_1 + M_2 = 0$$

oder

$$\gamma = \varphi\left(\frac{i_1}{i_2}\right).$$

Der Ausschlag ist also eine Funktion des Stromverhältnisses in den beiden Drehspulen. Das Kreuzspulmeßgerät ist ein Quotientenmesser. Abb. 2.2.18 gibt beispielsweise die Drehmomentcharakteristiken eines Kreuzspulmeßwerks mit linearem Drehmomentanstieg wieder.

Berechnung

Das Feld im Luftspalt eines Kernmagnetmeßwerks verläuft sinusförmig.

$$B = \hat{B} \cos \gamma.$$

Für die Mittelstellung ist $\gamma = 0$ und $B = \hat{B}$ (Abb. 2.2.19). Die Drehspulenströme sind i_1 und i_2, die Windungszahlen w_1 und w_2, die Dreh-

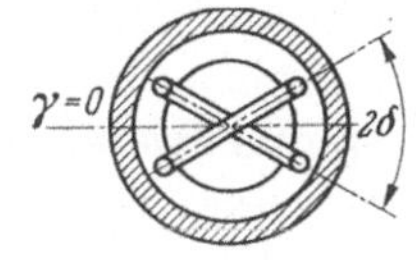

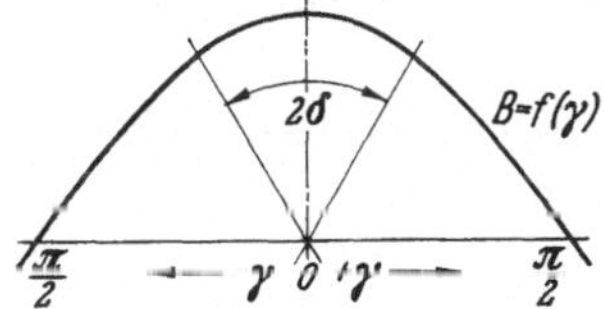

Abb. 2.2.19 Grundsätzliche Anordnung des Kreuzspulmeßwerks.

$B = f(\gamma)$ Induktionsverlauf im Luftspalt; γ Ausschlagwinkel, 2δ Kreuzungswinkel

spulenhöhe l und der Drehspulendurchmesser d. Dann ist

$$M_1 = k i_1 w_1 l d \hat{B} \cos (\gamma + \delta) = k_1 i_1 w_1 \cos (\gamma + \delta),$$
$$M_2 = -k i_2 w_2 l d \hat{B} \cos (\gamma - \delta) = -k_1 i_2 w_2 \cos (\gamma - \delta).$$

Für den Gleichgewichtszustand ist

$$M = M_1 + M_2 = 0$$

oder

$$\frac{i_1 w_1}{i_2 w_2} = \frac{\cos (\gamma - \delta)}{\cos (\gamma + \delta)}.$$

Damit ist der Skalenverlauf und der Meßbereich (Quotientenbereich) festgelegt. Das spezifische Einstellmoment ist

$$D_e = \frac{\partial (M_1 + M_2)}{\partial \gamma} = -2 k_1 i_2 w_2 \frac{\sin \delta \cos \delta}{\cos (\gamma + \delta)}.$$

Für die Skalenmitte ist

$$\gamma = 0; \quad \sin \gamma = 0; \quad \cos \gamma = 1,$$
$$D_e = -2k_1 i_2 w_2 \sin \delta.$$

Da δ größer als 0 ist, ist D_e negativ, die Einstellung ist also stabil. Für Skalenende ist

$$\gamma = 90°; \quad \sin \gamma = 1; \quad \cos \gamma = 0.$$
$$D_e = 2k_1 i_2 w_2 \cos \delta.$$

Da $\delta > 0$, wird D_e positiv und die Einstellung instabil.

Eigenschaften

Skalenverlauf. Die Skale kann durch Wahl des Feldverlaufs und des Kreuzungswinkels der Drehspulen nahezu beliebig gestaltet werden, im allgemeinen strebt man eine lineare Skale an.

Eigenverbrauch. Der Eigenverbrauch des Kreuzspulmeßwerks liegt höher als der eines dimensionsgleichen Drehspulmeßwerks, weil man den Luftspalt nur durch Erweitern ungleichmäßig machen kann und weil bei den üblichen kleinen Kreuzungswinkeln für die Drehspule nur der halbe Wickelquerschnitt verfügbar ist.

Überlastbarkeit. Das Kreuzspulmeßwerk ist ebenso wie das Drehspulmeßwerk sehr hoch überlastbar, der thermische Grenzstrom ist etwa gleich dem 50fachen Nennstrom.

Dämpfung. Wie das Drehspulmeßwerk wird auch das Kreuzspulmeßwerk durch Wirbelströme gedämpft. Die Dämpfung ändert sich jedoch mit dem Ausschlagswinkel, da die Feldstärke nicht überall gleich groß ist und mit der Aussteuerung, also der Größe der Meßspannung, weil sich mit ihr das Einstellmoment ändert.

Grundfehler. Die Grundfehler des Kreuzspulmeßwerks entsprechen denen eines Drehspulmeßwerks.

Temperatureinfluß. Ein Temperaturfehler kann nur auftreten, wenn sich die beiden Drehspulen verschieden erwärmen, was praktisch nicht vorkommt.

Fremdfeldeinfluß. Ein überlagertes Fremdfeld ändert den Feldverlauf und führt somit zu Anzeigefehlern. Der Fremdfeldeinfluß ist jedoch gering und liegt in derselben Größenordnung wie beim Drehspulmeßwerk.

Spannungseinfluß. Werden die beiden Drehspulen aus derselben Spannungsquelle gespeist, so ändern sich beide Ströme gleichmäßig mit der Spannung, und es tritt erst dann ein Fehler auf, wenn das Einstellmoment nicht mehr für eine sichere Einstellung ausreicht oder das Richtmoment der Stromzuführungen nicht mehr gegenüber dem Einstellmoment vernachlässigt werden kann. Dieser kleine Spannungseinfluß ist eine der wesentlichen Eigenschaften des Kreuzspulmeßwerks.

Anwendungsgebiet

Kreuzspulmeßgeräte haben ein außerordentlich umfangreiches Anwendungsgebiet. Sie messen das Verhältnis zweier Ströme, zweier Spannungen oder einer Spannung und eines Stroms, also einen Widerstand, und hier liegt ihre größte Bedeutung, nämlich die Temperaturmessung mit Widerstandsthermometern. Daneben haben die Kreuzspulmeßgeräte aber auch bei der Messung anderer nichtelektrischer Größen, die sich als Widerstände, Ströme oder Spannungen abbilden lassen, sowie bei der Fernmessung Bedeutung erlangt, weil bei diesen Messungen meist mit erheblichen Spannungsschwankungen gerechnet werden muß, und die Anzeige der Kreuzspulmeßgeräte in weiten Grenzen spannungsunabhängig ist. Für die Messung von Wechselstromquotienten kann man Gleichrichterschaltungen anwenden, und in besonderen Schaltungsanordnungen ermöglichen die Kreuzspulmeßgeräte auch Produkte zu bilden.

Ausführungsformen

Bruger-Kreuzspulsystem. Das Bruger-System nach Abb. 2.2.20a und 2.2.21 ist symmetrisch aufgebaut, der Kern ist rund, die Polschuhe sind etwa nach Abb. 2.2.20a ausgeschliffen. Ein ähnliches Meßwerk kann man auch mit Innenmagnet ausführen (Abb. 2.2.20b), wobei der Luftspalt ringsum gleich lang gemacht werden kann, weil das Feld an sich sinusförmig verläuft. Dieses Meßwerk nutzt den Magnet sehr gut aus, hat geringen Fremdfeldeinfluß und beeinflußt auch benachbarte Meßwerke nur wenig. Das Kreuzspulmeßwerk nach Bruger ist für kleine Quotientenverhältnisse etwa 0,8···1,2 geeignet.

    Brückenkreuzspulmeßwerk. Das Brückenkreuzspulmeßwerk (Abb. 3.2.20c) ist unsymmetrisch aufgebaut. Es hat eine Ablenkspule, die sich in einem homogenen Magnetfeld bewegt und von einem veränderlichen Strom gespeist wird, und eine von konstantem Strom durchflossene Richtspule in einem mit dem Ausschlag wachsenden Magnetfeld. Wenn

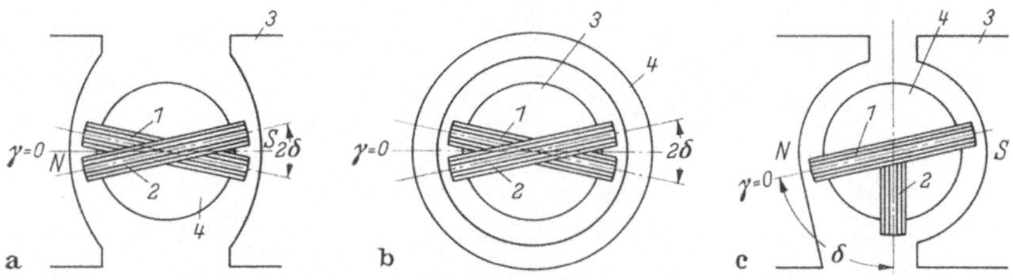

Abb. 2.2.20a—c Verschiedene Ausführungen von Kreuzspulmeßwerken.
a) Bruger-Kreuzspulmeßwerk mit Außenmagnet; b) Bruger-Kreuzspulmeßwerk mit Innenmagnet; c) Brückenkreuzspulmeßwerk

die Ablenkspule stromlos ist, geht das bewegliche Organ in die Nullstellung, bei stromloser Richtspule in die obere Endlage; wenn beide
Spulen stromlos sind, bleibt es auf einem beliebigen Skalenwert stehen.
Das Meßwerk überstreicht also einen von Null beginnenden größeren
Quotientenbereich und wird vorwiegend in Brückenschaltungen, insbesondere für Temperaturmessungen, angewendet.

Abb. 2.2.21 Kreuzspulmeßwerk nach
Bruger (H & B).

1 Kreuzspulen; *2* Stromzuführungen

T-Spulmeßwerk. Das in Abb. 2.2.22 im Prinzip gezeigte T-Spulmeßwerk
arbeitet mit einem Kernmagnet und hat seinen Namen von der T-förmigen Anordnung von Haupt- und Richtspule. Die Hauptspule schwingt
wie bei einem Kernmagnet-Drehspulmeßwerk im Luftspalt zwischen dem
Magnetkern und dem konzentrischen Rückschlußring in einem von der
Nullstellung aus nach einer Kosinusfunktion abnehmenden Feld. Die

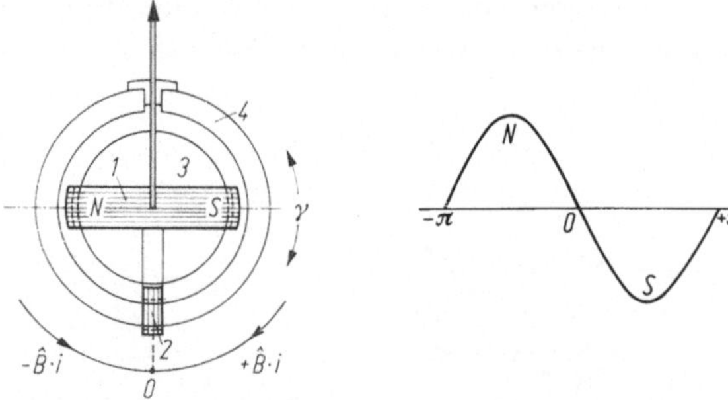

Abb. 2.2.22 T-Spulmeßwerk.

1 Hauptspule; *2* Richtspule; *3* Kernmagnet; *4* Eisenrückschluß; γ Ausschlagwinkel

innere Seite der Richtspule bewegt sich in einem von der Nullstellung aus sinusförmig wachsenden Feld und erzeugt so das Gegendrehmoment. Bei gleichmäßig magnetisiertem Kern gilt für den Gleichgewichtszustand

$$k i_1 w_1 \hat{B} \cos \gamma = -k i_2 w_2 \hat{B} \cos (90 + \gamma),$$

woraus folgt

$$\frac{i_1 w_1}{i_2 w_2} = \tan \gamma.$$

Die Skale verläuft also nach einer Tangensfunktion und ist in dem ausgenutzten Bereich von $\pm 45°$ annähernd linear. Um die Schaltungsmöglichkeiten zu erweitern, kann man die Ablenkspule in der Mitte anzapfen.

Kreuzfeldmeßwerk. Beim Kreuzfeldmeßwerk liegen Ablenkspule und Richtspule übereinander in getrennten Magnetfeldern. Das Feld für den Ablenkrahmen ist homogen, das für den Richtrahmen nimmt mit

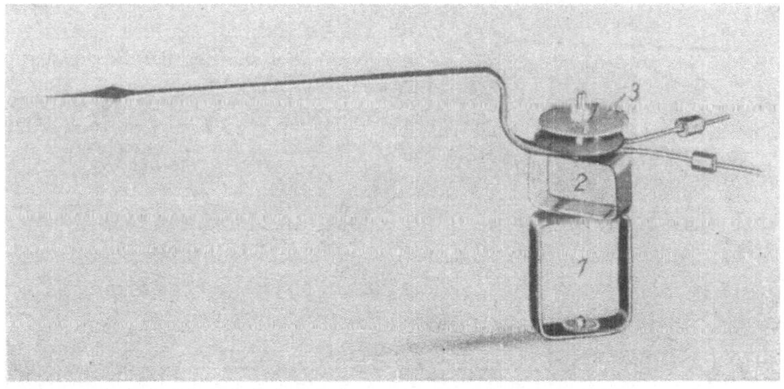

Abb. 2.2.23 Bewegliches Organ eines Kreuzfeldmeßwerks mit übereinanderliegenden Spulen.
1 Ablenkspule; *2* Richtspule; *3* Stromzuführungen

wachsendem Ausschlag zu, es wird entweder von einem besonderen Magnet erzeugt oder durch Polstücke vom Hauptfeld abgezweigt und ist getrennt justierbar. Abb. 2.2.23 zeigt das bewegliche Organ eines Kreuzfeldmeßwerks.

2.2.3. Drehmagnetmeßwerke

Prinzip

Das Drehmagnetmeßwerk beruht darauf, daß sich eine Magnetnadel im Magnetfeld in die Richtung der Kraftlinien einstellt. Es besteht aus mindestens einem drehbar gelagerten Dauermagneten in einer stromdurchflossenen festen Spule, die das ablenkende Meßfeld erzeugt. Die Richtkraft wird entweder durch eine Feder oder durch ein zweites konstantes Magnetfeld, etwa durch das Erdfeld oder einen Dauermagneten gebildet. Das Drehmagnetmeßwerk ist also die Umkehrung des Drehspulmeßwerks.

Berechnung

Bei stromloser Ablenkspule steht die Magnetnadel in der Richtung des Richtfelds H_R; kommt das Meßfeld H_m hinzu, so stellt sie sich in die Richtung des resultierenden Felds H_{res} ein. Im allgemeinsten Fall schließen Richtfeld H_R und Ablenkfeld H_m einen beliebigen Winkel miteinander ein. Der Ausschlagwinkel läßt sich aus dem Zeigerdiagramm (Abb. 2.2.24) ablesen. Diese graphische Ermittlung des Skalenverlaufs ist am einfachsten. Aus den Gleichungen für das schiefwinklige Dreieck läßt er sich aber auch rechnerisch ermitteln.

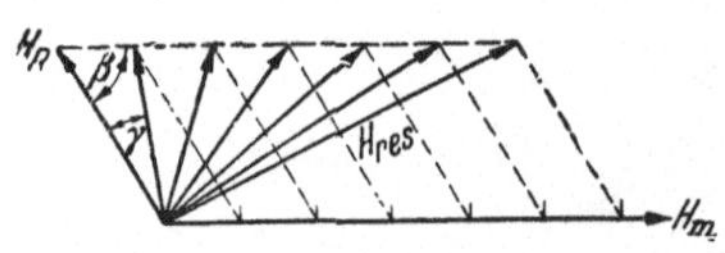

Abb. 2.2.24 Ermittlung des Skalenverlaufs beim allgemeinsten Fall des Drehmagnetmeßfelds.

H_R Richtfeld; H_m Meßfeld; H_{res} resultierendes Feld; γ Ausschlagwinkel

Das auf die Magnetnadel im Feld ausgeübte Drehmoment ist proportional der Polstärke m der Magnetnadel, der Feldstärke, sowie dem Sinus des Winkels zwischen der Feldrichtung und der Längsachse des Drehmagnets. Das vom Meßfeld ausgeübte Drehmoment ist

$$M_1 = kmH_m \sin(\beta + \gamma).$$

Das Richtfeld übt ein Drehmoment aus

$$M_2 = kmH_R \sin\gamma.$$

Für die Gleichgewichtslage ist $M_1 + M_2 = 0$

$$\tan\gamma = \frac{H_m \sin\beta}{H_R - H_m \cos\beta}. \tag{2.2.8}$$

Die Anzeige ist also unabhängig von der Polstärke des Drehmagnets und nur abhängig vom Feldverhältnis. Änderungen des Richtmagnets beeinflussen demnach die Anzeige.

Eigenschaften

Skalenverlauf. Der Skalenverlauf ergibt sich unmittelbar aus dem Zeigerdiagramm bzw. aus Gl. (2.2.8). Er ist durch den Winkel zwischen dem Richtfeld und dem Ablenkfeld bestimmt sowie durch das Verhältnis der beiden Felder und läßt sich nahezu beliebig gestalten. Für kleine Winkel β ist die Skale am Anfang eng und am Ende weit. Für großes β wird die Tendenz umgekehrt, dazwischen gibt es einen Wert von β, für den die Skale symmetrisch ist, nämlich in der Mitte weit und an beiden Enden gleichmäßig gedrängt. Für $H_R = H_m$ ist dieser Wert $\beta = 60°$. Skalen mit unterdrücktem Nullpunkt erhält man durch Verdrehen des Zeigers gegenüber der Drehmagnetachse oder durch einen kräftigen Richtmagneten.

Eigenverbrauch. Der Eigenverbrauch liegt bei Drehmagnet-Meßwerken in der Regel über dem der Drehspulmeßwerke und beträgt $10 \cdots 100$ mV. Dagegen gelang es beim Panzergalvanometer den Eigenverbrauch kleiner zu halten als bei entsprechenden Drehspulgalvanometern.

Überlastbarkeit. Die Überlastbarkeit ist begrenzt durch die dynamische Festigkeit des beweglichen Systems und der Spulen sowie die thermische Belastbarkeit der Spulen.

Dämpfung. Das bewegliche Organ wird durch Wirbelströme gedämpft, die der Drehmagnet in einem feststehenden Kupferzylinder erzeugt, der den Drehmagnet möglichst dicht umschließt. Diese Dämpfung ist zuweilen nicht ausreichend, und es wird dann entweder eine Luft- oder eine Öldämpfung vorgesehen.

Grundfehler. Bei Meßwerken mit mechanischer Richtkraft sind die Grundfehler, abgesehen von den mechanischen Fehlern, gegeben durch die Konstanz der Feder, bei Meßwerken mit magnetischer Richtkraft durch die Konstanz des Richtfelds.

Temperatureinfluß. Der Temperatureinfluß wird durch die Temperaturänderungen der Richtkraft (Feder oder Richtmagnet) hervorgerufen, er kann hinreichend klein gehalten werden.

Fremdfeldeinfluß. Das resultierende Feld des Drehmagnetmeßwerks ist verhältnismäßig klein, der Fremdfeldeinfluß ist also groß und muß durch Schirme verringert werden. Beim Einbau des Meßwerks in einen Abschirmtopf läßt sich der Fremdfeldfehler in den VDE-Grenzen halten. Dieser Abschirmzylinder muß genügenden Abstand vom Drehmagnet haben, da sonst infolge der Magnetisierung der Abschirmung durch den Drehmagnet ein Hysteresefehler entsteht.

Anwendungsgebiet

Drehmagnetmeßwerke werden in empfindlichen Galvanometern für Gleich- und Wechselstrom für den Gebrauch in Instituten und Laboratorien oder in Einbau-, insbesondere in Kleinmeßgeräten z. B. als Indikatoren, verwendet.

Wesentliche Bedeutung hat das Drehmagnetmeßwerk auch als Düsenschreibermeßwerk in sogenannten Flüssigkeits-Strahl-Oszillographen und elektromedizinischen Geräten erlangt.

Ausführungsformen

Panzergalvanometer. Die Laboratoriumsgeräte sind die bekannten Sinus- und Tangentenbussolen zum Messen kleiner Gleichströme oder schwacher Magnetfelder. Diese Nadelgalvanometer haben häufig keine eigene Richtkraft, müssen also in der Richtung des magnetischen Meridians aufgestellt werden. Um ihre Empfindlichkeit zu steigern, wird bisweilen seitlich ein kleiner Richtmagnet vorgesehen, der das Erdfeld teilweise aufhebt.

Eine andere Möglichkeit der Empfindlichkeitssteigerung ist die Astasierung. Dabei werden zwei Drehmagnete entgegengesetzter Polung übereinander am gleichen Gehänge angeordnet, so daß das Richtmoment

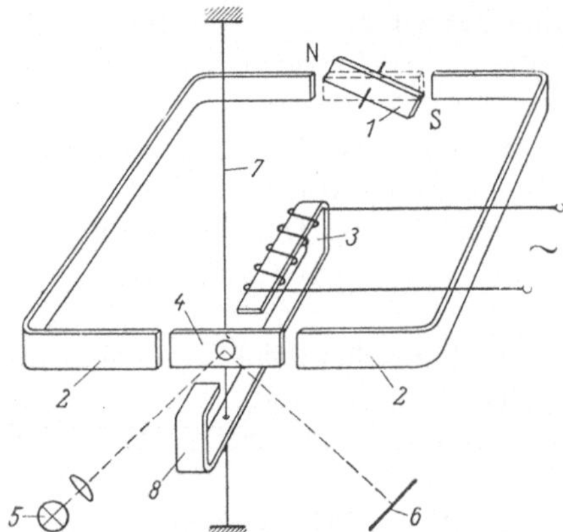

Abb. 2.2.25 Grundsätzliche Anordnung eines Nadelvibrationsgalvanometers.

1 Richtmagnete, davon einer drehbar; *2* Polschuhe des Gleichfeldsystems; *3* Wechselstromspule; *4* Schwingmagnetnadel mit Spiegel; *5* Optik; *6* Beobachtungsschirm; *7* Spannband; *8* Eisenkern des Wechselfeldsystems

nur proportional der Differenz der magnetischen Momente der beiden Nadeln ist. Die Ablenkspule wirkt dagegen nur auf die eine Nadel ein. Das bewegliche Organ dieser Nadelgalvanometer wird meist an Quarzfäden aufgehängt, um Reibungsfehler zu vermeiden. Die Geräte werden auch als ballistische Galvanometer sowie mit besonders guter Abschirmung als Panzergalvanometer ausgeführt.

Vibrationsgalvanometer. Ein Drehmagnetmeßgerät ist auch das Nadelvibrationsgalvanometer, bei dem die drehbare Magnetnadel von einem Spannband gehalten und auf Resonanz mit der Frequenz des zu messenden Wechselstroms abgestimmt ist. Die ablenkende Kraft wird durch ein Wechselfeld erzeugt, die Richtkraft durch ein Gleichfeld, und die Nadel stellt sich in jedem Augenblick in die Richtung des resultierenden Felds, d. h. sie schwingt mit der Frequenz des Wechselstroms. Abb. 2.2.25 zeigt die grundsätzliche Anordnung. Die schwingende Magnetnadel *4* ist an dem Spannband *7* aufgehängt und bewegt sich zwischen den Polschuhen *2* des Dauermagnetsystems mit einer Eigenfrequenz, die von der Größe des magnetischen Gleichflusses abhängt. Diesen magnetischen

Gleichfluß liefert der Dauermagnet *1*, er besteht aus zwei radial magnetisierten Plättchen, von denen eines über Schnecke und Schneckenrad um 180° gedreht werden kann, so daß die Feldstärke zwischen Null und einem Maximum einstellbar ist. Mit dem Magnetfluß ändert sich die auf den Schwingmagnet *4* ausgeübte Richtkraft und damit die Eigenfrequenz des schwingenden Organs, sie kann zwischen 40 und 200 Hz stufenlos eingestellt werden.

Der zu messende Wechselstrom speist die Erregerwicklung *3* und erzeugt über den Eisenkern *8* im Luftspalt ein magnetisches Wechselfeld, durch das die bewegliche Nadel ausgelenkt wird. Die schwingende Magnetnadel wird durch Wirbelströme gedämpft, die sie in einem Kupfermantel oder in den benachbarten Teilen des Systemträgers induziert.

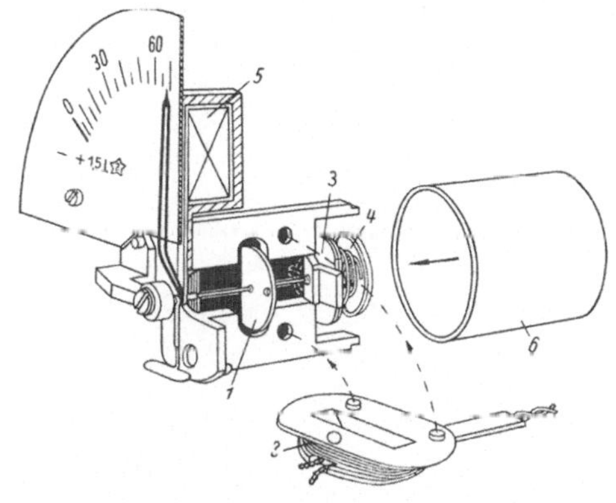

Abb. 2.2.26 Grundsätzliche Anordnung eines Drehmagnetmeßwerks.

1 Drehmagnet; *2* Feldspule; *3* Richtmagnet; *4* magnetischer Nebenschluß; *5* Dämpfung; *6* Abschirmung

Die Schwingungsweite der Nadel ist proportional der Größe des Wechselfelds, und die Empfindlichkeit ist am größten, wenn zwischen der Eigenfrequenz des beweglichen Organs und der Frequenz des Meßstroms Resonanz besteht. Mit zunehmender Eigenfrequenz wird die Empfindlichkeit geringer.

Drehmagnetmeßwerk für Betriebsmeßgeräte. Eine völlig andere Ausführungsform ist das Drehmagnetmeßwerk für z. B. Schalttafelmeßgeräte, das als Strom- und Spannungsmesser außerordentlich einfach gebaut ist und infolge seiner Billigkeit dem Drehspulmeßwerk Konkurrenz macht. Es eignet sich beispielsweise für schlagwetter- und explosionssichere Ausführung, weil es keine beweglichen stromführenden Teile hat, sowie für erschütterungsfeste Ausführung, weil die stoßempfindliche Feder fehlt. Seine Nachteile gegenüber dem Drehspulmeßwerk sind der höhere Verbrauch, die nicht vollkommen lineare Skale und die unbedingt notwendige Abschirmung. Bei starken Überlastungen wird der Drehmagnet ummagnetisiert. Drehmagnetmeßwerke werden auch in tragbaren Geräten verwendet.

Drehmagnet-Düsenschreibermeßwerk. Drehmagnetmeßwerke finden auch zum Registrieren schneller Vorgänge Anwendung. Abb. 2.2.27 zeigt ein in elektromedizinischen Geräten eingesetztes Düsenschreibermeßwerk, das nach dem Drehmagnetprinzip arbeitet. Der zylindrische Drehmagnet aus Platin-Kobalt ist in seiner Längsachse durchbohrt. Durch die Bohrung ist die Kapillare geführt und mit dem Magneten durch Klebung verbunden. Die Kapillare ist am oberen Ende um 90° abgewinkelt und zu einer Düse ausgezogen, aus der die Tinte austritt. Sie erzeugt gleichzeitig die Richtkraft. Die Eigenfrequenz des Meßwerks liegt bei etwa 1000 Hz bis maximal 1500 Hz.

Über das Registrieren mit Düsenschreibern wird im Abschnitt 3.17.2. berichtet.

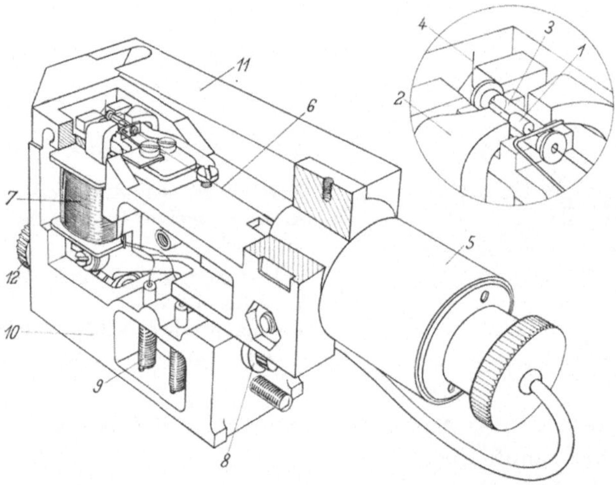

Abb. 2.2.27 Düsenschreiber nach dem Drehmagnetprinzip (Elema-Schönander, Stockholm).

1 Drehmagnet; *2* Polschuh; *3* Öldämpferkammer; *4* Strahlaustrittsöffnung; *5* Filter; *6* Kapillare, gleichzeitig Rückstellkraft; *7* Feldspule; *8* Flüssigkeitssteckverbindung; *9* Stromzuführung; *10* Meßwerkträger; *11* Gehäusekappe; *12* Schraube zum Einstellen der Strahllage

Drehmagnet-Quotientenmeßwerk. Dieses Meßwerk entwickelt sich aus dem Drehmagnetmeßwerk dadurch, daß man das konstante Feld des Richtmagnets durch ein zweites von der Meßgröße abhängiges Feld ersetzt. Das Meßwerk besteht aus zwei Feldspulen und einer Richtspule, in denen sich die Magnetnadel bewegt, außerdem kann ein schwacher Richtmagnet vorhanden sein, der den Zeiger bei Stromlosigkeit beider Spulen gegen den Anschlag drückt (Abb. 2.2.28). Das Meßwerk wird ebenso wie ein Drehmagnetmeßwerk berechnet, wobei an die Stelle des konstanten Richtfelds ein zweites Meßfeld tritt.

Das Meßwerk wird als Quotientenmesser in der gleichen Weise und in denselben Schaltungen wie das Kreuzspulmeßwerk verwendet, von dem es sich nur durch den höheren Verbrauch unterscheidet.

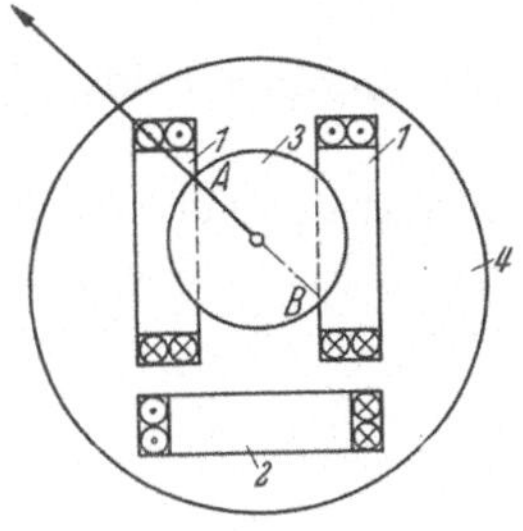

Abb. 2.2.28 Grundstäzliche Anordnung des Drehmagnetquotientenmeßwerks.

1 Ablenkspule; *2* Richtspule; *3* Drehmagnet; *4* Rückschlußzylinder; *AB* Zeiger und Magnetisierungsrichtung

2.2.4. Dreheisenmeßwerke

Prinzip

Das Dreheisenmeßwerk, wie es nach seiner meist gebauten Ausführungsform auch genannt wird, beruht auf der Kraftwirkung zwischen elektromagnetischen Feldern und in das Feld eingebrachten Weicheisenstückchen. Es sind zahlreiche Formen bekannt, bei denen anziehende, abstoßende oder eine Kombination von abstoßenden und anziehenden Kräften wirksam werden.

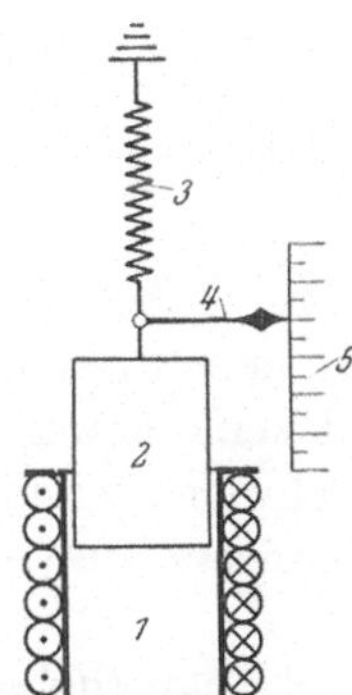

Abb. 2.2.29 Grundsätzliche Anordnung des Dreheisen-Tauchankermeßwerks.

1 Feldspule; *2* bewegliches Eisen; *3* Gegenfeder; *4* Zeiger; *5* Skale

Die älteste Form des Dreheisenmeßwerks ist der Tauchankertyp (Abb. 2.2.29), bei dem ein federnd aufgehängter Eisenkern in ein stromdurchflossenes Solenoid hineingezogen wird.

Berechnung

Drehmoment und Skalenverlauf des Dreheisenmeßwerks lassen sich praktisch nicht vorausberechnen. Drysdale gibt für das Drehmoment an

$$M_1 = \frac{1}{2}\, i^2\, \frac{\mathrm{d}L}{\mathrm{d}\gamma},$$

worin i die Erregerstromstärke und L die Induktivität der Feldspule und γ den Ausschlagwinkel bedeuten.

Das Drehmoment ist also proportional dem Quadrat des Feldspulenstroms und der Änderung der Induktivität der Feldspule mit dem Ausschlagwinkel. Statt dessen könnte man auch schreiben

$$M = kB_e\, \frac{\mathrm{d}H}{\mathrm{d}\gamma},$$

worin B_e die Induktion im Eisen und H die Feldstärke bedeuten. Da die Feldstärke proportional dem Feldspulenstrom und im linearen Bereich die Induktion proportional der Feldstärke ist, kommt das ebenfalls auf eine quadratische Abhängigkeit vom Strom hinaus. In diesen Gleichungen ist die Änderung der Induktivität $\mathrm{d}L/\mathrm{d}\gamma$ bzw. die Änderung der Feldstärke $\mathrm{d}H/\mathrm{d}\gamma$ mit dem Ausschlagwinkel nicht vorausberechenbar, und man kann deshalb den Skalenverlauf nicht von vornherein angeben. So bleibt nur der experimentelle Weg, indem man an einem Versuchsmuster Messungen durchführt und an Hand der gewonnenen Zahlen weiterrechnet und experimentiert. Einen guten Überbllck über die Einstellsicherheit eines Dreheisenmeßwerks erhält man durch Aufnehmen der Drehmomentcharakteristik bei verschiedenen Stromstärken $M = f(i)$ (Abb. 2.1.10).

Eigenschaften

Das Dreheisenmeßwerk ist außerordentlich einfach gebaut, es besteht aus einer festen Erregerspule, einem beweglichen und evtl. einem festen Eisenstückchen sowie einer Feder als Gegenkraft und hat keine beweglichen stromführenden Teile, weshalb es ohne besondere Schwierigkeiten sehr hoch überlastbar, sowie explosions- und schlagwettersicher ausgeführt werden kann.

Skalenverlauf. Entsprechend der Funktion $\gamma = \varphi(i^2)$ ist die natürliche Skale des Dreheisenmeßwerks am Anfang zusammengedrängt und wird nach dem Ende zu weiter. Es gibt jedoch eine Reihe von Möglichkeiten, den Skalenverlauf zu beeinflussen, dies sind die Form der Eisenkerne, ihre Lage im Feld und ihr Sättigungszustand sowie die Form der Feldspule.

Beim Dreheisenmeßwerk und bei allen anderen Meßgeräten mit nichtlinearen Skalen muß man zwischen Meßbereich und Anzeigebereich unterscheiden. Der Meßbereich wird durch einen Punkt über dem betreffenden Teilstrich besonders gekennzeichnet, und nur für ihn gelten die Genauigkeitszusagen. Der Anzeigebereich erlaubt zwar eine ungefähre Abschätzung der außerhalb des Meßbereichs liegenden Werte, doch werden für ihn keine Genauigkeitszusagen gemacht (Abb. 2.2.30).

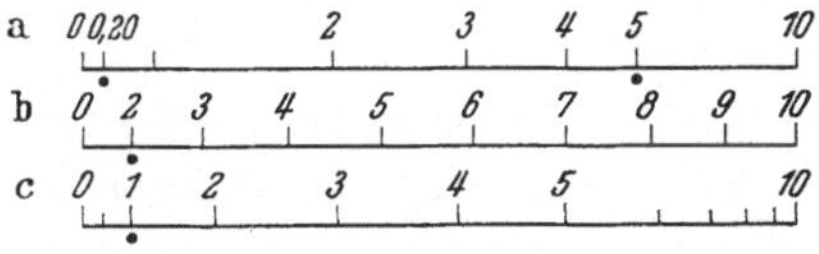

a 0 0,20 2 3 4 5 10
b 0 2 3 4 5 6 7 8 9 10
c 0 1 2 3 4 5 10

Abb. 2.2.30 Skalen von Dreheisenmeßwerken.

a) anfangsweite Skale; b) annähernd lineare Skale; c) gedrängte Skale

Eigenverbrauch. Die Feldspule eines Dreheisenmeßwerks verbraucht etwa $0,5 \cdots 1$ VA, also $10^5 \cdots 10^6$ mal soviel wie ein Drehspulmeßwerk und ebensoviel wie ein eisengeschlossenes elektrodynamisches Meßwerk. Bei Spannungsmessung kommt dazu der Verbrauch in dem für die Temperaturkompensation erforderlichen Vorwiderstand, der mindestens das Dreifache des Feldspulenverbrauchs beträgt. Der Verbrauch wird klein gehalten durch möglichst leichten Aufbau des beweglichen Organs und das dadurch mögliche kleine Drehmoment, er ist besonders klein bei Spannbandlagerung. Spannbandmeßwerke verbrauchen nur etwa den zehnten Teil der Leistung eines gleichartigen spitzengelagerten Meßwerks, also größenordnungsmäßig 0,1 VA. Präzisions-Dreheisenmeßwerke mit Lichtzeiger und Spannbandlagerung verbrauchen $3 \cdots 5$ mVA, tragbare Dreheisen-Vielfachmeßwerke mit Spannbandlagerung 30 bis 200 mVA.

Überlastbarkeit. Da das Dreheisenmeßwerk keine beweglichen stromführenden Teile hat, ist es sehr widerstandsfähig gegen schlechte Behandlung und Überlastung. Die Überlastungsfähigkeit ist begrenzt durch die dynamische Festigkeit des beweglichen Organs einerseits und durch die thermische Festigkeit der Feldspule andererseits. Eine hohe dynamische Festigkeit erreicht man durch biegungs- und verdrehungssteifen Aufbau aller Teile sowie durch Sättigung des Eisens bei Überströmen, wodurch der Anprall des beweglichen Organs gegen den Endanschlag gemildert wird. Die thermische Festigkeit ist durch die Querschnittsbelastung der Feldspulenwicklung bedingt. Normale Einbaumeßgeräte vertragen dynamische und thermische Überlastung vom 50- bzw. 70fachen Nennstrom, kurzschlußfeste Strommesser sind dynamisch und thermisch bis zum 100fachen Nennstrom belastbar. Spannband-Dreheisenmeßwerke vertragen dauernd den 5fachen Nennstrom, dynamisch den 300fachen Nennstrom, sie sind also praktisch jeder Überlastung gewachsen.

Dämpfung. Die Dreheisenmeßwerke sind vorzugsweise luftgedämpft. Daneben gewinnt bei geschirmten Meßwerken seit einigen Jahren die Wirbelstromdämpfung immer mehr an Bedeutung. Bei der Wirbelstromdämpfung schwingt eine am beweglichen Organ befestigte Metallfahne, aus Gewichtsgründen meist aus Aluminium gefertigt, im Feld eines Dauermagneten.

Das Trägheitsmoment ist weniger durch das verhältnismäßig kleine Dreheisen, als durch den Zeiger und den Dämpferflügel bestimmt, weshalb das Lichtzeigermeßgerät besonders günstig ist.

Grundfehler. Die Grundfehler des Dreheisenmeßwerks sind einerseits durch die Güte der verwendeten Eisensorte gegeben, andererseits durch die Konstanz und elastische Nachwirkung der Federn oder Spannbänder. Die kleinsten erreichbaren Fehlergrenzen liegen bei $\pm 0{,}1\%$. Die große Masse der Dreheisenmeßwerke wird in Einbaumeßgeräten mit einer Anzeigetoleranz von $\pm 1{,}5\%$ bei Gleich- und Wechselstrom verwendet. Der Anzeigefehler beinhaltet folgende Fehler:

Hysteresefehler. Speist man ein Dreheisenmeßwerk mit Gleichstrom und durchläuft einen Stromzyklus von Null bis zu einem Höchstwert und wieder zurück auf Null, so erhält man für die gleiche Stromamplitude infolge der Hysterese im Eisen bei steigendem und fallendem Strom verschiedene Werte des Ausschlagwinkels. Der Fehler wird um so größer, je breiter die Hystereseschleife des verwendeten Eisens ist; er ist um so größer, je größer die Koerzitivkraft und je kleiner die Sättigungsinduktion des verwendeten Eisens ist. Eine genaue Berechnung des Hysteresefehlers wurde von Toeller angegeben.

Remanenzfehler. Wendet man den Strom, so erhält man wiederum Unterschiede zwischen den Anzeigen bei steigendem und fallendem Strom. Die neuen Werte decken sich jedoch nicht mit den bei der ersten Stromrichtung erhaltenen. Dieser Fehler rührt von der Remanenz der verwendeten Eisenlegierung her, da ja zunächst eine gewisse Feldstärke aufgebracht werden muß, um den remanenten Magnetismus im Eisen zum Verschwinden zu bringen. Der Fehler ist um so kleiner, je kleiner diese Feldstärke, je kleiner also die Koerzitivkraft ist. Nickel-Eisen-Legierungen haben sich bei entsprechend sorgfältiger Glühung und Handhabung bis jetzt am besten bewährt.

Kurvenformeinfluß. Der Kurvenformeinfluß wirkt sich aus, wenn die Meßgröße einen erheblichen Anteil von Frequenzen enthält, die über den Frequenzbereich des Meßwerks hinausgehen. Auch hohe Spannungsspitzen ergeben einen Kurveneinfluß, wenn diese das Eisen bis zur Sättigung magnetisieren. Es ist deshalb üblich, die Dreheisenmeßwerke so auszulegen, daß die Induktion im Eisen bei Endausschlag nur etwa 50% der Sättigungsinduktion beträgt.

Temperatureinfluß. Der Temperatureinfluß des Dreheisenstrommessers rührt ausschließlich von der Änderung des Federdrehmoments mit der Temperatur her und beträgt etwa 0,02%/°C. Beim Spannungsmesser macht sich außerdem die Temperaturabhängigkeit des Feldspulenwiderstands bemerkbar, und es muß ein hinreichend großer temperaturunabhängiger Widerstand vorgeschaltet werden, um den Temperaturfehler in zulässigen Grenzen zu halten. Ferner tritt beim Spannungsmesser ein Anwärmefehler auf, der mit der Querschnittbelastung der Feldspule wächst.

Fremdfeldeinfluß. Da das Spulenfeld verhältnismäßig schwach ist, können Fremdfelder beträchtliche Anzeigefehler hervorrufen. Die Dreheisenmeßwerke müssen deshalb durch Eisenschirme dem Einfluß fremder Felder entzogen werden.

Abbildung 2.2.34 zeigt ein doppelt geschirmtes Dreheisen-Präzisionsmeßwerk. Das Meßwerk ist völlig symmetrisch aufgebaut, um radiale Kräfte auf das bewegliche Organ unwirksam zu machen, der Feldspulenhalter ist aus Keramik.

Frequenzeinfluß. Die Verwendbarkeit der Dreheisenmeßwerke bei höheren Frequenzen wird durch die Hysterese und Wirbelstromverluste im Eisen und in den benachbarten Metallteilen des Meßwerks begrenzt. Mit diesen Verlusten wächst der Grundfehler. Bei dem in Abb. 2.2.34 gezeigten Meßwerk sind deshalb die meßwerknahen Metallteile aus Material mit hohem spezifischen Widerstand aufgebaut, wodurch ein großer Frequenzbereich erzielt wird. Bei den Spannungsmessern verursacht außerdem die Induktivität der Feldspule einen zusätzlichen Fehler, der durch das Verhältnis des induktiven Widerstands zum Wirkwiderstand gegeben und im allgemeinen wesentlich größer als der von Hysterese- und Wirbelstromverlusten herrührende Fehler ist, jedoch durch Kunstschaltungen, beispielsweise durch Parallelschalten eines Kondensators zum Vorwiderstand oder zu einem Teil des Vorwiderstands für eine bestimmte Frequenz kompensiert bzw. in einem begrenzten Frequenzbereich erheblich herabgemindert werden kann. Ohne besondere Eichung sind Dreheisenstrommesser bis zu einigen 100 Hz, Spannungsmesser bis etwa 100 Hz verwendbar. Mit Lichtmarkenmeßgeräten werden Frequenzbereiche bis zu etwa 1000 Hz ausgeführt.

Anwendungsgebiet

Das Anwendungsgebiet des Dreheisenmeßwerks ist die Strom- und Spannungsmessung bei Gleichstrom und technischem Wechselstrom. Das Meßwerk wird in Präzisions- und tragbaren Meßgeräten hauptsächlich jedoch in Einbaumeßgeräten verwendet. Es ist neben dem Drehspulmeßwerk das meist verwendete Meßwerk.

Ausführungsformen

Flachspultyp. Beim Flachspulmeßwerk wird eine Drehung erzielt, wenn man vor einer flach gewickelten Feldspule ein exzentrisch gelagertes drehbares Eisenplättchen mit seiner Drehachse senkrecht zur Erregerspulenebene anbringt. Das Eisenplättchen wird dann vom Spulenfeld gegen die Wirkung einer Gegenkraft in die Spule gezogen und dreht sich dabei um seine Achse (Abb. 2.2.31).

Tauchanker- und Flachspultyp sind weitgehend durch den Rundspultyp und das Nadelgalvanometer von Belati verdrängt worden.

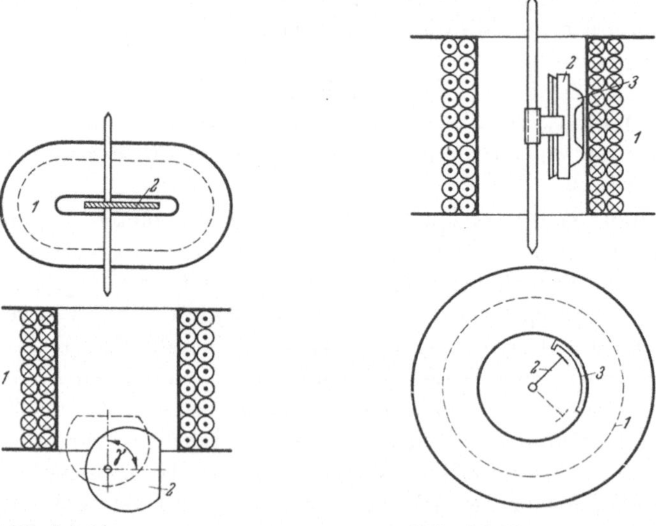

Abb. 2.2.31   Abb. 2.2.32

Abb. 2.2.31 Grundsätzliche Anordnung des Dreheisen-Flachspulmeßwerks.
1 Feldspule; *2* bewegliches Eisen; γ Ausschlagwinkel

Abb. 2.2.32 Grundsätzliche Anordnung des Dreheisen-Rundspulmeßwerks
1 Feldspule; *2* bewegliches Eisen; *3* festes Eisen

Rundspultyp. Das Dreheisen-Rundspulmeßwerk (Abb. 2.2.32) beruht auf der Abstoßung gleichnamiger Magnetpole. Ordnet man in einer Erregerspule zwei Eisenstückchen an, von denen das eine fest, das andere um eine Parallele zur Spulenachse drehbar ist, so stoßen die beiden gleichsinnig magnetisierten Eisenplättchen einander ab, und das bewegliche Stück dreht sich um seine Achse. Das entwickelte Drehmoment ist abhängig von dem Produkt der Polstärken der beiden Eisenstückchen, ihrer Form, ihrer gegenseitigen Lage und ihrer Lage im Feld sowie von der Feldverteilung. Der Ausschlagwinkel ist eine Funktion des Erregerstromquadrats; diese Funktion kann man beeinflussen, indem man die Drehachse exzentrisch zur Feldspule anordnet oder die Feldspule nicht kreisförmig macht. Abb. 2.2.36 ist ein Schnitt durch ein Rundspulmeßwerk.

Nadelgalvanometer von Belati. Das Prinzip des Nadelgalvanometers von Belati wird vorzugsweise bei neueren Präzisionsdreheisenmeßgeräten angewendet (Abb. 2.2.33 u. 2.2.34). Die Nadel, bestehend aus zwei zu beiden Seiten der Meßwerkachse symmetrisch angeordneten Plättchen einer hochwertigen Nickeleisenlegierung, befindet sich im Feld

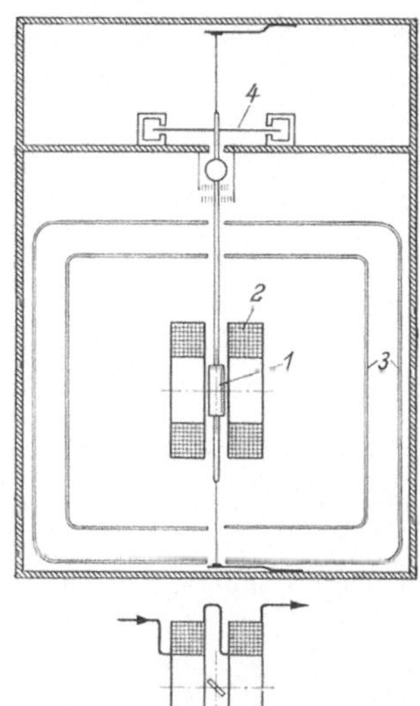

Abb. 2.2.33 Dreheisenmeßwerk nach dem Prinzip des Nadelgalvanometers nach Belati (AEG).
1 Eisen; *2* Feldspule; *3* Schirm; *4* Dämpfung

einer vom Meßstrom durchflossenen Spulenanordnung. In ihrer Ausgangslage steht die Nadel schräg zur Feldrichtung. Sie wird mit zunehmendem Meßstrom in die Feldrichtung hineingedreht. Zum Schutz gegen Fremdfelder ist das Meßwerk von zwei Mu-Metallschirmen umgeben. Die Wirbelstromdämpfung liegt außerhalb der Schirme, so daß durch den Dämpfungsmagnet die Anzeige nicht beeinflußt wird. Mit diesem Meßwerk werden Präzisionsdreheisenmeßgeräte der Kl. 0,1 für einen Frequenzbereich von 15···1000 Hz hergestellt. Der kleinste Strommeßbereich ist 30 mA (Eigenverbrauch 140 mVA), der kleinste Spannungsmeßbereich 15 V (Eigenverbrauch 1,5 W).

Präzisions-Dreheisenmeßwerk. Präzisions-Dreheisenmeßwerke werden in eisengeschirmter Bauart als Präzisionsstrom- und -spannungsmesser mit einer Anzeigetoleranz bis herab zu ±0,1% hergestellt. Abb. 2.2.34 zeigt das Meßwerk eines modernen Präzisions-Dreheisenmessers Kl. 0,1 mit Lichtzeiger, Abb. 2.2.35 das Meßwerk eines Präzisions-Dreheisen-messers Kl. 0,2 mit körperlichem Zeiger.

Tabelle 2.2.2 (ATM, J731—9) gibt eine Übersicht über einige meß-technische Eigenschaften von Präzisions-Dreheisenmeßgeräten.

Abb. 2.2.34 Geschirmtes   Meßwerk   für   Präzisions-Dreheisen-Lichtmarken-meßgerät Kl. 0,1 (AEG).

1 Eisen; *2* Feldspule; *3* Meßwerkspiegel; *4* innerer Schirm; *5* äußerer Schirm

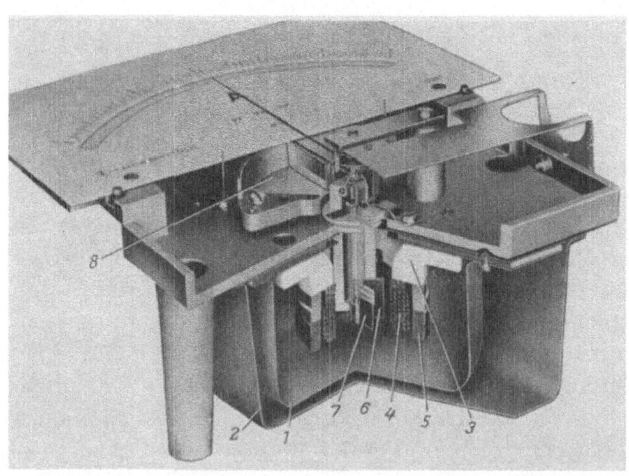

Abb. 2.2.35 Meßwerk des Präzisions-Dreheisenmeßgerätes Kl. 0,2 (AEG).

1 innerer Schirm; *2* äußerer Schirm; *3* Meßwerkträger; *4* Feldspule; *5* Hilfsspule zur Kompensation des Frequenzfehlers; *6* festes Eisen; *7* bewegliches Eisen; *8* Dämpferkammer

Tabelle 2.2.2 Eigenschaften von Präzisions-Dreheisenmeßgeräten

Ablesevorrichtung	Massezeiger		Lichtzeiger		
Genauigkeitsklasse nach DIN/VDE	0,2	0,5	0,1	0,2	0,5
Leistungsverbrauch der Strommesser in VA	0,5	0,25	0,1	0,015	0,003
der Spannungsmesser- Grundbereiche in VA	6	2	1,5	0,2	0,03
kleinster Strombereich- Endwert in A	0,03	0,015	0,03	0,003	0,001
größter Strombereich- Endwert in A	12	30	6	1,2	6
Gleichstrom-Hysteresefehler in % vom Endwert	0,05	0,15	0,04	0,06	0,2
Grenze des Frequenzeinfluß- bereichs in Hz	250	500	250	500	1 000
Fremdeinfluß bei 400 A/m in % vom Endwert	0,1	0,2	0,03	0,05	0,1

Dreheisenmeßwerke für Betriebsmeßgeräte. Das Dreheisenmeßwerk
eignet sich besonders gut für Schalttafeleinbaugeräte weil es billig und
außerordentlich stark überlastbar ist. Es lassen sich mit verhältnismäßig
geringem Aufwand sehr robuste und gegen Stöße und Vibrationen un-

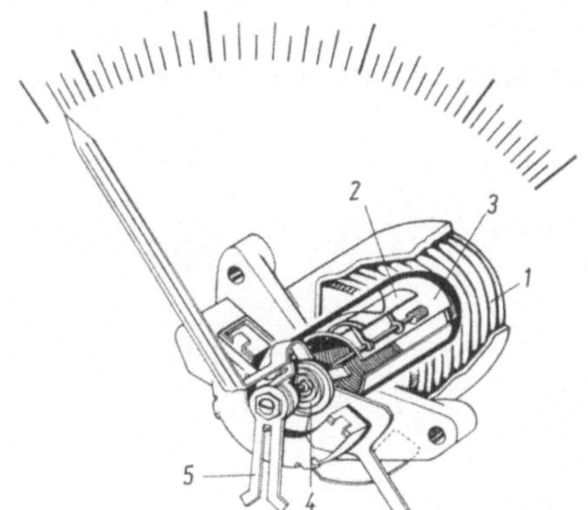

Abb. 2.2.36 Schnitt durch ein Dreheisen-Rundspulmeßwerk (Gossen).
1 Feldspule; *2* bewegliches Eisen;
3 festes Eisen; *4* Drehmomentfeder;
5 Nullstellung

empfindliche Meßwerke herstellen. Auch Schalttafelmeßgeräte werden
mit Spannbandlagerung ausgeführt. Sie zeichnen sich neben geringem
Eigenverbrauch durch besonders hohe Rüttelfestigkeit aus, weil keinerlei
der Abnutzung unterworfene Teile vorhanden sind. Infolge des geringen

Eigenverbrauchs sind die Spannbandmeßwerke auch höher überlastbar, sie vertragen dauernd den 5fachen und kurzzeitig den 300fachen Nennstrom. Die Dreheisenmeßgeräte sind unabhängig von Stromrichtung, Stromart und Kurvenform sowie von den in Starkstrombetrieben auftretenden Frequenzschwankungen, ihr Grundfehler ist $1\cdots1{,}5\%$.

2.2.5. Eisengeschlossene elektrodynamische Meßwerke

Prinzip

Ersetzt man beim Drehspulmeßwerk den Dauermagnet durch einen Elektromagnet, so wird ein eisengeschlossenes elektrodynamisches Meßwerk daraus. Da das Meßwerk auch für Wechselstrom verwendet

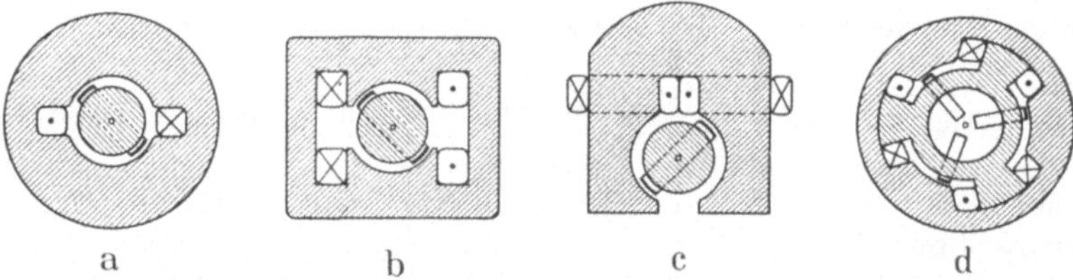

Abb. 2.2.37 a—d Blechschnitt und Spulenanordnung eisengeschlossener, elektrodynamischer Meßwerke.
a) runder Blechschnitt; b) rechteckiger Blechschnitt; c) hufeisenförmiger Blechschnitt; d) runder Blechschnitt mit 3 Drehspulen und 3 Erregerspulen

werden soll, ist der Eisenkern und der Magnet aus einzelnen, gegeneinander isolierten Blechen aufgebaut, um die Wirbelstromverluste klein zu halten. Abb. 2.2.37 zeigt verschiedene Formen von Blechschnitten

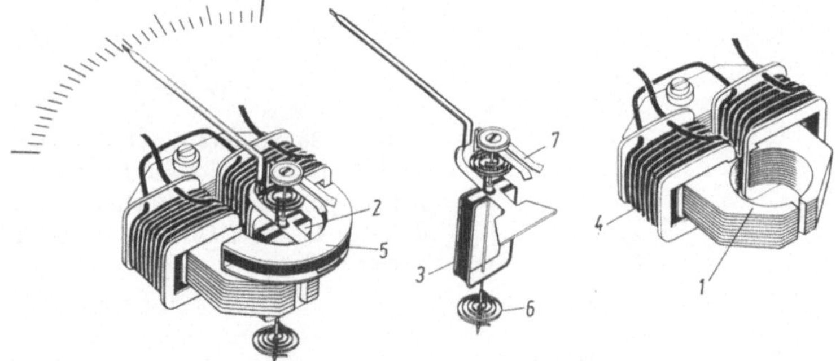

Abb. 2.2.38 Grundsätzlicher Aufbau des eisengeschlossenen, elektrodynamischen Meßwerks (Gossen).
1 Eisenrückschluß; *2* Eisenkern; *3* Drehspule; *4* Feldspule; *5* Dämpferkammer; *6* Torsionsfeder; *7* Nullstellung

sowie verschiedene Spulenanordnungen, Abb. 2.2.38 den grundsätzlichen Aufbau des Meßwerks. Die Ausführungsmöglichkeiten sind damit keineswegs erschöpft, man kann beispielsweise die Feldspulen auch innerhalb der Drehspule anordnen oder statt der axialen die radialen Seiten der Drehspulen wirksam machen. Das gezeigte Meßwerk arbeitet mit Luftdämpfung und ist spitzengelagert. Auch elektrodynamische Meßwerke werden mit Spannbandlagerung und Wirbelstromdämpfung ausgeführt.

Berechnung

In Gl. (2.2.1) für das Drehmoment des Drehspulmeßwerks ist an Stelle der von einem Permanentmagneten erzeugten Luftspaltinduktion B die Induktion des Elektromagnets einzusetzen, für sie gilt unter Vernachlässigung der AW für den Eisenweg

$$B = \mu_0 \mu_r \cdot \frac{i_2 w_2}{l_l}$$

und es ergibt sich für das Drehmoment

$$M_1 = \mu_0 \mu_r \frac{ld}{l_l}\, i_1 w_1 i_2 w_2.$$

Darin ist

l wirksame Drehspulhöhe,
d wirksamer Drehspuldurchmesser,
$\mu_0 = 4\pi \cdot 10^{-7}$ H/m   magnetische Feldkonstante,
μ_r Permeabilitätszahl für das Material im Innern der Feldspule,
l_l gesamte Luftspaltlänge,
$i_1 w_1$ AW-Zahl der Drehspule,
$i_1 w_2$ AW-Zahl der Feldspule.

Wenn i_1 und i_2 Wechselströme sind, ist ihre Phasenlage zu berücksichtigen.

$$M_1 = k I_1 I_2 \cos (I_1,\, I_2).$$

Das Richtmoment wird wie beim Drehspulmeßwerk durch Federn oder Spannbänder mit dem Direktionsmoment D erzeugt:

$$M_2 = -D\gamma,$$

woraus für $M_1 + M_2 = 0$ folgt.

$$\gamma = \frac{k}{D}\, I_1 I_2 \cos (I_1, I_2).$$

Das Meßwerk ist also ein Produktmesser und dient insbesondere zum Messen der Wechselstromleistung. Es kann auch als Strom- und Spannungsmesser verwendet werden, liefert dann jedoch eine quadratische Skale.

Eigenschaften

Skalenverlauf. Die Skale des elektrodynamischen Meßwerks verläuft proportional dem Produkt

$$I_1 I_2 \cos (I_1, I_2),$$

also beim Leistungsmesser proportional der Leistung, beim Strom- und Spannungsmesser quadratisch mit der Meßgröße. Beim Spannungsmesser ist dies erwünscht, weil man in der Nähe der Nennspannung besser ablesen kann, beim Strommesser dagegen nicht, weshalb man bei diesen Instrumenten den Luftspalt zuweilen verschieden lang macht, um einen annähernd linearen Verlauf zu erzielen. Strom- und Spannungsmesser spielen jedoch nur eine untergeordnete Rolle gegenüber dem Leistungsmesser.

Eigenverbrauch. Das eisengeschlossene Meßwerk verbraucht je Strom- oder Spannungspfad einige VA, also um mehrere Größenordnungen mehr als das Drehspulmeßwerk, was daher rührt, daß das Meßfeld nicht von einem Dauermagnet geliefert wird, sondern von der Meßgröße erzeugt werden muß.

Selbstkorrektur des Eigenverbrauchs. Es werden auch Leistungsmesser hergestellt, die ihren Eigenverbrauch selbst korrigieren. Die Arbeitsweise eines solchen Geräts veranschaulicht Abb. 2.2.39.

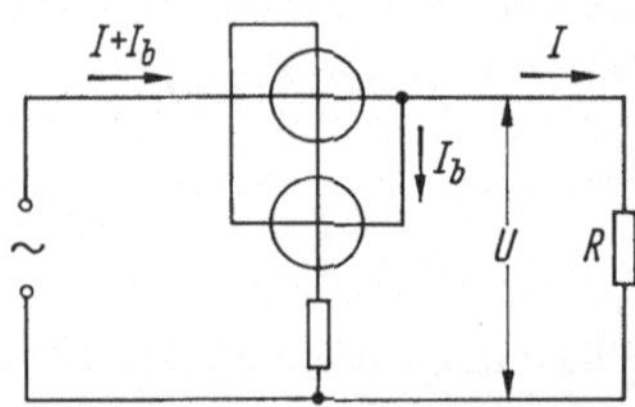

Abb. 2.2.39 Leistungsmesser mit Selbstkorrektur des Eigenverbrauchs (H & B)

Der Leistungsmesser mit Selbstkorrektur kann als Kombination von zwei gleichen elektrodynamischen Meßwerken, dessen Drehspulen auf einer gemeinsamen Achse angeordnet sind, aufgefaßt werden. In Wirklichkeit besteht die Kombination aus nur einem eisengeschlossenen elektrodynamischen System mit zwei Feldspulen genau gleicher Wirkung und einer gemeinsamen Drehspule. Infolge des Stroms $I + I_b$ erzeugt die Feldspule des oberen Systems ein Feld. Die vom Spannungspfadstrom I_b durchflossene Feldspule des unteren Systems erzeugt ein Feld, das dem von der oberen Feldspule erzeugten phasenrichtig entgegenwirkt. Übrig bleibt ein dem Strom I proportionales Feld. Dadurch wird die Anzeige des Meßwerks gleich der im Prüfling R umgesetzten Leistung unter der bei Leistungsmessern allgemein notwendigen Voraussetzung, daß die Spannung U dem Strom im Spannungsfeld I_b proportional und phasengleich ist.

Überlastbarkeit. Der thermische und dynamische Grenzstrom der eisengeschlossenen Strom- und Spannungsmesser liegt in der Größenordnung der 10fachen Nennwerte. Infolge der quadratischen Form der Drehmomentengleichung tritt dabei das 100fache Nenndrehmoment auf, die Überlastungsfähigkeit wird also in erster Linie durch die dynamische Festigkeit begrenzt. Bei Leistungsmessern sind dementsprechend wesentlich höhere Überlastungen zulässig.

Dämpfung. Wechselstromdynamometer können nicht durch einen Dämpferrahmen im Meßfeld gedämpft werden wie Drehspulmeßwerke, da in dem kurzgeschlossenen Rahmen auch bei ruhender Drehspule ein Strom induziert würde, der zusammen mit dem Erregerfeld ein zusätzliches Drehmoment ergäbe. Außerdem ist das Meßfeld im Vergleich zum Feld eines Dauermagneten klein, so daß die Dämpfung kaum ausreichen würde. Die Meßwerke erhalten deshalb eine außerhalb des Meßfelds liegende Wirbelstrom-, Luft- oder Flüssigkeitsdämpfung.

Grundfehler. Die Grundfehler des Meßwerks werden durch die Konstanz seines Aufbaus, die Reproduzierbarkeit des Direktionsmoments und bei Gleichstrom durch die Remanenz bestimmt. Durch Wahl der Eisensorte und richtige Bemessung läßt sich aber der Grundfehler kleiner als $0,5 \cdots 1\%$ halten.

Temperatureinfluß. Der Temperatureinfluß beruht auf den gleichen Erscheinungen wie beim Drehspulmeßwerk und kann mit den auch dort angewendeten Kompensationsschaltungen, z. B. temperaturabhängigen Nebenwiderständen, sehr klein gehalten werden.

Fremdfeldeinfluß. Fremde Felder beeinflussen das Meßwerk infolge des guten Eisenschlusses nur geringfügig.

Frequenzeinfluß. Im Niederfrequenzbereich ist der Frequenzeinfluß gering. Er wird bestimmt durch die Induktivität der Drehspule, die Wechselinduktion zwischen Erregerfeld und Drehspule und durch Wirbelstrom- und Eisenverluste. Die Eisenverluste wachsen mit steigender Frequenz. Durch Verwendung von Ferriten gelingt es, die Eisenverluste bis in den Tonfrequenzbereich genügend klein zu halten. Die vom Feldspulenstrom in der Drehspule induzierte EMK steigt proportional mit der Frequenz.

Anwendungsgebiet

Die eisengeschlossenen Meßwerke sind für Betriebsmeßgeräte bestimmt, sie werden tragbar und in Schalttafelform sowie als Schreiber für Wirk-, Blind und Scheinleistungsmessung ausgeführt, für Strom- und Spannungsmessung dagegen nur ausnahmsweise verwendet.

Ausführungsformen

Abbildung 2.2.40 zeigt einen Schnitt durch einen zweisystemigen Schalttafelleistungsmesser mit hintereinander angeordneten Meßwerken. Abb. 2.2.41 zeigt die Anordnung des Meßwerks für einen Tintenschreiber mit elektrodynamischem Meßwerk.

Abb. 2.2.40 Schnitt durch einen eisengeschlossenen Leistungsmesser mit 2 hintereinanderliegenden Meßwerken auf der gleichen Achse.

1 Stromspule; *2* Drehspule;
3 Stromzuführungsfedern;
4 Dämpferflügel; *5* Nullstellung

Abb. 2.2.41 Eisengeschlossenes elektrodynamisches Meßwerk eines Leistungsschreibers (AEG).

1 Drehspulen; *2* Feldspulen; *3* Stromzuführungsfedern; *4* Wirbelstromdämpfung; *5* Äquilibrierung; *6* Nullstellung; *7* Schreibarm; *8* Geradführung

Mehrere Meßbereiche können im Spannungspfad durch unterteilte Vorwiderstände, im Strompfad durch mehrere oder unterteilte Wicklungen erreicht werden. Die Beherrschung der verschiedenen Einflußgrößen macht durch die wesentlich komplizierteren Verhältnisse bei Wechselstrommessungen erheblich mehr Schwierigkeiten als bei Drehspulmeßwerken.

2.2.6. Eisengeschlossenes elektrodynamisches Kreuzspulmeßwerk

Prinzip

Das Meßwerk unterscheidet sich vom elektrodynamischen Meßwerk durch das Vorhandensein zweier gekreuzter Drehspulen, die ungleiche Luftspaltlänge und das Fehlen einer mechanischen Richtkraft (Abb. 2.2.42). Die gekreuzten Drehspulen wirken einander entgegen und ma-

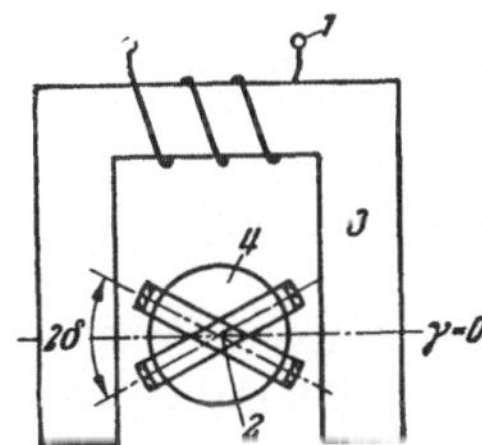

Abb. 2.2.42. Grundsätzliche Anordnung des eisengeschlossenen elektrodynamischen Kreuzspulmeßwerks.
1 Feldspule; 2 Drehspule; 3 Eisenjoch; 4 Eisenkern; 2δ Spulenkreuzungswinkel

chen das Meßwerk zu einem Wechselstromquotientenmesser. Das Meßwerk läßt sich also aus dem elektrodynamischen Meßwerk ebenso ableiten wie das Gleichstrom-Kreuzspulmeßwerk vom Drehspulmeßwerk.

Berechnung

Mit den Bezeichnungen

$i_1 w_1$ AW-Zahl der Feldspule,
$i_2 w_2$ AW-Zahl der einen Drehspule,
$i_3 w_3$ AW-Zahl der anderen Drehspule,
2δ Kreuzungswinkel der beiden Drehspulen,
φ_2, φ_3 Phasenwinkel zwischen den Kreuzspulenströmen i_2, i_3 und dem Feldspulenstrom i_1,

ergibt sich für die Drehmomente der beiden Spulen

$$M_1 = k i_1 w_1 i_2 w_2 \cos \varphi_2 f(\gamma + \delta),$$
$$M_2 = -k i_1 w_1 i_3 w_3 \cos \varphi_3 f(\gamma - \delta)$$

und für den Gleichgewichtszustand

$$\frac{f(\gamma + \delta)}{f(\gamma - \delta)} = \frac{i_3 w_3 \cos \varphi_3}{i_2 w_2 \cos \varphi_2},$$

woraus für den Ausschlagswinkel folgt

$$\gamma = k\psi \left(\frac{i_3 \cos \varphi_3}{i_2 \cos \varphi_2} \right).$$

Der Ausschlag ist also eine Funktion des Verhältnisses zweier Wirkströme $i_2 \cos \varphi_2$ und $i_3 \cos \varphi_3$, wobei die Wirkrichtung der Phasenlage
des Erregerstroms i_1 entspricht. Für $\varphi_2 = \varphi_3$ erhält man einen Wechselstromquotientenmesser.

Eigenschaften

Die Eigenschaften des Meßwerks sind durch den eisengeschlossenen Aufbau maßgeblich bestimmt.

Anwendungsgebiet

Das Meßwerk kann zum Messen von Wechselstromverhältnissen, Wechselstromwiderständen sowie zum Messen der Phasenverschiebung zweier
Ströme, für Frequenzmessung usw. herangezogen werden. Die Schaltung
eines Leistungsfaktormessers zeigt Abb. 3.7.13.

2.2.7. Eisenlose elektrodynamische Meßwerke

Prinzip

Das Meßwerk beruht auf der Wirkung zweier stromdurchflossener
Leiter aufeinander und ist im Gegensatz zu den bisher besprochenen
Meßwerken völlig eisenfrei aufgebaut (Abb. 2.2.43). Es kann z. B. aus
einer sehr lang gedachten Solenoidspule bestehen, in deren Innern in
der Nähe des Schwerpunkts das Magnetfeld homogen ist. In dieser feststehenden Feldspule ist eine bewegliche Spule mit einer entsprechenden
Richtkraft drehbar aufgehängt. Unter dem Einfluß der Ströme versuchen

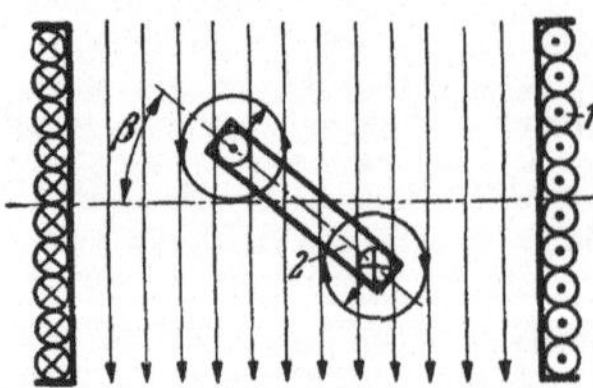

Abb. 2.2.43 Grundsätzliche Anordnung des
eisenlosen elektrodynamischen Meßwerks.
1 Feldspule; *2* Drehspule

die Spulen sich so zueinander zu stellen, daß ihre Feldachsen zusammenfallen. Da beim Aufbau des Meßwerks im Wirkungsbereich der Felder möglichst keine Metallteile verwendet werden, treten weder Wirbelstromnoch Hystereseverluste auf, und das Instrument zeigt bei Gleich- und Wechselstrom dieselben Werte. Es kann deshalb mit Gleichstromkompensatoren sehr genau geeicht werden und wird für Wechselstrompräzisionsmeßgeräte verwendet.

Berechnung

Das Drehmoment ist

$$M_1 = l d i_1 w_1 B \sin \beta\,,$$

darin bedeuten

$i_1 w_1$ AW-Zahl der Drehspule,
ld wirksame Abmessungen der Drehspule,
β Winkel der Drehspulebene gegen die Senkrechte zum Erregerfeld,
B Induktion in der Feldspule,

$$B = \mu_0 \frac{i_2 w_2}{l_l}\,,$$

$i_2 w_2$ AW-Zahl der Feldspule,
l_l Länge der Feldspule,
$\mu_0 = 4\pi \cdot 10^{-7}\,\text{H/m}$ magnetische Feldkonstante

$$M_1 = \mu_0 \frac{ld}{l_l}\, i_1 w_1 i_2 w_2 \sin \beta\,.$$

Das Richtmoment wird durch eine Feder mit dem Direktionsmoment D erzeugt und ist

$$M_2 = -D\gamma\,,$$

woraus für $M_1 + M_2 = 0$ folgt:

$$\gamma = \frac{\mu_0}{D} \frac{ld}{l_l}\, i_1 w_1 i_2 w_2 \sin \beta\,.$$

Wenn i_1 und i_2 Wechselströme sind, ist ihre Phasenlage zu berücksichtigen, und es wird

$$\gamma = k I_1 I_2 \cos (I_1,\, I_2) \sin \beta\,,$$

worin $\cos (I_1,\, I_2)$ den Kosinus des Winkels zwischen I_1 und I_2 bedeutet. Abgesehen von dem Faktor $\sin \beta$ entspricht also der Ausschlag wie beim eisengeschlossenen Dynamometer einer Wechselstromleistung. Um das Glied $\sin \beta$ zu unterdrücken, macht man das Erregerfeld ungleichmäßig, indem man z. B. die Feldspule verkürzt (Abb. 2.2.44). Verläuft die Feld-

stärke der Erregerspule an den Stellen, wo die wirksamen Drehspulen-
seiten liegen, nach der Funktion

$$H = \frac{i_2 w_2}{l_l}\,\frac{1}{\sin \beta}\,.$$

dann verschwindet die unerwünschte Winkelabhängigkeit des Drehmoments. Innerhalb eines begrenzten Bereiches, beispielsweise von

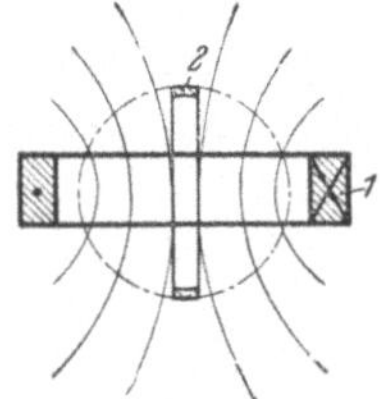

Abb. 2.2.44 Feldverlauf bei einem eisenlosen elektrodynamischen Meßwerk mit kurzer Feldspule.
1 Feldspule; 2 Drehspule

$\beta = 45\cdots135°$, ist eine solche Feldverteilung durch entsprechende Form
der Erregerspule zu erreichen.

Wesentlich einfacher ist die Linearisierung bei Lichtmarkenmeß-
werken. Infolge der größeren Zeigerlänge, die bei den bekannten Kon-

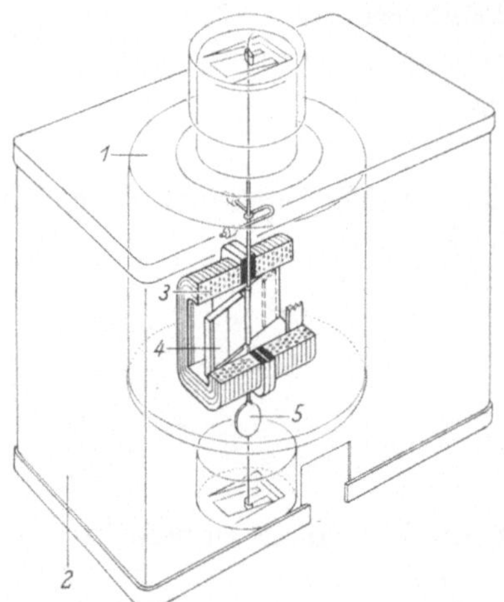

Abb. 2.2.45 Eisenloses elektrodynamisches Meßwerk mit Lichtzeiger,
Doppelschirm und Spannbandlagerung
(SIEMENS).
1 zylindrischer Innenschirm; 2 äußerer
Kastenschirm; 3 Feldspule; 4 Drehspule; 5 Meßwerkspiegel

struktionen bei 300 mm liegt, sind für Vollausschlag nur Auslenkwinkel
von etwa 20° erforderlich. Eine für viele Zwecke ausreichende Linearisierung gibt sich damit von selbst; denn sin β schwankt für $\beta = 80\cdots100°$
nur zwischen 0,985 und 1,000. Abb. 2.2.45 zeigt den Schnitt durch ein
doppelt geschirmtes elektrodynamisches Meßwerk mit Lichtzeiger und

Spannbandlagerung. Die wirksame Drehspule besteht aus zwei nebeneinander angeordneten Einzeldrehspulen, deren Innenräume mit einer Glasfolie versehen sind und damit als Dämpferflügel wirken. Der Innenraum der Feldspulen bildet die Dämpferkammer. Diese Lösung erfordert für die Dämpfungseinrichtung kein zusätzliches Trägheitsmoment, so daß trotz des kleinen Direktionsmoments die Beruhigungszeit unter 2 s bleibt.

Eigenschaften

Skalenverlauf. Wenn man nach obiger Regel verfahren ist, erhält das Meßwerk einen $i_1 i_2$ proportionalen Skalenverlauf, d. h. als Leistungsmesser hat das Meßwerk eine lineare, als Strom- und Spannungsmesser eine quadratische Skale, weshalb man bei letzteren Feld- und Drehspule anders anordnet, um ein mit wachsendem Ausschlagwinkel abnehmendes Feld zu erzielen.

Eigenverbrauch. Der Eigenverbrauch liegt in der Größenordnung von einigen Voltampere für jeden Pfad, er ist höher als beim eisengeschlossenen System, weil das Feld völlig in Luft aufgebaut werden muß und die Feldkonzentration durch das Eisen wegfällt.

Überlastbarkeit und Dämpfung. Überlastungsfähigkeit und Dämpfung sind ähnlich wie beim eisengeschlossenen Meßwerk. Falls eine Wirbelstromdämpfung angewendet wird, muß sie sehr weit vom Meßwerk entfernt sein oder außerhalb einer eventuell vorgesehenen Schirmung liegen, damit nicht das Streufeld des Dämpfungsmagneten das Meßfeld beeinflußt.

Grundfehler. Das Meßwerk kann mit Gleichstrom justiert werden, d. h. man kann es über einen Gleichspannungskompensator unmittelbar mit dem Normalelement vergleichen und dadurch eine sehr hohe Absolutgenauigkeit erzielen. Grundfehler von 0,1% lassen sich erreichen und über sehr lange Zeiten einhalten. Die Toleranzen sind in erster Linie durch die Konstanz des mechanischen Aufbaus, insbesondere durch die Konstanz des Gegendrehmoments bestimmt. Kleine Unterschiede zwischen den Anzeigen bei Gleich- und Wechselstrom ergeben sich durch die Induktivität der Drehspule, die zu einem Phasenfehler führen kann, sowie durch die gegenseitige Induktion von Feld- und Drehspule. Diese Fehler treten jedoch nur bei sehr kleinem Leistungsfaktor oder bei höheren Frequenzen in Erscheinung.

Temperatureinfluß. Hinsichtlich Temperaturänderungen verhält sich das Meßwerk wie ein eisengeschlossenes Dynamometer.

Fremdfeldeinfluß. Da das Meßfeld erheblich kleiner ist als beim eisengeschlossenen Meßwerk und außerdem die Schirmwirkung des Eisenkörpers fehlt, ist das eisenlose elektrodynamische Meßwerk durch Fremdfelder stärker beeinflußbar, und bereits das Erdfeld kann einen meßbaren

Grundfehler hervorrufen; es muß deshalb durch besondere Mittel, nämlich Schirmung oder astatischen Aufbau, geschützt werden. Fremdfeldschirme müssen so weit vom Meßwerk entfernt sein, daß sie keinen zusätzlichen Winkelfehler infolge ihrer Eisen- und Wirbelstromverluste hervorrufen.

Zweckmäßig werden mehrere durch einen Luftzwischenraum voneinander getrennte Schirme verwendet, von denen der äußere eine hohe Sättigung, der innere eine hohe Anfangspermeabilität haben soll.

Abbildung 2.2.46 zeigt den grundsätzlichen Aufbau eines doppelt geschirmten elektrodynamischen Meßwerks. Der innere Schirm ist ein Zylinder-, der äußere ein Kastenschirm.

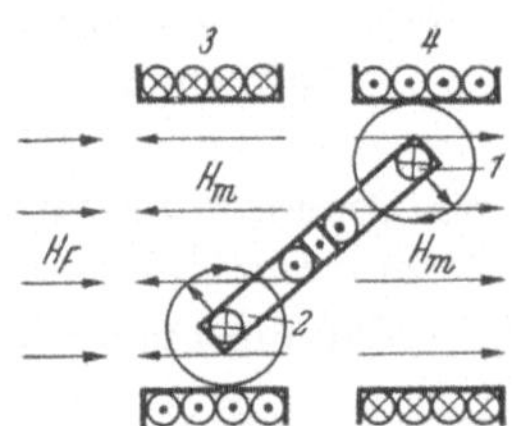

Abb. 2.2.46 Grundsätzliche Anordnung eines astatischen, elektrodynamischen Systems mit nebeneinanderliegenden Meßwerken.

H_m Meßfeld; H_F Fremdfeld; *1, 2* Drehspulen; *3, 4* Feldspulen

Unter Astasierung versteht man die Anordnung zweier Meßwerke derart, daß ihre Drehmomente sich addieren, Fremdfelder jedoch auf beide Meßwerke in entgegengesetztem Sinne wirken, sich also zum größten Teil in ihrer Wirkung aufheben, wie Abb. 2.2.46 zeigt. Überlagert sich den Meßfeldern ein Fremdfeld, so wird das Feld der einen Meßspule verstärkt, das der anderen geschwächt. Solange das Fremdfeld homogen ist, tritt keine Anzeigeänderung auf. Vollkommene Astasierung ist also nur bei homogenen Fremdfeldern möglich. Deshalb haben geschirmte Meßwerke größere praktische Bedeutung.

Frequenzeinfluß. Infolge der Wirbelstromverluste und des Skin-Effekts vergrößern sich die Fehlwinkel mit steigender Frequenz, ferner nimmt der Fehler durch Wechselinduktion zu, und die induktiven und kapazitiven Widerstände der Spulen ändern sich. Das Meßwerk kann deswegen nicht bis zu beliebig hohen Frequenzen verwendet werden, seine Grenzfrequenz liegt bei einigen Kilohertz. Im Frequenzbereich bis etwa 500 Hz ist der Frequenzeinfluß gering.

Anwendungsgebiet

Eisenlose elektrodynamische Meßwerke werden fast ausschließlich als Präzisionsmeßwerke hergestellt, und zwar in erster Linie als Präzisionsleistungsmesser, sie sind das wichtigste Normal bei der Eichung von Wechsel- und Drehstromzählern sowie bei allen Abnahmeprüfungen.

Daneben gibt es auch Strom- und Spannungsmesser sowie Doppelspul- und Kreuzspulmeßwerke in eisenloser Ausführung. Die Meßwerke sind entweder eisengeschirmt oder astatisch gebaut; ihr Frequenzbereich reicht ebenfalls bis zu einigen Kilohertz.

Ausführungsformen

Abbildung 2.2.47 zeigt Meßwerk und Skale eines Präzisionsleistungsmessers der Kl. 0,2 mit Massezeiger, Luftdämpfung und doppelter Schirmung.

Abb. 2.2.47 Meßwerk und Skale eines Präzisionsleistungsmessers der Kl. 0,2 mit Massezeiger, Luftdämpfung und doppelter Schirmung (H & B).
1 Drehspule; *2* Feldspule; *3* Dämpferflügel; *4* Dämpferkammer; *5* Nullpunktrücker; *6* Meßwerkträger; *7* innerer Schirm; *8* äußerer Schirm

Abb. 2.2.48 zeigt ein eisenloses, doppeltgeschirmtes elektrodynamisches Meßwerk, wie es bei den Präzisionsmeßgeräten Kl. 0,1 mit Lichtzeiger und Doppelskale eingesetzt wird.

Eine besondere Form des eisenlosen elektrodynamischen Meßwerks ist das Torsionsdynamometer, bei dem der Ausschlag mit einem Torsionskopf stets auf Null zurückgeführt und die Meßgröße an der Stellung des Torsionskopfes abgelesen wird. Da bei diesem Meßwerk die beiden Spulen stets senkrecht aufeinander stehen, tritt kein Fehler durch gegenseitige Induktion auf.

Eisenlose elektrodynamische Meßwerke, mechanisch gekuppelt mit Drehspulmeßwerken, werden auch für Wechselstrom-Gleichstrom-Komparatoren benutzt. Die Arbeitsweise solcher Geräte wird in Abschnitt 3.12.2. behandelt.

2.2.8. Induktionssysteme

Induktionsmeßwerk. Wenn man einen geschlossenen Leiter, etwa eine
Trommel oder eine Scheibe, in einem umlaufenden Magnetfeld drehbar
lagert, so setzen ihn die induzierten Wirbelströme in der Richtung des
Drehfelds in Bewegung. Die Bewegungsrichtung ergibt sich aus der
Regel von Lenz als Spezialfall des Prinzips von Le Chatelier; wenn nämlich durch eine Zustandsänderung ein Induktionsstrom entsteht, so ist
er stets so gerichtet, daß er die Zustandsänderung zu hemmen sucht.

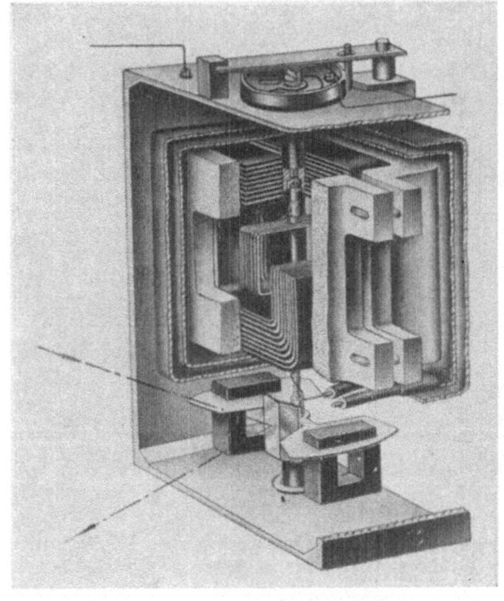

Abb. 2.2.48   Abb. 2.2.49

Abb. 2.2.48 Eisenloses doppelt geschirmtes elektrodynamisches Meßwerk für
Präzisionsmeßgeräte Kl. 0,1 mit Lichtzeiger und Doppelskale (H & B).

Abb. 2.2.49 Grundsätzliche Anordnung eines Trommel-Induktionsmeßwerks.

1 Eisenjoch; *2* Polschuh; *3* dünndrähtige Erregerwicklung (Spannungswicklung);
4 dickdrähtige Erregerwicklung (Stromwicklung); *5* innerer Eisenkern; *6* drehbare Aluminiumtrommel; *7* Drehmomentfeder; *8* Dämpfermagnet; *9* Nullstellung

    Durch die Relativgeschwindigkeit zwischen dem umlaufenden Magnet-
feld und dem Leiter werden Wirbelströme induziert, sie erteilen dem
Leiter eine Bewegung in solcher Richtung, daß diese Relativgeschwindig-
keit vermindert wird, der Leiter wird also von dem Drehfeld mitgenommen. Die bekannteste Anwendung dieses Prinzips ist der Wirbelstrom-
Drehzahlmesser, bei dem ein umlaufender Dauermagnet auf eine drehbar gelagerte Trommel einwirkt. Das Drehfeld kann nun anstatt durch
einen umlaufenden Dauermagnet auch durch ruhende Wechselstrom-

wicklungen, etwa durch zwei räumlich und zeitlich um 90° versetzte Wechselfelder, erzeugt werden (Abb. 2.2.49).

$$\Phi_1 = A_0 \sin \beta,$$

$$\Phi_2 = A_0 \sin \left(\frac{\pi}{2} + \beta \right) = A_0 \cos \beta,$$

$$\sqrt{\Phi_1^2 + \Phi_2^2} = A_0.$$

Die Bedeutung des Induktionsmeßwerks für Anzeige- und Registriergeräte geht zugunsten anderer Meßwerkprinzipien zurück.

Induktions-Wechselstromzähler. Die wichtigste Anwendung der Induktionsmeßwerke liegt bei den Verbrauchszählern für Wechselstrom. Den schematischen Aufbau eines solchen Zählers zeigt Abb. 2.2.50.

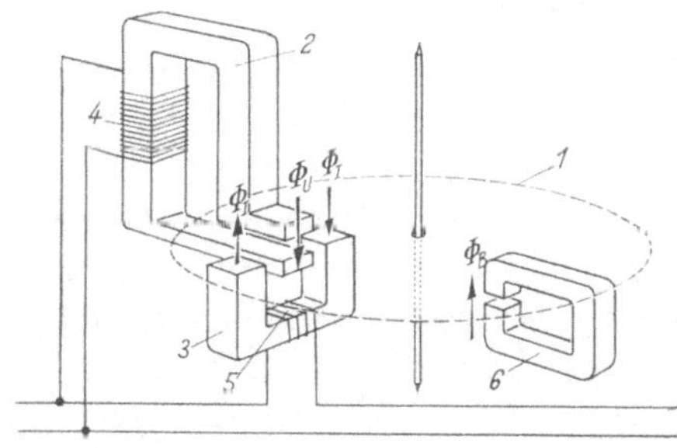

Abb. 2.2.50 Schematische Darstellung eines Wechselstrom-Induktionszählers.

1 Scheibe; *2* Kern des Spannungsantriebs; *3* Kern des Stromantriebs; *4* Spannungsspule; *5* Stromspule; *6* Bremsmagnet

Der Zähler besitzt einen Läufer, bestehend aus einer Aluminiumscheibe. Diese Scheibe bewegt sich im Luftspalt des Spannungs- und Stromantriebssystems. Beide Antriebsysteme bestehen aus den Erregerspulen und einem lamellierten Eisenkörper. Der von der Spannungsspule erzeugte Fluß Φ_U und der von der Stromspule erzeugte Fluß Φ_I durchsetzen die Scheibe parallel zu ihrer Antriebsachse und erzeugen das Drehmoment

$$M_1 = k_1 \omega \Phi_U \Phi_I,$$

wobei ω die Kreisfrequenz ist

Mit $\Phi_U \sim U$ und $\Phi_I \sim I$ ergibt sich

$$M_1 = k_2 UI \cos \varphi = k_2 P_w.$$

Das Drehmoment ist also der Wirkleistung proportional.

Ohne Einwirkung äußerer Kräfte würde die Scheibe ständig beschleunigt werden. Es ist deshalb ein Bremsmagnet vorgesehen, der ein geschwindigkeitsproportionales Dämpfungsmoment erzeugt.

$$M_2 = -k_3 \frac{2\pi}{60} n.$$

Eine gleichbleibende Umdrehungszahl stellt sich ein, wenn

$$M_1 + M_2 = 0$$

ist. Das heißt die Drehzahl n ist der Wirkleistung proportional.

$$n = k_4 P_w.$$

Eine Integration über die Zeit ergibt die Proportionalität der zurückgelegten Umdrehungszahl mit der verbrauchten elektrischen Arbeit. Die Umdrehungszahlen werden zumeist mit mechanischen Zählern angezeigt.

2.2.9. Hysteresemeßwerk

Prinzip

Eine rotationssymmetrische Eisenprobe von gleichmäßigem magnetischem Widerstand wird von einem umlaufenden Magnetfeld in der Drehrichtung mitgenommen, auch wenn sie so weit unterteilt ist, daß sich keine Wirbelströme ausbilden können. Das erzeugte Drehmoment ist auf die Hystereseverluste im Eisen zurückzuführen, und Einrichtungen dieser Art wurden von Ewing und Blondel als Hysteresemesser verwendet. Die Anordnung ähnelt weitgehend derjenigen des Induktionsmeßwerks, bei dem die Wirbelströme in einem Aluminium- oder Kupferkörper das Drehmoment erzeugen.

Eigenschaften

Skalenverlauf. Die Skale des Hysteresemeßwerks kann ebenso wie die des Induktionsmeßwerks mehrere Quadranten umfassen und verläuft sehr verschieden je nach der Außenschaltung der Erregerspulen, der Induktion im Hysteresewerkstoff, dem Winkel zwischen den Erregerflüssen, den Werkstoffkennwerten und den Abmessungen der Luftspalte.

Eigenverbrauch. Der Verbrauch eines Hysteresemeßwerks für einen Schalttafelleistungsmesser liegt in der Größenordnung von 1 W je Strom-und Spannungspfad.

Überlastbarkeit. Da das Meßwerk keine beweglichen stromführenden Teile hat und die Erregerspulen beliebig groß gemacht werden können, läßt es sich thermisch und dynamisch hoch überlastbar ausführen.

Dämpfung. Die natürliche Dämpfung ist proportional dem Hysteresedrehmoment und umgekehrt proportional der Meßfrequenz; sie muß im allgemeinen durch zusätzliche Dämpfungseinrichtungen ergänzt werden.

Grundfehler. Hysteresemeßwerke hoher Genauigkeit wurden noch nicht hergestellt. Es ist mit Grundfehlern von $\pm 2{,}5\%$ zu rechnen.

Temperatureinfluß. Die Anzeige des Meßwerks ändert sich mit der Temperatur, weil die Eigenschaften des Hysteresewerkstoffs temperaturabhängig sind, die Erregerfelder und -flüsse sich mit der Temperatur ändern und das Drehmoment der Feder mit steigender Temperatur geringfügig abnimmt.

Fremdfeldeinfluß. Bei dem bisher beschriebenen eisengeschlossenen Aufbau des Hysteresemeßwerks ist der Fremdfeldeinfluß sehr klein; bei eisenlosem Aufbau des Ständers, der ebenfalls möglich ist, würde er groß und müßte durch Schirmen oder Astasieren verringert werden.

Frequenzeinfluß. Mit der Frequenz ändern sich Größe und Winkellage der Erregerströme und Flüsse besonders bei eisengeschlossenem Aufbau, wodurch ein Frequenzfehler entsteht, der innerhalb kleinerer Frequenzbereiche mit den bekannten Kunstschaltungen kompensiert werden kann.

Magnetische Rasterscheinung. Infolge von Remanenz im Hysteresematerial geht das ausgeschaltete Meßwerk nicht ganz auf Null, eine Fehlanzeige entsteht dadurch nicht.

Anwendungsgebiet

Hysteresemeßwerke können für Nullindikatoren in Brückenschaltungen, als Strom-, Spannungs-, Leistungsfaktor- und Frequenzmesser sowie für Wechselstromleistungsmessungen verwendet werden. Sie sind nicht sehr genau, jedoch hoch überlastbar und haben keine beweglichen stromführenden Teile, weshalb sie besonders für Leistungsmesser in schlagwetter- und explosionsgefährdeten Betrieben in Frage kommen. Eine weit größere Anwendung als auf dem Meßgerätesektor hat aber das Hystereseprinzip bei Kleinmotoren gefunden.

Ausführungsformen

Das Meßwerk hat einen mehrpoligen, aus Blechen aufgebauten Ständer, ähnlich wie ein Asynchronmotor, dessen Pole abwechselnd phasenverschobene Ströme führen, also etwa Strom- und Spannungspfad eines Leistungsmessers angehören. Innerhalb des Ständers läuft eine drehbare Trommel aus dünnem Hysteresematerial oder aus Aluminium mit einer Anzahl Windungen aus hysteretischem Draht (Abb. 2.2.51). Als Hysteresematerial kommt blankgeglühter Bandstahl oder Stahldraht in Frage.

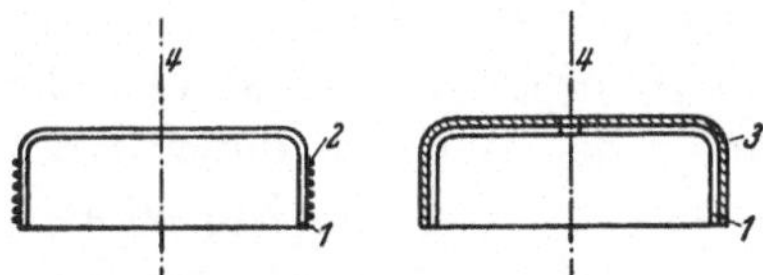

Abb. 2.2.51 Läufer von Hysteresemeßwerken.

1 Träger aus Aluminium; *2* aufgewickelter Stahldraht; *3* Stahlblechtrommel; *4* Drehachse

Hohes Drehmoment erhält man mit Werkstoffen, deren Hystereseschleife möglichst rechteckig verläuft und die bei hoher Induktion nur geringe Feldstärken erfordern (1···20 A/cm). Außer dem eisengeschlossenen Hysteresemeßwerk ist auch ein — abgesehen von der Trommel — eisenloses Meßwerk ausführbar.

Abbildung 2.2.52 zeigt die Anordnung eines Hysteresemeßwerks mit einer Kreisringspule für Strom- und Spannungsmesser und einem Eisenschluß mit angestanzten Polstücken, die abwechselnd einen Kurzschlußring tragen, um phasenverschobene Felder zu erzeugen.

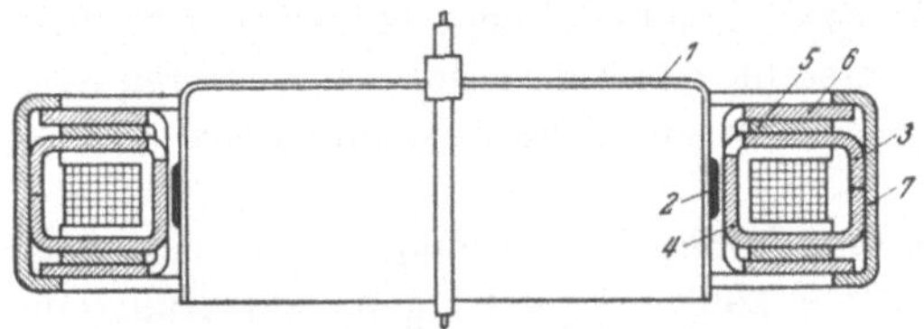

Abb. 2.2.52 Anordnung eines Hysteresemeßwerks mit einer Kreisringspule.
1 drehbare Trommel; *2* Hysteresewerkstoff auf der Trommel; *3* Eisenschluß; *4* Polschuh; *5* Wirbelstromring; *6* äußerer Eisenschluß; *7* Eisenrückschluß

2.2.10. Elektrostatische Meßwerke

Prinzip

Das elektrostatische Meßwerk ist ein Kondensator mit einer festen und einer beweglichen Elektrode, mit der die Anzeigevorrichtung verbunden ist. Wird Spannung an das Meßwerk gelegt, so tritt zwischen beiden Kondensatorbelägen eine Kraft auf, die in der Richtung einer Kapazitätsvergrößerung wirkt. Das elektrostatische Meßwerk unterscheidet sich demnach von allen anderen Meßwerken dadurch, daß die Spannung unmittelbar eine Kraft auf die Anzeigevorrichtung ausübt, während alle anderen Meßwerke Strommesser sind. Allerdings fließt bei Wechselspannungsbetrieb über die Kapazität des elektrostatischen Meßwerks auch ein Strom, doch handelt es sich dabei nicht um einen gewollten Meßstrom, sondern um einen Fehlerstrom, der möglichst klein gehalten werden muß.

Berechnung

Die Kraft zwischen den beiden Kondensatorbelägen sei F und der Weg, den die bewegliche Elektrode unter der Wirkung dieser Kraft zurücklegt, $d\gamma$, die dabei geleistete Arbeit ist $Fd\gamma$. Die Kapazität C des Meßwerks hat sich dabei um den Betrag dC geändert, wobei die elektrische Arbeit $\frac{1}{2} U^2 dC$ geleistet wurde. Daraus folgt

$$Fd\gamma = \frac{1}{2} CU dC,$$

weil die mechanische Arbeit gleich der elektrischen sein muß.

Die Kapazität zweier Platten von der Fläche A, dem Abstand a und der Dielektrizitätskonstanten ε des Zwischenmediums ist

$$C = \frac{\varepsilon A}{4\pi a}.$$

Die Kapazitätsänderung kann demnach auf zweierlei Weise hervorgerufen werden: entweder durch Verändern der Elektrodenfläche A oder durch Verändern des Elektrodenabstands a: nach beiden Verfahren werden elektrostatische Meßwerke gebaut. Das Richtmoment ist im allgemeinen proportional dem Ausschlag

$$M_2 = -k_2\gamma.$$

Eigenschaften

Skalenverlauf. Der Skalenverlauf ist durch die Änderung der Kapazität mit dem Ausschlag $dC/d\gamma$ bestimmt. Für $dC/d\gamma = $ const verläuft die Skale quadratisch. Durch besondere Gestaltung der Elektroden kann man erreichen, daß die Skale von etwa 5% an nahezu linear ist.

Eigenverbrauch. Der Eigenverbrauch des Meßwerks ist theoretisch Null. In der Praxis fließt allerdings ein kleiner Strom, bei Gleichstrom durch Mängel der Isolation, bei Wechselstrom durch die Kapazität des Meßwerks. Der Isolationsstrom ist etwa 10^{-10} A, der kapazitive Strom $10^{-6} \dots 10^{-7}$ A.

Überlastbarkeit. Beim elektrostatischen Meßwerk muß man mit der Beanspruchung des Dielektrikums bis in die Nähe der Durchbruchfeldstärke gehen, wenn man hinreichend große Drehmomente erhalten will. Die Meßwerke sind deshalb nur wenig überlastbar. Im allgemeinen liegt die Durchschlagspannung etwa 50% über der Nennspannung. Um größere Schäden beim Durchschlag zu vermeiden, erhalten die Hochspannungsmeßgeräte Vorwiderstände zum Begrenzen der Kurzschlußstromstärke.

Dämpfung. Die Beruhigungszeit des elektrostatischen Meßwerks ist im allgemeinen groß (Größenordnung 10 s). Die beweglichen Organe werden durch Luft- oder Wirbelstromdämpfung gedämpft.

Grundfehler. Die Meßfehler hängen sehr vom Meßbereich ab. Absolute Spannungsmesser und Quadrantenelektrometer für hohe Spannungen lassen sich mit Toleranzen von etwa 0,2% ausführen, bei normalen Betriebsmeßgeräten kann man mit Klasse 1···1,5 rechnen.

Bei kleinen Meßbereichen wird die Genauigkeit durch unvermeidbare Kontaktpotentiale, die etwa 1 V erreichen können, begrenzt. Das Kontaktpotential ändert sich unregelmäßig mit Temperatur und Luftfeuchte und es sind deshalb stets zwei Messungen mit umgekehrter Polarität, erforderlich. Das Kontaktpotential wird klein gehalten, wenn man die Elektroden gegen Korrosion schützt, weshalb sie bei kleinen Meßbereichen meist vergoldet werden.

Temperatureinfluß. Der Temperatureinfluß der Meßgeräte ist nur durch die Änderung der mechanischen Richtkraft mit der Temperatur gegeben, er ist also sehr klein.

Fremdfeldeinfluß. Fremde Magnetfelder beeinflussen die Anzeige nicht, solange das bewegliche Organ vollkommen eisenfrei ist, dagegen können elektrische Fremdfelder zu sehr großen Grundfehlern führen und müssen deshalb abgeschirmt werden.

Frequenzeinfluß. Die Anzeige des elektrostatischen Meßwerks ist weitgehend frequenzunabhängig. Die obere Frequenzgrenze ist gegeben durch die Kapazität des Meßwerks und den Widerstand des Aufhängebands, da mit steigender Frequenz der Kapazitätsstrom wächst und zunächst einen merkbaren Grundfehler infolge des Spannungsabfalls an der Stromzuführung zur beweglichen Elektrode hervorruft, später das Aufhängeband durchbrennt. Als oberste Grenzfrequenz kann etwa 10^8 Hz angesehen werden.

Anwendungsgebiet

Das elektrostatische Meßwerk wird angewendet, wenn keine Leistung zur Verfügung steht oder keine Leistung entnommen werden soll, weil durch die Leistungsentnahme entweder die Verhältnisse im Stromkreis geändert werden oder weil der Leistungsverbrauch in den Vorwiderständen des Meßwerks zu hoch wird, wie es beim Messen sehr hoher Gleichspannungen der Fall ist, ferner bei sehr starken Magnetfeldern und bei Hochfrequenz. Es kommt also für die Messung an Spannungsquellen mit hohem innerem Widerstand, an Kondensatoren und Verstärkern sowie in sehr großem Umfange in der medizinischen Forschung und Technik in Frage. Nach dem elektrostatischen Prinzip werden Spannungsmesser, Leistungsmesser, Widerstandsmesser, Zungenfrequenzmesser, Synchronoskope und Röntgendosismesser gebaut.

Ausführungsformen

Wie bereits erwähnt, kann die Kapazitätsänderung entweder durch Änderung der Elektrodenfläche oder durch Änderung des Elektrodenabstands zustande kommen.

Quadrantenelektrometer. Ein charakteristischer Vertreter der ersten Ausführungsform ist das Quadrantenelektrometer (Abb. 2.2.53). Sein Meßwerk besteht aus einer drehbar aufgehängten Elektrode in Form zweier einander gegenüberstehender Kreissektoren und vier feststehenden Elektroden. Je zwei einander gegenüberstehende Elektroden sind leitend miteinander verbunden. Die Wirkung ist also dieselbe, als seien nur zwei Quadranten vorhanden.

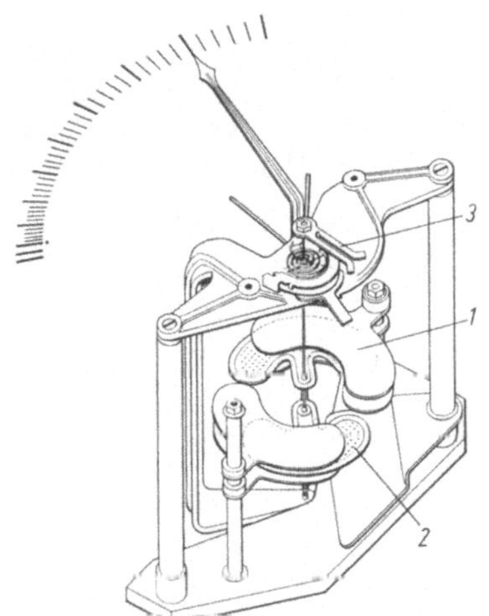

Abb. 2.2.53 Prinzipielle Anordnung eines Quadrantenelektrometers (Gossen).

1 feste Elektrode; *2* bewegliche Elektrode; *3* Nullstellung

Stromwaage. Ein charakteristischer Vertreter der Ausführung mit veränderlichem Elektrodenabstand ist das Schutzringelektrometer von Thomson (Abb. 2.2.54). Es besteht aus zwei einander gegenüberstehenden festen Elektroden, von denen die eine einen kleinen kreisförmigen Ausschnitt hat, in dem die bewegliche Elektrode liegt, die also ringsum

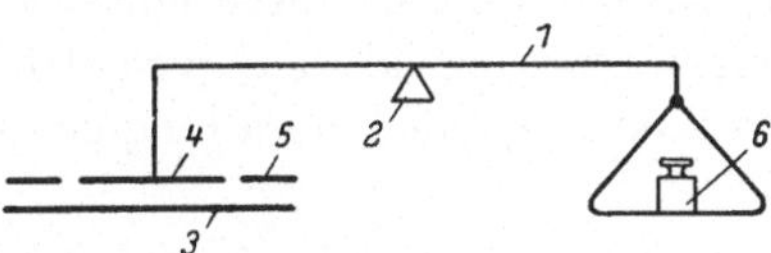

Abb. 2.2.54 Prinzip des Schutzringelektrometers von Thomson.

1 Waagebalken; *2* Lagerschneide; *3* feste Elektrode; *4* bewegliche Elektrode; *5* Schutzringelektrode; *6* Gegengewicht

von einem Schutzring umgeben ist. Die Kraft auf die bewegliche Elektrode kann durch Gewichte ausgewogen werden. Das Instrument ist also absolut eichbar.

Ein elektrostatischer Hochspannungsmesser dieser Art ist auch der Kugelspannungsmesser von Hueter, bei dem die obere Kugel einer Kugelfunkenstrecke an einer Feder aufgehängt ist und die Federdehnung gemessen wird.

Elektrostatische Meßwerke mit veränderbarem Elektrodenabstand für kleine Spannungen sind die Saitenelektrometer, bei denen die Durchbiegung einer sehr dünnen, zwischen zwei Schneiden ausgespannten Saite unter der Wirkung der elektrischen Kräfte mikroskopisch gemessen wird (Drahtdurchmesser einige μm, Drahtlänge einige Zentimeter).

2.2.11. Vibrationsmeßwerke

Prinzip

Regt man einen einseitig eingespannten Stahlstab durch ein Wechselfeld zu Biegeschwingungen an, so wird man mit kleiner Erregerleistung eine große Schwingungsamplitude erzielen, wenn Resonanz zwischen

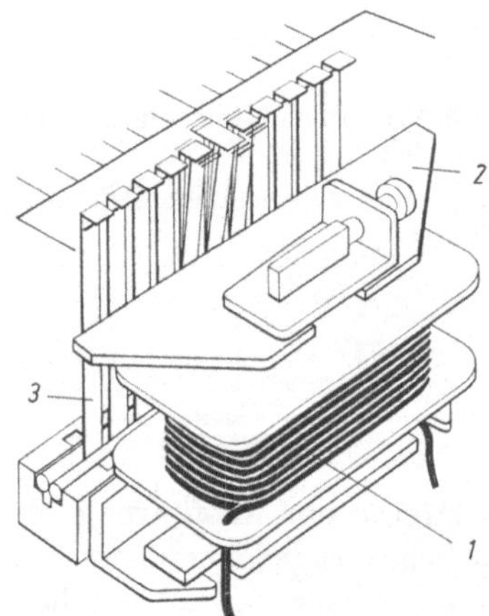

Abb. 2.2.55 Anordnung eines Vibrationsmeßwerks (Gossen).

1 Erregerspule; *2* Polschuh; *3* Zungen

Erregerfrequenz und Eigenfrequenz des Stabs besteht, d. h. wenn die Erregerfrequenz gleich der halben Eigenfrequenz des Stabs oder einem ganzzahligen Vielfachen davon ist. Die Erregung kann durch ein elektrisches oder ein magnetisches Feld erfolgen, vorwiegend werden elektromagnetische Felder angewendet. Abb. 2.2.55 zeigt die Anordnung eines Vibrationsmeßwerks.

Berechnung

Je nach der Ausführung des eingespannten Stabs ist er als einseitig eingespannter Balken mit gleichmäßig verteilter Masse oder als masseloser Stab mit einer Masse an seinem Ende anzusehen. Im ersten Fall ergibt sich für seine Kreisfrequenz nach Föppl:

$$\omega_0^2 = 12{,}3 \, \frac{E\Theta}{l^4 m},$$

im zweiten Fall nach Klotter:

$$\omega_0^2 = 3\,\frac{E\Theta}{l^3 m}.$$

Häufig wird die Wirklichkeit zwischen beiden Grenzfällen liegen. In den Gleichungen bedeuten

l Stablänge,
m Masse/Längeneinheit bzw. Zusatzmasse,
E Elastizitätsmodul,
Θ Flächenträgheitsmoment,
ω_0 Kreisfrequenz.

Eigenschaften

Eigenverbrauch. Für die Erregung eines Zungenkamms werden etwa 10 mW verbraucht.

Überlastbarkeit. Die Überlastungsfähigkeit ist begrenzt durch den thermischen Grenzstrom der Erregerwicklung. Dynamische Schäden sind zu erwarten, wenn die Zungen längere Zeit mit sehr großer Amplitude schwingen, weil dadurch die Einspannstellen beschädigt werden können und die Genauigkeit leidet.

Dämpfung. Die Schwingungen der Stahlzungen dämpfen sich selbst durch Luftreibung und Wirbelströme, und es ist keine zusätzliche Dampfung erforderlich.

Grundfehler. Die Zungen können auf etwa 0,2% genau abgestimmt werden. Für Zungenfrequenzmesser bis 300 Hz kann man günstigstenfalls 0,3%, bis 1200 Hz günstigstenfalls 0,5% Anzeigetoleranz annehmen. Die Mehrzahl der Geräte wird in der Klasse 1 geliefert. Die Fehler sind bestimmt durch die Länge der Zunge, d. h. durch die Konstanz der Einspannstelle.

Temperatureinfluß. Die Länge der Zungen und damit ihre Eigenfrequenz ändert sich mit der Temperatur, wodurch ein Fehler von etwa 0,15% vom richtigen Wert je 10 K zustande kommt.

Fremdfeldeinfluß. Äußere Felder beeinflussen das Meßwerk praktisch nicht.

Anwendungsgebiet

Die Vibrationsmeßwerke werden in Schalttafel- und tragbaren Betriebsmeßgeräten für Nieder- und Mittelfrequenz verwendet. Sie dienen zur Frequenzüberwachung von Maschinen und Netzen, in Doppel-Ausführung zur Synchronisierung, in Verbindung mit Wechselstrom-Drehzahlgebern zur Drehzahl- und Geschwindigkeitsmessung. Ein Vibrationsmeßwerk wird wie ein Spannungsmesser geschaltet. In manchen Fällen braucht man ihn gar nicht elektrisch erregen, sondern kann ihn unmittelbar auf die Maschlne aufsetzen und durch die mechanischen Erschütterungen erregen.

Ausführungsformen

Die bekannteste Ausführungsform von Vibrationsmeßwerken (Abb. 2.2.55) ist der elektromagnetische Zungenfrequenzmesser. Im Wechselfeld einer langgestreckten Spule, die vom Meßstrom durchflossen wird, sind Stahlzungen unterschiedlicher Eigenfrequenzen schwingungsfähig eingespannt. Das Magnetfeld übt auf die Stahlzungen schwache, mit der doppelten Frequenz des erregenden Wechselstroms pulsierende Kräfte aus. Dadurch wird jeweils die Zunge zum Schwingen angeregt, deren Eigenfrequenz mit der doppelten Stromfrequenz übereinstimmt. Wenn die Eigenfrequenz der einzelnen Stahlzungen im steigenden Sinne variieren und auf einer Skale der zu jeder Zunge zugehörige Frequenzwert geschrieben wird, zeigt der Schwingungszustand der Zungen die Frequenz des Wechselstroms an.

Bei genügend kleinem Frequenzabstand schwingen die benachbarten Zungen infolge ihrer Dämpfung mit kleinerer Amplitude, so daß charakteristische Schwingungsbilder entstehen, die auch Zwischenwerte der Frequenz abzuschätzen gestatten (Abb. 2.2.55).

Der Abstand der Eigenfrequenz zweier benachbarter Zungen soll etwa 1% betragen; bei zu großer Frequenzdifferenz kommt es vor, daß keine der Zungen anspricht, bei zu kleiner Frequenzdifferenz schwingen mehrere Zungen und das Schwingungsbild wird unklar.

Die Zungen werden um so kürzer, je höher ihre Eigenfrequenz ist; die Schwingungsamplitude wird entsprechend kleiner (Abb. 2.2.56 a).

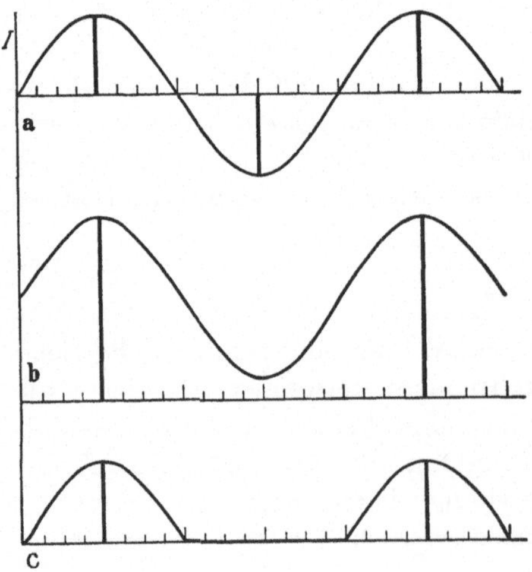

Abb. 2.2.56 a—c Erregung der Frequenzmesserzungen.

a) mit Wechselstrom $\omega_0 = 2\omega_m$;
b) mit Wechselstrom und überlagertem Gleichstrom $\omega_0 = \omega_m$;
c) mit Halbwellenstrom $\omega_0 = \omega_m$;
ω_0 Eigenfrequenz der Zunge;
ω_m Erregerfrequenz

Der Meßbereich kann in einfacher Weise (Abb. 2.2.56b) verdoppelt werden, indem man dem erregenden Wechselfeld ein Gleichfeld überlagert, das mindestens so groß ist wie der Scheitelwert des Wechselfelds. Es findet dann in jeder Periode nur noch eine Anziehung statt und Erregerfrequenz und Eigenfrequenz können übereinstimmen. Die Stahlzungen können kleiner ausgeführt werden, wodurch der Eigenverbrauch erheblich kleiner wird. Eine andere Möglichkeit zur Verdoppelung des Meßbereichs zeigt Abb. 2.2.56c. Mit Hilfe einer Einweggleichrichterschaltung wird eine Halbwelle unterdrückt.

2.2.12. Bimetallmeßwerke

Prinzip

Walzt man zwei Metalle verschiedener Ausdehnungskoeffizienten in warmem Zustand aufeinander, so daß sie auf der ganzen Länge fest miteinander verbunden sind, so krümmt sich ein solches Bimetall bei Temperaturänderungen in der einen oder anderen Richtung. Das Bimetall wird entweder durch direkten Stromdurchgang oder durch eine isoliert aufgebrachte Wicklung beheizt. Das Meßwerk des Bimetallmeßgerätes besteht aus einem zu einer Spirale gewickelten stromdurchflossenen Bimetallstreifen. Das äußere Ende der Spirale liegt fest, das innere greift an der Zeigerachse an. Der Strom wird über ein Kupferband zugeführt. Eine zweite Bimetallspirale, die ungeheizt und gegen Wärmestrahlung geschützt mit entgegengesetztem Drehmoment einwirkt, kompensiert Schwankungen der Raumtemperatur. Das Richt-

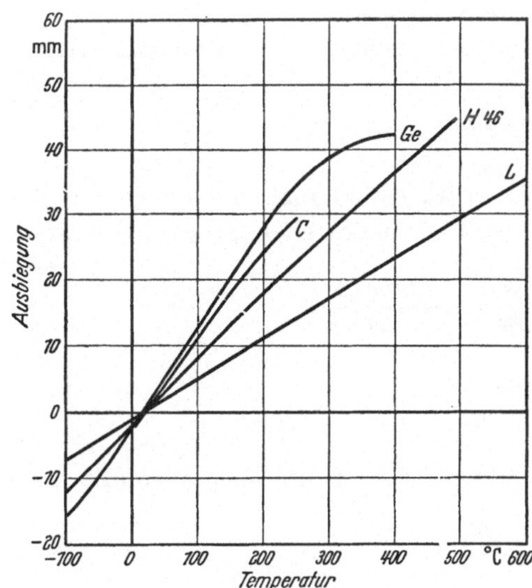

Abb. 2.2.57 Ausbiegung einiger Bimetallsorten abhängig von der Temperatur, für Streifen von 100 mm Länge und 1 mm Dicke (Rau, Pforzheim)

moment wird durch die Bimetallspirale selbst erzeugt, es ist also keine besondere Richtkraft erforderlich.

Die Ablenkungskonstante K_0 ist die Ausbiegung eines einseitig eingespannten Bimetallstreifens von 1 mm Dicke und 100 mm freier Länge bei einer Übertemperatur Δt von 1 °C.

Sie bezieht sich auf Temperaturen von $0 \cdots 200$ °C und Ausbiegungen unter 10% der freien Länge.

Der spezifische Widerstand ϱ ist auf 20 °C bezogen. Abb. 2.2.57 zeigt den Verlauf der Ausbiegung für einige Sorten abhängig von der Temperatur.

Berechnung

Die Übertemperatur Δt des Bimetalls ist in erster Annäherung proportional der Heizleistung. Die Durchbiegung des freien Endes eines einseitig eingespannten Bimetallstreifens nach Abb. 2.2.58 errechnet sich nach Rau, Pforzheim, zu

$$d = \frac{K_0 \Delta t l^2}{s}.$$

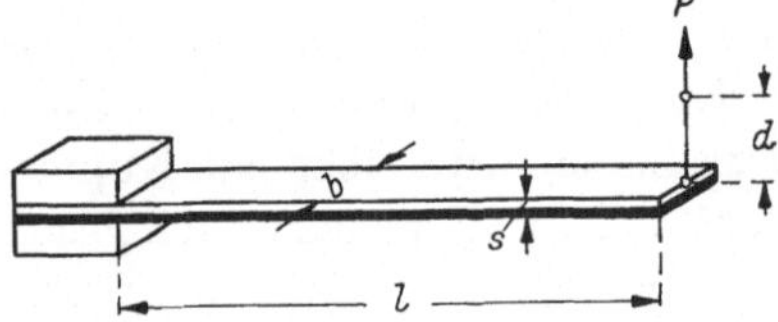

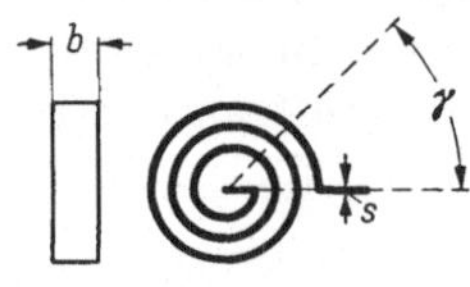

Abb. 2.2.58   Abb. 2.2.59

Abb. 2.2.58   Einseitig eingespannter Bimetallstreifen.

b Bandbreite; s Banddicke; d Auslenkung; l Bandlänge; F auslenkende Kraft

Abb. 2.2.59   Bimetallspirale.

b Bandbreite; s Banddicke; γ Drehwinkel

Darin ist Δt die Übertemperatur in °C, l die Länge und s die Dicke des Streifens in mm. Die von dem freien Ende des Streifens ausgeübte Kraft F ist

$$F = \frac{E b s^3 d}{4 l^3} = \frac{E b s^2 K_0 \Delta t}{4 l}.$$

b ist die Breite des Bimetalls,

E der Elastizitätsmodul, er liegt bei etwa 150 kN/mm².

Für den Drehwinkel γ des freien Endes einer Bimetallspirale nach Abb. 2.2.59 ergibt sich

$$\gamma = \frac{360}{\pi} K_0 \frac{\Delta t l}{s},$$

und für das Drehmoment M_d

$$M_d = \frac{2\pi}{360}\,\gamma\,\frac{Ebs^3}{12l} = \frac{1}{6}\,K_0 \Delta t E b s^2.$$

Darin ist l die gestreckte Länge der Spirale in mm.

Eigenschaften

Skalenverlauf. Die Skale verläuft quadratisch, ebenso wie die des Hitzdrahtmeßwerks.

Eigenverbrauch. Der Eigenverbrauch ist in der Größenordnung von 1 W. Das Drehmoment ist dabei außergewöhnlich hoch, nämlich etwa 3 Nmm, so daß sich das Meßwerk sehr sicher einstellt und auch größere Arbeiten, wie etwa das Betätigen eines Kontakts, übernehmen kann.

Überlastbarkeit. Das kräftige Hitzband ist natürlich gegen Überlastungen bei weitem nicht so empfindlich wie ein Hitzdraht, doch ist auch seine Überlastungsfähigkeit begrenzt, und deshalb wird das Meßwerk vorzugsweise mit einem kurzschlußsicheren Wandler betrieben, was allerdings den Nachteil größerer Frequenzabhängigkeit mit sich bringt.

Dämpfung. Das Bimetallmeßwerk ist außergewöhnlich träge und stellt sich erst in Minuten auf seinen endgültigen Wert ein. Es braucht deshalb auch keine besondere Dämpfung, wodurch der Aufbau sehr einfach wird.

Grundfehler. Der Grundfehler des Bimetallmeßwerks ist so groß, daß man bestenfalls die Klasse 1,5 erreichen kann. Normal wird man mit 2,5% Grundfehler rechnen müssen.

Temperatureinfluß. Änderungen der Raumtemperatur wirken natürlich auch auf die Bimetallspirale ein. Das Meßwerk muß deshalb eine Temperaturkompensation in Form einer zweiten Bimetallspirale erhalten, die jedoch nicht stromdurchflossen ist und in umgekehrter Richtung auf die Zeigerachse wirkt. Dabei ist vorausgesetzt, daß sich beide Spiralen genau gleich verhalten und die stromdurchflossene die stromlose nicht heizt, zwei Forderungen, von denen besonders die erste sehr schwer zu erfüllen ist, da Bimetalle kaum mit gleichbleibenden Eigenschaften erhältlich sind und die Werte selbst innerhalb der gleichen Tafel erheblich streuen.

Fremdfeldeinfluß. Der Fremdfeldeinfluß ist Null.

Frequenzeinfluß. Der Frequenzeinfluß ist erheblich größer als beim nicht mehr gebräuchlichen Hitzdrahtmeßwerk, weshalb das Meßwerk nicht über das Tonfrequenzgebiet hinaus verwendet werden kann.

Anwendungsgebiet

Die Bimetall-Meßgeräte dienen zur Anzeige eines mittleren Effektivwerts. Kurzzeitige Strom- und Spannungsänderungen werden dabei um so mehr unterdrückt, je größer die Einstellzeit ist.

Sofern ein Schleppzeiger oder eine Schleppskale vorgesehen sind, wird ein mittlerer Stromhöchst- oder Niedrigstwert im Ablesezeitraum festgehalten.

Bei der in Abb. 2.2.60 gezeigten Konstruktion ist am Meßwerkzeiger ein Mitnehmer für den Schleppzeiger zur Anzeige eines Stromhöchstwerts vorgesehen.

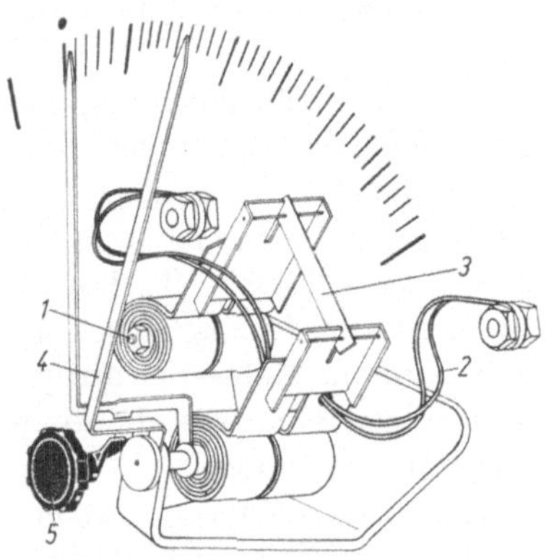

Abb. 2.2.60 Aufbau eines Bimetallmeßwerks mit Schleppzeiger (Gossen).

1 stromdurchflossene Bimetallfeder; *2* Stromzuführungen; *3* Bimetallkompensation; *4* Schleppzeiger; *5* Rücksteller

2.2.13. Überlastungsschutzeinrichtungen für Meßwerke

Zuweilen liegt der Netzkurzschlußstrom höher, als der Überstromfestigkeit des Meßwerkstrompfads entspricht, oder es besteht die Gefahr, daß ein Spannungsmesser an eine zu hohe Spannung angeschlossen wird.

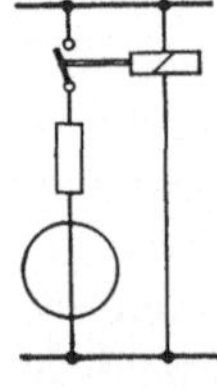

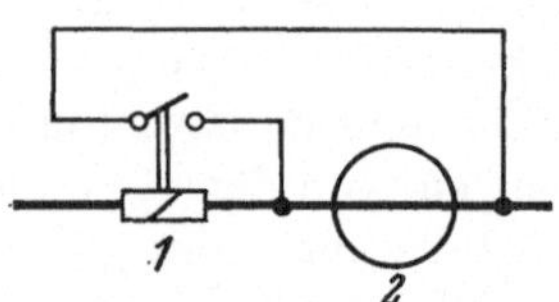

Abb. 2.2.61   Abb. 2.2.62

Abb. 2.2.61 Überspannungsschutz eines Spannungsmessers durch ein Überspannungsrelais

Abb. 2.2.62 Strommesser mit Überlastungsschutz durch Überstromrelais.
1 Überstromrelais; *2* Anzeiger

In diesen Fällen sind besondere Schutzeinrichtungen erforderlich. Schmelzsicherungen gewähren nur selten zuverlässigen Schutz.

Überstrom- und Überspannungsrelais. Der einfachste Schutz für Strom- und Spannungsmesser ist das Überstrom- und Überspannungsrelais.

Beide können selbst für sehr viel höhere Überlastung bemessen sein als das zu schützende Meßwerk. Voraussetzung für einen wirksamen Schutz ist eine hinreichend kurze Ansprechzeit des Kurzschließers bzw. Unterbrechers (Abb. 2.2.61 u. 2.2.62). Die geforderte Ansprechcharakteristik des Schutzrelais ergibt sich aus dem thermischen Grenzstrom des Meßwerks. In Abb. 1.8.1 ist die zulässige Überlastung abhängig von der Überlastungsdauer t für verschiedene thermische Grenzströme aufgetragen.

Die Ansprechcharakteristik des Relais muß auf der ganzen Länge unter der betreffenden Überlastungscharakteristik des Meßwerks liegen, wenn das Meßgerät mit Sicherheit geschützt werden soll. Die Überlastungscharakteristik für andere thermische Grenzströme erhält man, indem man durch den bei 1 s Überlastungsdauer aufgetragenen thermischen Grenzstrom eine Parallele zu den eingezeichneten Geraden zieht.

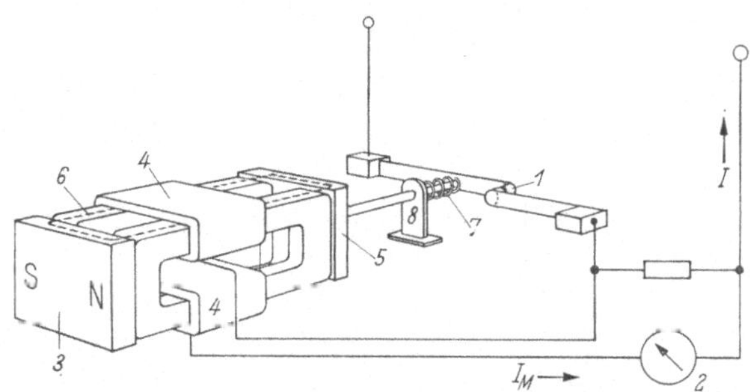

Abb. 2.2.63 Schematische Darstellung eines Schutzschalterrelais mit Haltemagnet. *1* Schutzschalterkontakt; *2* zu schützendes Meßwerk; *3* Dauermagnet; *4* Relaiswicklung; *5* Anker; *6* Relaiskerne; *7* Druckfeder; *8* Anschlag für die Druckfeder

Schutzschalterrelais mit Haltemagnet. Den grundsätzlichen Aufbau eines Schutzschalterrelais mit Haltemagnet zeigt Abb. 2.2.63. Der Anker *5* wird durch den vom Dauermagneten *3* erzeugten, gestrichelt gezeichneten Fluß gegen die Kraft der Feder *7* angezogen. Der Schutzschalterkontakt ist geschlossen. Bei einer Überlastung wird über die Relaiswicklungen ein Fluß erzeugt, der den vom Dauermagnet erzeugten Fluß unwirksam macht. Dies wird z. B. erreicht, indem der von den Relaiswicklungen erzeugte Fluß einzelne Kernschenkel in die Sättigung treibt. Der vom Dauermagneten erzeugte Fluß reicht dann nicht mehr aus, um den Anker zu halten. Die Feder wirft den Anker ab und betätigt den Schutzschalterkontakt.

Diese Relaisart kommt mit Erregerleistungen von etwa $250 \cdot 10^{-5}$ W bei einer Ansprechzeit von einigen Millisekunden aus und ist deshalb auch zum Schutz von hochempfindlichen Meßgeräten geeignet. Solche

Schutzschalter werden von verschiedenen Herstellern in Vielbereich-
meßgeräte mit einem Innenwiderstand bis zu 100 000 Ω/V eingebaut.
Die zulässige Abschaltleistung beträgt etwa 15 kVA bei Wechselstrom
und 2 kW bei Gleichstrom (bis etwa 500 V).

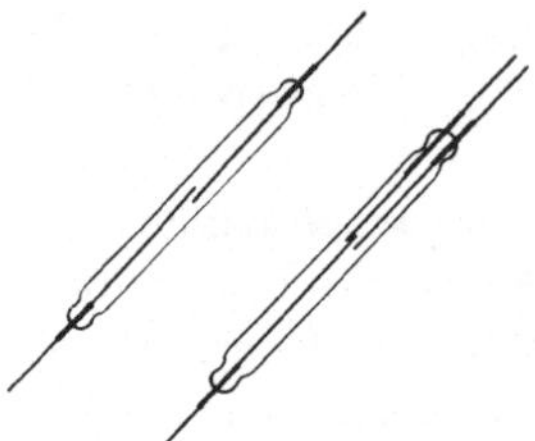

Abb. 2.2.64　Arbeits- und Umschaltschutzgas-
kontakt

Feldspulen mit eingebautem Schutzgaskontakt. Der Schutzgaskontakt
(Abb. 2.2.64) ist ein in eine Glasröhre eingeschmolzener Kontakt, der
aus zwei parallel angeordneten ferromagnetischen Kontaktzungen besteht. Diese geben Kontakt, wenn sie einem magnetischen Feld ausgesetzt
sind. Es wurde vorgeschlagen, einen solchen Kontakt in das Feld z. B.

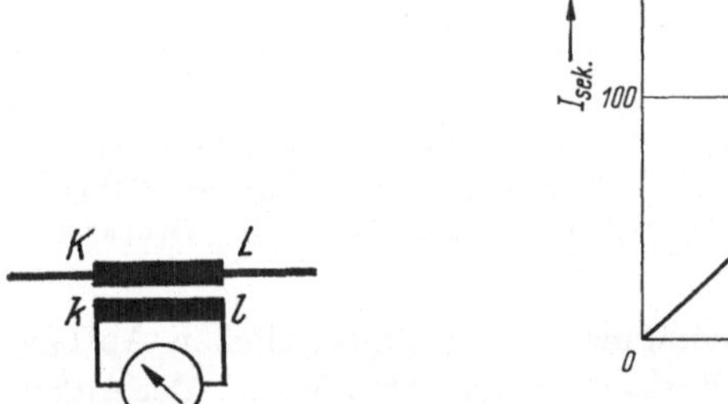

Abb. 2.2.65 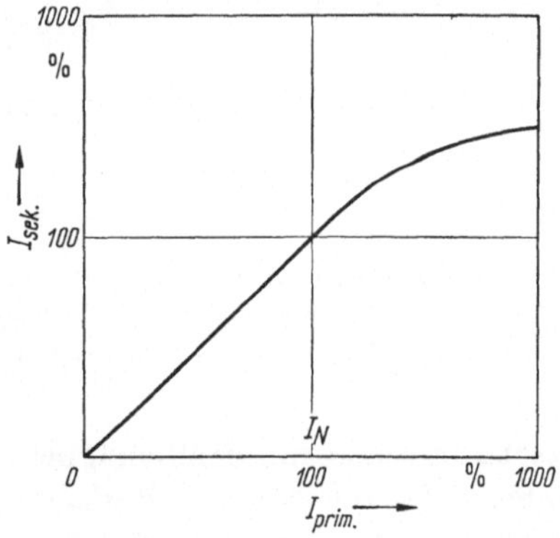　　　　　　　　　　Abb. 2.2.66

Abb. 2.2.65　Wechselstrommesser mit Überlastungsschutz durch kurzschlußfesten
übersättigten Wandler

Abb. 2.2.66　Übersetzungscharakteristik eines übersättigten Stromwandlers

der Feldspule eines elektrodynamischen Meßwerks oder eines Dreheisenmeßwerks zu bringen. Der im Meßkreis liegende Schutzgaskontakt
schaltet dann bei Überlastung das Meßwerk ab. Der Vorteil einer solchen
Anordnung liegt darin, daß die Überlastungschutzeinrichtung keine
zusätzliche Leistung erfordert. Die Schaltzeit eines Schutzgaskontakts
beträgt nur 1···2 ms.

Übersättigter Wandler. Wechselstrommesser kann man durch einen kurzschlußfesten übersättigten Wandler schützen, bei dem der Sekundärstrom oberhalb eines gewissen Werts nicht mehr proportional mit dem Primärstrom anwächst (Abb. 2.2.65 u. 2.2.66).

Überspannungssicherung. Als Schutz für Spannungsmesser kommen auch Überspannungssicherungen in Frage, die das Meßgerät bei zu hoher Überlastung abschalten (Abb. 2.2.67).

Überlastungsschutz durch Zenerdioden. Einen Überlastungsschutz erreicht man auch durch eine dem Meßwerk parallelgeschaltete Zenerdiode (Abb. 2.2.68). Unterhalb der Zenerspannung ist der Diodenwiderstand

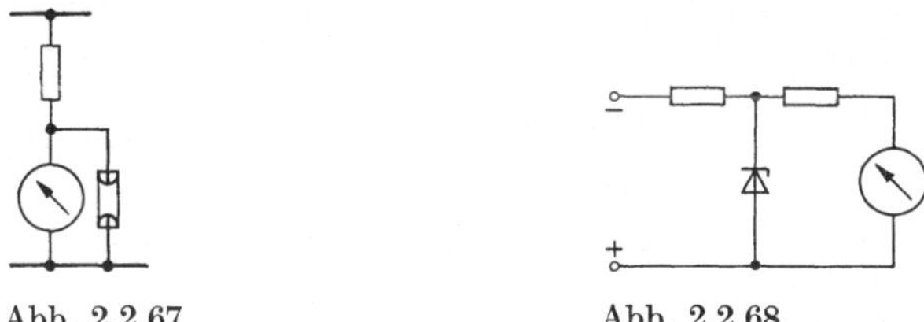

Abb. 2.2.67			Abb. 2.2.68

Abb. 2.2.67 Überspannungsschutz eines Spannungsmessers durch eine Überspannungssicherung oder ein Glimmrelais

Abb. 2.2.68 Überlastungsschutz durch eine Zenerdiode

groß, so daß er gegen den Meßwerkwiderstand vernachlässigt werden kann. Übersteigt aber die am Instrument liegende Spannung einen bestimmten Wert, wird die Zenerdiode leitend und verhindert ein weiteres Ansteigen der Spannung.

2.2.14. Kontaktgebende Meßwerke

Prinzip

Regelungstechnik und Automatisierung stellen an Meßgeräte zusätzliche Forderungen. Das Meßgerät soll das Meßergebnis nicht nur als Zeigerausschlag, allein vom Menschen auswertbar, anbieten, sondern in der Lage sein, gewisse Informationen, z. B. das Über- und Unterschreiten eines bestimmten Ausschlags zu signalisieren und elektrisch, z. B. in Form einer Kontaktstellung nach außen zu geben.

Zu diesem Zweck erhält das Meßwerk zusätzliche Mittel zur Abtastung des Zeigerausschlags. Die Abtastung kann technisch auf verschiedene Weise erfolgen, z. B. unmittelbar durch Kontaktgabe des Zeigers, mechanisch, fotoelektrisch, mit Hilfe von Hochfrequenzschaltungen induktiv, kapazitiv und thermisch. In jedem Fall aber kann die Abtasteinrichtung zumeist mit Hilfe mechanischer Antriebe entlang der

Meßgeräteskale verschoben werden, so daß eine Signalisierung an jedem Skalenpunkt möglich ist. Im Rahmen dieses Buches bleibt die Darstellung stellvertretend auf Geräte mit induktiver und fotoelektrischer Abtastung der Grenzwerte beschränkt.

Fotoelektrische Abtastung des Meßwertes mit Lichtband (Zweipunktregler). Abb. 2.2.69 zeigt die Arbeitweise eines Lichtzeiger-Meßgerätes mit fotoelektrischer Abtastung des Meßwertes.

Das Licht der Lampe *1* wird vom Kondensor *2* gesammelt und durch die Lochblende *3* geschickt. Durch ihre kleine zentrale Öffnung, in deren Mitte der Ablesefaden angeordnet ist, tritt das Licht für die Istwertanzeige (Lichtzeiger), während ein rechteckiger Ausschnitt in dieser

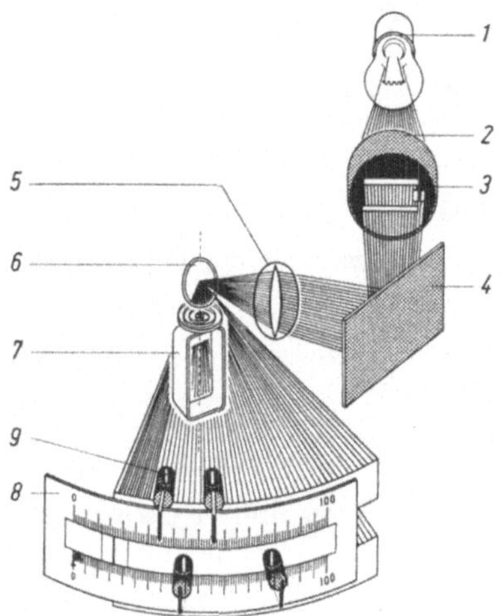

Abb. 2.2.69 Lichtzeiger-Meßgerät mit fotoelektrischer Abtastung des Meßwertes (Gossen).

1 Lampe; *2* Kondensor; *3* Lochblende; *4* Umlenkspiegel; *5* Linse; *6* Spiegel; *7* Drehspule; *8* Skale; *9* Fototransistoren

Lochblende je Kontaktmarkenebene das entsprechende Lichtband für die Fototransistoren *9* ergibt. Über den Umlenkspiegel *4*, die Linse *5* und den auf der Drehspule befestigten Spiegel *6* werden der Lichtzeiger auf die Skale und die Lichtbänder auf die Fototransistoren projiziert. Die Vorderkanten der Lichtbänder liegen immer in einer Linie mit dem Ablesefaden des Lichtzeigers.

Bei Meßgröße Null steht der Lichtzeiger am Skalenanfang. Sämtliche Fototransistoren sind beleuchtet, d. h. niederohmig. Wird mit ansteigender Meßgröße die Drehspule ausgelenkt, so wandert der Lichtzeiger in die Skale hinein und nimmt gleichzeitig die Lichtbänder mit. Passiert der Lichtzeiger eine Kontaktmarke, bewegt sich das Lichtband an dem dahinter angeordneten Fototransistor vorbei. Sein jetzt unbeleuchteter Zustand bringt eine Widerstandserhöhung mit sich, die in der Folgeschaltung ausgewertet wird.

Elektronische Grenzwertmelder. Elektronische Grenzwertmelder sind elektrische Anzeiger mit induktiven oder fotoelektrischen Grenzwertabgriffen und werden zum Überwachen von Meßgrößen verwendet, die bestimmte Werte nicht über- oder unterschreiten sollen. Erreicht die Meßgröße den Grenzwert, so spricht ein Schaltrelais an, mit dem z. B. optische oder akustische Warnsignale oder Schaltvorgänge ausgelöst werden können. Die Meßgeräte werden für einen oder zwei Grenzwerte (Minimal- und Maximalwert) ausgeführt. Die Grenzwerte sind von außen über den ganzen Skalenbereich einstellbar und durch Stellmarken auf der Skale gekennzeichnet. Die Grenzwertmeldung ist verzögerungsfrei

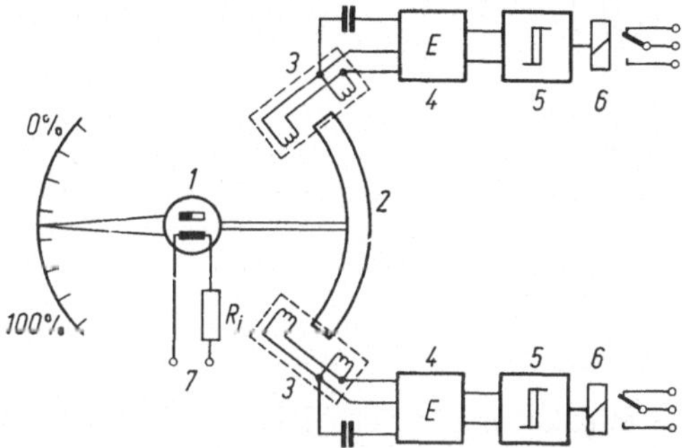

Abb. 2.2.70 Grundschaltung des elektronischen Grenzwertmelders mit induktiver Abtastung.

1 Meßwerk; *2* Abdeckfahne; *3* induktive Abtasteinheiten für unteren bzw. oberen Grenzwert; *4* Elektronik für unteren bzw. oberen Grenzwert; *5* Transistor-Kippstufen für unteren bzw. oberen Grenzwert; *6* Relais für unteren bzw. oberen Grenzwert; *7* Meßsignal

und ohne Rückwirkung auf die Anzeige. Der Grenzwertmelder wird mit einem Drehspul- oder Quotientenmeßwerk ausgerüstet. Am Meßwerkzeiger ist eine Abdeckfahne angebracht. Bei induktiver Abtastung (Abb. 2.2.70) wird bei Erreichen des Grenzwertes durch die Abdeckfahne ein Oszillator unterbrochen und über einen Kippverstärker ein Relais durchgeschaltet.

Bei fotoelektrischer Abtastung (Abb. 2.2.71) unterbricht die Abdeckfahne den Lichteinfall einer Lampe auf einen Fotowiderstand, dessen Widerstandswert sich bei Hell-Dunkel-Steuerung etwa um den Faktor 10^4 bis 10^5 ändert. Während der Belichtung durch die Lampe ist der Fotowiderstand niederohmig und schaltet eine Transistorkippstufe durch, die dem Relais nachgeschaltet ist.

Das Signal wird beim Erreichen des eingestellten Maximal- oder Minimalwerts ausgelöst und bleibt wegen der Länge der Schirmfahne (Abb. 2.2.70 u. 2.2.71) bei Über- und Unterschreiten dieser Werte

bis zum Endausschlag oder bis zur Nullstellung des Zeigers erhalten.
Auch bei Ausfall der Elektronik oder der Hilfsspannung wird ein Störsignal ausgelöst, weil die Transistorschaltstufe nach dem Ruhestrom-
prinzip arbeitet.

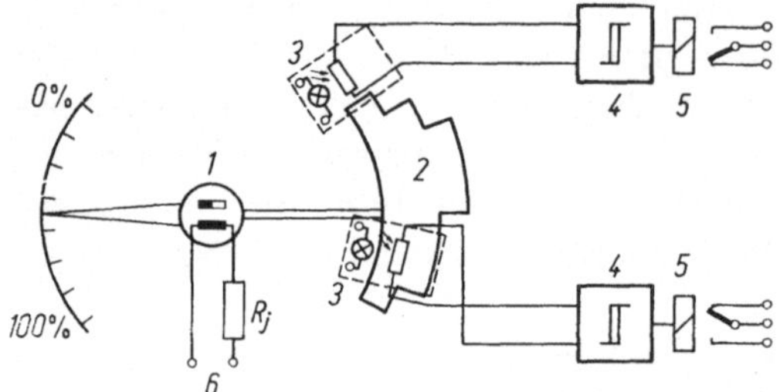

Abb. 2.2.71 Grundschaltung des elektronischen Grenzwertmelders mit fotoelektrischer Abtastung.
1 Meßwerk; *2* Abdeckfahne; *3* fotoelektrische Abtasteinheiten für unteren bzw.
oberen Grenzwert; *4* Transistor-Kippstufen für unteren bzw. oberen Grenzwert;
5 Relais für unteren bzw. oberen Grenzwert; *6* Meßsignal

Eigenschaften und Ausführungsformen

Bei mechanischen Zeigerabtasteinrichtungen ist der Zeiger für die
Dauer der Abtastung blockiert. Es sind Abtastperioden von einigen
Sekunden bis zu einigen zehn Sekunden üblich.

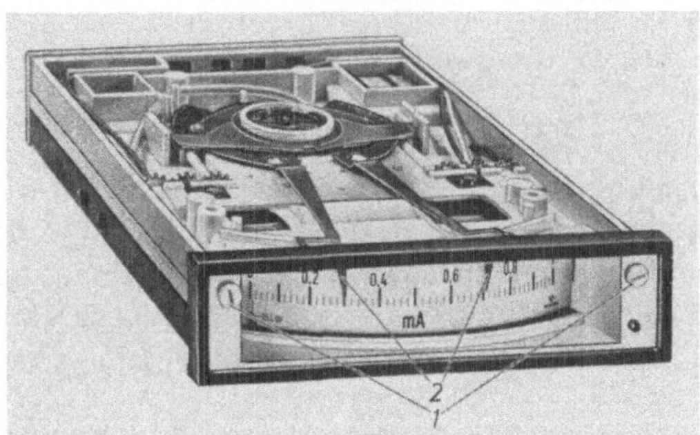

Abb. 2.2.72 Skale und Innenaufbau eines Drehspul-Schalttafelmeßgerätes mit
induktiver Abtastung der Grenzwerte (Gossen)
1 Grenzwertsteller; *2* Grenzwertzeiger

Bei den Geräten mit nicht mechanischen Abgriffen bleibt die Istwertanzeige ständig erhalten. Die Abtastung erfolgt ohne Rückwirkung
auf das Meßwerk. Die Abtasteinrichtungen lassen sich nicht beliebig klein
ausführen. Damit können bei Geräten zur Meldung von Maximal- und

Minimalwerten diese nicht beliebig eng beieinander liegen. Bei dem in Abb. 2.2.72 gezeigten Gerät beträgt der kleinstmögliche einstellbare Abstand etwa 3% der Skalenlänge. Die Einstelltoleranz beträgt etwa $\pm 0,5\%$ der Skalenlänge.

Abbildung 2.2.72 zeigt Skale und Innenaufbau eines Drehspulmeßgerätes mit eingebauten induktiven Abgriffen für oberen und unteren Grenzwert nach dem Schaltprinzip der Abb. 2.2.70. Die gesamte Elektronik ist im Gehäuse untergebracht. Die Grenzwertzeiger und mit ihnen die Abtastspulen lassen sich mit den zugehörigen Grenzwertstellern auf den gewünschten Grenzwert einstellen.

Im Äußeren und in den meßtechnischen Eigenschaften entsprechen Geräte mit fotoelektrischen oder kapazitiven Abgriffen etwa den Geräten mit induktiven Abgriffen.

Anwendungsgebiet

Die Meßwerke mit mechanischer Zeigerabtastung werden in erster Linie als Zweipunktregler in der Wärme- und Verfahrenstechnik eingesetzt, wenn die Meßgröße elektrisch zu messen und das Stellglied elektrisch zu schalten ist. Die Meßgeräte mit induktiver, lichtelektrischer oder kapazitiver Zeigerabtastung werden besonders für Pegelüberwachungen, automatische Meßbereichumschaltungen für Meßgeräte, Grenzwertsignalisierungen, automatisches Sortieren und andere Schaltaufgaben eingesetzt.

3. Meßeinrichtungen und Meßverfahren

Eine Meßeinrichtung umfaßt die Gesamtheit aller Meßgeräte und Hilfsgeräte, die zum Aufnehmen einer Meßgröße, zum Weitergeben und Anpassen eines Meßsignals und zum Ausgeben eines Meßwertes als Abbild einer Meßgröße erforderlich sind.

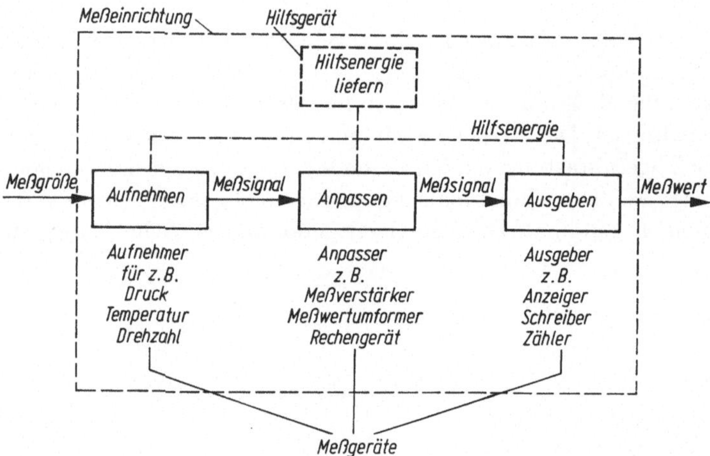

Abb. 3.1.1 Benennung von Meßgeräten nach Aufgaben im Rahmen der Meßeinrichtung

Die im Signalfluß liegenden Geräte, aus denen eine Meßeinrichtung aufgebaut ist und deren meßtechnische Eigenschaften für die Meßeinrichtung bestimmend sind, werden Meßgeräte genannt. Abb. 3.1.1 zeigt die Gliederung von Meßgeräten nach Aufgaben einer Meßeinrichtung.

In den nachfolgenden Abschnitten werden eine Reihe von wesentlichen elektrischen Meßverfahren und die Wirkungsweise typischer Meßgeräte beschrieben.

3.1. Meßgeräte zur Messung von Gleichspannungen und -strömen mit hoher Empfindlichkeit

3.1.1. Spiegelgalvanometer

Das klassische Meßgerät zur Messung von Gleichspannungen und -strömen mit hoher Empfindlichkeit ist das Spiegelgalvanometer. Häufig werden die Galvanometer nicht mit einem Meßbereich und einer festgeeichten Skala, sondern mit unbezifferter linearer Skalenteilung und Zusatzgeräten geliefert, mit denen Meßbereich und Dämpfung den jeweiligen Erfordernissen angepaßt werden können.

Abb. 3.1.2 *Links:* Spiegelgalvanometer mit Spannbandsystem; *rechts:* Supergalvanometer mit Hängebandsystem (SIEMENS)

Abbildung 3.1.2 zeigt links ein Spiegelgalvanometer mit Spannbandsystem. Im gleichen Bild ist rechts ein Galvanometer mit einem Hängebandsystem gezeigt. Beide Galvanometer haben verstellbare Füße, mit denen sie mittels einer Libelle genau senkrecht aufgestellt werden müssen.

Tabelle 3.1.1 gibt die Daten einiger Spiegelgalvanometer mit Drehspulmeßwerk an.

Ein Spiegelgalvanometer mit Drehmagnetmeßwerk ist das Vibrationsgalvanometer (Abschnitt 2.2.3., Abb. 2.2.25), das hauptsächlich als Nullindikator in Brückenschaltungen verwendet wird, aber mit der Einführung oszillographischer Nullindikatoren (Abschn. 3.17.6., Abb. 3.17.33) seine Bedeutung verloren hat.

Tabelle 3.1.1 Elektrische Daten von Spiegelgalvanometern

	C_i $\mathrm{nA}\left/\dfrac{\mathrm{mm}}{\mathrm{m}}\right.$	C_u $\mu\mathrm{V}\left/\dfrac{\mathrm{mm}}{\mathrm{m}}\right.$	T_0 s	R_i Ω	R_a Ω	P $\mathrm{W}\left/\dfrac{\mathrm{mm}^2}{\mathrm{m}^2}\right.$
Spiegelgalvanometer	20	1,5	3	15	60	$30 \cdot 10^{-15}$
mit Torsionsbandsystem	1,8	27,5	2,8	400	15000	$50 \cdot 10^{-15}$
	0,07	35	6	2800	500000	$2,5 \cdot 10^{-15}$
Spiegelgalvanometer	1,5	0,25	8	15	150	$3,75 \cdot 10^{-16}$
mit Hängebandsystem	0,07	5	8	450	70000	$3,5 \cdot 10^{-16}$

Darin bedeuten:

$C_i = 1/S_i$ Stromkonstante für 1 mm Ausschlag bei 1 m Lichtzeigerlänge,

$C_u = 1/S_u$ Spannungskonstante für 1 mm Ausschlag bei 1 m Lichtzeigerlänge
bei aperiodischer Dämpfung,

S_i Stromempfindlichkeit,

S_u Spannungsempfindlichkeit,

T_0 Schwingungsdauer,

R_i Galvanometerwiderstand,

R_a äußerer Grenzwiderstand,

P Eigenverbrauch für 1 mm Ausschlag bei 1 m Lichtzeigerlänge.

Für 50 Hz beträgt die Stromempfindlichkeit etwa 150 mm/µA m, die Spannungsempfindlichkeit etwa 0,7 mm/µV m. Die Bewegung der Nadel wird durch die Optik *5* auf einer Mattscheibe *6* abgebildet (Abb. 2.2.25).

Das Meßwerk muß gegen Fremdfelder geschirmt werden und wird hauptsächlich als Nullinstrument in Brückenschaltungen verwendet. Je nach Verwendungszweck muß die Dämpfung sorgfältig gewählt werden; kleine Dämpfung gibt eine große Beruhigungszeit und macht das Meßwerk sehr empfindlich gegen Frequenzänderungen, große Dämpfung flacht die Resonanzkurve ab und vermindert die Empfindlichkeit.

Ablese- und Registrierzusätze. Spiegelgalvanometer benötigen besondere Ablesevorrichtungen. Am gebräuchlichsten ist die Wandmontage, wobei Lichtzeigerlängen von $1 \cdots 1{,}50$ m üblich sind. Daneben gibt es Ableseeinrichtungen mit Lichtzeigerlängen bis zu 25 m für Demonstrationszwecke und Tischableseeinrichtungen mit Lichtzeigerlängen von einigen zehn Zentimetern.

Einige Ablesevorrichtungen und Galvanometerausführungen erlauben den Anbau von Nachlaufeinrichtungen, die eine Registrierung des Galvanometerausschlags ohne Rückwirkung auf den Meßkreis ermöglichen. Bei der in Abb. 3.1.3 gezeigten Nachlaufeinrichtung tastet eine Photozelle den Galvanometerausschlag ab. Die Photozelle liegt in einer Brückenschaltung und steuert über ein Servosystem die Schreibeinrichtung.

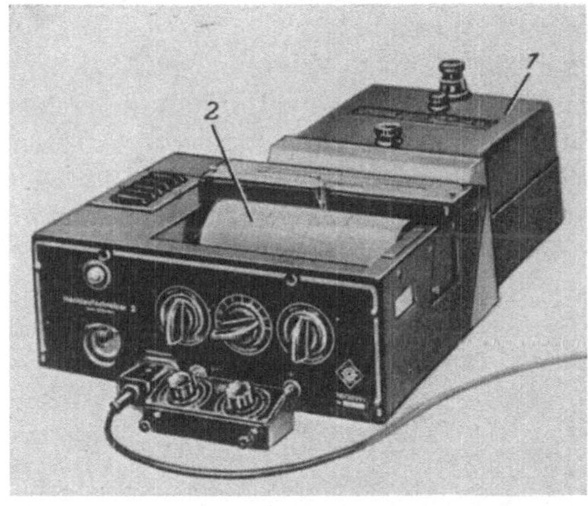

Abb. 3.1.3 Nachlaufregistrier-
einrichtung für Spiegel-
galvanometer
(Dr. B. Lange, Berlin).
1 Spiegelgalvanometer;
2 Registrierer

3.1.2. Drehspulpräzisionsmeßgeräte

Präzisionsmeßgeräte mit Lichtmarkenanzeige oder Massezeiger sind die Standardgeräte für Prüfämter, Prüffelder und Laboratorien.

Galvanometer mit Lichtmarkenanzeige. Wenn Galvanometermeßwerk und Ablesevorrichtung in ein gemeinsames Gehäuse eingebaut werden, spricht man von Lichtmarkenmeßgeräten und Lichtmarkengalvanometern.

Mit dem in Abb. 3.1.4 gezeigten Strahlengang wird eine Skalenlänge von 280 mm erreicht. Die Skale besteht aus zwei übereinanderliegenden

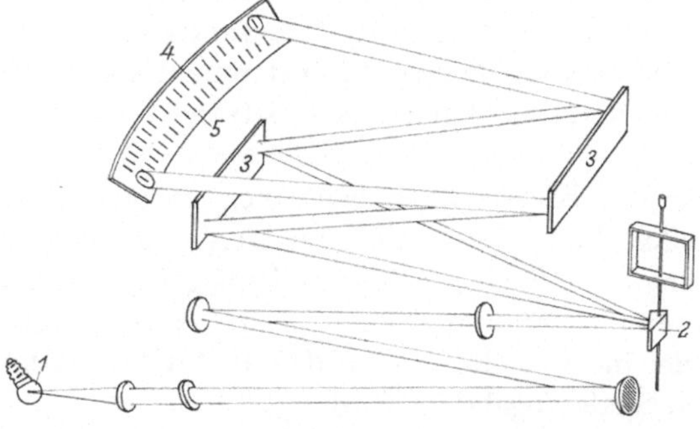

Abb. 3.1.4 Strahlengang für Präzisions-Lichtmarkenmeßgeräte der Kl. 0,1 mit 280 mm langer Doppelskale.
1 Glühlampe; *2* Dachspiegel; *3* Umlenkspiegel; *4* obere Skale; *5* untere Skale

Hälften. Die in Meßgeräten dieser Bauart verwendeten Meßwerke arbeiten mit einem Dachspiegel. Eine Dachschräge ist der oberen, die andere der unteren Skalenhälfte zugeordnet. Dachspiegel und Doppelskale finden heute bei den meisten der in der Bundesrepublik hergestellten Präzisionsmeßgeräten der Klasse 0,1 Anwendung.

Lichtmarkenmeßgeräte haben gegenüber Zeigermeßgeräten eine höhere Empfindlichkeit und einen kleineren Eigenverbrauch; außerdem gibt es bei der Lichtmarkenanzeige keinen Parallaxefehler. Günstige Meßeigenschaften werden erreicht durch den 300 mm langen Lichtzeiger und durch die Tatsache, daß der Ausschlag des beweglichen Organs im reflektierten Strahl verdoppelt wird.

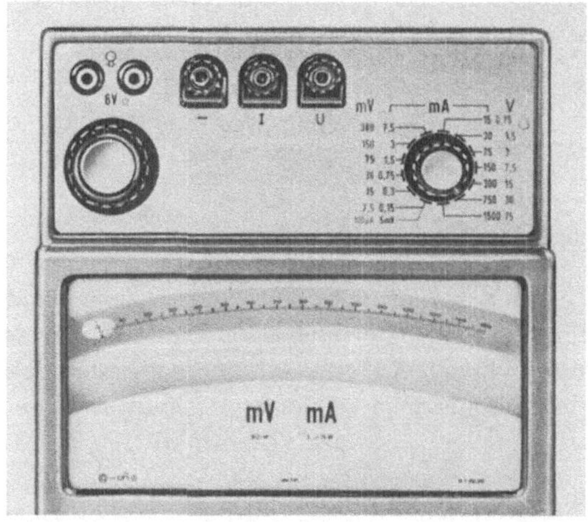

Abb. 3.1.5 Lichtmarken-Vielbereich-Strom- und Spannungsmesser Klasse 0,2 (H & B)

Der Drehwinkel in einem Zeigermeßgeräte mit 145 mm langer Skale beträgt 83° (1,45 rad), in einem Lichtmarkeninstrument mit gleicher Skalenlänge nur 13,4° (0,233 rad). Diese geringe Belastung des beweglichen Organs war mitbestimmend, ein Klasse-0,1-Instrument mit einer 280 mm langen Skale zu bauen; der Drehwinkel beträgt hier 26,7° (0,47 rad).

Lichtmarkeninstrumente der Klasse 0,2 haben einen ebenen Meßwerkspiegel und eine einzeilige Skala (etwa 140 mm lang), die Klasse-0,1-Instrumente jedoch einen zweiflächigen Meßwerkspiegel und eine Doppelskale von 2×140 mm $= 280$ mm Länge. Der letztgenannte Spiegel teilt das Lichtbündel in zwei Hälften, so daß je 1 Lichtmarke auf der unteren bzw. oberen Skale abgebildet wird.

Der Winkel zwischen beiden Spiegelflächen ist so bemessen und die Dachkante derart schräg zur Meßwerkachse angeordnet, daß die beiden Lichtmarken in der Breite um eine Skalenlänge und in der Höhe um den

Zeilenabstand der Teilungen gegeneinander versetzt sind. Bei Drehung des Meßwerkspiegels um die senkrechte Meßwerkachse bewegt sich zunächst die eine Lichtmarke über die untere und danach die andere über die obere Teilung. Abb. 3.1.5 zeigt einen Lichtmarken-Vielbereich-Strom- und Spannungsmesser.

Die Lichtmarkenmeßgeräte haben Spannbandlagerung; das bewegliche Organ hängt an dünnen Torsionsbändern, die von Federn gespannt sind. Auch bei einer größeren Neigung des Meßgerätes entsteht kein unzulässiger Durchhang. Die Spannbänder haben gleichzeitig die Aufgabe, bei der Torsion das notwendige genaue Gegendrehmoment abzugeben. Zum Dämpfen von Nickschwingungen (Senkrechtbewegung

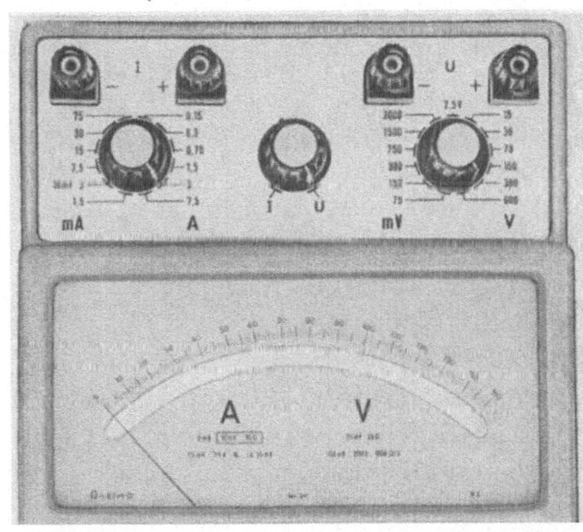

Abb. 3.1.6 Skale und Klemmenplatte eines Vielbereich-Präzisions-Drehspulmeßgerätes Kl. 0,2 (H & B)

der Lichtmarke) ist oberhalb und bei Wechselstrommeßgeräten auch unterhalb des beweglichen Organs ein Ölring angebracht, der das Spannband umschließt.

Für die Erzeugung der hellen Lichtmarke ist im Meßgerät eine 5-W-Speziallampe eingebaut, die von einer außen anzuschließenden 6-V-Hilfsenergiequelle gespeist wird.

Drehspulpräzisionsmeßgeräte mit Massezeiger. Der Meßbereich der Drehspulpräzisionsmeßgeräte reicht von 10^{-6} A und 10^{-3} V bis zu fast beliebigen Strömen und Spannungen, ihr Eigenverbrauch liegt bei 10^{-6} bis 10^{-3} W. Wegen ihrer allgemeinen Anwendung zu den verschiedensten Zwecken sollen die Präzisionsmeßgeräte möglichst viele, leicht wählbare und im Verhältnis 1:2:5:10 oder 1:3:10 gestufte Meßbereiche haben. Die Stufung 1:5 erscheint zu grob, weil man dabei bis zu 20% der Skalenlänge herab ablesen muß, was bei einer Toleranz von 0,1% vom Endwert bereits einen möglichen Anzeigefehler von 0,5% vom Sollwert ergibt, der in vielen Fällen nicht mehr tragbar ist. Abb. 3.1.6 zeigt Skale

und Klemmenplatte eines Präzisionsdrehspulmessers Kl. 0,2 als Viel-
bereichmeßgerät und Abb. 2.2.12 das Meßwerk dieses Meßgerätes.

Um eine Skale auf 0,1% genau abzulesen, braucht man selbst bei
einiger Übung eine Zeit von 3···5 s. Die hohe Grundgenauigkeit von
Präzisionsmeßgeräten läßt sich deshalb nur bei langsam veränderlichen
Meßgrößen voll ausnutzen, und aus diesem Grunde braucht auch die Beruhigungszeit dieser Meßgeräte nicht besonders kurz zu sein, sie liegt
in der Größenordnung von 1 s. Die Dämpfung soll man selbstverständlich so günstig wie möglich wählen, und der Zeiger soll sich mit 1···2
halben Überschwingungen auf den Endwert einstellen.

Kriechgalvanometer und Flußmesser. Das Kriechgalvanometer ist ein
integrierendes Meßgerät. Es zeigt das Integral von Spannungsimpulsen
an.

$$\gamma = k \int u \, \mathrm{d}t.$$

Ein ideales Kriechgalvanometer ist überaperiodisch gedämpft und
hat ein so kleines Drehmoment, daß der Zeiger auf dem einmal erreichten
Skalenwert lange Zeit stehen bleibt. Die Drehspule dreht sich, solange
Spannung am Meßwerk liegt. Die Zeigergeschwindigkeit ist der momen-
tan anliegenden Spannung proportional. Die vom Zeiger in einem bestimmten Zeitintervall überstrichene Skalenstrecke entspricht dem
Spannungs-Zeit-Integral während dieses Zeitintervalls.

Bei praktisch ausgeführten Geräten bewirkt aber das Trägheitsmoment der Drehspule eine Verzögerung der Zeigerbewegung gegenüber der anliegenden Spannung; denn die Drehspule wird zunächst von
Null auf die der anliegenden Spannung entsprechende Geschwindigkeit
beschleunigt und nach Beendigung des Spannungsimpulses wieder ab-
gebremst. Die durch das Trägheitsmoment verursachte Verzögerung ist
um so größer, je größer der Meßkreiswiderstand R_M ist.

Kriechgalvanometer werden in großem Umfang für magnetische
Messungen gebraucht. Sie werden dann Flußmesser genannt. Flußmesser
werden mit körperlichem Zeiger und auch als Lichtzeigermeßgerät
gebaut.

Da bei einem Flußmesser der Zeiger nach der Messung weiterhin an
dem entsprechenden Skalenpunkt verharrt, ist eine Vorrichtung erforderlich, mit der der Zeiger vor jeder Messung in die gewünschte Ausgangslage, z. B. auf den Nullpunkt, eingestellt werden kann. Solche
Zeigerrückführungen arbeiten mechanisch oder elektrisch. Bei den elektrischen Rückführungen wird die erforderliche Spannung z. B. von einem
im Meßgerät eingebauten Photoelement geliefert.

Bei einer anderen Konstruktion wird die Rückführspannung mit
Hilfe eines zusätzlichen Drehspulmeßwerks erzeugt, dessen Drehspule
im Feld des Dauermagneten mittels eines Drehknopfes bewegt wird.

Tabelle 3.1.2 Daten eines Flußmessers mit körperlichem Zeiger und Lichtzeiger

	mit körperlichem Zeiger	mit Lichtzeiger
Meßbereich	$15\,\text{mVs} = 15\,\text{mWb}$	$10\,\text{mWb}$ bis $750\,\text{mWb}$
Meßunsicherheit	$\pm 0{,}5\%$ bei $R_M = 10\,\Omega$	$\pm 0{,}5\%$ bei $R_M = 50\,\Omega$
Einfluß des Meßwiderstandes R_M	$\pm 0{,}3\%/10\,\Omega$	$\pm 0{,}05\%/10\,\Omega$
Zulässige Impulshöhe	$1\,\text{mV}$ bis $100\,\text{mV}$	$10\,\text{mV}$ bis $10\,\text{V}$

In Tabelle 3.1.2 sind die Daten eines Flußmessers mit körperlichem Zeiger und eines Flußmessers mit Lichtzeiger zusammengestellt.

Ballistisches Galvanometer. Gibt man auf ein Drehspulmeßwerk einen Stromstoß, dessen Dauer gegenüber der Eigenschwingungszeit des beweglichen Organs so kurz ist, daß es sich praktisch noch nicht in Bewegung gesetzt hat, wenn der Stromstoß bereits abgeklungen ist, und mißt den Scheitelwert der ersten Halbschwingung, so ist dieser Wert proportional der durchgeflossenen Elektrizitätsmenge. Die erforderliche große Eigenschwingungsdauer erzielt man bisweilen durch künstliches Vergrößern des Trägheitsmoments. Charakteristische Größen des ballistischen Galvanometers sind Eigenschwingungsdauer und ballistische Konstante, das ist die Elektrizitätsmenge, die bei 1 m Skalenabstand den Zeiger um 1 mm auslenkt. Mit ballistischen Galvanometern werden kurze Strom- und Spannungsstöße, Kondensatorlade- und -entladeströme, Induktionsstöße, Röntgendosen usw. gemessen.

3.2. Strom- und Spannungsmessung mit Neben- und Vorwiderständen

3.2.1. Ausführungsformen von Vor- und Nebenwiderständen

Allgemeines. Die Ausführungsform der Vor- und Nebenwiderstände für Drehspulmeßgeräte richtet sich in erster Linie nach den Meßbereichen, der geforderten Toleranz und der Leistung. Abb. 3.2.1 zeigt Vor- und Nebenwiderstände für Präzisionsmeßgeräte. Die Widerstände sind am Meßgerät anklemmbar bzw. werden mit Zuleitungen mit diesem verbunden. Austauschbare Neben- und Vorwiderstände sind mindestens um eine Klasse genauer auszuführen als die Meßgeräte, für die sie vorgesehen sind. Für die Meßgeräte der Kl. 0,1 soll der zulässige Fehler für die Neben- und Vorwiderstände nur $\pm 0{,}05\%$ betragen.

Als Widerstandsmaterial für Präzisionsvor- und -nebenwiderstände wurde bisher ausschließlich Manganin verwendet, wenn man von Sonderfällen zum Erzielen eines bestimmten Temperaturgangs absieht. Nachdem durch den Einsatz besserer hart- und weichmagnetischer Werkstoffe, Federn und Spannbänder, durch ausgeklügeltere Fertigungsmethoden und vor allem durch Einführen des Lichtzeigers, der Leistungsbedarf der Meßwerke bei sonst gleichen oder gar besseren meßtechnischen Eigenschaften gesenkt werden konnte, ergaben sich für die Widerstände, besonders für die Vorwiderstände für Spannungsmesser neue Forderungen. Ein Dreheisenspannungsmesser der Kl. 0,2 für 300 V hatte früher eine Stromaufnahme von 30 mA. Heute erfordert ein solches Meßgerät der Kl. 0,1 einen Strom von nur 6 mA. Das heißt die Leistung im Meßkreis ist von 9 W auf 1,8 W gesunken, der Widerstand ist von 10 kΩ auf 50 kΩ angestiegen. Ähnlich sind die Verhältnisse bei den Drehspulmeßgeräten.

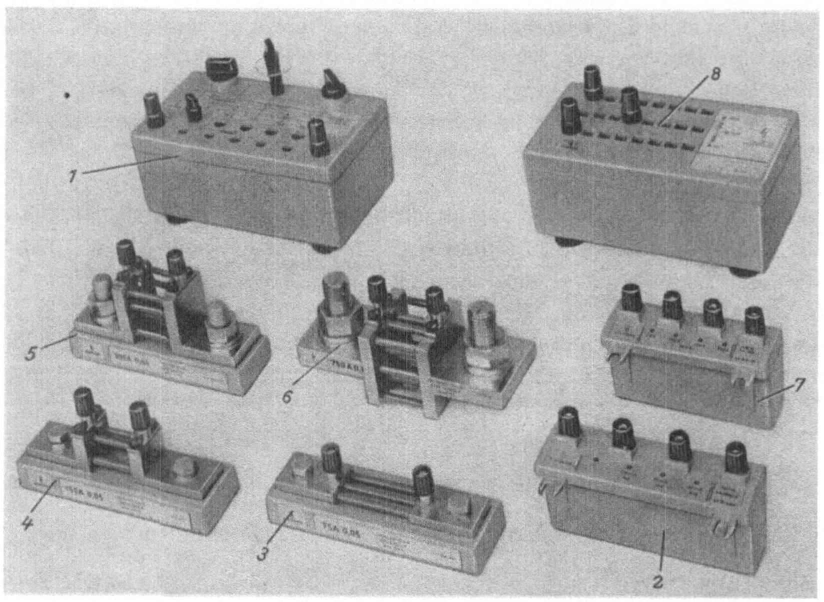

Abb. 3.2.1 Vor- und Nebenwiderstände für Präzisionsmeßgeräte der Kl. 0,1 und 0,2.

1 durch Stöpsel unterbrechungsfrei umschaltbarer Nebenwiderstand für 7,5 A, 15 A, 30 A, 75 A und 150 A; *2* umklemmbarer, ansteckbarer Nebenwiderstand für 7,5 mA, 15 mA und 30 mA; *3, 4, 5, 6* Einzelnebenwiderstände für 75 A, 150 A, 300 A und 750 A; *7* umklemmbarer, ansteckbarer Vorwiderstand für 75 V, 150 V, 300 V, 750 V; *8* umklemmbarer Vorwiderstand für 750 V, 1500 V

Früher bestimmte bei den Vorwiderständen im wesentlichen die Leistung und damit die abzuführende Wärme die Bauform der Widerstandselemente und führte zu großflächigen Platten und Porzellankörpern als Wicklungsträger. Die heute geforderten hohen Widerstandswerte führen selbst bei Verwendung der dünnsten noch wirtschaftlich zu verarbeitenden Manganindrähte zu voluminösen Widerstandsanordnungen. So ist es verständlich, daß auch bei der Entwicklung neuartiger Widerstände große Anstrengungen und Fortschritte gemacht wurden.

Metallschichtwiderstände. Bei den weniger präzisen Meßgeräten hat sich für hochohmige Widerstandswerte der Metallschichtwiderstand eingeführt. Metallschichtwiderstände werden durch Aufdampfen dünner Schichten aus Edelmetallegierungen auf Keramikröhrchen hergestellt. Sie lassen sich von etwa $10\,\Omega$ bis zu etwa $10\,M\Omega$ herstellen. Ihr Temperaturbeiwert liegt je nach Ausführung zwischen ± 10 und $\pm 100 \cdot 10^{-6}/K$. Für die Abgleichtoleranzund zeitliche Konstanz werden Werte um $0,1\%$ angegeben.

Kohleschichtwiderstände. Für sehr hochohmige Widerstände bis zu einigen $100\,M\Omega$ kommen jedoch nur Kohleschichtwiderstände in Betracht. Kohleschichtwiderstände werden bestenfalls auf $\pm 0,2\%$ abgeglichen. Die Aussagen über die zeitliche Konstanz sind umstritten. Sie dürfte im gleichen Rahmen liegen. Es fehlt nicht an Bemühungen, die Konstanz z. B. durch Einschmelzen in Glasröhrchen zu verbessern. Der Temperaturbeiwert beträgt etwa $300 \cdot 10^{-6}/K$.

Drahtwiderstände aus NiCr-Legierungen. Für Meßgeräte der Klassen 0,1, 0,2 und wohl auch 0,5 kommen an den entscheidenden Stellen nach wie vor ausschließlich Drahtwiderstände zum Einsatz. In den USA, England, Schweden und auch in Deutschland wurden neue Widerstandslegierungen mit starkem Nickel- und Chromgehalt und zumeist Aluminiumbeimengungen entwickelt, die bei sonst manganinähnlichen Eigenschaften etwa den 3fachen spezifischen Widerstand haben. In der Tabelle 3.2.1 sind die wichtigsten Daten dieser Legierungen im Vergleich zum bewährten Manganin eingetragen.

Besonders interessant ist die größere Zugfestigkeit dieser Legierungen, die das Wickeln dünnster Drahtdurchmesser bis herab zu $13\,\mu m$ ermöglicht. Ein weiterer Vorteil liegt im günstigen Verhalten bei hohen Temperaturen (Abb. 3.2.2.). Die Betriebstemperatur darf ein Mehrfaches von Manganin betragen.

Als Nachteil mag zählen, daß die NiCr-Legierungen sich mit den üblichen Mitteln nicht löten lassen. Vielfach hilft man sich durch Schweißen der Drähte. Die NiCr-Legierungen besitzen einen recht hohen Gagefaktor, d. h. ihr Widerstand ändert sich relativ stark bei mechanischen Beanspruchungen. Das bedarf größter Sorgfalt bei der Verarbeitung. Der Wickelzug muß besonders beachtet werden, das Material für die Wickelkörper muß dem Ausdehnungskoeffizienten des Drahts angepaßt werden.

Abbildung 3.2.3 zeigt als Größenvergleich einen Drahtwiderstand herkömmlicher Bauart mit Manganinwicklung und einen von Siemens

Tabelle 3.2.1 Einige Daten der Widerstandslegierungen Manganin, Isaohm, Evanohm, Karma und Nikrothal L

	Widerstandslegierung				
	Manganin	Isaohm	Evanohm	Karma	Nikrothal L
Richtanalyse	Cu = 86%, Mn = 12%, Ni = 2%	Ni = 71%, Cr = 21% + versch. Zusätze	Ni = 73%, Cr = 21%, Al = 2%, Cu = 2%, Rest andere Metalle	Ni = 76%, Cr = 20% + Fe und Al	Ni = 75%, Cr = 17% Rest Si und Mn
spezifischer Widerstand $\Omega\left/\dfrac{mm^{2\,a}}{m}\right.$	0,42···0,44	1,26···1,38	ca. 1,3	ca. 1,33	1,33
Zugfestigkeit N/mm²	450···500	1000···1200	ca. 1200	1200	1100···1400
Thermospannung gegen Kupfer μV/K	ca. 2	ca. 0,5	< 2	< 2	max 2
Temperaturbeiwert des Widerstands 10^{-6}/K	ca. +15[a]	ca. ± 10[a]	±20	±20 (zw. −55 und 105°C)	max ±20
kleinster herstellbarer bzw. zulässiger Drahtdurchmesser mm	0,05	0,02	0,013	0,012	0,0125
zulässige Betriebstemperatur °C	100 (60 als Präz.-Widerstd.)	400	200	200	250
spezifisches Gewicht g/cm³	8,4	8,02	8,1	8,1	8,1

[a] siehe Abb. 3.2.2

hergestellten Drahtwiderstand mit Isaohmdraht, der zum Schutz gegen
Berührung umspritzt und ähnlich den Kohleschichtwiderständen mit An-
schlußdrähten ausgeführt ist. Diese Bauart ermöglicht das unmittelbare
Einfügen von Präzisionsdrahtwiderständen in gedruckte Schaltungen.

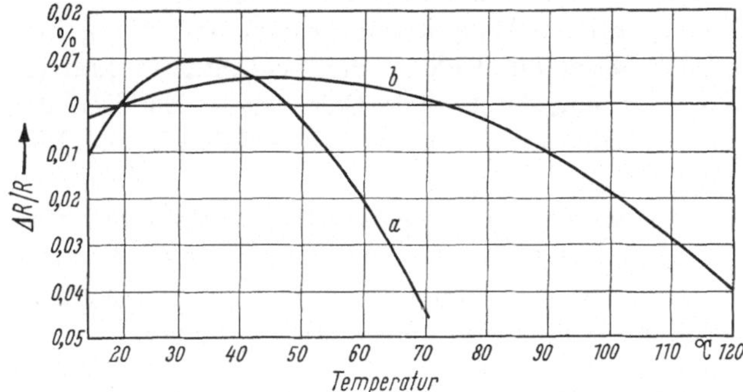

Abb. 3.2.2 Gemessene relative Widerstandsänderungen von Manganin
und Isaohm in Abhängigkeit von der Temperatur.
a Manganin; b Isaohm

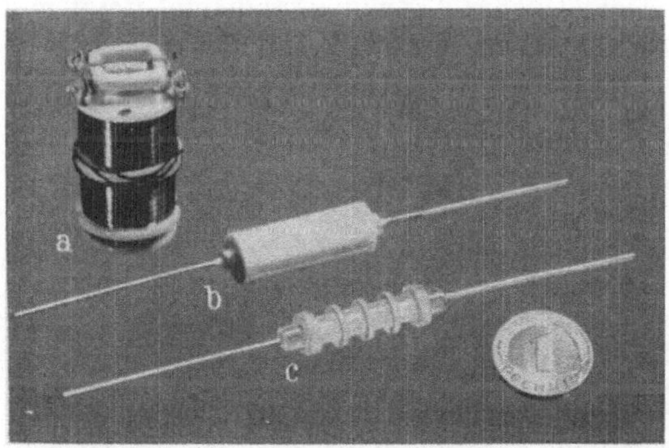

Abb. 3.2.3 a—c Ausführungen von Präzisionsdrahtwiderständen.
a) herkömmliche Bauart, Porzellankörper mit Manganinwicklung ($d = 50\ \mu$m),
max. Widerstandswert 50 kΩ; b) Höchstohm-Drahtwiderstand mit Isaohm-
wicklung ($d = 20\ \mu$m), max. Widerstandswert 1 MΩ für eine Prüfspannung von
600 V; c) Kammerwickelkörper für Höchstohm-Drahtwiderstand wie b)

Nebenwiderstände für hohe Ströme. Das präzise Messen hoher Gleichströme wird von vielen Industriezweigen gefordert. Die mit den hohen
Strömen einhergehenden Fremdfelder zwingen den Hersteller, die Schirmung der Meßwerke wirksam zu machen. Die Abb. 2.2.12, 34, 35, 45,
47, 48 zeigen, daß alle modernen Präzisionsmeßwerke doppelt geschirmt
sind.

Der geringere Leistungsbedarf der Meßwerke wirkt sich auf die Auslegung der Nebenwiderstände günstig aus. Präzisionsdrehspulmeßgeräte forderten früher einen Spannungsabfall am Nebenwiderstand von 45 mV, 60 mV und mehr, heute kommt man mit 30 mV aus. Das bedeutet für den Nebenwiderstand geringere Leistung und weniger Wärme. Der eigentliche Widerstand besteht aus Manganinstäben (Abb. 3.2.1) oder Manganinblechen, die beidseitig in kräftige Kupferanschlußstücke hart eingelötet sind. Das sichere Einlöten der Stäbe und der präzise Ablgeich erfordern besondere Sorgfalt und Einrichtungen.

Für die äußeren Stäbe wirkt sich der Kupferflansch zwischen Stab und Potentialklemme besonders stark als Vorwiderstand aus, wodurch erhebliche Temperaturbeiwerte entstehen können. Der günstigste Punkt für den Potentialabgriff muß deshalb sorgfältig ermittelt werden.

Die Zuleitungen zum Meßwerk werden entweder bei der Eichung des Meßgerätes oder des Nebenwiderstands berücksichtigt. Gemäß VDE 0410 ist aus den Aufschriften am Nebenwiderstand und am Instrument zu erkennen, welcher Weg vom Hersteller gewählt wurde.

Die neuen NiCr-Legierungen werden wegen ihres günstigeren Temperaturverhaltens auf dem Gebiet der Nebenwiderstände eingesetzt und führen zu erheblich kleineren Abmessungen.

3.2.2. Strommessung mit Nebenwiderstand

Das Drehspulmeßwerk ist ein Strommesser. Ist der Strom so groß, daß er nicht mehr über das Meßwerk geführt werden kann, so teilt man ihn durch Parallelschalten eines Widerstands R_n und gibt dem Meßkreis

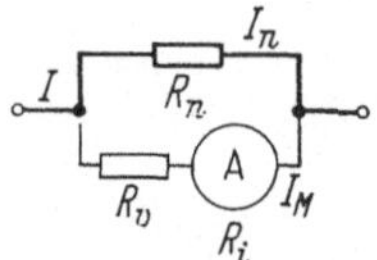

Abb. 3.2.4 Stromteilung durch Nebenwiderstand.

I Gesamtstrom; I_n Strom durch den Nebenwiderstand; I_M Strom durch das Meßwerk; R_n Nebenwiderstand; R_i innerer Widerstand des Meßwerks; R_v Vorwiderstand

und dem Nebenwiderstand gleiche Temperaturkoeffizienten, oder mit anderen Worten, man gibt dem Meßwerk einen Vorwiderstand R_v und mißt den Spannungsabfall am Nebenwiderstand R_n. Es ist dann

$$I_M = I \frac{R_n}{R_v + R_i + R_n} \quad \text{(Abb. 3.2.4)}.$$

Führt man für die Summe aller Widerstände

$$R_0 = R_v + R_i + R_n$$

ein, so ist

$$I_M = I\,\frac{R_n}{R_0}.$$

Bei temperaturunabhängigem Vor- und Nebenwiderstand ist der Temperatureinfluß der Messung bei einer Temperaturänderung um Δt

$$f_{t\%} = -\,\frac{R_i \cdot \alpha\Delta t}{R_v + R_n + R_i(1 + \alpha\Delta t)} \cdot 100\%,$$

wenn α der Temperaturkoeffizient der Drehspule einschließlich der Zuleitungen ist. Als Faustregel kann man sich merken, daß R_v etwa gleich $3R_i$ sein muß. Dann wird der Temperaturfehler für $+10\,°C$ Temperaturerhöhung etwa -1%.

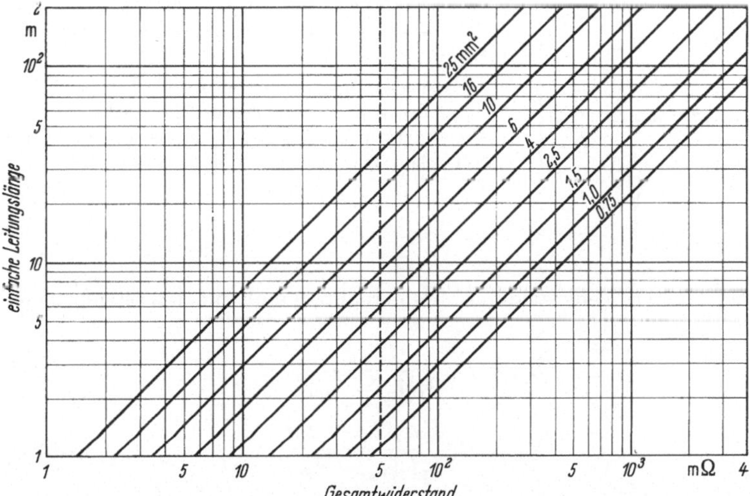

Abb. 3.2.5 Tafel zum Bestimmen des Leitungsquerschnitts beim Anschluß von Drehspulmeßwerken an Nebenwiderstände.
Abszisse: zulässiger Leitungswiderstand (mΩ). Ordinate: einfache Leitungslänge (m); Parameter: Leitungsquerschnitt (mm²) für Kupferleitungen

In der Praxis werden bestimmte Zuleitungen zum Anschluß von Drehspulmeßgeräten an Nebenwiderstände geliefert. Der Widerstand dieser Zuleitungen wird beim Eichen des Meßgerätes oder des Nebenwiderstands berücksichtigt. Wird eine andere Zuleitungslänge erforderlich, so ist der Leitungsquerschnitt so zu verändern, daß der Widerstand konstant bleibt. Die Tafel (Abb. 3.2.5) gibt den erforderlichen Querschnitt abhängig von der Leitungslänge und dem zulässigen Widerstand an.

Strommesser für mehrere Meßbereiche stattet man mit austauschbaren Nebenwiderständen gleichen Spannungsabfalls aus.

3.2.3. Strommessung mit Mehrfachnebenwiderstand

(Abb. 3.2.6.): Mit $R_0 = R_1 + R_2 + R_3 + R_i$ ergibt sich für die Ströme
in den 3 Meßbereichen

$$I_1 = \frac{R_0}{R_1}\, I_M\,, \tag{3.2.1}$$

$$I_2 = \frac{R_0}{R_1 + R_2}\, I_M\,, \tag{3.2.2}$$

$$I_3 = \frac{R_0}{R_1 + R_2 + R_3}\, I_M\,. \tag{3.2.3}$$

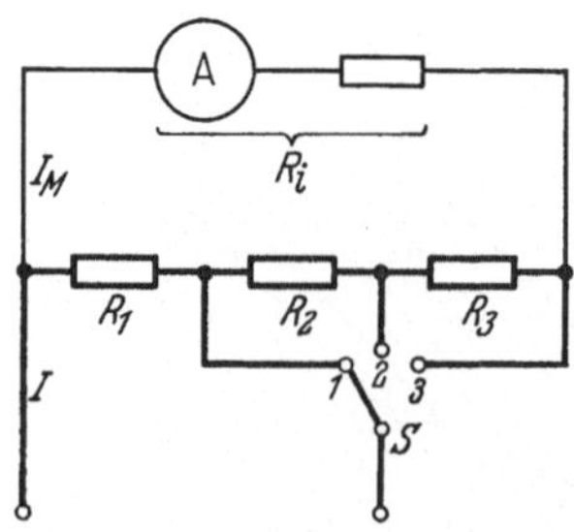

Abb. 3.2.6 Strommessung mit Mehrfachnebenwiderstand.

I Gesamtstrom; I_M Strom im Meßkreis;
R_i innerer Widerstand des Meßwerks einschl.
Vorwiderstand; R_1, R_2, R_3 Nebenwiderstände;
S Umschalter für die 3 Meßbereiche

Die erforderlichen Nebenwiderstände errechnen sich aus den Gleichungen

$$R_1 = R_i\, \frac{I_M I_3}{I_1(I_3 - I_M)}\,, \tag{3.2.4}$$

$$R_2 = R_i\, \frac{I_M I_3(I_1 - I_2)}{I_1 I_2(I_3 - I_M)}\,, \tag{3.2.5}$$

$$R_3 = R_i\, \frac{I_M(I_2 - I_3)}{I_2(I_3 - I_M)}\,. \tag{3.2.6}$$

Strommesser dürfen nur in Kreisen verwendet werden, deren Betriebsspannung nicht höher ist, als der Prüfspannung des Strommessers entspricht. Andernfalls sind sie isoliert aufzustellen und gegen Berührung
zu schützen. Äußere Metallteile des Gehäuses sind mit dem Stromkreis
zu verbinden.

3.2.4. Spannungsmessung mit Vorwiderstand

Wenn das Drehspulmeßwerk zum Messen von Spannungen verwendet
werden soll, muß es einen temperaturunabhängigen Vorwiderstand R_v
erhalten, um den Temperaturfehler klein zu machen. Der Temperatur-

einfluß für eine Temperaturänderung Δt beträgt

$$f_{t\%} = -\frac{\alpha \Delta t R_i}{R_v + R_i(1 + \alpha \Delta t)}\, 100\%\,.$$

Darin ist α der Temperaturkoeffizient des Meßwerkwiderstands R_i. *Spannungsmessung mit Mehrfachvorwiderstand* (Abb. 3.2.7).

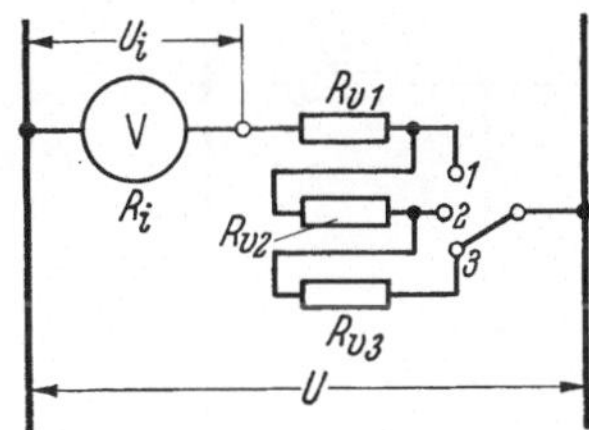

Abb. 3.2.7 Spannungsmessung mit Mehrfachvorwiderstand.

U Gesamtspannung; U_i Spannung am Meßwerk; $R_{v1} \cdots R_{v3}$ Vorwiderstände; R_i Meßwerkwiderstand

Die drei Meßbereiche sind U_1, U_2, U_3.

$$U_1 = U_i \frac{R_i + R_{v1}}{R_i},$$

$$U_2 = U_i \frac{R_i + R_{v1} + R_{v2}}{R_i},$$

$$U_3 = U_i \frac{R_i + R_{v1} + R_{v2} + R_{v3}}{R_i}.$$

Für die Vorwiderstände gilt

$$R_{v1} = R_i \frac{U_1 - U_i}{U_i},$$

$$R_{v2} = R_i \frac{U_2 - U_1}{U_i},$$

$$R_{v3} = R_i \frac{U_3 - U_2}{U_i}.$$

3.2.5. Kombinierte Strom- und Spannungsmesser mit mehreren Meßbereichen

Die Geräte können auf verschiedene Weise geschaltet werden; Abb. 3.2.8 zeigt eine Anordnung ohne Umschalter mit festen Anschlüssen. Die Strommeßbereiche und Nebenwiderstände errechnen sich nach den Gln. (3.2.1) bis (3.2.6), Spannungsbereiche und Vorwiderstände sind durch die Gleichungen verknüpft:

$$U_1 = I_M R_i = I_3 \frac{R_i(R_1 + R_2 + R_3)}{R_i + R_1 + R_2 + R_3},$$

$$U_2 = I_M R_i + I_3 R_4 = I_3 \left(R_4 + \frac{R_i(R_1 + R_2 + R_3)}{R_i + R_1 + R_2 + R_3)} \right),$$

$$U_4 = I_M R_i + I_3(R_4 + R_5 + R_6).$$

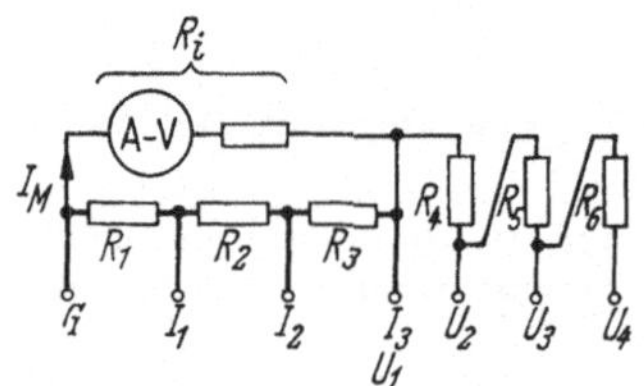

Abb. 3.2.8

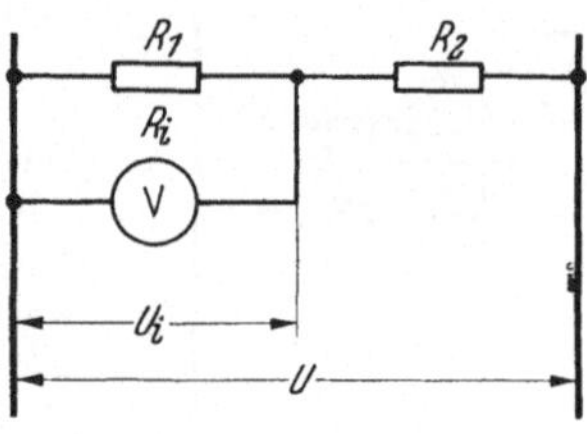

Abb. 3.2.9

Abb. 3.2.8 Schaltung eines kombinierten Strom- und Spannungsmessers mit festen Klemmen.

R_i Widerstand des Meßkreises; R_1, R_2, R_3 Nebenwiderstände; R_4, R_5, R_6 Vorwiderstände; I_M Stromaufnahme des Meßwerks; I_1, I_2, I_3 Strommeßbereiche; $U_1, \ldots, U_4$ Spannungsmeßbereiche

Abb. 3.2.9 Spannungsmessung mit einem Spannungsteiler.

U Gesamtspannung; U_i Spannung am Meßwerk; R_1, R_2 Spannungsteilerwiderstände; R_i Meßwerkwiderstand

3.2.6. Spannungsmessung mit einem Spannungsteiler

$$U_i = U \frac{R_1 R_i}{R_1 R_2 + R_i(R_1 + R_2)},$$

für $R_i \gg R_1 R_2$:

$$U_i = U \frac{R_1}{R_1 + R_2}.$$

Die Spannungsmessung mit einem Spannungsteiler (Abb. 3.2.9) ist z. B. notwendig, wenn Spannungsmesser mit höherer Spannung betrieben werden als ihrer Prüfspannung entspricht.

Hier sind aber besondere Schutzmaßnahmen erforderlich. Der äußere Vorwiderstand ist auf jeden Fall für die volle Prüfspannung zu bemessen. Den Zusammenhang zwischen Prüfspannung und zulässiger Betriebsspannung zeigt Abb. 3.2.10. Als Schutzmaßnahmen kommen in Frage:

Bei geerdeten Netzen: Verbinden des Gehäuses mit der Erdung, Parallellegen eines Nebenwiderstands und einer Spannungssicherung zum Meßgerät, Schalten des Vorwiderstands auf die nichtgeerdete Netzseite. Der Vorwiderstand ist in diesem Fall für den Verbrauch des Meßwerks

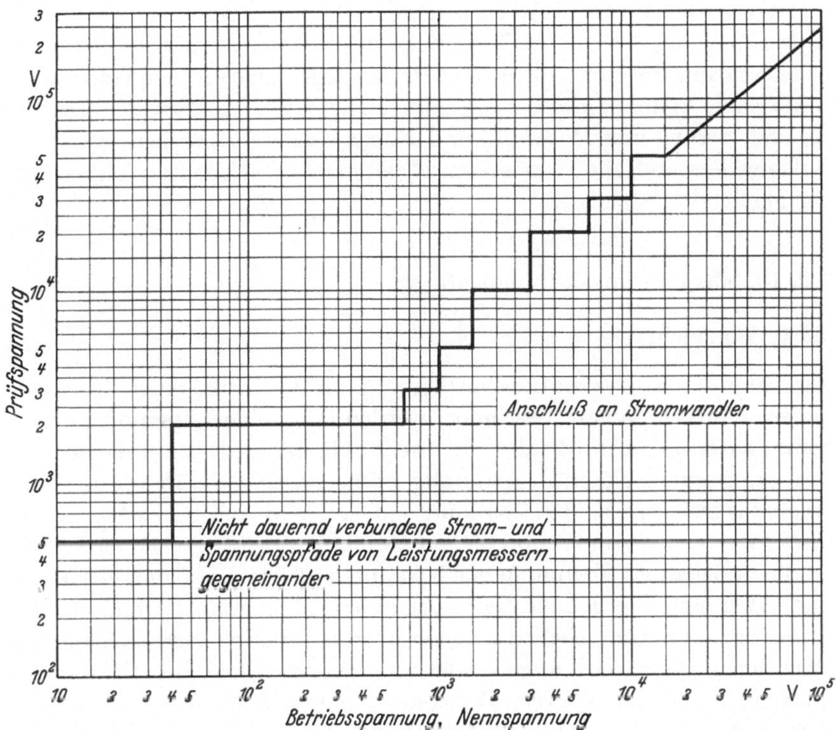

Abb. 3.2.10 Zusammenhang zwischen Prüfspannung und Nennspannung von Meßgeräten nach VDE 0410

und den Verbrauch des Nebenwiderstands zu bemessen. Der Nebenwiderstand muß den gleichen Temperaturkoeffizienten wie das Meßwerk haben (Abb. 3.2.11a).

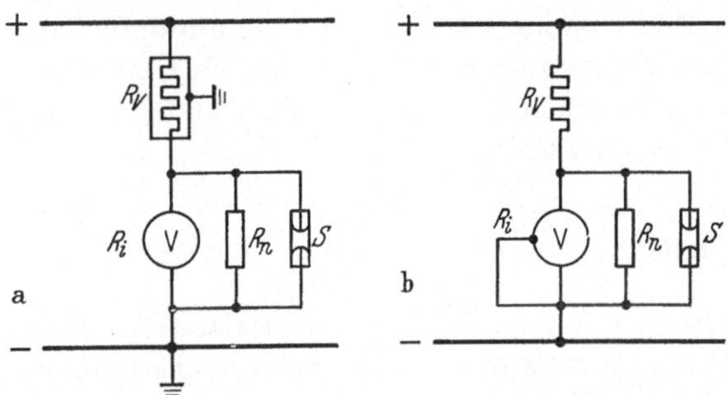

Abb. 3.2.11 a u. b Spannungsmessung bei sehr hoher Spannung.

a) in geerdeten Anlagen; b) in nichtgeerdeten Anlagen
R_V Vorwiderstand; R_i Meßwerkwiderstand; R_n Nebenwiderstand; S Spannungssicherung

Bei nichtgeerdeten Netzen: isolierte und vor Berührung geschützte Aufstellung des Meßgeräts. Verbinden des Gehäuses mit dem elektrisch benachbarten Pol der Anlage und Parallellegen eines Nebenwiderstands sowie einer Spannungssicherung zum Meßgerät. Der Vorwiderstand ist für den Strom von Meßwerk und Nebenwiderstand zu bemessen, der Nebenwiderstand muß denselben Temperaturkoeffizienten haben wie das Meßwerk. (Abb. 3.2.11b).

3.3. Gleichspannungskompensatoren

3.3.1. Allgemeines

Mit Hilfe der Kompensationsverfahren kann die Größe einer Spannung außerordentlich genau bestimmt werden, ohne der Spannungsquelle Strom zu entnehmen. Zu diesem Zweck schaltet man der unbekannten Spannung eine bekannte Spannung entgegen und verändert diese so lange, bis zwischen beiden Spannungsquellen kein Ausgleichsstrom mehr fließt, was mit einem empfindlichen Nullindikator angezeigt wird, dann ist die unbekannte Spannung der bekannten gleich. Die Kompensationsmethoden sind die genauesten elektrischen Meßverfahren und werden in erster Linie zum Eichen anderer Geräte, speziell zum Eichen von Präzisionsmeßgeräten, angewendet, in zweiter Linie bei Spannungsquellen mit hohem innerem Widerstand, deren Klemmenspannung bei Stromentnahme zusammenbrechen würde. Da bekannte und konstante Gleichspannungsquellen nur mit ganz bestimmten festen Werten in Gestalt von Normalelementen und Zenerdiodenschaltungen vorliegen, sind zur Kompensation Widerstände als Spannungsteiler erforderlich. Zu einer Kompensationseinrichtung gehören demnach Normalspannungsquelle, Normalwiderstände und Nullindikator. Die Genauigkeit der Kompensationsverfahren ist durch Genauigkeit und Konstanz der Spannungsquelle und der Widerstände sowie durch die Empfindlichkeit des Nullindikators gegeben, sie kann sich verringern durch Übergangswiderstände, Kriechströme, thermoelektrische Kräfte und Umwelteinflüsse, z. B. Temperaturschwankungen.

3.3.2. Normalspannungsquellen

Jede Kompensationsschaltung erfordert eine Vergleichsspannung. Diese Vergleichs- oder Normalspannung wurde früher bei Gleichstrommessungen hoher Präzision ausschließlich durch das Weston-Normalelement dargestellt. Heute werden in den meisten Fällen Zenerdiodenschaltungen für diesen Zweck verwendet. Der Vorteil von Normalspannungsquellen mit Zenerdioden gegenüber den Normalelementen liegt in erster

Linie in ihrer größeren Belastbarkeit und dem größeren Arbeitstemperaturbereich.

Weston-Normalelement. 1910 wurde das Weston-Normalelement international als Spannungseinheit eingeführt. Es besteht aus einer positiven Elektrode aus Quecksilber, einer negativen aus Cadmiumamalgan und einem Elektrolyt aus gesättigter Cadmiumsulfatlösung. Das Weston-Element hat bei 20 °C eine EMK von 1,018 30 int. V.

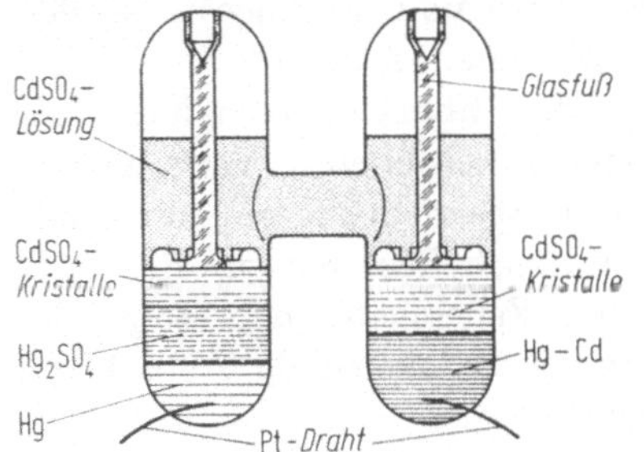

Abb. 3.3.1 Schema eines transportsicheren Weston-Normalelements (Knick)

Abbildung 3.3.2 b zeigt die Temperaturabhängigkeit der EMK eines Weston-Normalelements. Sie beträgt bis zu $50 \cdot 10^{-6}$/K. Der Arbeitstemperaturbereich reicht von $+10\,°C$ bis $+40\,°C$. Aus der Abb. 3.3.4 ist eine Lieferform für Normalelemente zu ersehen. Abb. 3.3.1 zeigt den schematischen Aufbau eines Weston-Normalelements.

Einem Weston-Normalelement darf kein nennenswerter Strom entnommen werden, allenfalls kurzzeitig max. 10 µA.

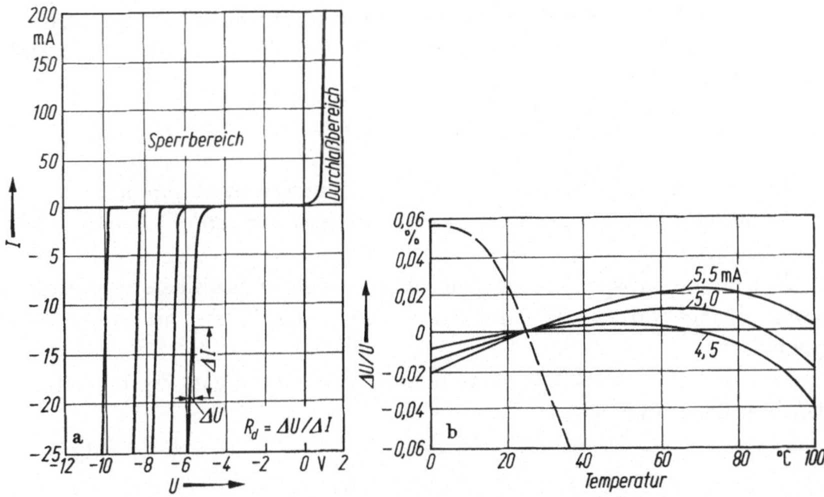

Abb. 3.3.2 a u. b a) Kennlinien einiger Zenerdioden b) Temperaturgang einer Zenerdiodenkombination für verschiedene Zenerströme bei U etwa 8 V; gestrichelt: Temperaturgang eines gesättigten Normalelements

Für viele Zwecke wird das ungesättigte Normalelement eingesetzt, dessen EMK nahezu temperaturunabhängig ist. Die Exemplarstreuung ist aber beim ungesättigten Element größer und die zeitliche Konstanz schlechter als beim gesättigten Normalelement.

Zenerdioden-Normalspannungsquelle. Zenerdioden-Normalspannungsquellen werden für solche Geräte, bei denen eine gelegentliche Belastung auftritt oder die Arbeitstemperaturen über 40 °C betragen, immer mehr bevorzugt, z. B. bei Kompensationsschreibern und -anzeigern, bei den digitalen Meßgeräten und bei technischen Kompensatoren.

Zenerdioden sind Siliziumdioden mit dem üblichen Verhalten einer Diode in Durchlaßrichtung, jedoch einem besonderen Verhalten in Sperrichtung. Wird an einer Zenerdiode in Sperrichtung eine steigende Spannung gelegt, so fließt zunächst praktisch kein Strom. Bei einer bestimmten Spannung, der sogenannten Zenerspannung, steigt der Strom jedoch stark an. Diese Erscheinung ist reversibel. Abb. 3.3.2a zeigt die Kennlinien einiger Zenerdioden.

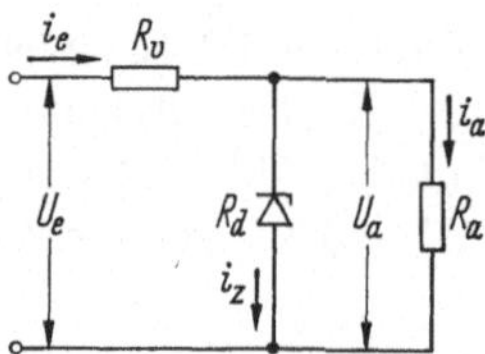

Abb. 3.3.3 Normalspannungsquelle mit Zenerdiode.
U_e Eingangsspannung; U_a Ausgangsspannung; i_z Zenerstrom; R_d dynamischer Widerstand; R_a Lastwiderstand; i_a Strom im Lastwiderstand; R_v Vorwiderstand; i_e Eingangsstrom

Der Widerstand der Diode im leitenden Bereich wird als dynamischer Widerstand R_d bezeichnet. Er ist von Fabrikat zu Fabrikat unterschiedlich und schwankt zwischen 0,5 und 150 Ohm. Er ist definiert als Steigung der Kennlinie

$$R_d = \frac{\Delta U}{\Delta I}.$$

Er ist keine Konstante, sondern vom Zenerstrom abhängig.

Abbildung 3.3.3. zeigt die Prinzipschaltung einer Zenerdioden-Normalspannungsquelle.

Für höhere Ansprüche werden mehrere solcher Stabilisierungsstufen, jeweils bestehend aus Widerständen und Zenerdioden, hintereinandergeschaltet.

Mit den in Abb. 3.3.3 verwendeten Bezeichnungen ergibt sich für den Stabilisierungsfaktor

$$S = \frac{U_a}{U_e}\left(1 + \frac{R_v}{R_d}\right).$$

Der Stabilisierungsfaktor ist das Verhältnis der Relativwerte der Schwankungen von Eingangs- und Ausgangsspannung.

Mit

$$R_v = \frac{U_e - U_a}{i_e}$$

erhält man

$$S = \frac{U_a}{U_e} + \frac{U_a}{i_e R_d}\left(1 - \frac{U_a}{U_e}\right).$$

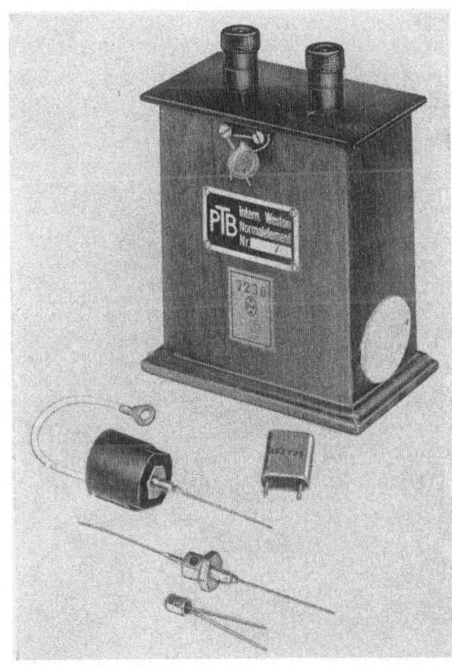

Abb. 3.3.4 Weston-Normal-element und einige Bauformen von Zenerdioden (Intermetall)

Durch Grenzübergang $U_e \to \infty$ ergibt sich der theoretisch max. erzielbare Wert für S

$$S_{\max} \approx \frac{U_a}{i_e \cdot R_d}.$$

Praktisch erreichbare Werte liegen bei etwa 100.

Bei Hintereinanderschaltung mehrerer Stabilisierungsstufen mit den Stabilisierungsfaktoren $S_1, S_2, ..., S_n$ ergibt sich für den Gesamtstabilisierungsfaktor S_g

$$S_g = S_1 \cdot S_2 \cdot ... \cdot S_n.$$

Der Temperaturkoeffizient der Zenerspannung ist recht unterschiedlich. Es werden von den Herstellern Werte von 10 bis $100 \cdot 10^{-6}/\mathrm{K}$ angegeben. Abb. 3.3.2b zeigt die Temperaturabhängigkeit einer auf kleinen Temperaturkoeffizienten gezüchteten Zenerdiodenkombination. Zum Vergleich ist die entsprechende Kurve eines gesättigten Weston-Normalelements eingezeichnet. Abb. 3.3.4 zeigt einige Bauformen von Zenerdioden, im Hintergrund ein Weston-Normalelement, eingebaut in ein Holzgehäuse.

3.3.3. Grundschaltungen der Kompensation

Die Grundschaltung der Spannungskompensation ist überaus einfach. Die unbekannte Spannung ist mit den Bezeichnungen von Abb. 3.3.5a.

$$E_x = E_N \frac{R_2}{R_1}.$$

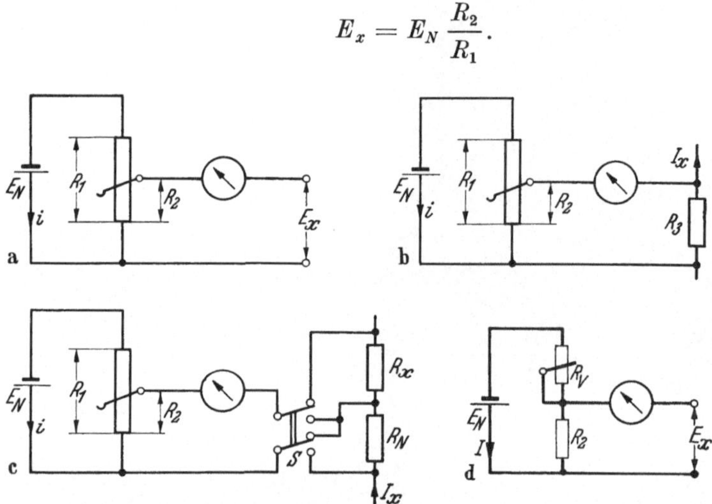

Abb. 3.3.5a—d Grundschaltungen der Kompensation mit einem Normalelement Schaltung a) bis c) mit konstantem Kompensationsstrom i und veränderbarem Kompensationswiderstand R_2.

a) Spannungskompensation; b) Stromkompensation; c) Widerstandskompensation; d) Spannungskompensation mit veränderbarem Kompensationsstrom I und konstantem Kompensationswiderstand R_2.
E_N Normalspannung; E_x unbekannte Spannung; I_x unbekannter Strom; R_x unbekannter Widerstand; R_N Normalwiderstand; R_1, R_2 Kompensationswiderstände

Die Spannungskompensationsschaltung läßt sich ohne Schwierigkeit in eine Stromkompensationsschaltung umwandeln, indem man an Stelle der unbekannten Spannung E_x den Spannungsabfall setzt, den der unbekannte Strom I_x an dem bekannten Widerstand R_3 hervorruft (Abb. 3.3.5b). Dann ist

$$I_x = E_N \frac{R_2}{R_1 R_3}.$$

Auch Widerstände können durch Kompensation bestimmt werden, indem
man sie mit einem bekannten Widerstand R_N in Reihe schaltet und die
Spannungsabfälle, die der Meßstrom in ihnen hervorruft, durch Kompensation bestimmt (Abb. 3.3.5c). Sind die Kompensationswiderstände in den beiden Stellungen des Schalters R_2 und R_2', dann gilt

$$R_x = R_N \frac{R_2}{R_2'}.$$

Letzten Endes werden also immer Spannungen kompensiert. Anstatt bei
konstantem Kompensationsstrom i den Kompensationswiderstand R_2
zu verändern, kann man auch nach Abb. 3.3.5d den Kompensations-

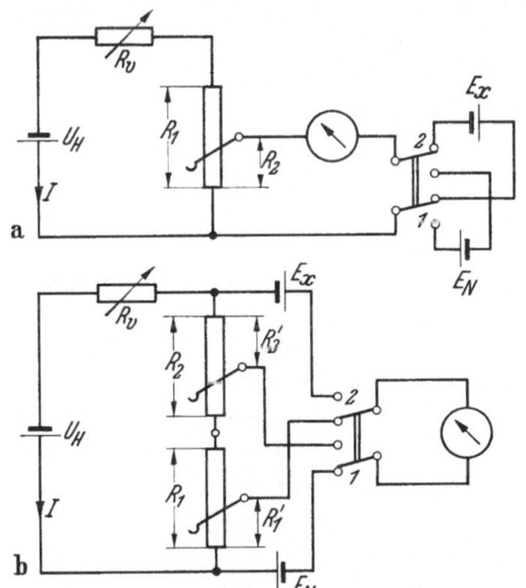

Abb. 3.3.6a u. b Verschiedene
Schaltungen der Kompensation
mit einer Hilfsspannung.

a) mit einem Kompensationswiderstand;
b) mit zwei Kompensationswiderständen

widerstand R_2 konstant halten und durch Änderung des Stroms I kompensieren. Dann ist

$$E_x = I R_2.$$

Bei den Schaltungen nach Abb. 3.3.5 wird zwar der unbekannten
Spannungsquelle E_x kein Strom entnommen, dagegen fließt ein dauernder
Strom aus der Normalspannungsquelle über den Kompensationswiderstand. Da es mit Ausnahme der Zenerdiodenkonstantspannungsquellen
keine Normalspannungsquellen gibt, die auch bei Stromentnahme hinreichend unveränderlich sind, erweitert man die Schaltung nach Abb.
3.3.6a um eine Hilfsspannungsquelle U_H, die den Kompensationsstrom
liefert. Man wählt zunächst einen beliebigen Hilfsstrom I und kompensiert die Spannung E_N des Normalelements mit dem Spannungsabfall

dieses Hilfsstroms am Kompensationswiderstand in der Stellung *1* des Umschalters. Es ist dann

$$E_N = R_2 I.$$

Dann kompensiert man in der Stellung *2* des Umschalters in der gleichen Weise E_x mit demselben Hilfsstrom I, und es ist

$$E_x = R_2' I$$

und

$$E_x = E_N \frac{R_2'}{R_2}.$$

Die Größe des Hilfsstroms kommt also im Meßergebnis nicht vor. Besonders einfach wird die Messung, wenn der Hilfsstrom gleich der

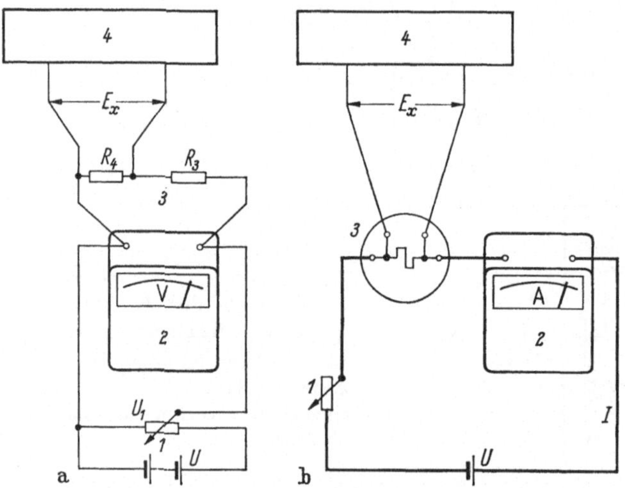

Abb. 3.3.7a u. b Eichung eines Spannungs- und Strommessers mit dem Kompensator.

a) Spannungsmesser; b) Strommesser

1 Regelwiderstand; *2* Prüfling; *3* Normalwiderstand; *4* Kompensator

Einheit oder gleich einer Zehnerpotenz der Einheit ist, da dann die gesuchte Spannung zahlenmäßig mit dem Widerstandswert oder mit einer Zehnerpotenz des Widerstandswerts übereinstimmt. Statt des einen Kompensationswiderstands können auch zwei Kompensationswiderstände für die getrennte Kompensierung von E_x und E_N angeordnet werden (Abb. 3.3.6b). Dann ist

$$E_x = E_N \frac{R_2'}{R_1'}.$$

Abbildung 3.3.7a u. b zeigt die grundsätzlichen Schaltungen für die Eichung eines Spannungsmessers und eines Strommessers mit dem Kompensator.

In der Abb. 3.3.7a wird mit dem Spannungsteiler 1 ein bestimmter Ausschlag des Spannungsmessers 2 eingestellt, der Präzisionsspannungsteiler 3 setzt die an dem Spannungsmesser liegende Spannung U_1 auf einen für die Kompensation geeigneten Wert E_x herab. Die Spannung E_x wird gegen die Spannung des Normalelements E_N kompensiert, dann ist

$$U_1 = E_x \frac{R_3 + R_4}{R_4},$$

da ferner nach Abb. 3.3.7a

$$E_x = E_N \frac{R_2}{R_1},$$

entspricht der Ausschlag des Spannungsmessers der Spannung

$$U_1 = E_N \frac{R_2}{R_1} \frac{(R_3 + R_4)}{R_4}.$$

Bei der Eichung eines Strommessers nach Abb. 3.3.7b wird mit dem Regelwiderstand 1 ein bestimmter Ausschlag des Strommessers 2 eingestellt. In Reihe mit dem Strommesser liegt ein Normalwiderstand 3 von solcher Größe R_N, daß der vom Strom I hervorgerufene Spannungsabfall E_x einen für den Kompensator passenden Wert erhält. Diese Spannung E_x wird gegen die Spannung E_N des Normalelements kompensiert.

Zum Prüfen von Strom-, Spannungs- und Leistungsmessern werden zuweilen Stufenkompensatoren verwendet, deren Kompensationswiderstände nicht stetig, sondern nur stufenweise einstellbar sind, wobei die Stufen so gewählt werden, daß sie den Sollwerten der zu kompensierenden Meßgrößen für die Hauptstriche der Skalen der Prüflinge entsprechen, also etwa $1{,}2 \cdots 5$ A; 10, 20, $30 \cdots 100$ V. Die Abweichungen von diesen Sollwerten liest man am Galvanometer ab. Es handelt sich hier also um ein kombiniertes Kompensations- und Ausschlagsverfahren, bei dem lediglich der Spannungssollwert kompensiert wird.

Die Schaltung der ausgeführten Kompensatoren unterscheidet sich sehr wesentlich von diesen einfachen Grundschaltungen, da man den Kompensator möglichst vielseitig anwendbar und leicht bedienbar machen will. Bei der Herstellung von Kompensatoren müssen einige Punkte beachtet werden, die die Genauigkeit beeinflussen. Die erste selbstverständliche Forderung ist Genauigkeit und Unveränderlichkeit des Kompensationswiderstands während der Messung. Sie wird in erster Linie durch Größe und Veränderlichkeit der Übergangswiderstände an den Schaltern unerfüllbar, und man muß den Kompensator entweder so schalten, daß die Übergangswiderstände das Meßergebnis nicht beeinflussen, oder den Kompensationskreiswiderstand so hoch wählen, daß die Übergangswiderstände gegen ihn vernachlässigbar sind. Ein hochohmiger Kompensationskreis verlangt allerdings auch ein hochohmiges und entsprechend spannungsunempfindliches Galvanometer. Die zweite Forderung ist, die Einzelteile des Kompensators so anzuordnen bzw. zu schirmen, daß sich weder Kriechströme ausbilden noch kapazitive Aufladungen stattfinden können und schließlich muß durch entsprechende Werkstoffwahl das Entstehen von Thermospannungen vermieden werden.

Man unterscheidet eine ganze Anzahl verschiedener Kompensatoren, die meist nach den Namen ihrer Erfinder bezeichnet werden.

3.3.4. Feussner-Kompensator

Bei diesem Kompensator sind in der ersten und letzten Kompensationsstufe Einfachkurbeln, in der mittleren eine Doppelkurbel vorgesehen, deren beide Arme elektrisch voneinander getrennt, mechanisch dagegen

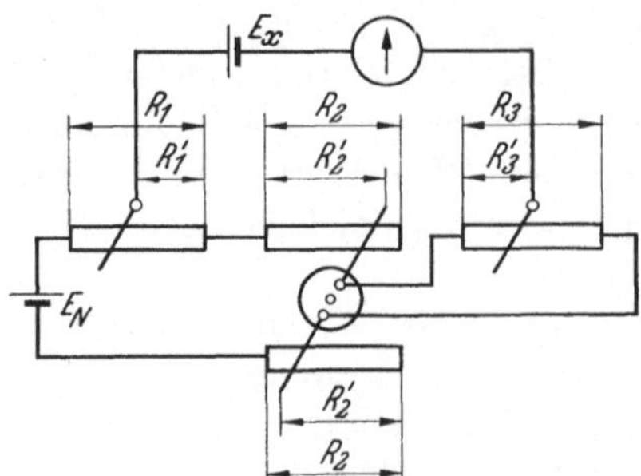

Abb. 3.3.8 Grundschaltung des Feussner-Kompensators.

E_N Normalspannung; E_x unbekannte Spannung; $R_1, ..., R_3$ Gesamtwert der Kompensationswiderstände;
$R_1', ..., R_5'$ bei der Kompensation von E_N abgegriffener Teil der Kompensationswiderstände

fest verbunden sind (Abb. 3.3.8). Der Gesamtwiderstand im Kompensationskreis ist unabhängig von der Kurbelstellung, da der eine Arm der Doppelkurbel stets ebensoviel Widerstand einschaltet wie der andere ausschaltet. Übergangswiderstände der mittleren Kurbel beeinflussen jedoch das Meßergebnis. Der Gesamtwiderstand der Schaltung ist

$$R_H = R_1 + R_2 + R_3.$$

Der Kompensationswiderstand

$$R_K = R_1' + R_2' + R_3',$$

$$E_x = E_N \frac{R_K}{R_H}.$$

Für $I = 1$ gilt

$$|E_x| = |R_K|.$$

Das Prinzip der Mittelkurbel läßt sich beliebig oft wiederholen, und in der praktischen Ausführung sind stets mehrere Mittelkurbeln und eine Hilfsspannungsquelle gemäß Abb. 3.3.9 vorgesehen. Es ist dann

$$E_x = E_N \frac{R_1'' + R_2'' + R_3'' + R_4'' + R_5''}{R_1' + R_2' + R_3' + R_4' + R_5'},$$

wobei $R_1 \cdots R_5$ die Gesamtwiderstände einer Dekade, $R_1' \cdots R_5'$ bzw. $R_1'' \cdots R_5''$ die abgegriffenen Widerstände bei der Kompensation von E_N bzw. E_x bedeuten. Die Widerstände $R_1 \cdots R_5$ sind dekadisch gestuft, etwa von $9 \times 0{,}1 \cdots 9 \times 1000$ Ohm.

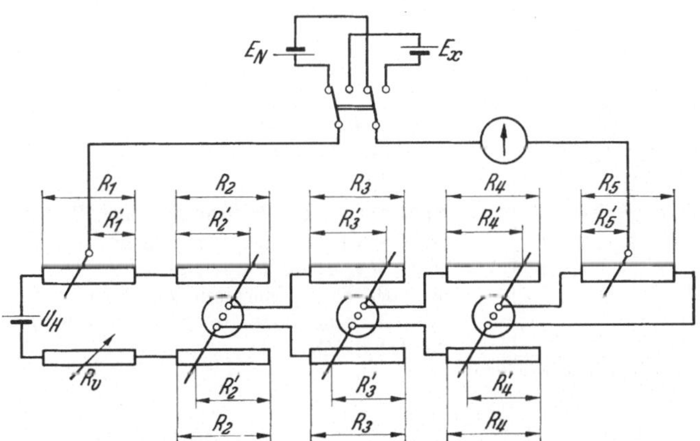

Abb. 3.3.9 Schaltung des Feussner-Kompensators mit 5 Dekaden und Hilfsspannung.

E_N Normalspannung; E_x unbekannte Spannung; U_H Hilfsspannung; R_v Vorwiderstand; $R_1, \ldots, R_5$ Kompensationswiderstände; $R_1', \ldots, R_5'$ bei der Kompensation von E_N abgegriffener Teil der Kompensationswiderstände

3.3.5. Kaskaden-Kompensator

Beim Kaskadenkompensator sind die ersten 3 Dekaden mit Doppelkurbeln ausgerüstet (Abb. 3.3.10). Der zwischen den beiden Schalterkontakten abgegriffene Spannungsanteil hat innerhalb einer Dekade in jeder Kurbelstellung die gleiche Größe. Der besondere Kniff gegenüber dem Feussner-Kompensator besteht bei diesem Gerät darin, daß von einer Dekade I bzw. II zur Folgedekade III bzw. IV nicht nur die Widerstandswerte, sondern auch der durch die Dekaden fließende Hilfsstrom jeweils

um den Faktor 10 herabgesetzt wird. Somit verhalten sich die Spannungs-
sprünge der Dekaden der linken Gruppe $U_\mathrm{I}:U_\mathrm{III}:U_\mathrm{V}$ wie $10000:100:1$,
die der rechten Gruppe $U_\mathrm{II}:U_\mathrm{IV}$ wie $100:1$. Die Herabsetzung der Teil-
ströme i_2 und i_3 auf den 10ten bzw. 100sten Teil des in der ersten und
zweiten Dekade fließenden Hilfsstroms i_1 wird durch die Vorwiderstände
W_1, W_2 und W_3 bewirkt. Auf diese Weise wird der Innenwiderstand des
Kompensators vom Galvanometer aus gesehen relativ niederohmig.
Er liegt, je nach Stellung der ersten Dekadenkurbel, zwischen 100 und
700 Ohm. Das bedeutet einen Gewinn an Schaltungsempfindlichkeit,
weil ein entsprechend niederohmiges und damit spannungsempfindliches

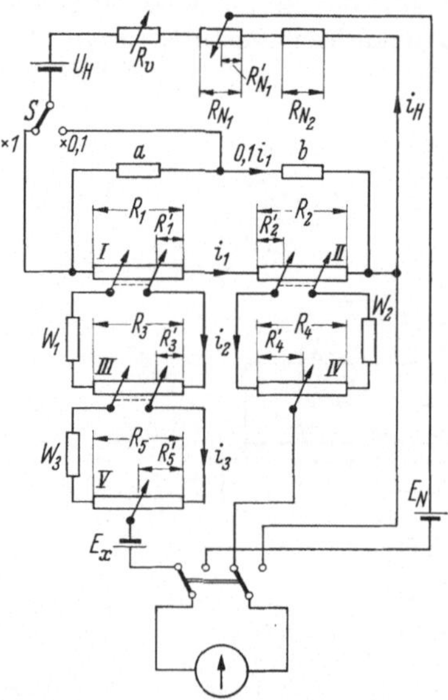

Abb. 3.3.10 Grundschaltung des Kaskadenkompensators.

E_N Normalspannung; E_x unbekannte Spannung; U_H Hilfsspannung; R_v Vorwiderstand im Hilfsstromkreis; R_{N_1}, R_{N_2} Hilfskompensator; $R_1 \cdots R_5$ Kompensationsdekaden; $R'_1 \cdots R'_5$ eingekurbelte Widerstände bei Nullabgleich

Galvanometer benutzt werden kann. Andererseits sind aber die Widerstände der Folgedekaden *III*, *IV* und *V* wegen der Vorwiderstände W_1,
W_2 und W_3 und dadurch, daß die Widerstandswerte von der ersten bis
zur fünften Dekade nicht um den Faktor 10000, sondern nur um den
Faktor 100 herabgesetzt werden müssen, noch so hochohmig, daß Fehler,
die durch Verdrahtungs- und Schalterübergangswiderstände entstehen
könnten, vernachlässigbar klein bleiben.

Ein über die Dekaden I und II geschalteter Stromteiler, der aus den
beiden Widerständen a und b besteht, erlaubt zusätzlich noch eine Meß-
bereichumschaltung, indem die durch die Dekaden fließenden Hilfs-
ströme beim Umlegen des Schalters S in die Stellung *0,1* auf den zehnten
Teil herabgesetzt werden. Der Widerstand b ist dem resultierenden Widerstand der 5 Dekaden genau gleich. Der Widerstand a ist 9mal so groß.

Die am Kompensatorausgang auftretende Spannung ergibt sich bei
Stellung des Schalters S auf 1 wie folgt:

Es ist

$$i_H = \frac{E_N}{R'_{N_1} + R_{N_2}},$$

$$i_1 = \frac{10}{11}\, i_H\,;$$

$$E_x = i_1(R'_1 + R'_2) + \frac{i_1}{10}\,(R'_3 + R'_4) + \frac{i_1}{100} \cdot R'_5,$$

$$E_x = \frac{E_N}{110(R'_{N_1} + R_{N_2})} \cdot [100(R'_1 + R'_2) + 10(R'_3 + R'_4) + R'_5].$$

Abbildung 3.3.11 zeigt die Prinzipschaltung eines Kompensators mit fünf
Dekaden in zweifacher Kaskadenschaltung.

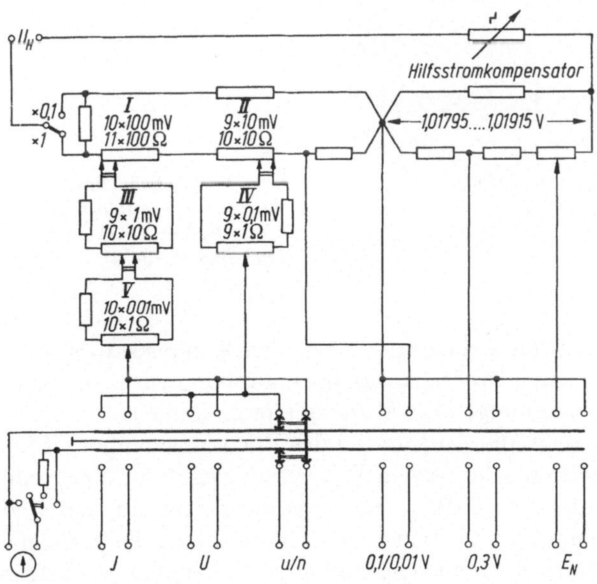

Abb. 3.3.11 Prinzipschaltung eines Präzisionskompensators mit 5 Dekaden in
zweifacher Kaskadenschaltung (H & B).

E_N Normalspannung; 0,3 V Festspannungsabgriff zum Anschluß an Kurbel-
spannungsteiler; 0,1/0,01 V Festspannungsabgriff zur Widerstandsmessung;
$U/n \cdot 5$ Kurbeldekaden 0; 1,1 V zum Anschluß an Festspannungsteiler; $U \cdot 5$ Kurbeldekaden 0···1,1 V zur Spannungsmessung $I \cdot 5$ Kurbeldekaden 0···1,1 V zum Anschluß an Normalwiderstände; U_H Hilfsspannung 4···4,4 V; Hilfsstromkompen-
sator zum Anpassen an die EMK eines Normalelementes

Der Präzisions-Kompensator ist in zweifacher Kaskadenschaltung mit 5 Präzisions-Kurbeldekaden so aufgebaut, daß die ersten beiden Dekaden je nach gewähltem Einstellbereich von 0,1 oder 1 mA durchflossen werden. Dadurch läßt sich die Kompensationsspannung in Stufen von 10^6 bzw. 10^5 bis 0,11 bzw. 1,1 V einstellen. Höhere Spannungen können über Spannungsteiler gemessen werden, wobei allerdings das Prinzip der leistungslosen Messung verlassen wird. Spannungen zwischen 0,1 und 1,1 V lassen sich mit erhöhter Genauigkeit messen, wenn der Hilfsstromabgleich durch Kompensation der genügend genau bekannten EMK des Normal-Elementes direkt gegen die Dekaden des Kompensators erfolgt. Für die Messung von Spannungen kleiner als 10 mV bei

Abb. 3.3.12 Präzisions-
kompensator mit 5 Dekaden
in zweifacher Kaskaden-
schaltung (*H & B*)

gleicher Genauigkeit ist das Prinzip des Kaskaden-Kompensators nicht mehr geeignet, da die an den Drehschaltern bei Betätigung vorübergehend auftretenden Thermospannungen die Messung stören können.

Abbildung 3.3.12 zeigt die Ausführung des Präzisionskompensators. Die für die Genauigkeit entscheidenden Widerstände sind aus Manganin und weichen um weniger als 0,01% von ihren Sollwerten ab und sind außerdem so ausgesucht, daß die Widerstandsverhältnisse, die ja für die erreichbare Genauigkeit allein entscheidend sind, Fehler von höchstens 0,005% aufweisen.

Durch diese Maßnahme ändert sich die Meßunsicherheit nur geringfügig und bleibt über Jahre hinaus kleiner als 0,01%. Der Innenwiderstand des Kompensators (gemessen von der Galvanometerseite) liegt trotz des sehr niedrigen Hilfsstromes je nach Stellung der Kurbeln zwischen 100 und 1100 Ω, so daß die Verwendung eines spannungsempfindlichen Galvanometers mit niedrigem Innenwiderstand möglich ist.

3.3.6. Diesselhorst-Kompensator

Der Diesselhorst-Kompensator ist vom Galvanometer her gesehen besonders niederohmig und deshalb zum Messen sehr kleiner Spannungen geeignet. Im Kompensationskreis sind keine Kurbeln vorhanden. Übergangswiderständen und möglicherweise an den Kurbeln entstehende Thermokräfte stören die Messung nicht. Der Gesamtwiderstand des Hilfsstromkreises ist unabhängig von der Kompensationsstellung und auch der Widerstand des Kompensationskreises ist nahezu konstant. Zunächst hat der Diesselhorst-Kompensator drei Dekaden mit Doppel-

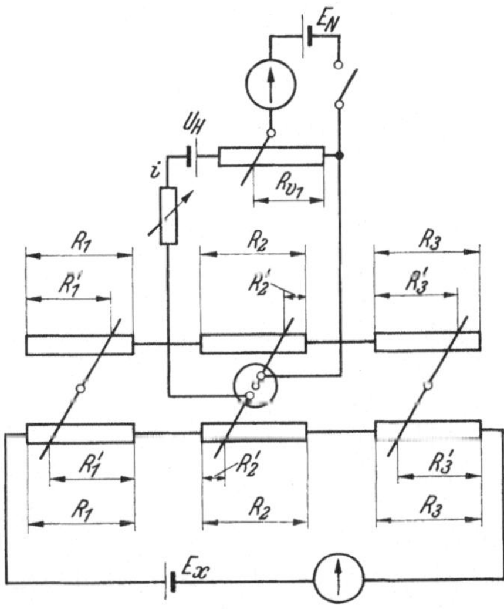

Abb. 3.3.13 Grundschaltung des Diesselhorst-Kompensators mit 3 Dekaden.

E_N Normalspannung;
E_x unbekannte Spannung;
U_H Hilfsspannung; $R_1, ..., R_3$ Kompensationswiderstände;
$R_1', ..., R_3'$ bei der Kompensation von E_x abgegriffener Teil der Kompensationswiderstände;
R_{v_1} Kompensationswiderstand im Normalstromkreis

kurbeln, deren Arme mechanisch und außer bei der Mittelkurbel auch elektrisch miteinander verbunden sind. Mit den Bezeichnungen von Abb. 3.3.13 ist

$$E_N = iR_{v_1},$$

$$E_x = i\,\frac{(R_1' + R_2')\,(R_2 + R_3) + (R_1 + R_2)\,(R_2' - R_2 + R_3' - R_3)}{R_1 + 2R_2 + R_3}.$$

In der Abbildung sind der Übersichtlichkeit halber zwei Galvanometer gezeichnet, in Wirklichkeit ist nur ein umschaltbares Galvanometer vorhanden.

Bei mehr als drei Dekaden werden am Anfang und Ende der mittleren Dekade Nebenschlußwiderstände mit festem Abgriff angeschlossen, die so zu bemessen sind, daß der Kombinationswiderstand die nächstfolgenden Dekaden bildet.

3.3.7. Technische Kompensatoren

Bei den technischen Kompensatoren verzichtet man im allgemeinen auf
das Normalelement und stellt den Kompensationsstrom nach einem
Strommesser ein. Da dieser Strom stets gleich groß gewählt wird, muß
man das Meßgerät nur bei einem einzigen Skalenpunkt sehr genau
eichen. Vorausgesetzt ist natürlich, daß es völlig konstant und weitgehend unabhängig von äußeren Einflüssen ist und daß sich die Hilfsspannung während der Kompensation nicht ändert. Die Größe der Kompensationsspannung kann an der Beschriftung der Kompensationswiderstände unmittelbar abgelesen werden.

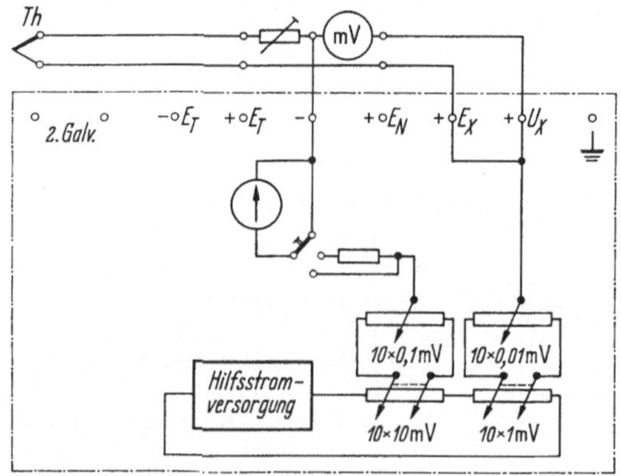

Abb. 3.3.14 Thermospannungskompensator (H & B).
Messen der Klemmenspannung U_x eines Thermoelements Th bei eingeschaltetem
Spannungsmesser

   Daneben gibt es technische Kompensatoren, bei denen eine eingebaute
Zenerdioden-Normalspannungsquelle den Kompensationsstrom erzeugt.
Solche Geräte ermöglichen es, z. B. an Thermoelementen die EMK, die
Klemmenspannung und den inneren Widerstand zu bestimmen oder die
Anzeige der zugehörigen Meßgeräte zu überprüfen. Abbildung 3.3.14
zeigt die Prinzipschaltung eines Thermospannungskompensators nach
Poggendorf bzw. Lindeck-Rothe. In der Schaltstellung zum Messen der
Klemmenspannung eines Thermoelementes bei eingeschaltetem Span-
nungsmesser. Einen tragbaren Kompensator in gleicher Arbeitsweise
zeigt Abb. 3.3.15.
   Mit Hilfe eines von Hand einstellbaren Spannungsteilers lassen sich
— in Stufen zu 10 mV mit einem Schalter und die Zwischenwerte mit
einem Potentiometer — Spannungen im Bereich von 0···60 mV wählen.
Ein zusätzlicher Hilfsstromkreis ermöglicht es, Hilfsspannungen aus dem

Gerät zu entnehmen und in dem Bereich von $0\cdots60$ mV einzustellen. Damit ist es möglich, Anzeiger, Schreiber und Regler, die in Millivolt geeicht sind, zu überprüfen.

Eine andere Schaltungsmöglichkeit erlaubt es, zwei Spannungen, z. B. von einem Normalthermoelement und von einem Betriebsthermoelement, wechselseitig auf den Eingang des Kompensators zu geben und somit das Betriebsthermoelement mit dem Normalthermoelement zu vergleichen.

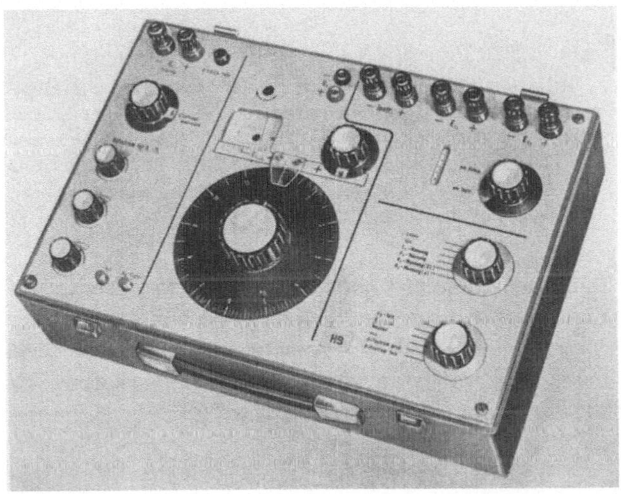

Abb. 3.3.15 Ausführung eines tragbaren Thermospannungskompensators (H & B)

Der Kompensator ist auch für Widerstandsmessung geeignet, in dem Widerstandsbereich, der für Widerstandsthermometer Pt 100 nach DIN 43 760 üblich ist. Die Widerstandsmessung erfolgt in einer Vierleiterschaltung, so daß bei der Messung kein besonderer Leitungsabgleich erforderlich ist.

Der Kompensator eignet sich außerdem für die Überprüfung von Normalelementspannungen und kann somit auch zur Prüfung des Hilfsstromes bei Kompensationsschreibern verwendet werden. Der Kompensator hat einen eingebauten Akkumulator und ein eingebautes Netzteil, über das der Akkumulator wieder aufgeladen wird.

Alle notwendigen Hilfsspannungen sind elektronisch stabilisiert.

3.3.8. Selbstabgleichende Kompensatoren

Lindeck-Rothe-Kompensator. Lindeck-Rothe verzichten auf eine Normalspannungsquelle und stellen den Kompensationsstrom mit einem Präzisionsstrommesser ein, wodurch die Schaltung besonders einfach wird.

Abb. 3.3.16 zeigt die prinzipielle Anordnung. Die Hilfsstromquelle U_H liefert den Kompensationsstrom i_K, der den festen Kompensationswiderstand *3* und den Vorwiderstand *4* durchfließt. Die unbekannte Spannung E_X wird mit dem Spannungsabfall E_K am Kompensationswiderstand *3* verglichen und von dem richtkraftlosen Nullgalvanometer *2* der Vorwiderstand *4* so lange verdreht, bis $E_K = E_X$ ist. Der Kompensationsstrom i_K wird am Strommesser *1* abgelesen, er ist proportional der unbekannten Spannung.

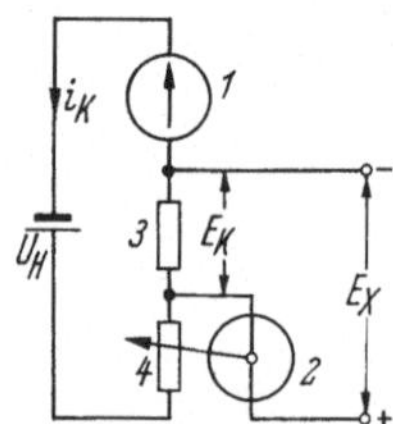

Abb. 3.3.16 Prinzip des Lindeck-Rothe-Kompensators.
1 Anzeigegerät für den Kompensationsstrom; *2* Nullgalvanometer mit Regeleinrichtung für den Kompensationsstrom; *3* Kompensationswiderstand; *4* Regelwiderstand für den Kompensationsstrom; U_H Hilfsspannungsquelle; E_K Kompensationsspannung; E_X unbekannte Spannung; i_K Kompensationsstrom

In der Praxis kann man den Kompensationsstrom von dem Nullgalvanometer aus nicht mechanisch steuern, sondern muß einen Verstärker dazwischensetzen, wie Abb. 3.3.17 beispielsweise für eine lichtelektrische Steuerung zeigt, wobei an Stelle des veränderbaren Vorwiderstandes die Elektronenröhre *4* getreten ist, deren Widerstand durch

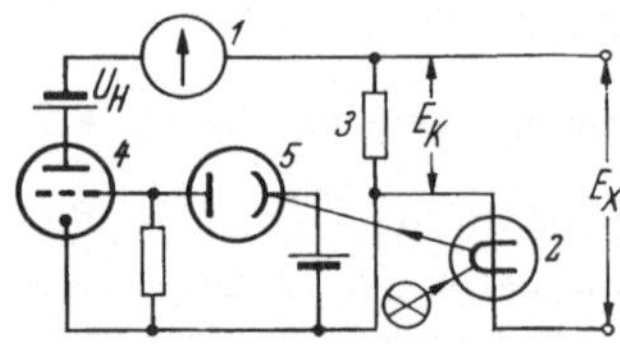

Abb. 3.3.17 Lindeck-Rothe-Schaltung mit lichtelektrischer Steuerung.
1 Anzeigeinstrument für den Kompensationsstrom; *2* Nullgalvanometer mit Spiegel; *3* Kompensationswiderstand; *4* Verstärkerröhre; *5* Photozelle; U_H Hilfsspannungsquelle; E_K Kompensationsspannung; E_X unbekannte Spannung

die im Gitterkreis liegende Photozelle *5* gesteuert wird, die wiederum von dem richtkraftlosen Spiegelgalvanometer *2* mehr oder weniger ausgeleuchtet wird, bis der Spannungsabfall am Kompensationswiderstand *3* gleich der unbekannten Spannung ist; den erforderlichen Kompensationsstrom zeigt der Strommesser *1* an.

Kompensationsschreiber und -anzeiger. *Prinzip der Kompensationsschreiber und -anzeiger mit Potentiometerschaltung.* Die Wirkungsweise von Kompensationsschreibern und -anzeigern ist aus Abb. 3.3.18a u. b zu ersehen.

Die Differenzspannung ΔE zwischen der Kompensationsspannung E_K und der zu messenden Spannung E_X steuert über einen Verstärker einen Meßmotor, der einerseits den Abgriff des Abgleichpotentiometers so lange verstellt, bis $\Delta E = E_X - E_K = 0$, andererseits eine Anzeige- und Registriervorrichtung betätigt, die seine Stellung und damit die Größe der unbekannten Spannung anzeigt (Abb. 3.3.18a).

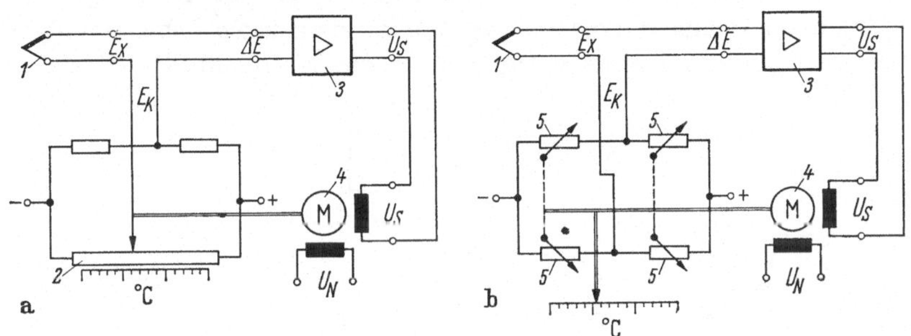

Abb. 3.3.18a u. b Wirkungsweise eines Kompensationsschreibers, Schaltung bei einer Temperaturmessung mit Thermoelement.

a) Brückenschaltung mit Potentiometer; b) Brückenschaltung mit Dehnungsmeßstreifen.

1 Thermoelement; *2* Abgleichpotentiometer; *3* Verstärker mit Wechselrichtereingang; *4* Meßmotor; *5* Dehnungsmeßstreifen; E_X Meßspannung; E_m Kompensationsspannung; ΔE Differenzspannung; U_S Steuerspannung; U_N Netzspannung

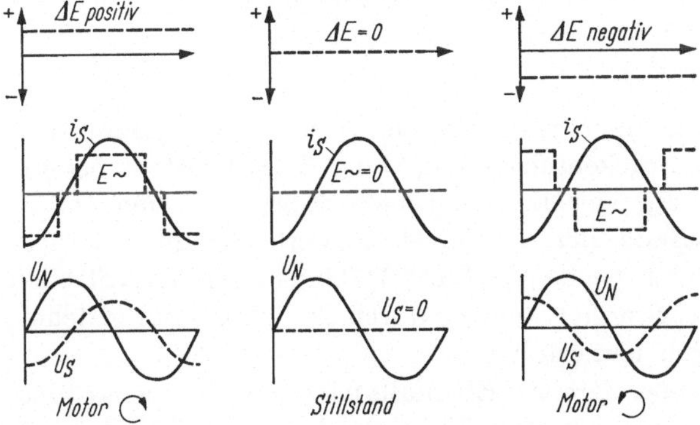

Abb. 3.3.19 Wirkungsweise der phasenabhängigen Motorsteuerung

Das Vorzeichen von ΔE hängt davon ab, ob E_X größer oder kleiner als E_K ist. Die Kompensationsspannung, mit der die unbekannte Spannung verglichen wird, wird aus einer Wheatstoneschen Brücke gewonnen.

Die den Meßmotor antreibenden Verstärker bestehen zumeist aus einem Wechselrichter, der die Differenzspannung ΔE zunächst in eine

Wechselspannung umformt, und einem mehrstufigem Wechselspannungsverstärker mit hohem Verstärkungsfaktor. Die Ausgangsspannung des
Verstärkers U_S wird der Steuerwicklung des Meßmotors zugeführt. Je
nach Phasenlage der Spannung U_S zur Bezugsspannung U_N dreht sich
der Meßmotor links oder rechts herum. Abb. 3.3.19 zeigt die Wirkungsweise einer phasenabhängigen Motorsteuerung.

Prinzip der Kompensationsschreiber und -anzeiger mit Dehnungsmeß-
streifenbrücke. In aggressiver Atmosphäre ist ein gelegentliches Reinigen
des Abgleichpotentiometers nötig. Um in diesem Punkt die Betriebs-

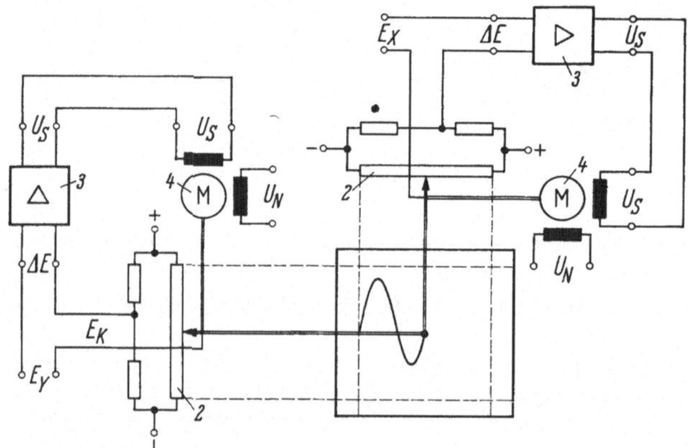

Abb. 3.3.20 Wirkungsweise eines Koordinatenschreibers (XY-Schreiber) **Be**-
zeichnungen nach Abb. 3.3.18

sicherheit zu steigern kann man das Potentiometer durch kontaktlose
Elemente ersetzen. Die Brückenschaltung (Abb. 3.3.18 b) besteht bei solchen Geräten zumeist aus vier Dehnungsmeßstreifen. Das sind Draht-
oder Halbleiterwiderstände, deren Widerstandswert sich unter Druck-
oder Zugeinwirkung ändert (siehe Abschnitt 3.20.6.). Jeweils zwei Streifen
werden mehr und zwei Streifen weniger durch den Meßmotor gedehnt,
um den Brückenabgleich herzustellen.

Prinzip der Koordinatenschreiber. Ebenfalls nach dem Kompensationsverfahren arbeiten die sogenannten XY-Schreiber oder Koordinatenschreiber (Abb. 3.3.20). Sie ermöglichen die selbsttätige Aufzeichnung
von Kurven in einem kartesischen Koordinatensystem. Dies wird durch
einen zweiten automatischen Kompensator für die X-Achse erreicht.

Voraussetzung für die Präzision eines Kompensationsschreibers ist
eine strenge Zuordnung von Kompensationsspannung und Stellung des
Abgleichpotentiometers. Das erfordert eine Speisung der Brückenschaltung aus einer belastbaren Normalspannungsquelle.

Früher mußte, ähnlich wie bei den Gleichstromkompensatoren, vor der eigentlichen Messung die Hilfsspannungsquelle mit einem Normalelement verglichen werden. Eine auftretende Differenz stimmte die Hilfsspannung nach. Jetzt werden auch für Kompensationsschreiber fast nur noch die im Abschnitt 3.3.2. behandelten Normalspannungsquellen mit Zenerdioden verwendet. Weitere Kompensationssysteme auf induktiver und kapazitiver Basis werden im Abschnitt 3.17.2. behandelt.

3.4. Widerstandsmeßverfahren

3.4.1. Widerstandsmessung mit Strom- und Spannungsmessern

Bei konstanter oder langsam veränderlicher Spannung kann man den Widerstand aus einer Strommessung bestimmen, man muß dann jedoch das Meßwerk mit einem verstellbaren magnetischen Nebenschluß der

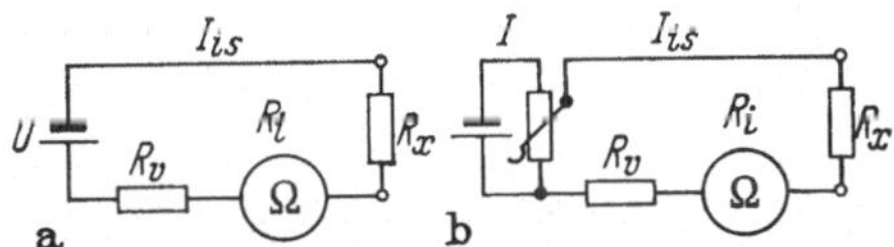

Abb. 3.4.1 Widerstandsmessung mit einem Strommesser in Reihenschaltung.
a) Meßgerät mit magnetischem Nebenschluß; b) Batterie mit Spannungsteiler.
R_i Meßwerkwiderstand; R_x unbekannter Widerstand; R_v Vorwiderstand

jeweiligen Spannungshöhe anpassen oder die Spannung mit einem Spannungsteiler auf einen konstanten Wert einregeln. Die Skalen solcher Anzeiger werden unmittelbar in Widerstandswerten geteilt. Der unbekannte Widerstand kann in Reihe oder parallel zum Meßgerät geschaltet sein.

Reihenschaltung. Reihenschaltung wendet man bei großen Widerständen an (Abb. 3.4.1). Die Skale eines solchen Meßgerätes, beispielsweise eines Leitungsprüfers, geht von 0 bis ∞ und ist oben stark zusammengedrängt.

Es ist

$$R_x = \frac{U}{I} - R_v - R_i.$$

Zunächst werden die Meßgeräteklemmen kurzgeschlossen und der Ausschlag mit dem magnetischen Nebenschluß oder dem Spannungsteiler auf Null gebracht. Dann kann der unbekannte Widerstand angeschlossen und gemessen werden. Abb. 3.4.2 zeigt einen Leitungsprüfer

mit eingebauter Stabbatterie zum Messen von Widerständen zwischen
0 und 1 MΩ, der auch überschlägige Kapazitätsmessungen nach dem
Kondensator-Ladeprinzip ermöglicht.

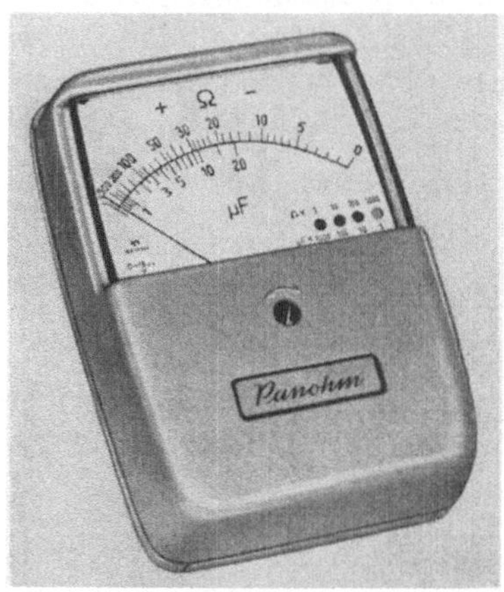

Abb. 3.4.2 Leitungsprüfer zum Messen
von Widerstand und Kapazität (Gossen)

Parallelschaltung. Parallelschaltung wendet man bei kleinen Widerständen an (Abb. 3.4.3)

$$R_x = \frac{IR_vR_i}{U - I(R_v + R_i)}.$$

Zunächst wird mit der Drucktaste P der Prüfwiderstand R_P eingeschaltet und sein Widerstandswert mit dem Anzeiger gemessen, dann wird mit dem Schalter M der unbekannte Widerstand R_x eingeschaltet und abgelesen. Die Skale des Anzeigers reicht von Null bis zu einem beliebig wählbaren Wert.

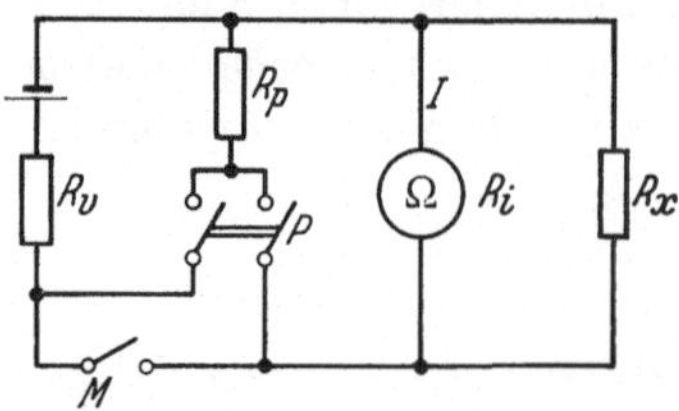

Abb. 3.4.3 Widerstandsmessung mit einem Strommesser in Parallelschaltung.

R_x unbekannter Widerstand; R_v Vorwiderstand; R_i Meßgerätewiderstand; R_p Prüfwiderstand; P Prüftaste; M Meßtaste

Widerstandsbestimmung mit Strom- und Spannungsmesser (Abb. 3.4.4).
In der Stellung *1* des Umschalters S wird der Stromverbrauch des Spannungsmessers mitgemessen, in der Stellung *2* der Spannungsabfall im Strommesser. Es ist stets die Schaltung zu wählen, die den kleineren

Fehler ergibt, evtl. ist der Eigenverbrauch rechnerisch zu berücksichtigen. Es gilt für den Umschalter S in Stellung:

1. Für kleine Widerstände	2. Für große Widerstände
$$R_x = \frac{U_x R_u}{I R_u - U_x}$$ für $R_u \gg R_x$ $$R_x = \frac{U_x}{I}$$	$$R_x = \frac{U_x}{I_1} - R_i$$ für $R_i \ll R_x$ $$R_x = \frac{U_x}{I_1}$$

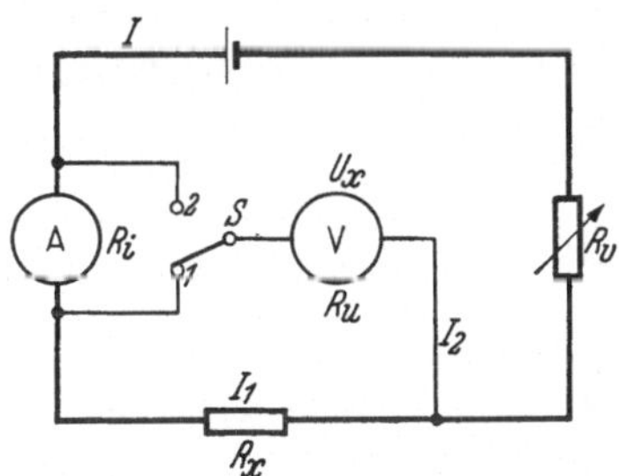

Abb. 3.4.4 Widerstandsbestimmung mit Strom- und Spannungsmesser.

R_x unbekannter Widerstand; R_v regelbarer Vorwiderstand; R_i Widerstand des Strommessers; R_u Widerstand des Spannungsmessers; U_x Spannung am Spannungsmesser; I Gesamtstrom; I_1 Strom im unbekannten Widerstand R_x; I_2 Strom im Spannungsmesser; S Umschalter

Widerstandsmessung durch Vergleich mit einem Normalwiderstand. Eine Serienschaltung mit doppelpoligem Umschalter und Spannungsmessung zeigt Abb. 3.4.5a. Die beiden Widerstände werden vom gleichen Strom I durchflossen. Der Galvanometerstrom sei gegenüber I vernachlässigbar. Dann gilt für die Galvanometerausschläge γ_1 und γ_2 in den

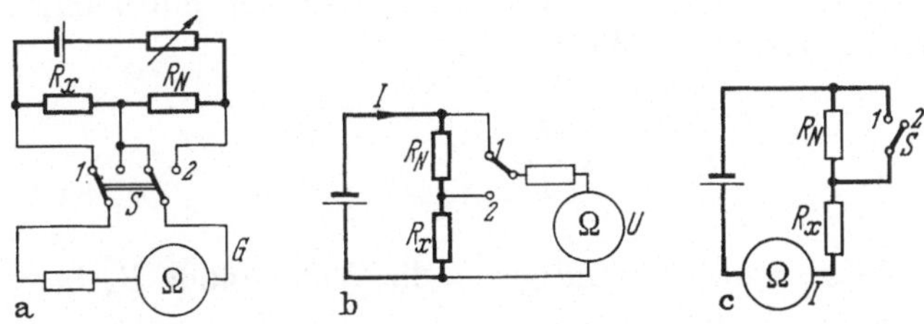

Abb. 3.4.5a—c Widerstandsmessung mit einem Galvanometer durch Vergleich mit einem in Reihe geschalteten Normalwiderstand

a) mit doppelpoligem Umschalter und Spannungsmessung; b) mit einpoligem Umschalter und Spannungsmessung; c) mit einpoligem Umschalter und Strommessung.

R_x unbekannter Weiderstand; R_N bekannter Vergleichswiderstand; S Umschalter; G Galvanometer mit Vorwiderstand

Stellungen *1* und *2* des Umschalters

$$\gamma_1 = IR_x; \quad \gamma_2 = IR_N; \quad R_x = \frac{\gamma_1}{\gamma_2}\, R_N.$$

Die Schaltung eignet sich besonders für kleine Widerstände.

In Serienschaltung mit einem einpoligen Umschalter und Spannungsmessung kann nach Abb. 3.4.5b die Messung ausgeführt werden. Es ist
dann

$$R_x = \frac{\gamma_2}{\gamma_1 - \gamma_2}\, R_N,$$

wenn γ_1 und γ_2 die Galvanometerausschläge in den Schalterstellungen *1*
und *2* sind. Diese Schaltung wird beispielsweise beim Erdungsmesser
von Metrawatt angewendet.

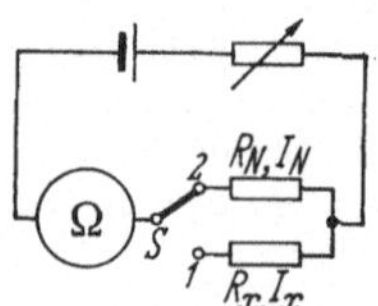

Abb. 3.4.6 Widerstandsmessung mit einem Galvanometer
durch Substitution eines Normalwiderstands.

R_x unbekannter Widerstand; R_N bekannter Vergleichswiderstand; S Umschalter; I_x Strom in Umschalterstellung *1*;
I_N Strom in Umschalterstellung *2*

Schließlich ist die Widerstandsmessung auch in Serienschaltung mit
einpoligem Umschalter und Strommessung nach Abb. 3.4.5c möglich.
Die Ströme bei den Schalterstellungen *1* und *2* seien I_1 und I_2, dann ist

$$R_x = \frac{I_2}{I_1 - I_2}\, R_N.$$

Bei der Substitutionsmessung nach Abb. 3.4.6 wird der unbekannte
Widerstand durch den bekannten Widerstand

$$R_v = R_N \frac{I_N}{I_x},$$

ersetzt, wenn der Meßgerätewiderstand gegen die Widerstände R_N bzw.
R_x vernachlässigt werden kann.

3.4.2. Widerstandsmessung mit Quotientenmessern

Widerstandsmessung mit Quotientenmesser in Reihenschaltung (Abb.
3.4.7). Die Ablenkspule des Meßwerks liegt in Reihe mit dem unbekannten Widerstand, die Richtspule über einen Vorwiderstand an der Meß-

spannung. Es ist

$$\gamma = f\left(\frac{R_u}{(R_i + R_x)}\right).$$

Die Schaltung eignet sich für große Widerstände.

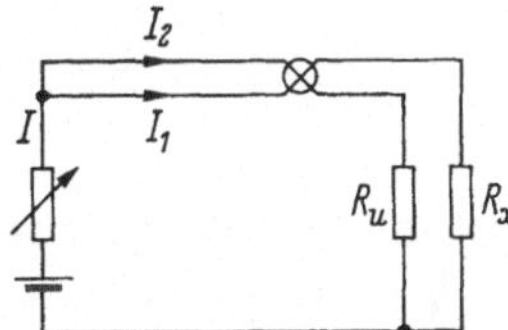

Abb. 3.4.7 Widerstandsmessung mit Quotientenmeßwerk in Reihenschaltung.

R_x unbekannter Widerstand; R_i Widerstand des Ablenkkreises; R_u Widerstand des Richtkreises

Widerstandsmessung mit Quotientenmesser in Parallelschaltung (Abb. 3.4.8). Die Ablenkspule des Meßwerks liegt mit einem Vorwiderstand parallel zum unbekannten Widerstand, die Richtspule über einen Vorwiderstand an der Meßspannung. Es ist

$$\gamma = f\left(\frac{R_u R_x}{R_i R_v + R_x(R_i + R_v)}\right).$$

Die Schaltung eignet sich für kleine Widerstände.

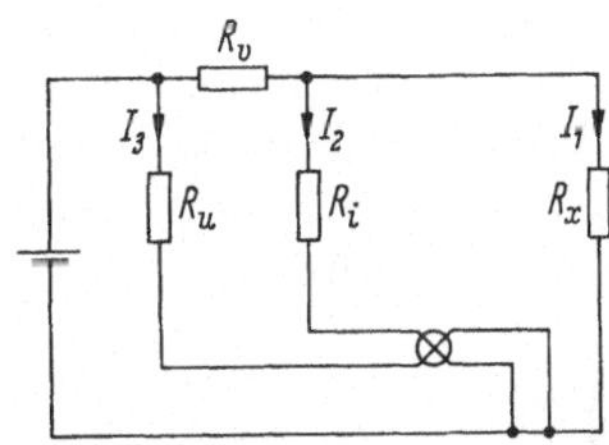

Abb. 3.4.8 Widerstandsmessung mit Quotientenmeßwerk in Parallelschaltung.

R_x unbekannter Widerstand;
R_i Widerstand des Ablenkkreises;
R_u Widerstand des Richtkreises

Widerstandsmessung mit dem Bruger-Kreuzspulmeßwerk in Reihen-, Parallel- und Potentiometerschaltung (Abb. 3.4.9). Die Schaltung dient hauptsächlich zum Messen von Temperaturen, wobei das temperatur-

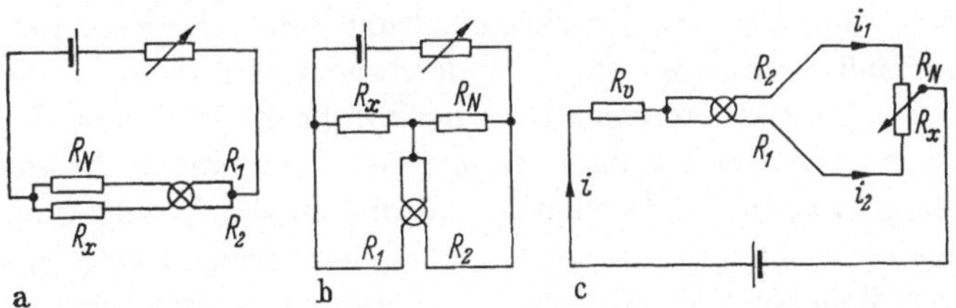

Abb. 3.4.9 a—c Widerstandsmessung mit dem Bruger-Kreuzspulmeßwerk.

a) Parallelschaltung; b) Reihenschaltung; c) Potentiometerschaltung.

R_x unbekannter Widerstand; R_N Vergleichswiderstand; R_1, R_2 Widerstände des Quotientenmessers

abhängige Thermometer R_x mit dem Widerstand R_N verglichen wird. Bei der Parallelschaltung sind der unbekannte Widerstand und der Vergleichswiderstand parallel geschaltet und liegen in Reihe mit den Spulen des Quotientenmessers (Abb. 3.4.9a).

Es ist

$$\gamma = f\left(\frac{R_1 + R_x}{R_2 + R_N}\right). \tag{3.4.1}$$

Bei der Reihenschaltung liegen unbekannter Widerstand und Vergleichswiderstand in Reihe an der Stromquelle, und die Spannungsabfälle an ihnen werden im Quotientenmesser verglichen (Abb. 3.4.9b).

Es ist

$$\gamma = f\left(\frac{R_x}{R_N}\frac{R_2 + R_N}{R_1 + R_x}\right),$$

für $R_1 \gg R_x$ und $R_2 \gg R_N$ ist

$$\gamma = f\left(\frac{R_x}{R_N}\frac{R_2}{R_1}\right).$$

Die Potentiometerschaltung (Abb. 3.4.9c) unterscheidet sich von der Parallelschaltung dadurch, daß sich die beiden Widerstände R_x und R_N ändern, und zwar um den gleichen Betrag, jedoch in entgegengesetztem Sinn, während bei der Parallelschaltung der Widerstand R_N konstant ist. Für die Anzeige des Quotientenmessers gilt Gl. (3.4.1) oder wenn das Potentiometer um den kleinen Betrag ΔR verstellt wird

$$\gamma = f\left(\frac{R_1 + R_x + \Delta R}{R_2 + R_N + \Delta R}\right).$$

Widerstandsmessung mit dem Brücken-Kreuzspulmeßwerk (Abb. 3.4.10). Das T-Spulmeßwerk eignet sich besonders für Brückenschaltungen und wird deshalb auch häufig als Brückenkreuzspulmeßwerk bezeichnet.

Die Zweileiter- und Dreileiterbrückenschaltung sind charakteristische Temperaturmeßschaltungen mit Widerstandsthermometern (s. Abschn. 3.20.1.). In der Zweileiterschaltung beeinflußt die Widerstandsänderung der Thermometerzuleitungen infolge von Temperaturschwankungen das Meßergebnis, in der Dreileiterschaltung ist die Anzeige von diesen Änderungen unabhängig, da die beiden Zuleitungen in zwei aneinanderstoßenden Brückenzweigen liegen. Der Ausschlag des Quotientenmessers ist

$$\gamma = f\left(\frac{I_5}{I_6}\right)$$

oder bei Vernachlässigung der Zuleitungswiderstände R_k zum Thermometer

$$\gamma = f\left(\frac{R_2 R_3 - R_x R_4}{a} \cdot \frac{R_k + R_c}{R_c}\right).$$

$$a = R_5(R_x + R_2 + R_3 + R_4) + (R_x + R_3)(R_2 + R_4).$$

Sollen die Zuleitungswiderstände berücksichtigt werden, so ist in der Zweileiterschaltung

$$R_x + R_z \text{ an Stelle von } R_x \text{ zu setzen,}$$

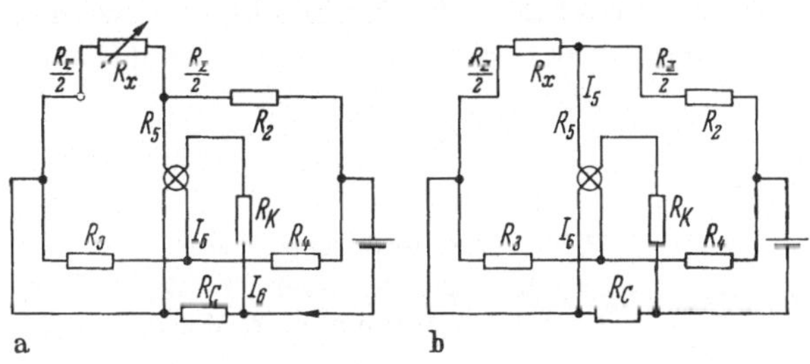

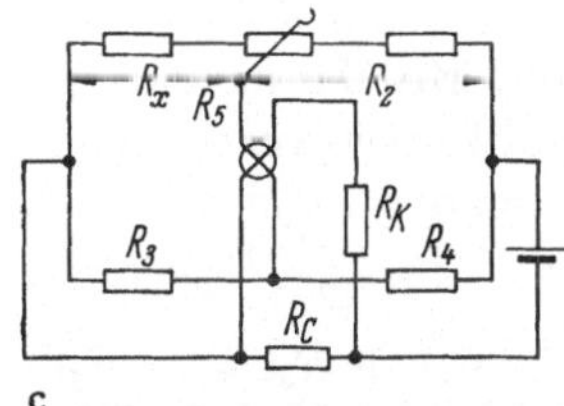

Abb. 3.4.10 a—c Widerstandsmessung mit dem Brückenkreuzspulmeßwerk.
a) Zweileiterbrückenschaltung; b) Dreileiterbrückenschaltung; c) Brückenschaltung mit Potentiometer.
R_x unbekannter Widerstand (Thermometer); R_z Widerstand der Zuleitungen zum unbekannten Widerstand; R_2, ..., R_4 Brückenwiderstände, R_5 Widerstand des Ablenkkreises; R_c Nebenwiderstand des Richtkreises; R_k Widerstand des Richtkreises; I_5 Ablenkstrom; I_6 Richtstrom

in der Dreileiterschaltung

$$R_x + R_z/2 \text{ an Stelle von } R_x$$

und

$$R_2 + R_z/2 \text{ an Stelle von } R_2.$$

Brückenschaltung mit Potentiometer. Die Verschiebung des Potentiometers sei ΔR. Es wird also R_x zu $R_x + \Delta R$ und R_2 zu $R_2 - \Delta R$. Damit wird der Ausschlagwinkel γ

$$\gamma = \frac{I_5}{I_6} = f\left[\frac{R_2R_3 - R_xR_4 - \Delta R(R_3 + R_{4c}}{a_1} \frac{R_k + R_c}{R_c}\right].$$

$$a_1 = R_5(R_x + R_2 + R_3 + R_4) + (R_x + R_3)(R_2 + R_4)$$
$$- \Delta R(R_x - R_2 + R_3 - R_4) - \Delta R^2.$$

3.4.3. Gleichstrommeßbrücken

Gleichstrommeßbrücken werden zum Messen hoher und mittlerer Widerstände in Wheatstone-Schaltung und zum Messen sehr niedriger Widerstände in Thomson-Schaltung ausgeführt. Als Nullindikatoren werden in erster Linie Drehspulmeßwerke direkt oder mit vorgeschalteten Gleichstromverstärkern eingesetzt.

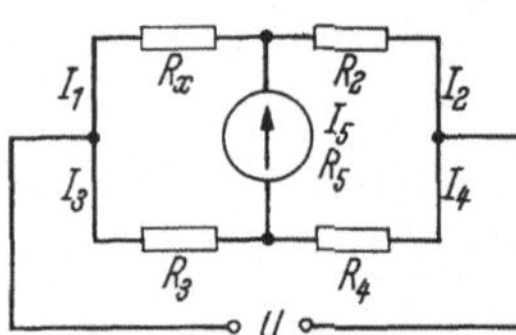

Abb. 3.4.11 Wheatstone-Brücke.

R_x, R_2, R_3, R_4 Brückenwiderstände; $I_1 \cdots I_5$ Brückenströme; U Brückenspannung; R_5 Widerstand im Nullzweig

Wheatstone-Brücke. (Abb. 3.4.11). Die Wheatstone-Brücke ist das am meisten gebrauchte Widerstandsmeßgerät und wird für die verschiedensten Aufgaben in allen Zweigen der Technik angewendet.

Die Ströme in den Brückenzweigen sind:

$$I_1 = I \frac{R_5(R_3 + R_4) + R_3(R_2 + R_4)}{a} = U \frac{R_5(R_3 + R_4) + R_3(R_2 + R_4)}{b},$$

$$I_2 = I \frac{R_5(R_3 + R_4) + R_4(R_x + R_3)}{a} = U \frac{R_5(R_3 + R_4) + R_4(R_x + R_3)}{b},$$

$$I_3 = I \frac{R_5(R_x + R_2) + R_x(R_2 + R_4)}{a} = U \frac{R_5(R_x + R_2) + R_x(R_2 + R_4)}{b},$$

$$I_4 = I \frac{R_5(R_x + R_2) + R_2(R_x + R_3)}{a} = U \frac{R_5(R_x + R_2) + R_2(R_x + R_3)}{b},$$

$$I_5 = I \frac{R_2R_3 - R_xR_4}{a} = U \frac{R_2R_3 - R_xR_4}{b},$$

$$a = R_5(R_x + R_2 + R_3 + R_4) + (R_x + R_3)(R_2 + R_4),$$

$$b = R_5(R_x + R_2)(R_3 + R_4) + R_xR_2(R_3 + R_4) + R_3R_4(R_x + R_2),$$

$$I = U \frac{a}{b}, \qquad R = \frac{b}{a},$$

für Brückengleichgewicht ist $I_5 = 0$:

$$R_x = \frac{R_3}{R_4}\, R_2 .$$

Thomson-Brücke (Abb. 3.4.12). Aus der Batterie fließt durch R_x und R_N ein Strom, dessen Höhe durch die zulässige Belastung der Widerstände begrenzt wird. Der Spannungsabfall an R_x und R_N wird abgegriffen. Die Widerstände R_1 bis R_4 sind gegenüber R_x und R_N hochohmig.

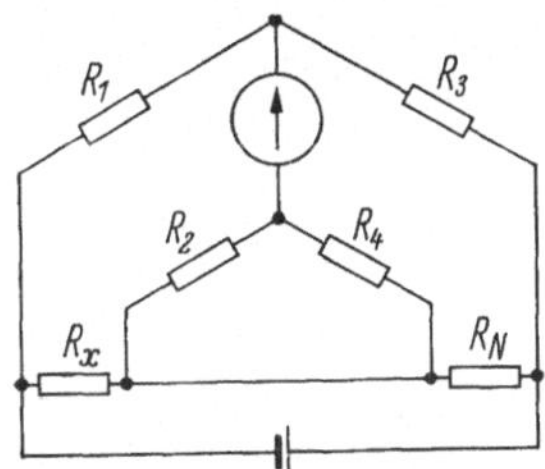

Abb. 3.4.12 Thomson-Brücke

Sie werden so eingeregelt, daß der Nullindikator keinen Ausschlag mehr zeigt. Mit der Nebenbedingung

$$\frac{R_1}{R_2} = \frac{R_3}{R_4},$$

die durch Anwenden von Doppelkurbeln immer erfüllt bleibt, gilt für den Abgleich

$$R_x = R_N \cdot \frac{R_1}{R_3} .$$

Ausführungsformen

Dem mechanischen Aufbau nach unterscheidet man Meßbrücken mit Schleifdraht, mit Drehschaltern und mit Stöpselkontakten. Der Schleifdraht ist die einfachste Ausführung eines Meßwiderstands; er gestattet ein rasches Messen. Die mit ihm erzielte Meßgenauigkeit reicht aber nur für Betriebsmessungen aus. Rasche und präzise Messungen ermöglichen Drehschaltermeßbrücken. Sie werden als Betriebs- und Präzisionsmeßbrücken ausgeführt. Die Qualität der Drehschalter ist heute so gut, daß auf die früher üblichen Stöpselkontakte verzichtet werden kann.

Einknopfmeßbrücke. Abb. 3.4.14 zeigt die Schaltung und Abb. 3.4.13 das Äußere einer handlichen Meßbrücke für Betriebsmessungen mit Einknopfbedienung. Sie ist als Wheatstone-Brücke mit Schleifdraht ausgeführt. Der Schleifdrahtabgriff ist mit dem Steller des einstellbaren Vergleichswiderstands R_{Vgl} über eine Raste gekoppelt. Beim Durchdrehen nach links oder rechts wird die nächst niedrigere bzw. höhere Stufe des Vergleichswiderstands eingeschaltet und zugleich ein Schutzwiderstand R_{Sch} zum Begrenzen des Brückenstroms verstellt.

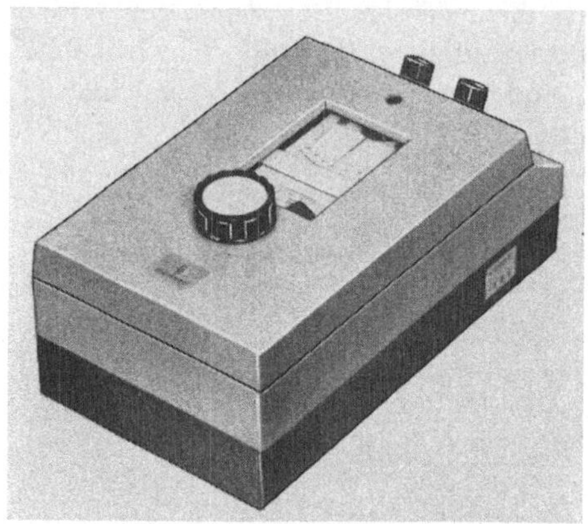

Abb. 3.4.13 Einknopfmeßbrücke (SIEMENS)

Kombinierte Thomson-Wheatstone-Brücke. Abb. 3.4.15 zeigt die Schaltung einer kombinierten Thomson-Wheatstone-Brücke. Durch Überbrücken der R_N-Klemmen wird die Thomson-Schaltung in eine Wheat-

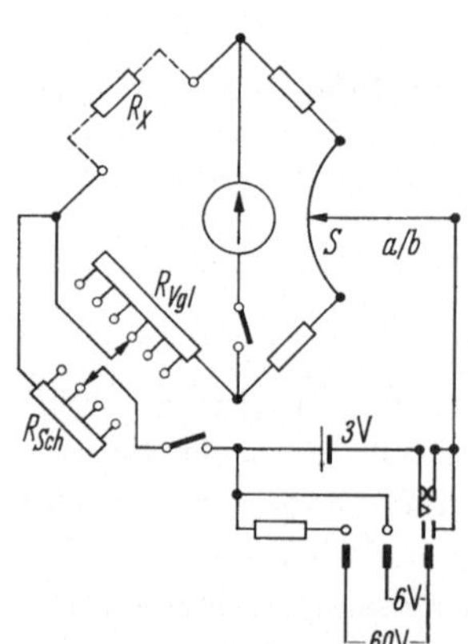

Abb. 3.4.14 Schaltung der Einknopfmeßbrücke (SIEMENS).

S Schleifdraht (a/b); R_{Vgl} Vergleichswiderstand; R_{Sch} Schutzwiderstand; R_x zu messender Widerstand

stone-Schaltung mit R_1 als Vergleichswiderstand und R_2/R_4 als Verhältniswiderstand a/b umgewandelt.

Promille-Meßbrücke. Zum Sortieren genügt es meistens zu wissen, um wieviel $^0/_{00}$ nach plus oder minus ein Widerstand von seinem Sollwert, gegeben durch ein Vergleichsnormal R_N, abweicht. Für solche Aufgaben eignet sich die Promille-Meßbrücke (Abb. 3.4.16).

Am Bereichswähler BW sind die Stufen $0,1-1-10-100$ einstellbar und am Promillewähler PW die Verstimmungen $\pm 1-2-3-5-10-20-50-100-200^0/_{00}$.

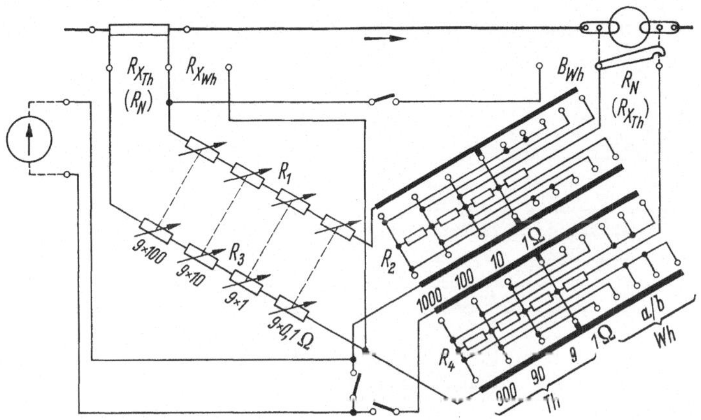

Abb. 3.4.15 Thomson-Wheatstone-Brücke.

$R_1 = R_3$, $R_2 = R_4$ Verhältniswiderstände; R_N Normalwiderstand; R_{xTh} u. R_{xWh} zu messender Widerstand in Thomson bzw. Wheatstone-Schaltung; B_{Wh} Batterie für Wheatstone-Brücke

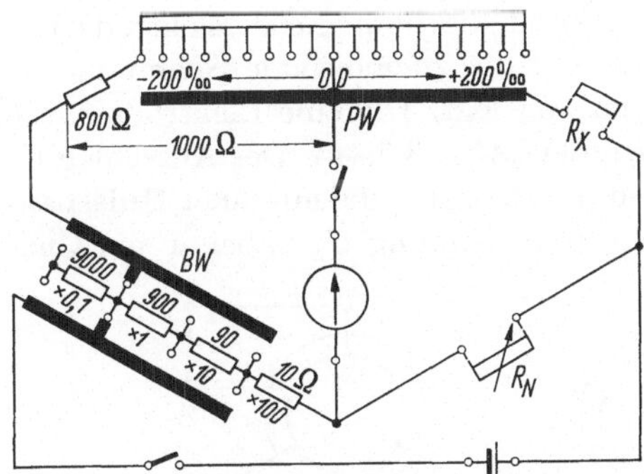

Abb. 3.4.16 Promille-Meßbrücke; BW Bereichswähler; PW Promillewähler; R_N Vergleichsnormal; R_x zu messender Widerstand

Weitere Ausführungsformen. Neben diesen Ausführungsformen gibt es eine Reihe von Spezialausführungen, z. B. für Kabelmessungen. Hierüber wird in Abschnitt 3.15.1. berichtet.

3.4.4. Übersicht über die Widerstandsmeßverfahren

Es erscheint angebracht, an dieser Stelle einen Überblick über die Meßbereiche der verschiedenen Widerstandsmeßverfahren zu geben. Wie Tabelle 3.4.1 zeigt, umfassen sie etwa den Bereich von 10^{-6} bis $10^{15}\,\Omega$.

Tabelle 3.4.1 Überblick über die Meßbereiche der verschiedenen Widerstandsmeßverfahren

Meßbereich in Ω	10^{-6}	10^{-3}	1	10^{3}	10^{6}	10^{9}	10^{12}	10^{15}
Thomson-Brücke								
Strom- u. Spannungsmessung								
Kompensation								
Wheatstone-Brücke								
Digital-Ohmmeter								
Leitungs-Prfr.								
Zeiger-Instrum.								
Kurbel-Induktor								
Megohmmeter								
Elektron.-Ohmmeter								
Kondensatorladung								

3.5. Elektrostatische Meßverfahren

3.5.1. Spannungsmessung

Typische Schaltungen für die elektrostatische Spannungsmessung zeigt Abb. 3.5.1.

In der idiostatischen Schaltung wird die bewegliche Elektrode mit einem Quadrantenpaar verbunden und die zu messende Spannung U_x zwischen beiden Quadrantenpaaren angelegt. Die eine Elektrode sowie ein elektrischer Schirm werden geerdet (Abb. 3.5.1a). Der Ausschlag ist $\gamma = f(U^2)$. Außer der idiostatischen Schaltungen, die mit einer Hilfsspannung U_H arbeiten. Je nachdem die Meßspannung U_x dabei an ein Qua-

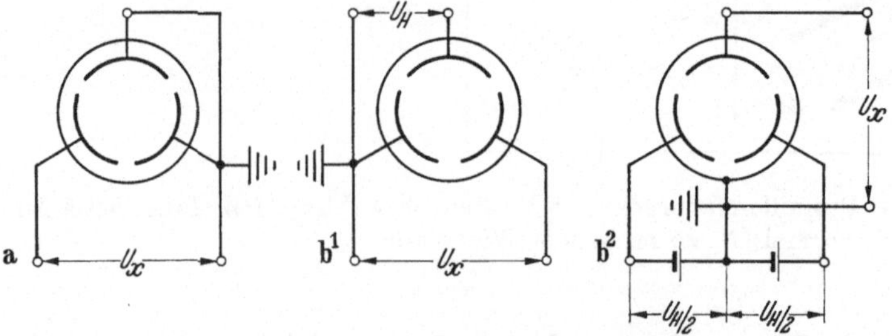

Abb. 3.5.1a u. b Schaltungen des Quadrantenelektrometers (Abb. 2.2.54.).
a) idiostatische Schaltung; b) heterostatische Schaltungen: b¹) Quadrantenschaltung; b²) Nadelschaltung; U_x Meßspannung; U_H Hilfsspannung

drantenpaar oder an die bewegliche Elektrode gelegt wird, spricht man
von Quadranten- oder Nadelschaltung (Abb. 3.5.1b). Die heterostatischen
Schaltungen steigern die Empfindlichkeit beim Messen kleiner Spannungen. Bei der Quadrantenschaltung liegt die Meßspannung zwischen beiden Quadrantenpaaren, die Hilfsspannung zwischen dem
geerdeten Quadrantenpaar und der beweglichen Elektrode, und es wird
$\gamma = f(U_H U_x)$. Dabei ist vorausgesetzt, daß U_H sehr viel größer ist als U_x.
Bei der Nadelschaltung liegt die Meßspannung zwischen der beweglichen
Elektrode und dem geerdeten Schutzring. Die beiden Quadrantenpaare

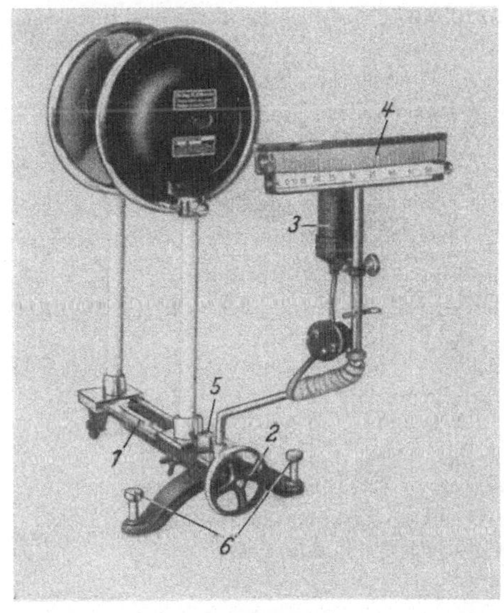

Abb. 3.5.2 Elektrostatischer
Hochspannungsmesser
(Dr. R. Schroeder, Aachen).
Meßbereich: 10, 20, 40, 50 kV.
1 Schlitten zum Verstellen des
Elektrodenabstands;
2 Antriebsrad für die Elektrodenverstellung;
3 Beleuchtungseinrichtung;
4 Skale; *5* Libelle; *6* Verstellfuß

erhalten entgegengesetzt gleiche Hilfsspannungen, und es gilt wieder
$\gamma = f(U_H U_x)$. Das Quadrantenelektrometer ist in erster Linie ein Laboratoriumsmeßgerät; mit ihm kann man bei entsprechend großer Hilfsspannung noch sehr kleine Spannungen bis herunter zu 10^{-4} V messen.
Ohne Hilfsspannung und ohne mikroskopische Ablesung ist etwa 10 V
als kleinster Meßbereich erzielbar.

Abbildung 3.5.2 zeigt einen elektrostatischen Hochspannungsmesser.
Das Meßwerk besteht aus zwei Schalen, von denen die eine in einem kleinen Ausschnitt die bandaufgehängte bewegliche Elektrode trägt. Der
Meßbereich wird durch Verstellen des Schalenabstands gewählt, wobei
der Skalenverlauf unverändert bleibt, so daß man das Meßgerät beim
kleinsten Meßbereich eichen kann. Der Lichtzeiger stellt sich in 1,5 s
aperiodisch ein, und die Anzeigetoleranz ist $\pm 1\%$ vom Sollwert. Die
Überschlagspannung liegt bei 150% der Nennspannung.

3.5.2. Strommessung

Während man bei den stromverbrauchenden Meßgeräten die Spannungsmessung auf eine Strommessung zurückführt, wird beim elektrostatischen
Meßwerk umgekehrt der Strom aus dem Spannungsabfall an einem im
Stromkreis liegenden Widerstand ermittelt (Abschnitt 3.5.3.). Das Verfahren wird für technische Ströme nur selten anwendbar sein, da in

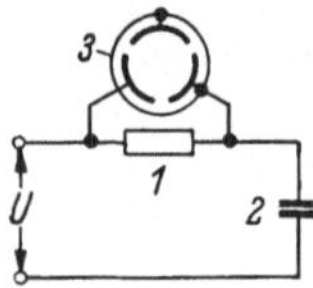

Abb. 3.5.3 Schaltung eines Röntgenmomentandosismessers
mit elektrostatischem Meßwerk.

1 Nebenwiderstand R; *2* Ionisationskammer;
3 elektrostatisches Meßwerk.

idiostatischer Schaltung ein hoher Spannungsabfall, also ein großer
Widerstand im Meßkreis, in den heterostatischen Schaltungen eine
konstante Hilfsspannung erforderlich ist. Dagegen kann das Quadrantenelektrometer zum Bestimmen sehr kleiner Ströme, etwa von Ionisations-
strömen, mit Vorteil eingesetzt werden (Abb. 3.5.3).

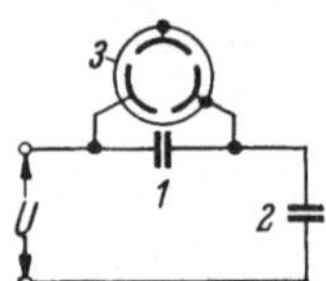

Abb. 3.5.4 Schaltung eines Röntgenintegraldosismessers.

1 Meßkondensator C; *2* Ionisationskammer;
3 elektrostatisches Meßwerk mit der Kapazität C_x

In diesem Fall liegt in Reihe mit der Spannungsquelle und der Ionisationskammer ein Ohmscher Widerstand R, dessen Spannungsabfall U_a
gemessen wird. Dann ist $I = U_a/R$. Diese Schaltung liegt der Röntgen-
Momentandosismessung zugrunde. Legt man an Stelle des Widerstandes
R einen Kondensator C und erreicht das Quadrantenelektrometer nach
der Zeit t den Ausschlag U_a, so ist

$$U_a = \frac{1}{C + C_\alpha} \int_0^t i \, dt.$$

C_α Kapazität des Elektrometers.

Auf dieser Schaltung beruht die Röntgen-Integraldosismessung, da
$\int_0^t i \, dt$ der Gesamtröntgendosis in der Zeit t entspricht (Abb. 3.5.4).

3.5.3. Widerstandsmessung

Durch Laden eines bekannten Kondensators (Abb. 3.5.5). Legt man einen Kondensator C in Reihe mit einem Widerstand R_x an eine konstante Spannung U_0 und liest die Kondensatorspannung U_1 nach der Ladedauer t ab, so ist

$$R_x = \frac{t}{C \ln \dfrac{U_0}{U_0 - U_1}}.$$

Durch Entladen einer bekannten Kapazität (Abb. 3.5.6). An Stelle der Ladung kann auch die Entladung eines Kondensators benutzt werden.

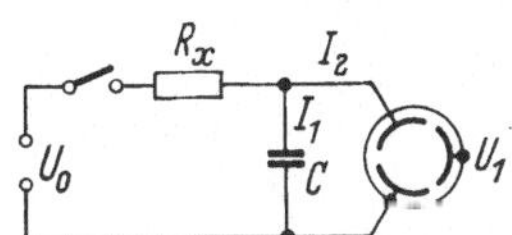

Abb. 3.5.5 Widerstandsmessung durch Laden einer bekannten Kapazität.

U_0 konstante Ladespannung; U_1 Kondensatorspannung; R_x unbekannter Widerstand; C bekannte Kapazität

Dabei wird die Kapazität C auf die Anfangsspannung U_0 aufgeladen und ihre Entladung über den Widerstand R_x während der Zeit t am Elektrometer beobachtet. Die Entladung erfolgt nach der Funktion

$$U = U_0\, \mathrm{e}^{-\frac{t}{R_x C}},$$

woraus sich der Widerstandswert

$$R_x = \frac{t}{C \ln \dfrac{U_0}{U_1}}$$

errechnet. Mit dem Verfahren wird in erster Linie der Isolationswiderstand von Kabeln und Kondensatoren bestimmt, es ist aber selbst-

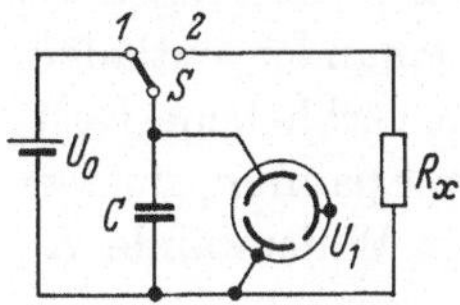

Abb. 3.5.6 Widerstandsmessung durch Entladen einer bekannten Kapazität.

U_0 Ladespannung; U_1 Kondensatorspannung; R_x unbekannter Widerstand; C bekannte Kapazität

verständlich nicht auf die Messung des Isolationswerts beschränkt, vielmehr kann jede der drei Größen R_x, C oder t bestimmt werden. sofern die beiden anderen bekannt sind. Es eignet sich also auch zur Kapazitäts- und Zeitmessung.

3.5.4. Kapazitätsmessung

Durch Ladungsteilung (Abb. 3.5.7). Der bekannte Kondensator C_1 wird auf die Spannung U_0 aufgeladen, dann wird die Spannung abgeschaltet und gleichzeitig der unbekannte Kondensator C_x parallel geschaltet, wodurch die Spannung auf den Wert U_1 sinkt. Dann ist

$$C_x = C_1 \frac{U_0 - U_1}{U_1}$$

oder wenn die Kapazität C_a des Elektrometers gegen C_1 nicht vernachlässigt werden kann

$$C_x = (C_1 + C_a) \frac{U_0 - U_1}{U_1}.$$

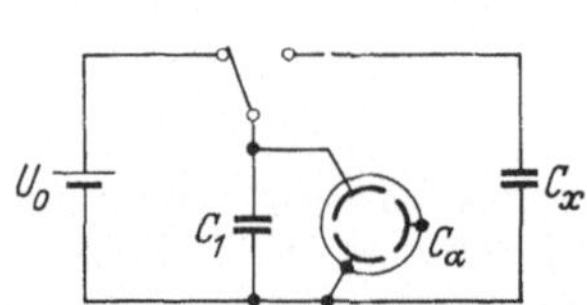
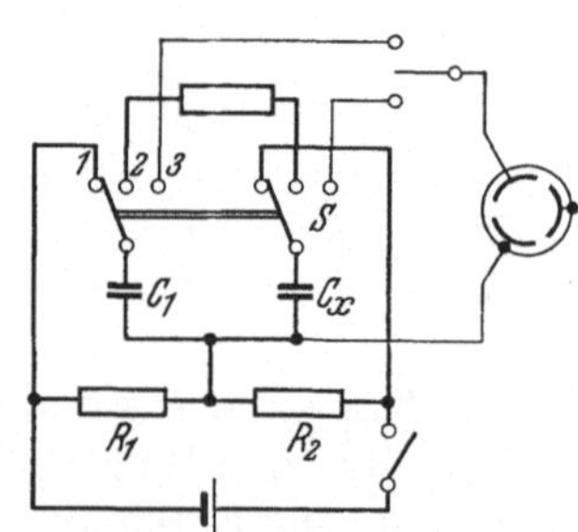

Abb. 3.5.7　　　　　　　　　　　　　　　　Abb. 3.5.8

Abb. 3.5.7 Kapazitätsmessung durch Ladungsteilung.

U_0 Ladespannung; C_x unbekannterKondensator; C_1 bekannte Kapazität; C_a Kapazität des elektrostatischen Meßwerks; U_1 gemessene Spannung

Abb. 3.5.8 Kapazitätsmessung durch gleichzeitige Entladung zweier Kondensatoren.

C_x unbekannter Kondensator; C_1 bekannte Kapazität; R_1, R_2 bekannte Widerstände

Durch gleichzeitige Entladung (Abb. 3.5.8). Der bekannte Kondensator C_1 und der unbekannte Kondensator C_x werden über den Schalter S in Stellung *1* mit entgegengesetzter Polarität auf die Spannungen U_1 bzw. U_2 aufgeladen und dann in Stellung *2* gegeneinander entladen. Danach wird die in einem der beiden Kondensatoren verbliebene Restspannung in Stellung *3* mit dem elektrostatischen Spannungsmesser festgestellt. Das Verfahren wird unter Änderung der Widerstände R_1, R_2 so oft wiederholt, bis die Restspannung Null ist, dann gilt

$$C_x = C_1 \frac{U_1}{U_2} = C_1 \frac{R_1}{R_2}.$$

Anstatt der Widerstände R_1, R_2 kann man auch den Kondensator C_1 verändern.

3.5.5. Zeitmessung

(Abb. 3.5.9a u. b). Für die an einer konstanten Gleichspannungsquelle U_0 liegende Reihenschaltung eines Widerstands R und einer Kapazität C gilt

$$U = U_0[1 - \mathrm{e}^{-t/RC}].$$

Aus den bekannten Daten des Stromkreises R und C sowie den gemessenen Spannungen U_0 und U läßt sich die Zeit t errechnen, während

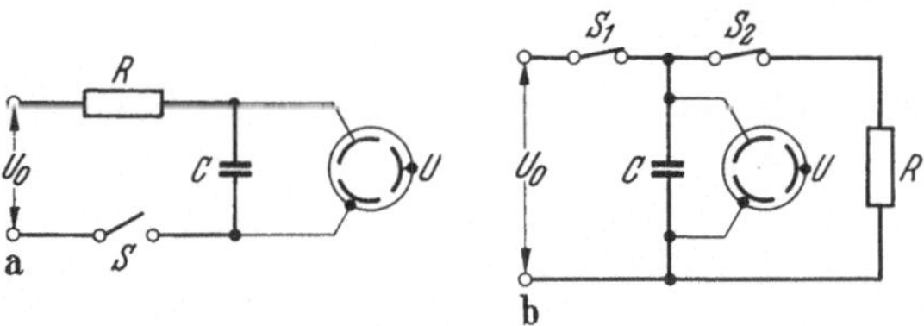

Abb. 3.5.9a u. b Zeitmessung mit dem elektrostatischen Spannungsmesser.
a) durch Laden eines Kondensators; b) durch Entladen eines Kondensators.
U_0 Ladespannung; C bekannte Kapazität; R bekannter Widerstand; U gemessene Spannung

welcher der Schalter S geschlossen war. Auch die Entladung eines Kondensators kann zur Zeitmessung herangezogen werden. Für die Entladung eines auf die Anfangsspannung U_0 aufgeladenen Kondensators gilt

$$U = U_0 \mathrm{e}^{-t/RC}.$$

Zu Beginn der Messung sind die Schalter S_1 und S_2 geschlossen und der Kondensator C auf die Anfangsspannung U_0 aufgeladen. Nach dem Öffnen des Schalters S_1 zur Zeit 0 entlädt sich der Kondensator über den Widerstand R, bis zur Zeit t der Schalter S_2 geöffnet wird. Die Zeit t errechnet sich aus der obigen Gleichung.

3.5.6. Leistungsmessung

(Abb. 3.5.10). Die Leistungsmesserschaltung entspricht der Quadrantenschaltung. Die Meßspannung liegt an der Nadel; eine dem Strom proportionale, an einem Nebenwiderstand abgegriffene und gegebenenfalls verstärkte Spannung liegt an den Quadranten, und es wird

$$\gamma = k_3 U I \cos \varphi.$$

Der elektrostatische Leistungsmesser zeigt bei Gleich- und Wechselstrom genau gleich, er kann deshalb mit Gleichstrom am Kompensator geeicht werden. Dadurch ist man in der Lage, die Wechselstromleistungsmessung unmittelbar auf das Normalelement zurückzuführen. Das Ver-

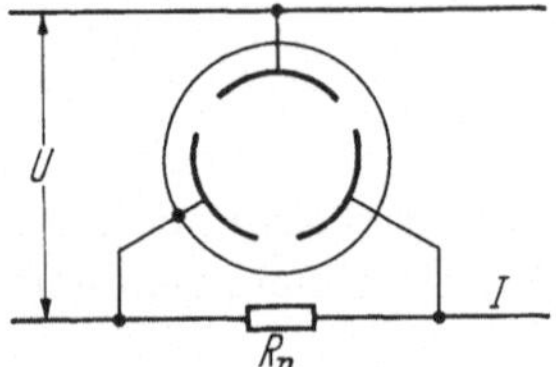

Abb. 3.5.10 Leistungsmessung mit dem Quadrantenelektrometer.

R_n Nebenwiderstand

fahren wird in Laboratorien und Prüfämtern zur genauesten Messung der Wechselstromleistung insbesondere bei der Kontrolle von Normalinstrumenten angewendet.

3.6. Hallgeneratoren

3.6.1. Prinzip des Halleffektes

Den Hallgeneratoren liegt der Halleffekt zugrunde (Abb. 3.6.1). Ein streifenförmiges Plättchen wird in seiner Längsrichtung vom Strom I durchflossen und gleichzeitig einem senkrecht zu seiner Fläche gerichteten Magnetfeld ausgesetzt.

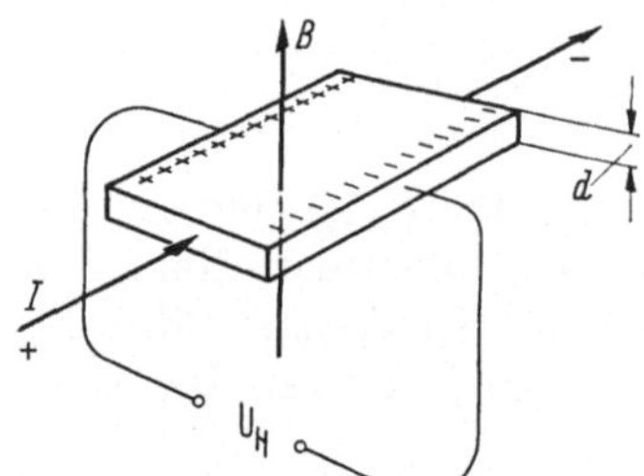

Abb. 3.6.1 Halleffekt.

I Steuerstrom; U_H Hallspannung; B magnetische Induktion; d Dicke des Plättchens

Dieses drängt die Elektronen im Plättchen auf eine Schmalseite auf Kosten einer Elektronenverarmung auf der anderen Schmalseite. Der hierdurch entstehende Potentialunterschied wird Hallspannung genannt.

Die Hallspannung ist der magnetischen Induktion B und dem Strom I direkt und der Dicke des Plättchens d umgekehrt proportional

$$U_H = R_H \cdot \frac{I \cdot B}{d}. \qquad (3.6.1)$$

Silizium, Indiumarsenid und Indiumantimonid sind wegen ihres niedrigen spezifischen Widerstands, ihrer großen Hallkonstante R_H und eines für beide Größen kleinen Temperaturgangs für Hallgeneratoren besonders geeignet.

3.6.2. Ausführung der Hallgeneratoren

Die Arbeitsweise des Hallgenerators legt die technische Ausführung als Sonde nahe. Abb. 3.6.2 zeigt einige Bauformen serienmäßig hergestellter Hallgeneratoren.

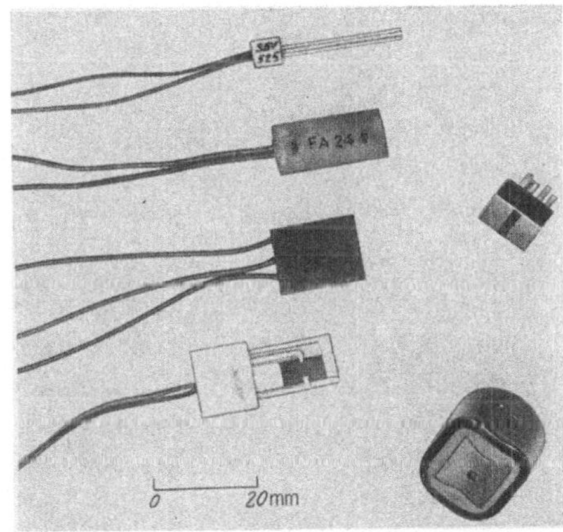

Abb. 3.6.2 Bauformen von Hallgeneratoren (SIEMENS)

3.6.3. Die Anwendung von Hallgeneratoren

Die Anwendung der Hallgeneratoren zur Messung hoher Gleichströme tritt in ihrer Bedeutung gegenüber der Anwendung zum Messen magnetischer Felder und Gleichstromleistungen mit Drehspulmeßwerken und

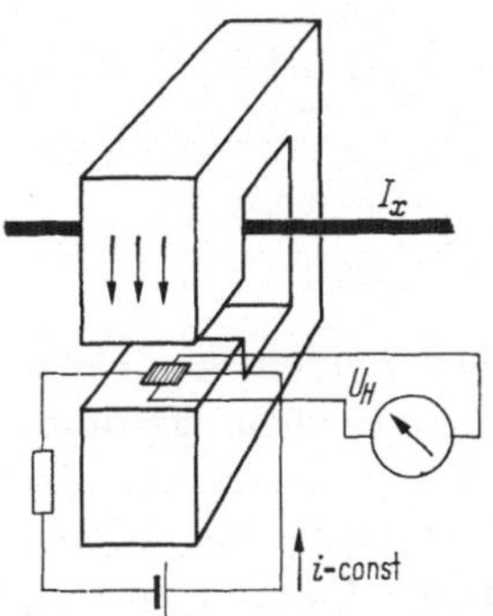

Abb. 3.6.3 Messung hoher Gleichströme mit Hallgenerator

vor allem als Produktbildner für die Meßwertverarbeitung in den Hintergrund.

Messung hoher Gleichströme. Zur Messung hoher Gleichströme wird der stromführende Leiter von einem Eisenkern umgeben (Abb. 3.6.3). Im Luftspalt entsteht ein dem Strom proportionales Feld, das auf einem im Laufspalt angebrachten Hallgenerator einwirkt. Die bei konstantem Steuerstrom entstehende Hallspannung ist ein direktes Maß für den zu messenden Gleichstrom.

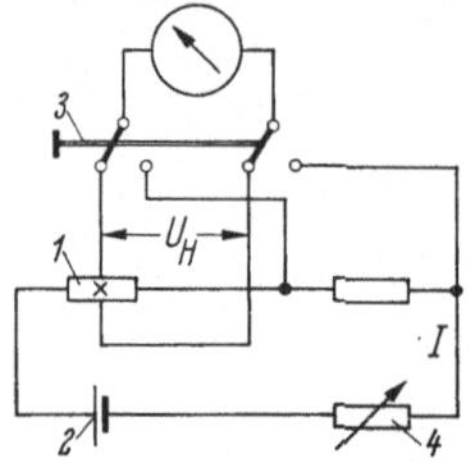

Abb. 3.6.4 Prinzip der Magnetfeldmessung mit Hallsonde.

1 Hallsonde; *2* Spannungsquelle; *3* Taste; *4* Widerstand zum Einstellen des Steuerstroms; *5* Drehspulmeßwerk

Magnetfeldmessung. Abb. 3.6.4 zeigt eine Schaltung zur Magnetfeldmessung mit der Hallsonde. Die Spannungsquelle *2* erzeugt den Steuerstrom I. Nach Drücken der Taste *3* wird mit dem verstellbaren Widerstand *4* der Steuerstrom justiert. Durchsetzen nun die Kraftlinien des zu messenden Magnetfeldes die Sonde, so entsteht die Hallspannung U_H, die bei konstantem Steuerstrom I vom Drehspulmeßwerk angezeigt wird.

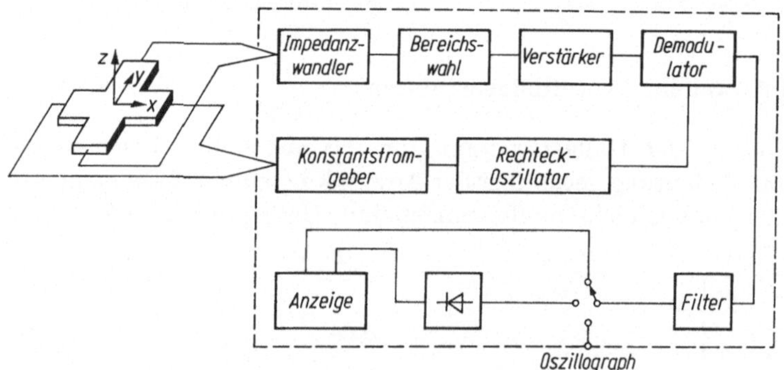

Abb. 3.6.5 Funktionsprinzip eines Magnetfeldmeßgerätes

Hallgeneratoren zum Ausmessen von magnetischen Feldern kann man beiderseits des Plättchens mit Mu-Metallstäben versehen. Dadurch wird die Empfindlichkeit erheblich gesteigert. Mit einer solchen Anordnung lassen sich Felder bis herab zu etwa 10^{-3} A/m bzw. Induktionen bis $3 \cdot 10^{-6}$ Tesla ausmessen. Abbildung 3.6.5 zeigt das Funktionsprinzip eines Magnetfeldmeßgerätes zum Messen von Größe und Richtung magnetischer Induktionen im Frequenzbereich von 0 bis 500 Hz.

Der Hallgenerator der Hallsonde ist nur 0,8 mm dick, so daß auch Induktionen in kleinen Luftspalten gemessen werden können. Fließt im Halbleitersystem des Hallgenerators in x-Richtung ein konstanter, rechteckförmiger Steuerwechselstrom, so entsteht in y-Richtung eine Hallspannung, deren Amplitude dem Betrag des Produktes aus Steuerstrom und der den Hallgenerator in z-Richtung durchsetzenden Komponente der magnetischen Induktion proportional ist und deren Phasenlage (0° oder 180°) der Magnetfeldrichtung entspricht.

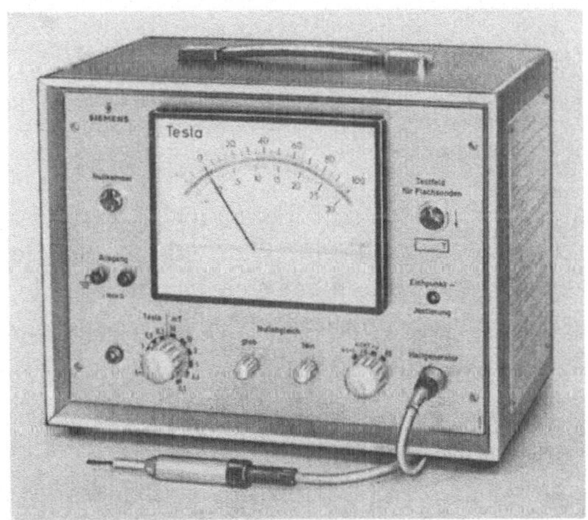

Abb. 3.6.6 Magnetfeldmeßgerät zum Messen von Größe und Richtung magnetischer Induktionen mit Hallsonde (SIEMENS)

Diese Hallspannung wird verstärkt, anschließend phasengerecht demoduliert und nach Filterung an einem Instrument direkt angezeigt oder über einen Oszillographen gemessen. Bei der direkten Messung von magnetischen Wechselfeldern bis 100 Hz ist zwischen Filter und Anzeigeinstrument eine Gleichrichterbrücke geschaltet, während die Buchsen für den Oszillographenanschluß direkt mit dem Filterausgang verbunden sind.

Abbildung 3.6.6 zeigt die Ausführung eines Magnetfeldmeßgerätes. Das Gerät besitzt 10 Meßbereiche; Vollausschlag im untersten Bereich 0,1 mT, im obersten 3 Tesla.

Bei Gleichfeldern und sinusförmigen Wechselfeldern bis 100 Hz kann der Meßwert mit einer Genauigkeit von 1,5% an dem eingebauten Anzeiger direkt abgelesen werden; angezeigt wird der Mittelwert.

Nicht sinusförmige Wechselfelder und Wechselfelder zwischen 100 Hz und 500 Hz sind über einen Oszilloskopen zu bestimmen. Ein Wahlschalter ermöglicht die Anzeige beider Magnetfeldrichtungen ohne Drehung des Hallgenerators. Der Nullpunkt der Anzeigerskale ist so gewählt, daß Gleichfelder einer Größe bis zu 10% des Skalenendwertes ohne Betätigung des Wahlschalters ablesbar sind.

Neben einer dreifach geschirmten Nullkammer zum Nullabgleich des Hallgenerators ist ein Testmagnet mit einer Luftspaltinduktion von etwa 0,3 T zur Justierung der Empfindlichkeit eingebaut. Ein Justieren ist in der Regel nur bei Sondenwechsel erforderlich.

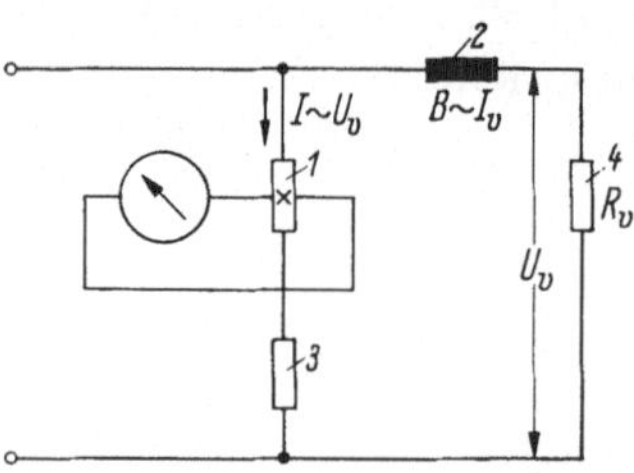

Abb. 3.6.7 Leistungsmessung mit Hallgenerator.

1 Hallsonde; *2* Spule; *3* Vorwiderstand; *4* Verbraucher; *5* Drehspulmeßwerk

Leistungsmessung. Hallgeneratoren bieten die Möglichkeit, Leistungsmessungen mit Drehspulmeßwerken auszuführen. Eine entsprechende Schaltung zeigt Abb. 3.6.7. Die Hallsonde befindet sich in einer Spule. Die magnetische Induktion B ist, solange unterhalb der Sättigung gearbeitet wird, dem Verbraucherstrom I_v proportional.

$$B = k_1 I_v.$$

Mit Gl. (3.6.1) ergibt sich für die Hallspannung

$$U_H = k_2 I I_v.$$

Liegt I über einen Vorwiderstand an der Spannung U_v, so ist damit unter Vernachlässigung des Feldspulenwiderstands die Leistungsmessung auf eine Spannungsmessung zurückgeführt.

$$U_H = k_3 I_v U_v \tag{3.6.2}$$

Die Gl. (3.6.2) gilt für Gleichstrom.

Neben der Anzeige einer Leistung mit einem Drehspulmeßwerk ist natürlich mit einem Schreiber oder einem Spulenschwinger auch eine Registrierung möglich.

3.7. Leistungsmeßverfahren

3.7.1. Wechselstromleistungsmessung

Hallgeneratoren in Verbindung mit Drehspulmeßwerken erlauben auch Wechselstromleistungsmessungen.

Gleichung (3.6.2) gilt auch für Wechselstrom wenn die Augenblickswerte eingesetzt werden; werden die Effektivwerte eingesetzt, so ist noch die Phasenverschiebung zwischen Strom und Spannung zu berücksichtigen.

$$U_H = k_3 I_v U_v \cos (I_v,\ U_v).$$

Weniger gebräuchlich ist die Wechselstromleistungsmessung mit Hysteresemeßwerk (Abschnitt 2.2.2.). Bei der in Abb. 3.7.1 gezeigten Schaltung wird der Strom in der Spannungsspule durch eine Kunstschaltung um 90° gegen die Spannung verschoben.

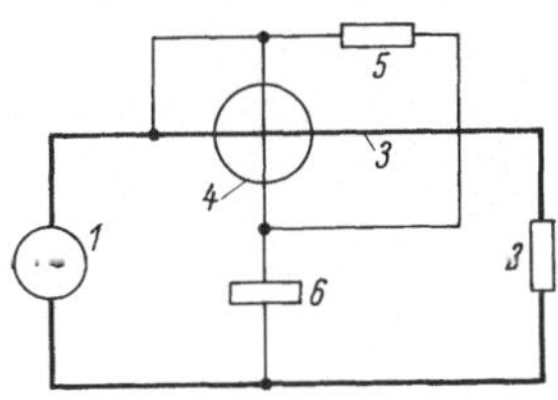

Abb. 3.7.1 Schaltung eines Leistungsmessers mit Hysteresemeßwerk.
1 Generator, 2 Verbraucher; 3 Strompfad; 4 Spannungspfad; 5 Parallelwiderstand zum Spannungspfad; 6 90°-Schaltung

Das eisengeschlossene elektrodynamische Meßwerk (Abschnitt 2.2.5.) ist der Betriebsleistungsmesser für Niederfrequenz. Um bei Überspannungen Durchschläge zu vermeiden, ist der Vorwiderstand des Leistungsmesser stets so zu legen, daß Feldspule und Drehspule gleiches Potential haben.

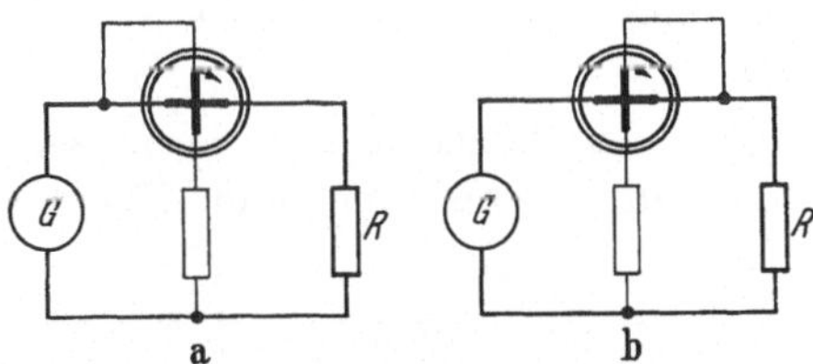

Abb. 3.7.2 a u. b Schaltungsmöglichkeiten für den Leistungsmesser.
a) Die Generatorleistung wird um den Stromverbrauch der Spannungsspule zu klein, die Verbraucherleistung um den Spannungsabfall der Stromspule zu groß gemessen.
b) Die Generatorleistung wird um den Spannungsabfall der Stromspule zu klein, die Verbraucherleistung um den Stromverbrauch der Spannungsspule zu groß gemessen

Infolge des Eigenverbrauchs des Meßwerks muß bei kleinen Leistungen das Meßergebnis korrigiert werden, weil je nach der Schaltung um den Verbrauch der Strom- oder Spannungsspule zu viel oder zu wenig gemessen wird (Abb. 3.7.2).

Es gelten folgende Verhältnisse: In der Schaltung *a* wird die Generatorleistung um den Verbrauch der Spannungsspule zu klein, die Verbraucherleistung um den Verbrauch der Stromspule zu groß gemessen.

In der Schaltung *b* wird die Generatorleistung um den Verbrauch der Stromspule zu klein, die Verbraucherleistung um den Verbrauch der Spannungsspule zu groß gemessen. Die eisengeschlossenen Meßwerke werden fast ausschließlich für 5 A und Spannungen bis 380 V ausgeführt, bei höheren Strömen und Spannungen verwendet man Meßwandler (Abb. 3.9.10).

Für die Eichung von Wechsel- und Drehstromzählern werden Präzisionsleistungsmesser mit eisenlosen elektrodynamischen Meßwerken verwendet (Abschnitt 2.2.7.).

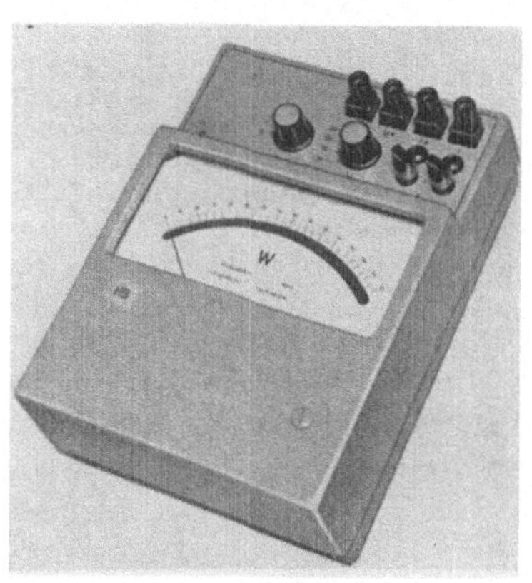

Abb. 3.7.3 Umschaltbarer Präzisionsleistungsmesser der Kl. 0,2 mit 150 mm Skalenlänge, gefederter Spitzenlagerung und doppelter Schirmung (H & B)

Abbildung 3.7.3 zeigt das Äußere eines Präzisionsleistungsmessers der Kl. 0,2 mit Spitzenlagerung, doppelter Schirmung und 150 mm Skalenlänge.

3.7.2. Leistungsmessung in Drehstromnetzen

Leistungsmessung bei Dreileiterdrehstrom gleicher Belastung. Bei einem symmetrisch belasteten Dreileiter-Drehstromnetz genügt es, die Leistung einer Phase zu messen. Man schafft sich mit Hilfe dreier Widerstände einen künstlichen Sternpunkt, wobei man beachten muß, daß der Widerstand in der Phase, in der die Spannungsspule des Leistungsmessers

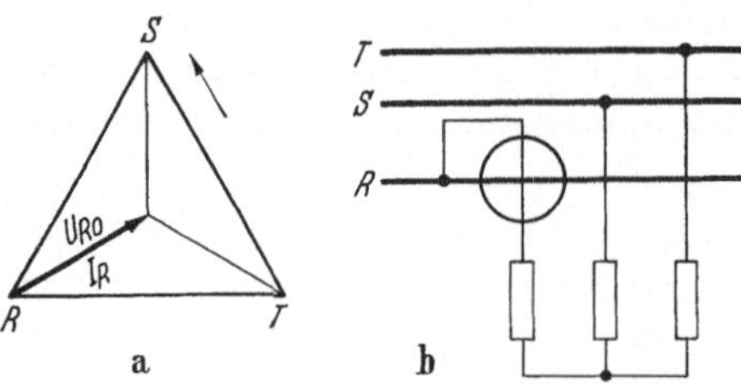

Abb. 3.7.4 a u. b Leistungsmessung bei Dreileiterdrehstrom gleicher Belastung mit künstlichem Sternpunkt.
a) Spannungsdreieck. I_R Meßstrom U_{RO} Meßspannung.
b) Ausführung der Schaltung

liegt, um den entsprechenden Betrag kleiner gewählt werden muß, und bildet das Produkt aus Phasenstrom und Sternspannung. Die Drehstromleistung ist dann dreimal so groß, also

$$P = 3U_{RO}I_R \cos \varphi_R$$

oder, da

$$U_\Delta = \sqrt{3}\, U_\lambda,$$

$$P = \sqrt{3}\, UI \cos \varphi. \tag{3.7.1}$$

Die Abb. 3.7.4 zeigt das Spannungsdreieck und die Schaltung.

Leistungsmessung bei Dreileiterdrehstrom beliebiger Belastung. Die Leistung eines beliebig belasteten Drehstromnetzes kann mit zwei oder drei Meßwerken gemessen werden.

Mit zwei Meßwerken. Die Drehstromleistung ist

$$P = \underline{U}_{RO}\underline{I}_R + \underline{U}_{SO}\underline{I}_S + \underline{U}_{TO}\underline{I}_T, \tag{3.7.2}$$

wobei der Strich unter den Symbolen andeutet, daß es sich um Zeiger handelt. Bei Verwendung zweier Meßwerke muß man den dritten Strom durch die beiden anderen Ströme ausdrucken und auf die verketteten Spannungen übergehen. Mit

$$\underline{I}_R + \underline{I}_T = -\underline{I}_S$$

erhält man zunächst

$$P = \underline{U}_{RO}\underline{I}_R - \underline{U}_{SO}(\underline{I}_R + \underline{I}_T) + \underline{U}_{TO}\underline{I}_T$$

oder

$$P = \underline{I}_R(\underline{U}_{RO} - \underline{U}_{SO}) + \underline{I}_T(\underline{U}_{TO} - \underline{U}_{SO}),$$

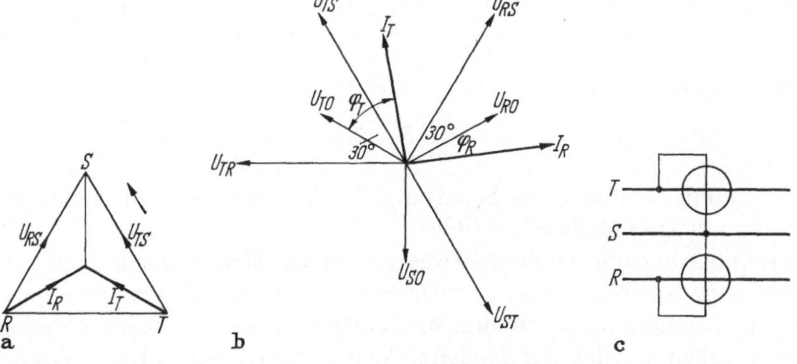

Abb. 3.7.5a—c Leistungsmessung mit 2 Meßwerken in einem beliebig belasteten Dreileiter-Drehstromnetz (Aronschaltung).

a) Spannungsdreieck. b) Zeigerdiagramm; Meßwerk I: Meßstrom I_R; Meßspannung U_{RS}; Meßwerk II: Meßstrom I_T; Meßspannung U_{TS}. c) Schaltung nach dem Zeigerdiagramm Abb. 3.7.5 b bzw. Spannungsdreieck Abb. 3.7.5 a

$$\underline{U}_{RO} - \underline{U}_{SO} = \underline{U}_{RS} \quad \text{und} \quad \underline{U}_{TO} - \underline{U}_{SO} = \underline{U}_{TS},$$

damit wird

$$P = \underline{U}_{RS}\underline{I}_R + \underline{U}_{TS}\underline{I}_T$$

oder beim Übergang auf Skalare nach Abb. 3.7.5 b

$$P = U_{RS}I_R \cos(\varphi_R + 30°) + U_{TS}I_T \cos(\varphi_T - 30°),$$

woraus für $U_{RS} = U_{TS}$; $I_R = I_T$; $\varphi_R = \varphi_T$ wieder Gl. (3.7.1) folgt.

Die Schaltung zeigt Abb. 3.7.5 c. Sie wird auch Aronschaltung genannt.

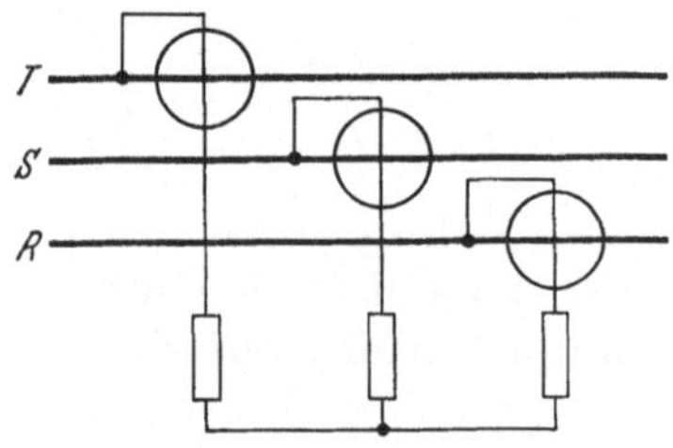
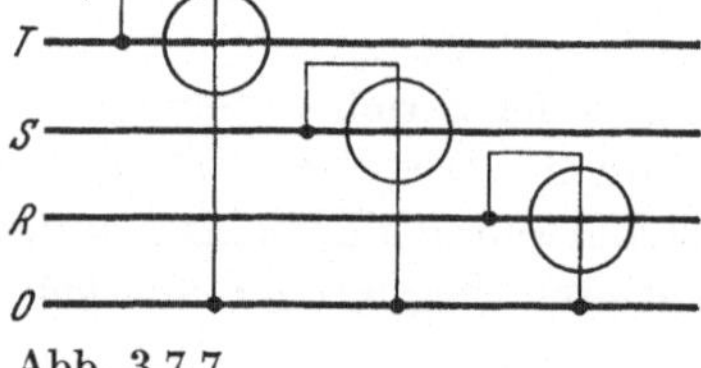

Abb. 3.7.6   Abb. 3.7.7

Abb. 3.7.6 Leistungsmessung mit 3 Meßwerken in einem beliebig belasteten Dreileiter-Drehstromnetz

Abb. 3.7.7 Leistungsmessung mit 3 Meßwerken in einem beliebig belasteten Vierleiter-Drehstromnetz

Mit drei Meßwerken. Die Messung kann auch mit drei Meßwerken ausgeführt werden, indem man mit Widerständen oder Spannungswandlern einen künstlichen Sternpunkt bildet und die drei Phasenleistungen mißt.

Es ist dann

$$P = U_{RO}I_R \cos\varphi_R + U_{SO}I_S \cos\varphi_S + U_{TO}I_T \cos\varphi_T.$$

Abbildung 3.7.6 zeigt die Schaltung. In der Praxis ist jedoch nur die Messung mit zwei Meßwerken üblich.

Leistungsmessung bei Vierleiterdrehstrom beliebiger Belastung mit drei Meßwerken. In einem beliebig belasteten Vierleiter-Drehstromnetz muß man die Leistung stets mit drei Meßwerken messen, da keine Gewähr dafür gegeben ist, daß der Nulleiter keinen Strom führt. Die Leistung entspricht der Gl. (3.7.2), die Schaltung zeigt Abb. 3.7.7.

Leistungsmessung bei Drei- oder Vierleiter-Drehstrom beliebiger Belastung in „2¹/₂ Schaltung". Bei der „2¹/₂ Schaltung" haben die Meßwerke je eine zweite Feldspule, durch die der Strom des dritten Leitungszuges gegensinnig über beide Meßwerke geführt wird. Der Nullpunkt im Spannungspfad wird künstlich geschaffen. Diese Schaltung ist im Gegensatz zur Aron-Schaltung unabhängig von Stromunsymmetrien und ergibt keine Meßfehler, wenn die geometrische Summe der Hauptleiterspannungen Null ist (Abb. 3.7.8). Man nutzt also die Tatsache aus. daß die Spannungssymetrie in Vierleiternetzen zumeist besser gewährleistet ist als die Stromsymmetrie.

Mit den beiden Meßwerken werden die Leistungen

$$P_1 = \underline{U}_{RO}(\underline{J}_R - \underline{J}_S)$$

und

$$P_2 = \underline{U}_{TO}(\underline{J}_T - \underline{J}_S)$$

gemessen.

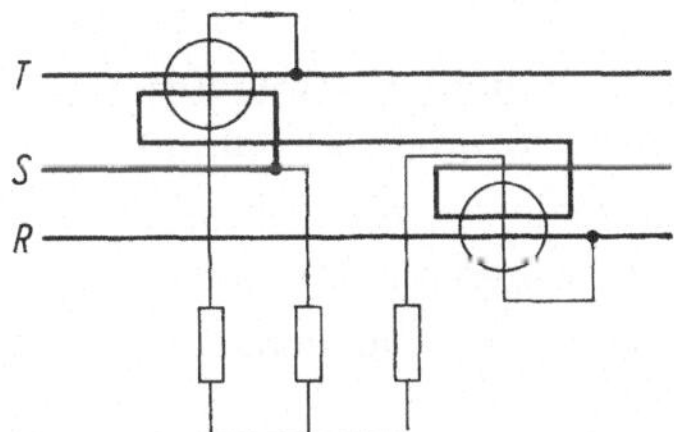

Abb. 3.7.8 Leistungsmessung mit 2 Meßwerken in „$2^1/_2$ Schaltung"

Da sich die Leistungsmessung mit der „$2^1/_2$ Schaltung" gegenüber der Aronschaltung nach Abb. 3.7.5c dual verhält, folgt für die Drehstromleistung

$$P = P_1 P_2 = \underline{U}_{RO}(\underline{J}_R - \underline{J}_S) + \underline{U}_{TO}(\underline{J}_T - \underline{J}_S)$$

und mit

$$\underline{U}_{RO} + \underline{U}_{TO} = -\underline{U}_{SO}$$

wiederum Gl. (3.7.2).

Es läßt sich nachweisen, daß die „$2^1/_2$ Schaltung" mit künstlichem Nullpunkt für die Leistungsmessung bei den nach den VDE-Bestimmungen zulässigen Spannungsunsymmetrien auch bei größeren Stromunsymmetrien wie sie nur auf der Verbraucherseite auftreten, maximal einen Fehler von 1,8% aufweist. Bei der Aronschaltung würde der Fehler dagegen bei gleichen Netzbedingungen 66,6% betragen.

Blindleistungsmessung bei Dreileiterdrehstrom gleicher Belastung und symmetrischem Spannungsdreieck. Die Blindleistung im Drehstromnetz ist bei gleicher Belastung

$$P_B = \sqrt{3}\, UI \sin \varphi,$$

da $\sin \varphi = \cos(90° - \varphi)$, kann man die Blindleistung auch messen, indem man einen gewöhnlichen Leistungsmesser verwendet, jedoch zu dem

Meßstrom eine Spannung auswählt, die auf der für die Leistungsmessung erforderlichen Spannung senkrecht steht. Bei symmetrischem·Spannungsdreieck stehen nun die Sternspannungen und die Dreiecksspannungen paarweise senkrecht aufeinander, und man kann die Blindleistung mit einem Leistungsmesser bestimmen, den man mit dem Strom I_R und der Spannung U_{ST} speist, wie das Spannungsdreieck Abb. 3.7.9a zeigt. Die Schaltung ist in Abb. 3.7.9b angegeben.

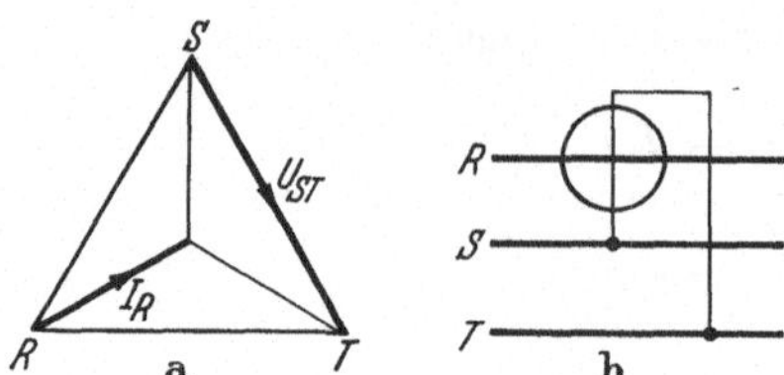

Abb. 3.7.9a u. b Blindleistungsmessung in einem Dreileiter-Drehstromnetz bei gleicher Belastung und symmetrischem Spannungsdreieck mit einem Wechselstromleistungsmesser.

a) Spannungsdreieck. b) Schaltung; I_R Meßstrom; U_{ST} Meßspannung

Blindleistungsmessung bei Dreileiterdrehstrom beliebiger Belastung mit zwei Meßwerken. Wenn die Belastung des Drehstromnetzes beliebig sein kann, aber die Symmetrie des Spannungsdreiecks gewahrt bleibt, darf man die Blindleistung mit einem Drehstromleistungsmesser bestimmen, wenn man zu den Strömen Spannungen auswählt, die senkrecht auf

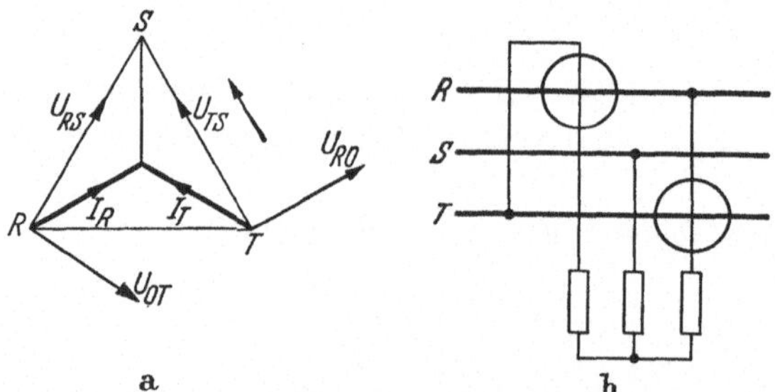

Abb. 3.7.10a u. b Blindleistungsmessung in einem beliebig belasteten Dreileiter-Drehstromnetz bei symmetrischen Spannungsdreieck.

a) Spannungsdreieck. Meßwerk I: Meßstrom I_R; Meßspannung U_{OT}; Meßwerk II: Meßstrom I_T; Meßspannung U_{RO}. b) Schaltung

den für die Leistungsmessung erforderlichen Spannungen stehen. Wie ein Vergleich der Spannungsdreiecke (Abb. 3.7.5b u. 3.7.10a) zeigt, sind das die Spannungen U_{OT} an Stelle von U_{RS} und U_{RO} an Stelle von U_{TS}. Diese Spannungen erhält man, wenn man nach Abb. 3.7.10b mit Widerständen einen künstlichen Sternpunkt schafft. Der Leistungsmesser zeigt dann

$$P = k[I_R U_{OT} \cos(90° - 30° - \varphi_R) + I_T U_{RO} \cos(90° - 30° - \varphi_T)]$$

oder

$$P = k[I_R U_{OT} \sin(\varphi_R + 30°) + I_T U_{RO} \sin(\varphi_T - 30°)].$$

Das ist proportional der Blindleistung. Bei symmetrischer Belastung und symmetrischem Spannungsdreieck wird daraus:

$$|U_{OT}| = |U_{RO}| = U_\lambda; \quad I_R = I_T = I; \quad \varphi_R = \varphi_T = \varphi,$$

$$P = kIU_\lambda[\sin(\varphi + 30°) + \sin(\varphi - 30°)],$$

$$P = \sqrt{3}\, kIU_\lambda \sin\varphi = kIU_\Delta \sin\varphi.$$

Mit $k = \sqrt{3}$ ist dies die Blindleistung des Drehstromnetzes.

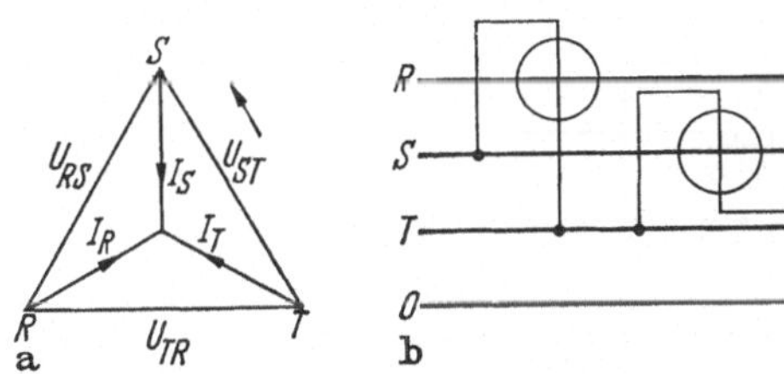

Abb. 3.7.11a u. b. Blindleistungsmessung in einem beliebig belasteten Vierleiter-Drehstromnetz bei symmetrischem Spannungsdreieck.
a) Spannungsdreieck. Meßwerk I: Meßstrom I_R; Meßspannung U_{ST}; Meßwerk II: Meßstrom I_S; Meßspannung U_{TR}; Meßwerk III: Meßstrom I_T; Meßspannung U_{RS}. b) Schaltung

Blindleistungsmessung bei Vierleiterdrehstrom beliebiger Belastung mit drei Meßwerken. Solange ein symmetrisches Spannungsdreieck vorausgesetzt werden kann, darf man auch bei einem beliebig belasteten Vierleiterdrehstromnetz die Blindleistung mit einem dreisystemigen Drehstromleistungsmesser bestimmen, wie aus dem Spannungsdreieck (Abb. 3.7.11a) hervorgeht. Es sind lediglich an Stelle der Sternspannungen die auf ihnen senkrecht stehenden verketteten Spannungen zu wählen, also U_{ST} zu I_R, U_{TR} zu I_S und U_{RS} zu I_T. Die Blindleistung ist dann:

$$P = \frac{1}{\sqrt{3}}\,(U_{ST}I_R \sin\varphi_R + U_{TR}I_S \sin\varphi_S + U_{RS}I_T \sin\varphi_T). \qquad (3.7.3)$$

Abb. 3.7.11b zeigt die Schaltung.

Blindleistungsmessung bei Drei- und Vierleiter-Drehstrom beliebiger Belastung in „$2^1/_2$ Schaltung". Infolge der Qualität der „$2^1/_2$ Schaltung" zur Aronschaltung wird die Blindleistung bei Wahrung der Symmetrie des Spannungsdreiecks in der Weise gemessen, daß statt der Sternspannungen die zu diesen senkrecht stehenden Dreiecksspannungen gewählt werden. Nach dem Spannungsdreieck Abb. 3.7.12a sind das die Spannungen U_{RS} an Stelle von U_{OT} und U_{ST} an Stelle von U_{OR}. Der künstliche Nullpunkt entfällt also.

Der Leistungsmesser zeigt dann

$$P_B = \underline{U}_{ST}(\underline{I}_R - \underline{I}_S) + \underline{U}_{RS}(\underline{I}_T - \underline{I}_S)$$

mit

$$\underline{U}_{ST} + \underline{U}_{RS} = -\underline{U}_{TR}$$

erhält man

$$P = \underline{U}_{ST} \cdot \underline{I}_R + \underline{U}_{TR}\underline{I}_S + \underline{U}_{RS} \cdot \underline{I}_T$$

oder beim Übergang auf Skalare wiederum Gl. (3.7.3). Die Schaltung zeigt Abb. 3.7.12b.

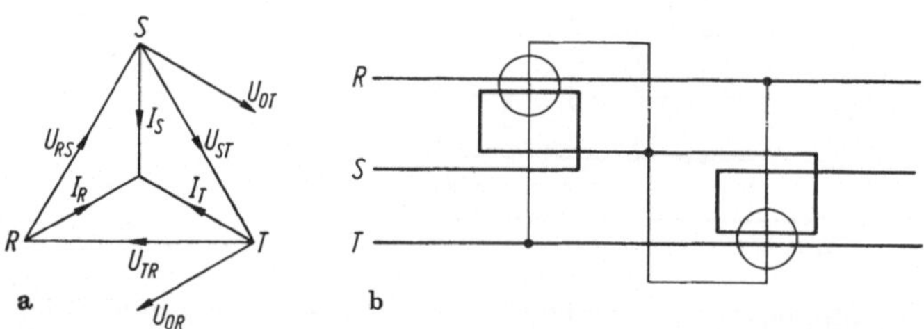

Abb. 3.7.12 Blindleistungsmessung in einem beliebig belasteten Drei- oder Vierleiter-Drehstromnetz bei symmetrischem Spannungsdreieck.

a) Spannungsdreieck. Meßwerk I: Meßstrom I_R, I_S; Meßspannung U_{ST}; Meßwerk II: Meßstrom I_T, I_S; Meßspannung U_{RS}. b) Schaltung

Blindleistungsmessung bei Wechselstrom und bei Drehstrom mit unsymmetrischem Spannungsdreieck. Bei Wechselstrom hat man nicht die Möglichkeit, die Blindleistung mit einem Wirkleistungsmesser durch Phasenvertauschung zu messen, und muß deshalb besondere Blindleistungsmesser verwenden, bei denen die erforderliche 90°-Verschiebung zwischen Strom und Spannung durch eine Kunstschaltung erzielt wird. Diese Kunstschaltung kann kapazitiver oder induktiver Natur sein, d. h., sie kann die Spannung um 90° vorwärts oder rückwärts drehen. Meist wird eine aus Drosseln und Widerständen bestehende Schaltung angewendet. Dasselbe gilt bei Drehstrom mit unsymmetrischem Spannungsdreieck. Diese Blindleistungsmesser mit eingebauter Kunstschaltung werden wie Leistungsmesser gemäß den Abb. 3.7.3 bzw. 3.7.5 bis 3.7.7 angeschlossen.

3.7.3. Scheinleistungsmessung

Die Scheinleistungsmessung bei Wechselstrom und Drehstrom beliebiger Belastung kann mit den Schaltungen nach Abb. 3.7.6 bzw. Abb. 3.7.10

ausgeführt werden, wenn man dafür sorgt, daß der Leistungsfaktor das Meßergebnis nicht beeinflußt, was durch Gleichrichter im Strom- und Spannungskreis erreicht werden kann.

3.7.4. Bestimmung des Leistungsfaktors

In Verbindung mit der Leistungsmessung taucht sehr häufig die Frage nach der Größe des Leistungsfaktors auf.

Bestimmen des Leistungsfaktors aus dem Verhältnis der Einzelleistungen bei der Zweiwattmetermethode. Mißt man in einem beliebig belasteten Dreileiter-Drehstromnetz die Leistung mit zwei einzelnen Wechsel-

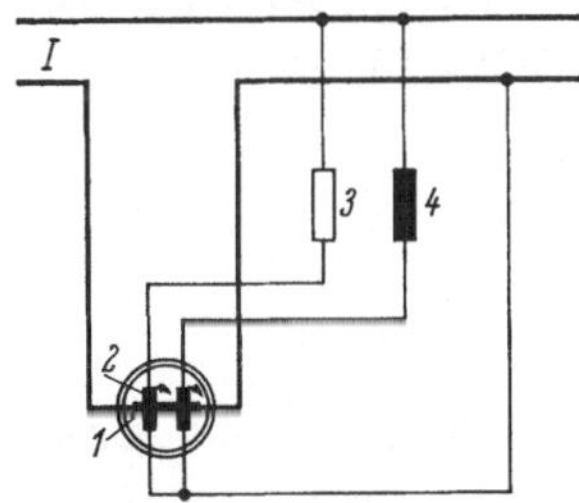

Abb. 3.7.13 Schaltung eines elektrodynamischen Leistungsfaktormessers.

1 Feldspule; *2* Kreuzspule; *3* Vorwlderstand; *4* induktiver Scheinwiderstand

stromwattmetern, so kann man aus den Anzeigen P_1 und P_2 der beiden Leistungsmesser den Leistungsfaktor ermitteln. Es ist

$$\tan \psi = \sqrt{3}\, \frac{P_2 - P_1}{P_2 + P_1}.$$

Darin bedeutet P_1 die kleinere, P_2 die größere der beiden Teilleistungen.

Ermittlung des Leistungsfaktors aus Wirk- und Blindleistung. Wenn in einem Wechselstrom- oder Drehstromnetz die Wirk- und Blindleistung gemessen wurde, so kann man daraus den Leistungsfaktor ermitteln. Es ist

$$\tan \varphi = \frac{\text{Blindleistung}}{\text{Wirkleistung}}.$$

Bestimmung des Leistungsfaktors aus Wirk- und Scheinleistung. Hat man in einem Netz die Wirkleistung und die Scheinleistung oder statt der Scheinleistung Strom und Spannung gemessen, so kann man auch daraus den Leistungsfaktor berechnen. Es ist

$$\cos \varphi = \frac{\text{Wirkleistung}}{\text{Scheinleistung}}.$$

Direkte Leistungsfaktormessung. Die unmittelbare Leistungsfaktor-messung ermöglicht das eisengeschlossene elektrodynamische Kreuz-spulmeßwerk.

Die Feldspule wird vom Netzstrom I gespeist, die gekreuzten Dreh-spulen liegen an der Netzspannung, wobei der Strom in der einen Spule phasengleich mit der Netzspannung, der Strom in der anderen durch eine Kunstschaltung um den Winkel β phasenverschoben ist. Die beiden Kreuzspulenströme sind gleich groß, $i_2 = i_3$. Dann wird

$$\gamma = \psi \left(\frac{\cos \varphi}{\cos (\varphi + \beta)} \right).$$

Der Ausschlag ist also eine Funktion des Leistungsfaktors. Die Schaltung eines Leistungsfaktormessers zeigt Abb. 3.7.13.

3.8. Meßwandler

3.8.1. Aufgabe der Wandler

Die bereits besprochenen elektrodynamischen Meßwerke und Dreh-eisenmeßwerke werden sehr häufig über Wandler betrieben, weshalb an dieser Stelle das Wichtigste über die Wandler gebracht werden soll.

Die Wandler sind Transformatoren mit sehr geringer Leistungsüber-tragung zu Meß- und Steuerzwecken. Sie haben die Aufgabe Betriebs-strom und -spannung zu übersetzen, und zwar auf die genormten Werte bei Stromwandlern 5 oder 1 A, bei Spannungswandlern 100 V oder 100/ $\sqrt{3}$ V. Gleichzeitig müssen sie den Meßkreis vom Betriebsstromkreis isolieren, so daß Niederspannungsmeßgeräte verwendet werden können.

3.8.2. Stromwandler

Prinzip

Der Stromwandler übersetzt einen Strom I_1 in einen Strom I_2. Dabei ist K_N das Nennübersetzungsverhältnis des Stromwandlers

$$I_1 = K_N I_2.$$

Der Stromwandler kann als kurzgeschlossener Transformator an-gesehen werden, dessen primäre und sekundäre Amperewindungszahlen gleich sind.

$$I_1 w_1 = I_2 w_2.$$

Die Ströme verhalten sich also im Idealfall umgekehrt wie die Win-dungszahlen der zugehörigen Wicklungen. Dieser Idealfall ist nicht zu verwirklichen, weil der Wandler Kupfer- und Eisenverluste hat und durch die sekundäre Bürde belastet wird; der Wandler weist deshalb Stromfehler und Fehlwinkel auf, die sich mit der Belastung ändern, wie an Hand der Vierpoldarstellung (Abb. 3.8.1) erläutert werden soll.

Der Stromwandler soll einen möglichst kleinen Fehler F haben, d. h. I_2 soll möglichst genau dem Strom I_1 in Betrag und Phase entsprechen. Der Übersetzungsfehler wird nach VDE 0414 positiv gerechnet, wenn

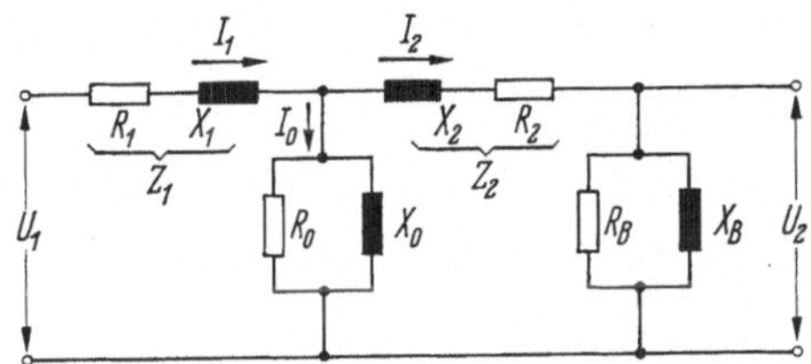

Abb. 3.8.1 Vierpoldarstellung eines Meßwandlers.

R_0 ohmscher Teil des Querwiderstands; X_0 induktiver Teil des Querwiderstands; R_B ohmscher Teil der Bürde; X_B induktiver Teil der Bürde; U_1 Primärspannung; U_2 Sekundärspannung; I_1 Primärstrom; I_2 Sekundärstrom; I_0 Leerlaufstrom; Z_1, Z_2 innere Widerstande der Primär- bzw. Sekundärwicklung; R_1, R_2 ohmsche Widerstände der Primär- bzw. Sekundärwicklung; X_1, X_2 streuinduktive Widerstände der Primär- bzw. Sekundärwicklung

der Istwert größer ist als der Sollwert. Unter dieser Annahme ist der prozentuale Fehler

$$F_\% = \frac{I_{2\text{Ist}} - I_{2\text{Soll}}}{I_{2\text{Soll}}} \cdot 100\% = \frac{K_N \cdot I_2 - I_1}{I_1} \cdot 100\%.$$

Wenn man der Einfachheit halber $K_N = 1$ annimmt, läßt sich für die Differenz der Ströme der Leerlaufstrom I_0 einsetzen

$$F_\% = \frac{I_0}{I_1} \cdot 100\%. \tag{3.8.1}$$

Gl. (3.8.1) wird mit dem Verhältnis w/l_E erweitert, worin w die Windungszahl und l_E der mittlere Kraftlinienweg im Eisen bedeuten.

$$F_\% = \frac{I_0 w/l_E}{I_1 w/l_E} \cdot 100\% = \frac{a_0}{a_1} \cdot 100\%. \tag{3.8.2}$$

a_0 sind die auf den mittleren Kraftlinienweg bezogenen Magnetisierungs-Amperewindungen, a_1 die auf den mittleren Kraftlinienweg bezogenen Primär-Amperewindungen.

Es ist üblich, in den Magnetisierungskurven für Stromwandlerbleche a_0 in Abhängigkeit von der Induktion $\hat{B}$ aufzutragen.

Den Quotienten aus $\hat{B}$ und a_0 bezeichnet man als spezifische Permeabilität des Eisens μ_g

$$\mu_g = \frac{\hat{B}}{a_0}. \tag{3.8.3}$$

Wird nun die Gl. (3.8.3) in die Fehlergleichung Gl. (3.8.2) eingesetzt, so ergibt sich

$$F_\% = \frac{\hat{B}/\mu_g}{a_1} \cdot 100\%.$$

Nimmt man die bekannte Transformatorgleichung

$$U = \frac{2\pi}{\sqrt{2}} \cdot f \cdot \hat{B} \cdot q_E \cdot w \cdot 10^{-8}$$

zu Hilfe und eliminiert $\hat{B}$, so ergibt sich für den Fehler

$$F_\% = \frac{\sqrt{2} \cdot 10^8 U}{2\pi f \cdot q_E \cdot w \cdot \mu_g \cdot a_1} \, 100\%.$$

Erweitert man Zähler und Nenner mit $\dfrac{I_1}{l_E}$, so erhält man eine übersichtliche Form.

$$F_\% = \frac{10^8}{\sqrt{2} \cdot \pi} \cdot \frac{P}{f \cdot V_E \cdot \mu_g \cdot a_1^2} \, 100\%. \tag{3.8.4}$$

$P = U \cdot I_1$ ist die übertragene Leistung, V_E ist das Eisenvolumen.

Der Fehler eines Stromwandlers wird also um so kleiner, je geringer die Leistungsabgabe sein muß, je höher die Frequenz und je größer Volumen und Permeabilität des Eisens sind. Besonders wird die Genauigkeit von der quadratisch eingehenden Amperewindungszahl a_1 beeinflußt.

Gl. (3.8.4) läßt erkennen, welche vielfältigen Möglichkeiten zur Beeinflussung des Fehlers eines Wandlers gegeben sind.

Der Fehler F ist die vektorielle Summe des Stromfehlers F_i und des Fehlwinkels δ_i. Der Stromfehler gibt den Übersetzungsfehler an. Der Fehlwinkel ist ein Maß für die Phasenverschiebung des Sekundärstromes gegen den Primärstrom. Bei Fehlerfreiheit ergibt sich eine Phasenverschiebung von 0. Für den Stromfehler F_i bzw. Fehlwinkel δ_i gilt

$$F_{i\%} = F_\% \cos(\varphi_0 - \beta),$$
$$\delta_{i\%} = F_\% \sin(\varphi_0 - \beta). \tag{3.8.5}$$

Hierin bedeuten φ_0 den sogenannten Eisenwinkel zwischen der induzierten Spannung U und dem Magnetisierungsstrom und β den Winkel zwischen Strom und Spannung an der Gesamtbürde (R_B, X_B). Stromfehler und Fehlwinkel hängen also von Art und Größe der Bürde ab.

Induktive Belastung vergrößert den Stromfehler und vermindert einen positiven Fehlwinkel, bis er mit zunehmender Induktivität der Bürde das Vorzeichen wechselt und in entgegengesetzter Richtung ansteigt.

Gl. (3.8.5) ist mit 34,4 zu multiplizieren, wenn δ_i nicht in Prozent, sondern in Winkelminuten angegeben werden soll, denn 1% entspricht 34,4'.

Im Überstrombereich ist der Fehler eines Stromwandlers, bedingt durch den nicht linearen Verlauf der Permeabilitätskennlinie, nicht mehr sehr klein. Der dann auftretende Gesamtfehler F_g ist nach VDE 0414 definiert als das prozentuale Verhältnis des über die Periodendauer gebildeten Effektivwertes der Differenz aus den mit der Nennübersetzung multiplizierten Augenblickswerten des Sekundärstromes und den Augenblickswerten des Primärstromes, zum Effektivwert des Primärstromes.

$$F_g = \frac{\sqrt{\dfrac{1}{T}\displaystyle\int_0^T (K_N i_2 - i_1)^2 \, \mathrm{d}t}}{I_1} \, 100\,\%$$

Hierin bedeuten:

F_g Gesamtfehler in %,
T Dauer einer Periode in s,
K_N Nennübersetzung,
I_1 Effektivwert des Primärstromes in A,
i_1 Augenblickswert des Primärstromes in A,
i_2 Augenblickswert des Sekundärstromes in A.

Für den Gesamtfehler sind nach VDE 0414 bei Überstrom bestimmte Grenzwerte festgelegt. Geräte zur Genauigkeitsprüfung von Wandlern werden im Abschnitt 3.8.5. besprochen.

Anforderungen und Eigenschaften

Die Wandler werden durch Klassen gekennzeichnet, deren Fehlergrenzwerte den VDE-Bestimmungen 0414 zu entnehmen sind.

Man unterscheidet zwischen Stromwandlern für Meßzwecke und Stromwandlern für Schutzzwecke. Dementsprechend sind die Klassenzeichen der Stromwandler für Schutzzwecke durch P (protection) hinter der Klasse gekennzeichnet.

Stromwandler mit erweitertem (extended) Bereich werden gekennzeichnet, indem zusätzlich hinter dem Klassenzeichen der erweiterte Strombereich in der Form ext. 150% oder ext. 200% angegeben wird. Für ext. 200% kann auch der Buchstabe G verwendet werden.

In Tabelle 3.8.1 sind die Klassenzeichen für Stromwandler nach VDE 0414 aufgeführt.

Tabelle 3.8.1 Klassenzeichen für Stromwandler

Stromwandler		Klassenzeichen
Für Meßzwecke	Normalbereich	0,1, 0,2, 0,5, 1, 3, 5
	erweiterter Bereich	0,1 ext. ...[a], 0,2 ext. ...[a],
		0,5 ext. ...[a], 1 ext. ...[a]
		0,1 G, 0,2 G, 0,5 G, 1 G.
Für Schutzzwecke		5 P ...[b], 10 P ...[b].
		5 P ...[b] ext. ...[a], 10 P ...[b] ext. ...[a]

[a] Angabe des thermischen Nenn-Dauerstromes in % des Nennstromes.
[b] Angabe des Nenn-Überstromfaktors.

Stromfehler und Fehlwinkel. Der prozentuale Stromfehler eines Stromwandlers mit dem Nennübersetzungsverhältnis K_N ist

$$F_{i\%} = \frac{K_N I_2 \cdot I_1}{I_1} \cdot 100\%$$

oder

$$F_{i\%} = \frac{I_{2ist} - I_{2soll}}{I_{2soll}} \cdot 100\%.$$

Den Stromfehler rechnet man positiv, wenn der Sekundärstrom größer ist als der Sollwert. Der Fehlwinkel δ_i ist positiv, wenn der Sekundärstrom dem Primärstrom voreilt.

Die Grenzwerte für Stromfehler und Fehlwinkel müssen bei Nennfrequenz und den folgenden Bürden eingehalten werden:

Bei Wandlern mit dem Klassenzeichen 0,1 bis 1 bzw. 0,1 ext. ... bis 1 ext. ... bzw. 5 P ... bzw. 5 P ext. ... für Nennleistungen über 2,5 VA bei 1/1 und 1/4 der der Nennleistung entsprechenden Bürde, bei einer Nennleistung $\leqq$ 2,5 VA bei 1/1 und 1/2 der der Nennleistung entsprechenden Bürde, letzterer Wert jedoch nicht kleiner als 1 VA.

Bei Wandlern mit dem Klassenzeichen 3 und 5 bzw. 3 ext. ... 5 ext. ... bzw. 10 P ... und 10 P ... ext. ... bei 1/1 und 1/2 der der Nennleistung entsprechenden Bürde, letzterer Wert jedoch nicht kleiner als 1 VA.

Bei Zweibereichwandlern für die gleiche Nennbürde (gleicher Scheinwiderstand) sowohl bei dem Nennstrom 5 A als auch 1 A. Ein Zweibereichwandler ist ein Stromwandler der ohne Umschaltung für die beiden sekundären Nennströme 5 A und 1 A bei gleichem Scheinwiderstand seiner Bürde ausgelegt und gekennzeichnet ist. Der Bürdenleistungsfaktor beträgt $\cos \beta = 0,8$ induktiv. Ist die bei Nennstrom von der Bürde aufgenommene Leistung kleiner als 5 VA, so beträgt bei den Prüfungen der Leistungsfaktor $\cos \beta = 1$; diese Bestimmung gilt bei Zweibereichwandlern nur für den Nennstrom 5 A.

Überstromverhalten. Das Fehlerverhalten der Stromwandler im Überstromgebiet ist gekennzeichnet durch den primären Nennfehlergrenzstrom. Er ist das Produkt aus dem primären Nennstrom aus dem Nenn-Überstromfaktor.

Bei Wandlern für Meßzwecke soll im Überstrombereich der Sekundärstrom kleiner sein als es der Nenn-Übersetzung des Wandlers entspricht, um die angeschlossenen Meßgeräte vor Überlastung zu schützen. Bei den hier bevorzugt anzuwendenden Nenn-Überstromfaktoren 5 oder 10 wurde festgelegt, daß beim 5- oder 10fachen primären Nennstrom der Gesamtfehler größer als 15% sein soll. Der Überstromfaktor wird hinter der Klasse angegeben und von dieser durch ein M getrennt, z. B. Kl. 0,5 M 5.

Bei Wandlern für Schutzzwecke soll im Überstrombereich der Sekundärstrom möglichst dem Übersetzungsverhältnis des Wandlers entsprechen, um die Schutzrelais mit den betragsgetreu übersetzten Werten steuern zu können. Die hier bevorzugt anzuwendenden Nenn-Überstromfaktoren 10, 15, 20, 30 besagen, daß beim primären Nenn-Fehlergrenzstrom (Primär-Nennstrom. Überstromfaktor) und bei Nennbürde der Gesamtfehler in den Klassen 5 P bzw. 10 P den Wert von 5% bzw. 10% nicht überschreiten darf. Der Überstromfaktor wird hinter der Klasse angegeben, z. B. Kl. 5 P 20.

Die Forderungen der Schutztechnik machen es in besonders gelagerten Fällen erforderlich, Kurzschlußvorgänge im Netz, d. h. Kurzschlußwechselströme, in einem hinreichend genauen Maß auf der Sekundärseite betrags- und phasengetreu wiederzugeben. Je nach Zeitpunkt des Kurzschlusses tritt eine unterschiedliche Verlagerung des Kurzschlußwechselstromes durch das mit dem Quotienten L/R der Kurzschlußbahn abklingende Gleichstromglied auf. Eine volle Verlagerung ergibt sich bei Kurzschluß im Spannungsnulldurchgang.

Um in diesem Fall eine entsprechende phasen- und betragstreue (lineare) Wiedergabe des Stromes auf der Sekundärseite zu erhalten, muß eine Sättigung des Kernes durch den mit einem Gleichstromglied behafteten Kurzschlußstrom vermieden werden.

Dies wird z. B. durch eine Scherung des Kernes (Luftspalt) erreicht, dem wesentlichen Merkmal eines Linearwandlers. Zum Einhalten der erforderlichen Genauigkeit (Fehlwinkel) eines gescherten Kernes muß gegenüber einem geschlossenen Ringkern eine wesentliche Vergrößerung des Kernquerschnittes in Kauf genommen werden. Um bei der Dimensionierung der Kerne nicht zu unrealistischen Abmessungen zu kommen, muß die äußere Bürde gegenüber den bisher üblichen Werten auf ein Minimum beschränkt werden (etwa 5 bis 15 VA).

Einen großen Einfluß auf die Genauigkeit hat die Netzzeitkonstante in Verbindung mit der Wandlerzeitkonstanten. Folgende Angaben zur Festlegung eines Linearkernes sind erforderlich:

Nennübersetzung. Bei primär umschaltbaren Wandlern: kleinster primärer Nennstrom, bei dem der Linearkern den Bedingungen entsprechen muß. Effektivwert des stationären, unverlagerten Kurzschlußstromes. Zeitkonstante des Netzes in ms (im 110-kV-Netz etwa 100 ms). Nennbürde in VA und dazugehöriger Leistungsfaktor der Bürde. Maximal zulässiger Fehlwinkel in min. Im allgemeinen etwa 180 min zulässig.

Eigenverbrauch. Der Eigenverbrauch des Stromwandlers hängt von seiner Bauart ab. Er ist im wesentlichen durch die Kupferverluste bestimmt und wird bei primärem Nennstrom und sekundärem Kurzschluß gemessen.

Erwärmung. Die Betriebserwärmung eines Stromwandlers ist vornehmlich durch die ohmschen Verluste in den Primär- und Sekundärwicklungen bestimmt. Sie darf bei Belastung der Wandler mit dem thermischen Nenn-Dauerstrom und Nennbürde die in VDE 0414 festgelegten Werte nicht überschreiten. Diese zulässigen Übertemperaturen sind abgestimmt auf die Isolierstoffklasse des Wandlers und damit auf die im Wandler eingesetzten Isolierstoffe.

Der thermische Nenn-Dauerstrom ist das 1,2fache und bei Stromwandlern mit erweitertem Bereich das 1,5- oder 2fache des primären Nennstromes.

Stromüberlastbarkeit. Sie ist einerseits durch die Erwärmung, andererseits durch die Kraftwirkungen zwischen stromdurchflossenen Leitern begrenzt, dementsprechend unterscheidet man einen thermischen Nenn-Kurzzeitstrom und dynamischen Nennstrom.

Thermischer Nenn-Kurzzeitstrom. Der thermische Nenn-Kurzzeitstrom I_{th} ist der Effektivwert des primären Stroms, dessen Wärmewirkung der Stromwandler bei kurzgeschlossener Sekundärwicklung in der Zeit $t_0 = 1\,\mathrm{s}$ aushalten kann, ohne Schaden zu nehmen. Der thermische Nenn-Kurzzeitstrom der Stromwandler liegt normal bei $100 \times I_N$. Es werden jedoch auch Wandler erhöhter thermischer Festigkeit bis $1000 \times I_N$ gebaut. Aus dem thermischen Nenn-Kurzzeitstrom kann man errechnen, welche Stromstärken anderer Wirkungsdauer zulässig sind, wenn man voraussetzt, daß während der Überlastung bis zu einer Dauer von 5 Sekunden keine Wärme abgeführt wird, da dann das Produkt I^2t konstant sein muß. Ist der thermische Nenn-Kurzzeitstrom $I_{th} = aI_N$ und der Überstrom $I_x = bI_N$, dann darf dieser Überstrom während der Zeit

$$t_x = \frac{I_{th}^2}{I_x^2}\, t_0 = \left(\frac{a}{b}\right)^2 \cdot t_0$$

bestehen ($t_0 = 1$ s).

Dynamischer Nennstrom. Zwischen stromdurchflossenen Leitern treten Kräfte auf, die von der Stromstärke, dem Abstand der Leiter und der induzierten Leiterlänge abhängen. Beim Stromwandler mit seinen dicht nebeneinander liegenden Wicklungen können bei Überströmen diese Kräfte sehr groß werden.

Die mechanische Festigkeit der Stromwandler wird durch den dynamischen Nennstrom gekennzeichnet, das ist der Wert der ersten Strom-Amplitude, deren Kraftwirkung ein Stromwandler bei kurzgeschlossener Sekundärwicklung aushalten kann ohne Schaden zu nehmen.

Spannungssicherheit. Die Wandler müssen für die volle Betriebsspannung isoliert sein, darüber hinaus erheblichen Überspannungen widerstehen. Ihre Spannungssicherheit ist durch die Erfüllung der in den VDE-Regeln 0414 der jeweiligen Reihe zugeordneten Prüfspannungen sowie der Teilentladungsbedingungen gewährleistet.

Außer der Wicklungsprüfung werden die Stromwandler einer Windungsprüfung unterzogen, weil bei Wanderwellen mit steiler Stirn oder beim Betrieb mit offenem Sekundärkreis auch zwischen den einzelnen Windungen erhebliche Spannungen auftreten können.

Wandlerbürde. Die zulässige Belastung des Wandlers bei welcher er seine Fehlergrenzen einhalten muß, heißt Nennbürde, sie wird in Ohm angegeben und bezieht sich auf den Bürdenleistungsfaktor $\cos\beta = 0{,}8$. Die Nennleistung ist die Scheinleistung bei sekundärem Nennstrom und Nennbürde und wird in VA angegeben. Ein Wandler mit der Nennleistung 15 VA und einem sekundären Nennstrom von 5 A hat bei Nennstrom eine sekundäre Klemmenspannung von 3 V und eine Nennbürde von 0,6 Ohm.

Da sich die Wandlerfehler mit der Bürde ändern, muß man die Betriebsbürde kennen, wenn man die Wandlerfehler im Meßergebnis berücksichtigen will.

Stromwandler dürfen im Betrieb sekundärseitig nicht geöffnet werden weil dann an der Sekundärwicklung Spannungen auftreten, die einen Isolationsdurchschlag herbeiführen und lebensgefährlich sein können.

Frequenzeinfluß. Die Wandler sind für eine bestimmte Frequenz bemessen. Stromfehler und Fehlwinkel werden aber durch Frequenzänderungen im Rahmen der Netzfrequenzschwankungen nicht nennenswert beeinflußt.

Temperatureinfluß. Mit der Raumtemperatur ändern sich die Kupfer- und Eisenverluste des Stromwandlers, was keine Rolle spielt, weil diese Verluste sehr gering sind. Ferner ändert sich die Bürde, wodurch sich die Wandlerfehler geringfügig ändern können.

Ausführungsformen

Je nach Verwendungszweck werden von den Herstellern für die verschiedensten Anforderungen sehr unterschiedliche Bauformen der Wandler hergestellt, wobei immer wieder die Bestrebungen hervortreten, innerhalb einer bestimmten Wandlertype eine gewisse Austauschbarkeit der verschiedenen Fabrikate zu erreichen und wenigstens die anlagebedingten Anschlußmaße einzuhalten. Die Wandler sind nach DIN 42600 und 42601 genormt.

Die Hauptbestandteile eines Stromwandlers sind Primärwicklung, Eisenkerne mit je einer Sekundärwicklung und die Isolation als einfache Zwischenlage oder in Form eines zweckdienlich ausgebildeten Isolators. Die Primärwicklung kann für die verschiedenen Primärstromstärken eine gewickelte Spule oder auch ein, nur eine Windung darstellender Stromleiter sein. Sie muß allen Anforderungen hinsichtlich zugelassener Erwärmung und dem thermischen Nennkurzzeitstrom sowie dem dynamischen Nennstrom genügen und ist außerdem für die jeweils vorgeschriebene Prüfspannung nach VDE 0414 zu isolieren. Für die Kerne werden vorwiegend aufeinander geschachtelte oder gewickelte Siliziumeisenbleche mit hoher Permeabilität verwendet. Für besondere Anforderungen, z. B. große Klassengenauigkeit, kleinen Überstromfaktor, benutzt man auch Bleche aus Nickeleisenlegierungen wegen der hohen Anfangspermeabilität. Beide Kernmaterialien können auch als Mischkern zur Verwendung kommen. Die Wahl der Kernform, ob Schenkelkern, Mantelkern, Ringkern oder Schnittbandkern hängt im allgemeinen von der Bauart des Wandlers ab. Bevorzugt werden ungeschnittene oder geschnittene Ringkerne.

Die bei geschachtelten Kernen meist auf besonderen Spulenkörpern, bei Ringkernen unter Zwischenlage einer Isolation direkt aufgebrachten Sekundärwicklungen müssen ebenso wie die Primärwicklung den Anforderungen auf Kurzschlußfestigkeit genügen.

Die Abb. 3.8.2 zeigt den äußeren und Abb. 3.8.3 den inneren Aufbau verschiedener Stromwandler-Bauarten der Reihe 110, einen Topfstromwandler und einen Kopfstromwandler.

Für die Isolation der Wicklungen kommen entsprechend den vorgeschriebenen Prüfspannungen verschiedene Isolierstoffe zur Anwendung. Neben dem bewährten Hartporzellan und der getränkten Papierisolation hat sich das Gießharz in mannigfaltigen Ausführungen eingeführt. Stromwandler mit Gießharzisolation gehören zum Lieferprogramm der meisten Wandlerhersteller. Abb. 3.8.4 u. 3.8.5 zeigen Stützstromwandler mit Gießharzisolation. Eine speziell für Kabel vorgesehene Ausführungsform ist der in Abb. 3.8.6 gezeigte Kabelumbauwandler.

Wenn in einer Schaltanlage mit sehr unterschiedlichen primären Strömen zu rechnen ist, werden oft auch Stromwandler für mehrere Strombereiche eingesetzt, deren Primär- bzw. Sekundärwicklung umschaltbar ausgeführt ist. Die primäre Umschaltung hat den Vorzug,

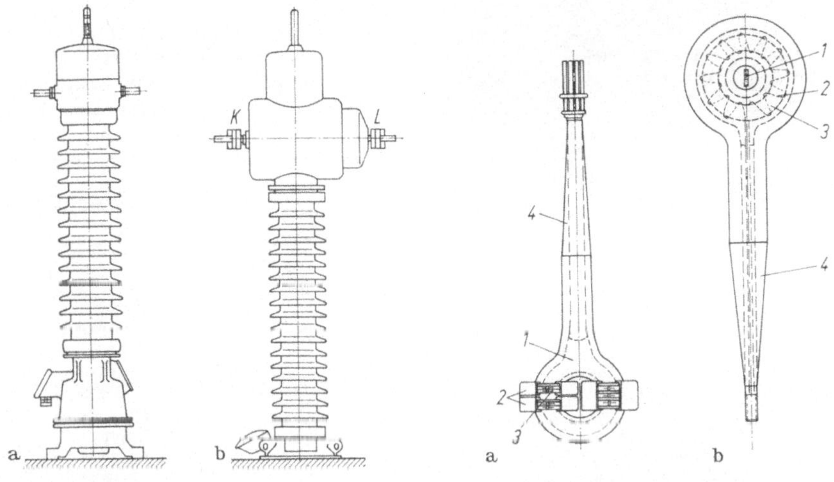

Abb. 3.8.2   Abb. 3.8.3

Abb. 3.8.2a u. b Äußerer Aufbau verschiedener Stromwandler-Bauarten (SIEMENS).

a) Topfstromwandler;   b) Kopfstromwandler

Abb. 3.8.3a u. b Innerer Aufbau verschiedener Stromwandler-Bauarten (SIEMENS).

a) Topfstromwandler;   b) Kopfstromwandler.
1 Primärwicklung; 2 Sekundärwicklung; 3 Kern; 4 Kapazitive Steuerung

daß bei gleichgroßen und gleichartig ausgeführten Wicklungsteilen die Kerndurchflutung und damit auch die Klassenleistung bei allen primären Nennströmen gleich bleibt; einzelne Wicklungsteile eines solchen Wandlers lassen sich beispielsweise zu einem möglichst symmetrisch angeordneten Anschlußkopf führen, in dem nach Bedarf die verschiedenen Übersetzungsverhältnisse 1:2 oder 1:2:4 geschaltet werden können. In besonderen Fällen werden auch die Sekundärwicklungen mit Anzapfungen versehen, so daß auch damit verschiedene Strombereiche zu erfassen sind. Allerdings ist diese Ausführungsart meist mit Leistungsminderung wegen der geringeren Durchflutung im kleineren primären Nennstrombereich verbunden.

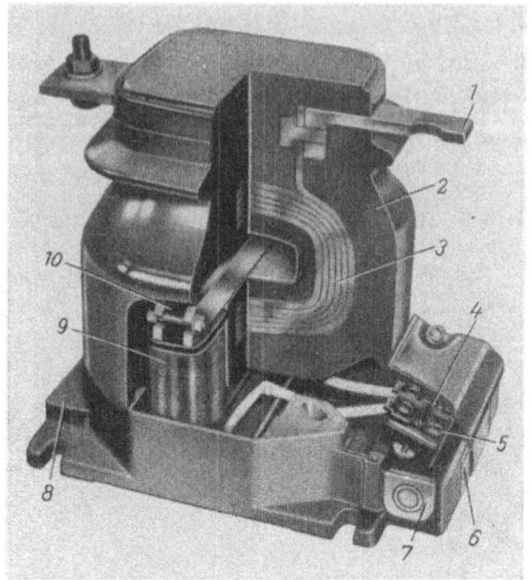

Abb. 3.8.4 Stützstromwandler mit Gießharzisolation (AEG).

1 Primäre Anschlußschiene; *2* Gießharzkörper; *3* Primärwicklung; *4* Erdungsschraube für Sekundärstromkreis; *5* sekundäre Anschlußklemmen; *6* Leistungsschild; *7* Einsatz für Sekundärklemmenkasten; *8* Grundplatte; *9* Sekundärwicklung; *10* Kern und Preßteile

Abb. 3.8.5

Abb. 3.8.6

Abb. 3.8.5 Stützstromwandler mit Gießharzisolation der Reihe 30 (Meßwandlerbau Bamberg)

Abb. 3.8.6 Kabelumbauwandler (SIEMENS)

3.8.3. Spannungswandler

Prinzip

Der Spannungswandler isoliert die Meßgeräte vom Netz und setzt die Betriebsspannung auf einen für die Messung geeigneten Wert, im allgemeinen 100 V bzw. $100/\sqrt{3}$ V herab. Er muß den Schalt- und Gewitterüberspannungen gewachsen sein und muß bei allen Belastungen zwischen Null und Nennleistung betrags- und phasengetreu übersetzen.

Ein Spannungswandler kann als leerlaufender Transformator aufgefaßt werden, dessen Primär- und Sekundärspannungen sich wie die Windungszahlen verhalten:

$$\frac{U_1}{U_2} = \frac{w_1}{w_2} = K_N,$$

wobei K_N das Übersetzungsverhältnis des Wandlers ist. Infolge der Verluste ist jedoch dieser Idealfall nicht zu verwirklichen.

Die Wirkungsweise des Spannungswandlers kann man sich an der schon beim Stromwandler verwendeten Vierpoldarstellung Abb. 3.8.1 klarmachen.

Die ohmschen und induktiven Widerstände R bzw. X lassen sich zu komplexen Widerständen Z zusammenfassen. Die Spannung U_2 wird sich von der Spannung U_1 um die Spannungsabfälle an Z_1 und Z_2 unterscheiden.

Z_1 wird von der vektoriellen Summe der Ströme I_2 und I_0

$$I_1 = I_2 + I_0, \tag{3.8.6}$$

Z_2 vom Sekundärstrom I_2 durchflossen.

Der Übersetzungsfehler wird nach VDE 0414 positiv gerechnet, wenn der Istwert größer ist als der Sollwert. Unter dieser Annahme ist der prozentuale Fehler

$$F_\% = \frac{U_{2\text{ist}} - U_{2\text{soll}}}{U_{2\text{soll}}} \cdot 100\% = \frac{K_N U_2 - U_1}{U_1} \cdot 100\%$$

Und bei einem angenommenen Nenn-Übersetzungsverhältnis $K_N = 1$

$$F_\% = \frac{U_2 - U_1}{U_1} \cdot 100\%.$$

Der Unterschied zwischen $U_{2\text{ist}}$ und $U_{2\text{soll}}$ (bei $K_N = 1$ also $U_2 - U_1$) wird durch die Spannungsabfälle an den primären und sekundären inneren Widerständen des Wandlers hervorgerufen und beträgt

$$I_1 Z_1 + I_2 Z_2.$$

Damit ergibt sich für den prozentualen Fehler

$$F_\% = \frac{I_1 Z_1 + I_2 Z_2}{U_1} \cdot 100\%.$$

Mit Gl. (3.8.6) erhält man

$$F_\% = \frac{I_0 Z_1 + I_2(Z_1 + Z_2)}{U_1} \cdot 100\%$$

oder

$$F_\% = F_{0\%} + F_{B\%} = \frac{I_0 Z_1}{U_1} \cdot 100\% + \frac{I_2(Z_1 + Z_2)}{U_1} \cdot 100\%.$$

Das heißt der komplexe Fehler setzt sich aus zwei Fehleranteilen, dem Leerlauffehler und dem durch die Bürde bestimmten Fehler zusammen. Auch beim Spannungswandler ist es üblich, den Gesamtfehler in den Spannungsfehler F_u und den Fehlwinkel δ_u aufzuteilen.

Anforderungen und Eigenschaften

Die Wandler werden durch Klassen gekennzeichnet, deren Fehlergrenzwerte den VDE-Bestimmungen 0414 zu entnehmen sind. Man unterscheidet zwischen Spannungswandlern für Meß- und Schutzzwecke und Spannungswandlern für Schutzzwecke. Dementsprechend sind die Klassenzeichen der Spannungswandler für Schutzzwecke durch ein P (protection) hinter der Klasse gekennzeichnet. In Tabelle 3.8.2 sind die Klassenzeichen für Spannungswandler nach VDE 0414 aufgeführt.

Tabelle 3.8.2 Klassenzeichen für Spannungswandler

Spannungswandler	Klassenzeichen
für Meß- und Schutzzwecke	0,1; 0,2; 0,5; 1; 3
für Schutzzwecke	3 P 6 P

Spannungsfehler und Fehlwinkel. Der prozentuale Spannungsfehler eines Wandlers mit dem Nennübersetzungsverhältnis K_N ist

$$F_{u\%} = \frac{K_N U_2 - U_1}{U_1} \cdot 100\%,$$

$$F_{u\%} = \frac{U_{2\mathrm{ist}} - U_{2\mathrm{soll}}}{U_{2\mathrm{soll}}} \cdot 100\%.$$

Der Spannungsfehler wird nach VDE 0414 positiv gerechnet, wenn der tatsächliche Wert der Sekundärspannung größer als der Sollwert ist.

Der Fehlwinkel δ_u des Spannungswandlers wird in Minuten angegeben und positiv gerechnet, wenn die Sekundärspannung U_2 der Primärspannung voreilt.

Die Fehlergrenzwerte müssen bei Nennfrequenz und bei Bürden zwischen 1/4 und 1/1 der Nennbürde und dem Bürden-Leistungsfaktor $\cos \beta = 0{,}8$ induktiv sowie in dem in VDE 0414 festgelegten Temperaturbereich eingehalten werden.

Für Wandler, die im öffentlichen Verkehr für die entgeltliche Abgabe von Elektrizität angewendet oder bereitgehalten werden und die eine größere Nennleistung als 60 VA haben, müssen die Fehlergrenzwerte von derjenigen Bürde an eingehalten werden, die bei Nennspannung eine Leistung von 15 VA ergibt.

Wandlerbürde. Die Bürde eines Spannungswandlers ist der durch Betrag in Siemens und Bürdenleistungsfaktor $\cos \beta$ ausgedrückte Scheinleitwert des Sekundärkreises. Die Nennbürde ist die zulässige Belastung des Wandlers, bei welcher er seine Fehlergrenzen einhalten muß. Sie wird in Siemens angegeben und bezieht sich auf den Bürdenleistungsfaktor $\cos \beta = 0{,}8$.

Die Nennleistung ist die Scheinleistung bei sekundärer Nennspannung und Nennbürde und wird in VA angegeben. Ein Wandler mit der Nennleistung 30 VA und einer sekundären Nennspannung von 100 V hat eine Nennbürde von $3 \cdot 10^{-3}$ Siemens. Die mit Rücksicht auf die Erwärmung der Isolierstoffe im Wandler maximal zulässige Belastung (Grenzleistung) wird nach VDE 0414 durch den sekundären thermischen Grenzstrom angegeben. Diesen Strom halten die Sekundärwicklungen bei primärer Nennspannung und unbelasteter Wicklung für Erdschlußerfassung dauernd aus, ohne daß die zulässige Übertemperatur an irgendeinem Teil des Wandlers überschritten wird.

Die Spannungswandler dürfen auf der Sekundärseite nicht kurzgeschlossen werden. Werden mehrere Verbraucher an einen Spannungswandler angeschlossen, so sind sie parallel zu schalten und die Verbraucherleitungen unmittelbar an die Sekundärklemmen zu führen, um den Spannungsabfall in den Zuleitungen klein zu halten.

Eigenverbrauch. Der Eigenverbrauch der Spannungswandler ist vornehmlich durch die Eisenverluste des Kerns bestimmt. Er wird bei primärer Nennspannung und offenem Sekundärkreis gemessen.

Erwärmung. Die Erwärmung der Spannungswandler ist durch den Last- und Leerlaufstrom sowie die Eisenverluste bestimmt. Sie darf bei Nennspannung und Belastung mit dem sekundären thermischen Grenzstrom sowie bei der 1,2fachen Nennspannung und Belastung mit Nennbürde die in VDE 0414 festgelegten Werte nicht überschreiten. Diese zulässigen Übertemperaturen sind abgestimmt auf die Isolierstoffklasse des Wandlers und damit auf die im Wandler eingesetzten Isolierstoffe.

Die Auslegung von einpoligen Wandlern ist durch die zulässige Erwärmung beim Kurzzeitbetrieb mit dem Nennspannungsfaktor U_N bestimmt und in VDE 0414 besonders festgelegt.

Der Nenn-Spannungsfaktor ist das Vielfache der Nennspannung, mit der einpolig isolierte Spannungswandler mit Rücksicht auf Erwärmung zeitlich begrenzt beansprucht werden dürfen.

Einpolige Wandler können für Drehstromnetze oder für Einphasen-Bahnanlagen mit einer Wicklung für Erdschlußerfassung als zusätzliche Sekundärwicklung ausgerüstet sein. Als Beispiel werden bei Drehstromnetzen diese Wicklungen der drei einpoligen Wandler zu einem „offenen Dreieck" geschaltet und sind bei Normalbetrieb nicht belastet. Die Nennleistung dieser Wicklung wird bei Drehstromnetzen mit $P/3$, bei Einphasennetzen mit $P/2$ angegeben. P ist die Leistung des Wandlersatzes und wird im Erdschlußfall vom nicht betroffenen Teil des Wandlersatzes aufgebracht.

Die zulässige Erwärmung der Wicklung für Erdschlußerfassung ist durch den Nenn-Langzeitstrom bestimmt und in VDE 0414 besonders festgelegt. Der Nenn-Langzeitstrom der Wicklung für Erdschlußerfassung ist der Strom, den diese Wicklung im Erdschlußfall bei 1,9facher primärer Nennspannung und Belastung der übrigen Wicklungen mit ihren Nennbürden 4 bzw. 8 Stunden aushält, ohne daß die zulässige Übertemperatur an irgendeinem Teil des Wandlers um mehr als 10 °C überschritten wird.

Überlastbarkeit. Da sich die Betriebsspannung in engen Grenzen hält, brauchen Spannungswandler im Vergleich zu Stromwandlern nicht hoch überlastbar zu sein.

Spannungssicherheit. Spannungswandler sind erheblichen kurzzeitigen Überspannungen ausgesetzt und werden deshalb einer Windungs- und Wicklungsprüfung nach VDE 0414 unterzogen. Ihre Spannungssicherheit ist durch die Erfüllung der in den VDE Regeln 0414 der jeweiligen Reihe zugeordneten Prüfspannungen sowie Teilentladungsbedingungen gewährleistet.

Spannungseinfluß. Die Wandler für Meßzwecke halten von $80 \cdots 120\%$ der Nennspannung, die Wandler für Schutzzwecke von $0,05\ U_N$ bis Nennspannungsfaktor U_N die Klassengenauigkeit ein. Bei größeren Spannungssteigerungen kommt man unter Umständen in das Sättigungsgebiet und erhält größere Fehler. Unterspannungen beeinflussen Spannungsfehler und Fehlwinkel wenig.

Frequenzeinfluß. Frequenzsteigerungen beeinflussen die Leerlauffehler nur wenig. Die Induktion und damit der Leerlaufstrom sinken mit der Frequenz, wodurch der fehlerbildende Spannungsabfall am ohmschen Widerstand der Primärwicklung ebenfalls sinkt. Der induktive Widerstand der Wandlerprimärwicklung steigt mit der Frequenz, der Strom sinkt, so daß hierdurch in erster Näherung kein zusätzlicher Fehler entsteht. Spannungswandler können nicht mit erheblich niedrigeren Frequenzen betrieben werden, weil bei konstanter Primärspannung die

Induktion unzulässig hoch werden kann. Ein geringer Einfluß auf den Lastfehler ist jedoch nur dann zu erwarten, wenn der $\cos \beta$ des Innenwiderstands des Wandlers gleich dem $\cos \beta$ der Bürde ist.

Kurvenformeinfluß. Spannungswandler sind gegen verzerrte Kurven empfindlicher als Stromwandler, weil sie eine höhere Induktion haben und somit das Sättigungsgebiet schneller erreicht wird.

Temperatureinfluß. Der Temperatureinfluß rührt von der Änderung der Kupfer- und Eisenverluste mit der Temperatur her, da diese Verluste an sich gering sind, spielt auch der Temperatureinfluß keine Rolle.

Ausführungsformen

Der Aufbau eines Spannungswandlers unterscheidet sich vom Stromwandler im wesentlichen durch die Primärwicklung und deren Anschlüsse. Während bei einem Stromwandler der Querschnitt eines Primärleiters

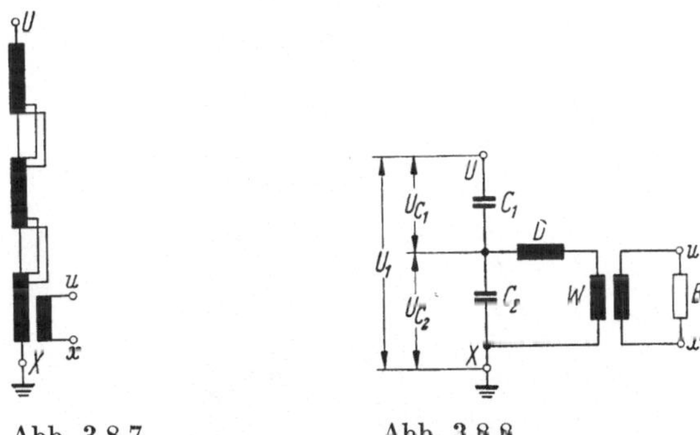

Abb. 3.8.7   Abb. 3.8.8

Abb. 3.8.7 Grundschaltung eines Kaskadenwandlers

Abb. 3.8.8 Kapazitiver Wandler, Grundschaltung.

U_1 Primärspannung; U_{C_1}, U_{C_2} Teilspannungen; C_1, C_2 Kondensatoren; D Drossel; W Anpassungswandler; B außenliegende Bürde

vom durchfließenden Primärstrom abhängig ist, also verhältnismäßig groß sein muß, besteht die Wicklung eines Spannungswandlers aus vielen Windungen dünnen Kupferdrahts, deren Isolation besondere Aufmerksamkeit verlangt. Die einzelnen Wicklungslagen der Spule müssen wegen der auftretenden Überspannung ausreichend isoliert sein. In manchen Fällen sind darum außer der Lagenisolation noch zusätzlich großflächige Metalleinlagen als Kondensatorbelege erforderlich, um die Spannungssicherheit besonders bei auftretenden Stoßwellen zu gewährleisten.

Die Kerne werden bei Spannungswandlern im allgemeinen aus silizierten Eisenblechstreifen mit versetzten Stoßfugen zusammengeschachtelt. Aus wirtschaftlichen Gründen erhalten die Kernquerschnitte oft auch gestufte Blechbreiten zur Anpassung an den runden Spulenkörper.

Die normalerweise für 100 V bzw. $100/\sqrt{3}$ V ausgelegte Sekundärwicklung ist gewöhnlich lagenweise auf einen besonderen Spulenkörper gewickelt, für den Drahtquerschnitt ist wie bei der Primärwicklung weniger die Erwärmung als vielmehr die Größe des Spannungsabfalls maßgebend.

Zur Isolierung hat sich in den letzten Jahren in gesteigertem Maß das Gießharz eingebürgert.

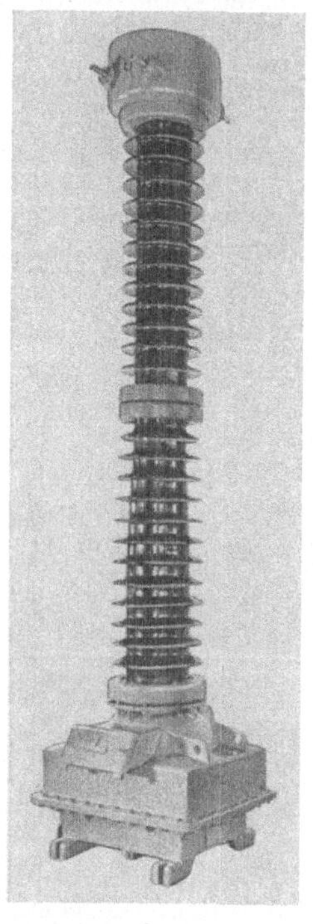

Abb. 3.8.9   Abb. 3.8.10

Abb. 3.8.9 Spannungswandler der Reihe 220 in Topfbauweise mit Porzellan-Ölisolation (SIEMENS)

Abb. 3.8.10 Kombinationswandler der Reihe 220, enthält Strom- und Spannungswandler (Ritz)

Unter bestimmten Voraussetzungen kann das Isolationsproblem durch einen Kaskadenwandler (Abb. 3.8.7) vereinfacht werden. Solche Wandler sind nur einpolig isoliert.

Die einzelnen Schaltglieder sind magnetisch und galvanisch gekoppelt. Die Bürdenabhängigkeit ist größer als bei einstufigen Wandlern.

Bei den kapazitiven Spannungswandlern (Abb. 3.8.8) wird die Primärspannung U_1 vom kapazitiven Spannungsteiler C_1, C_2 in die Spannungen U_{C_1} und U_{C_2} aufgeteilt. Die Teilspannung U_{C_2} liegt über eine

Drossel am Anpassungswandler W. Um einen möglichst großen Sekundärstrom entnehmen zu können, wird die Drossel so abgestimmt, daß
bei Nennfrequenz zwischen der Induktivität des Meßkreises und den
Kapazitäten Resonanz besteht.

Die kapazitiven Spannungswandler sind nur bei hohen Spannungen,
etwa von 220 kV aufwärts, wirtschaftlich. Die Kondensatoren bieten
die Möglichkeit zur Trägerfrequenzübertragung.

Abbildung 3.8.9 zeigt einen Spannungswandler der Reihe 220, Abb.
3.8.10 einen Kombinationswandler der Reihe 220, in dem ein Strom- und
Spannungswandler zu einer baulichen Einheit zusammengefaßt sind.
Abb. 3.8.11 u. 3.8.12 zeigen Ausführungen von einpolig isolierten Gieß-
harzspannungswandlern der Reihe 30 bzw. der Reihe 10.

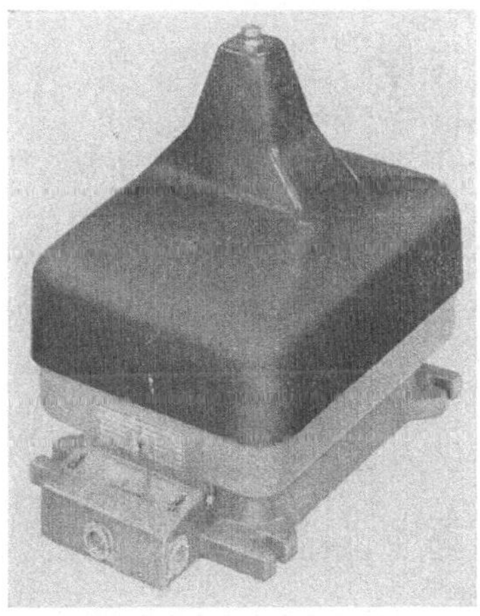

Abb. 3.8.11   Abb. 3.8.12

Abb. 3.8.11 Einpolig isolierter Gießharzspannungswandler Reihe 30 (SIEMENS)
Abb. 3.8.12 Einpolig isolierter Gießharzspannungswandler Reihe 10 (AEG)

3.8.4. Berücksichtigung der Wandlerfehler bei der Messung von Wechselstrom und Drehstrom mit gleichbelasteten Phasen

Bei Strom- und Spannungsmessung mittels Wandlern spielt nur der
Strom- bzw. Spannungsfehler eine Rolle, während der Fehlwinkel das
Meßergebnis nicht beeinflußt. An die Stelle des Sollstroms I ist der
falsche Strom $I \pm \Delta I$ getreten und der prozentuale Stromfehler ist

$$F_{i\%} = \frac{I \pm \Delta I - I}{I} \, 100\% = \frac{\pm \Delta I}{I} \, 100\%,$$

ebenso ist an die Stelle der Sollspannung U die falsche Spannung $U \pm \Delta U$ getreten und es ergibt sich ein prozentualer Spannungsfehler von

$$F_{u\%} = \frac{\pm \Delta U}{U}\, 100\%\,.$$

Bei Leistungsmessungen beeinflußt auch der Fehlwinkel das Meßergebnis.

An die Stelle des Phasenverschiebungswinkels φ ist nach Abb. 3.8.13 der veränderte Winkel $\varphi \pm (\delta_u - \delta_i)$ getreten. Wie man sieht, bleibt

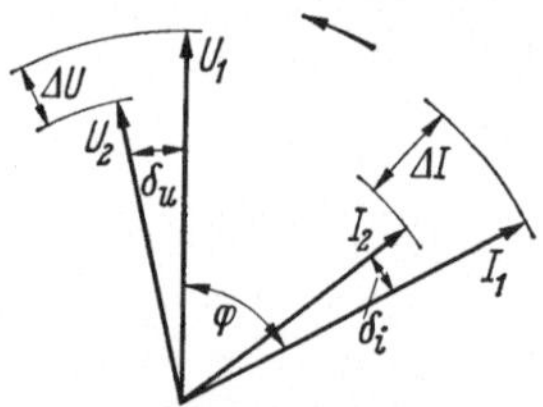

Abb. 3.8.13 Darstellung der Wandlerfehler an Wandlern mit dem Nennübersetzungsverhältnis $K_N = 1$.
U_1 Primärspannung; I_1 Primärstrom;
U_2 Sekundärspannung; I_2 Sekundärstrom;
ΔU Spannungsfehler; ΔI Stromfehler;
δ_u Spannungsfehlwinkel; δ_i Stromfehlwinkel

der Phasenverschiebungswinkel unverändert, wenn die Fehlwinkel von Strom- und Spannungswandler gleich groß sind. Bezeichnet man den gesamten Fehlwinkel mit

$$\delta = \delta_u - \delta_i\,,$$

dann ist der prozentuale Fehler des Phasenverschiebungswinkels φ

$$F_{\varphi\%} = \frac{\cos(\varphi + \delta) - \cos\varphi}{\cos\varphi}\, 100\%$$

oder für kleine Winkel

$$F_{\varphi\%} = \pm 0{,}0291\, \delta \tan\varphi\,,$$

worin φ in Grad und δ in Minuten einzusetzen sind.

Bei Blindleistungsmessung lautet die entsprechende Gleichung

$$F_{\varphi\%} = \pm 0{,}0291\, \delta \cot\varphi\,.$$

Die Solleistung ist

$$P_{\text{soll}} = UI \cos\varphi\,,$$

die Istleistung ist

$$P_{\text{ist}} = (U \pm F_{u\%})\,(I \pm F_{i\%})\,(\cos\varphi \pm F_{\varphi\%})\,.$$

Da sich bei der Multiplikation die Toleranzen der Faktoren addieren, wird die Istleistung

$$P_{\text{ist}} = UI \cos\varphi \pm (F_{u\%} + F_{i\%} + F_{\varphi\%})$$

oder

$$P_{\mathrm{ist}} = P_{\mathrm{soll}} \pm (F_{u\%} + F_{i\%} + F_{\varphi\%}).$$

Diese Leistung wird außerdem durch das Meßgerät nicht völlig richtig gemessen, so daß zu den Wandlerfehlern noch die Fehler des Meßgeräts hinzukommen. Im allgemeinen kann man die Wandlerfehler gegenüber den Meßgerätefehlern vernachlässigen, nur bei Präzisionsmessungen über Wandler der Klassen 1 und größer sind die Wandlerfehler zu berücksichtigen. Dann muß man aber auch die Wandlerfehler bei der Betriebsbürde ermitteln.

3.8.5. Wandler- und Bürdenmeßeinrichtungen

Die Richtigkeitsprüfung von Strom- und Spannungswandlern, die in der Bestimmung der meist sehr kleinen Strom- bzw. Spannungsfehler und des Fehlwinkels besteht, stellt hohe Anforderungen an die verwendeten Meßeinrichtungen. Zwei Verfahren haben sich durchgesetzt.

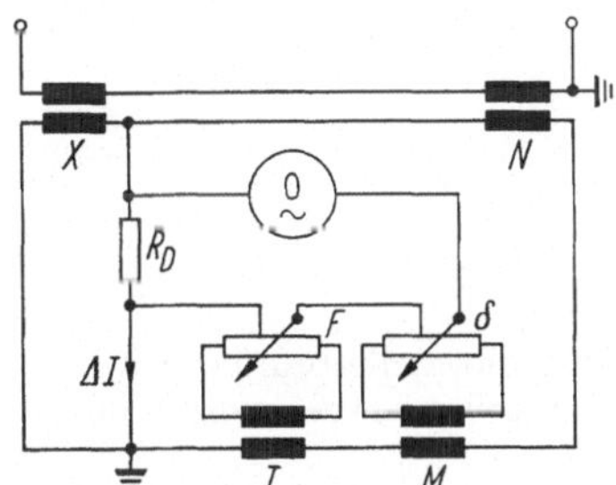

Abb. 3.8.14 Stromwandlerprüfung nach dem Differenzverfahren von Hohle

Wandler- und Bürdenmeßeinrichtung nach dem Differenzverfahren. Die m Differenzverfahren arbeitende Einrichtung erlaubt die Richtigkeitsprüfung von Strom- und Spannungswandlern für die wichtigsten Nennströme und Nennspannungen. Außerdem können Strom- und Spannungswandlerbürden gemessen werden.

Das Differenzverfahren fordert zunächst für den Prüfling X das gleiche Nennübersetzungsverhältnis wie für den Normalwandler N. Mit Hilfe von Zwischenwandlern ist auch der Vergleich von Wandlern ungleichen Übersetzungsverhältnisses möglich. Abb. 3.8.14 zeigt eine Schaltung zur Richtigkeitsprüfung von Stromwandlern.

Die Primärwicklung des Prüflings X und des Normalwandlers N sind in Reihe geschaltet, während die beiden Sekundärwicklungen so an die Meßeinrichtung angeschlossen sind, daß ihr Differenzstrom ΔI an dem Diagonalwiderstand R_D einen Spannungsabfall bewirkt. Dieser wird über ein Wechselstromnullmeßwerk durch zwei aufeinander senkrecht stehende, in ihrer Größe einstellbare Spannungen kompensiert. Die Kompensationsspannungen werden an zwei Schleifdrähten F und δ abgenommen, von denen der eine über den Stromwandler T und der andere über die Gegeninduktivität M von dem Sekundärstrom des Normalwandlers N gespeist wird.

Bei der Prüfung von Spannungswandlern wird ähnlich verfahren. Hier liegen die Primärwicklungen des Prüflings X und des Normalwandlers N parallel.

Wandler- und Bürdenmeßeinrichtung nach dem Spannungskompensationsverfahren. Mit dem Spannungskompensationsverfahren kann der Fehler eines Wandlers, der das gleiche oder ein vom Normalwandler abweichendes Nennübersetzungsverhältnis hat, gemessen werden. Außer den Wandlerfehlern können Bürden und Eigenverbrauch von Strom- und Spannungswandlern, sowie Wirk- und Blindkomponenten des Magnetisierungsstroms von Stromwandlern und Leerlaufverluste von Leistungstransformatoren gemessen werden.

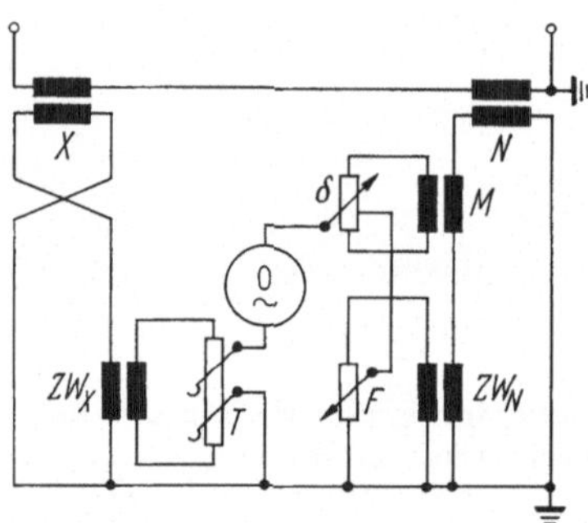

Abb. 3.8.15 Stromwandlerprüfung nach dem Spannungskompensationsverfahren von Keller

Abbildung 3.8.15 zeigt das Meßprinzip für die Prüfung eines Stromwandlers.

Prüfling X und Normalwandler N liegen primär in Reihe. Über den Zwischenwandler ZW_X erhält man am Teiler T eine Spannung, die proportional und in Phase mit dem Sekundärstrom des Prüflings ist. N erzeugt über den Zwischenwandler ZW_N und die Gegeninduktivität M zwei um 90° gegeneinander verschobene, an den Schleifdrähten F und δ einstellbare Spannungen. Mit letzteren wird die Spannung zwischen den beiden Abgriffen des Spannungsteilers T kompensiert.

An den Bedienungsknöpfen der Schleifdrähte F und δ sind geeichte Skalen angebracht, die ein direktes Ablesen des Strom- oder Spannungsfehlers in Prozent und des Fehlwinkels in Minuten gestattet.

Die Prüfung von Spannungswandlern erfolgt sinngemäß. Die Primärwicklungen vom Prüfling und Normalwandler sind dabei parallelgeschaltet.

3.9. Das Zusammenarbeiten von Wandlern und Meßgeräten

Die indirekte Messung über Wandler hat gegenüber der unmittelbaren Messung mancherlei Vorzüge, deren größter darin besteht, daß man nicht mit großen Strömen oder hohen Spannungen bis an die Meßstelle, meist also bis an die Schalttafel herangehen muß, was mit einem beträchtlichem Aufwand und erheblichen Kosten verbunden wäre und den Sicherheitsgrad der Anlage wesentlich mindern würde. Dazu kommt, daß die Konstruktion eines Dreheisenmeßwerks und auch eines elektrodynamischen Meßwerks sowohl für sehr hohe Spannungen wie auch für große Ströme beträchtliche Schwierigkeiten machen würde. Bei hohen Betriebsspannungen müßte das Meßgerät isoliert aufgestellt und vor Berührung geschützt werden, bei höheren Strömen müßte die Lage der Zuleitungen genau definiert sein, da ihr magnetisches Feld das Meßfeld beeinflußt. Ein weiterer Vorzug der Wandler ist die galvanische Trennung der Hochspannungs- von den Niederspannungsgeräten und ihren Zuleitungen sowie die Möglichkeit, unterteilte oder angezapfte Wicklungen auszuführen und Ströme bzw. Spannungen mehrerer Wandler zu subtrahieren oder zu addieren, ferner lassen sich die Wandler überlastungssicherer bauen als die Meßgeräte. Durch die Wahl eines Stromwandlers mit einem kleinen Nenn-Überstromfaktor werden die Meßgeräte vor Überströmen geschützt.

Die Genauigkeit der Messung wird durch das Zwischenschalten eines geeigneten Meßwandlers nur unwesentlich verringert. Die vom Wandler hervorgerufenen Fehler sind klein gegenüber denen, die man erwarten müßte, wenn man mit großen Strömen und Spannungen unmittelbar an das Meßwerk heranginge. Die Wandlerfehler können völlig ausgeschieden werden, wenn man Meßgerät und Wandler zusammen abstimmt.

3.9.1. Strommessung

Strommessung mit einem Meßbereich. Der Wandler wird für einen Sekundärstrom von 1 oder 5 A ausgelegt und einseitig geerdet. Seine Sekundärwicklung und das Meßgerät sind für 2 kV Prüfspannung gegen Masse isoliert. Die primäre Isolation des Wandlers richtet sich nach der Betriebsspannung des Meßkreises (Abb. 3.9.1).

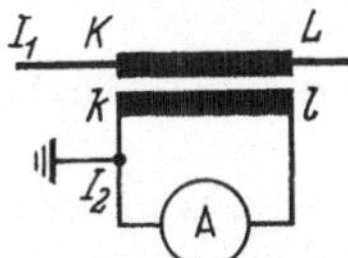

Abb. 3.9.1 Wechselstrommessung über Wandler.
I_1 Primärstrom; I_2 Sekundärstrom

Summen- und Differenzstrommessung. Wandler können auch parallel oder gegeneinander geschaltet werden, um Summen und Differenzen synchroner Ströme zu bilden, wobei evtl. ein Zwischenwandler den Sekundärstrom wieder auf 5 A herabsetzt, so daß ein normales Meßgerät verwendet werden kann (Abb. 3.9.2 u. 3.9.3).

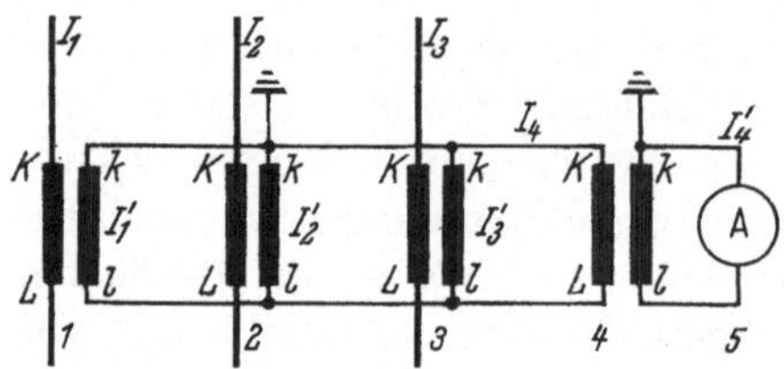

Abb. 3.9.2

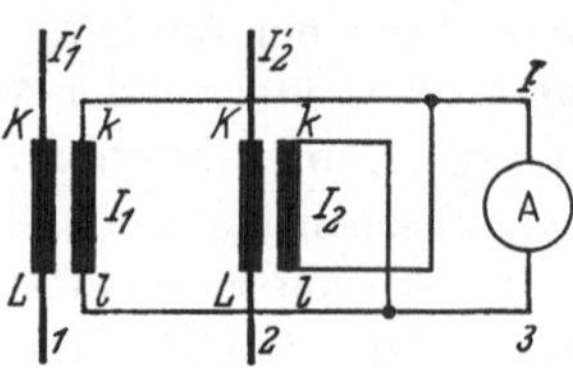

Abb. 3.9.3

Abb. 3.9.2 Summierung dreier Ströme mit Wandlern und Einschalten eines Zwischenwandlers zum Herabsetzen des Sekundärstroms.

$I_1, ..., I_3$ Einzelströme; I_4 sekundärer Summenstrom; *1, ..., 3* Hauptstromwandler; *4* Zwischenwandler; *5* Meßgerät

Abb. 3.9.3 Differenzstrommessung mit Wandlern.

1, 2 Hauptstromwandler; *3* Meßgerät

Strommessung im Drehstromnetz. Die Ströme im Dreileiter-Drehstromnetz kann man mit drei Wandlern oder mit zwei Wandlern und Summenbildung messen, weil die Summe der drei Ströme Null sein muß. Die

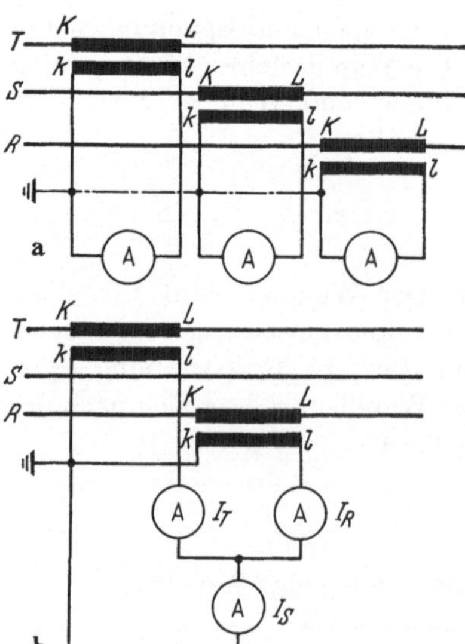

Abb. 3.9.4a u. b Strommessung im Dreileiter-Drehstromnetz.

a) mit 3 Wandlern; b) mit 2 Wandlern und Summierung der Sekundärströme

Summenbildung versagt natürlich im Erdschlußfall, wenn die Summe der drei Leiterströme nicht mehr Null ist (Abb. 3.9.4a u. b).

Anschluß mehrerer Verbraucher an Stromwandler. Die Klassengenauigkeit eines Stromwandlers gilt für den in VDE 0414 festgelegten Bürdenbereich. Deshalb ist es besonders für Präzisionsmessungen wichtig, die Betriebsbürde zu ermitteln.

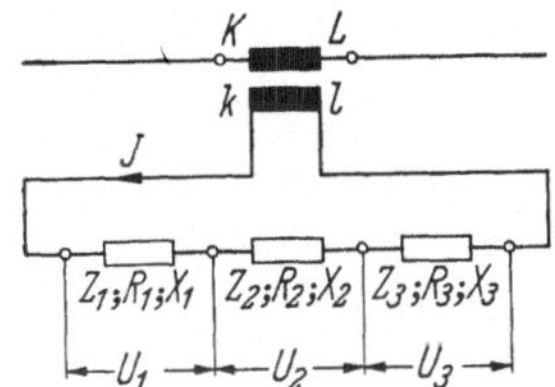

Abb. 3.9.5 Anschluß mehrerer Verbraucher an einen Stromwandler.

R Wirkwiderstände; X Blindwiderstände; Z Scheinwiderstände der Verbraucher

Aus diesem Grund wird in den Herstellerlisten der Eigenverbrauch der Meßgeräte angegeben.

Werden an einen Stromwandler gemäß Abb. 3.9.5 mehre Geräte angeschlossen, so sind ihre Strompfade in Reihe zu schalten. Die gesamte Bürde Z ist gleich der geometrischen Summe der einzelnen Bürden. Bezeichnet man die Wirkwiderstände mit R, R_1, R_2, R_3, die Blindwiderstände mit X, X_1, X_2, X_3, die Scheinwiderstände mit Z, Z_1, Z_2, Z_3, den Wirkverbrauch mit P_W, den Blindverbrauch mit P_B und den Bürdenleistungsfaktor mit $\cos \beta$, so ergeben sich folgende Beziehungen

$$\underline{Z} = \underline{Z}_1 + \underline{Z}_2 + \underline{Z}_3 \text{ oder } Z = \sqrt{(R_1 + R_2 + R_3)^2 + (X_1 + X_2 + X_3)^2}.$$

Die gesamte beanspruchte Wirkleistung ist

$$P_W = P_{W_1} + P_{W_2} = P_{W_3},$$

die gesamte beanspruchte Blindleistung

$$P_B = P_{B_1} + P_{B_2} + P_{B_3},$$

die gesamte Scheinleistung

$$P_S = \sqrt{P_W^2 + P_B^2},$$

der Leistungsfaktor der Gesamtbürde ist

$$\cos \beta = \frac{P_W}{P_S} = \frac{R_1 + R_2 + R_3}{Z}.$$

3.9.2. Spannungsmessung

Im Gegensatz zu den Stromwandlern spielt bei den Spannungswandlern der Verbrauch der Meßwerke meist keine Rolle, weil die Spannungswandler aus konstruktiven Gründen fast immer so groß sind, daß ihre Leistung den Verbrauch in den Spannungspfaden der angeschlossenen Meßgeräte weit übersteigt.

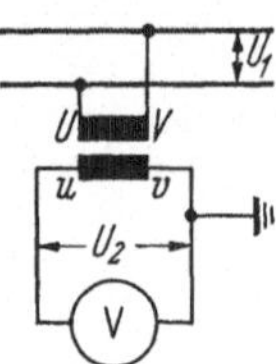

Abb. 3.9.6 Spannungsmessung über Wandler
U_1 Primärspannung; U_2 Sekundärspannung

Einfache Spannungsmessung mit Wandler. (Abb. 3.9.6). Die Spannungsmessung über Wandler verbraucht viel weniger Leistung als das Messen mit Vorwiderständen und erhöht die Betriebs- und Unfallsicherheit der Meßanlage, da die Sekundärspannung nur 100 V bzw. $\dfrac{100}{\sqrt{3}}$ V beträgt.

Die Primärwicklung des Wandlers muß für die volle Betriebsspannung und Prüfspannung gegen Masse und gegen die Sekundärwicklung isoliert sein, die Sekundärwicklung ist für 2 kV gegen Masse isoliert.

Spannungsmessung im Drehstromnetz. Im Drehstromnetz können die Spannungen zwischen den Leitern, also die Leiter- oder Dreiecksspannungen oder die Spannungen gegen Erde, die Sternspannungen, ge-

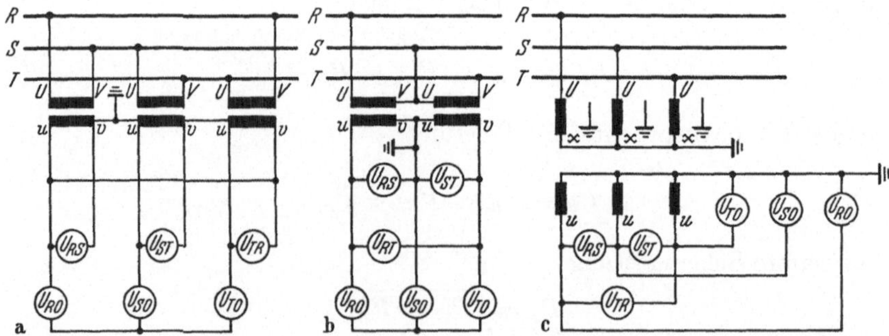

Abb. 3.9.7 a—c Messen der Dreiecks- und Sternspannungen im Dreileiter-Drehstromnetz.

a) mit 3 zweipolig isolierten Einphasenwandlern in Dreiecksschaltung; b) mit 2 zweipolig isolierten Einphasenwandlern in V-Schaltung; c) mit 3 einpolig isolierten Einphasenwandlern in Sternschaltung

messen werden, und wenn auch im allgemeinen nur die Dreiecksspannungen interessieren, so soll doch in den Abbildungen gezeigt werden, wie man mit den gleichen Wandlern auch die Sternspannungen mißt.

Abbildung 3.9.7a zeigt die Spannungsmessung im Dreileiter-Drehstromnetz, wenn drei zweipolig isolierte Einphasenspannungswandler vorhanden sind. Auf den Sekundärseiten der Wandler stehen zunächst die Dreiecksspannungen zur Verfügung, die Sternspannungen erhält man durch Schaffen eines künstlichen Nullpunkts. Dieselbe Messung kann man auch mit nur zwei zweipolig isolierten Einphasenspannungswandlern ausführen (Abb. 3.9.7b).

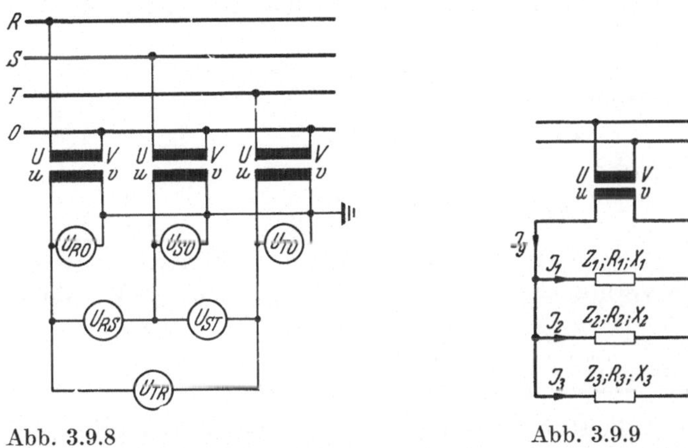

Abb. 3.9.8   Abb. 3.9.9

Abb. 3.9.8 Messen der Dreiecks- und Sternspannungen im Vierleiter-Drehstromnetz mit 3 Einphasenwandlern in Sternschaltung

Abb. 3.9.9 Anschluß mehrerer Verbraucher an einen Spannungswandler.

R Wirkwiderstände; X Blindwiderstände; Z Scheinwiderstände; I Stromaufnahme der Verbraucher

Abbildung 3.9.7c gibt die Meßschaltung mit nur einpolig isolierten Wandlern wieder. Bei dieser Schaltung sind stets drei Wandler erforderlich.

Abbildung 3.9.8 zeigt die Spannungsmessung im Vierleiter-Drehstromnetz mit drei in Stern geschalteten zweipolig isolierten Einphasenwandlern.

Anschluß mehrerer Verbraucher an Spannungswandler. Beim Anschluß von Verbrauchern an Spannungswandlern muß geprüft werden, ob die für einen Wandler zulässige Nennleistung bzw. in Sonderfällen der sekundäre thermische Grenzstrom nicht überschritten wird.

Die gesamte Wandlerleistung beim Anschluß mehrerer Verbraucher berechnet sich nach folgenden Gleichungen (Abb. 3.9.9). Für jeden Verbraucher ist

$$I = \frac{U_2}{Z} = \frac{P_S}{U_2}.$$

Der Wirkstrom jedes Verbrauchers ist

$$I_W = I \cos \beta = \frac{P_W}{U_2},$$

der Blindstrom

$$I_B = I \sin \beta = \frac{P_B}{U_2}.$$

Der Gesamtstrom der parallel geschalteten Verbraucher ist

$$I_g = I_1 + I_2 + I_3,$$

der gesamte Wirkstrom

$$I_{W_g} = I_{W_1} + I_{W_2} + I_{W_3},$$

der gesamte Blindstrom

$$I_{B_g} = I_{B_1} + I_{B_2} + I_{B_3},$$

darin bedeuten P_W, P_B, P_S Wirk-, Blind- und Scheinverbrauch, $\cos \beta$ den Phasenwinkel des Verbrauchers, U_2 die Sekundärspannung des Wandlers.

3.9.3. Leistungsmessung

Bei der indirekten Leistungsmessung über Wandler gelten prinzipiell die gleichen Bedingungen wie bei der direkten Messung in Wechsel- und Drehstromnetzen. Die Strom- und Spannungspfade von Leistungs- messern werden zusammen mit Wandlern in gleicher Weise geschaltet wie Strom- und Spannungsmesser.

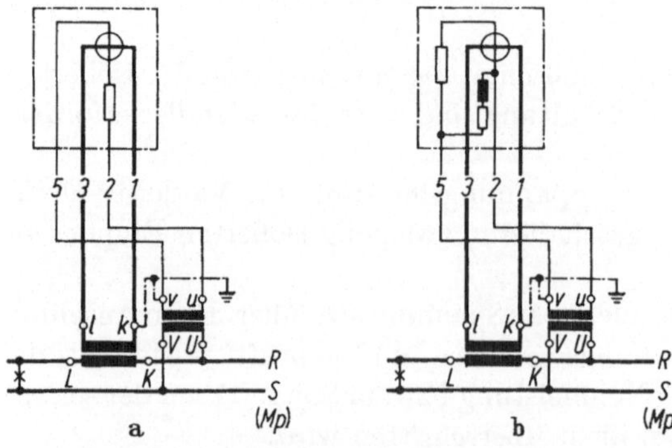

Abb. 3.9.10a u. b Anschluß an Einphasenwechselstrom über Wandler.
a) Wirkleistung; b) Blindleistung

Die Abb. 3.9.10a und b zeigen die Messung der Wirk- und Blindleistung bei Einphasenwechselstrom. In Abb. 3.9.11a und b sind die Schaltungen für die Wirk- und Blindleistungsmessung bei Dreileiterdrehstrom gleicher Belastung dargestellt.

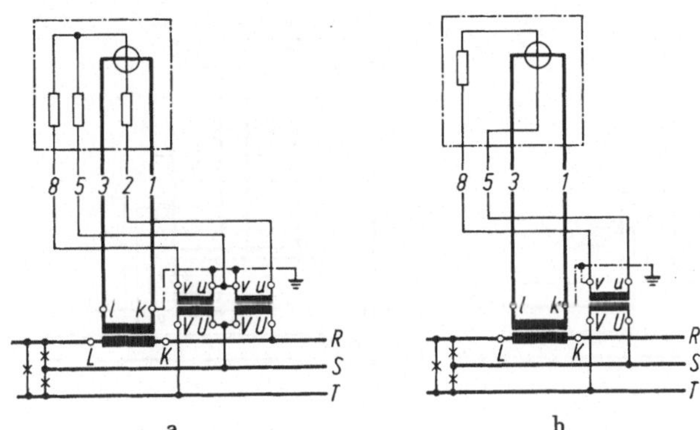

Abb. 3.9.11a u. b Anschluß an Dreileiter-Drehstrom gleicher Belastung über Wandler.

a) Wirkleistung; b) Blindleistung

Die Schaltungen für die Wirk- und Blindleistungsmessung in Dreileiterdrehstromnetzen beliebiger Belastung mit jeweils zwei Meßwerken sind aus Abb. 3.9.12 ersichtlich. Jeweils 2 Meßwerke in der „2½-Schaltung" messen die Wirk- und Blindleistung in Drei- oder Vierleiter-Drehstromnetzen in den in Abb. 3.9.13 dargestellten Schaltungen. In Niederspannungsnetzen werden die Spannungen auch direkt und die Ströme

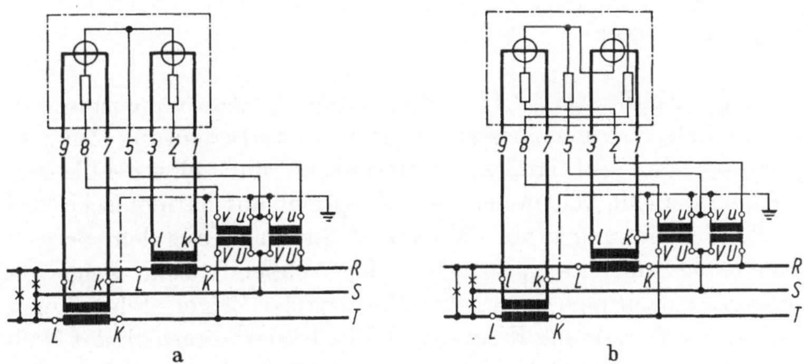

Abb. 3.9.12a u. b Anschluß an Dreileiter-Drehstrom beliebiger Belastung über Wandler.

a) Wirkleistung; b) Blindleistung

indirekt mit z. B. Kleinststromwandlern bzw. speziellen von der PTB (Physikalisch Technische Bundesanstalt) beglaubigten Zählerstromwandlern gemessen.

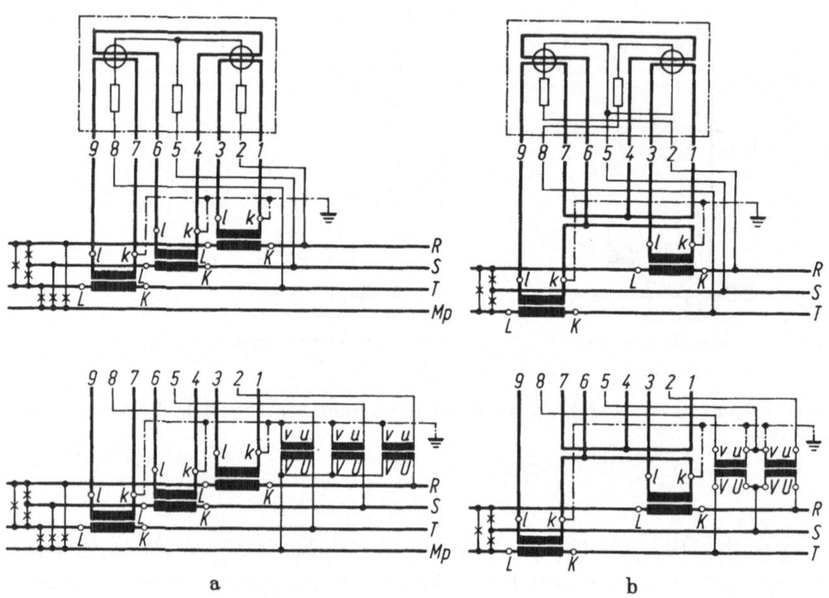

Abb. 3.9.13a u. b Anschluß an Drei- oder Vierleiter-Drehstrom beliebiger Belastung über Wandler.
a) Wirkleistung; b) Blindleistung

3.9.4. Frequenzmessung

Neben den im Abschnitt 2.2.11. behandelten Zungenfrequenzmessern gewinnen die Zeigerfrequenzmesser immer mehr an Bedeutung. Zungenfrequenzmesser sind auf größere Entfernungen nur schwer ablesbar. Ihre Anzeige ist nicht kontinuierlich und spricht auf harmonische und mechanische Schwingungen an. Fällt die Meßfrequenz aus dem Bereich des Frequenzmessers heraus, so erhält der Ablesende beim Zeigerfrequenzmesser, je nach dem in welcher Endlage der Zeiger steht, immer noch die Information, ob die Frequenz oberhalb oder unterhalb des Meßbereichs liegt. Der besondere Vorteil von Zeigerfrequenzmessern liegt aber wohl darin, daß in den meisten Schaltungen Drehspulmeßwerke verwendet werden können, wodurch auch eine Registrierung möglich wird.

Zeigerfrequenzmessung.

Prinzip

Zeigerfrequenzmesser sind direktanzeigende Frequenzmesser mit Drehspulmeßwerken. Sie arbeiten nach dem Prinzip der Kondensatorumladung.

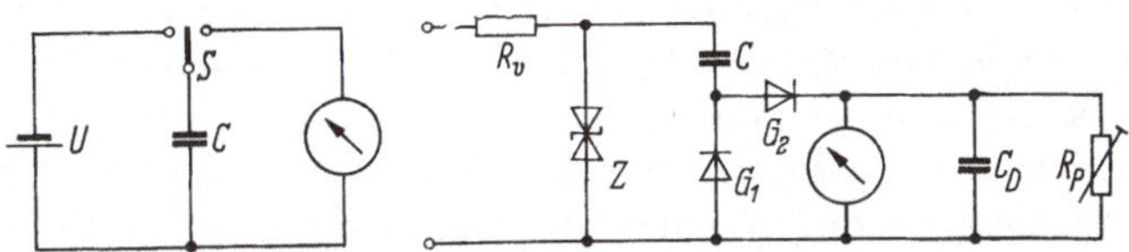

Abb. 3.9.14 Frequenzmessung durch Kondensatorlademethode.
Links: Prinzipschaltung; *rechts:* Zeigerfrequenzmesserschaltung mit Zenerdioden nach dem Kondensatorladeprinzip

In der Schaltung nach Abb. 3.9.14 links wird ein Kondensator C im Takte der Meßfrequenz mit Hilfe eines Umschalters abwechselnd an die Spannung U oder an ein Meßwerk gelegt.

Der im Meßwerk fließende Strom I ist der Meßfrequenz f proportional.

$$I = f \cdot C \cdot U.$$

In der in Abb. 3.9.14 rechts gezeigten Schaltung für einen Zeigerfrequenzmesser wird die Funktion des Umschalters von den Gleichrichtern G_1 und G_2 übernommen. Die Zenerdioden sorgen für eine rechteckförmige, konstante Wechselspannung, deren negative Halbwellen über den Gleichrichter G_1 den Kondensator C aufladen und deren positive Halbwellen über den Gleichrichter G_2 und das Meßwerk den Kondensator C im Takte der Meßfrequenz entladen. Der Kondensator C_D dient der Dämpfung des Meßwerks und der Widerstand R_p dem Abgleich der Frequenzanzeige. Da hier der Kondensator durch eine gleichhohe Gegenspannung entladen wird, beträgt der Meßwerkstrom

$$I = 2f \cdot C \cdot U.$$

Der Frequenzbereich eines solchen Zeigerfrequenzmessers beginnt bei $f = 0$.

Eine Empfindlichkeitssteigerung und die Anzeige nur eines interessierenden Frequenzbereiches läßt sich mit einer um ein zweites frequenzabhängiges Glied erweiterten Schaltung erzielen (Abb. 3.9.15).

Man bezeichnet solche Frequenzmesser als Frequenzlupen, in Analogie zu den Spannungslupen. Die Unterdrückung des nicht interessierenden Frequenzbereiches erfolgt elektrisch.

In der sogenannten Hauptwertschaltung ist der über das Meßwerk fließende Strom proportional der Frequenz der Eingangsspannung (Abb. 3.9.15).

Den Kompensationstrom I_k zur Unterdrückung des nicht interessierenden Frequenzanfangsbereiches liefert der Kompensationskreis, der aus dem Schaltungselementen G_3, C_k und R_k besteht. Der Kondensator C_k wird über die Diode G_3 auf den Spannungs-Scheitelwert der Zenerdioden Z aufgeladen. Die Zeitkonstante aus C_k, R_k, R_p und dem Innenwiderstand des Meßwerks ist groß gegenüber der Periodendauer der zu messenden Frequenz. Dadurch wird der Kompensationsstrom I_k von der Frequenz der Eingangsspannung unabhängig. Über das Meßwerk fließt der Differenzstrom aus I_p und I_k.

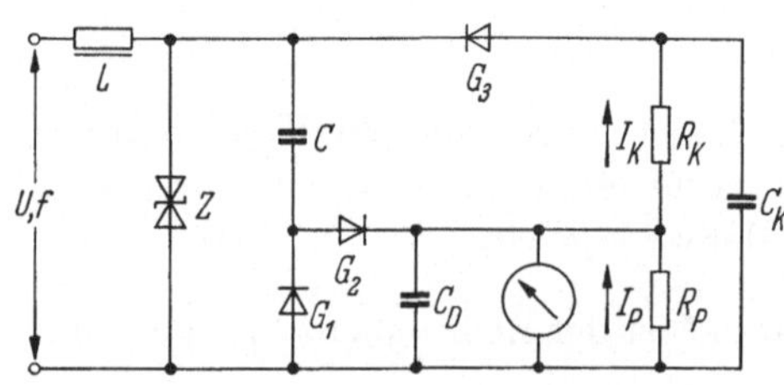

Abb. 3.9.15 Zeigerfrequenzmesser mit Zenerdioden und zwei frequenzabhängigen Gliedern

Eigenschaften

Spannungseinfluß. Der Einfluß von Spannungsänderungen ist bei $\pm 20\%$ der Nennspannung kleiner als der halbe Grundfehler.

Grundfehler. Der Grundfehler und die Konstanz werden durch die Konstanz der Zenerspannung, der frequenzabhängigen Bauelemente, durch den gewählten Frequenzbereich und die Fehler des Meßgerätes bestimmt.

Erfahrungen über die zeitliche Konstanz von Zenerdioden besagen, daß z. B. bei 5000 Betriebsstunden die Zenerspannungstoleranz mit Sicherheit besser als $\pm 0{,}05\%$ ist.

Zeigerfrequenzmesser werden — je nach gewähltem Frequenzumfang — in den Klassen 0,2, 0,5 und 1 entsprechend VDE 0410 ausgeführt. Die möglichen Frequenzbereiche sind $\pm 5\%$, $\pm 10\%$ und $\pm 20\%$ des Frequenzhauptwertes.

Temperatureinfluß. Der Temperatureinfluß kann durch Aussuchen von Zenerdioden mit gleichem Temperaturkoeffizienten kleiner als der vierte Teil der Klasse gehalten werden. Der zuläßige Temperaturbereich reicht von $-40\,°\mathrm{C}$ bis $+60\,°\mathrm{C}$.

Oberwelleneinfluß. Bei einem Klirrfaktor von 30% liegt die Anzeige innerhalb des Grundfehlers.

Eigenverbrauch. Die Leistungsaufnahme von Zeigerfrequenzmessern mit Zenerdioden ist von der Nennspannung abhängig. Bei 110 V Nennspannung ist die Leistungsaufnahme etwa 1,1 VA; bei 380 V etwa 3,5 VA.

Ausführungsformen

Zeigerfrequenzmesser werden als Einbaumeßgeräte, als Linienschreiber und als Großmeßgeräte hergestellt. Abb. 3.9.16 zeigt Zeigerfrequenzmesser mit Zenerdioden und Drehspulmeßwerk als Schalttafeleinbaumeßgeräte.

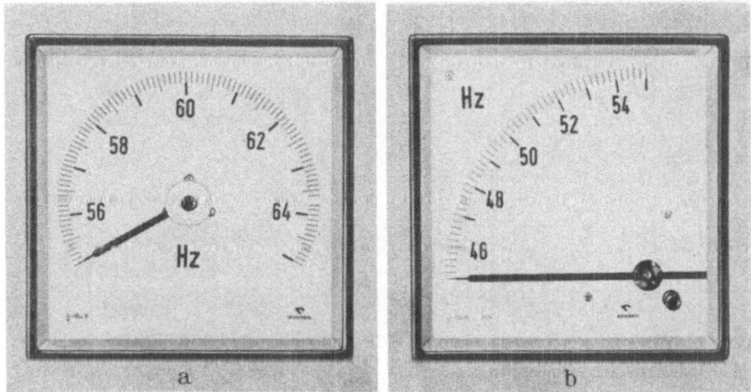

Abb. 3.9.16a u. b Zeigerfrequenzmesser mit Zenerdiode und Drehspulmeßwerk (Gossen).
a) mit Kreisskale; b) mit Quadrantskale

3.9.5. Ausführungsformen von Meßgeräten für Wandleranschluß

Für Strom- und Spannungsmessungen in Wechsel- und Drehstromnetzen werden hauptsächlich Meßgeräte mit Dreheisenmeßwerken als Schalttafelmeßgeräte oder tragbare Betriebsmeßgeräte verwendet (s. Abschn. 2.2.4).

Schalttafelmeßgeräte. Schalttafelstrommesser mit Spitzenlagerung verbrauchen etwa 0,5⋯1 VA, solche mit Spannbandlagerung etwa 0,1 VA, Spannungsmesser verbrauchen bei Spitzenlagerung 2,5⋯5 VA, bei Spannbandlagerung 0,25⋯0,5 VA.

Abbildung 3.9.17 zeigt verschiedene Gehäuseformen von Schalttafeleinbaumeßgeräten, wie sie heute allgemein üblich sind. Außer den hier gezeigten rechteckigen und quadratischen Bauformen mit Normabmessungen sind für viele Anwendungen auch runde Bauformen gebräuchlich (DIN 43700).

Zur Überwachung von Stromverteilungsanlagen werden bevorzugt Bimetall-Meßgeräte eingesetzt (s. Abschnitt 2.2.12.).

Bei besonderen Strom-Höchstwertmessern verstellt das Bimetallmeßwerk einen Schleppzeiger zur Makrierung der Höchstwerte, während unabhängig davon ein anzeigendes Dreheisenmeßwerk die gleichzeitige Ablesung des momentanen Effektivwertes erlaubt. Abb. 3.9.18 zeigt einen solchen Strom-Höchstwertmesser. Hier sind die Meßwerke axial hintereinander montiert. Die äußere Skale ist dem Dreheisenmeßwerk, die innere Skale dem Bimetallmeßwerk zugeordnet.

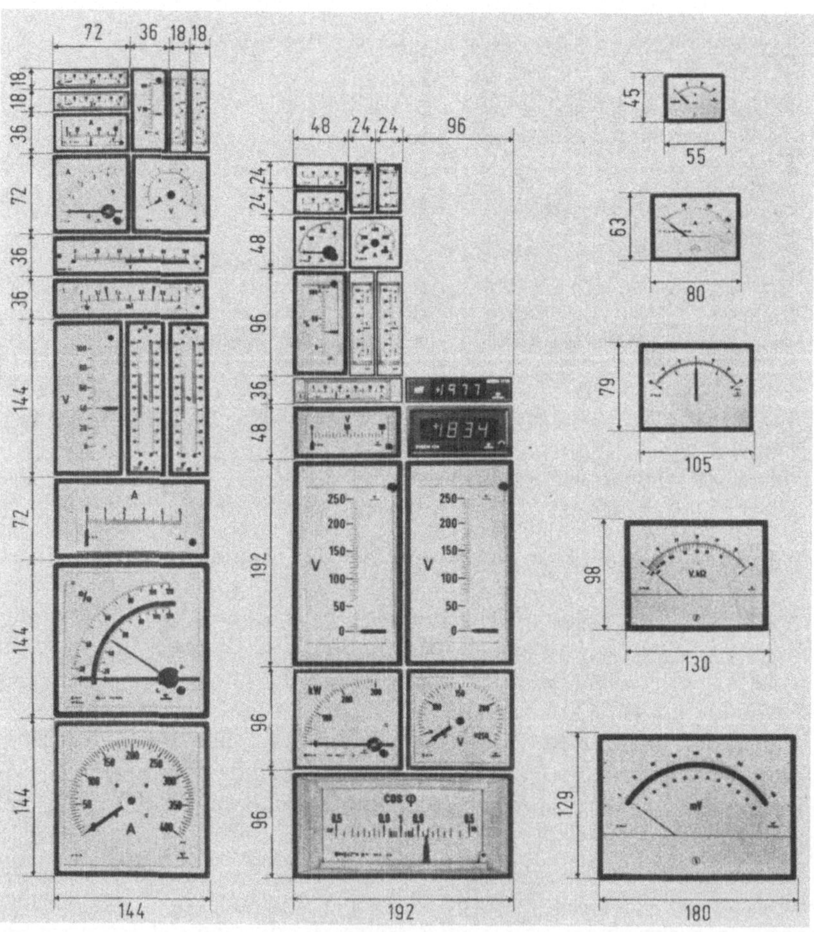

Abb. 3.9.17 Schalttafel. Einbaumeßgeräte verschiedener Größen und Gehäuseformen (Gossen)

Der Schleppzeiger läßt sich mit einem plombierbaren Drehknopf zurückstellen. Mittels einer Konstantenscheibe lassen sich verschiedene Strommeßbereiche wählen.

Tragbare Betriebsmeßgeräte. Tragbare Meßgeräte sollen Transportstößen gewachsen sein, einen großen Frequenzbereich und viele Meßbereiche haben. Für Starkstrommessungen ist der Frequenzbereich von etwa 15 bis 200 Hz völlig ausreichend. Die Forderung nach vielen Meßbereichen ist jedoch mit spitzengelagerten Meßwerken wegen des hohen Eigenverbrauchs nicht in dem angestrebten Umfang erfüllbar, wohl aber mit Spannbandsystemen.

Abbildung 3.9.19 zeigt einen solchen Dreheisenstrom- und -spannungsmesser für Gleich- und Wechselstrom der Kl. 1,5 mit den Meßbereichen 30 mA···30 A und 10···1000 V. Das Meßgerät verbraucht je nach Meß-

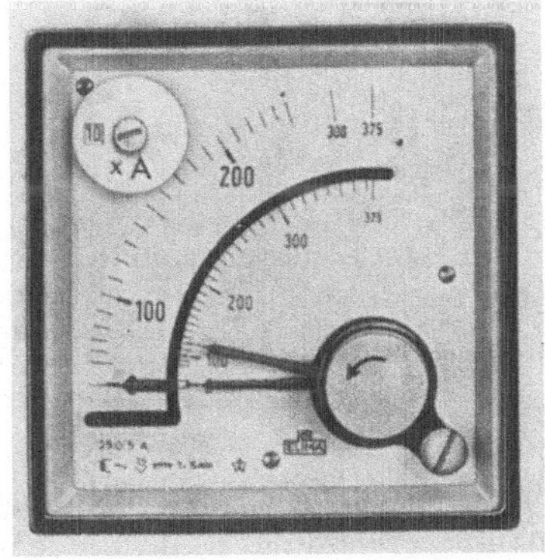

Abb. 3.9.18   Abb. 3.9.19

Abb. 3.9.18 Strom-Höchstwertmesser mit Bimetallmeßwerk mit Schleppzeiger und Dreheisenmeßwerk (Gossen)

Abb. 3.9.19 Dreheisen-Vielfachmeßgerät für Gleich- und Wechselstrom mit Spannbandmeßwerk, Kl. 1,5, Meßbereiche 30 mA bis 30 A, 10 bis 1000 V nebst zugehörigem Stromwandler für größere Wechselströme (SIEMENS)

bereich als Strommesser 0,1 VA bis 6 VA, als Spannungsmesser 0,3 bis 5 W und ist als Strommesser bis 400 Hz, als Spannungsmesser bis 150 Hz verwendbar. Der Fremdfeldeinfluß wird durch eine magnetische Schirmung klein gehalten.

Bei größeren Wechselströmen empfiehlt es sich, Stromwandler zu verwenden, weil bei Meßwerken mit mehreren Wicklungen die Lage der einzelnen Wicklungen zum beweglichen Eisen verschieden ist und man deshalb nur mit Schwierigkeiten eine übereinstimmende Skalenteilung erhält und weil bereits die Lage der Zuleitung den Skalenverlauf beeinflussen kann.

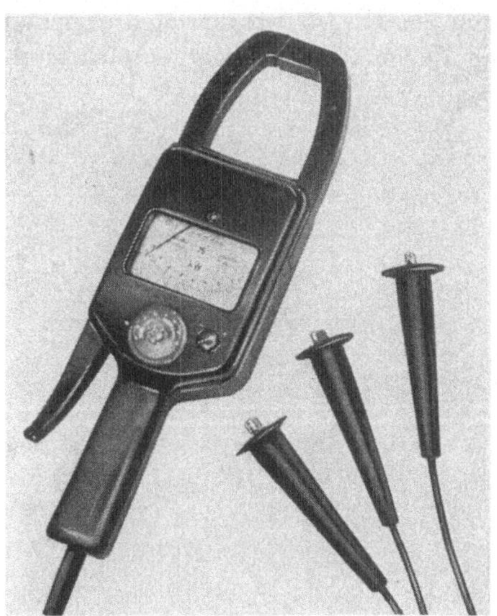

Abb. 3.9.20
Zangenleistungsmesser (H & B)

Ein wichtiges Hilfsmittel für Prüfaufgaben in Wechselstromanlagen sind Meßzangen. Sie enthalten ein aufklappbares, gut isoliertes Eisenjoch, das mit einem einfachen Handgriff um einen Leiter herumgeführt werden kann. Ein Auftrennen der Leitung ist daher beim Messen nicht nötig.

Bei Strommeßzangen dient das Eisenjoch als Kern eines Einschienenstromwandlers, dessen Primärwicklung durch den umschlossenen Leiter dargestellt wird. Ist die eingebaute Sekundärwicklung z. B. für ein Übersetzungsverhältnis von 1000:1 ausgelegt, so werden bei einem angeschlossenen Vielfachmeßgerät die eingestellten Meßbereiche um den Faktor 1000 erweitert. Durch Einbau eines Meßgerätes in eine Strommeßzange entsteht ein Zangen-Strom- und -Spannungsmesser.

Zur Strommessung genügt das Umschließen des Leiters mit der Zange, zur Spannungsmessung muß das Instrument z. B. mittels Clips und einschraubbarer Leitungen mit den Meßpunkten verbunden werden; Fehlergrenze etwa ±3%.

Bei Zangenleistungs- und Zangenleistungsfaktormessern stellt das um den Leiter geführte Eisenjoch das Feldeisen eines eingebauten elektrodynamischen Meßwerks dar, dessen Drehspule in geeigneter Weise in den Spannungspfad gelegt wird. Mit Zangenleistungsmessern (Abb. 3.9.20) läßt sich die Wirkleistung bei Einphasenwechselstrom und Drehstrom sowie die Blindleistung bei Drehstrom messen (Fehlergrenzen ±5%). Die Spannung wird über zwei oder drei mit der Zange verbundene, mit Anschlußclips versehene Leitungen zugeführt.

3.10. Gleichrichtermeßverfahren

3.10.1. Trockengleichrichter

Die Mehrzahl der Gleichrichtermeßgeräte arbeiten mit Trockengleichrichtern, und zwar kommen Germanium- und Siliziumgleichrichter in Frage. Abb. 3.10.1 zeigt als Beispiel Durchlaß- und Sperrwiderstand sowie das Widerstandsverhaltnis fur einen Germaniumgleichrichter, abhängig von der angelegten Spannung. Wie man daraus ersieht, ist der

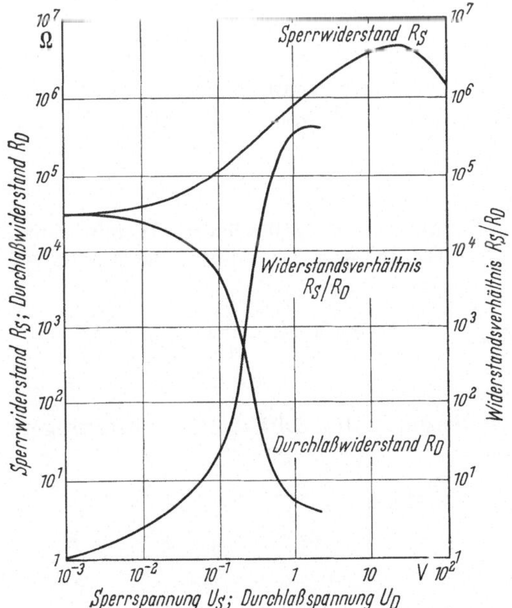

Abb. 3.10.1 Durchlaß- und Sperrwiderstand des Germanium-Richtleiters AA 118, abhängig von der angelegten Spannung (SIEMENS)

Widerstand in der Sperrichtung nicht unendlich groß. Es fließt während der Sperrzeit ein Rückstrom, der sich vom Vorstrom subtrahiert. Das Verhältnis des Vorstroms zum Rückstrom ist am größten, die Gleichrichterwirkung also am besten, bei der Aussteuerung des Gleichrichters mit etwa 1 V, während in der Nähe von 1 mV praktisch keine Gleichrichterwirkung mehr vorhanden ist.

Die Charakteristik des Gleichrichters verläuft bei geringer Spannung quadratisch und erst bei höheren Spannungen linear, d. h. bei kleinen Spannungen ist der gleichgerichtete Strom proportional dem Quadrat des Augenblickswerts des primären Wechselstroms; das Drehspulmeßgerät zeigt also den Effektivwert; bei höheren Spannungen ist der gleichgerichtete Strom dem primären Wechselstrom proportional und das Anzeigegerät zeigt den zeitlich linearen Mittelwert. Man könnte demnach mit schwach ausgesteuerten Gleichrichtern Effektivwerte messen, die Gleichrichter haben aber bei dieser geringen Aussteuerung so ungünstige Eigenschaften, daß man solche Meßgeräte nur für Überschlagsmessungen verwenden kann. Die überwiegende Zahl der Gleichrichtermeßgeräte arbeitet im linearen Bereich der Gleichrichtercharakteristik, zeigt also den Mittelwert.

3.10.2. Drehspulmeßwerke mit Gleichrichter

Prinzip

In Verbindung mit einem Gleichrichter kann man das Drehspulmeßwerk für Wechselstrommessungen verwenden. Es zeigt den zeitlich linearen

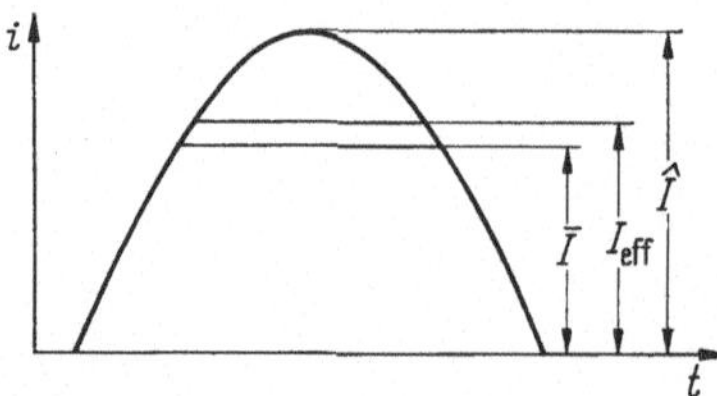

Abb. 3.10.2 Zeitlich linearer Mittelwert und Effektivwert bei sinusförmigem Wechselstrom

$$i = \hat{I} \sin \omega t; \quad \bar{I} = \frac{2}{\pi}\hat{I}; \quad I_{\text{eff}} = \frac{\hat{I}}{\sqrt{2}}$$

Mittelwert des gleichgerichteten Stroms (Abb. 3.10.2). Bei sinusförmigem Verlauf ist der Momentanwert

$$I = \hat{I} \sin \omega t,$$

worin $\bar{I}$ den Scheitelwert bedeutet.

Der Effektivwert ist

$$I_{\text{eff}} = \frac{\hat{I}}{\sqrt{2}} = 0{,}707\hat{I}.$$

Der zeitlich lineare Mittelwert ist

$$\bar{I} = \frac{2\hat{I}}{\pi} = 0{,}637\hat{I}.$$

Bei Wechselströmen interessiert meist der Effektivwert, das ist der Wert eines Gleichstroms gleicher Wärmewirkung, das Gleichrichtermeßgerät zeigt aber den zeitlich linearen Mittelwert. Bei sinusförmigem Stromverlauf ist

$$\frac{I_{\text{eff}}}{\bar{I}} = 1{,}11.$$

Man kann also die Gleichrichtermeßgeräte in Effektivwerten beziffern, obwohl sie den zeitlich linearen Mittelwert zeigen. Das Verhältnis von Effektivwert zu Mittelwert ändert sich aber mit der Kurvenform, und ein in Effektivwerten beziffertes Gleichrichtermeßgerät zeigt bei nichtsinusförmigem Stromverlauf falsch, deshalb können Gleichrichtermeßgeräte nur bei Sinusströmen angewendet werden.

Trotz dieses schweren Mangels sind die Gleichrichtermeßgeräte, insbesondere vielfach umschaltbare Strom- und Spannungsmesser, weit verbreitet, weil sie nur etwa $^1/_{10\,000}$ der Leistung eines Wechselstrommeßgerätes aufnehmen und bis ins Tonfrequenzgebiet brauchbar sind. Normalerweise arbeitet der Gleichrichter nach Abb. 3.10.3a phasengleich mit dem zu messenden Wechselstrom, d. h. er führt bei Einweggleichrichtung eine Halbschwingung bei Doppelweggleichrichtung beide Halbschwingungen dem Meßwerk zu. Man kann aber die Schaltphase des Gleichrichters beliebig legen und irgendeinen Teil der Wechselstromkurve herausschneiden. In Abb. 3.10.3b ist beispielsweise die Schaltphase des Gleichrichters um 90° gegenüber dem Meßstrom verschoben. Das Meßwerk macht keinen Ausschlag; bereits eine sehr kleine Phasenänderung ruft aber einen beträchtlichen Ausschlag hervor. In dieser Schaltung kann das Gleichrichtermeßgerät als Phasenlagenanzeiger oder als Blindstrommesser verwendet werden. In Abb. 3.10.3c ist die Durchlaßzeit des Gleichrichters gegenüber der Sperrzeit sehr klein, und es wird nur ein schmales Stromelement aus der Wechselstromkurve herausgeschnitten und sein Mittelwert gemessen. Verschiebt man die Schaltphase allmählich über die ganze Periode, so kann man die Wechselstromkurve punktweise aufnehmen. In den beiden letzten Fällen spricht man von fremderregten und phasengesteuerten Gleichrichtern.

Die Gleichrichter können mechanisch oder elektrisch arbeiten und nur eine oder beide Halbschwingungen der Meßspannung gleichrichten (Abb. 3.10.4a—c). Die Schaltung eines Gleich- und Wechselstrommessers zeigt Abb. 3.10.5.

In Abb. 3.10.6 ist die Schaltung eines Differenzspannungsmessers wiedergegeben, der die Differenz der Spannungen U_1 und U_2 anzeigt.

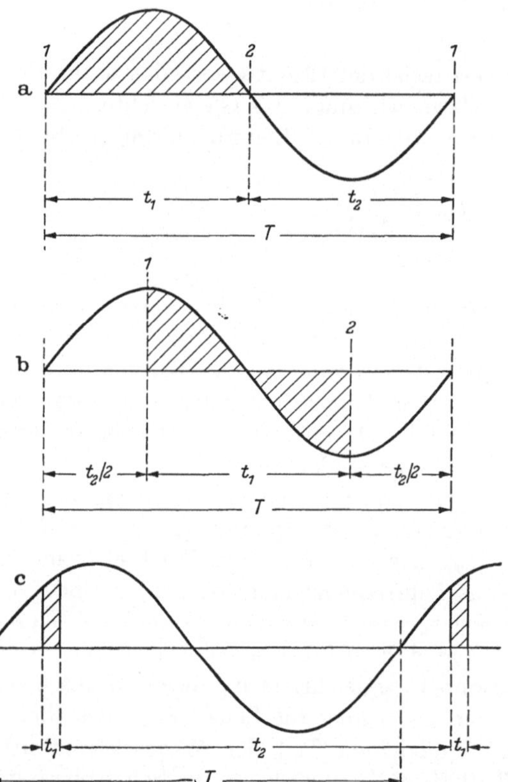

Abb. 3.10.3a—c Gleichrichtung mit verschiedenen Schaltphasen.

a) Gleichrichter arbeitet phasengleich mit dem Meßstrom; b) Schaltphase 90° gegen den Meßstrom verdreht; c) Gleichrichtung eines kleinen Elements der Wechselstromkurve.

T Periodendauer; t_1 Durchlaßzeit; t_2 Sperrzeit

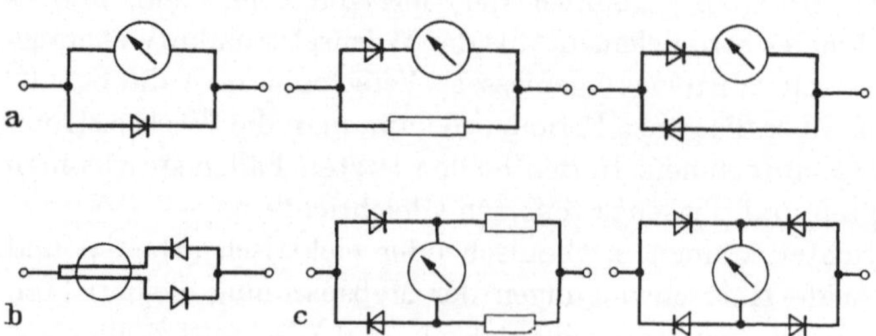

Abb. 3.10.4a—c Gleichrichterschaltungen.

Eigenschaften

Gleichrichtermeßgeräte eignen sich besonders zum Messen kleiner Ströme und Spannungen im Tonfrequenzbereich, sie werden überall da mit Vorteil eingesetzt, wo die anderen Wechselstrommeßgeräte wegen ihres hohen Eigenverbrauchs oder ihrer Frequenzabhängigkeit nicht anwendbar sind.

Skalenverlauf. Die Skale des Gleichrichtermeßgerätes ist infolge der gekrümmten Gleichrichtercharakteristik am Anfang etwas zusammengedrängt, im übrigen nahezu linear. Sie wird um so besser, je größer der Vorwiderstand im Verhältnis zum Gleichrichterwiderstand gewählt werden kann und je besser der Gleichrichter ausgesteuert ist.

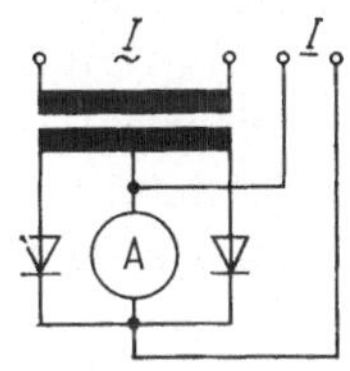

Abb. 3.10.5

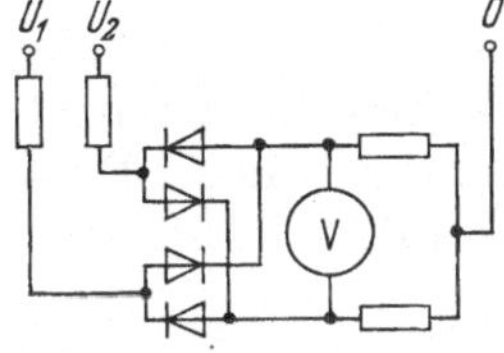

Abb. 3.10.6

Abb. 3.10.5 Schaltung eines Gleich- und Wechselstrommessers in Vollwellenschaltung

Abb. 3.10.6 Schaltung eines Differenzspannungsmessers mit Gleichrichter. Meßgeräteanzeige $= U_1 - U_2$

Eigenverbrauch. Der Hauptvorzug der Gleichrichtermeßwerke gegenüber anderen Wechselstrommeßwerken liegt in ihrem geringen Eigenverbrauch, der zwar den des Drehspulmeßwerks ohne Gleichrichter erheblich überschreitet, wenn gute Eigenschaften erzielt werden sollen, aber immer noch weit unter dem anderer Wechselstrommeßwerke liegt. Größenordnungsmäßig beträgt der Verbrauch 50 µW gegenüber 1 µW beim Drehspulmeßwerk ohne Gleichrichter und gegenüber etwa 3 mVA bei Dreheisenmeßwerken mit Lichtzeigern.

Überlastbarkeit. Der Gleichrichter ist bei weitem nicht so stark überlastbar wie das Drehspulmeßwerk. Doch werden die vom VDE vorgeschriebenen Überlastungen mit den 1,2fachen Nennwerten dauernd, sowie 2fache Spannung oder 10facher Strom während 1 s ausgehalten.

Dämpfung. An den Dämpfungseigenschaften des Drehspulmeßwerks ändert der Gleichrichter nichts, zu beachten ist lediglich, daß die Eigenfrequenz der Drehspulmeßwerke in der Größenordnung von 1···10 Hz liegt und sie deshalb bei niedrigen Meßfrequenzen etwa unterhalb 15 Hz versuchen, den Augenblickswerten zu folgen, wodurch Zeigerschwingungen entstehen und das Ablesen erschweren.

Grundfehler. Die Grundfehler des Gleichrichtermeßgerätes werden in erster Linie durch den Oberwelleneinfluß bestimmt (siehe Kurvenformeinfluß).

Temperatureinfluß. Der Gleichrichterwiderstand ist temperaturabhängig, weshalb Spannungsmesser stets über einen größeren Vorwiderstand betrieben werden müssen.

Der Temperatureinfluß ist um so geringer, je geringer die spezifische Belastung des Gleichrichters ist. Temperaturen über 60 °C sollten die Gleichrichterplatten nicht ausgesetzt werden, da darüber die Gefahr einer Beschädigung besteht.

Frequenzeinfluß. Die Sperrschicht der Trockengleichrichter kann man als Dielektrikum zwischen zwei Kondensatorbelägen ansehen, der Gleichrichter ist also mit einer Kapazität behaftet und kann in erster Annäherung durch eine Parallelschaltung von Widerstand und Kapazität dargestellt werden; eine weitere Kapazität ist zwischen den Gleichrichterplatten und den Armaturen vorhanden. Die Kapazität eines Germaniumgleichrichters ist etwa 1 pF, so daß dieser auch bei Hochfrequenzen verwendet werden kann.

Darüber hinaus wird der Frequenzeinfluß durch die jeweilige Schaltung bestimmt.

Kurvenformeinfluß. Linear ausgesteuerte Gleichrichter zeigen den zeitlich linearen Mittelwert, werden aber fast ausschließlich mit Sinusströmen in Effektivwerten geeicht. Bei anderer Kurvenform treten Fehler auf, die man als Oberwelleneinfluß ansehen kann und die sich rechnerisch nicht berücksichtigen lassen, da der Fehler je nach Phasenlage der Oberwellen positiv oder negativ sein kann.

Anwendungsgebiet

Als Einbaumeßgeräte werden die Gleichrichtermeßgeräte für Nieder- und Tonfrequenz, insbesondere in elektrochemischen Betrieben und in der Nachrichtentechnik, gebraucht. Bei Niederfrequenz verwendet man Gleichrichtermeßgeräte wegen ihres geringen Eigenverbrauchs in energiearmen Stromkreisen und bei großer Übertragungsentfernung. Das Gleichrichter-Vielfachmeßgerät ist das Universalgerät im Tonfrequenzbereich für Laboratorien, Institute, Prüffelder und Montagen. Die Schaltungen der Gleichrichtermeßgeräte für Strom- und Spannungsmessung entsprechen den Drehspulschaltungen. Die Meßbereiche können durch Vor- und Nebenwiderstände oder Wandler erweitert werden.

Ausführungsformen

Die Gleichrichtermeßgeräte werden selten als Schalttafelmeßgeräte, dagegen häufig als tragbare Meßgeräte mit vielen Meßbereichen ausgeführt.

Tragbare Betriebsmeßgeräte. Die tragbaren Meßgeräte messen wie die Schalttafelmeßgeräte schwankende, schnell veränderliche Meßgrößen, brauchen also ebenfalls eine kurze Beruhigungszeit. Da sie vielseitig verwendbar sein müssen, sind möglichst viele, leicht veränderbare Meß-

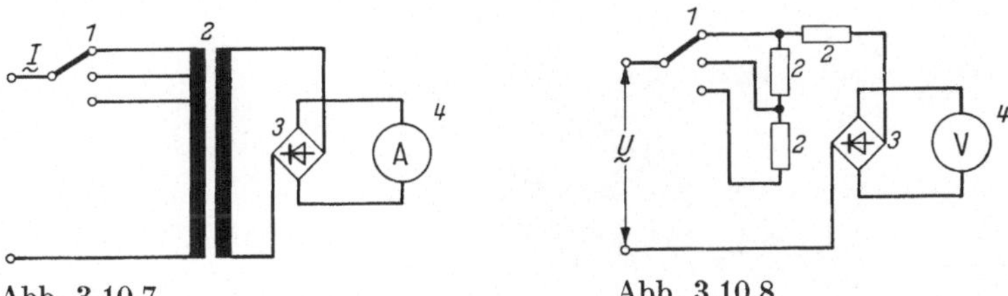

Abb. 3.10.7   Abb. 3.10.8

Abb. 3.10.7 Vielfachstrommesser mit umschaltbarem Wandler.

1 Meßbereichumschalter; *2* Stromwandler mit primären Anzapfungen; *3* Gleichrichter in Graetz-Schaltung; *4* Anzeiger

Abb. 3.10.8 Vielfachspannungsmesser mit umschaltbaren Vorwiderständen.

1 Meßbereichumschalter; *2* Vorwiderstand; *3* Gleichrichter in Graetz-Schaltung; *4* Anzeiger

bereiche erwünscht, sie brauchen nicht so genau zu sein wie Präzisionsmeßgeräte, jedoch genauer als die Schalttafelmeßgeräte, die mit ihnen überwacht werden sollen. Der Eigenverbrauch soll klein sein, damit sich die Verhältnisse im Stromkreis nicht ändern, wenn sie vorübergehend eingeschaltet werden.

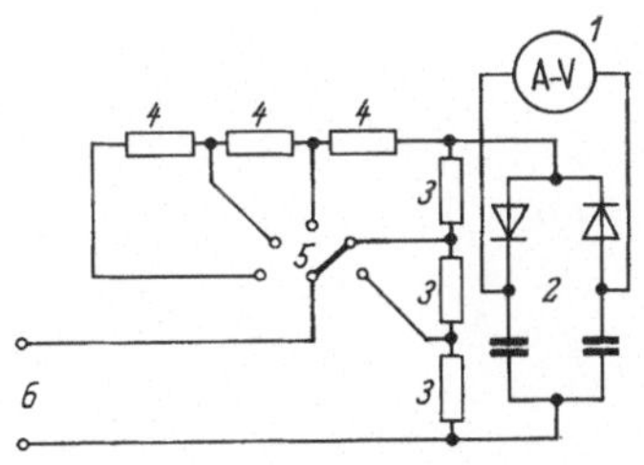

Abb. 3.10.9 Schaltung eines Gleichrichter-Vielfach-Meßgerätes für Tonfrequenz.

1 Drehspulmeßwerk; *2* Greinacher-Schaltung; *3* Nebenwiderstände; *4* Vorwiderstände; *5* Meßbereichwähler; *6* Anschlußklemmen

Abbildung 3.10.7 zeigt die Schaltung eines Vielfachstrommessers mit umschaltbarem Wandler und Gleichrichter in Graetz-Schaltung; Abb. 3.10.8 gibt das Schaltbild eines Vielfachspannungsmessers mit umschaltbaren Vorwiderständen und Abb. 3.10.9 die eines Tonfrequenz-Strom- und -Spannungsmessers wieder. Ein universell verwendbares tragbares Betriebsmeßgerät mit 41 Meßbereichen zur unmittelbaren oder mittelbaren Messung von Gleich- bzw. Wechselspannungen und -strömen, Widerständen, Temperaturen, Spannungspegeln, Kapazitäten,

Frequenzen sowie Hochfrequenzspannungen und -Strömen zeigt die
Abb. 3.10.10. Die Fehlergrenze in den Gleichstrom- und Spannungsbereichen beträgt $\pm 2{,}5\%$.

Abb. 3.10.10 Tragbares Betriebsmeßgerät mit 41 Meßbereichen (SIEMENS)

Ein Standard-Betriebsmeßgerät mit spannbandgelagertem Drehspulmeßwerk der Klasse 1 bei Gleichstrom bzw. der Klasse 1,5 bei
Wechselstrom ist in Abb. 3.10.11 dargestellt.

Abb. 3.10.11 Standard-Betriebsmeßgerät mit
spannbandgelagertem Drehspulmeßwerk mit
Gleichrichter (SIEMENS)

Bemerkenswert ist hier ein spezieller Überlastschutz. Ein Relais
schützt das Meßgerät in gewissen Grenzen bei Bedienungsfehlern. Seine
Kontakte liegen in der Zuleitung zur Meßschaltung. Im ausgelösten
Zustand ist der Meßstromkreis unterbrochen (keine Anzeige). Bei

Wiedereinschalten unter Überlast löst das Relais nach einigen Millisekunden wieder aus.

Abbildung 3.10.12 zeigt den Stromlaufplan des in Abb. 3.10.11 dargestellten Betriebsmeßgerätes.

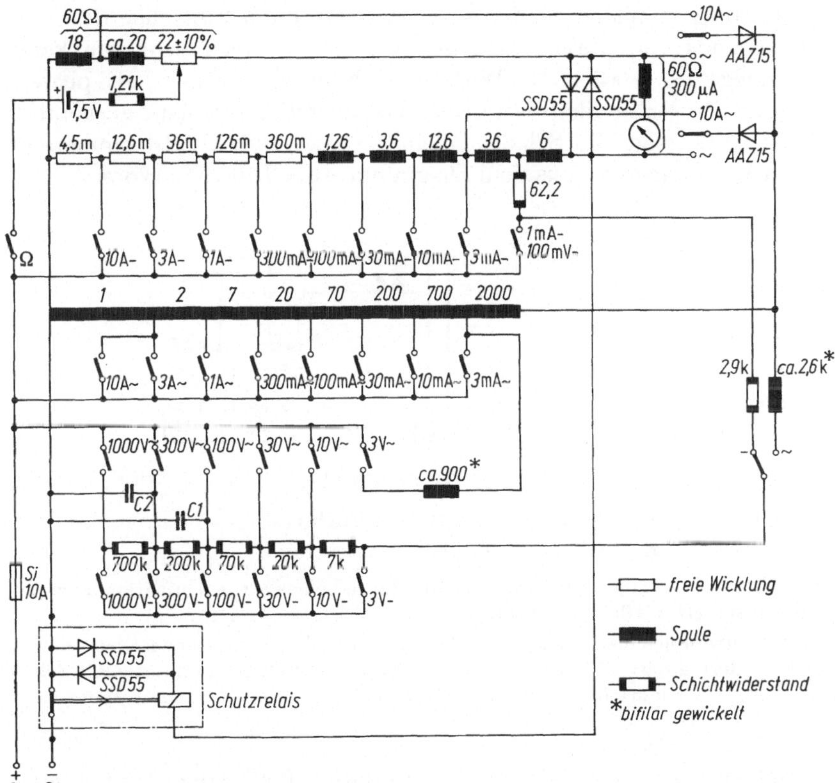

Abb. 3.10.12 Stromlaufplan des Standard-Betriebsmeßgerätes Abb. 3.10.11

3.10.3. Mechanische Gleichrichter

Im Gegensatz zu den Trockengleichrichtern arbeiten die mechanischen Gleichrichter mit rotierenden oder schwingenden Kontakten, deren Bewegung von der gleichzurichtenden Wechselstromgröße gesteuert wird, es sind Synchronschalter mit einstellbarer Schaltphase.

Infolge der Massenträgheit können mechanische Gleichrichter nicht für beliebig hohe Frequenzen ausgeführt werden, die obere Grenze liegt etwa bei 1000 Hz. Das Drehspulmeßgerät mit mechanischem Gleichrichter zeigt die mit dem Schaltoperator phasengleiche Komponente des

Wechselstroms also nach Abb. 3.10.13

$$I_g = I \cos \gamma.$$

Es wird angewendet, wenn aus der Wechselstromkurve ein bestimmter Teil herausgeschnitten werden soll, was man durch Einstellen des Kontaktabstands und durch Steuerung der Erregerphase erreichen kann. Die Meßgeräte werden als Wirk- und Blindstrommesser, als phasenempfindliche Nullindikatoren in Wechselstrombrücken usw. ausgeführt. Abb. 3.10.14 zeigt die Schaltung eines Wirk- und Blindstrommessers, dessen Wirkungsweise aus dem Diagramm Abb. 3.10.15 hervorgeht.

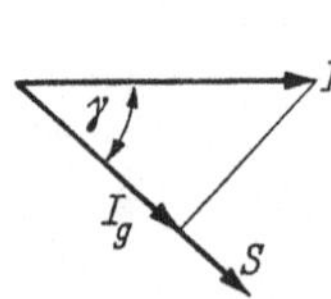

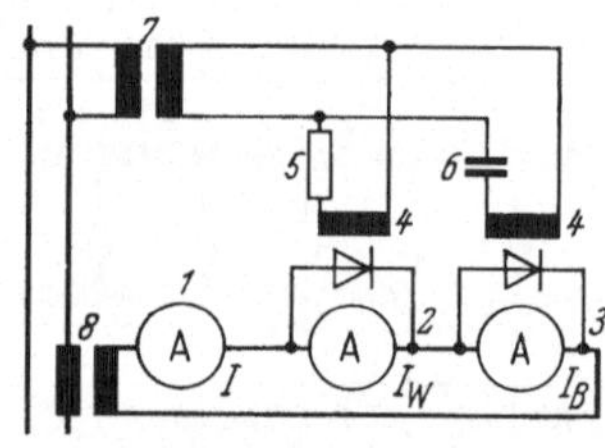

Abb. 3.10.13   Abb. 3.10.14

Abb. 3.10.13 Diagramm des gesteuerten Gleichrichters.
I Wechselstrom; S Schaltphase; I_g Gleichrichterstrom

Abb. 3.10.14 Messung von Wirk- und Blindanteil eines Stroms mit fremderregten phasengesteuerten Gleichrichtern.
_1_ Gesamtstrommesser; _2_ Wirkstrommesser; _3_ Blindstrommesser; _4_ Gleichrichter mit Fremderregung; _5_ Vorwiderstand vor der Gleichrichtererregung: _6_ 90° Schaltung vor der Gleichrichtererregung; _7_ Spannungswandler; _8_ Stromwandler

Motorisch gesteuerte Gleichrichter sind nur für Frequenzen von etwa 100 Hz ausführbar, haben aber dafür eine erheblich größere Schaltleistung, nämlich 100 mA bei 300 V. Der Vektormesser von H & B (Abb. 3.10.16) vereinigt in sich ein Drehspulmeßgerät der Klasse 0,5 einen synchronmotorgesteuerten, in Phase und Kontaktzeit stufenlos verstellbaren, mechanischen Gleichrichter und vielfach umschaltbare Vor- und Nebenwiderstände in einem Gehäuse. Er ist für Messungen bei 45 bis 65 Hz bestimmt. Seine 15 Meßbereiche liegen bei 0, ..., 0,15 V bis 500 V und 0, ..., 0,015 A bis 15 A. Außerdem ist eine Skale für den elektrischen Winkel 0···360° vorhanden.

Er wird angewendet, um andere Meßgeräte zu kontrollieren; vor allem aber mißt man mit ihm nicht nur die Größe von Spannungen und Strömen, sondern auch ihre gegenseitige Phasenverschiebung oder man zerlegt sie in ihre Wirk- und Blindkomponenten. Aus diesen Meßgrößen kann man leicht die entsprechenden Leistungen, Widerstände und Leitwerte berechnen.

Aus den gemessenen Werten lassen sich Zeigerdiagramme aufstellen und Ortskurven auftragen, z. B. das Transformatordiagramm, das

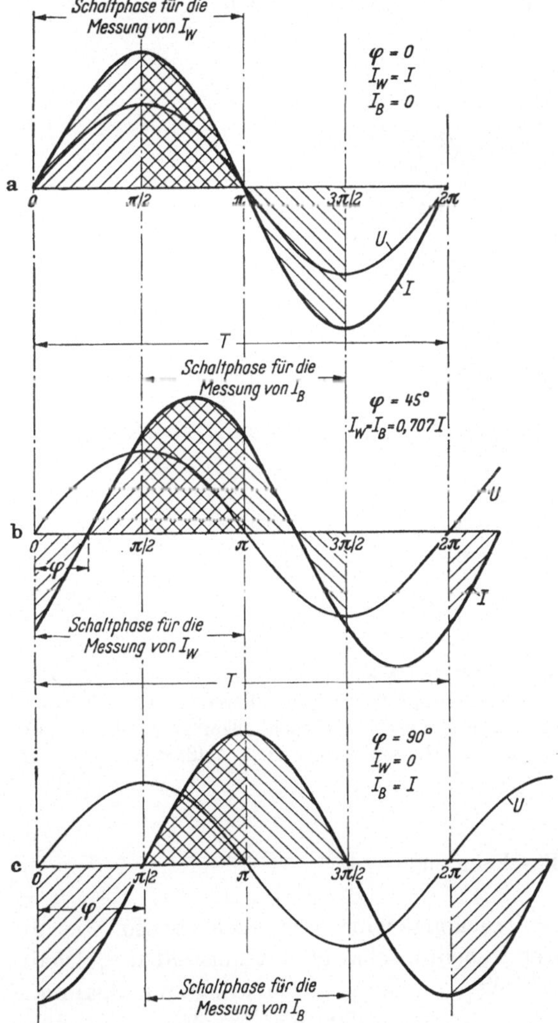

Abb. 3.10.15 a—c Darstellung des Wirk- und Blindanteils eines phasenverschobenen Stroms für die drei Grenzfälle.

a) Phasenverschiebung $\varphi = 0$; b) Phasenverschiebung $\varphi = 45°$; c) Phasenverschiebung $\varphi = 90°$; T Periodendauer

Kreisdiagramm des Asynchronmotors, Diagramme von Leistungs- oder Netzmodellen u.s.w. An Elektroblechen sind die Magnetisierungskurve, die Hystereseschleife und die Eisenverluste meßbar. Zusammen mit Oszilloskopen können Impulsbreiten und -phasenverschiebungen bei Impulsfrequenzen zwischen 45 und 65 Hz gemessen werden, z. B. Steuerimpulse von gesteuerten Gleichrichtern. So kann auch die Kurvenform der Meßgrößen und die Funktion des Meßkontaktes beobachtet werden.

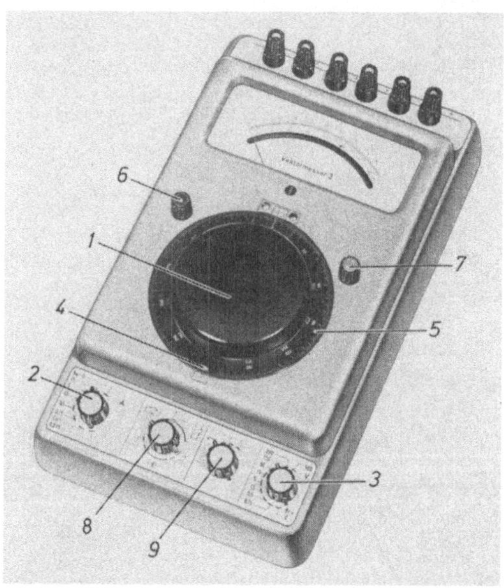

Abb. 3.10.16 Ansicht des Vektormessers (H & B).
1 Meßkopf mit Meßkontaktgleichrichter; *2* Strommeßbereichwähler; *3* Spannungsmeßbereichwähler; *4* Einstellung der Kontaktschließzeit; *5* Skale für elektrischen Winkel; *6* Phasenregler; *7* Hilfsstromregler; *8* Meßartenumschalter; *9* Meßstellenumschalter

3.10.4. Fremdgesteuerte Trockengleichrichter

Prinzip. Fremdgesteuerte Trockengleichrichter sind ebenso wie die mechanischen Gleichrichter Synchronschalter mit einstellbarer Schaltphase, sie haben einen Meßkreis, an den die gleichzurichtende Spannung angelegt wird und einen Steuerkreis, an dem eine synchrone Spannung jedoch evtl. anderer Phasenlage liegt. Die gleichgerichtete Spannung hat wie beim mechanischen Gleichrichter die Größe

$$I = kI \sim \cos\gamma,$$

wobei γ der Phasenwinkel zwischen Meßspannung und Steuerspannung ist. Die fremdgesteuerten Trockengleichrichter dienen ebenso wie die mechanischen Gleichrichter als phasenabhängige Nullindikatoren in Brücken- und Kompensationsschaltungen sowie als Stromkomponentenmesser, beispielsweise als Blindstrommesser. Im Gegensatz zu den me-

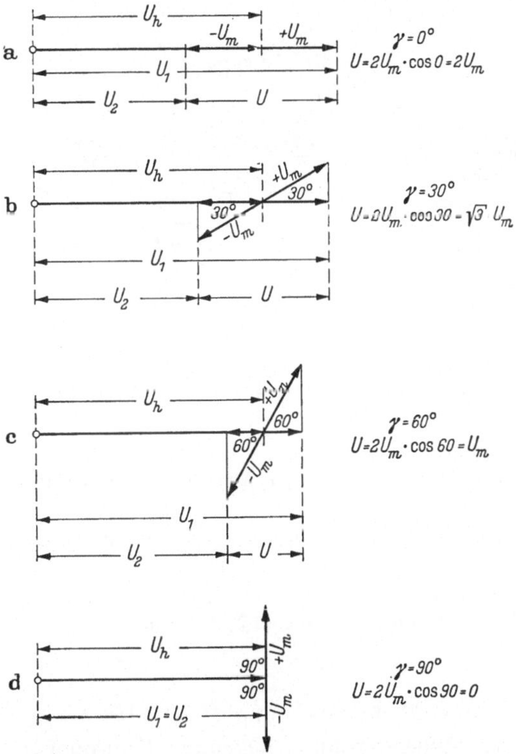

Abb. 3.10.17 a—d Zeigerdiagramm der Arbeitsweise des fremdgesteuerten Trockengleichrichters.

a) $\gamma = 0$; b) $\gamma = 30°$; c) $\gamma = 60°$; d) $\gamma = 90°$.
γ Phasenwinkel zwischen Meß- und Steuerspannung; U_m Meßspannung; U_h Steuerspannung; $U_1 = U_h + U_m \cos\gamma$; $U_2 = U_h - U_m \cos\gamma$; $U = U_1 - U_2 = 2U_m \cos\gamma$

chanischen Gleichrichtern, die höchstens für 1000 Hz ausgeführt werden können, lassen sich die Trockengleichrichter jedoch bis zu etwa 30 kHz anwenden. Die Meßspannung U_m und die wesentlich größere Steuerspannung U_h werden einander in den beiden Zweigen einer symmetrischen Brücken- oder Differenzschaltung so überlagert, daß in dem einen Zweig ihre Summe U_1, in dem anderen ihre Differenz U_2 gebildet wird.

Die Differenz der in den Zweigen gebildeten Spannungen

$$U = U_1 - U_2$$

liegt an dem Gleichstromanzeiger

$$U_1 = U_h + U_m \cos\gamma,$$
$$U_2 = U_h - U_m \cos\gamma,$$
$$U\ \ = U_1 - U_2 = 2U_m \cos\gamma.$$

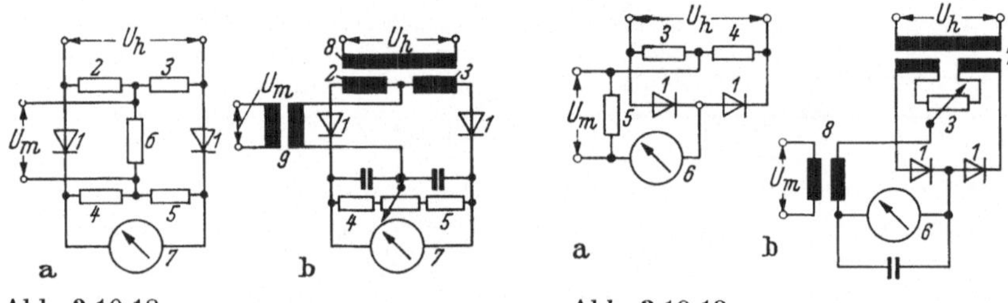

Abb. 3.10.18   Abb. 3.10.19

Abb. 3.10.18a u. b Brückenschaltung mit fremdgesteuertem Trockengleichrichter.

a) mit Widerständen; b) mit Wandlern.
1 Trockengleichrichter; *2* bis *6* Brückenwiderstände; *7* Anzeiger; *8*, *9* Wandler; U_m Meßspannung; U_h Hilfsspannung

Abb. 3.10.19a u. b Differenzschaltung mit fremdgesteuertem Trockengleichrichter.

a) mit Widerständen; b) mit Wandlern.
1 Trockengleichrichter; *3* bis *5* Widerstände; *6* Anzeiger; *7*, *8* Wandler; U_m Meßspannung; U_h Hilfsspannung

Die dem Gleichstromanzeiger zugeführte Spannung U ist also proportional der in der Richtung der Steuerspannung liegenden Komponente der Meßspannung $U_m \cos\gamma$, und unabhängig von der Größe der Hilfsspannung U_h. Abb. 3.10.17 veranschaulicht die Verhältnisse für die Phasenwinkel $\gamma = 0, 30, 60$ und $90°$ zwischen Meß- und Steuerspannung. Abb. 3.10.18—3.10.20 zeigen gebräuchliche Schaltungen. In der Brücken-

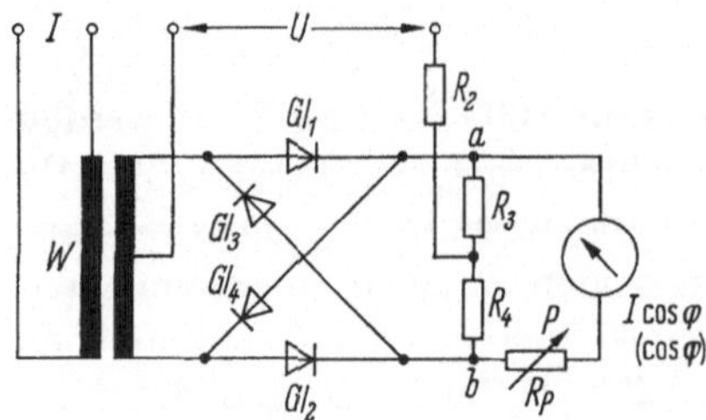

Abb. 3.10.20 Summen-Differenz-Schaltung.

W Wandler mit bifilargewickelter Sekundärwicklung

schaltung Abb. 3.10.18a werden die Spannungen an die symmetrischen Brückenwiderstände gelegt, während in Abb. 3.10.18b die Gleichrichterbrücke über Wandler gespeist wird. Die Abb. 3.10.19 zeigt eine Differenzschaltung mit Widerständen und Wandlern.

Ausführungsformen. Abb. 3.10.20 zeigt eine Summendifferenzschaltung, die die Grundlage für das in Abb. 3.10.22 gezeigte Wechselstrom-Vielfachmeßgerät bildet. Die Wirkungsweise dieses Meßgerätes ist aus Abb. 3.10.21 zu erkennen.

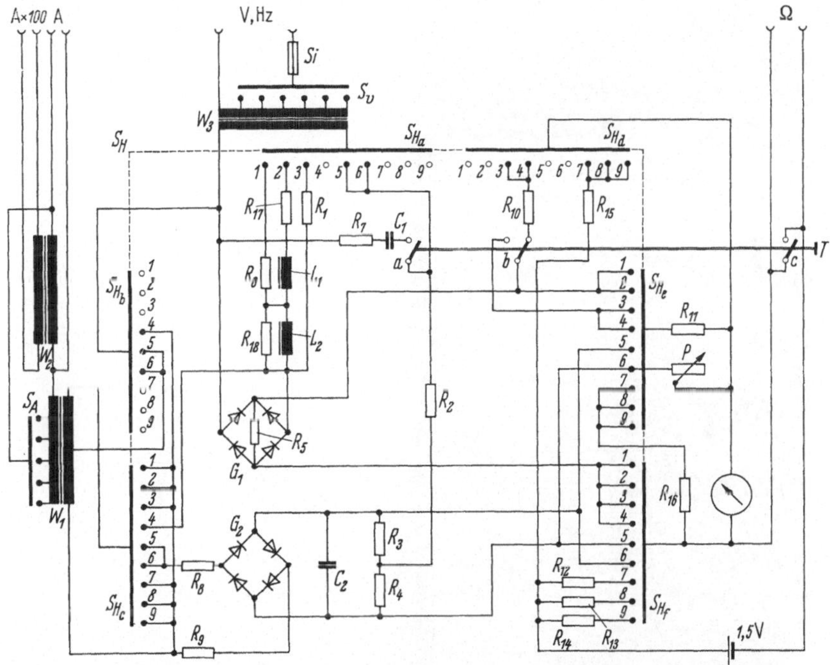

Abb. 3.10.21 Schaltung eines Wechselstrom-Vielfachmessers (Gossen).
Hauptschalterstellung: $1 = \mathrm{Hz} \times 10$; $2 = \mathrm{Hz} \times 1$; $3 = \mathrm{V}$; $4 = \mathrm{A}$; $5 = \cos \varphi \times (I \cos \varphi)$; $6 = \cos \varphi (I \cos \varphi)$; $7 = \Omega \times 100$; $9 = \Omega \times 1$.
a dient dem Test über das Vorzeichen des Phasenwinkels φ in Stellung 5. u. 6; b dient in Verbindung mit P der Empfindlichkeitsvoreinstellung zur cos φ- und f-Messung; c dient in Verbindung mit P der Empfindlichkeitsvoreinstellung zur Ω-Messung

Spannungs- und Strommessungen werden in bekannter Weise über einen Gleichrichter in den Schalterstellungen *3* bzw. *4* ausgeführt.

Zur Messung von $I \cos \varphi$ in den Schalterstellungen *5* oder *6* werden Strom und Spannung an die entsprechenden Klemmen geschaltet.

Der Spannungspfad führt über R_2, über die parallelen Zweige R_3, G_2 und R_9 sowie über R_4, G_2 und R_8 und dann über die bifilare Stromwandlersekundärwicklung zum Spannungswandler zurück. Die Spannung steuert die im Ring angeordneten Gleichrichter G_2. Diese dienen für den Meßstrompfad als spannungsgesteuerte Weichen. Das Drehspulmeßwerk mißt über einen mit Hilfe von P und R_{11} festeingestellten Widerstand

Abb. 3.10.22 Wechselstrom-Vielfachmesser (Gossen)

die an den Widerständen R_3 und R_4 auftretende Differenz der positiven und negativen Stromzeitflächen. Ob Schaltstellung *5* oder *6* benutzt wird, hängt von der Polung ab, die aus der Ausschlagsrichtung bei einer geringen Phasendrehung ermittelt wird. Die Phasendrehung wird durch Zuschalten von C_1 und R_{17} mit Hilfe des Kontakts a der Taste T erzeugt.

Will man nicht $I \cos \varphi$, sondern den $\cos \varphi$ selbst messen, so wird vor der eigentlichen Messung, die wie bei der $I \cos \varphi$-Messung abläuft, die

Empfindlichkeit durch Verändern des Vorwiderstands P so eingestellt, daß die Größe I stets als Konstante erscheint. Diese Voreinstellung wird in Schaltstellung *4* bei gedrückter Taste T vorgenommen.

In den Schaltstellungen *1* und *2* können Frequenzen gemessen werden. Die Spannung wird an die Klemmen V, Hz gelegt. Das Drehspulmeßwerk mißt den Strom, der durch die beiden frequenzabhängigen Widerstände L_1 und L_2 fließt. Die Spannung wird mit Hilfe von P bei gedrückter Taste T in Schaltstellung *3* auf einen bestimmten Wert am Meßgerät voreingestellt.

Außer den Wechselstrommessungen können in den Schaltstellungen *7*, *8* und *9* mit Hilfe einer 1,5-V-Batterie und den Widerständen R_{12}, R_{13} und R_{14} auch Widerstandsmessungen ausgeführt werden.

3.11. Thermoumformer

Prinzip

Wenn man die Lötstelle eines Thermoelements mit Gleich- oder Wechselstrom beheizt, wird es zum thermoelektrischen Umformer und eignet sich in Verbindung mit einem Drehspulmeßwerk zum Messen von Hochfrequenzströmen (Abb. 3.11.1). Die Thermo-EMK ist proportional der

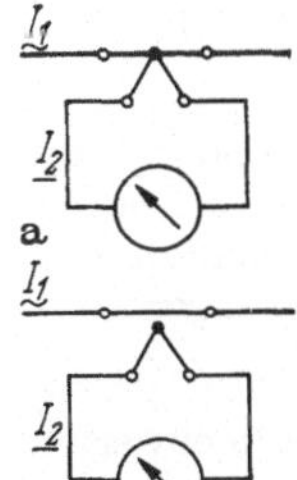

Abb. 3.11.1a u. b Grundsätzliche Anordnung des Thermoumformers.

a) Heizdraht und Thermoelement galvanisch verbunden;
b) Heizdraht und Thermoelement voneinander isoliert

Temperaturdifferenz zwischen der beheizten Lötstelle und den kalten Anschlußenden, oder wenn die Wärmeabfuhr von der geheizten Lötstelle verhindert wird, proportional der Heizleistung

$$E = c(t_1 - t_0) = c_1 I^2 R;$$

E Thermo-EMK,
t_1 Temperatur der warmen Lötstelle,
t_0 Temperatur der kalten Lötstelle,
I Heizstrom,
R Heizwiderstand,
c, c_1 Konstanten.

Man erhält so einen Strommesser mit qudratischem Skalenverlauf, der sich gegenüber dem Gleichrichtermeßgerät durch Anzeige des echten Effektivwerts auszeichnet.

Eigenschaften

Meßbereich. Thermoumformer werden als Vakuumumformer für Ströme von 1···100 mA hergestellt. Sie sind auf etwa 0,01 µbar = 1 mPa evakuiert und unterscheiden sich je nach dem verlangten Frequenzbereich durch die Ausführung des Heizers sowie die Art der Stromzuführung. Wie Abb. 3.11.2 zeigt, verwendet man bei niedrigen Frequenzen Glaskolben mit Quetschfuß, während man bei höheren Frequenzen die Wechselstrom- und Gleichstromanschlüsse an entgegengesetzte Seiten des Glaskolbens legt und das Thermoelement durch eine Glasperle vom Heizer isoliert. Für die höchsten Frequenzen wird der Heizfaden geradlinig durch den Glaskolben gezogen.

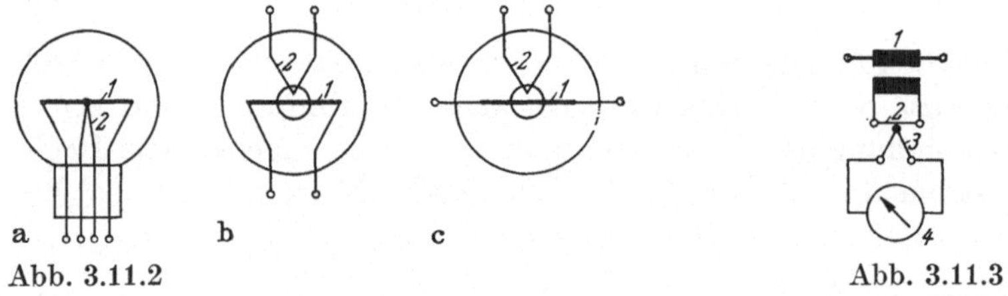

a   b   c   Abb. 3.11.3

Abb. 3.11.2

Abb. 3.11.2 a—c Vakuumthermoumformer.
a) für niedrige Frequenz mit Quetschfuß und galvanischer Verbindung zwischen Heizfaden und Thermoelement; b) für hohe Frequenz mit isoliertem Thermoelement und getrennten Zuführungen; c) für höchste Frequenz mit geradlinigem Heizdraht und getrenntem Thermoelement sowie getrennten Zuführungen

Abb. 3.11.3 Hochfrequenzwandler mit Thermoumformer.
1 Hochfrequenzwandler; *2* Heizfaden; *3* Thermoelement; *4* Drehspulmeßwerk

Für Ströme von etwa 100 mA···10 A verwendet man Luftthermoumformer mit runden Heizfäden bei niedriger Frequenz, mit dünnen Heizbändern oder dünnwandigen Heizröhren bei hohen Frequenzen. Bei den höchsten Frequenzen führt man außerdem den Strom durch ein konzentrisches Kabel zu und schirmt das Kabel und das Meßwerk gegen elektrische Felder ab. Die Luft- und Vakuumthermoumformer eignen sich bis zu Frequenzen von einigen Megahertz, Spezialausführungen mit isoliertem Thermoelement und sehr kleinen Kapazitäten und Induktivitäten sowie mit konzentrischer Stromzuführung und entsprechender Abschirmung sind bis etwa 800 MHz noch brauchbar.

Ströme über 10 A mißt man zweckmäßig über Hochfrequenzwandler in Verbindung mit Thermoumformern nach Abb..3.11.3, weil der Verbrauch der Thermoumformer für große Ströme zu hoch ist. Sie sind für Frequenzen von 2 kHz⋯2 MHz verwendbar.

Thermospannungsmesser werden für etwa 1,5⋯500 V hergestellt, sie nehmen 10⋯3 mA Strom auf. Die zugehörigen Vorwiderstände müssen möglichst kapazitäts- und induktivitätsarm hergestellt werden, sie begrenzen den Frequenzbereich auf etwa 100 kHz.

Skalenverlauf. Die Thermo-EMK hängt vom Quadrat des Heizstroms ab, die Skale verläuft deshalb quadratisch.

Eine Entzerrung der quadratischen Kennlinie kann durch entsprechende Polschuhformung des Drehspulmeßwerks erreicht werden.

Eigenverbrauch. Vakuumthermoumformer verbrauchen 1 bis 50 Luftumformer 100⋯2000 mW. Das Drehspulmeßwerk ist für 5⋯10 mV bei einem Verbrauch von 0,2⋯3 mA, also für 1⋯30 μW auszulegen.

Überlastbarkeit. Da die Heizer bereits bei Nennstrom eine Übertemperatur von etwa 200 °C haben, sind sie nur wenig überlastbar; die zulässige Grenze liegt etwa beim doppelten Nennstrom. Man vermeidet Überlastungen durch Vorschalten eines Verstärkers.

Meßunsicherheit. Die Meßunsicherheit ist bei den Luftumformern in erster Linie durch Altern des Heizdrahts gegeben, bei den Vakuum umformern durch Änderung des Vakuums infolge Nachgasens eingebauter Teile. Die Fehlergrenze liegt bei 0,5⋯1%.

Temperatureinfluß. Von Änderungen der Raumtemperatur wird man dadurch unabhängig, daß man die kalten Lötstellen thermisch mit den Anschlußklötzen verbindet, sie also stets auf der Temperatur dieser Klötze hält. Weiterhin tritt noch ein Temperaturfehler durch die Widerstandsänderung des Heizers mit der Temperatur auf.

Frequenzeinfluß. Bei Hochfrequenzheizung erhöht sich der Scheinwiderstand des Heizdrahts infolge der Stromverdrängung.

Weitere Fehlerquellen sind die Kapazitäten und Induktivitäten des Meßkreises. Über die Erdkapazität des Thermoumformers können erhebliche Verschiebungsströme fließen.

Durch Isolation des Thermoelements vom Heizer, konzentrische Kabelzuführung, Vermeiden von Stromschleifen sowie Einbau des Thermoumformers in den geerdeten Leiter kann man diese Fehler klein halten.

Die Grenzfrequenz bei Strommessern liegt bei etwa 10^8 Hz, bei Spannungsmessern liegt sie infolge der Schwierigkeit, frequenzunabhängige Vorwiderstände herzustellen, niedriger, und zwar bei etwa 10^5 Hz.

Gleichstromfehler. Bei Gleichstrom ist die Thermo-EMK abhängig von der Stromrichtung. Dieser Umkehreffekt hat zwei Ursachen:

Peltier-Effekt. Durchfließt ein Teil des Heizstroms die Lötstelle des Thermoelements, was ja bei nichtisoliertem Aufbau stets der Fall ist, so macht sich der Peltier-Effekt, das ist die Umkehrung des thermoelektrischen Effekts, bemerkbar, d. h. die Löststelle kühlt sich ab, wenn der primäre Strom dieselbe Richtung hat wie der Thermostrom; sie erwärmt sich zusätzlich, wenn der Primärstrom dem Thermostrom entgegengerichtet ist.

Spannungsabfall in der Lötstelle. Die Verbindungsstelle zwischen dem Heizdraht und dem Thermoelement ist kein idealer Punkt, sondern hat eine lineare Ausdehnung, es entsteht also auch in ihr ein Spannungsabfall, der sich einmal zu der Thermo-EMK addiert, das andere Mal von ihr subtrahiert.

Bei Gleichstrommessungen mit Thermoumformern sind deshalb stets zwei Messungen mit verschiedener Stromrichtung durchzuführen. Diese Gleichstromfehler weisen nur Thermoumformer mit galvanischer Verbindung zwischen Heizfaden und Thermoelement auf.

Anwendungsgebiet

Die Thermoumformermeßgeräte werden für alle Hochfrequenzmessungen gebraucht. Bei Nieder- und Mittelfrequenz werden sie angewendet, wenn infolge stark verzerrter Kurvenform keine Gleichrichtermeßgeräte genommen werden können oder wenn eine besonders träge Anzeige erwünscht ist, wie es bei Reglerschaltungen vorkommt. Die Schaltungen unterscheiden sich nicht von den Drehspulschaltungen, Meßbereicherweiterung ist durch Hochfrequenzwandler möglich.

Ausführungsformen

Die Thermoumformer bestehen aus einem Heizer aus Nickel-Chrom, Manganin, Platin oder einem anderen Widerstandsmaterial mit kleinem Temperaturkoeffizienten in Form eines Drahts, eines Bands oder eines Röhrchens. Das Thermoelement besteht aus Kupfer-Konstantan, Manganin-Konstantan, Nickel-Chrom-Konstantan oder einem anderen Elementenpaar und ist bei Nieder- und Tonfrequenzumformern durch Hartlöten oder Schweißen mit dem Heizer galvanisch verbunden, bei Hochfrequenzumformern durch eine Glasperle isoliert von ihm angeordnet und steht nur in Wärmeaustausch mit ihm.

Die Thermoumformer für große Ströme werden in Luft, die für kleinere Ströme im Vakuum betrieben. Infolge der Wärmeabfuhr durch die Luft verbraucht die offene Ausführung eine wesentlich größere Heizleistung als die Vakuumausführung.

Thermoumformermeßgeräte werden tragbar sowie als Einbaumeßgeräte mit eingebautem, angebautem oder auch völlig getrenntem Thermoumformer hergestellt. Bei tragbaren Meßgeräten kann man die Thermoumformer auch ansteckbar machen und sie nach Belieben wie Nebenwiderstände eines Drehspulmeßgerätes austauschen.

3.12. Wechselspannungskompensatoren

Das Messen von Gleichspannungen mit dem Gleichspannungskompensator besteht in einem unmittelbaren Vergleich der Meßspannung mit dem Weston-Normalelement. Ein entsprechendes Wechselspannungsnormal gibt es nicht. Deshalb werden alle Wechselstrom- und Spannungsmessungen letzten Endes auf Gleichspannungsmessungen zurückgeführt. Die hierfür verwendeten Umformungsglieder müssen für Gleich- und Wechselstrom gleiche Eigenschaften haben. Eine Reihe von Meßverfahren unter Verwendung von Thermoumformern, NTC-Widerständen und elektrodynamischen Meßwerken sind bekannt geworden. Sie erfordern vom Anwender größte Sorgfalt und finden deshalb vorwiegend in wissenschaftlichen Instituten und Laboratorien Anwendung.

Für technische Messungen von Wechselströmen und -spannungen benutzt man handliche Zwischennormale, die ein rascheres Messen gestatten. Die Zwischennormale werden dann in bestimmten Abständen, z. B. in der Physikalisch-Technischen Bundesanstalt, überprüft.

3.12.1. Kompensationsschaltungen zum Vergleich von Gleich- und Wechselspannungen mit Thermoumformern

Wechselspannungskompensator mit zwei Thermoumformern. Bei diesem Verfahren werden die Thermoelemente von zwei indirekt geheizten Thermoumformern so gegeneinandergeschaltet, daß sich die erzeugten

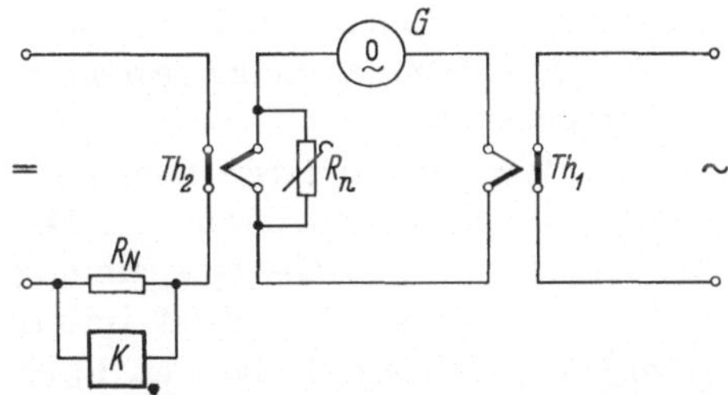

Abb. 3.12.1 Wechselspannungskompensator mit zwei Thermoumformern.
Th_1, Th_2 Thermoumformer; G Nullgalvanometer; R_n Widerstand zum Empfindlichkeitsabgleich; R_N Normalwiderstand; K Gleichstromkompensator.

Spannungen kompensieren (Abb. 3.12.1). Ein Nullgalvanometer zeigt diesen Zustand an. Der Heizer des Thermoumformers Th_1 wird vom Wechselstrom, der des Thermoumformers Th_2 von einem Hilfsgleichstrom durchflossen. Vor der eigentlichen Messung müssen beide Thermoumformer auf gleiche Empfindlichkeit abgeglichen werden. Dies kann z. B. durch einen Nebenwiderstand R_n zum Thermoelement des empfindlicheren Thermoumformers geschehen. Dieser Empfindlichkeitsabgleich gilt aber wegen der unterschiedlichen Thermoumformercharakteristiken nur für den Strom, bei dem der Abgleich erfolgte. Ein ausgeführtes Gerät arbeitet mit einem Strom von 10 mA.

Wechselstromnormal mit einem Thermoumformer. Ein auch für den praktischen Gebrauch geeignetes Wechselstromnormal mit einem Thermoumformer zeigt Abb. 3.12.2.

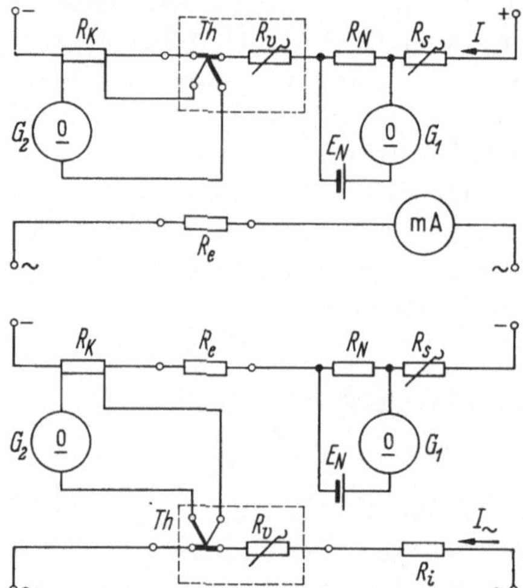

Abb. 3.12.2 Wechselstromnormal mit einem Thermoumformer (H & B).

oben: Hilfsstromeinstellung und Einmessung der Thermo-EMK; *unten:* Widerstandskontrolle und Wechselstromkompensation

Nach dem Einstellen des Gleichstroms auf 10 mA durch Kompensation mit Hilfe von R_N, E_N und G_1 wird die Thermospannung gegen den Spannungsabfall am Widerstand R_K kompensiert.

Dann wird der Thermoumformer in den Wechselstromkreis geschaltet. An seine Stelle tritt im Gleichstromkreis der Ersatzwiderstand R_e. Der Wechselstrom wird so eingeregelt, daß die entstehende Thermospannung dem Spannungsabfall am Widerstand R_K entspricht. Der Effektivwert des Wechselstroms ist dann genau 10 mA. Die Meßbereiche können durch Vorwiderstände beliebig, durch Nebenwiderstände bis zu 6 A erweitert werden. Die Meßunsicherheit ist kleiner als 0,05%.

3.12.2. Kompensationsschaltungen zum Vergleich von Gleich- und Wechselstrommeßgrößen mit Hilfe von elektrodynamischen Meßwerken

Der von Shotter und Hawkes angegebene Komparator führt Wechselstrom-, -spannungs- und -leistungsmessungen auf eine Kompensation gegen das Weston-Normalelement zurück. Das bewegliche Organ eines

Drehspulmeßwerks ist mit dem eines elektrodynamischen Meßwerks auf einer gemeinsamen Achse angeordnet und an zwei Spannbändern aufgehängt. Das elektrodynamische Meßwerk läßt sich als Strom-, Spannungs- und Leistungsmesser schalten und wird mit der Wechselstromgröße beaufschlagt. Die Abb. 3.12.3 zeigt links die Schaltung zur Eichung in der Mitte zur Leistungsmessung und rechts zur Spannungsmessung.

Die Drehspule des Drehspulmeßwerks wird von einem Gleichstrom durchflossen, dessen Größe so eingestellt wird, daß ein mit dem beweg-

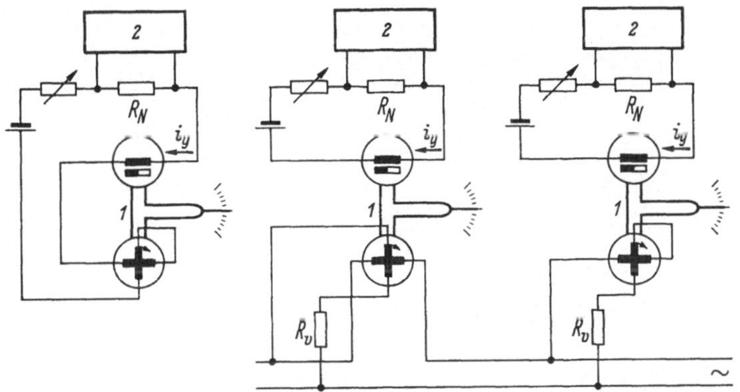

Abb. 3.12.3 Wechselstrom-Gleichstrom-Komparator nach Shotter u. Hawkes.
Links: Eichung; *mitte:* Leistungsmessung; *rechts:* Spannungsmessung.
1 Kombinationsmeßwerk; 2 Gleichstromkompensator; R_N Normalwiderstand

lichen Organ verbundener Zeiger auf Null steht. Der hierzu erforderliche Gleichstrom wird in bekannter Weise durch Kompensation gegen ein Weston-Normalelement gemessen.

Für ein nach diesem Prinzip arbeitendes Gerät (Abb. 3.12.4) werden für einen Frequenzbereich von 25···500 Hz folgende Toleranzen angegeben:

Strommessung: $\pm 0{,}03\%$
Spannungsmessung: $\pm 0{,}06\%$
Leistungsmessung: $\pm 0{,}06\%$

Interessant ist die Doppeloptik dieses Geräts (Abb. 3.12.4). Es sind für zwei im Verhältnis 1:5 abgestufte Empfindlichkeiten zwei Lichtzeiger vorgesehen. Der kurze Lichtzeiger vermittelt eine Übersicht, während der lange Lichtzeiger (2000 mm) zum Feinabgleich benutzt wird.

Der von der Beleuchtungslampe *1* ausgehende Lichtstrahl trifft zwei um einen bestimmten Winkel gegeneinander versetzte, übereinander angeordnete Meßwerkspiegel *3* und *4*. Der obere bietet auf der unteren

Skale *6* eine Übersicht durch eine Lichtzeigerlänge von 400 mm. Der vom unteren Meßwerkspiegel *4* reflektierte Strahl wird nach einer nochmaligen Reflexion am Meßwerkspiegel mehrfach umgelenkt, so daß sich eine effektive Lichtzeigerlänge von 2000 mm ergibt.

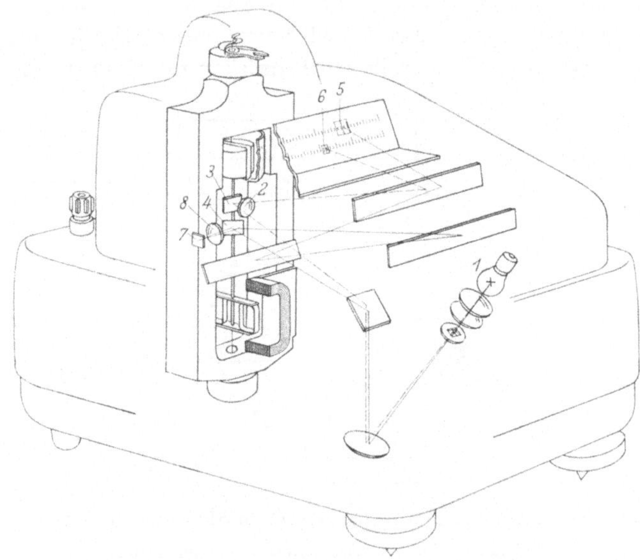

Abb. 3.12.4 Strahlengang beim Wechselstrom-Gleichstrom-Komparator (Görz, Wien).
1 Glühlampe; *2* Linse für kurzen Lichtzeiger; *3* Meßwerkspiegel für kurzen Lichtzeiger; *4* Meßwerkspiegel für langen Lichtzeiger; *5* obere Skale; *6* untere Skale; *7* fester Spiegel; *8* Linse für langen Lichtzeiger

3.12.3. Komplexer Wechselstromkompensator

Beim komplexen Wechselstromkompensator nach Geyger benötigt man als Normalstrom oder Normalspannung für Absolutmessungen eines der beschriebenen Wechselstromnormale. Für weniger präzise Messungen genügt auch hier das Einstellen und Überwachen der Normalspannung oder des Normalstroms mit Präzisions-Dreheisenmeßgeräten.

Beim komplexen Wechselstromkompensator ändert man die Phasenlage der Kompensationsspannung, indem man sie aus zwei um 90° phasenverschobenen Teilspannungen veränderbarer Größe zusammensetzt (Abb. 3.12.5). Die Teilspannungen werden an zwei Kompensationswiderständen abgegriffen, die von gleich großen, jedoch um 90° phasenverschobenen Strömen durchflossen sind. Verbindet man die Mittelpunkte der beiden Kompensationswiderstände, so kann man durch Abgriff positiver und negativer Teilspannungen in bezug auf den Verbindungspunkt Operatoren in allen vier Quadranten der komplexen Zahlenebene darstellen. Die 90°-Verschiebung zwischen den Kompensationshilfsströmen kann man bei niederen und mittleren Frequenzen erzeugen, wenn man von der Tatsache Gebrauch macht, daß die Sekundärspannung eines unbelasteten Lufttransformators dem Primärstrom um 90° nacheilt. Die Vergleichsspannung wird dem Meßkreis über den Isolierwandler *1* zugeführt. der Kompensationsstrom mit Regelwiderstand *2* und Strommesser *3* eingeregelt. Über den Lufttransformator *5* wird der zweite Kompensationskreis gespeist. Die Mitten der beiden Kompen-

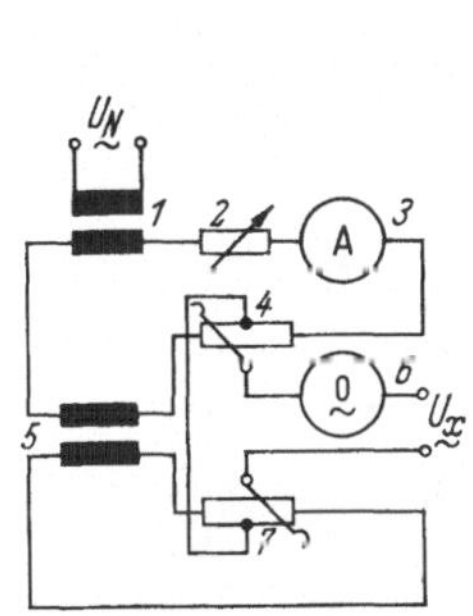

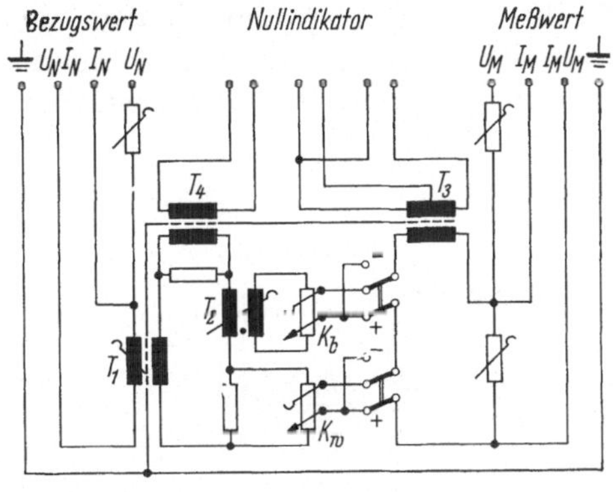

Abb. 3.12.5   Abb. 3.12.6

Abb. 3.12.5 Grundschaltung des Wechselstromkompensators von Geyger.

1 Isolierwandler; *2* Regelwiderstand; *3* Strommesser; *4* Kompensationswiderstand; *5* Lufttransformator; *6* Nullindikator; *7* Kompensationswiderstand für die 90° verschobene Spannung; U_N Normalspannung; U_x unbekannte Spannung

Abb. 3.12.6 Prinzipschaltung des komplexen Wechselstrom-Kompensators (H & B)

sationswiderstände *4* und *7* sind verbunden. Bei der Kompensation werden die Abgriffe der Kompensationswiderstände abwechselnd verstellt, bis der Nullindikator *6* stromlos ist.

Abbildung 3.12.6 zeigt die Prinzipschaltung eines als Universalgerät ausgebildeten komplexen Wechselstromkompensators.

Der Meßwert M wird gegen den bekannten Bezugswert N kompensiert. Der Wechselstromkompensator vergleicht diese zwei Operatoren gleicher Frequenz auf komplexe Art, d. h. getrennt in Wirk- und Blindanteil. Die gleichphasige Wirkkomponente K_W des Meßwerts M wird an dem vom Bezugswert N über den Stromwandler T_1 gespeisten Teiler abgegriffen, die um 90° gedrehte Blindkomponente K_B an dem über die Gegeninduktivität T_2 gespeisten Teiler.

Als Bezugswert können mehrere Spannungen oder Ströme verwendet werden, da der Stromwandler T_1 umschaltbar und mit Vorwiderständen versehen ist. Als Meßwert zugeführte Spannungen und Ströme werden durch einen Spannungsteiler bzw. Nebenwiderstände in eine kompensierbare Spannung umgeformt. Ein Umpoler zeigt anschaulich die Lage des Meßwertoperators in einem der vier Quadranten. Mit Hilfe eines selektiven Wechselstromnullindikators kann ungehindert durch Oberwellen und Gleichspannungsanteil die Grundwelle gemessen werden.

3.12.4. Wechselstrommeßbrücken

Wechselstrommeßbrücken werden zum Messen von Induktivitäten, Kapazitäten, Dielektrizitätskonstanten und dielektrischen Verlusten ausgeführt. Daneben gibt es spezielle Schaltungen, z. B. zum Prüfen von Meßwandlern.

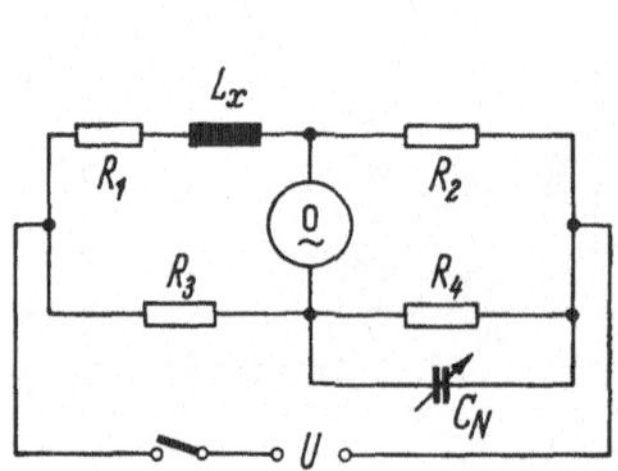
Abb. 3.12.7

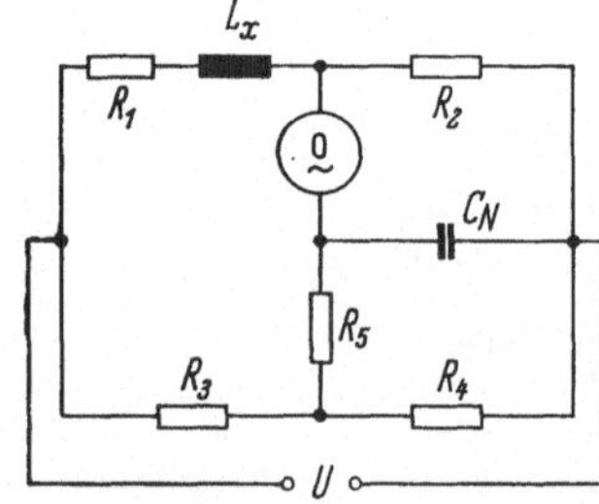
Abb. 3.12.8

Abb. 3.12.7 Vergleich von Induktivität und Kapazität in der Maxwell-Brücke. $R_1,...,R_4$ Brückenwiderstände; C_N Normalkondensator; L_x unbekannte Induktivität; U Brückenspeisespannung

Abb. 3.12.8 Vergleich von Induktivität und Kapazität in der Anderson-Brücke. $R_1,...,R_5$ Brückenwiderstände; C_N Vergleichskondensator; L_x unbekannte Induktivität

Als Nullindikatoren werden Drehspulmeßwerke mit Gleichrichtern, Telephon, Indikatorröhren, Vibrationsgalvanometer (Abschnitt 2.2.11) und oszillographische Nullindikatoren (Abschnitt 3.17.6) verwendet.

Maxwell-Brücke. Die Abb. 3.12.7 zeigt den Vergleich von Induktivität und Kapazität in der Maxwell-Brücke. In einem Brückenzweig liegt die unbekannte Induktivität L_x, im diagonal gegenüberliegenden Zweig ein veränderbares Kapazitätsnormal. Für Stromlosigkeit des Brückenindikators gilt

$$L_x = C_N R_2 R_3.$$

Mit Hilfe einer Normalinduktivität L_N lassen sich ebenso Kondensatoren und deren Verlustwinkel $\tan \delta$ messen. Bei der $\tan \delta$-Messung ist es von Vorteil, daß die Brücke auch mit Gleichstrom und einem Dreh-spulmeßgerät betrieben werden kann. Für den tan δ ergibt sich

$$\tan \delta = \frac{1}{\omega \cdot L_N}\,(R_1 - R_{1=}),$$

wobei ω die Meßfrequenz, R_1 den Wert für den Wechselstromabgleich und $R_{1=}$ den Wert für den Gleichstromabgleich bedeuten.

Anderson-Brücke. Den Vergleich von Induktivität und Kapazität kann man mit der Anderson-Brücke (Abb. 3.12.8) ausführen. Die Brücke wird zuerst mit Gleichstrom abgeglichen, so daß

$$R_1 R_4 = R_2 R_3,$$

gilt. Nach Umschaltung auf Wechselstrom wird nur noch mit R_5 geregelt. Die Abgleichbedingung heißt dann

$$L_x = C_N R_2 \left[R_0 + R_5\left(1 + \frac{R_3}{R_4}\right)\right]$$

bzw. mit der Gleichstromabgleichbedingung

$$L_x = C_N[R_2 R_3 + R_5(R_1 + R_2)].$$

Resonanzbrücke von Grüneisen-Giebe (Abb. 3.12.9). Bei abgeglichener Brücke ist

$$R_1 R_4 = R_2 R_3,$$
$$\omega^2 L_x C_N = 1.$$

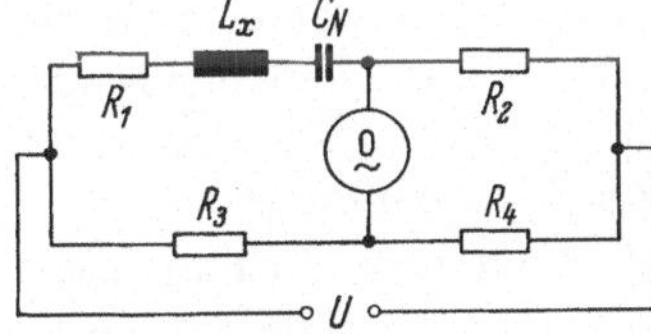

Abb. 3.12.9 Messung von Induktivitäten in der Resonanzbrücke von Grüneisen-Giebe. $R_1, ..., R_4$ Brückenwiderstände; C_N Vergleichskapazität; L_x unbekannte Induktivität

Schering-Brücke (Abb. 3.12.10). Die Schering-Brücke dient in erster Linie zum Messen von dielektrischen Verlusten. Deren Verlauf in Ab-hängigkeit von der Spannung gemessen ergibt einen wichtigen Aufschluß über das hochspannungsmäßige Verhalten eines Isoliermaterials, z. B. für Isolatoren, Durchführungen, Kondensatoren und Kabel.

Mit der Schering-Brücke können außerdem Kapazitäten und Di-elektrizitätskonstanten fester und flüssiger Isoliermaterialien gemessen werden.

Bei abgeglichener Brücke ist

$$C_x = C_N \, \frac{R_4}{R_3} \cdot \frac{1}{1 + \tan^2 \delta}$$

und

$$\tan \delta = \omega R_4 C_4 .$$

Der Betragsabgleich ist also nicht ganz unabhängig vom Phasenabgleich. Der Einfluß ist aber selbst bei den höchsten in der Praxis vorkommenden Verlustfaktoren noch sehr gering.

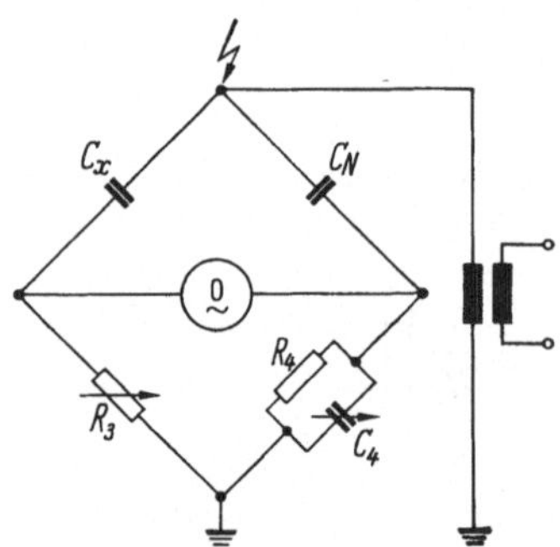

Abb. 3.12.10 Prinzipschaltung der Schering-Brücke.

C_x Prüfling; C_N Normalkondensator; R_3 Widerstand zum Größenabgleich; C_4 Kondensator zum Verlustfaktoren-abgleich; R_4 Parallelwiderstand

Der Widerstand R_4 ist bei den meisten Konstruktionen so gewählt, daß die Größe von C_4 in dekadischer Beziehung zum $\tan \delta$ steht. Für eine Meßfrequenz von 50 Hz hat er z. B. einen Wert von $1000/\pi$.

Bei der Schering-Brücke von H & B kann der $\tan \delta$ zwischen 2×10^{-5} bis 5 direkt abgelesen werden. Die Anschlußkabel sind doppelt geschirmt. Die Streukapazitäten werden unwirksam nach Abgleich mit einer eingebauten Hilfsbrücke, die den inneren Schirm der Meßbrücke und der Anschlußkabel auf Brückenpotential bringt. Die Genauigkeit der Kapazitätsmessung hängt ab von der Genauigkeit des Normalkondensators, der Brückenwiderstände und von der Höhe der Meßspannung.

C-tan δ-Brücke. Die Meßbrücke arbeitet nach dem Prinzip einer Kompensator-Meßbrücke mit halbabgeglichener Brückendiagonale (Abb. 3.12.11). Für den Abgleich gilt

$$C_x = C_N \cdot \frac{R_N}{R_x} .$$

Das bei der Schering-Brücke erforderliche Glied $1/1 + \tan^2 \delta$ entfällt, weil der C-tan δ-Brücke die Parallelschaltung von C_x und Verlustwiderstand zugrunde liegt. An Widerständen R_N wird die Grundkapazität des Prüflings C_x abgeglichen. Parallel zum R_N-Widerstand liegt der komplexe Kompensator, dessen Strom proportional der Spannung an

R_N ist. Die Restspannung in der Diagonale, die vom Verlustfaktor des Prüflings C_X herrührt, wird vom Diagonalwandler in den Indikatorkreis übertragen. Die Spannung am Potentiometer „tan δ" des komplexen Kompensators liegt in Phase mit dieser Diagonalspannung und wird ihr entgegengeschaltet. Bei abgeglichener Brücke ist der Indikatorkreis stromlos:

Der Verlustfaktor des Prüflings wird vom tan δ-Potentiometer angezeigt. Bei eingeschalteter tan δ-Lupe ergibt sich der Verlustfaktor aus

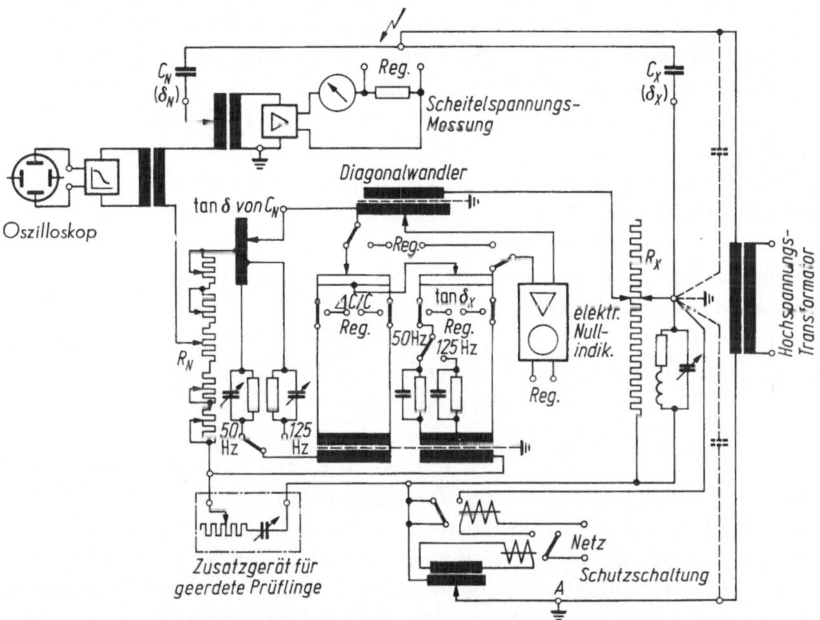

Abb. 3.12.11 Prinzip der C-tan δ-Meßbrücke (SIEMENS).
C_N verlustfreies Kapazitätsnormal; C_x zu messende Kapazität; δ_x zu messender Verlustwinkel; R_x, R_N Kapazitätsabgleichwiderstände; Reg. Anschlüsse für schreibenden Schnellabgleicher

einem Grundwert und der Anzeige des Potentiometers. In gleicher Weise wird zugleich eine Diagonalspannung, die von der Kapazitätsänderung gegenüber dem Grundabgleich herrührt, durch eine Spannung aus dem $\Delta C/C$-Potentiometer kompensiert. Die relative Kapazitätsänderung des Prüflings wird am Drehknopf des $\Delta C/C$-Potentiometers abgelesen.

Die Scheitelspannung, die als Maß der Prüflingsbelastung von Interesse ist, wird über den Ladestrom des Normalkondensators ermittelt und mit einem Gleichrichtermeßgerät gemessen. Zur Meßbereichsumschaltung dient ein Drehschalter.

Einpolig geerdete Prüflinge werden in Verbindung mit dem Zusatzgerät gemessen, ohne daß die Meßbrücke auf Hochspannungspotential
gesetzt werden muß.

Mit dem Zusatzgerät werden die Erdkapazitäten und Verlustleit-
werte der Spannungserzeugeranlage vorabgeglichen. Danach wird wie
bei normaler Schaltung gemessen.

Der Anschluß eines Elektronenstrahl-Oszilloskop über ein eingebautes Hochpaßfilter ermöglicht es, den Beginn der Teilentladung
am Prüfling während der Messung zu kontrollieren. Erst diese gemeinsame
Aufnahme von $\Delta C/C$, tan δ, der Scheitelspannung und des Teilentladungs-
einsatzes läßt eine genaue Beurteilung des Prüflings zu.

Eine vollautomatische Schutzschaltung schützt den Präzisions-
widerstand R_x gegen thermische Überlastung bei falscher Einstellung
von R_x.

Die Universal-C-tan δ-Meßbrücke mißt die Nennwerte aller Prüflinge,
deren Ersatzschaltbild als Parallelschaltung einer Kapazität und eines
Verlustleitwertes erklärt werden kann.

Für lang andauernde Messungen, bei sehr schnell veränderlichen Vorgängen oder zum Reproduzieren von Meßwerten, die bestimmten Zeit-
punkten oder veränderlichen Prüfspannungen zugeordnet werden sollen,
ist ein schreibender Schnellabgleicher anschließbar. Er enthält zwei
Linienschreiber zum Aufzeichnen von $\Delta C/C$ und tan δ und einen weiteren
Linienschreiber zum Aufzeichnen der Scheitelspannung.

In den Schreibern für $\Delta C/C$ und tan δ wirken zwei Meßmotoren auf
Abgleichpotentiometer, die den Potentiometern in der Meßbrücke entsprechen. Die Motoren werden über den Verstärker des Nullindikators
mit dem Diagonalstrom der Brücke gespeist. Nach Umschalten der
Brücke auf den Schnellabgleicher werden Verlustfaktor und Änderungen
der Kapazität selbsttätig abgeglichen und aufgezeichnet.

Für alle aufgezeichneten Meßgrößen sind Ausgänge zur Meßwert-
verarbeitung vorgesehen. Beispielsweise kann ein Digitalvoltmeter als
Analog-Digital-Umsetzer mit Hilfe eines Meßstellenumschalters zyklisch
auf diese Ausgänge des Schnellabgleiches geschaltet werden. Ein vom
Digitalvoltmeter gesteuerter Meßwertdrucker druckt dann während der
Aufzeichnung die Meßwerte aus.

Mit der C-tan δ-Meßbrücke können Meßbereiche für C_x von 10 pF
bis 2000 µF, für tan δ_x von 10^{-4} bis 1 und für $\Delta C_x/C_x$ von $\pm 5 \cdot 10^{-3}$ bis 0,5
erfaßt werden.

Als Normalkondensatoren werden für kleinere Betriebsspannungen
Glimmerkondensatoren verwendet. Für hohe Nennspannungen eignen
sich besonders Preßgaskondensatoren, deren Verlustfaktor nur etwa
$1 \cdot 10^{-6}$ beträgt. Preßgas als Dielektrikum hat eine hohe Durchschlags-
festigkeit. Als Füllgas wird zumeist Stickstoff (N_2) oder Kohlensäuregas

(CO_2) verwendet. Preßgaskondensatoren können bis nahe ihrer Prüfspannung betrieben werden, da ein etwaiger Durchschlag keine schädlichen Brandspuren hinterläßt.

3.13. Isolationsmeßverfahren

3.13.1. Isolationsmessung mit fremder Spannungsquelle

In einer elektrischen Anlage fließen von der Energiequelle einerseits Nutzströme durch die Leiter zu den Verbrauchern, andererseits Verlustströme über die Anlagenisolation zur Erde und von dort zur Energiequelle zurück. Die Anlagenisolation hat einen endlichen Widerstandswert R_x, der sich zu

$$R_x = \frac{U}{I_{is}}$$

ergibt, worin U die treibende Spannung und I_{is} den Isolationsstrom bedeuten. Die Größe des Isolationsstroms hängt vom Isolatorwerkstoff, seinen Abmessungen und seinem Zustand ab, sie ist nicht konstant, sondern infolge von Umwelteinflüssen, z. B. Temperatur, Luftdruck, Luftfeuchte und Verschmutzung, veränderlich. Zum Beurteilen und Prüfen der Eigenschaften von Isolierstoffen und Isolatoren sowie zum Überwachen des Isolationszustands von Anlagen werden Isolationsmesser in zahlreichen Schaltungen und Ausführungsformen verwendet.

Besonders wichtig ist es, den Isolationszustand laufend zu überwachen, da Isolationsströme als Verlustströme aus wirtschaftlichen Gründen klein gehalten werden sollen, zu hohe Isolationsströme den Isolator allmählich zerstören oder unzulässig erwärmen und einen Brand einleiten können und zu große Isolationsströme zwischen den unter Spannung stehenden Anlageteilen und nicht zum Betriebsstromkreis gehörenden Metallteilen gefährliche Berührungsspannungen herbeiführen, sofern diese Metallteile nicht gut geerdet sind.

Der großen Bedeutung der Isolationsmessung entsprechend hat der VDE in seinen Vorschriften eine Reihe von Bestimmungen erlassen. Es sei besonders auf VDE 0100 hingewiesen. Diese Vorschrift besagt, daß selbst beim Auftreten des gerade noch zulässigen Isolationswiderstands (1000 Ohm/V) die volle Betriebsspannung an der Isolationsstrecke liegen muß. Das Gerät muß also in einem solchen Fall mindestens 1 mA liefern. Das gilt für eine Leitungslänge bis zu 100 m, für jede weitere 100 m ist das entsprechende Vielfache des Stromwerts vorgeschrieben.

Meßprinzip

Isolationsmessungen werden im wesentlichen als Stromspannungsmessung ausgeführt. Abb. 3.13.1 zeigt die Prinzipschaltung. Die Meß-

spannung ist stets eine Gleichspannung, damit nur die reelle Komponente
des Widerstands erfaßt wird. Das Meßprinzip

$$I = \frac{U}{R_x}$$

bringt einen hyperbolischen Skalenverlauf mit sich. Dieser läßt sich aber
durch einen besonderen Polausschliff des Meßwerkmagneten im Sinne
einer guten Ablesbarkeit verändern (Abb. 3.13.2).

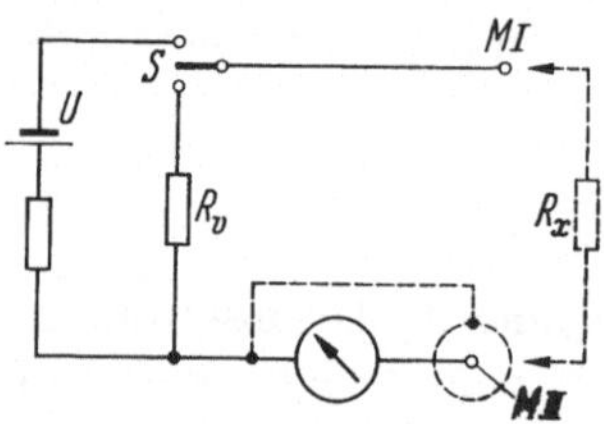

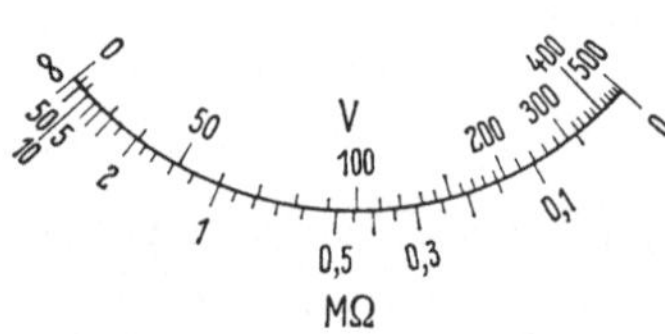

Abb. 3.13.1   Abb. 3.13.2

Abb. 3.13.1 Prinzipschaltung eines Isolationsmessers.
R_v Vorwiderstand für Spannungsmessung; M Meßklemmen; S Schalter; R_x
zu bestimmender Widerstand

Abb. 3.13.2 Skale eines Isolationsmessers

Arbeitet man mit einer konstanten Spannung, so kann der Strom mit
einem Drehspulmeßwerk gemessen werden. Das Drehspulmeßwerk läßt
sich auch als Spannungsmesser schalten, wodurch ein zusätzliches
Spannungsmeßgerät nicht mehr notwendig ist. Allerdings ist der Aufwand zum Erzielen einer konstanten Spannung recht erheblich.

Verzichtet man auf die Möglichkeit, auch Spannungsbereiche im
gleichen Gerät zur Verfügung zu haben, so kann die Spannungskonstanthaltung entfallen, wenn an Stelle eines Drehspulmeßwerks ein Quotientenmeßwerk benutzt wird. Die eine Spule wird mit der Spannung,
die andere mit dem Strom beaufschlagt, so daß der Quotient

$$\frac{U}{I} = k \cdot R_x$$

auf der Skale angezeigt wird.

Um Fehlmessungen zu vermeiden, die durch Kriechströme infolge
Verschmutzung, Betauung oder Staubschichtbildung zwischen den
Meßklemmen entstehen können, muß ein Schirm vorgesehen werden, der
die Kriechströme am Meßwerk vorbeileitet.

Energiequellen und Spannungskonstanthalter

Kurbelinduktor. Geräte mit Kurbelinduktoren sind stets einsatzbereit. Sie erfordern keinerlei Hilfsspannungen. Die beim Betätigen einer Handkurbel vom Induktor erzeugte Wechselspannung wird gleichgerichtet. Mitunter ist die Gleichrichtung mit einer Spannungsverdopplung verbunden. Zur Gleichrichtung werden Trockengleichrichter, aber auch auf der Welle des Induktors angebrachte mechanische Gleichrichter verwendet.

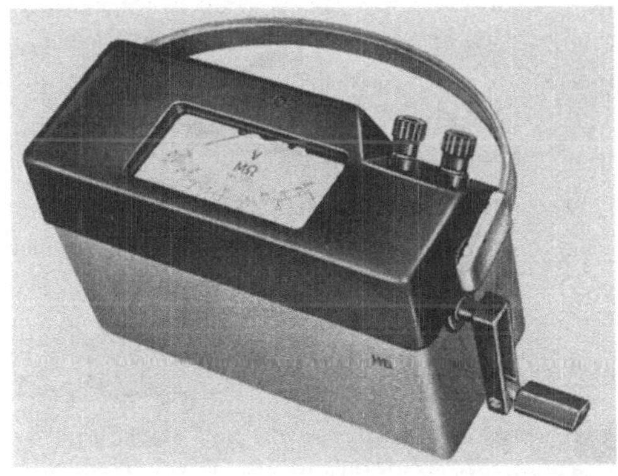

Abb. 3.13.3 Isolationsmesser mit Kurbelinduktor und Drehspulmeßwerk (H & B)

Die bei der Verwendung von Drehspulmeßwerken erforderliche Spannungskonstanthaltung wird elektrisch oder mechanisch erreicht. Die elektrische Stabilisierung erfolgt mit Glimmlampen. Sie erfordert einen erheblichen Anteil der vom Induktor zu erzeugenden Leistung. Die mechanische Spannungskonstanthaltung nutzt aus, daß die vom Induktor erzeugte EMK seiner Drehzahl proportional ist. Eine Konstanthaltung läßt sich deshalb mit einer mechanischen Drehzahlregelung erreichen. Eine besonders wirksame Drehzahlregelung verwendet einen Kurbelinduktor mit servogesteuerter Schlupfkupplung. Die Drehzahlschwankungen liegen bei wenigen Promille.

Abbildung 3.13.3 zeigt die Ansicht eines Isolationsmessers mit Kurbelinduktor und Drehspulmeßwerk, das zusätzlich Spannungsmessungen erlaubt.

Batterie und mechanischer Zerhacker. Geräte mit Betriebsspannungen bis etwa 100 V führt man zweckmäßig mit Batterie aus. Da sich die Batteriespannung nur langsam und allmählich ändert, kann man einen magnetischen Nebenschluß zum Anpassen der Meßwerkempfindlichkeit an die augenblickliche Betriebsspannung benutzen. Will man mit höherer Spannung prüfen, ohne das größere Batteriegewicht in Kauf zu nehmen, so kann man die Batteriespannung zer-

hacken, herauftransformieren und wieder gleichrichten, wie es in Abb.
3.13.4 gezeigt ist. Das Meßverfahren bleibt im übrigen völlig ungeändert.
Als Zerhacker und Gleichrichter dient ein Wechselrichter mit zwei
mechanisch gekuppelten, synchron arbeitenden Kontakten S_1 und S_2.
Von der Batterie U werden über den Schalter T und den Wechselrichter-
kontakt S_1 mit der parallel liegenden Erregerwicklung W_5 die primären
Wicklungshälften W_1 und W_2 des Umspanners abwechselnd erregt.

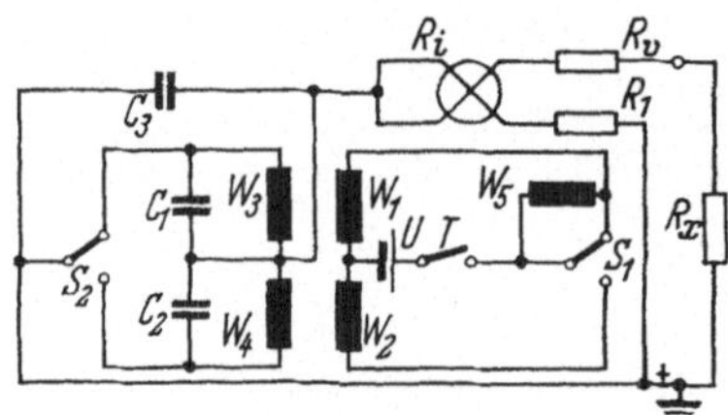

Abb. 3.13.4 Isolationsmessung mit Quotientenmesser. Erzeugen der Prüfgleich-
spannung durch Wechselrichter

U Batterie; T Einschalter; S_1, S_2 synchron arbeitende Kontakte des Wechsel-
richters; W_1, W_2 Niederspannungswicklungen des Transformators; W_3, W_4
Hochspannungswicklungen des Transformators; W_5 Erregung des Wechsel-
richters; $C_1 \cdots C_3$ Glättungskondensatoren; R_i Widerstände des Quotientenmessers; R_v Vorwiderstand im Meßkreis; R_1 Widerstand im Vergleichskreis;
R_x unbekannter Isolationswiderstand.

Die Spannung der sekundären Wicklungshälften W_3 und W_4 wird von
dem Gleichrichterkontakt S_2 abgenommen und über den Quotientenmesser dem zu messenden Isolationswiderstand R_x zugeleitet. Die Kondensatoren C_1, C_2, C_3 glätten die Meßspannung.

Batterie und Transistorgleichspannungswandler. An Stelle des mechanischen Zerhackers werden bei batteriebetriebenen Geräten Transistor-

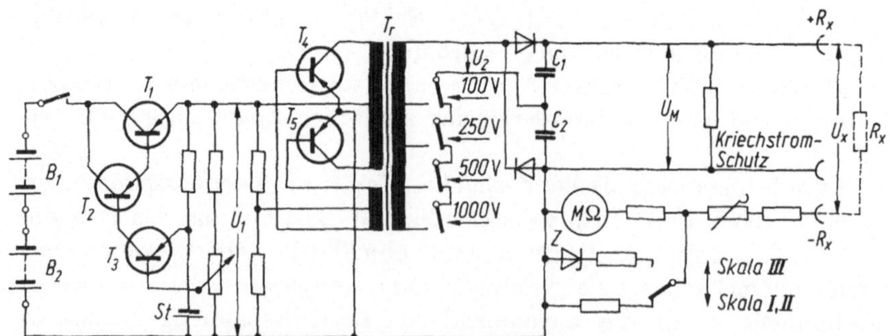

Abb. 3.13.5 Prinzipschaltung eines batteriebetriebenen Isolationsmessers mit
Transistor-Gleichspannungswandler

gleichspannungswandler eingesetzt. Die prinzipielle Schaltung eines solchen Gerätes zeigt Abb. 3.13.5.

Als Spannungsquelle dienen zwei in Serie geschaltete Flachbatterien B_1 und B_2. Die Transistoren T_4 und T_5 bilden zusammen mit dem Transformator Tr einen Sperrschwinger. Die Speisespannung U_1 dieses Sperrschwingers wird durch eine Regelschaltung $(T_1, \cdots, T_3)$ konstant gehalten, wobei als Bezugsspannungsquelle eine Stabilisationszelle St dient. Die Wechselspannung U_2 wird in einer Spannungsverdopplerschaltung gleichgerichtet.

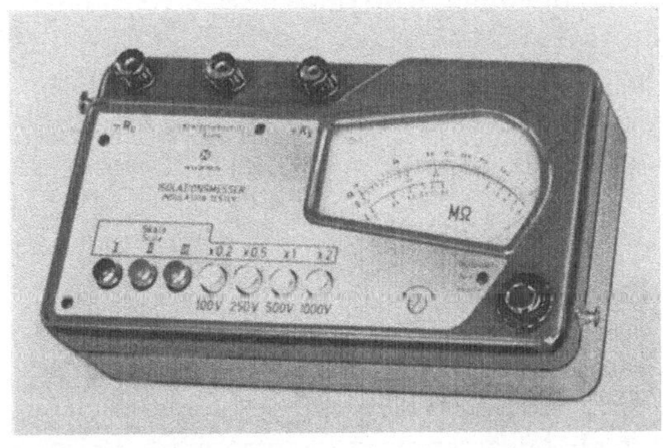

Abb. 3.13.6 Isolationsmesser mit Transistor-Gleichspannungswandler und Drehspulmeßwerk und eingebauter Batterie (Norma, Wien).

An den Kondensatoren C_1 und C_2 entsteht die Meß-Gleichspannung U_M. Sie ist dank der Regelschaltung in ihrem Wert und ihrer Lastabhängigkeit unabhängig vom Ladezustand der Batterie.

Die Widerstandsmessung wird auf eine Strommessung bei bekannter Meßspannung zurückgeführt. Abbildung 3.13.6 zeigt eine Ansicht des Isolationsmessers.

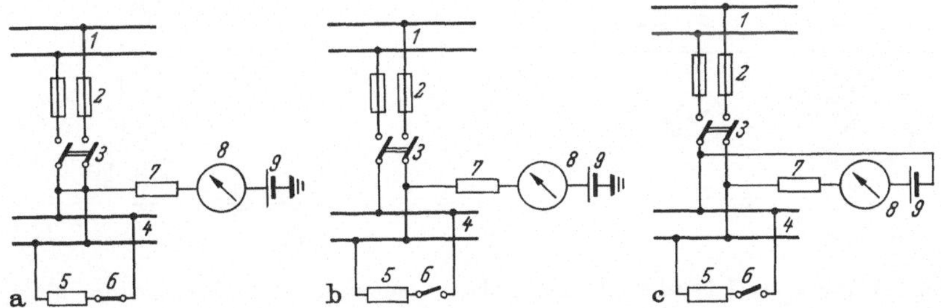

Abb. 3.13.7a—c Messen der Isolation einer Anlage mit fremder Spannungsquelle.

a) Gesamtisolation gegen Erde; b) Isolation eines Leiters gegen Erde; c) Isolation der beiden Leiter gegeneinander.
1 Versorgungsnetz; *2* Sicherungen; *3* Hauptschalter; *4* Verteilernetz; *5* Verbraucher; *6* Verbraucherschalter; *7* Vorwiderstand des Isolationsmessers; *8* Anzeiger (empfindlicher Strommesser); *9* Meßspannungsquelle

Schaltungen

Messen der Isolation einer Anlage gegen Erde (Abb. 3.13.7a). Dazu wird die Anlage vom Netz getrennt. Alle Verbraucher werden eingeschaltet und die beiden Anlagenpole miteinander verbunden; der eine Pol des Isolationsmessers wird an die verbundenen Pole gelegt, der andere an Erde. In derselben Weise wird auch die Isolation eines Geräts, z. B. eines Herdes oder Bügeleisens, gegen Masse geprüft.

Messen der Isolation eines Leiters gegen Erde (Abb. 3.13.7b). Die Anlage wird vom Netz getrennt. Die Verbraucher werden abgeschaltet und der zu prüfende Pol der Anlage wird mit dem Isolationsmesser verbunden, dessen anderer Pol an Erde liegt.

Messen der Isolation der beiden Leiter gegeneinander (Abb. 3.13.7c). Die Anlage wird vom Netz getrennt. Die Verbraucher werden abgeschaltet und die beiden Leiter mit den Klemmen des Isolationsmessers verbunden.

3.13.2. Isolationsmessung im Betrieb

Auch zum Überwachen des Isolationszustands einer Gleichstromanlage im Betrieb wurden verschiedene Meßmethoden angegeben, wobei zuweilen die Netzspannung selbst als Meßspannung benutzt wird. Bei den von Frisch und Fröhlich nach Abb. 3.13.8 angegebenen Schaltungen sind mehrere aufeinanderfolgende Spannungsmessungen und eine Berechnung erforderlich, um den Isolationswiderstand der Anlage zu erhalten. Die nachstehend beschriebene Methode von Brancato und McClinton gibt den gesuchten Wert unmittelbar an.

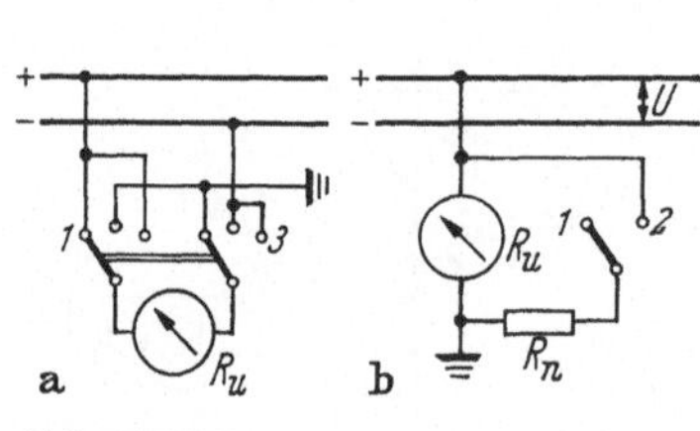

Abb. 3.13.8

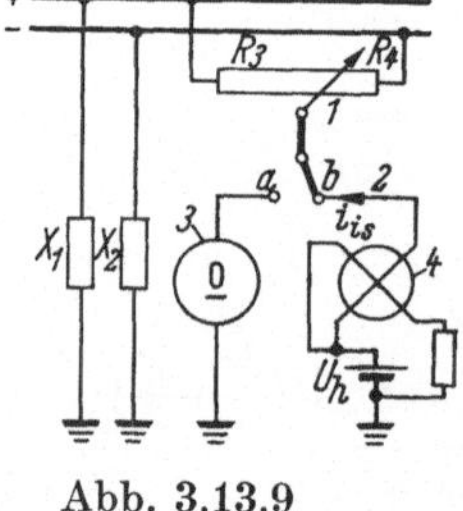

Abb. 3.13.9

Abb. 3.13.8a u. b Überwachen des Isolationszustands einer Gleichstromanlage im Betrieb.

a) Verfahren von Frisch; b) Verfahren von Fröhlich

Abb. 3.13.9 Überwachung des Isolationszustands einer Anlage nach dem Verfahren von Brancato und McClinton.

1 Potentiometer; *2* Umschalter; *3* Nullgalvanometer; *4* Widerstandsmesser; X_1, X_2 Isolationswiderstände der beiden Leiter gegen Erde; R_3, R_4 Potentiometerwiderstände; U_h Meßspannung; i_{is} Isolationsstrom

Abb. 3.13.9 zeigt ihre Prinzipschaltung. Zwischen die beiden Pole der Anlage mit den Isolationswiderständen X_1 und X_2 der Leiter gegen Erde wird das Potentiometer *1* geschaltet und in der Stellung a des Umschalters *2* der Potentiometerabgriff so lange verstellt, bis das hochempfindliche Galvanometer *3* keinen Ausschlag mehr zeigt, d. h. bis der Potentiometerabgriff Erdpotential hat. Dann ist

$$\frac{X_1}{X_2} = \frac{R_3}{R_4}.$$

Darauf wird der Umschalter *2* in Stellung b gebracht und der Isolationsstrom i_{is}, den die Meßspannung U_h über die Anlage schickt mit dem Anzeiger *4* gemessen. Unter Vernachlässigung des Meßgerätewiderstands ist

$$i_{is} = \frac{U_h}{Z},$$

darin ist

$$Z = \frac{(X_1 + R_3)\,(X_2 + R_4)}{X_1 + X_2 + R_3 + R_4}.$$

Der Isolationswiderstand der Anlage gegen Erde ist

$$R_{is} = \frac{X_1 X_2}{X_1 + X_2}.$$

Wenn R_3, $R_4 \ll$ als X_1, X_2, wird $Z = R_{is}$.

Der Strommesser *3* kann unmittelbar in Widerstandswerten geeicht werden. Ferner kann an seine Stelle ein Kreuzspulmeßgerät treten, das den Isolationswiderstand unabhängig von der Höhe der Hilfsspannung U_h anzeigt. Die Hilfsspannung hat zweckmäßig die Größenordnung der Betriebsspannung. Das Potentiometer *1* wird in regelmäßigen Abständen neu eingestellt, was mit einem Kompensographen automatisch geschehen kann. Das Verfahren eignet sich für Gleich- und Wechselstromnetze.

Zum Überwachen der Isolation mit überlagerter Gleichspannung wird eine Gleichspannungsquelle einpolig an das zu überwachende Wechsel-

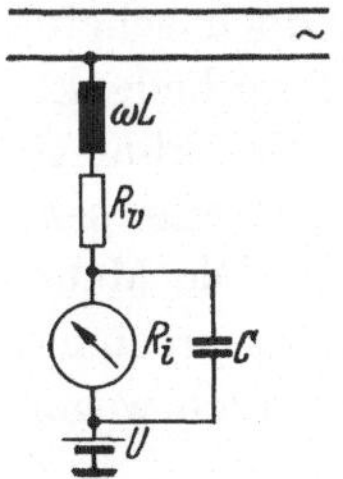

Abb. 3.13.10 Überwachen der Isolation einer Wechselstromanlage im Betrieb mittels überlagerter Gleichspannung.

R_i Gleichstromanzeiger; U Meßspannung; R_v Vorwiderstand des Meßgerätes; ωL Schutzdrossel; C Parallelkondensator

stromnetz, mit dem anderen Pol an Erde gelegt und der überlagerte Gleichstrom gemessen. Gegen die Netzwechselspannung wird der Strommesser durch eine vorgeschaltete Induktivität und einen parallel geschalteten Kondensator geschützt (Abb. 3.13.10).

3.14. Erdungsmeßverfahren

Isolieren und Erden sind die beiden Methoden, durch die man sich gegen Betriebsstörungen und Unfälle schützt.

Bei einpolig geerdeten Energiequellen bildet die Erde einen Teil des Betriebsstromkreises, und der Erdungswiderstand des Betriebserders muß klein gehalten werden, damit die Betriebsströme mit unzulässig hohem Spannungsabfall der Erde zufließen können.

Bei allpolig isolierten Anlagen werden die nicht zum Betriebsstromkreis gehörenden Metallteile geerdet, um das Auftreten unzulässiger Spannungen an diesen berührbaren Teilen zu verhindern. Solche Spannungen können an den Schutzerdern durch mangelhafte Isolation, durch Induktion oder durch Blitzschläge auftreten und man unterscheidet dementsprechend zwischen Netz- und Blitzschutzerdern.

Der Erdungswiderstand des Netzschutzerders muß so niedrig sein, daß auch bei direkter Berührung mit einem Pol der Anlage keine unzulässige Berührungsspannung entsteht. Die Blitzschutzerder dürfen auch bei direktem Blitzschlag keine so hohe Spannung annehmen, daß ein Überschlag auf die Netzleiter stattfinden kann. Da die Blitzströme eine außerordentlich steile Wellenstirn haben, ist bei diesen Erdern und ihren Zuleitungen nicht der Wirkwiderstand, sondern der Stoßwiderstand maßgebend. Im allgemeinen haben die Erder kapazitiven Charakter, d. h. sie setzen Stoßspannungen einen geringeren Widerstand entgegen als Niederfrequenzströmen und es genügt, für die Sicherheit der Erdungswiderstände mit Niederfrequenz zu messen.

Die Zuleitung zum Erder wird dagegen meist eine merkbare Induktivität aufweisen, und man muß ihren induktiven Widerstand in Rechnung stellen, wenn man den Schutzwert der Anlage bestimmen will. Aus diesen Gründen wurde vorgeschlagen, Blitzschutzerder mit Hochfrequenzströmen oder mit Stoßströmen zu messen, doch scheint eine solche Maßnahme nicht unbedingt erforderlich, wenn man bedenkt, daß der Erdungswiderstand im Laufe eines Jahres infolge der klimatischen Verhältnisse in sehr weiten Grenzen schwanken kann, eine sehr genaue Messung also auch keine absolute Sicherheit bietet. Die Mehrzahl der handelsüblichen Erdungsmesser arbeitet dementsprechend mit Niederfrequenz. Die Verwendung von Gleichstrom wäre auch wegen der zu erwartenden Polarisationseffekte nicht möglich.

3.14.1. Erdungsmessung mit Strom- und Spannungsmesser

Um den Erdungswiderstand eines Erders, z. B. eines Mastfußes mit angeschlossener Erdplatte, zu bestimmen, kann man über den Erder einen Strom schicken und durch Strom- und Spannungsmessung den Erdungswiderstand bestimmen. Die Sonde, mit der man den Spannungsabfall abgreift, muß dabei so weit vom Erder entfernt sein, daß bestimmt der Gesamtwiderstand erfaßt wird, wozu etwa die 5fache größte Ausdehnung des Erders, mindestens jedoch 20 m erforderlich sind. Der Hilfserder, der den Strom wieder abnimmt und zur Stromquelle zurückleitet, muß einen entsprechenden Abstand von der Sonde haben. Der Erdungswiderstand der Sonde selbst muß gegen den inneren Widerstand

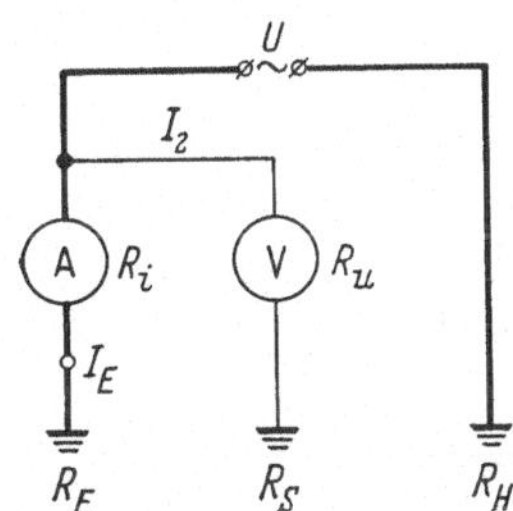

Abb. 3.14.1 Bestimmung des Erdungswiderstands durch Strom- und Spannungsmessung.

U Wechselspannungsquelle; R_E Widerstand des Erders; R_H Widerstand des Hilfserders; R_S Widerstand der Sonde; R_i Widerstand des Strommessers; R_u Widerstand des Spannungsmessers; I_E Erderstrom; I_2 Strom im Sondenkreis

des Spannungsmessers vernachlässigbar sein. Wegen der Polarisation ist die Messung mit Wechselstrom auszuführen. Wenn U_E den Spannungsabfall am Erder bedeutet, gilt mit den Bezeichnungen der Abb. 3.14.1

$$R_E = \frac{U_E}{I_E} + \frac{I_2}{I_E} R_s - R_i$$

für $I_2 \ll I_E$ und $R_i \ll R_E$

$$R_E = \frac{U_E}{I_E}.$$

Da die Erdungsmessung ständig wiederkehrt und beim Überwachen von Freileitungen sehr viele Erder nacheinander von angelerntem Personal gemessen werden sollen, ist es zweckmäßiger, an Stelle der Strom- und Spannungsmessung einen handelsüblichen Erdungsmesser zu verwenden, der die Stromquelle sowie die erforderlichen Schalter und Widerstände enthält und den Erdungswiderstand unmittelbar anzeigt.

Verfahren von Evershed-Vignoles (Abb. 3.14.2). Die Methode ist im Grunde eine Strom- und Spannungsmessung, wobei an die Stelle der beiden getrennten Meßgeräte ein Gleichstromquotientenmesser mit

Strom- und Spannungspfad getreten ist. Da wegen der Polarisationserscheinungen nur Wechselstrom durch den Erder fließen soll, wird der Strom der Gleichspannungsquelle, nachdem er den Strompfad des Meßgeräts durchlaufen hat, zerhackt und der Spannungsabfall am Erder wieder gleichgerichtet, bevor er dem Spannungspfad des Quotientenmessers zugeführt wird. Zerhacker und Gleichrichter sitzen auf der Achse des Gleichstromerzeugers und werden mit ihm angetrieben. Der Ausschlag des Meßgerätes ist

$$\gamma = \frac{R_E}{R_v + R_s}.$$

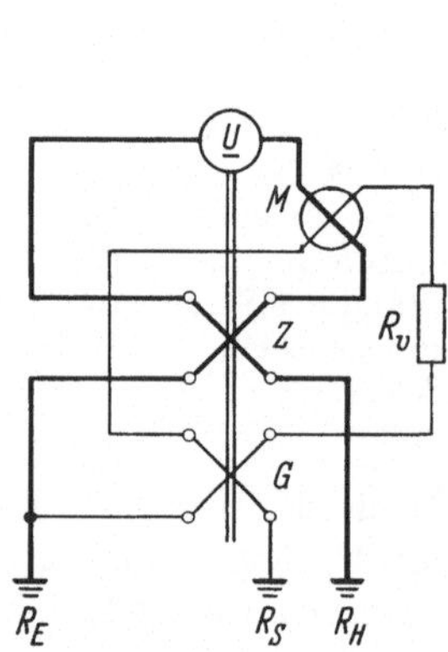

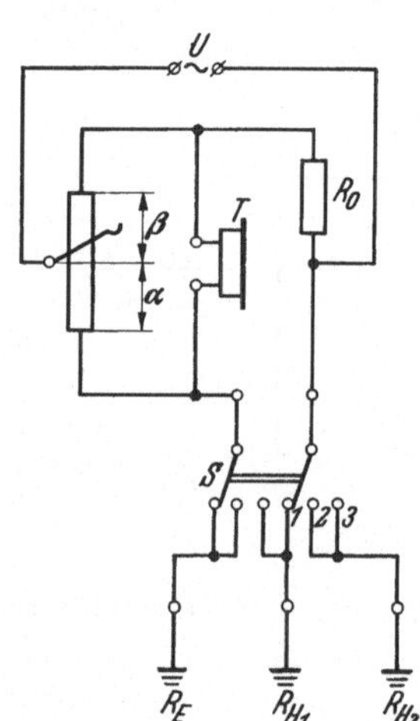

Abb. 3.14.2   Abb. 3.14.3

Abb. 3.14.2 Schaltung des Erdungsmessers von Evershed-Vignoles.

U Gleichspannungsquelle; M Widerstandsmesser; Z Zerhacker; G Gleichrichter; R_v Vorwiderstand im Spannungspfad des Meßwerks; R_E Erdungswiderstand; R_S Sondenwiderstand; R_H Hilfserderwiderstand

Abb. 3.14.3 Erdungsmessung. Verfahren von Nippold.

U Wechselspannungsquelle; S doppelpoliger Umschalter mit 3 Stellungen; T Nullindikator (Telephon); R_0 Brückenwiderstand; $\alpha_1 \cdots \alpha_3$, $\beta_1 \cdots \beta_3$ Einstellwerte beim Brückenabgleich; R_{H_1}, R_{H_2} Hilfserderwiderstände

3.14.2. Erdungsmessung mit akustischem Indikator

Verfahren von Nippold (Abb. 3.14.3). Das Gerät enthält eine Wechselstromquelle, etwa eine Batterie mit Summer, ein Telephon als Nullindikator, einen Umschalter und eine Wheatstone-Brücke, deren einer Zweig von einem außenliegenden Widerstand, beispielsweise dem Erdungswiderstand, gebildet wird. Es werden nacheinander drei Messungen in den Schalterstellungen *1, 2, 3* ausgeführt, deren Ergebnisse die Meßwerte *a, b, c* seien. Dann gilt

$$a = R_0 \frac{\alpha_1}{\beta_1},$$

$$b = R_0 \frac{\alpha_2}{\beta_2},$$

$$c = R_0 \frac{\alpha_3}{\beta_3},$$

$$R_E = \frac{a + b - c}{2}.$$

Wie in dem Abschnitt über die Toleranzen ausgeführt wurde, können dabei erhebliche Meßfehler auftreten, wenn die Widerstände von Hilfserder und Sonde groß gegen den Erdungswiderstand sind.

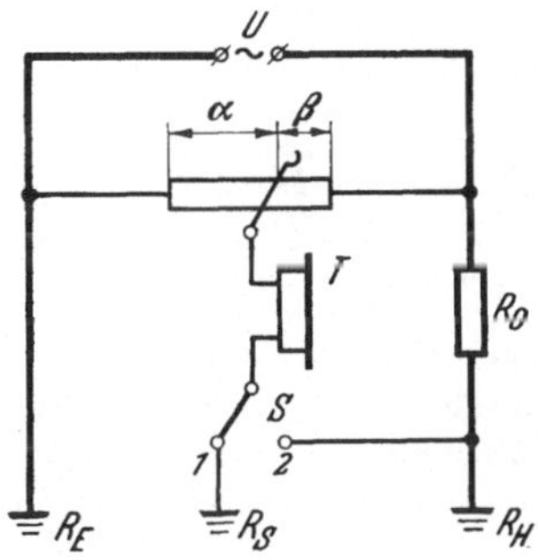

Abb. 3.14.4 Erdungsmesser nach Wiechert.

U Wechselspannungsquelle; *S* einpoliger Umschalter; *T* Nullindikator (Telephon); R_0 Brückenwiderstand; α_1, α_2, β_1, β_2 Einstellwerte beim Brückenabgleich; R_E Erdungswiderstand; R_S Sondenwiderstand; R_H Hilfserderwiderstand

Verfahren von Wiechert (Abb. 3.14.4). Die Wechselstrombrücke von Wiechert ist ähnlich aufgebaut, es sind jedoch nur zwei Messungen erforderlich, deren Ergebnis die Wertepaare α_1, β_1 und α_2, β_2 seien. Es ist dann

$$R_E = R_0 \frac{\alpha_1}{\beta_2} \frac{\alpha_2 + \beta_2}{\alpha_1 + \beta_1}.$$

Der Widerstand R_S der Sonde beeinflußt das Meßergebnis nicht.

Verfahren von Stössel (Wiechert-Zipp) (Abb. 3.14.5). Auch hier wird eine Wechselstrombrücke verwendet, der Vergleichswiderstand hat jedoch zwei Abgriffe, die nacheinander eingestellt werden. In der Stellung *1* des Umschalters wird R_0 so lange verändert, bis die Spannungsabfälle an R_1 und R_2 gleich groß sind. Dann bleibt dieser Schleifer stehen, und es wird in der Stellung *2* des Umschalters der Erdungswiderstand

R_E gegen den mit dem zweiten Schleifer abgegriffenen Widerstand R_3 kompensiert. Für den abgeglichenen Zustand gilt:

$$R_E = \frac{R_2 R_3}{R_1}.$$

Der Widerstand R_S der Sonde geht nicht in das Meßergebnis ein, das unmittelbar abgelesen werden kann.

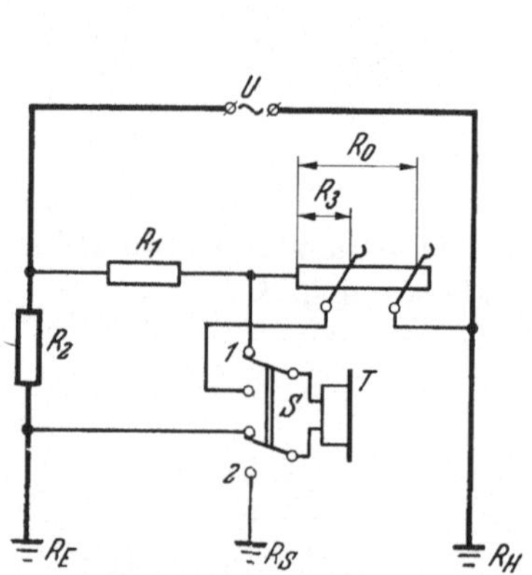

Abb. 3.14.5

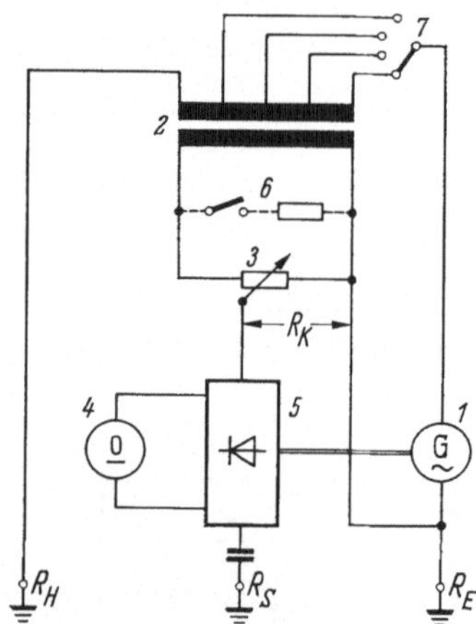

Abb. 3.14.6

Abb. 3.14.5 Schaltung des Erdungsmessers von Stössel (Wiechert-Zipp).
U Wechselspannungsquelle; S doppelpoliger Umschalter; T Nullindikator (Telephon); R_1, R_2 Brückenwiderstände; R_0, R_3 Einstellwerte beim Brückenabgleich; R_E Erdungswiderstand; R_S Sondenwiderstand; R_H Hilfserderwiderstand

Abb. 3.14.6 Prinzipschaltung von Erdungsmessern nach dem Behrend-Verfahren.
1 Wechselstromgenerator, z. B. Kurbelinduktor oder batteriebetriebener mechanischer Zerhacker; *2* Stromwandler; *3* Kompensationswiderstand; *4* Nullgalvanometer; *5* vom Induktor bzw. mechanischen Zerhacker gesteuerter Gleichrichter; *6* Meßbereichwahl durch Nebenwiderstand zum Kompensationswiderstand; *7* Meßbereichwahl durch Umschalten der Wandlerprimärwicklung

3.14.3. Erdungsmessung nach der Kompensationsmethode

Behrend-Verfahren. Das Behrend-Verfahren ist eine Kompensationsmethode, bei der der Spannungsabfall am Erder mit dem Spannungsabfall an einem Normalwiderstand verglichen wird und der Erdungswiderstand direkt abgelesen werden kann, weil der Strom im Erder und im Normalwiderstand in einem konstanten und bekannten Verhältnis stehen. Es ist

$$R_E = \ddot{u} R_K,$$

wobei $ü$ das Übersetzungsverhältnis des Wandlers und R_K den zum Abgleich erforderlichen Wert des Kompensationswiderstands R bedeuten.
Abb. 3.14.5 zeigt die Prinzipschaltung dieses Verfahrens.

Der Strom des Generators *1* fließt über den Stromwandler *2* und über
den Hilfserder R_H zum Erder R_E zurück. Der vom Sekundärstrom des
Stromwandlers am Kompensationswiderstand *3* hervorgerufene Spannungsabfall wird gegen den Spannungsabfall am Erder kompensiert.
Der Nullindikator *4* wird über den mechanisch gesteuerten Gleichrichter *5* gespeist und ist stromlos, wenn die Kompensation erreicht ist.

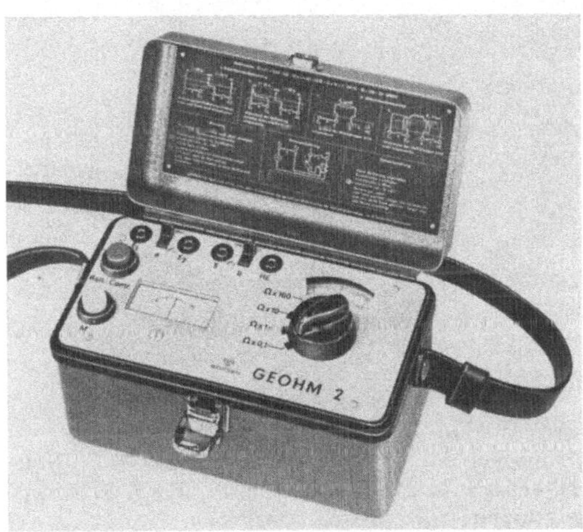

Abb. 3.14.7 Ansicht eines Erdungsmessers mit batteriebetriebenem mechanischen Zerhacker (Gossen)

Die Größe des Erdungswiderstands kann an der Stellung des Kompensationswiderstands direkt abgelesen werden. Das Verfahren ist unabhängig
vom Sondenwiderstand, weil die Sonde im abgeglichenen Zustand stromlos ist. Auch Fremdspannungen von $15 \cdots 20$ V beeinflussen das Meßergebnis praktisch nicht. Erdungsmesser nach Behrend werden auch
mit vier Klemmen für Boden- und Baugrunduntersuchungen und für
Widerstandsmessungen ausgeführt. Der für Erdungsmessungen interessierende Widerstandsbereich bis zu etwa 5000 Ohm wird meist mit 4 Meßbereichen erfaßt. Die Meßbereichwahl kann durch Nebenwiderstände
zum Kompensationswiderstand oder aber auch durch Umschaltung
der Wandlerprimärwicklung erfolgen. Die Meßfrequenz wird gegenüber
den Frequenzen der Fremdspannungen im Erdreich möglichst hoch
gewählt und liegt bei üblichen Geräten zwischen 70 und 110 Hz. Abb.
3.14.7 zeigt einen Erdungsmesser nach dem Behrend-Verfahren mit
batteriebetriebenem mechanischen Zerhacker, Abb. 3.14.8 einen Erdungs-

messer, ebenfalls nach dem Behrend-Verfahren, jedoch mit einem drehzahlgeregelten Kurbelinduktor.

Die Messung ist also abhängig vom Erdungswiderstand R_S der Sonde und wird nur richtig, wenn der Sondenwiderstand sehr viel kleiner als der Vorwiderstand im Spannungskreis ist.

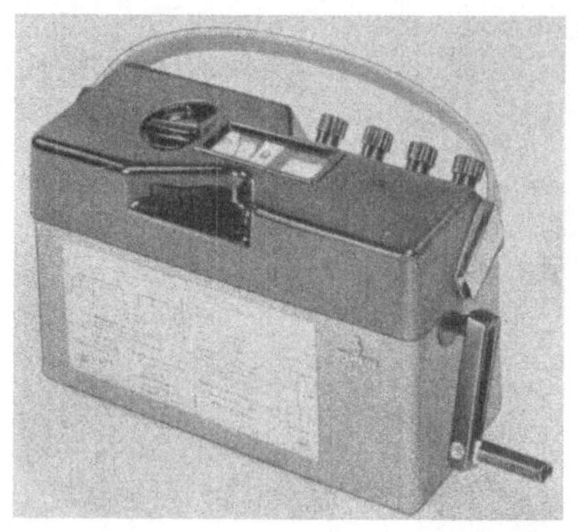

Abb. 3.14.8 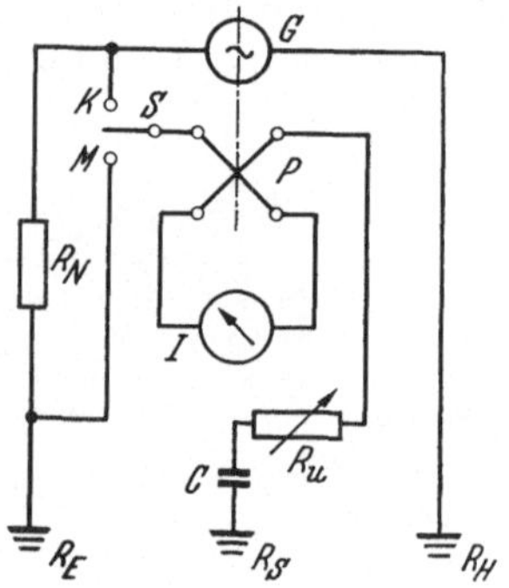   Abb. 3.14.9

Abb. 3.14.8 Ansicht eines Erdungsmessers mit Kurbelinduktor (SIEMENS)

Abb. 3.14.9 Schaltung des Erdungsmessers von Metrawatt.

G Wechselstromgenerator; R_N umschaltbarer Vergleichswiderstand; I Drehspulanzeiger; S Umschalter; P Gleichrichter für Meßspannung; R_u Regelwiderstand im Sondenkreis; C Abriegelkondensator im Sondenkreis

Verfahren von Metrawatt (Abb. 3.14.9). Beim Erdungsmesser von Metrawatt wird der Spannungsabfall an der Summe von Erdungswiderstand R_E und Normalwiderstand R_N mit dem Spannungsabfall am Erdungswiderstand allein verglichen (Grundschaltung Abb. 3.4.5b). Regelt man in der Stellung K des Umschalters S mit dem Widerstand R_u im Meßkreis stets auf den gleichen Meßwerkausschlag ein, so kann man nach dem Umschalten in die Stellung M den Erdungswiderstand unmittelbar ablesen. Ein Fliehkraftregler hält die Spannung während der Messung konstant, ein mit der Generatorachse gekoppelter mechanischer Gleichrichter P richtet die Meßspannung gleich. Durch den Kondensator C werden konstante Fremdspannungen dem Meßkreis ferngehalten.

3.15. Kabelfehlerortungsverfahren

Einen sehr breiten Raum nimmt in der elektrischen Meßtechnik die Fehlerortung ein, Das Aufsuchen eines Fehlers wäre bei langen Leitungen außerordentlich mühsam, wenn man nicht Verfahren entwickelt hätte,

mit denen durch Messen von den Leitungsenden her die Fehlerstelle
einigermaßen genau festgestellt werden könnte, und so wurden schon
früh zahlreiche Methoden entwickelt, um Erdschlüsse, Kurzschlüsse und
Unterbrechungen zu lokalisieren. Leider sind alle diese Verfahren
mehr oder weniger anfällig gegen äußere Störeinflüsse. Solche Störungen
können durch vagabundierende Erdströme, durch Induktion von fremden Magnetfeldern und durch Influenz zustande kommen und eine
Messung völlig unmöglich machen oder das Meßergebnis erheblich
verfälschen, weshalb sie durch besondere Mittel unschädlich gemacht werden müssen. Das wirksamste Mittel der Entstörung ist, eine Hilfsleitung
denselben Störungen wie die Meßleitung auszusetzen und sie so in die
Schaltung einzufügen, daß die Störungen auf Meßleitung und Hilfsleitung einander entgegenwirken und die Hilfsleitung das Meßergebnis
nicht beeinflußt, was bei weitem leichter zu fordern als auszuführen ist
und die Messung erheblich kompliziert.

3.15.1. Fehlerortbestimmung durch Widerstandsmessung

Brückenverfahren

Schleifenmethode von Murray. *Mit einer Hilfsleitung für Kabel mit großem
Widerstand* (Abb. 3.15.1a—c). Die Schaltung entspricht im Prinzip
einer Wheatstone Brücke, wobei zwei Brückenzweige durch veränderbare Normalwiderstände, ein Brückenzweig durch das fehlerhafte Kabel
von der Meßstelle bis zur Fehlerstelle und der vierte Brückenzweig durch
eine Hilfsader sowie das fehlerhafte Kabel vom anderen Kabelende bis
zur Fehlerstelle gebildet werden. Alle derartigen Verfahren setzen das
Vorhandensein mindestens einer gesunden Kabelader voraus und eignen

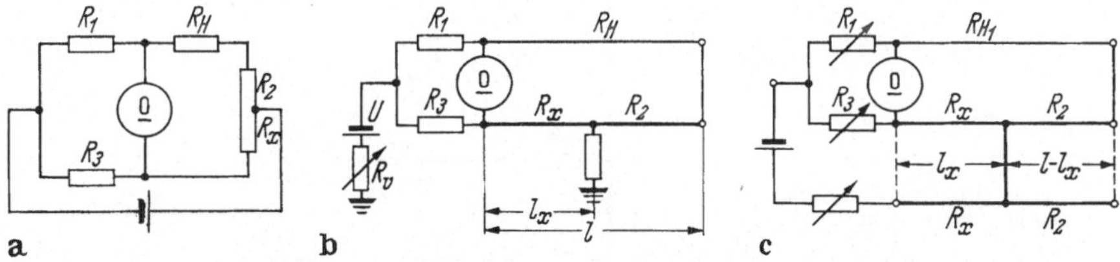

Abb. 3.15.1a—c Fehlerortbestimmung nach der Schleifenmethode von Murray
mit 1 Hilfsleitung.

a) Prinzipschaltung; b) Ausführungsschaltung bei Erdschluß; c) Ausführungsschaltung bei Kurzschluß ohne Erdschluß.

R_1, R_3 Brückenabgleichwiderstände; R_H Widerstand der Hilfsader; R_x Widerstand der fehlerhaften Ader von der Meßstelle bis zum Fehlerort; R_2 Widerstand
der fehlerhaften Ader vom anderen Ende bis zum Fehlerort; R_v Vorwiderstand
zum Einregeln des Meßstroms; l_x Entfernung der Fehlerstelle; l Gesamtlänge
der Leitung

sich für Erd- und Kurzschlüsse. Mit dem Widerstand R_v vor der Spannungsquelle U wird der Meßstrom auf einen passenden Wert eingeregelt. Für die abgeglichene Brücke gilt

$$R_x = \frac{R_3}{R_1}\,(R_H + R_2).$$

Führt man nun die Kabelkonstante k ein, das ist der Kabelwiderstand/ Längeneinheit, und hat man als Hilfsleitung R_H eine gleiche Kabelader benutzt, so kann man setzen:

$$R_x = kl_x,$$

$$R_2 = k(l - l_x),$$

$$R_H = kl,$$

worin l die gesamte Kabellänge und l_x die Kabellänge von der Meßstelle bis zum Fehlerort bedeuten. Es wird

$$l_x = 2l\,\frac{R_3}{R_3 + R_1}.$$

Mit zwei Hilfsleitungen für Kabel mit kleinem Widerstand (Abb. 3.15.2a u. b). Die Schaltung ist gegenüber der vorhergehenden insofern geändert, als das Galvanometer über eine besondere Hilfsleitung an das ferne Kabelende angeschlossen wird. Es ist nun für $\gamma = 0$

$$R_x = \frac{R_2 R_3}{R_1 + R_{H_1}}$$

und für $R_x = kl_x$:

$$R_2 = k(l - l_x)$$

$$l_x = \frac{R_3}{R_1 + R_3 + R_{H_1}}.$$

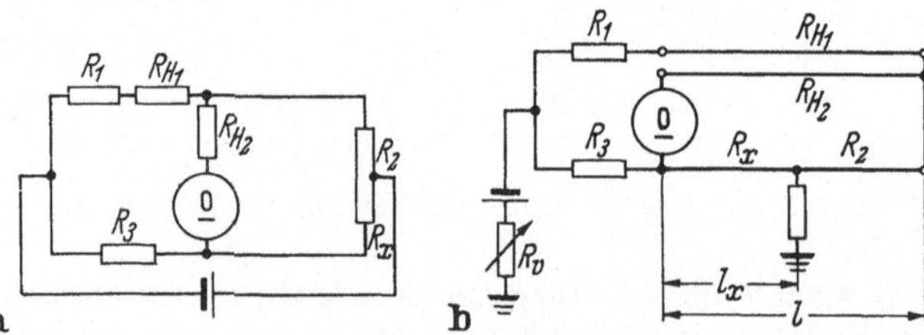

Abb. 3.15.2a u. b Fehlerortbestimmung nach der Schleifenmethode von Murray mit 2 Hilfsleitungen.

a) Prinzipschaltung; b) Ausführungsschaltung.

R_{H_1}, R_{H_2} Widerstände der Hilfsleitungen; übrige Bezeichnungen wie bei Abb. 3.15.1

Methode von Heinzelmann mit zwei Hilfsleitungen (Abb. 3.15.3a—c).
Bei diesem Verfahren werden zwei Messungen ausgeführt, wobei der eine
Eckpunkt der Brücke verschoben wird. Für $\gamma = 0$ ist in der Stellung *1*
des Umschalters S

$$\frac{R_1}{R_3} = \frac{R_{H_1} + R_2}{R_x}.$$

In der Stellung *2* des Umschalters

$$\frac{R_1'}{R_3'} = \frac{R_{H_1}}{R_2 + R_x}$$

und

$$R_x = \frac{R_2 R_3 (R_1' + R_3')}{R_1 R_3' - R_1' R_3},$$

woraus sich für

$$R_1 + R_3 = R_1' + R_3',$$

$$R_x = \frac{R_2 R_3}{R_3' - R_3}$$

ergibt.

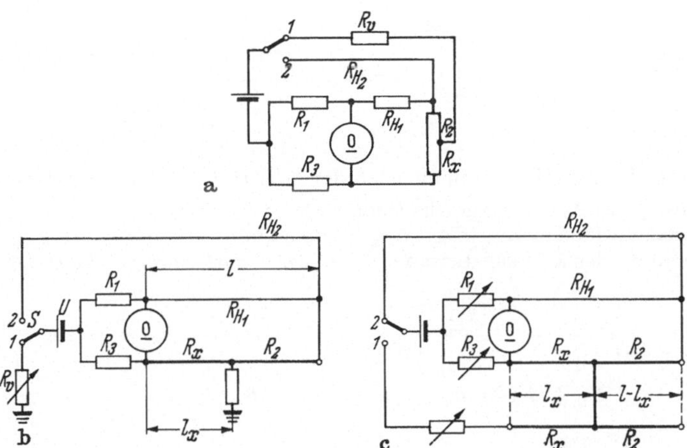

Abb. 3.15.3a—c Fehlerortung nach der Methode von Heinzelmann.

a) Prinzipschaltung; b) Ausführungsschaltung bei Erdschluß; c) Ausführungs-
schaltung bei Kurzschluß.
R_1, R_3 Brückenwiderstände; R_{H_1}, R_{H_2} Widerstände der Hilfsleitungen; R_x, R_2
Widerstand der kranken Leitung; S Umschalter; l_x Fehlerortentfernung;
l Leitungslänge

Für

$$R_x = k l_x \quad \text{und} \quad R_2 = k(l - l_x)$$

folgt daraus

$$l_x = \frac{R_3}{R_3'}\, l.$$

Der Widerstand der Hilfsleitungen beeinflußt also das Meßergebnis nicht.

Dreipunktmethode von Graf für Kabel mit kleinem Widerstand (Abb. 3.15.4). Es sind ebenfalls zwei Hilfsleitungen erforderlich. Für $\gamma = 0$ gilt in den drei Stellungen des Umschalters

$$\frac{R_1}{R_3} = \frac{R_{H_1} + R_2 + R_x}{R_4},$$

$$\frac{R_1'}{R_3'} = \frac{R_{H_1} + R_2}{R_x + R_4},$$

$$\frac{R_1''}{R_3''} = \frac{R_{H_1}}{R_2 + R_4 + R_x}.$$

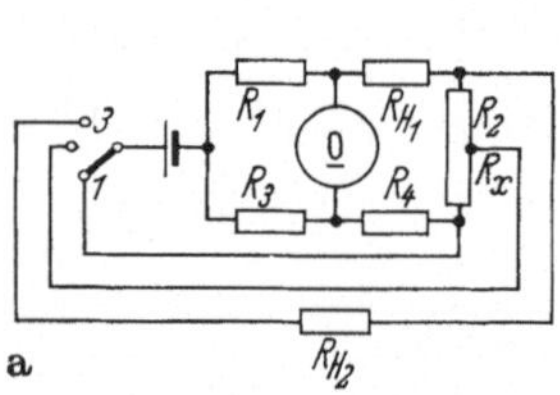
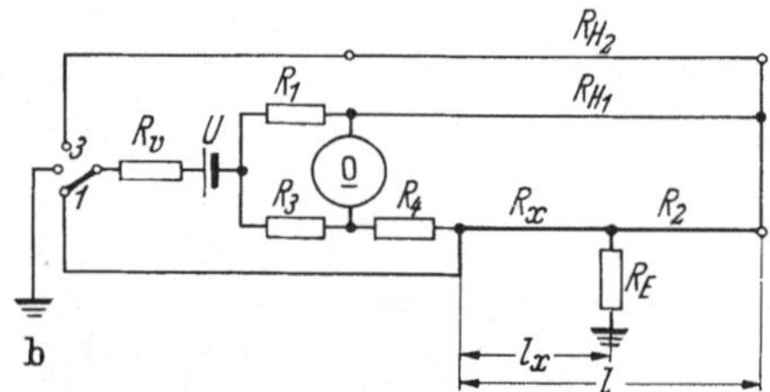

Abb. 3.15.4a u. b Fehlerortbestimmung nach der Dreipunktmethode von Graf. a) Prinzipschaltung; b) Ausführungsschaltung.
R_1, R_3. R_4 Brückenwiderstände; R_{H_1}, R_{H_2} Widerstände oder Hilfsleitungen; $R_x + R_2$ Widerstand der kranken Leitung; l_x Fehlerortentfernung; l Leitungslänge

Nun soll ferner sein

$$R_1 + R_3 = R_1' + R_3' = R_1'' + R_3''.$$

Dann wird

$$R_x = R_2\, \frac{R_3' - R_3}{R_3'' - R_3'}$$

und

$$l_x = l\, \frac{R_3' - R_3}{R_3'' - R_3}.$$

Widerstandsvergleich (Abb. 3.15.5)

Die Galvanometerausschläge in den beiden Stellungen des Schalters sind

$$\gamma_1 = I\,\frac{R_1}{R_i},$$

$$\gamma_2 = I\,\frac{R_x}{R_2 + R_H + R_i}.$$

Woraus sich R_x errechnet.

$$R_x = \frac{\gamma_2}{\gamma_1}\,R_1\,\frac{R_2 + R_H + R_i}{R_i}.$$

Es gilt ferner für $R_i \gg (R_2 + R_H)$

$$R_x = \frac{\gamma_2}{\gamma_1}\,R_1.$$

Sowie für $R_x = k l_x$

$$l_x = \frac{\gamma_2}{\gamma_1}\,\frac{R_1}{k}.$$

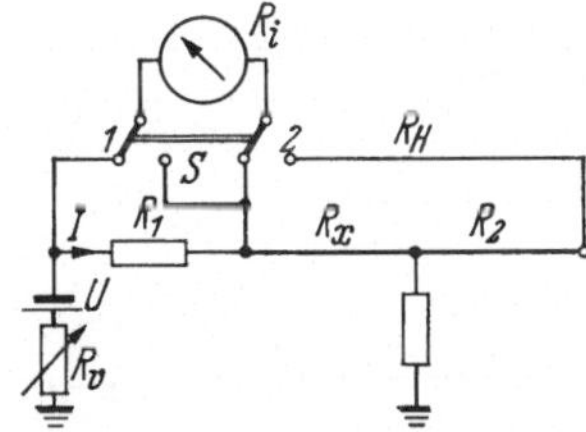

Abb. 3.15.5 Vergleichsverfahren zur Fehlerortung

Spannungsabfallverfahren (Abb. 3.15.6 a—c)

Mit isolierter Batterie. In den beiden Stellungen des Umschalters werden die Galvanometerausschläge γ_1 und γ_2 gemessen:

$$\gamma_1 = I\,\frac{R_x}{R_i + R_5},$$

$$\gamma_2 = I\,\frac{R_2}{R_5 + R_i + R_H}.$$

$$R_x = R_2\,\frac{\gamma_1}{\gamma_2}\,\frac{R_i + R_5}{R_i + R_5 + R_H}.$$

Daraus ergibt sich für

$$R_H \ll (R_i + R_5),$$

$$R_x = R_2\,\frac{\gamma_1}{\gamma_2}$$

sowie

$$l_x = \frac{\gamma_1}{\gamma_1 + \gamma_2}\, l.$$

Mit geerdeter Batterie. *Bei großem Kabelwiderstand mit einer Hilfsleitung*

$$I_1 = \frac{U}{R_x + R_5 + R_6},$$

$$\gamma_1 = I_1 \frac{R_x}{R_2 + R_H + R_i},$$

$$I_2 = \frac{U}{R_H + R_2 + R_5 + R_6},$$

$$\gamma_2 = I_2 \frac{R_H + R_2}{R_x + R_i}.$$

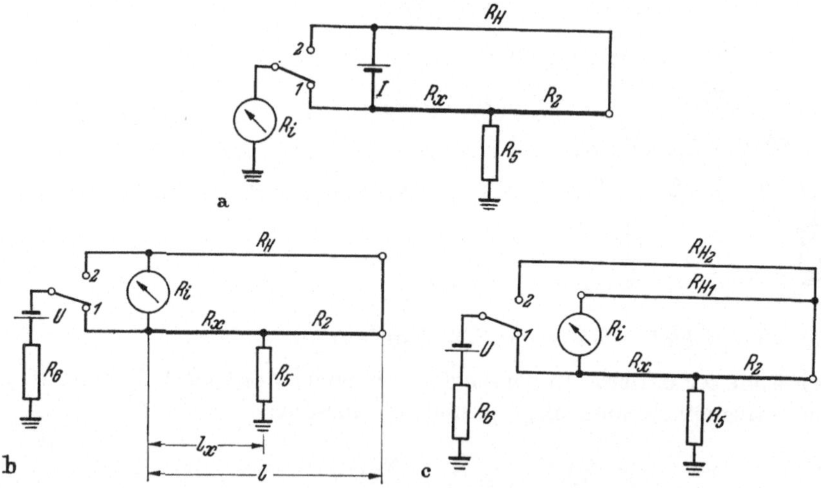

Abb. 3.15.6a—c Fehlerortung nach dem Spannungsabfallverfahren.

a) mit isolierter Batterie; b) mit geerdeter Batterie bei großem Kabelwiderstand;
c) mit geerdeter Batterie bei kleinem Kabelwiderstand.
R_H, R_{H_1}, R_{H_2} Hilfsleiterwiderstände; $R_x + R_2$ Widerstand der kranken Leitung;
R_5 Erdungswiderstand des Erdschlusses; R_6 Vorwiderstand; R_i Galvanometerwiderstand

Daraus ergibt sich

$$R_x^2 + R_x R_i - \frac{\gamma_1}{\gamma_3}\,(R_H + R_2)\,(R_H + R_2 + R_i) = 0$$

und für $R_i \gg R_2$; $R_i \gg R_H$; $R_i \gg R_x$

$$R_x = \frac{\gamma_1}{\gamma_2}\,(R_H + R_2)$$

sowie für $R_x = k l_x$; $R_2 = k(l - l_x)$; $R_H = kl$

$$l_x = \frac{\gamma_1}{\gamma_1 + \gamma_2}\,2l\,.$$

Bei kleinem Kabelwiderstand mit zwei Hilfsleitungen

$$I_1 = \frac{U}{R_x + R_5 + R_6}\,,$$

$$\gamma_1 = I_1 \frac{R_x}{R_2 + R_{H_1} + R_i}\,,$$

$$I_2 = \frac{U}{R_{H_2} + R_2 + R_5 + R_6}\,,$$

$$\gamma_2 = I_2 \frac{R_2}{R_x + R_{H_1} + R_i}\,.$$

Für $(R_5 + R_6) \gg R_x$; $(R_5 + R_6) \gg R_2$; $(R_5 + R_6) \gg R_{H_2}$ wird $I_1 = I_2$
und für $R_i \gg R_x$; $R_i \gg R_{H_1}$; $R_i \gg R_2$

$$R_x = \frac{\gamma_1}{\gamma_2}\,R_2\,,$$

$$l_x = \frac{\gamma_1}{\gamma_1 + \gamma_2}\,l\,.$$

Erdschluß aller Adern (Graf; Abb. 3.15.7 a u. b). Es werden zwei gleiche
Galvanometer an den beiden Kabelenden benutzt, ihre Ausschläge seien
γ_1 und γ_2, dann ist

$$R_x = R_2 \frac{\gamma_2}{\gamma_1} + R_i \frac{\gamma_2 - \gamma_1}{2\gamma_1}\,.$$

$$l_x = \frac{\gamma_2}{\gamma_1 + \gamma_2}\,l + \frac{R_i}{2} \frac{\gamma_2 - \gamma_1}{\gamma_2 + \gamma_1}\,.$$

3.15.2. Fehlerortbestimmung durch Kapazitätsmessung

Kapazitätsvergleich mit Gleichspannung

(Die kapazitiven Verfahren sind für Leitungsunterbrechungen geeignet)
Kapazitätsvergleich mit ballistischem Galvanometer. Die Kapazitäten
der beiden getrennten Kabelstücke werden durch Aufladen von einer

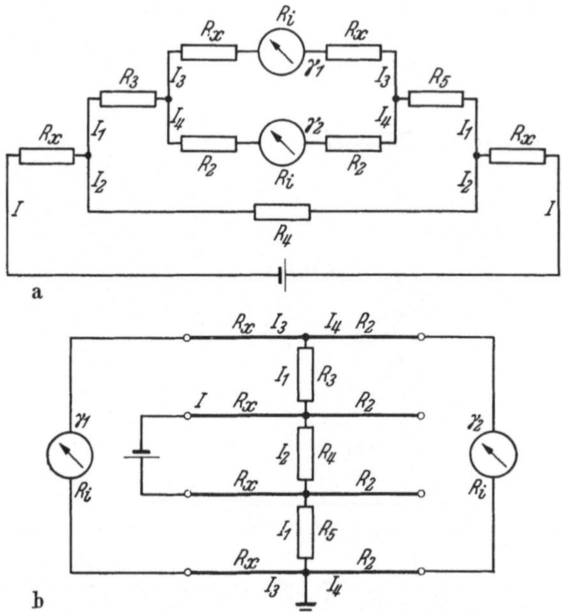

Abb. 3.15.7a u. b Fehlerortung bei Erdschluß aller Adern nach der Methode von Graf.

a) Prinzipschaltung; b) Ausführungsschaltung.

R_x Widerstand jeder Kabelader bis zu der gemeinsamen Erdschlußstelle; R_2 Widerstand der Adern von der Erdschlußstelle bis zum anderen Kabelende; R_3 bis R_5 Widerstände zwischen den Kabeladern an der Erdschlußstelle; R_i Innenwiderstand des Galvanometers

Batterie und Entladen auf ein ballistisches Galvanometer miteinander verglichen. Die Schaltung ermöglicht Laden und Entladen der Kapazitäten C_x und C_y. Das Schaltungsprinzip ist in Abb. 3.15.8a gezeigt, die Ausführung für die Kabeluntersuchung in Abb. 3.15.8b. Sind γ_1 und γ_2 die Galvanometerausschläge bei der Entladung von C_x bzw. C_y, so gilt:

$$C_x = C_y \frac{\gamma_1}{\gamma_2},$$

$$l_x = \frac{\gamma_1}{\gamma_1 + \gamma_2}\, l.$$

Kapazitätsmessung durch Kompensation mit ballistischem Galvanometer (Thomson). Das Prinzip der Schaltung ist in Abb. 3.15.9a gezeigt, die Ausführung für die Fehlerortung in Abb. 3.15.9 b. Es ist für $\gamma = 0$

$$C_x = C_y \frac{R_2}{R_1},$$

$$l_x = 2l \frac{R_2}{R_1 + R_2}.$$

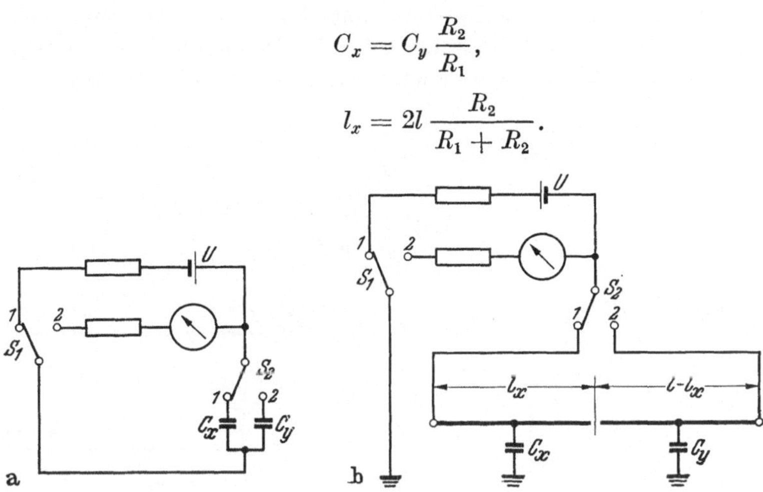

Abb. 3.15.8a u. b Fehlerortung bei Leitungsunterbrechung durch Kapazitätsvergleich mit ballistischem Galvanometer.

a) Prinzipschaltung; b) Ausführungsschaltung.

C_x, C_y Kapazitäten der Kabelstücke; S_1 Umschalter auf Ladung und Entladung; S_2 Umschalter auf die beiden Kabelstücke

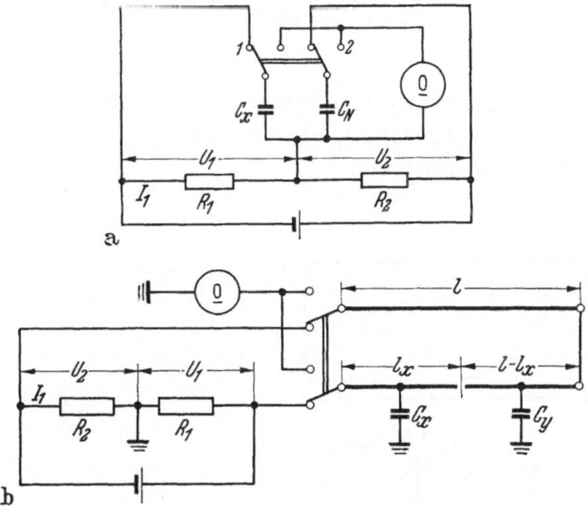

Abb. 3.15.9a u. b Fehlerortung bei Leitungsunterbrechung durch Kompensation mit ballistischem Galvanometer (Thomson).

a) Prinzipschaltung; b) Ausführungsschaltung.

C_x, C_y Kapazitäten der Kabelstücke einschließlich der Hilfsleitung; R_1, R_2 Abgleichwiderstände; l_x Entfernung der Unterbrechungsstelle

Kapazitätsmessung mit ballistischem Galvanometer in Brückenschaltung (de Sauty). *Bei reiner Unterbrechung.* Die Prinzipschaltung geht aus Abb. 3.15.10a hervor, die entsprechende Kabelmeßschaltung zeigt Abb. 3.15.10b. Wenn das Galvanometer bei Ladung und Entladung nicht ausschlägt, ist

$$C_x = C_y \frac{R_2}{R_1},$$

$$l_x = 2l \frac{R_2}{R_1 + R_2}.$$

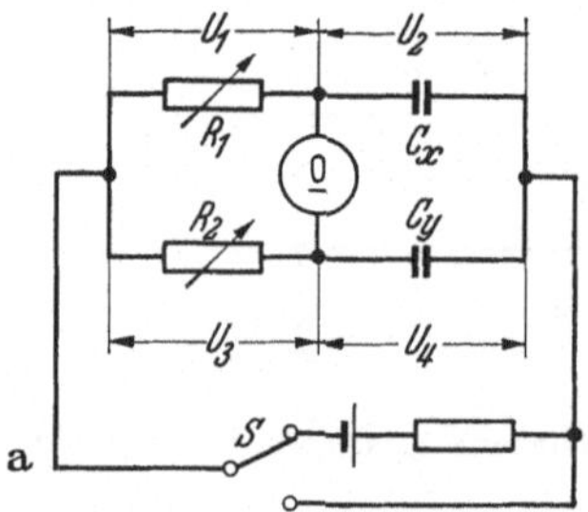
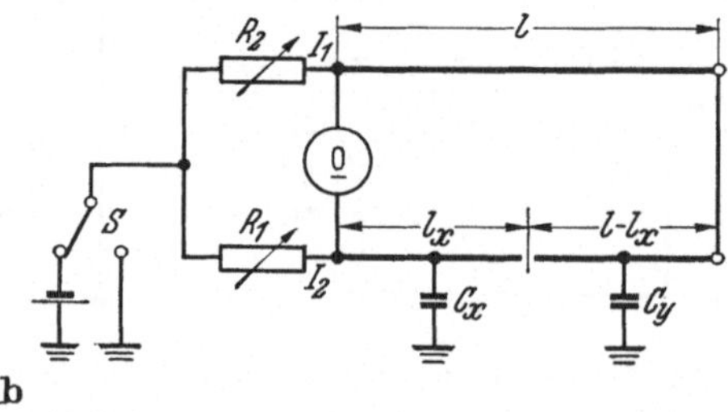

Abb. 3.15.10a u. b Fehlerortung bei Leitungsunterbrechung durch Kapazitätsvergleich in der Brücke (de Sauty).

a) Prinzipschaltung; b) Ausführung für Fehlerortung.
C_x, C_y Kapazitäten der Kabelstücke einschließlich der Hilfsleitung; R_1, R_2 Brückenwiderstände; S Umschalter auf Laden und Entladen

Bei Unterbrechung mit gleichzeitigem Erdschluß (Abb. 3.15.11). Das Galvanometer wird nur bei der Entladung der Kabelkapazitäten eingeschaltet, dann gelten dieselben Formeln.

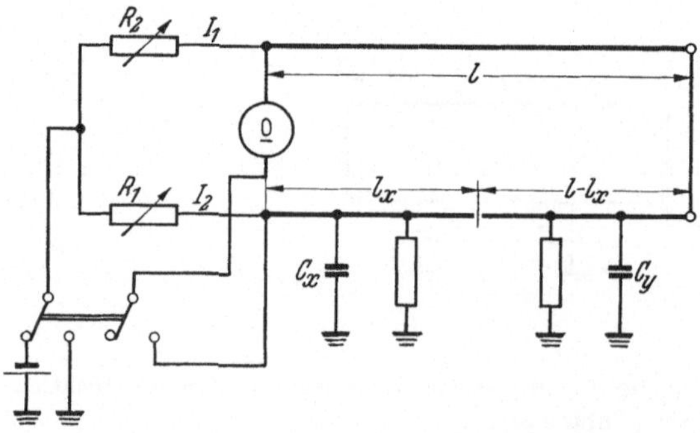

Abb. 3.15.11 Fehlerortung bei Leitungsunterbrechung mit gleichzeitigem Erdschluß durch Kapazitätsvergleich in der Brücke.

Bezeichnungen wie bei Abb. 3.15.10

Kapazitätsvergleich mit Wechselspannung

Die Meßbrücke wird von einem Wechselstromerzeuger, etwa einem Summer gespeist und als Nullindikator ein Wechselstromindikator, z. B. ein Telephon, verwendet; sie entspricht im übrigen einer Wheat-

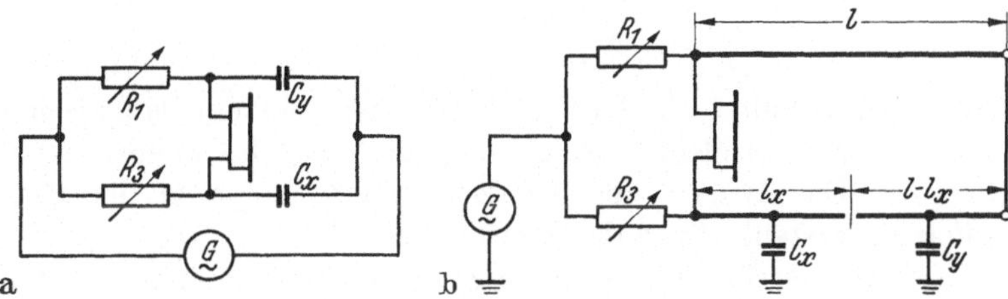

Abb. 3.15.12a u. b Fehlerortung bei Leitungsunterbrechung mit Wechselstrombrücke.
a) Prinzipschaltung; b) Ausführung für Fehlerortung.
C_x, C_y Kapazitäten der Kabelstücke einschließlich der Hilfsleitung; R_1, R_3 Brückenabgleichwiderstände

stone-Brücke, bei der zwei Zweige von den Kabelkapazitäten gebildet sind (Abb. 3.15.12). Bei Stromlosigkeit des Diagonalkreises ist

$$C_x = \frac{R_1}{R_3}\, C_y$$

oder mit

$$C_x = kl_x,$$
$$C_y = k(2l - l_x),$$
$$l_x = 2l\,\frac{R_1}{R_1 + R_3}.$$

3.15.3. Fehlerortbestimmung durch Laufzeitmessung

Wanderwellenlaufzeitmessung. Jeder Überschlag auf einer Leitung löst eine Wanderwelle aus, und man kann die Überschlagstelle ermitteln, wenn man die Laufzeit der Wanderwelle von der Fehlerstelle bis zur Empfangsstelle auf zwei verschiedenen Wegen mißt. In Abb. 3.15.13 ist l die Länge der Leitung zwischen den Stationen A und B, und es findet bei C ein Überschlag statt, von dem einerseits eine Wanderwelle auf

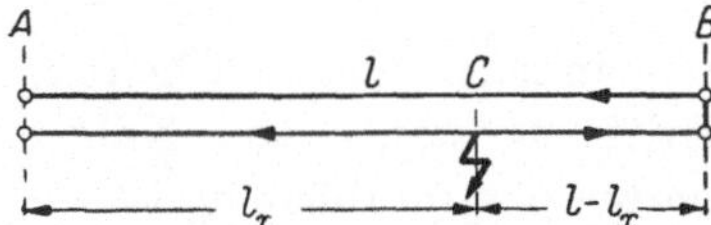

Abb. 3.15.13 Fehlerortbestimmung durch Laufzeitmessung.

$A\,B$ Stationen; C Überschlagstelle;
A Meßstelle

dem Weg l_x nach der Meßstelle A, anderseits auf dem Weg $l - l_x$ nach der Station B gelangt, von wo sie über eine zweite Leitung oder durch Hochfrequenzübertragung ebenfalls nach A gegeben werden kann. Bei gleicher Laufgeschwindigkeit v ist die Zeitdifferenz Δt zwischen den auf beiden Wegen ankommenden Signalen

$$\Delta t = t_2 - t_1 = 2v(l - l_x),$$

Das erste Signal schaltet ein Kurzzeitmeßgerät, etwa ein ballistisches Galvanometer oder ein elektronisches Zählgerät ein, das zweite Signal schaltet es ab. Die Anzeige des Kurzzeitmessers entspricht der Entfernung der Fehlerstelle C von der Station B.

Impulsreflexionsverfahren. Die vom Reflexions-Meßgerät gesendeten Impulse durchlaufen die zu untersuchenden Adern, wobei Unregelmäßigkeiten, wie die Änderung von Querschnitten, Abzweigungen, Muffen usw., Reflexionen verursachen, die auf dem Bildschirm zu erkennen sind. In gleicher Weise können auch niederohmige Fehlerstellen sowie das Kabelende erkannt werden. Durch Wahl eines geeigneten Meßabschnittes und mit Hilfe der in μs geeichten Zeitverschiebung läßt sich jeder interessierende Meßabschnitt lupenförmig auf dem Bildschirm darstellen und die Impuls-Laufzeit bis zur Fehlstelle ermitteln. Aus der Laufzeit wird die Entfernung der Fehlerstelle errechnet. Bei Anschluß eines Rechners wird von diesem die Rechenarbeit übernommen.

Es sind zwei verschiedene Meßmethoden möglich: Bei bekannter Leitungslänge l und den Laufzeiten t_1 und t_2 für die Reflexionen des Impulses von der Fehlerstelle und vom Leitungsende ist die Entfernung l_x der Fehlerstelle

$$l_x = \frac{t_1}{t_2}\, l\,.$$

Das Verfahren ist unabhängig von Änderungen der Leitungskonstanten und der Laufgeschwindigkeit des Impulses. Bei konstanter Laufgeschwindigkeit

$$v = \frac{c}{\sqrt{\varepsilon}},$$

worin c die Lichtgeschwindigkeit und ε die Dielektrizitätskonstante der Leitung bedeuten, ist die Entfernung der Fehlerstelle

$$l_x = 0{,}5vt_1\,.$$

Die Laufgeschwindigkeit muß durch Messung an einer gesunden Leitung ermittelt werden, weil sich die Dielektrizitätskonstante von Kabeln durch Alterung ändern kann und außerdem temperaturabhängig ist.

Abbildung 3.15.14 zeigt die Anschaltung eines Reflexionsmeßgerätes
an ein Kabel. Dem Reflexionsmeßverfahren sind Grenzen gesetzt, da sich
Reflexionen von Übergangswiderständen an der Fehlerstelle, die größer
als 300 Ω sind, sehr schwer von Reflexionen an Muffen und Abzweigungen

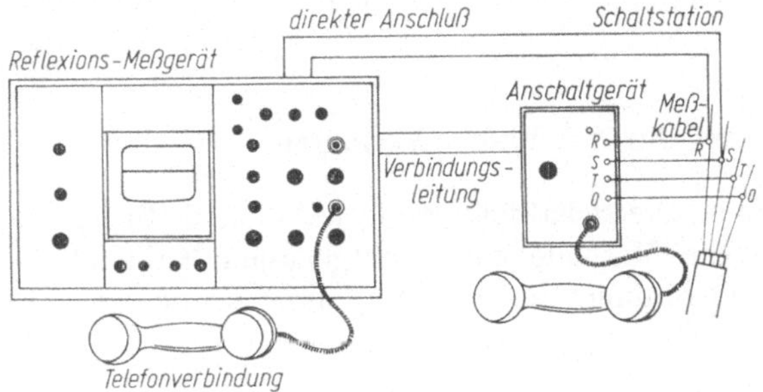

Abb. 3.15.14 Anschaltung eines Reflexionsmeßgerätes an ein Kabel

unterscheiden lassen. Um zu einem einwandfreien Meßergebnis zu gelangen, sollte der Übergangswiderstand an der Fehlerstelle möglichst
niederohmig sein. Im Bedarfsfalle muß mit einem geeigneten Brenn-
gerät die Fehlerstelle niederohmig gebrannt werden. Die Ungenauigkeit
dieser Vormessung beträgt etwa 1 bis 2%.

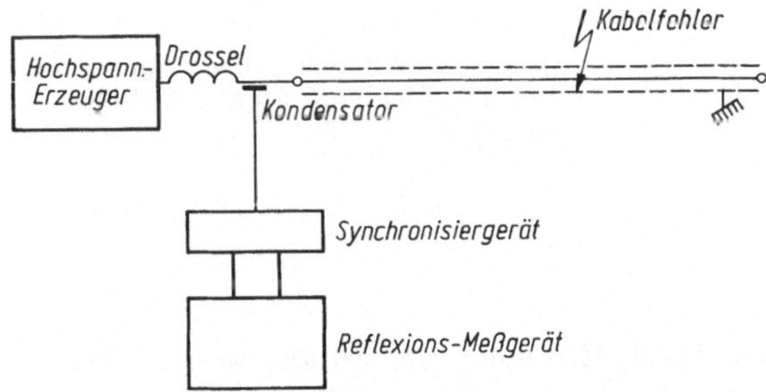

Abb. 3.15.15 Schaltungsschema zur Ortsbestimmung hochohmiger Kabelfehler

Nun gibt es hochohmige Kabelfehler, die man nicht ohne weiteres
niederohmig brennen kann. Aber auch diese Fehler lassen sich nach dem
Impuls-Reflexions-Verfahren vormessen, wobei der Vorgang jedoch
modifiziert wird. Hierbei wird nicht der Sendeimpuls des Laufzeitmeß-
gerätes zur Messung verwendet, sondern ein Hochspannungsimpuls,
der von einem Impulsgenerator (Entladung eines Kondensators) erzeugt
wird (Abb. 3.15.15).

Der rücklaufende Hochspannungsimpuls wird über einen kapazitiven
Spannungsteiler und ein Synchronisiergerät dem Laufzeitmeßgerät

zugeleitet. Der Hochspannungsimpuls wird auf der Elektronenstrahlröhre sichtbar gemacht und die Laufzeit nach dem bekannten Verfahren
eingemessen. Zur besseren Auswertung ist es zweckmäßig, das Schirmbild der Elektronenstrahlröhre zu fotografieren. Die Ungenauigkeit der
Fehlerortung muß bei diesem Verfahren mit rd. 3 bis 5% angegeben
werden.

3.15.4. Fehlerortbestimmung durch induktive Verfahren

Orten nach dem Schallfeld. Die Schallfeldortung (Abb. 3.15.16) ist die
am häufigsten angewendete Methode zur punktgenauen Kabelfehlerortung. In einem Hochspannungserzeuger (Impulsgenerator) werden

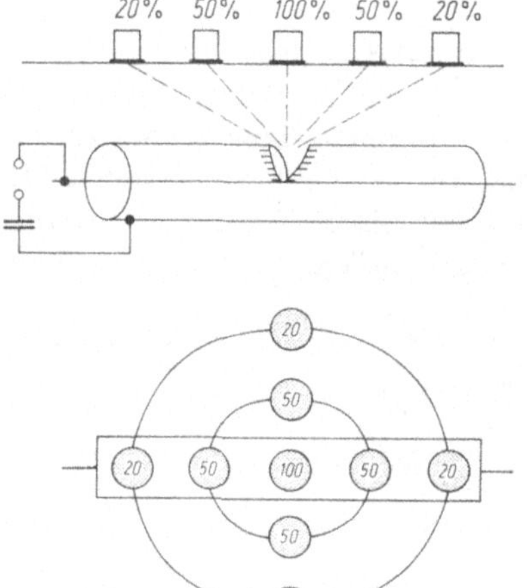

Abb. 3.15.16 Fehlerortbestimmung nach
dem Schallfeldverfahren mit Bodenmikrofon

Kondensatoren aufgeladen. Nach Erreichen der Zündspannung werden
die Kondensatoren über eine Funkenstrecke entladen und die gesamte
Energie auf das Kabel gegeben. Es tritt dabei an der Fehlerstelle ein
Überschlag auf, welcher oftmals mit einem starken Knall verbunden ist.
Dieser Knall kann dann mit einem speziellen Bodenmikrofon abgehört
und die Fehlerstelle akustisch punktgenau geortet werden. Ursache für
die Beliebtheit dieser Meßmethode ist der verhältnismäßig geringe Aufwand an Geräten. Allerdings gibt es Grenzen, wo dieses Verfahren nicht
mehr angewendet werden kann, diese sind:

Der Fehler ist so niederohmig, daß sich keine Funkenstrecke aus-
bildet und somit keine Überschläge stattfinden.

Das Kabel befindet sich in einem Rohr und der Schall pflanzt sich
im Rohr fort.

Umwelteinflüsse, z. B. starker Straßenlärm, machen ein Abhören mit dem Mikrofon unmöglich. In diesen Fällen wendet man das induktive Suchverfahren mit Tonfrequenz an.

Punktortung mit induktiven Suchgeräten. Voraussetzung für eine einwandfreie punktgenaue Fehlerortung ist eine möglichst niederohmige Verbindung zwischen zwei Adern an der Fehlerstelle und eine möglichst hochohmige Verbindung gegen den Metallmantel bzw. das Erdreich. Eine solche Fehlerstelle kann man in den meisten Fällen durch Niederbrennen des Fehlers mit geeigneten Brenngeräten erreichen.

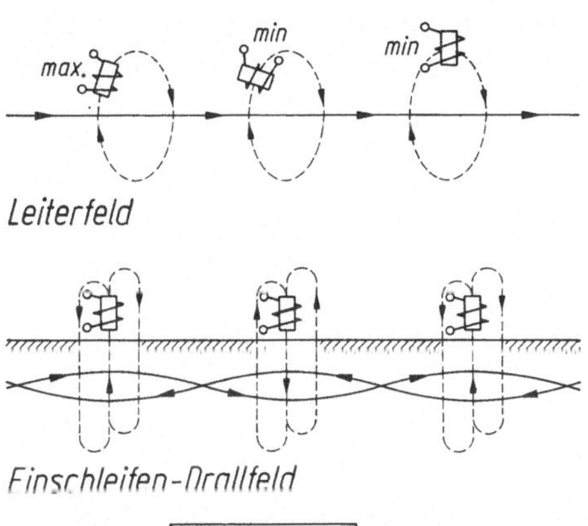

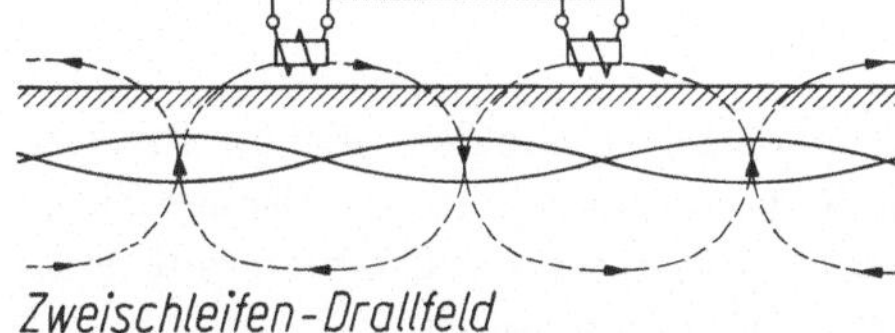

Abb. 3.15.17 Das Drallfeld und seine Messung

Beim Einspeisen einer Tonfrequenz auf das gestörte Kabel wird vom Kabelanfang bis zur Fehlerstelle ein elektrisches Feld erzeugt, welches man mit geeigneten Tonfrequenzempfängern abhören kann. Bedingt durch den Drall des Kabels ergibt sich in gleichen Abständen jeweils ein Maximum.

Dieses elektrisches Feld ist vom Kabelanfang bis zur Fehlerstelle hörbar und hört dort auf. Je nach Lage und Anordnung der Suchspulen können verschiedenartige Felder empfangen werden (Abb. 3.15.17). Bei dieser Art der Messung kann man ein eindeutiges Drallfeld bis zu einer Tiefe von etwa 2,5mal dem Drallabstand empfangen.

Die erreichbare Ortungstiefe ist im wesentlichen von dem Abstand der Adern und damit vom Querschnitt abhängig, denn je größer der Leiterquerschnitt ist, desto länger ist der Drallabstand. Aus diesem

Grund ist auch das Orten von Kabelfeldern an einem Steuerkabel oder
Beleuchtungskabel mit einem kleinen Querschnitt oftmals recht schwierig. Liegt das Kabel nun in größerer Tiefe als der 2,5fache Drallabstand,
dann empfängt man anstelle des Zweischleifenfeldes das Vierschleifen-
feld (Abb. 3.15.18). Dieses Feld ist aber nicht mehr als eindeutiges Maximum abhörbar, man erhält vielmehr ein verwaschenes Feld, welches
jedoch am Ende, d. h. an der Fehlerstelle, ein eindeutiges Maximum
aufweist. Nach dieser Methode ist eine eindeutige Fehlerortung bis zu
einer Kabeltiefe von rd. 5 bis 6 m noch einwandfrei möglich. Zum Orten
von Kabelfehlern in diesen Tiefen ist jedoch ein Empfänger erforderlich,
der eine große Verstärkung und vor allem eine ausgezeichnete Selektivi-
tät aufweist, da die vorkommenden Störfelder 10000fach stärker sein

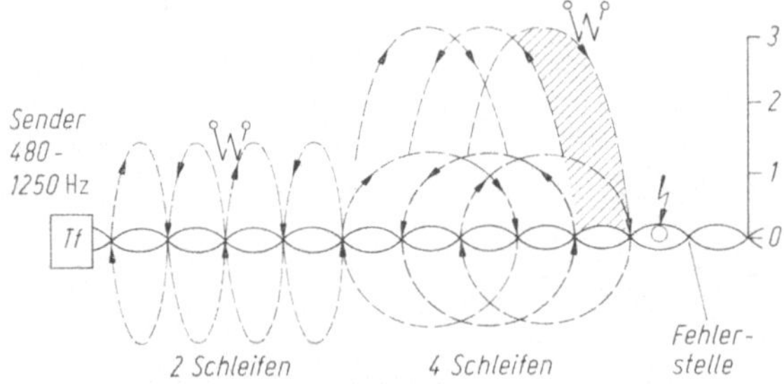

Abb. 315.18 Induktive Drallfeldortung mit 2 Schleifen und Tiefewertung mit
4 Schleifen

können als das Suchfeld. Übliche Schwingkreisfelder reichen für eine
einwandfreie Filterung nicht aus, jedoch hat sich ein mechanisches Filter,
bestehend aus einer Stimmgabel und aufgeklebten Quarzen mit einer
Frequenzkonstanz von ± 1 Hz, ausgezeichnet bewährt.

Punktorten der Fehlerstelle nach dem Hochfrequenzverfahren. Fehler
in Dreimantel- oder Einleiterkabel, die einerseits so festgebrannt sind,
daß kein Schallfeld mehr erzeugt werden kann, andererseits auch mit
dem Drallfeld kein Ergebnis erzielbar ist, ortet man nach dem HF-
Verfahren.

Die vom HF-Sender ausgestrahlte Energie kann mit dem HF-Empfänger an der Fehlerstelle geortet werden, wenn der Bleimantel an dieser
Stelle ein Loch hat und eine Verbindung Ader/Erde besteht. Die Stahl-
armierung spielt dabei keine Rolle.

Abbildung 3.15.19 zeigt das Schema der Fehlerortung nach dem
Hochfrequenzverfahren.

Hochfrequenzverfahren. Beaufschlagt man ein Kabel mit einem kurzen
Impuls, so breitet sich dieser ungefähr mit 160 m/μs aus. Erzeugt
man mehrere solcher Impulse in dichter Folge mit wechselnder Energie-

richtung, so bekommt man eine HF-Spannung, die sich genau so verhält, wie die einzelnen Impulse. Die für die Ortung verwendeten HF-Wellenzüge bestehen aus einer HF-Spannung, deren Dauer zeitlich begrenzt ist, wobei die Spannung in 20 bis 50 µs auf einen unbedeutenden Wert abgesunken ist. Diese einzelnen Wellenzüge wiederholen sich mit einer Frequenz von 480 Hz.

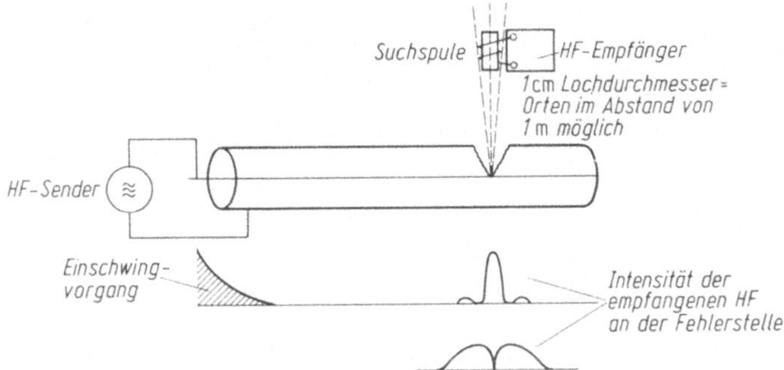

Abb. 3.15.19 Schaltungsschema der Fehlerortung nach dem Hochfrequenzverfahren

Wichtig für das Ortungsergebnis ist die Lage der Richt-Suchspule vom HF-Empfänger und die verwendete Frequenz. Tabelle 3.15.1 gibt eine Übersicht über die Anwendung der verschiedenen Fehlerortungsverfahren.

Tabelle 3.15.1 Überblick über die Anwendung der verschiedenen Verfahren zur Fehlerortbestimmung

Meßverfahren	Erdschluß – Leitungswiderstand groß	klein	Kurzschluß – Leitungswiderstand groß	klein	Unterbrechung
Schleifenmethode von Murray mit 1 Hilfsleitung	▨		▨		
" " " " 2 Hilfsleitungen		▨		▨	
Methode von Heinzelmann	▨		▨		
Drei-Punkt-Methode von Graf		▨		▨	
Widerstandsvergleich	▨		▨		
Spannungsabfallverfahren mit 1 Hilfsleitung		▨		▨	
" " 2 Hilfsleitungen	▨		▨		
Meth. von Graf bei Erdschluß aller Adern	▨		▨		
Kapazitätsvergleich mit Gleichstrom					▨
Kapazitätsmessung mit Wechselstrom					▨
Laufzeitmessung	▨	▨	▨	▨	
Punktortung induktiv				▨	

3.15.5. Ausführung von Kabelfehlerortungsgeräten

Infolge der Verschiedenheit der Kabelfehler müssen zum exakten Bestimmen der Fehlerstelle oftmals mehrere Meßmethoden angewendet werden. Welche Meßmethoden dabei in Frage kommen, zeigt Abb. 3.15.20 in schematischer Übersicht. Die Meßverfahren gliedern sich dabei in die Hauptgruppen „Vermessung" und „punktgenaue Messung" des Kabelfehlers. Um eine schnelle Kabelfehlerortung durchführen zu können, ist es zweckmäßig, die Geräte fest in einem Fahrzeug zu montieren. Ein solcher Kabelmeßwagen kann je nach Einsatzart mit den erforderlichen Geräten bestückt werden.

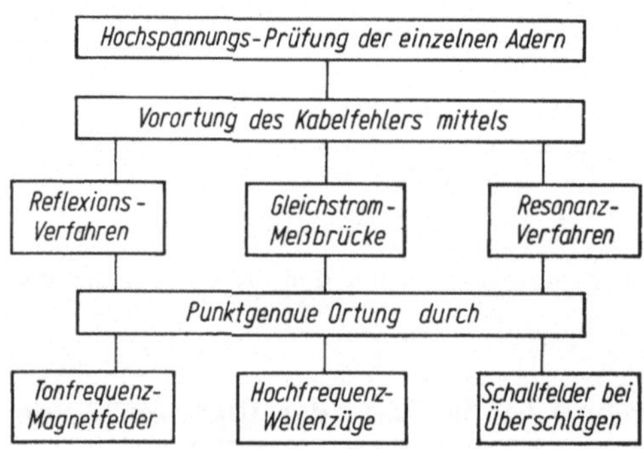

Abb. 3.15.20 Übersicht über Kabelfehlerortungsverfahren

Der Meßingenieur, der mit dem Auffinden einer Störstelle in einem Kabel beauftragt ist, muß bei der Auswahl seiner Meßmethode streng unterscheiden zwischen Fernmeldekabeln (meist mit Pupinisierung) und Starkstrom- und Signalkabeln. Zur Fehlerortbestimmung bei Fernmeldekabeln und zur Güteprüfung von Kabeln vor und nach ihrer Verlegung und zur Bestimmung von Widerstand, Isolation und Kapazität ist nach wie vor die klassische Brückenmessung mit Gleichspannung bzw. Spannungsimpulsen die einzig brauchbare, zulässige und zuverlässige Methode.

Kabelmeßbrücken klassischer Bauformen enthalten in der Regel keinen Anzeiger sondern es werden wie auch bei Widerstandsmeßbrücken und Kompensatoren besonders angepaßte Galvanometer bzw. Nullindikatoren verwendet.

Entstörte Kabelmeßbrücke. Wo Wechselfelder die Ortung eines Kabelfehlers mit der Kabelmeßbrücke unmöglich machen, kann man die Kabelmeßbrücke entstören, sofern ein Hilfsadernpaar und an Stelle des Nullgalvanometers ein Differentialgalvanometer zur Verfügung stehen (Abb. 3.15.21). Die in das Hilfsadernpaar eingestreute Störspannung wird so auf die 2. Wicklung des Differentialgalvanometers gegeben, daß sie den in das fehlerhafte Adernpaar eingestreuten Störspannungen entgegenwirken. Mit Hilfe von zwei Empfindlichkeitsstellern und einer Hilfsbrücke werden die Störpegel aufeinander abgestimmt.

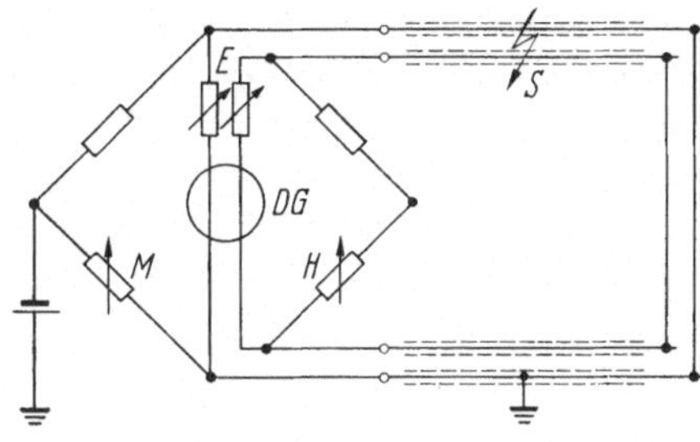

Abb. 3.15.21 Prinzipschaltung einer entstörten Kabelmeßbrücke.

M Meßbrücke; *H* Hilfsbrücke; *S* Störwechselspannung; *DG* Differentialgalvanometer; *E* Empfindlichkeitssteller

Kabelmeßkoffer für Fernmelde- und Starkstromkabel. Mit den praktisch ausgeführten Fehlerortmeßbrücken können meist verschiedene Schaltungen hergestellt werden, so daß sie möglichst universell anwendbar sind.

Abbildung 3.15.22 zeigt einen Kabelmeßkoffer mit dem Meßschaltungen zur Fehlerortung nach z. B. Murray, Graf, Heinzelmann und zum Adervergleich hergestellt werden können. Darüberhinaus lassen sich

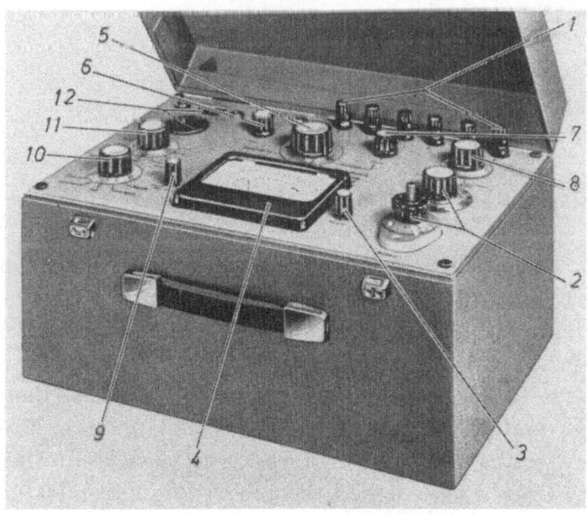

Abb. 3.15.22 Kabelmeßkoffer (H & B).

1 Anschlußklemmen; *2* Abgleich; *3* Nullstellung; *4* Anzeiger für Nullabgleich und Isolationsmessung; *5* Methodenschalter; *6* Phasenabgleich; *7* Eichen; *8* Polwechsler; *9* Batterieprüfung; *10* Spannungswähler; *11* Empfindlichkeitsschalter; *12* Batterieladung

Isolations-, Kapazitäts-, und Widerstandsmessungen zur Güteprüfung von Kabeln durchführen.

Bei der Isolationswiderstandsmessung werden die Meßwerte an einem Drehspul-Zeigergalvanometer, das an einem Verstärker angeschlossen ist, unmittelbar abgelesen; bei den Brückenmessungen mit Gleich- oder Wechselstrom dient das Meßgerät als Nullindikator. Die Empfindlichkeit beträgt 0,25 µV/1 Skalenteil. Die hohe Empfindlichkeit läßt die Einmessung hochohmiger Fehler zu. Der Anzeigeverstärker ist für die Brückenmessungen mit Wechselstrom auf die Grundwelle des Wechselspannungsgenerators abgestimmt; bei den Brückenmessungen mit Gleichstrom ist ein Filter einschaltbar, das Störspannungen vorzugsweise mit $16^2/_3$ Hz und 50 Hz sperrt.

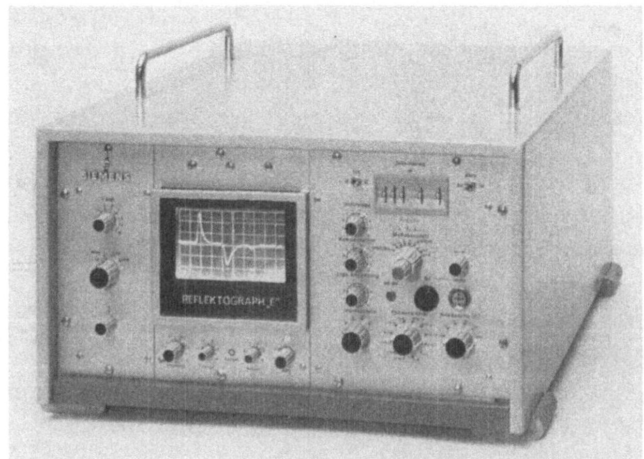

Abb. 3.15.23 Reflexionsmeßgerät zur Kabelfehlerortung (SIEMENS)

Reflexionsmeßgerät. Ein nach dem Reflexionsverfahren arbeitendes Meßgerät zeigt Abb. 3.15.23. Die bei diesem Verfahren vom Meßgerät in das Kabel ausgesendeten Impulse werden an den Stellen, wo sich der Wellenwiderstand ändert, reflektiert. Wellenwiderstandsänderungen treten auf an der Fehlerstelle, an Abzweigungen, Muffen und am Übergang auf ein Kabel mit anderem Querschnitt. Die rücklaufenden Reflexionsspannungen werden auf dem Schirm einer Elektronenstrahlröhre sichtbar gemacht. Die Art und Größe der Reflexion bestimmt den Reflexionsfaktor „r".

$$r = \frac{R_a - Z}{R_a + Z}$$

Hierin ist R_a = Widerstand an der Fehlerstelle
und Z = Wellenwiderstand des Kabels

hieraus ergibt sich für:

$R_a = \infty$, also Leiterbruch: $r = +1$
und für $R_a = 0$: $r = -1$

Man kann also aus der Form der Reflexionskurve erkennen, ob es sich um einen kurzschlußähnlichen Fehler oder um einen Aderbruch handelt (Abb. 3.15.24).

Mit Hilfe der in µs geeichten Zeitverschiebung kann jeder interessierende Meßabschnitt lupenförmig auf dem Schirmbild dargestellt und die Impuls-Laufzeit bis zur Fehlerstelle an dem Grob-Stufenschalter sowie dem Feinantrieb digital abgelesen werden. Aus der Laufzeit wird die Entfernung zur Fehlerstelle errechnet bzw. beim Rechner digital angezeigt. Hierzu ist erforderlich, daß entweder die Gesamtkabellänge oder die Laufgeschwindigkeit des Kabels bekannt ist.

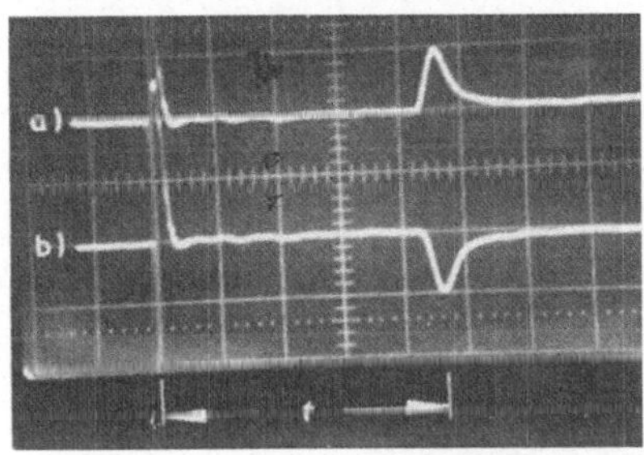

Abb. 3.15.24 Reflexion eines Kabelfehlers auf dem Bildschirm einer Elektronenstrahlröhre

t Impulslaufzeit zur Fehlerstelle;
a) Leitungsunterbrechung;
b) Kurzschluß

Durch eine elektronische Umtasteinrichtung können 2 Adern in schneller Folge abgetastet und so miteinander verglichen werden. Man erhält auf dem Bildschirm das stehende Bild von 2 Adern gleichzeitig und kann somit diese gegeneinander vergleichen.

Induktive Suchgeräte zum Punktorten von Kabelfehlern. Zum induktiven Punktorten von Kabelfehlern verwendet man Sendeeinrichtungen, die am Kabelanfang angeschlossen werden, und tragbare Empfangseinrichtungen, mit denen entlang des Kabels gemessen wird. Zum Erzeugen der TF- bzw. HF-Felder dient ein Hochfrequenzsender, zur Schallfeld-Erzeugung ein Impulsgenerator.

Abbildung 3.15.25 zeigt die Grundausrüstung mit dem Tonfrequenzsender, dem Tonfrequenzempfänger mit Pilotspule und dem Suchstab mit zwei Breitband-Suchspulen. Mit dieser Ausrüstung lassen sich Kabel mit Hilfe des Mantelfeldes verfolgen und Kabelfehler nach dem Drallfeld-Verfahren induktiv punktgenau orten.

Diese Grundausrüstung kann erweitert werden durch ein hochempfindliches geologisches Mikrofon, das gegen magnetische und akustische

Störfelder geschützt ist. Hiermit lassen sich die akustischen Felder orten, die von Überschlägen an der Fehlerstelle erzeugt werden.

Weiteres Zusatzgerät sind die kapazitiven und galvanischen Sonden mit dem Differenz-Trafo. Mit diesen Sonden werden Fehler an Kabeln ohne Metallmantel und Beschädigungen an kunststoffüberzogenen

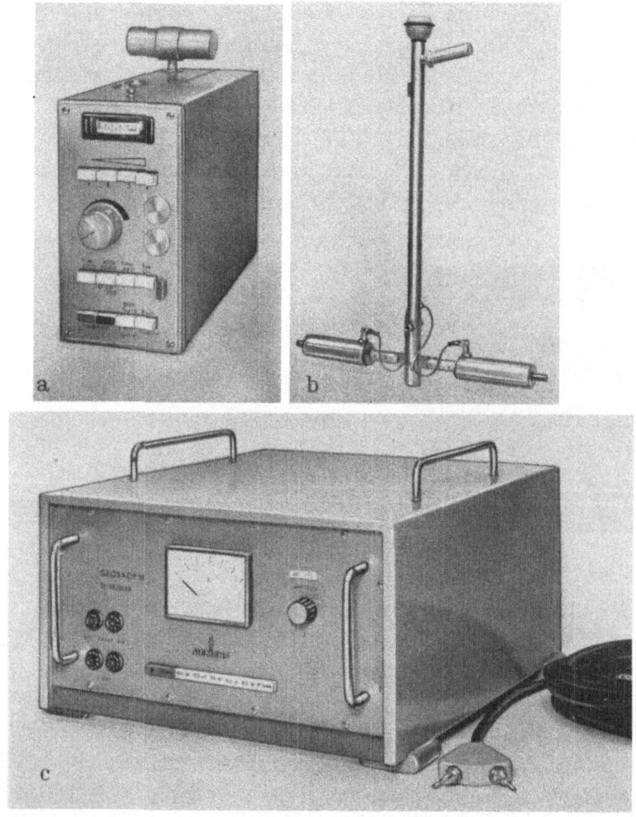

Abb. 3.15.25a—c Grundausrüstung zum induktiven Punktorten von Kabelfehlern.
a) TF-Empfänger; b) Suchstab; c) TF-Sender

Kabelmänteln geortet (kapazitive und galvanische Felder). Außerdem gestatten diese hochempfindlichen Sonden auch Meßaufgaben anderer Art durchzuführen, bei denen Stromverteilungen im Erdreich erfaßt werden sollen. Zur Auffindung der Kabelfehler mit Hochfrequenz-Feldern, wird ein HF-Zusatz verwendet.

3.16. Elektrische Meßverstärker

3.16.1. Aufgaben der elektrischen Meßverstärker

Elektrische Meßverstärker haben in erster Linie die Aufgabe, kleine Ströme oder Spannungen so zu verstärken, daß sie mit elektrischen Meßgeräten oder auch Elektronenstrahlröhren erfaßt werden können. Eine andere Aufgabe ist die Impendanzwandlung. Verstärker lassen sich mit sehr hochohmigen Eingangswiderständen ausführen und werden deshalb dort eingesetzt, wo der direkte Einsatz eines elektrischen Meßgeräts die Meßgröße oder den Meßgeber zu sehr belasten würde, z. B. bei der pH-Wert-Messung die Meß- und Bezugselektroden. Sie erfordern außerdem bei hohen Empfindlichkeiten im Vergleich zu Spiegelgalvanometern kürzere Meßzeiten. Neben Verstärkung und Anpassung übernimmt der richtig dimensionierte Meßverstärker noch die Aufgabe des Meßwerkschutzes gegen elektrische Überlastung, so daß oft schon damit sein Einsatz gerechtfertigt ist. Durch den Einsatz von integrierten Schaltkreisen (IS, auch IC genannt), sind die Verstärker nicht nur kleiner, zuverlässiger und preisgünstiger geworden; vielmehr wurde die Lösung eines Problems möglich, die den Einsatz bei den meisten Meßaufgaben erst ermöglicht hat, nämlich die Unterdrückung der sog. Gleichtaktspannung (Common Mode Voltage, oder kurz CMV). Einer der wichtigsten Gesichtspunkte für die Auswahl der Meßverstärker ist deshalb auch die (meist in dB gemessene) Gleichtaktunterdrückung (Common Mode Rejection oder kurz CMR). Besonders in der Starkstromtechnik (z. B. Messungen in Netzen) — wo oft hohe Werte der CMV vorhanden sind und gleichzeitig CMV $>$ 100 dB sein muß — ist der Einsatz von Meßverstärkern noch heute in Frage gestellt oder zumindest schwierig. Die Zuverlässigkeit der Meßverstärker hat hauptsächlich mit der Einführung einer komplexen Rückkopplungstechnik einen hohen Grad erreicht. Ihre Anwendung führte zum Operationsverstärker; er zeichnet sich dadurch aus, daß — bei hohem Gegenkopplungsgrad — die von ihm ausgeführten Funktionen nur noch von den Eingangs- und Gegenkopplungselementen und nicht mehr von den aktiven Bauelementen des Verstärkers selbst abhängen. Ein oder mehrere solche Operationsverstärker sind heute Kernstück der meisten Verstärker für Meßzwecke.

3.16.2. Gegenkopplung

Die vom Verstärker abgegebene Ausgangsgröße ist bei den allgemein unter Meßverstärker verstandenen Anordnungen der Eingangsgröße direkt proportional, wobei je nach Ausführung und Anforderung für den Verstärkungsfaktor mit Meßunsicherheiten von $\pm 0{,}02\%$ bis zu einigen Prozenten gerechnet werden muß. Mit Hilfe der Gegenkopplung kann man die Meßunsicherheiten von Verstärkern und ihre Abhängigkeit von der Konstanz der Bauelemente und den Betriebsspannungen verringern.

Meßverstärker mit Spannungseingang. Bei der Gleichspannungsmessung soll die Leerlaufspannung U_0 bzw. die EMK einer Spannungsquelle mit verhältnismäßig niedrigem Quellenwiderstand R_q gemessen werden (z. B. die abgegebene Spannung eines Thermoelementes). Würde die Spannungsquelle beim Messen mit einem größeren Meßstrom I_{st} belastet, so erzeugte der Meßstrom über dem Quellenwiderstand R_q einen Spannungsabfall, so daß eine um diesen Spannungsabfall verringerte Spannung U_e (Eingangsspannung) gemessen werden würde ($U_e = U_0 - I_{st} \times R_q$). Der Eingangswiderstand des Verstärkers muß daher sehr groß sein (200- bis 1000mal größer als der Quellenwiderstand), damit der Meßstrom vernachlässigbar klein bleibt. Eine solche Messung ist mit der Kompensationsschaltung mit selbsttätigem Abgleich möglich. Die Grundschaltung zeigt Abb. 3.16.1.

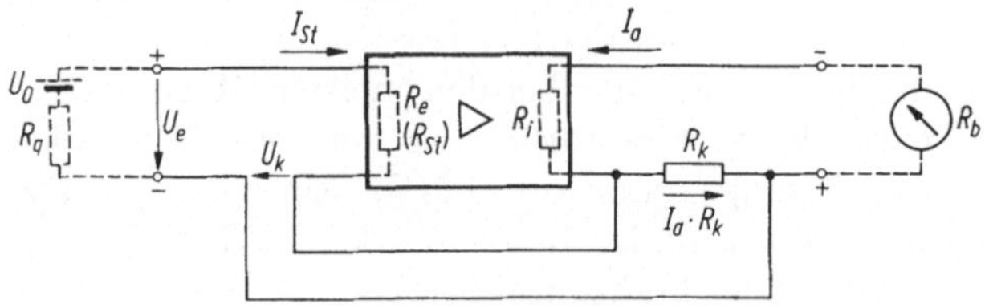

Abb. 3.16.1 Grundschaltung des Spannungsverstärkers (Kompensationsschaltung)

Der zu messenden Spannung U_e wird der Spannungsabfall des Ausgangsstromes I_a am Kompensationswiderstand R_k, die Gegenkopplungsspannung $U_k = I_a \cdot R_k$ entgegengeschaltet. Im Idealfall ist $I_{st} = 0$, d. $U_e = U_k = I_a \cdot R_k$, und der Eingangswiderstand R_e des Verstärkers wird ∞.

Bei einem selbsttätig wirkenden Kompensationsverstärker kann die vollständige Kompensation der zu messenden Spannung nicht erreicht werden, da zum Aussteuern des Verstärkers immer eine Steuerspannung $U_{st} = U_e - U_k$ notwendig ist. Sie beträgt bei empfindlichen Verstärkern mit kleinen Meßbereichen etwa 1/200 und bei großen Meßbereichen etwa 1/1000 der zu messenden Spannung. Das entspricht einem Gegenkopplungsgrad von 200:1 bzw. 1000:1. Mit den Abkürzungen

$k = R_k$ Gegenkopplungsfaktor

$$\ddot{U} = \frac{I_a}{U_{st}} \text{ Spannungs-Strom-Übersetzung ohne Gegenkopplung}$$
(Grundverstärkungsgrad)

$$\ddot{U}' = \frac{I_a}{U_e} \text{ Spannungs-Strom-Übersetzung mit Gegenkopplung}$$

ergeben sich der

Gegenkopplungsgrad $\quad \dfrac{\ddot{U}}{\ddot{U}'} = \dfrac{U_e}{U_{st}} = 1 + k \cdot \ddot{U},$

Ausgangsstrom $\qquad I_a = \dfrac{\dfrac{1}{k}}{1 + \dfrac{1}{k \cdot \ddot{U}}} \cdot U_e \quad$ und

Eingangswiderstand $\quad R_e = \dfrac{U_e}{I_{st}} = R_{st} \cdot (1 + k \cdot \ddot{U}).$

Der Steuerwiderstand R_{st} ist der im Eingang des Verstärkers tatsächlich liegende Widerstand, ohne Rückkopplung (bei ausgeschaltetem Verstärker meßbar). R_e ist der infolge Rückkopplung in Erscheinung tretende wirksame Eingangswiderstand des Verstärkers (Betriebs-Eingangswiderstand).

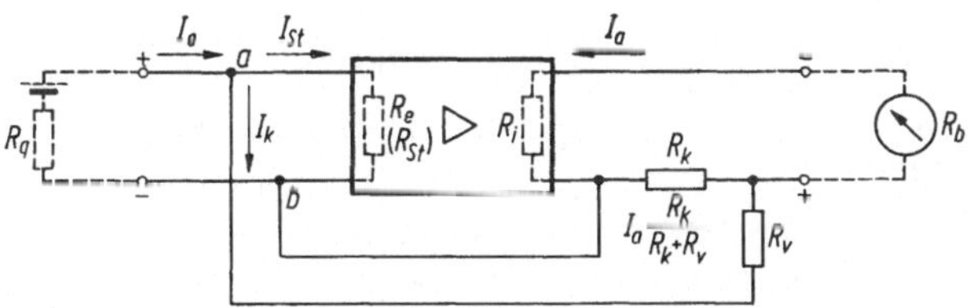

Abb. 3.16.2 Grundschaltung des Stromverstärkers (Saugschaltung)

Der Ausgangsstrom der Vertärker ist in bestimmten Grenzen unabhängig vom Widerstand des Ausgangskreises R_b. Er wird deshalb als eingeprägter Strom bezeichnet. Es werden auch Verstärker mit eingeprägter Ausgangsspannung ausgeführt. Bei Spannungsverstärkern muß auf den größten zulässigen Quellenwiderstand R_q geachtet werden. Er wird bei Galvanometerverstärkern in Abhängigkeit von der Spannung U_e bei Vollaussteuerung angegeben.

Spannungsquellen haben im allgemeinen einen verhältnismäßig niedrigen Quellenwiderstand. Stromquellen sind immer hochohmig.

Meßverstärker mit Stromeingang. Bei der Gleichstrommessung liegt die Aufgabe vor, den Kurzschlußstrom einer Stromquelle mit sehr hohem Quellenwiderstand R_q (z. B. Fotoelement) zu messen. Der Eingangswiderstand R_e des Stromverstärkers soll daher sehr klein sein. Die Stromkompensationsschaltung, bei welcher mit Hilfe eines Vor- und eines Nebenwiderstandes (siehe R_v und R_k in Abb. 3.16.2) ein Gegenkopplungsstrom I_k erzeugt und der zu messende Strom I_e kompensiert wird, bezeichnet man auch als Saugschaltung. Im Idealfalle wird der

Strom I_e über die Widerstände R_v und R_k ganz abgesaugt. Dann haben die Anschlußstellen a und b des Gegenkopplungsnetzwerkes das gleiche Potential, und der Eingangswiderstand des Verstärkers ist Null. Es gilt dann:

$$I_k \cdot R_v = (I_a - I_k) \cdot R_k,$$

$$I_k = \frac{R_k}{R_k + R_v} \cdot I_a = k \cdot I_a$$

und

$$k = \frac{R_k}{R_k + R_v}$$

Die Größe k wird als Gegenkopplungsfaktor bezeichnet. Beim praktisch ausgeführten Verstärker ist die vollständige Stromkompensation nicht möglich, da zum Aussteuern des Verstärkers ein kleiner Steuerstrom I_{st} benötigt wird.

$$I_{st} = I_e - I_k.$$

Je nach Meßbereich beträgt der Steuerstrom $1/200$ bis $1/1000$ des zu messenden Stromes I_e.

Mit den Abkürzungen

$\overset{\circ}{U} = I_a/I_{st}$ Strom-Strom-Übersetzung ohne Gegenkopplung

und

$\overset{\circ}{U} = I_a/I_e$ Strom-Strom-Übersetzung mit Gegenkopplung

sind der

Gegenkopplungsgrad $\dfrac{\overset{\circ}{U}}{U'} = \dfrac{I_e}{I_{st}} = 1 + k \cdot \overset{\circ}{U},$

Ausgangsstrom $I_a = \dfrac{\dfrac{1}{k}}{1 + \dfrac{1}{k \cdot \overset{\circ}{U}}} \cdot I_e$ und

Eingangswiderstand $R_e = \dfrac{I_{st}}{I_e} \cdot R_{st} = \dfrac{R_{st}}{1 + k \cdot \overset{\circ}{U}}.$

R_{st} ist der Steuerwiderstand im Eingang des Verstärkers (vgl. Abb. 3.16.2). Bei der Saugschaltung darf der kleinste Quellenwiderstand R_q nicht unterschritten werden. Er wird bei Galvanometerverstärkern in Abhängigkeit vom Strom I_e bei Vollaussteuerung angegeben.

Spezielle Gegenkopplungsschaltungen. Die Gegenkopplung läßt sich bei Gleich- und Wechselstromverstärkern gleichermaßen einsetzen. Bei speziellen Meßverstärkern wird ein anderer, z. B. ein logarithmischer Zusammenhang zwischen Ein- und Ausgangsgröße angestrebt. Andere Verstärker arbeiten als Differenzier- oder Integrierverstärker. Die Abb. 3.16.3a—c zeigt Beispiele für Gegenkopplungsschaltungen für spezielle Verstärkereigenschaften.

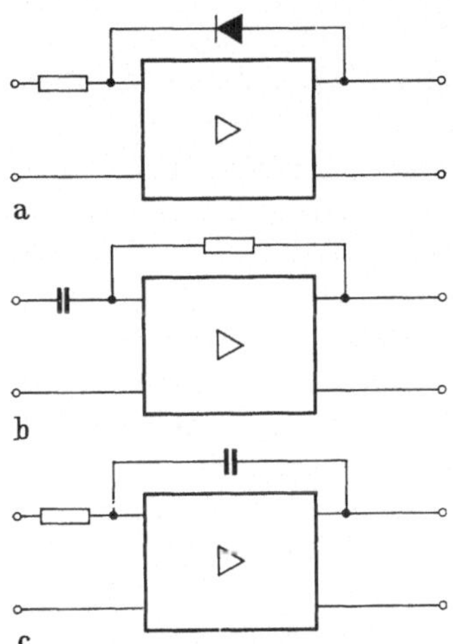

Abb. 3.16.3 Gegenkopplungsschaltungen für a) Logarithmicrvcrstärkcr; b) Differenzier-verstärker; c) Integrierverstärker

3.16.3. Gleichtaktspannung — Gleichtaktunterdrückung

Die elektrische Verbindung einer einseitig geerdeten Signalquelle mit einem ebenfalls einseitig geerdeten Verstärker (Abb. 3.16.4a) bereitet keine Schwierigkeiten. Die beiden Erdpotentiale $\varphi_0 = 0$ können zusammengelegt werden und sind somit fixiert. Der häufigere Fall in der Meßtechnik liegt indessen so, daß $\varphi_0 \neq \varphi_1$ ist. Die zur Verfügung stehende Meßspannung $\varphi_2 - \varphi_1 = u_e$ liegt nach dem technischen Sprachgebrauch „hoch", d. h. über der Spannung $\varphi_1 - \varphi_0$, die als Gleichtaktspannung

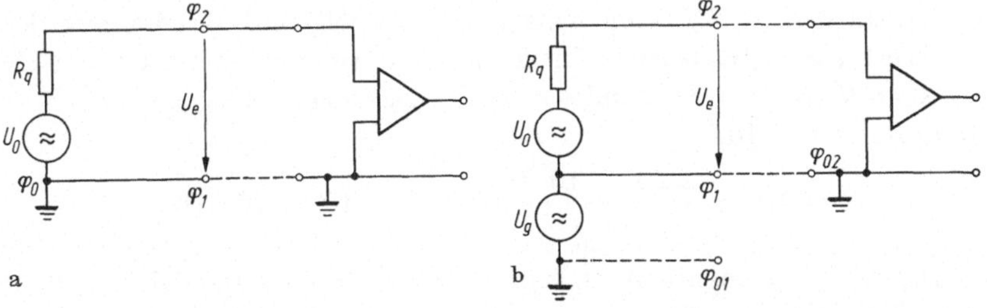

Abb. 3.16.4a u. b Zusammenschaltung von Signalquelle und Meßverstärker. a) asymmetrisch einseitig geerdet; b) asymmetrisch, auf Gleichtaktspannung liegend

oder Common-Mode Voltage (CMV) bezeichnet wird und für die Messung eine Störgröße darstellt (Abb. 3.16.4b). Der Verstärker muß diese Störgröße unterdrücken. In welchem Maße das gelingt, gibt die Gleichtaktunterdrückung oder Common Mode Rejektion (CMR) an.

Ein in der 220-V-Netzleitung liegender Nebenwiderstand mit einem Spannungsabfall von 100 mV erfordert z. B. einen Differenzverstärker mit hoher CMR. Es ist hier $\varphi_1 - \varphi_0 = \text{CMV} = 220\ \text{V}$ und $\varphi_2 - \varphi_1 = 100\ \text{mV}$ $\triangle$ Meßspannung. (Abb. 3.16.4b). Sehr vorteilhaft erweist sich der Differenzverstärker mit hoher CMR, wenn Erdschleifen nicht zu vermeiden sind. Oft sind Signalquellen und Verstärker zwar grundsätzlich erdbar, jedoch nicht an der gleichen Stelle, so daß zwischen dem Erdpotential der Signalquelle φ_{01} und des Verstärkers φ_{02} eine $\text{CMV} = \varphi_{02} - \varphi_{01}$ entsteht, die vor der Einführung moderner Meßverstärker große meßtechnische Probleme mit sich gebracht hat. Bei der Temperaturmessung in Gasen mit Thermoelementen erfolgt die Erdung im Gas selbst, während der Verstärker an einer anderen Stelle mit unterschiedlichem Erdpotential angeschlossen werden muß. Die Erdschleifenspannung $\varphi_{02} - \varphi_{01}$ ist auch hier oft größer als die durch die zu messende Temperaturänderung hervorgerufene Spannung. Sie würde also den Meßeffekt völlig verschleiern, wenn sie nicht unterdrückt würde.

Die Gleichtaktunterdrückung CMR in dB errechnet sich aus den Gleichtaktspannungen am Eingang (CMV_1) und am Ausgang (CMV_0) des Verstärkers und seiner Verstärkung V:

$$\text{CMR} = \frac{\text{CMV}_1 \cdot V}{\text{CMV}_0}.$$

Diese Bezeichnung kann auch als Verhältnis aufgefaßt werden, um wieviel mal die Gleichtaktspannung am Eingang des Verstärkers größer sein muß, um am Ausgang das gleiche Signal zu erzeugen wie die Meßspannung. Erzeugt z. B. eine $\text{CMV}_1 = 1\ \text{V}$ am Ausgang des Verstärkers das Störsignal $\text{CMV}_0 = 1\ \text{mV}$ und ist die Verstärkung $v = 1000$, dann ergibt sich $\text{CMR} = 1\,000\,000\ \triangle\ 120\ \text{dB}$. Wenn das Störsignal am Ausgang des Verstärkers $\leq 1\%$ vom Nutzsignal sein soll, muß das im geforderten Wert für CMR berücksichtigt werden. Im vorgenannten Beispiel des 100-mV-Nebenwiderstandes in der Netzleitung ergibt sich für 1% Störeinfluß und $v = 10$

$$\text{CMR} = \frac{220\ \text{V} \cdot 10}{100\ \text{mV}} \cdot 100 = 2{,}2 \cdot 10^6 \approx 126\ \text{dB}.$$

Der z. Z. erreichbare Wert liegt zwischen 140 und 160 dB. Allerdings sind diese Extremwerte nur erzielbar, wenn die Gleichtaktspannung eine Gleichspannung ist. Bei 50-Hz-Wechselspannung ergeben sich um 10 bis 20 dB schlechtere Werte.

3.16.4. Drift, Rauschen, Meßempfindlichkeit und Bandbreite

Der universelle Einsatz von Meßverstärkern wurde erst durch die Verminderung von Drift und Rauschen möglich. In welchem Maße dies gelingt, hängt vor allem von der Eingangsempfindlichkeit und von der Bandbreite des Verstärkers ab. Außerdem wachsen die Schwierigkeiten mit der Erhöhung des Eingangswiderstandes R_E.

Drift ist als eine allmähliche Verschiebung des Nullpunktes des gemessenen Signals gegenüber dem Nullpunkt der Signalquelle definiert. Wenn keine Korrektur der Nullpunkteinstellung erfolgt, verursacht die resultierende Nullpunktverlagerung einen Fehler, der sich algebraisch zum Eingangssignal addiert. Die Drift, die in der Regel als Funktion der Zeit oder der Temperatur oder als Kombination beider Größen zu verstehen ist, kann auch nichtlinear sein. Bei Meßverstärkern mit Spannungseingang soll der Eingangswiderstand R_E möglichst hoch sein, damit die Signalquelle U_0, R_q nur wenig belastet wird. Ein Standardwert ist 1 MΩ, bei geringerem Aufwand 10 oder 100 kΩ, in Sonderfällen werden auch Werte bis 10 MΩ ausgeführt. Außerdem muß der Eingangswiderstand R_E beim Umschalten der Meßbereiche konstant bleiben.

Für den Verstärker erwächst aus dem hohen Eingangswiderstand aber ein Problem. Aus dem Verstärker fließt infolge der Vorspannung ein Strom (Bias Strom) in die Meßschaltung. Er erzeugt am Widerstand R_E einen Spannungsabfall, der von der Meßspannung U_e nicht zu unterscheiden ist. Bei einer Eingangsempfindlichkeit von 1 mV und dem Wert für $R_E = 1$ MΩ genügt schon ein Bias-Strom von 1 nA ($= 10^{-9}$ A), um die Störspannung gleich der Meßspannung werden zu lassen. Ein stabiler Meßverstärker enthält deshalb Konstantstrom-Einspeisungen zur Kompensation der Bias-Ströme. Im genannten Beispiel muß für 1% Störeinfluß diese Bedingung auf 10^{-11} A $= 10$ pA genau eingeschalten werden!

Wegen etwas unterschiedlicher Kennlinien und Arbeitspunkte der Eingangstransistoren in Differenzverstärkern entsteht zusätzlich eine Verschiebungs- oder Offsetspannung die auch beim paarweisen Aussuchen der Transistoren immer noch bei 1 mV, also wieder in der Höhe des Meßsignals liegen kann. Die Kompensation übernimmt eine einstellbare Konstantspannung. Um noch zusätzlich den Temperatureinfluß auf Bias-Strom und Offset-Spannung zu eliminieren, wird die gesamte Eingangsstufe des Verstärkers in einem Thermostaten untergebracht, dessen Arbeitstemperatur über der maximalen Betriebstemperatur (z. B. bei 70 K) liegt. Die mit diesen Maßnahmen erreichbaren Driftwerte liegen meist zwischen 0,5 und 3%/10 K für die Temperatur- und Langzeitdrift.

Mit dem Eingangswiderstand R_E ist auch der höchste Widerstand der Signalquelle (Quellwiderstand) R_q festgelegt. Der zugelassene Meßfehler in Prozent ergibt auch den prozentualen Anteil von R_q an R_E. Für $R_q = 10\,\text{k}\Omega$ und 1% Fehler muß $R_E = 1\,\text{M}\Omega$ sein.

Eine grundsätzliche nicht vermeidbare Eigenstörspannung stellt das Rauschen dar. Jeder Wierstand R kann wegen der thermischen Bewegung seiner frei beweglichen Elektronen als Rauschgenerator betrachtet werden. Ebenso führen statistische Bewegungen von Elektronen und Defektelektronen in Halbleitern zum Rauschen. Mit dem Rauschen ist eine Begrenzung von Eingangswiderstand R_E, der Bandbreite Δf und der Eingangsempfindlichkeit verbunden. Die Beschränkung der Eingangsempfindlichkeit ist offensichtlich, da das Nutzsignal U_e größer als das Rauschsignal sein muß.

Nach der Nyquist-Formel ist näherungsweise das Quadrat der mittleren Rauschspannung gegeben durch

$$\overline{U_R^2} = 4kTR\,\Delta f. \tag{3.16.1}$$

U_R Rauschspannung
$k = 1{,}38 \cdot 10^{-23}\,\text{J/K}$ Boltzmann-Konstante
$T\quad$ absolute Temperatur
$R\quad$ Widerstand
$\Delta f\quad$ Bandbreite

Die Rauschspannung steigt also mit den Größen R und Δf. In Gl. (3.16.1) ist die Frequenz f selbst nicht enthalten. Das Rauschen ist somit über das gesamte Frequenzspektrum das gleiche und wird deshalb als weißes Rauschen bezeichnet. Durch Einsetzen des Wertes für k in Gl. (3.16.1) und einer vorausgesetzten Temperatur von $T = 300\,\text{K}$ folgt für den Effektivwert der Rauschspannung

$$U_{\text{eff}} = 0{,}13\,\sqrt{R\,\Delta f}$$

wobei sich U_{eff} in μV errechnet, wenn der Widerstand R in $\text{k}\Omega$ und die Bandbreite Δf in kHz angegeben werden.

Für die typischen Werte $R = 1\,\text{M}\Omega$ und $\Delta f = 100\,\text{kHz}$ findet man leicht $U_{\text{eff}} = 40\,\mu\text{V}$. Bei einer Eingangsempfindlichkeit von $1\,\text{mV}$ bedeutet dies bereits eine sichtbare Störung, wenn das Signal mit einem Oszillographen ausgeschrieben wird. Der Oszillograph schreibt, wenn seine Grenzfrequenz hoch genug ist, den Spitzenwert und dieser kann bei einem Rauschspektrum bis zu zehnmal größer sein als der Effektivwert. Das Transistorrauschen wird gewöhnlich mit der Rauschzahl N ausgedrückt, mit der man dann den Signal-Rauschabstand und damit auch die kleinste Eingangsspannung berechnen kann. Nach Definition ist N die auf den Verstärkereingang bezogene Rauschleistung, geteilt durch die thermische Leistung kT_0. Die Angabe erfolgt in dB nach der

Beziehung
$$N(\text{dB}) = 10 \lg N/kT_0.$$

Die Größe N ist eine Funktion der Kollektorspannung, des Emitterstroms und der Frequenz; lg ist der Logarithmus zur Basis 10.

3.16.5. Verstärker-Ausgangsschaltung

Die Ausgangsschaltungen von Meßverstärkern haben die Aufgabe nachgeschaltete Ausgeber (Anzeiger, Schreiber usw.) auszusteuern und möglichst auch vor Überlastung zu schützen. Für die Aussteuerung ist es

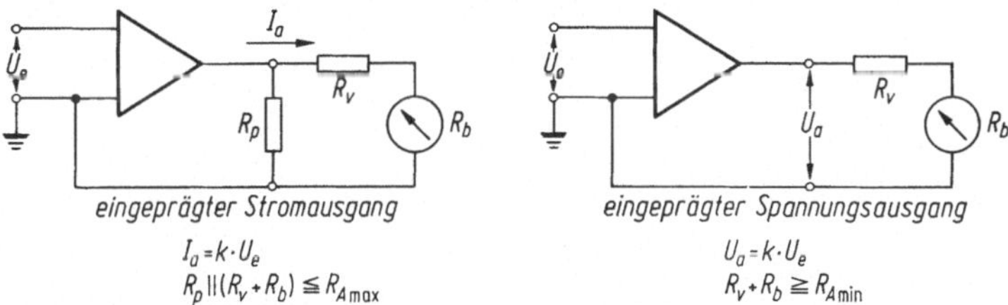

Abb. 3.16.5 Verstärker-Ausgangsstufen für eingeprägten Strom- und Spannungsausgang

wichtig, zu wissen, ob ein lastunabhängiger („eingeprägter") Strom oder eine lastunabhängige („eingeprägte") Spannung benötigt wird. In Abb. 3.16.5 sind die zugehörigen Schaltungsarten im Prinzip gezeigt. Der eingeprägte Stromausgang verlangt vom Folgegerät (z. B. Galvanometer), daß sein Widerstand R_A kleiner als ein vorgeschriebener Höchstwert ist. Beim eingeprägten Spannungsausgang (z. B. zur Speisung einer Braunschen Röhre) muß R_A dagegen größer als ein vorgeschriebener Minimalwert sein.

3.16.6. Aufbau und Eigenschaften von Meßverstärkern

Verstärker für Wechselströme und -spannungen. Verstärker für Wechselströme und -spannungen sind besonders für den Tonfrequenzbereich genügend bekannt. Mit einer starken Gegenkopplung ausgerüstet sind sie z. B. zum Vorschalten von Präzisionsdreheisenmeßgeräten und Präzisionsleistungsmessern geeignet, wenn der Eigenverbrauch dieser Meßgeräte stört, aber auf eine hohe Genauigkeit nicht verzichtet werden kann.

Verstärker für kleine Gleichströme und -spannungen. Die Konstruktion empfindlicher Gleichspannungsverstärker bereitet weit mehr Schwierigkeiten als die entsprechender Wechselspannungsverstärker. Zahlreiche

Einflüsse führen zu einer Nullpunktdrift, die sich nicht durch Gegenkopplungsschaltungen beheben läßt. Eine Drift bedeutet, daß bei fehlender Eingangsgröße die Ausgangsgröße von Null abweichende Werte annehmen kann. Es ist üblich, die am Verstärkerausgang beobachtete Drift auf den Verstärkereingang zu beziehen und als entsprechende Eingangsspannung anzugeben. Besonders ungünstig wirkt sich auf die Nullpunktdrift eine Temperaturabhängigkeit der Transistorparameter aus.

Direktgekoppelte Verstärker und Modulationsverstärker. Der dynamische Bereich eines Meßverstärkers erstreckt sich in der Registriertechnik von 0 Hz bis zu einigen Hundert kHz. Besonders bei der in der Meß-

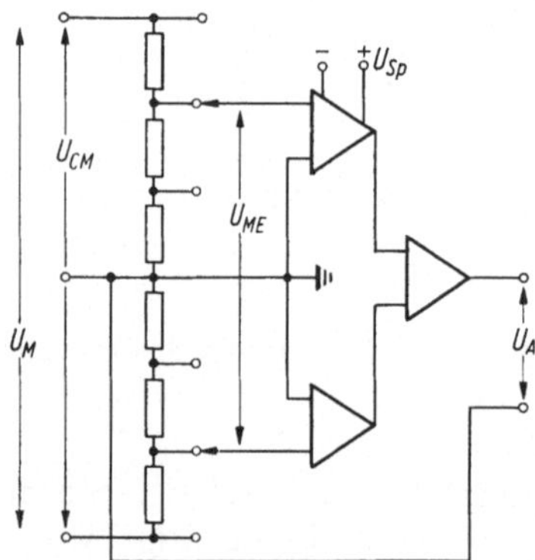

Abb. 3.16.6 Prinzip des direktgekoppelten Differenzverstärkers.

U_M maximale Meßspannung; U_{CM} Gleichtaktspannung (Common Mode Voltage); U_{ME} tatsächlich anliegende Meßspannung; U_{Sp} Speisespannung; U_A Ausgangsspannung

technik meist bestehenden Notwendigkeit der Verstärkung kleiner Signale im Millivolt- oder sogar im Mikrovolt-Bereich bereitet der Einbezug der DC- (Gleichstrom-) Komponente in den Übertragungsbereich große Schwierigkeiten und somit großen Aufwand oder größere Fehler. Das Problem liegt darin, daß die aktiven Bauelemente des Verstärkers an Spannungen gelegt werden müssen, die um viele Größenordnungen über der Meßspannung liegen, während ihr Einfluß auf die Ausgangsspannung um zwei oder mehr Größenordnungen unter dem Wert der Meßspannung liegen soll. Bis vor einem Jahrzehnt war es bei Eingangsempfindlichkeiten unter 1 mV und kleineren Meßfehlern (1% oder besser) nur möglich, durch Anwendung von Modulationsverfahren den DC-Verstärker auf einen AC-(Wechselspannungs-) Verstärker zurückzuführen. Inzwischen gelingt es, mit Operationsverstärkern hoher Gesamtverstärkung (10^7 und mehr), großer Gegenkopplung und isothermem Aufbau[1] der ersten Verstärkerstufe direktgekoppelte DC-Verstärker großer Genauigkeit und großer Empfindlichkeit herzustellen. Wegen

---

[1] Thermostatische Heizung der Eingangsstufe.

ihres einfacheren Aufbaus werden sie gegenüber den Modulationsverstärkern bevorzugt. In Abb. 3.16.6 ist das Prinzip des direktgekoppelten
Differenzverstärkers angegeben, während Abb. 3.16.7 das Prinzip des
Modulationsverstärkers zeigt.

Der direktgekoppelte Differenzverstärker besitzt gegenüber dem
Modulationsverstärker (TF-Verstärker) einige bedeutende Vorteile.
Beim direktgekoppelten Verstärker ist das übertragene Frequenzspektrum mit dem Spektrum des Meßsignals identisch, während beim
TF-Verstärker die obere Meßfrequenz auf etwa 20% der Modulationsfrequenz beschränkt bleiben muß. Der direktgekoppelte Verstärker hat
deshalb die größere Bandbreite.

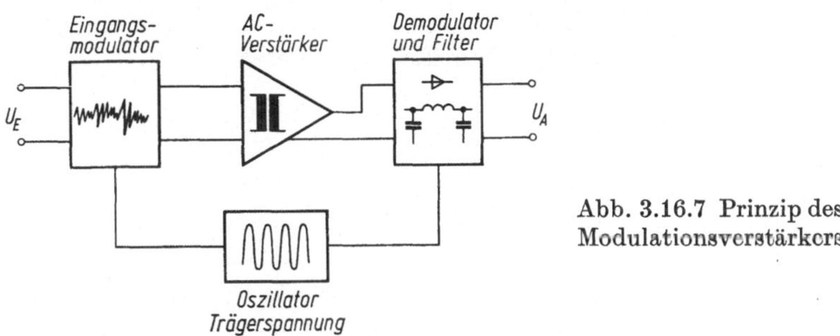

Abb. 3.16.7 Prinzip des
Modulationsverstärkers

Nur beim direktgekoppelten Verstärker ist es möglich, einen alles
umschließenden Gegenkopplungskreis aufzubauen, der die Verstärkung
unabhängig von den Eigenschaften der aktiven Bauelemente werden
läßt; es ergeben sich bessere Linearität und Verstärkungsgenauigkeit.

Der Aufbau des direktgekoppelten Verstärkers ist einfacher, weil
Trägerfrequenzgenerator, Modulator, Demodulator und Filter entfallen.
Mit der Reduzierung der Anzahl der Bauelemente sinkt die Ausfallwahrscheinlichkeit des Verstärkers. Außerdem sind Raumbedarf und
Gewicht geringer; dies ist besonders bei vielen Meßkanälen und/oder
mobilem Einsatz wichtig. Bei extremen Anforderungen hinsichtlich
Meßempfindlichkeit, Drift und Rauschen bietet allerdings auch heute
noch das Modulationsprinzip eine optimale Lösung. Wie Abb. 3.16.7
zeigt wird die Meßspannung zunächst in eine Wechselspannung umgewandelt, die dann mit einem Wechselstromverstärker verstärkt und
an dessen Ausgang phasenrichtig gleichgerichtet wird. Die Wechselrichtung kann auf die verschiedenste Weise erreicht werden. Neben dem
mechanischen Zerhacker und dem ebenfalls mechanisch arbeitenden
Schwingkondensator gibt es Modulatoren ohne mechanisch bewegte
Teile, den Hallmodulator, den Transistorzerhacker, den Kapazitätsdiodenmodulator und den Photozerhacker.

Verstärker mit mechanischem Zerhacker. Der mechanische Zerhacker ist für sehr kleine Meßspannungen immer noch am geeignetsten. Nachteilig ist seine begrenzte Lebensdauer und seine niedrige Betriebsfrequenz, die bei maximal 500 Hz liegt. Die Schwierigkeit im Bau von mechanischen Zerhackern liegt darin, Einstreuungen von der Erregerseite in den Meßkreis zu vermeiden. Durch mechanische Resonanz der Kontakte kommt man bei einigen Konstruktionen mit einer geringen Erregerleistung aus. Die Nullpunktdrift von Zerhackerverstärkern liegt bei einigen Zehntel μV.

Verstärker mit Transistorzerhacker. Die Funktion des mechanischen Zerhackers können auch Transistoren übernehmen, die periodisch als Schalter arbeiten. Allerdings lassen sich nicht so große Eingangswiderstände erreichen. Die Zerhackerfrequenz beträgt im allgemeinen bis zu einigen zehn kHz, die Nullpunktdrift liegt bei etwa 20 μV.

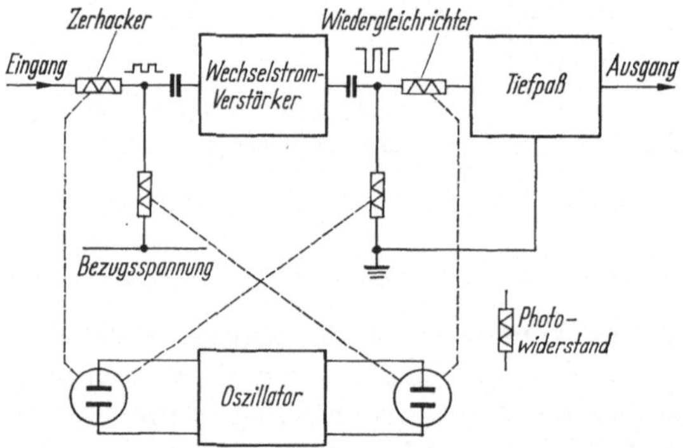

Abb. 3.16.8 Wirkungsweise eines Photozerhackers (Hewlett-Packard)

Verstärker mit Hallmodulator. Eine Umwandlung der Meßspannung in eine Wechselspannung läßt sich auch mit einem Hallmodulator erreichen (Abb. 3.6.1). Der Steuerstrom wird von der Meßgröße erzeugt. Die Modulation geschieht durch ein Wechselfeld. Die Hallspannung wird dem Wechselstromverstärker zugeführt. Die Modulationsfrequenz beträgt bis zu einigen kHz. Auch bei den Hallmodulatoren ist es schwierig, die Störspannungen durch die Modulationswechselspannung klein zu halten. Die Nullpunktsicherheit liegt bei einigen μV.

Verstärker mit Photozerhacker. Die Wirkungsweise des Photozerhackers wird an Hand der Abb. 3.16.8 erläutert. Ein Oszillator erzeugt eine Wechselspannung, mit der über zwei Glimmlampen abwechselnd jeweils zwei Photowiderstände beleuchtet werden. Der Widerstand der Photowiderstände ist im unbeleuchteten Zustand sehr groß, im beleuchteten sehr klein.

Der Eingang des Wechselstromverstärkers wird auf diese Weise periodisch wechselnd an die zu messende Gleichspannung bzw. an eine definierte Bezugsspannung gelegt. Die Amplitude der entstehenden Rechteckspannung ist der zu messenden Gleichspannung proportional. Synchron zur Eingangsspannung wird auf die gleiche Weise die Ausgangsspannung geschaltet. Über einen Tiefpaß wird das Drehspulmeßgerät an den Verstärker geschaltet.

Verstärker mit Varaktoren. Varaktoren oder Kapazitätsdioden sind legierte Siliziumdioden, deren wirksame Kapazität von der angelegten Spannung abhängig ist. Abb. 3.16.9 zeigt das Prinzipschaltbild eines mit Kapazitätsdioden aufgebauten Modulators.

Das Rauschen eines solchen Varaktors ist bei Frequenzen unter 1 Hz mindestens um eine Größenordnung geringer als bei Feldeffekttransistoren. Der Rauschstrom kann auf 10^{-15} A und die Rauschspannung auf $5 \cdot 10^{-7}$ V begrenzt werden.

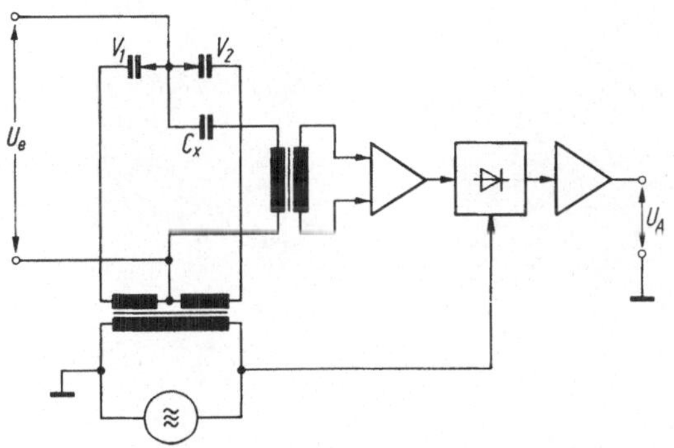

Abb. 3.16.9 Modulationsverstärker mit Varaktoren

Zur Erfüllung der Forderung, daß bei fehlendem Eingangssignal (Abb. 3.16.9) auch das Ausgangssignal U_A nicht vorhanden ist, liegen die Varaktoren V_1 und V_2 mit den Sekundärwicklungen eines HF-Übertragers in einer Brückenschaltung. Die Transformator-Kupplung trennt außerdem den die Signalquelle enthaltenden Eingangskreis vom HF-Generator. Auch das Ausgangssignal U_A ist galvanisch vom Eingangskreis getrennt und ermöglicht dadurch potentialfreie Messungen. Nach einer weiteren Verstärkung in einem AC-Verstärker erfolgt phasenrichtige Gleichrichtung (Demodulation) und schließlich eine weitere Verstärkung auf den benötigten Wert U_A.

Ein von Intermetall angegebener Verstärker arbeitet mit einer Oszillatorfrequenz von 550 kHz. Der Arbeitsfrequenzbereich des Verstärkers reicht von $0 \cdots 3$ kHz. Bei einem Gleichstromeingangswiderstand

$= 1\,\mathrm{G\Omega}$ ist die Nullpunktdrift innerhalb einer Stunde $\leq 5\,\mu\mathrm{V}$ bzw. $\leq 30\,\mu\mathrm{V}$ innerhalb von 3 Wochen. Die Temperaturabhängigkeit ist $\leq 2\,\mu\mathrm{V/K}$.

3.16.7. Ausführung von Meßverstärkern

Abbildung 3.16.10 zeigt die Ausführung von Meßverstärkern, die in einem Grundbaustein einen Vorverstärker und einen mehrstufigen Transistorendverstärker vereinen und entsprechend dem Verwendungszweck in verschiedenen Bauformen einsetzbar sind. Die Verstärker werden für die Gleichspannungsmessung in Kompensationsschaltung

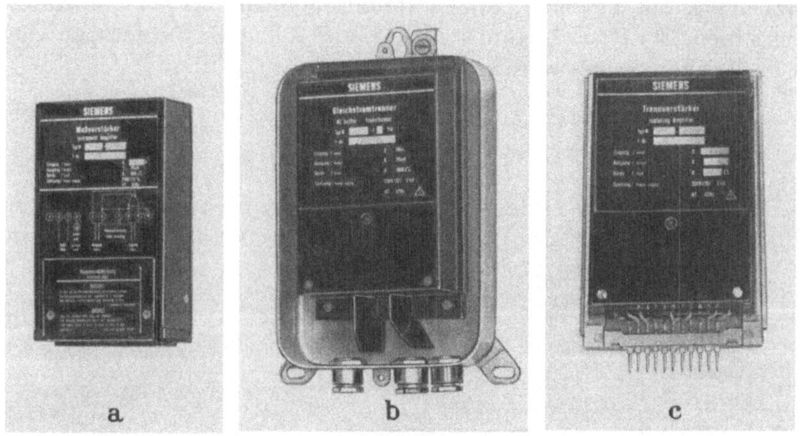

Abb. 3.16.10 Ausführungsformen von Meßverstärkern (SIEMENS).
a) Grundbaustein mit Schraubklemmenleiste; b) Grundbaustein im Stahlblechschutzgehäuse; c) Steckbaustein

nach Abb. 3.16.1 und in Saugschaltung nach Abb. 3.16.2 für die Strommessung betrieben. Je nach Meßbereichumfang und geforderten Meßeigenschaften sind in der Vorstufe abweichende Verstärkerverfahren eingesetzt:

Meßverstärker mit FET-Zerhackervorverstärker enthalten einen Chopperverstärker mit Feldeffekttransistoren (FET) und eine Integrationsstufe als Endstufe. Für Meßbereiche ≥ 0 bis $100\,\mu\mathrm{V}$ weist der Verstärker extrem hohe Betriebseingangswiderstände auf. Mit (vollelektronischen) Zerhackern wird das zu messende Gleichspannungssignal zuerst in einen Wechselstrom umgeformt, der dann verstärkt und anschließend wieder gleichgerichtet wird. Durch diese Umwandlung lassen sich Gleichspannungen nullpunktsicher verstärken.

Meßverstärker mit Transduktor-Vorstufe mit hohem Betriebseingangswiderstand für Meßspannungsbereiche ≥ 0 bis $1\,\mathrm{mV}$ und mit kleinem Betriebseingangswiderstand für Meßstrombereiche ≥ 0 bis $2\,\mu\mathrm{A}$ sind wegen des ausgeprägten Tiefpaßverhaltens weitgehend unempfindlich gegen Störwechselspannungen im Eingangskreis. Die Arbeitsspannung für die Transduktorvorstufe (zwei im Gegentakt geschaltete Magnetverstärker), die mit hochpermeablen Miniaturkernen ausgerüstet ist, wird von einem eingebauten Transistor-Rechteckoszillator geliefert. Die Arbeitsfrequenz von etwa $1200\,\mathrm{Hz}$ ermöglicht die Verwendung von Miniaturbauelementen und ergibt eine kleine Einstellzeit. Geeignete Dämpfungsglieder bewirken einen aperiodischen Verlauf der Übergangsfunktion.

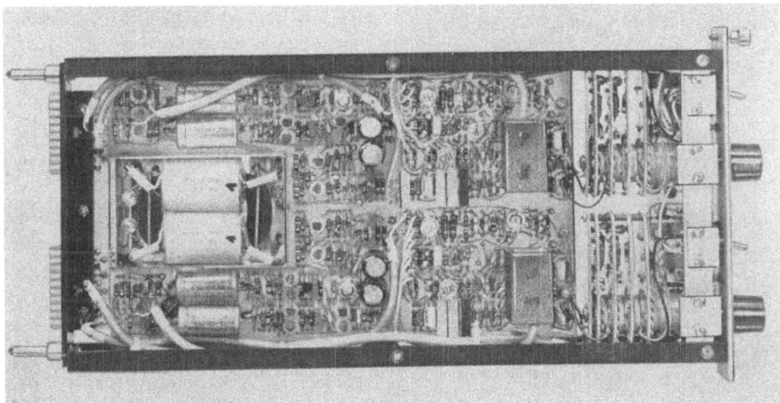

Abb. 3.16.11 Meßverstärker für zwei Kanäle mit 1 mV Eingangsempfindlichkeit (Siemens)

Meßverstärker mit Transistor-Differenzvorverstärker mit hohem Eingangswiderstand zum Messen von Gleichspannungen mit Meßbereichen ≥ 0 bis $60\,\mathrm{mV}$ und mit kleinem Eingangswiderstand zum Messen von Gleichströmen mit Meßbereichen ≥ 0 bis $20\,\mu\mathrm{A}$ haben an Stelle der Transduktor-Vorstufe im Eingang einen Transistor-Vorverstärker in Differenzschaltung, der den nachgeschalteten Transistor-Endverstärker steuert. Durch die Differenzschaltung wird erreicht, daß gleichartige Änderungen der beiden Stufen, z. B. infolge von Raumtemperaturänderungen, ohne Einfluß auf das Meßergebnis bleiben.

In Abb. 3.16.11 ist ein Zweikanal-Verstärker gezeigt, der bei einer Eingangsspannung von $1\,\mathrm{mV}$ einen Strom von $50\,\mathrm{mA}$ abgibt und damit Galvanometer für Licht- und Flüssigkeitsstrahl-Oszillographen aussteuern kann. Die geringen Abmessungen dieser Verstärker erlauben es, auch die Lichtstrahl-Oszillographen mehr oder weniger zu einem

elektronischen Meßgerät zu machen mit allen Vorteilen wie leichte
Kalibrierbarkeit, Schutz vor Überlastung der Meßwerke, Einsatz in
einem weiten Empfindlichkeitsbereich (1 mV bis 300 V), einem Eingangswiderstand von 1 MΩ, einer Gleichtaktunterdrückung von $> 140\,\mathrm{dB}$
bei Gleichspannung und einem Verstärkungsfaktor von max. 2500.
Die Meßgenauigkeit beträgt 1%. Je nach der geforderten Schreibbreite
sind Grenzfrequenzen von 4 bis 15 kHz zu erreichen.

Die geringen Abmessungen von Transistorverstärkern erlauben es
auch Taschen-Vielfach-Betriebsmeßgeräte für breite Anwendungsgebiete in der Starkstromtechnik und Elektronik zu konzipieren. So
muß man z. B. in der Starkstromtechnik häufig Gleich- und Wechsel-

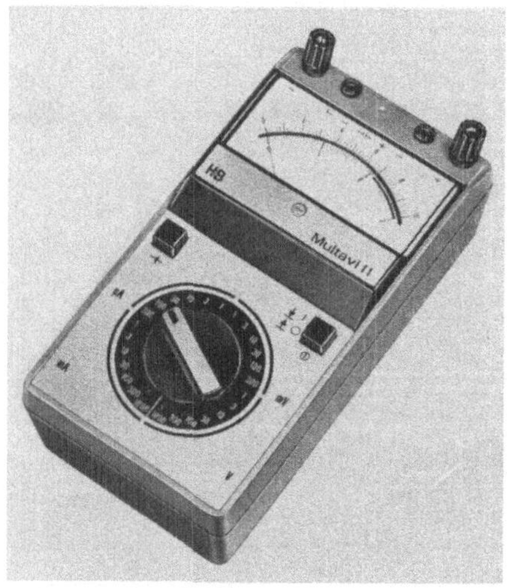

Abb. 3.16.12 Vielfachmeßgerät mit
Transistorverstärker (H & B)

spannungen von einigen hundert Volt oder Gleich- und Wechselströme
von vielen Ampere messen; auf einen sehr kleinen Eigenverbrauch der
Meßgeräte kommt es meist nicht an. In der Elektronik dagegen, z. B.
beim Überprüfen von Transistorschaltungen, müssen vorwiegend kleine
Gleichströme und Gleichspannungen gemessen werden. Gefordert wird
zusätzlich ein sehr kleiner Eigenverbrauch des Meßgerätes, damit die
Funktion der Schaltung durch die Messung nicht gestört wird. Das be-
peutet: hohe Eingangswiderstände in den Spannungsbereichen und
niedrige Eingangswiderstände in den Strommeßbereichen. Das in Abb.
3.16.12 gezeigte Vielfachmeßgerät erfüllt diese Forderungen mit einem
Meßbereichsumfang, der sich über mehr als 7 Dekaden erstreckt, bei
einem Eigenleistungsbedarf von 10^{-9} Watt. Es erlaubt Spannungsmessungen von weniger 10 μV bis zu 1000 V und Strommessungen von weniger
10 nA bis 1 A.

3.17. Registrierverfahren

3.17.1. Schreibende Meßgeräte für langsam veränderliche Meßgrößen

Meßgrößen, deren zeitlicher Verlauf genauer festgehalten werden soll, als dies durch eine Reihe von Einzelablesungen anzeigender Meßgeräte möglich ist, können mit elektrischen Schreibern registriert werden. Schreiberdiagramme sind meist übersichtlicher als Zahlenreihen. Sie erfassen auch Meßwertänderungen, die sonst zwischen zwei Einzelablesungen verlorengehen können, und liefern wertvolle Belege für den Ablauf von Betriebsvorgängen.

Schreibende Meßgeräte für Einbau werden nach DIN 43831 ausgeführt, um einheitliche Maße zumindest auf der Frontseite zu erzielen. Weitere Forderungen an diese Registriergeräte sind kompakte und robuste Ausführung, Schüttelunempfindlichkeit, einfache Wartung, bei Tintenregistrierung möglichst lange und störungsfreie Aufzeichnungsdauer, wobei weitgehende Lageunabhängigkeit der Tintenführung gewünscht wird.

Zum Papierantrieb werden vor allem Synchronmotoren benutzt, aber auch Federwerke mit Handaufzug (Laufzeit eine Woche) oder mit elektrischem Aufzug (Gangreserve bis 10 Stunden) sowie Schrittmotoren zum Anschluß an elektrische Uhrenanlagen. Die Antriebe sind mit Vorschubgeschwindigkeiten zwischen 5 und 72000 mm/h lieferbar. Vorschubwechsel ist meist durch Getriebeumschaltung im Verhältnis 1:2:6 oder 1:3:6 oder 1:2:4 möglich oder durch einen Mehrgangantrieb (über das Getriebeumschaltverhältnis hinaus 1:12, 1:60 oder 1:120). Der Vorschub soll jeweils so gewählt werden, daß bei der zu erwartende Änderungsgeschwindigkeit der Meßgröße die einzelnen Vorgänge noch zu erkennen sind, d. h. daß z. B. bei Linienschreibern aufeinanderfolgende Linien noch einen Abstand von 0,5 mm haben.

Linienschreiber mit Ausschlagsverfahren

Abmessungen und Schreibbreiten. Mit Linienschreibern kann man Ströme, Spannungen, Leistungen, cos φ-Werte und Frequenzen in den verschiedensten Kombinationen und Schreibbreiten aufzeichnen. Abb. 3.17.1 gibt eine Übersicht über die heute allgemein üblichen Abmessungen von Linien-, Punkt- und Kompensationsschreibern.

Geradführungen. Bei Linienschreibern bewegt das Meßwerk ein Schreiborgan, das ständig mit dem Papier in Kontakt bleibt. Meist ist zwischen Meßwerk und Schreiborgan ein besonderes Lenkersystem (Abb. 3.17.2) zur Geradführung angeordnet, damit sich eine Aufzeichnung in rechtwinkligen Koordinaten ergibt. Mechanisch wird die Drehbewegung des Meßwerkzeigers über einen Ellipsenlenker auf die geradlinige Schreib-

	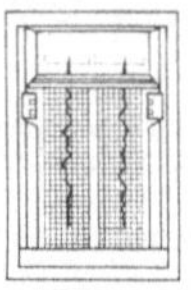	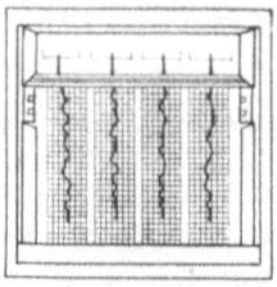	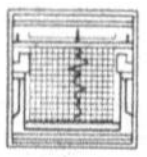
Frontabmessungen in mm (B × H)	192 × 288 192 × 240 144 × 192	288 × 288 288 × 240 288 × 192	144 × 144 144 × 192 96 × 144
Anzahl der Meßsysteme Schreibbreite in mm	1 oder 2 120 bzw. 2 × 50	1,2,3 oder 4 1 × 200 2 × 100 3 × 60 bzw. 4 × 40	1 oder 2 100 bzw. 2 × 40
Sichtbare Diagramm-Länge in mm	170 120 110	170 120 110	80 110 40

Abb. 3.17.1 Übliche Frontrahmenabmessungen, Schreibbreiten und sichtbare Registrierlängen bei Registriergeräten

kante der Stiftwalze übertragen. Den so entstehenden Meßwert schreibt die Tintenfeder auf das sich bewegende Papier (Abb. 3.17.2). Um die Papier- und Übertragungsreibung zu überwinden, sind Meßwerke mit höherem Drehmoment als bei anzeigenden Meßgeräten erforderlich. Bei sehr kleinen Meßwerten müssen daher Meßverstärker vor das Meßwerk geschaltet werden.

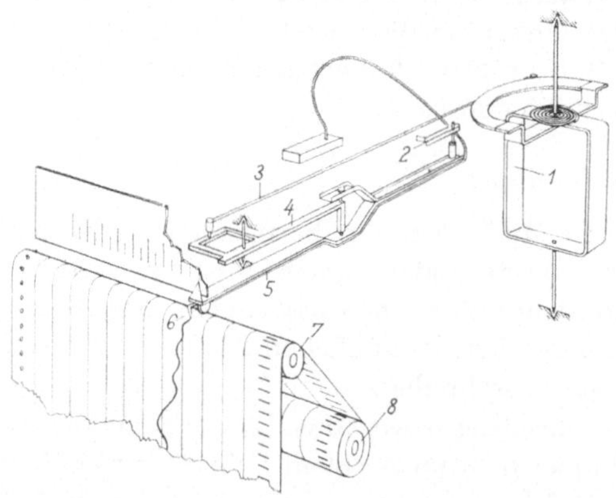

Abb. 3.17.2 Schematische Darstellung eines Tintenschreiber-Drehspulmeßwerks mit Ellipsenlenker.

1 Drehspule; *2* Führung; *3* Schubstange; *4* Lenkarm; *5* Schreibarm; *6* Feder; *7* Papiertransportwalze; *8* Papiervorratsrolle

Ein Linienschreiber kann mehrere Meßwerke enthalten, deren Schreibbreiten im allgemeinen ohne Überschneidung nebeneinander angeordnet
sind. Um die Kurven mit anderen Betriebsgrößen in zeitlichen Zusammenhang zu bringen, können Linienschreiber mit Zeitmarkierwerken ausgestattet werden. Zur Signalisierung von unteren und oberen Grenzwerten
ist der Einbau von Grenzwertmeldern möglich.

Aufzeichnungsmethoden. Aufgezeichnet wird meistens mit Tinte auf
Papier (Tintenschreiber). Ein unter normalen Verhältnissen etwa für
eine Woche ausreichender Tintenvorrat wird in der Feder mitgeführt.
Die Federn sollen möglichst über lange Zeit wartungsfrei arbeiten. Sie
sollen Strichstärken von nur 0,1···0,4 mm schreiben, dürfen aber
nicht zu Verstopfung neigen. Das Federmaterial darf von der Tinte nicht
angegriffen werden. Die Tinte darf nicht eintrocknen, soll jedoch mög

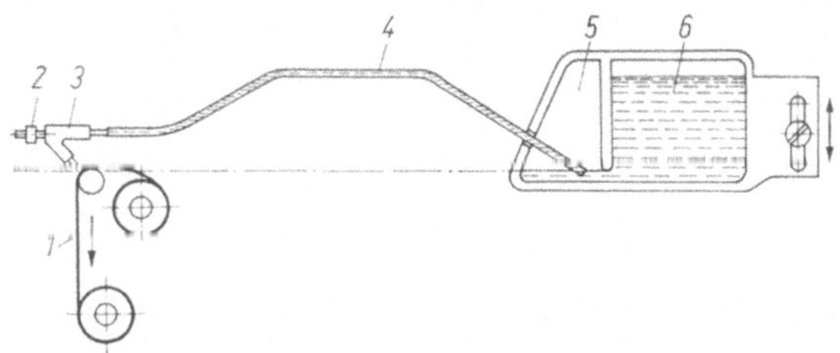

Abb. 3.17.3 Prinzip des Dauer-Tintenregistrierverfahrens.
1 Registrierpapier; *2* Äquilibriergewicht; *3* Schreibfeder; *4* flexibler Tintenschlauch;
5 Vorkammer des Tintentanks; *6* Vorratskammer des Tintentanks

lichst schnell auf dem Diagramm trocknen. Es gibt auch Konstruktionen,
bei denen die Tinte aus größeren feststehenden Behältern (Abb. 3.17.3)
zugeführt wird.

Als Schreiborgan benutzt man Röhrchenfedern (Schreibkapillaren),
die über dünne Schläuche aus Vorratsbehältern mit Tinte versorgt
werden. Eine Füllung reicht für etwa 4000 m Schreibspur. Das entspricht
einer Registrierdauer von etwa fünf Monaten. Dabei wird der Schreibfeder die Tinte über einen dünnen, sehr flexiblen Schlauch aus einem
nachfüllbaren Tintenvorratsbehälter, dem Tintentank, zugeführt. Dieser
ist so angeordnet, daß die Federspitze und der Tintenspiegel in der Vorkammer auf dem gleichen Niveau liegen. Die Konstruktion des Tintentanks bewirkt eine gleichbleibende Tintenspiegelhöhe.

In besonderen Fällen, vor allem wenn weitgehende Wartungsfreiheit
gefordert wird, wendet man die Metallpapierregistrierung an. An die
Stelle der Feder tritt eine Elektrode, die bei einer Schreibspannung von
etwa 30 V die dünn auf das Papier aufgedampfte Metallschicht wegschmilzt bzw. verdampft und so eine dünne Schreibspur erzeugt.

Die Metallpapierregistrierung bietet die Möglichkeit, zwei sich überschneidende Registrierkurven mit nur einem Meßwerk aufzuzeichnen.

Punktschreiber mit Galvanometermeßwerk

Punktschreiber werden mit Drehspulmeßwerk (für Meßsignal Strom oder Spannung), mit Quotientenmeßwerk (für Meßsignal Widerstand) oder mit Drehspul-Quotientenmeßwerk (für die Meßsignale Spannung, Strom und Widerstand) ausgerüstet.

Abbildung 3.17.4 zeigt das Arbeitsprinzip. Das vom Meßgeber übermittelte elektrische Signal bewirkt einen der Meßgröße proportionalen Zeigerausschlag, der an einer entsprechend kalibrierten Skale abgelesen

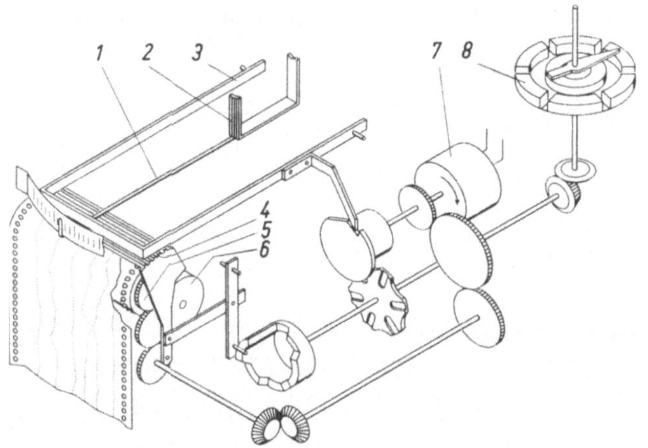

Abb. 3.17.4 Schema eines Sechsfarbenpunktschreibers.
1 Meßwerkzeiger; *2* Drehspule; *3* Fallbügel; *4* Farbbandträger; *5* Aufwickelrolle; *6* Schreibpapierrolle; *7* Synchronmotor; *8* Meßstellenschalter

werden kann. In kurzen, regelmäßigen Zeitabständen drückt ein Fallbügel den frei beweglichen Zeiger auf ein Farbband und das darunter mit bestimmter Geschwindigkeit ablaufende Registrierpapier. Dadurch erscheint der augenblickliche Meßwert auf dem Registrierstreifen als Punkt. Die einzelnen, so aufgezeichneten Punkte ergeben einen fortlaufenden Kurvenzug.

Bei Mehrfarben-Punktschreibern werden bis zu sechs Meßstellen zyklisch über einen Meßstellenumschalter an das Meßwerk gelegt. Jeder Meßstelle ist ein anderes Farbband zugeordnet, so daß die Meßwerte der einzelnen Meßstellen deutlich unterschieden werden können. Außerdem trägt jede Meßstelle eine Zahl. Diese erscheint in gleicher Farbe wie die Meßwertaufzeichnung im Skalenfenster und zeigt an, welche Meßstelle mit dem Meßwerk verbunden ist.

Die Meßwerke haben Spannbandlagerung. Auf Grund der geringen Reibungswiderstände können auch empfindliche Meßwerke mit geringem Leistungsverbrauch verwendet werden. Der Einbau von Grenzkontakten ist möglich. Diese werden bei Über- oder Unterschreiten der eingestellten Grenzwerte betätigt. Der Fallbügel drückt das mit dem Zeiger verbundene Kontaktstück auf Kontaktschienen und schließt dadurch den Signalstromkreis.

Kompensationsschreiber

Bei vielen Betriebsvorgängen reichen die mit Linien- oder Punktschreibern nach dem Ausschlagverfahren erzielbaren Genauigkeiten oder

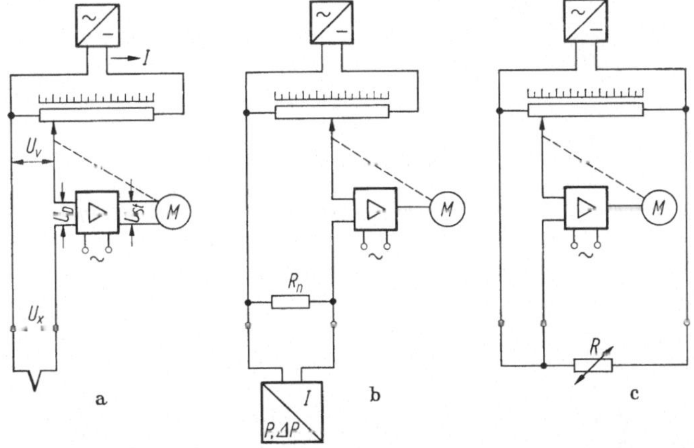

Abb. 3.17.5 Grundschaltungen von Kompensationsschreibern.
a) Spannungsmessung; b) Strommessung; c) Widerstandsmessung.
U_x Meßspannung; U_v Vergleichsspannung; U_D Differenzspannung; I Hilfsstrom; U_{ST} Steuerspannung für Meßmotor (M); R_n Nebenwiderstand

Einstellzeiten nicht aus. Man verwendet dann Schreiber die mit selbsttätigen Kompensationsverfahren arbeiten.

Abbildung 3.17.5 erläutert die Arbeitsweise der Kompensationsschreiber. Ein konstanter Hilfsstrom I durchfließt das Meßpotentiometer, an dem die Vergleichsspannung U_v abgegriffen wird. Dieser Spannung wird die Meßspannung U_x entgegengeschaltet. Die Differenzspannung U_D steuert über einen Verstärker den Stellmotor des Meßpotentiometers. Der Potentiometerabgriff wird so lange bewegt, bis die Differenzspannung Null und damit die Stellung des Abgriffs der Meßspannung proportional ist. Der Schreibwagen ist mit dem Abgriff verbunden und zeichnet den Verlauf des Meßwertes unmittelbar auf. Nach dem Abgleich der Meßschaltung ist die Belastung der Meßstelle verschwindend gering.

Bei Linienschreibern, deren mechanischen Aufbau Abb. 3.17.6 zeigt, bewegt der Meßmotor einen Schreibwagen mit Schreibkapillare, bei den Punktschreibern hat der Wagen einen Druckkopf für den Abdruck von zwei unterschiedlichen Zeichen in bis zu sechs Farben, so daß zwölf Kurven unterscheidbar aufgezeichnet werden können. In bestimmten Abständen wird eine der einzelnen Meßstelle zugeordnete Zahl mitgedruckt. Abbildung 3.17.7 zeigt das Aufbauprinzip.

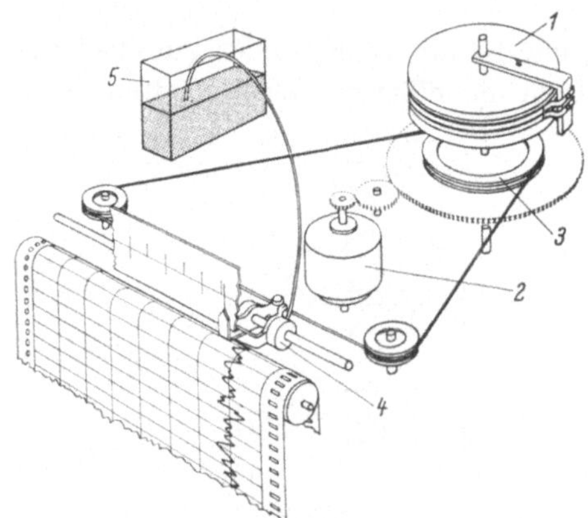

Abb. 3.17.6 Kompensations-Linienschreiber, Aufbauprinzip.

1 Abgleichpotentiometer;
2 Meßmotor; *3* Seilscheibe;
4 Schreibwagen;
5 Tintentank

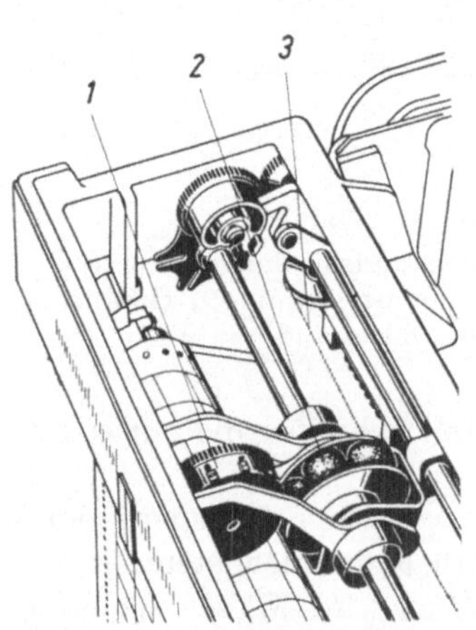

Abb. 3.17.7 Druckkopf eines Kompensationspunktschreibers.

1 Typenrad; *2* Farbwalze; *3* Seiltrieb

Für besondere meßtechnische Aufgaben können Grenzkontakte und weitere Meßpotentiometer (zum Übertragen des Meßwerts auf andere Geräte) sowie Zeitmarkierwerke eingebaut werden. Mit Kompensationsschreibern lassen sich Fehlergrenzen von nur $\pm 0{,}25\%$ und Einstellunsicherheiten von $\pm 0{,}1\%$ erreichen. Die Normalausführungen lassen sich für einen kleinsten Meßbereich von etwa 1 mV auslegen.

Die Zeit, die die Schreibfeder eines Einkurvenschreibers benötigt, um vom Nullpunkt über die gesamte Papierbreite zu fahren, ist für die einzelnen Konstruktionen sehr unterschiedlich. Als kürzeste Zeiten werden Werte von 0,2···1,5 s erreicht. Bei den Mehrkurvendruckern werden die einzelnen Meßpunkte in Zeitabständen von etwa 2 s gedruckt.

Ausführungsformen schreibender Meßgeräte für langsam veränderliche Meßgrößen

Linienschreiber mit Ausschlagsverfahren. Abb. 3.17.8 zeigt einen Linienschreiber zur Aufzeichnung elektrischer oder elektrisch erfaßbarer Meßgrößen. Bei der Ausführung mit Verstärker und 20 mA-Meßwerk

Abb. 3.17.8 Linienschreiber mit Drehspulkernmagnet-Meßwerk (H & B)

wird in den leicht austauschbaren Meßbereichkästchen die zur Verfügung gestellte elektrische Meßgröße in den einheitlichen Wert von 0···60 mV umgeformt. Dieser Wert wird einem Transistorverstärker zugeführt. Dessen Ausgangssignal erzeugt in dem nachgeschalteten Drehspulkernmagnetmeßwerk eine Drehbewegung der Meßwerkspule. Über eine reibungsarme Geradführung wird diese Drehbewegung auf den Zeiger übertragen und in eine geradlinige Bewegung umgewandelt. An der Spitze des Zeigers ist die Schreibfeder oder Schreibelektrode angebracht, die die Änderung der Meßgröße rechtwinklig zur Zeitachse auf dem sich zeitgenau fortbewegenden Schreibstreifen registriert.

Bei der Ausführung mit 5 mA-Meßwerk befindet sich an der Stelle des Verstärkers eine austauschbare Meßbereichkarte, deren Ausgang einheitlich 5 mA an 1000 Ω beträgt. Anbaubare Meßvorsätze ermöglichen die Messung von Gleichspannungen ab 2,0 mV. Widerstandsmessungen ab 8 Ω in Zwei- oder Dreileiterschaltung.

Ebenso können Gleichstromleistung, Wirk- oder Blindleistung von Einphasen-Wechselstrom, Dreileiter-Drehstrom gleicher oder beliebiger Belastung sowie Vierleiter-Drehstrom gleicher oder beliebiger Belastung, gemessen und aufgezeichnet werden.

Punktschreiber mit Galvanometermeßwerk. Bei Einfarben-Punktschreibern liegt das Meßsignal direkt an der Meßschaltung und am Meßwerk. Bei Mehrfarben-Punktschreibern (für mehrere Meßstellen) schaltet der Meßstellschalter die Meßsignale in zyklischer Folge über die zugehörige Meßschaltung an das Meßwerk (Abb. 3.17.4).

Abb. 3.17.9 Punktschreiber, links: 192 × 288, rechts: 192 × 240 (Siemens)

Das Weiterschalten des Meßstellenschalters und des Farbbandträgers kann durch eine Kupplung verhindert werden, so daß auch bei einem Mehrfarben-Punktschreiber nur eine Kurve, jedoch mit entsprechend dichterer Punktfolge aufgezeichnet werden kann. Für die gleichmäßige Papierspannung sorgt ein mit der Aufwickelrolle gekuppeltes Reibrad. Bei Geräten mit Nullpunktunterdrückung, mit einer Brückenschaltung oder mit Vergleichsstellentemperaturkompensation im Punktschreiber ist die dafür erforderliche Hilfsspannungsquelle eingebaut. Durch eingebaute Dioden wird verhindert, daß beim Umschalten der Meßstellen der Meßkreis unterbrochen wird.

Abbildung 3.17.9 zeigt Punktschreiber mit den Frontrahmenabmessungen 192 × 288 mm und 192 × 240 mm bei sichtbaren Diagrammlängen

von 190 mm bzw. 140 mm und einer nutzbaren Schreibbreite von 120 mm.
Der Einschub ist in dem Stahlblechgehäuse durch vier Schrauben befestigt. Er besteht aus drei unabhängig voneinander auswechselbaren
Bausteinen: dem Drehspulmeßwerk, dem Fallbügel, sowie dem Papier-
ablauftisch einschließlich Getriebe und Synchronmotor.

Bei der Ausführung mit Grenzkontakteinrichtung können durch
eine zusätzliche Schalterebene des Meßstellenschalters die Grenzkontakte
bestimmten Meßstellen zugeordnet werden. Im Anschlußkasten sind die
Anschlußklemmen für die Stromversorgung und die Gebergeräte, die
Steckstifte zum Aufstecken der max. sechs Leiterplatten für die Signalbereiche und der Leiterplatte mit der Hilfsspannungsquelle angeordnet.

Abb. 3.17.10 Kompensationslinienschreiber
mit Frontrahmenabmessung 96 × 144 mm
(SIEMENS)

Bei der Ausführung mit Grenzkontakteinrichtung sind zusätzlich die
Steckstifte zum Anschluß von Meldegeräten oder Relais eingebaut.
Der bei Geräten für mehrere Signalbereiche eingebaute Meßstellen-
schalter besteht aus bis zu fünf einzeln aufsteckbaren Schalterebenen.
Der Papiervorschub und die Punktfolge sind durch Verschieben von
Zahnrädern einstellbar.

Die Signalspannung beträgt bei Einfarben-Punkt-Schreibern z. B.
8 mV (100 µV) bis 28 V (125 µA) Gleichspannung. Die Fehlergrenze
ist ±1% der Signalspannung, die Punktfolge 20 bis 60 s, und die Einstellzeit bei einem Drehspulmeßwerk mit Kernmagnet und Spannbandlagerung 16 s.

Kompensationsschreiber. Der Kompensations-Linienschreiber, wie ihn
Abb. 3.17.10 zeigt, arbeitet nach dem in Abb. 3.17.5 erläuterten Prinzip
jedoch mit horizontal ablaufendem Papier und vertikaler Skale. Bei

einer Schreibbreite von 100 mm beträgt die Fehlergrenze $\pm 0,5\%$. Die Einstellzeit ist stufenlos zwischen 3 bis 65 s. einstellbar Es können ein oder zwei Meßgrößen mit einem Normsignal von 50 mA über die ganze Skalenlänge mit einer sichtbaren Diagrammlänge von 40 mm aufgezeichnet werden. Bei geöffnetem Gerät wird eine Diagrammlänge von 160 mm überschaubar.

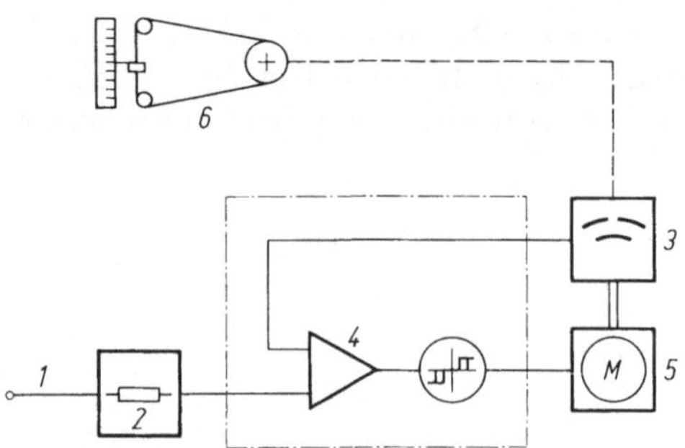

Abb. 3.17.11 Prinzip eines kontaktlos arbeitenden Servo-Meßsystems mit Differentialkondensator.

1 Eingang; *2* Anpaßelement; *3* Differentialdrehkondensator; *4* Servoverstärker; *5* Servomotor; *6* Schreibsystem

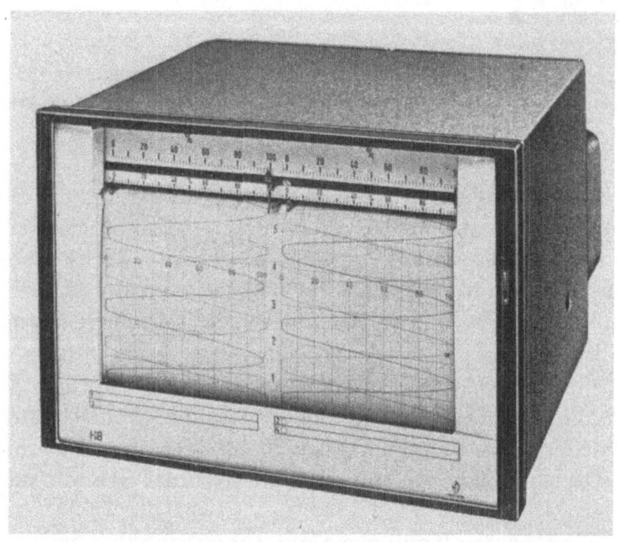

Abb. 3.17.12 Kompensations-Linienschreiber mit Frontrahmenabmessung 288 × 192 mm (H & B)

Neben Kompensationsschreibern mit durch Servosystem gesteuertem Meßpotentiometer sind auch kapazitiv arbeitende Kompensationssysteme in Gebrauch. Abbildung 3.17.11 zeigt das Meßprinzip. Die Schreiber arbeiten mit einem kontaktlosen, verschleißfreien Differentialdrehkondensator *3* als Stellungsabgriff. Dazu wird im Gerät eine Wechselspannung von ca. 1 MHz erzeugt. Die am Kondensator anstehende Wechselspannung wird gleichgerichtet und mit der Eingangsspannung verglichen. Die Differenzspannung wird verstärkt *4* und verstellt über einen Synchronmotor *5* und ein Reduktionsgetriebe den Kondensator, bis Abgleich erzielt ist. Der Kondensator nimmt über einen Seilzug die Schreibfeder mit. Es können bis zu 4 Meßeinheiten, die elektrisch völlig voneinander getrennt sind, eingebaut werden. Die Schreibbreite beträgt 100 bzw. 200 mm, die sichtbare Diagrammlänge 110 mm.

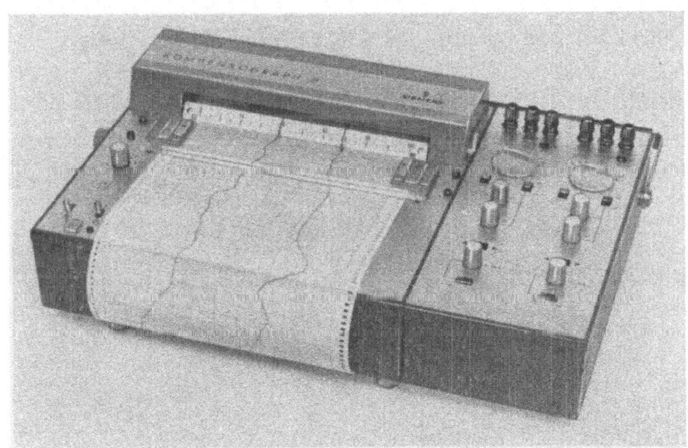

Abb. 3.17.13 Tragbarer Kompensations-Zweifach-Linienschreiber in der Ausführung als Mehrbereichsgerät (SIEMENS)

Abbildung 3.17.12 zeigt die Ausführung eines nach dem kapazitiven Kompensationsprinzip arbeitenden Doppelschreibers mit den Abmessungen 288×192 mm. Die Fehlergrenze beträgt $\pm 0{,}5\%$ vom Meßbereichumfang. Der Eingangswiderstand ist 150 kΩ bei 3 V Gleichspannung.

Einen tragbaren Kompensations-Linienschreiber als typisches Laborgerät in „Flachbettausführung" zeigt Abb. 3.17.13. Steckbare Meßbereichseinsätze in Verbindung mit volltransistorisierten Verstärkern, erlauben die Registrierung von 11 Spannungs- und 7 Strombereichen bei einer Fehlergrenze von $\pm 0{,}25\%$ und einer Einstellzeit von 0,25 s. Es sind sowohl Diagrammrollen als auch DIN A 4-Blätter für eine Schreibbreite von 200 mm verwendbar.

Zum Messen und Registrieren von zwei voneinander abhängigen Größen, die sich in ein dem Meßwert proportionales elektrisches Spannungssignal umformen lassen, werden selbstabgleichende Kompensations-Linienschreiber nach ähnlichen Konstruktionsprinzipien hergestellt. Die Vielseitigkeit der Verwendung reicht von der Aufzeichnung von Untersuchungsergebnissen im Laboratorium und im Prüffeld bis zur Dokumentation der Ausgangsgrößen von Analogrechnern.

Als Schreibvorrichtung wird z. B. ein Faserschreibstift mit Schnellwechselfassung verwendet. Er eignet sich auch für mehrmaliges Überschreiben und hinterläßt bei höchster Schreibgeschwindigkeit einen ununterbrochenen Linienzug. Durch eine elektromagnetische Schreibstiftabhebung kann der aufgezeichnete Linienzug zu jeder Zeit, auch extern steuerbar, begonnen oder unterbrochen werden, z. B. für den Rücklauf bei Aufzeichnung bestimmter Funktionen. Die Einzelblätter werden nach Anschlagkanten aufgelegt und elektrostatisch gehalten.

3.17.2. Schreibende Meßgeräte für schnell veränderliche Meßgrößen

Zur Untersuchung schnell veränderlicher Meßgrößen kommen die verschiedensten Aufzeichnungsmethoden zur Anwendung. Welche zu bevorzugen ist, hängt in erster Linie von der Frequenz der aufzuzeichnenden Größe ab (s. Tab. 3.17.1).

Tabelle 3.17.1 Frequenzbereiche von Registriergeräten

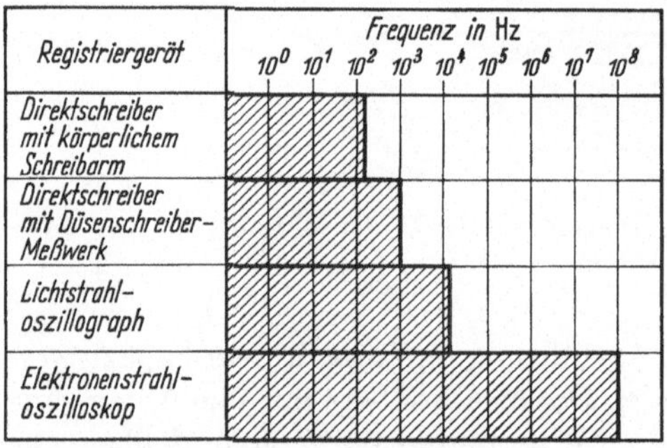

Registriergerät	Frequenz in Hz 10^0 10^1 10^2 10^3 10^4 10^5 10^6 10^7 10^8
Direktschreiber mit körperlichem Schreibarm	bis 10^2
Direktschreiber mit Düsenschreiber-Meßwerk	bis 10^3
Lichtstrahl-oszillograph	bis 10^5
Elektronenstrahl-oszilloskop	bis 10^8

Registrierverfahren mit körperlichem Schreibarm

Galvanometrische Verfahren. Zum unmittelbaren Aufzeichnen zeitlich veränderlicher Meßgrößen werden Direktschreiber eingesetzt. Der Zeiger, zumeist eines Drehspulmeßwerks, schreibt auf einem vorbeilaufenden Papierstreifen die Meßgröße auf. Hierzu ist z. B. das Papier mit einer Wachsschicht versehen, die vom Schreibarm beim Aufzeichnen abgekratzt wird. Es ist auch üblich, am Schreibarm eine winzige Tintenfeder anzubringen. Damit auch bei größeren Schreibgeschwindigkeiten genügend Tinte nachfließt, steht die Tinte im Vorratsgefäß unter Druck.

Bei Verwendung einer speziellen Schreibpaste in Verbindung mit einem Spezialpapier erhält man ein sofort sichtbares, trockenes und haltbares Diagramm.

Die unter Druck stehende Tintenpaste vermindert einmal die bekannten Schwierigkeiten durch Eintrocknen und ist zum anderen geeignet auch bei höheren Geschwindigkeiten der Schreibspitze (z. B. 6 m/s, entsprechend 50 Hz und 2 cm Amplitude) einen kontinuierlichen Kurvenzug aufzuzeichnen. In vollendeter Weise gelingt das, wenn der Tintenfluß abhängig von der Schreibgeschwindigkeit gesteuert wird, was bei einigen Schnellschreibern üblich ist.

Kompensationsverfahren. Der gravierende Unterschied zwischen dem Meßwerk eines galvanometrischen Linienschreibers und dem eines Kompensations-Schnellschreibers ist dadurch gekennzeichnet, daß an die Stelle des mechanischen Rückstellmomentes in Form einer Feder oder eines Spannbandes ein elektrisch erzeugtes Gegenmoment tritt, dessen genaue Größe aus einem Kompensationsverfahren gewonnen wird. Der sogenannte Meßmotor — meist ein Drehspulsystem ohne Rückstellmoment — liegt in einem Regelkreis. Dabei werden Schnelligkeit und Genauigkeit der Einstellung auf die dem Meßwert entsprechende Position nicht allein von seinen Eigenschaften, d. h. durch seine eigene Übertragungsfunktion bestimmt, sondern auch von den Eigenschaften (Übertragungsfunktionen) der übrigen Glieder des Regelkreises. Grundlage für alle nach dieser Methode arbeitenden Anordnungen ist eine Einrichtung, die die mechanische Größe „Position des Meßmotors bzw. Schreibzeigers" in einen elektrischen Wert umsetzt, der dann die „Regelfunktion" übernehmen kann.

Kapazitive Kompensationsverfahren. In Abb. 3.17.14 ist ein Rückkopplungsprinzip gezeigt, bei dem die Position des Schreibzeigers durch eine kapazitive Übertragung bewirkt wird. Die gezeigte Verbindung zwischen Meßmotor und Schreibzeiger ermöglicht die Geradführung, d. h. Proportionalität von Drehwinkel und Zeigerausschlag. Der Aufnehmer (Sensor) für die Zeigerposition besteht hier aus einem Präzisions-Drahtwiderstand, dessen Widerstandswert sich genau linear mit der Entfernung von seinen beiden Enden ändert und einem Fühler, der mit dem Schreibzeiger mechanisch verbunden, aber elektrisch von ihm isoliert ist. Der Abstand zwischen Fühler und Drahtwiderstand beträgt etwa 1 mm und die Kapazität ungefähr 0,1 pF.

Wie aus dem Prinzipschaltbild hervorgeht (Abb. 3.17.15) wird in beide Enden des Drahtwiderstandes über einen Modulator ein 20 kHz-Rechtecksignal gleicher Amplitude, aber gegensätzlicher Phase (Phasendifferenz 180°) eingespeist. Ohne Meßsignal ist damit genau in der Mitte des Drahtwiderstandes ein elektrischer Nullpunkt definiert. Ein von Null abweichendes Meßsignal beeinflußt die Amplitude der Rechtecksignale. Die absolute Größe des Meßsignals bestimmt den Betrag der Amplitudenänderung, das Vorzeichen die Änderungsrichtung auf den beiden Seiten der Einspeisung. Das bewirkt eine Verschiebung des Nullpunktes. Der Fühler am Schreibzeiger empfängt ein der Nullageverschiebung proportionales 20-kHz-Signal, das im anschließenden Trägerfrequenzverstärker verstärkt, im Demodulator gleichgerichtet und im

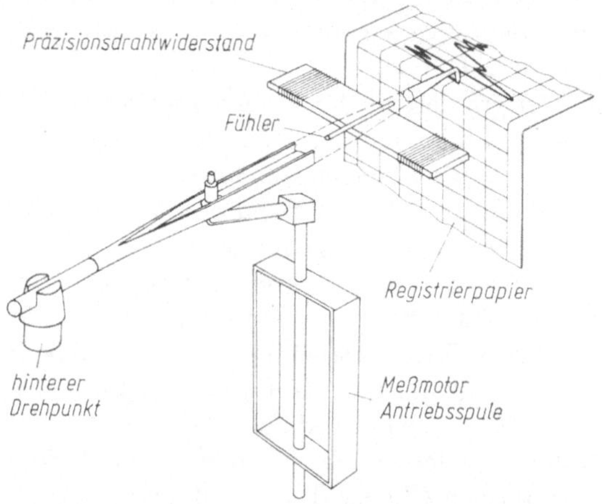

Abb. 3.17.14 Prinzip des Meßmotors mit Antriebsspule und Schreibzeigersystem mit kapazitivem Kompensationssystem

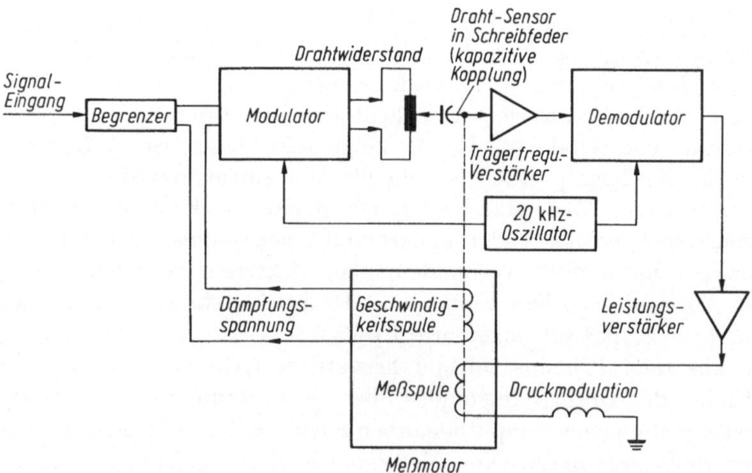

Abb. 3.17.15 Prinzipschaltbild eines Kompensationssystems mit kapazitiver Rückkopplung

DC-Leistungsverstärker nochmals verstärkt wird. Diese dem Meßsignal entsprechende, aber vielfach verstärkte Information wird dem Meßmotor zugeführt, der dann mit großer Geschwindigkeit der elektrischen Nullageverschiebung folgen kann. Damit sind die beiden Grundfunktionen des Regelkreises erfüllt, nämlich Leistungsverstärkung zur Erzielung hoher Beschleunigungswerte des relativ trägen Meßmotors und Positionsrückkopplung zur genauen Einstellung des Schreibzeigers.

In Abb. 3.17.15 sind noch zwei weitere Funktionen skizziert: Die mit der Achse des Meßmotors verbundene „Geschwindigkeitsspule" liefert die zur Dämpfung notwendige Gegenspannung und der mit der Motorwicklung verbundene Zweig moduliert den Druck für die Schreibflüssigkeitspumpe, um den Kurvenzug für den ganzen Geschwindigkeitsbereich des Schreibzeigers gleichmäßig zu gestalten.

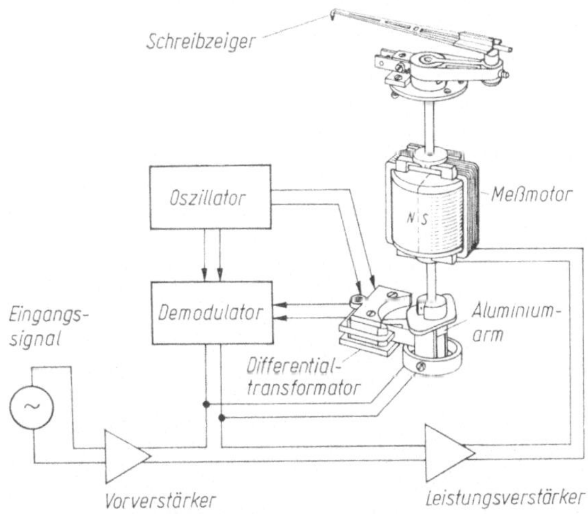

Abb. 3.17.16 Blockschaltbild des induktiven Rückkopplungssystems

Induktive Kompensationsverfahren. Ein seit langem bekanntes Kompensationsverfahren verwendet das induktive Rückkopplungssystem. Es zeichnet sich durch große Zuverlässigkeit und in Verbindung mit einem Trägerfrequenzverstärker durch große Meßempfindlichkeit aus. Diese Eigenschaften machen es auch für die Positionsbestimmung des Schreibzeigers besonders geeignet. Mit dem Meßmotor ist neben dem Schreibzeiger ein Aluminiumarm fest verbunden, der in den Luftspalt eines Differentialtransformators eintaucht.

Wie aus Abb. 3.17.16 hervorgeht, trägt der Mittelschenkel eines Differentialtransformators die Primärwicklung, die als Erregerspule aus einem 25-kHz-Oszillator gespeist wird. Die beiden Außenschenkel tragen zwei gleiche Sekundärwicklungen, die gegeneinander in Reihe geschaltet sind. Befinden sich Schreibzeiger und Aluminiumarm in der Nullage (Mittelstellung), dann sind die in den Sekundärwicklungen induzierten Spannungen gleich groß, aber von gegensätzlichem Vorzeichen und das Ausgangssignal ist Null. Beim Auftreten eines Meßsignals verschiebt der Meßmotor den Aluminiumarm je nach Vorzeichen in den linken oder rechten magnetischen Sekundärkreis und schwächt dort wie eine Kurzschlußwicklung den magnetischen Fluß, während er auf der gegenüberliegenden Seite um den gleichen Betrag verstärkt

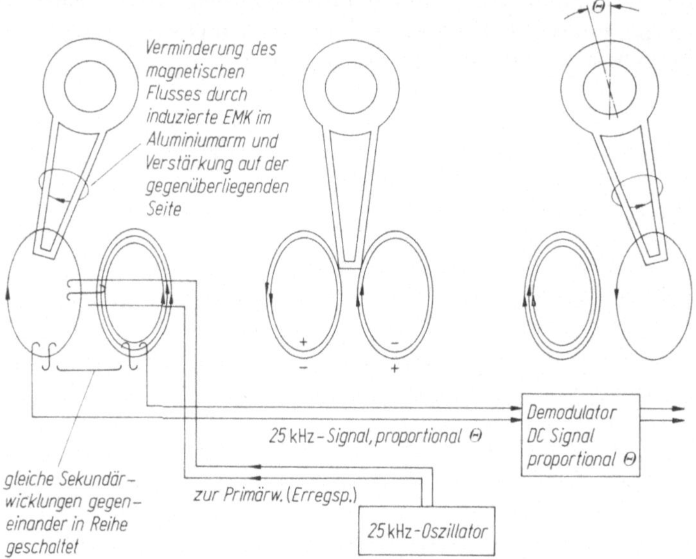

Abb. 3.17.17 Funktionsweise des induktiven Rückkopplungssystems

wird (Abb. 3.17.17). Dem Differentialtransformator kann jetzt ein der Auslenkung proportionales 25-kHz-Signal entnommen werden, das im nachfolgenden Demodulator gleichgerichtet wird. Dieses vom Meßsignal hervorgerufene DC-Signal wird auf den Eingang des Verstärkers rückgekoppelt (Abb. 3.17.16) und mit dem Meßsignal verglichen. Eine Differenz wird verstärkt dem Meßmotor zugeführt, so daß dieser eine Lage einnehmen kann, die genau dem Meßsignal entspricht. Wie bei dem im vorigen Abschnitt behandelten kapazitiven System, wird auch hier eine der Einstellgeschwindigkeit proportionale Spannung zusätzlich erzeugt, die zur Dämpfung des Systems benutzt wird. Mit diesem System erhält man bei einer Schreibbreite von 40 mm (Amplitude von 20 mm) bis zu 55 Hz praktisch keinen Amplitudenfehler, bei 16 mm Schreibbreite werden mit gleicher Genauigkeit Meßsignale bis 100 Hz wiedergegeben.

Kompensationsverfahren mit magnetisch steuerbaren Halbleiterwiderständen. Ein drittes in der Praxis realisiertes Kompensationsverfahren benutzt magnetisch steuerbare Halbleiterwiderstände, die unter der Bezeichnung Feldplatten kurz MDR (von magnetic field depending resistor) genannt, bekanntgeworden sind.

Auf einem keramischen Träger von etwa 0,1 bis 0,5 mm Dicke ist in Mäanderform die Halbleiterschicht, meistens Indium-Antimonid

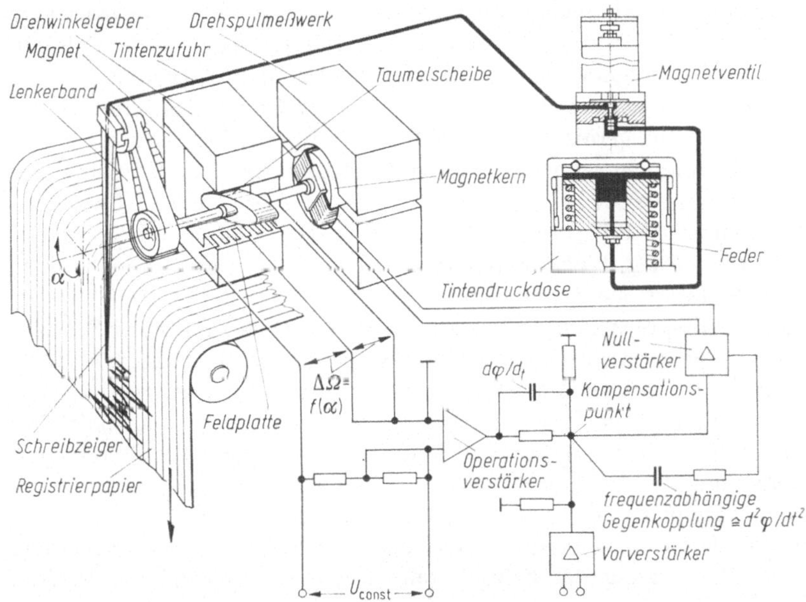

Abb. 3.17.18 Blockschaltbild des Kompensationsprinzips mit Feldplatten

(InSb), mit einer Dicke von etwa 20 µm aufgetragen. Der Widerstand ohne Anwesenheit eines Magnetfeldes liegt zwischen einigen Ohm und einigen Kiloohm. In einem Feld mit der Induktion B nimmt der Widerstand auf den Wert R_B zu. Proportionalität zwischen Strom und Spannung besteht bei jedem eingestellten Wert der Induktion B.

Die Umwandlung der Position des Schreibzeigers in einen elektrischen Wert, der dann das Rückkopplungssignal bildet, gelingt mit der Anordnung nach Abb. 3.17.18. Auf der Achse des Meßmotors befindet sich oberhalb der Drehspule eine Steuer- oder Taumelscheibe, die starr mit der Achse verbunden und Teil eines magnetischen Kreises ist. Der Steuerscheibe gegenüber liegt im Luftspalt des magnetischen Kreises eine Doppelfeldplatte, die mit zwei weiteren ohmschen Widerständen zu einer Wheatstoneschen Brücke verbunden ist. Die Steuerscheibe ist so ausgebildet, daß eine Verdrehung im Bereich des Schreibzeiger-Ausschlages eine proportionale Änderung der magnetischen Induktion im Luftspalt und damit auch eine proportionale Brückenverstimmung ergibt. Dieses Positionssignal wird, wie das Meßsignal selbst, dem Eingang des Leistungsverstärkers zugeführt und die Differenz im Meßmotor ausgeregelt. Mit einer frequenzabhängigen Gegenkopplung und dem differenzierten Positionssignal gewinnt man auch bei diesem Prinzip die zusätzlich notwendigen Dämpfungsglieder.

Der mögliche Frequenzbereich bei Direktschreibern mit körperlichem Schreibarm ist 0 bis 100 Hz — und bei Einschränkungen in der Schreibbreite und Genauigkeit — auch bis 200 Hz. Die Meßfehler im statischen und dynamischen Bereich liegen unter $\pm 1\%$. Die so charakterisierten dynamischen Meßgeräte werden als Schnellschreiber bezeichnet.

Ausführung von Schnellschreibern. Die Kompensations-Schnellschreiber enthalten als Meßsystem einen Meßmotor, der in einem Regelkreis einbezogen ist und dadurch die statischen und dynamischen Fehler unter dem Wert von 1% hält. Da die Genauigkeit der Meßsysteme sich auch im Oszillogramm niederschlagen soll, widmet man dem Aufzeichnungsverfahren entsprechende Aufmerksamkeit. Meist wird mit einer Schreibpaste auf mehrschichtigem Chromocode-Papier geschrieben und dabei der Druck der Schreibflüssigkeit abhängig von der Schreibgeschwindigkeit gesteuert. Das Ergebnis ist ein kontrastreiches und haltbares Oszillogramm mit immer gleich dicker und scharf begrenzter Schreibspur, die auch eine Auswertung mit einem Fehler von nur 1% zuläßt.

Die Kompensation von Eingangsgröße und Positionssignal läßt sich nur bis zu einer Frequenz von etwa 100 Hz ausführen; außerdem ist eine Begrenzung der Schreibbreite (Doppelamplitude) auf 50 mm, in Sonderfällen — mit großem Aufwand in der Verstärkung des Kompensationssignals — auf 80 mm erforderlich. Man verwendet daher die Kompensations-Schnellschreiber für genaue dynamische Messungen mit relativ niedriger Grenzfrequenz. Beispiele sind genaue Dehnungs-Spannungs-Analysen an aufwendigen Konstruktionen, genaue Temperaturaufzeichnungen in der Reaktortechnik und Kontrolle von wichtigen Regel- und Prozeßvorgängen.

Der Kompensations-Schnellschreiber, wie in Abb. 3.17.19 gezeigt, arbeitet mit Feldplatten-Winkelabgriff (Abb. 3.17.18) und ist für vier Meßkanäle ausgelegt. Zu jedem Kanal gehört ein Vorverstärker, ein Servosystem mit Endverstärker sowie ein Netzteil. Für Bereiche größer 1 V kann der Meßwert unmittelbar auf den Endverstärker gegeben werden (± 1 V, 100 Ω). Außerdem hat das Gerät ein Zeitmarkiersystem, das intern mit 1 Hz oder extern beliebig ansteuerbar ist. Die Schreibspitze liegt unter Vorspannung auf dem Papier auf, so daß ein gezieltes Austreten der unter Druck stehenden Schreibflüssigkeit während des Registrierens erreicht wird. Im abgeschalteten Zustand wird das Ausfließen der Schreibflüssigkeit durch ein Magnetventil mit Druckausgleich verhindert. Zu optimalen Anpassung des Schnellschreibers an die jeweilige Meßaufgabe stehen Vorverstärker zur Verfügung. In Abb. 3.17.19 ist der Aufbau der Ausführung 1 mV bis 300 V wiedergegeben.

Während man bei Licht- und Flüssigkeitsstrahl-Oszillographen auf die Kompensation des sogenannten Tangensfehlers, der durch Umsetzung der Drehbewegung der Spule des Galvanometers in eine Linear-

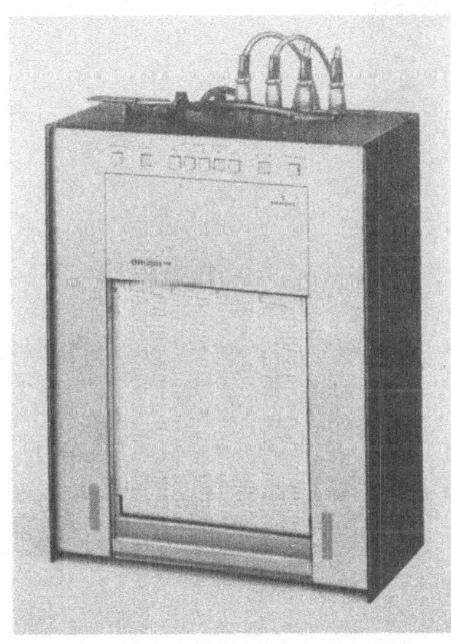

Abb. 3.17.19 Kompensations-Schnellschreiber (Brush)

bewegung des Schreibzeigers entsteht, verzichtet, muß diese bei den Schnellschreibern durchgeführt werden. Denn einmal ist hier der Zeiger wesentlich kürzer und zum anderen soll der Meßfehler noch kleiner gehalten werden. Schnellschreiber enthalten deshalb Mechanismen — meist Geradführung genannt — die strenge Proportionalität zwischen Drehwinkel des Meßmotors und Auslenkung der Schreibspitze garantieren. Bei einer üblichen Schreibbreite von 40 mm garantiert die Geradführung Abweichungen von der geraden Linie von nur 0,1 bis 0,2 mm.

Abbildung 3.17.20 zeigt einen nach dem induktiven Rückkopplungsprinzip arbeitenden Kompensations-Schnellschreiber (Abbn. 3.17.16 u. 17).

Der Amplituden-Frequenzverlauf für die 8-Kanal-Ausführung ist in Abb. 3.17.21 wiedergegeben. Eine Papierteilung entspricht dabei 0,8 mm. Durch größeren Aufwand im Kompensationssystem kann die

Schreibbreite verdoppelt werden, was bei der 2-Kanal-Ausführung links in Abb. 3.17.20 erzielt wurde. Die Ordinatenwerte in der Darstellung nach Abb. 3.17.21 sind hierbei zu verdoppeln.

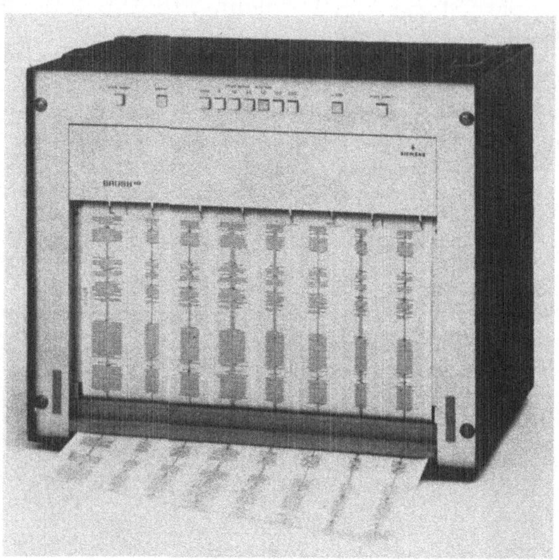

Abb. 3.17.20 Schnellschreiber für zwei und sechs Meßkanäle nach dem induktiven Kompensationsprinzip (Brush)

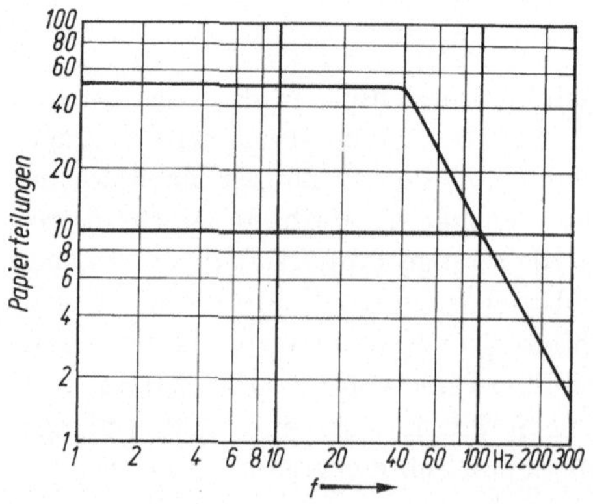

Abb. 3.17.21 Amplitudenfrequenzgang bei Kompensationsschnellschreibern nach dem induktiven Rückkopplungsprinzip

Direktschreiber mit Flüssigkeitsstrahl

Flüssigkeitsstrahlschreiber mit Galvanometermeßwerk. Eine Direktschrift für Frequenzen bis zu etwa 1000 Hz ermöglicht der Düsenschreiber nach Elmquist (Abb. 3.17.22a). Der Schreibarm wird hier durch einen Flüssigkeitsstrahl gebildet, der aus einer Düse austritt und auf das vorbeigezogene Papier spritzt.

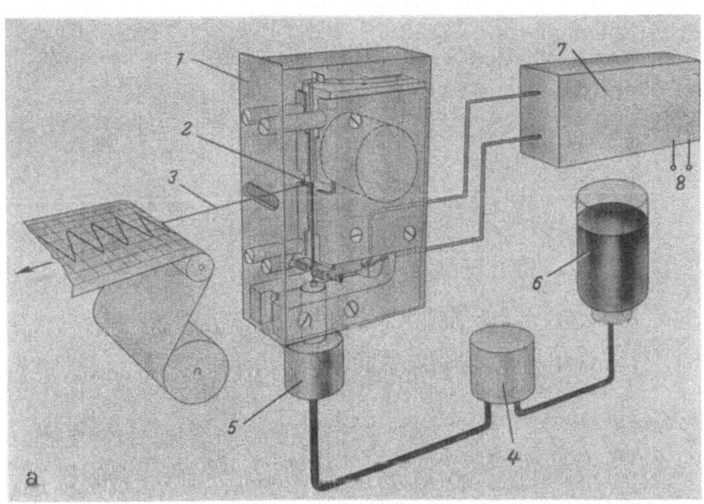

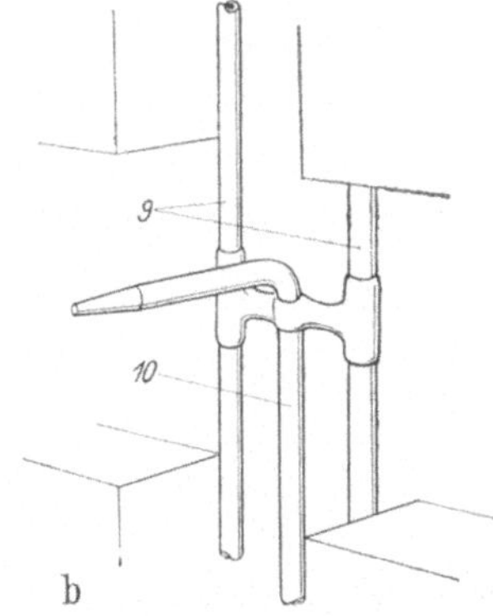

Abb. 3.17.22a u. b Prinzip eines Direktschreibers mit Flüssigkeitsstrahl.

a) Gesamtanordnung;
b) Düse, etwa 20fach vergrößert.
1 Galvanometer; *2* Düse; *3* Düsenstrahl;
4 Pumpe; *5* Filter; *6* Schreibflüssigkeit;
7 Verstärker; *8* Verstärkereingang; *9* Saiten;
10 Kapillare

Das Antriebssystem dieses Meßwerks ist ein Doppelsaitengalvanometer (Abb. 2.2.15). Es kann als Drehspulmeßwerk mit nur einer Windung und bifilarer Aufhängung aufgefaßt werden. Die Spritzdüse ist zwischen den Galvanometersaiten befestigt (Abb. 3.17.22b). Sie besteht aus einer Glaskapillare, die am unteren Ende fest eingespannt ist. Am oberen Ende ist sie abgewinkelt und endet in einer Düse, deren Durchmesser nur 10 μm beträgt. Eine Pumpe saugt die Schreibflüssigkeit aus einem Vorratsbehälter an und pumpt sie unter hohem Druck durch ein Filter und durch die Kapillare zur Düse. Der Flüssigkeitsdruck kann zur Anpassung an die Schreibgeschwindigkeit zwischen 10 und 60 bar stetig verändert werden. Das Meßwerk ist für eine maximale Winkeldrehung des beweglichen Organs von $\pm 35°$ ausgelegt. Das entspricht einem Ausschlag auf dem Registrierpapier

bei 20 mm Strahllänge von ± 14 mm,
bei 40 mm Strahllänge von ± 28 mm,
bei 60 mm Strahllänge von ± 42 mm.

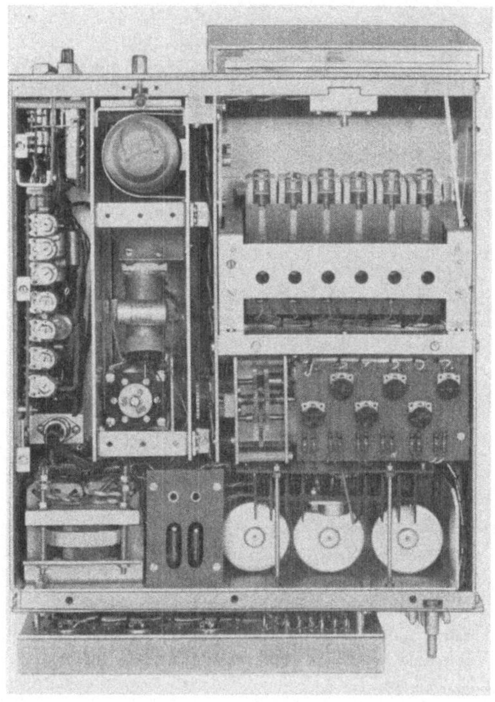

Abb. 3.17.23 Registrierteil eines Direktschreibers mit Flüssigkeitsstrahl (SIEMENS)

Flüssigkeitsstrahlschreiber mit Drehmagnetmeßwerk. In der Praxis werden für Direktschreiber mit Flüssigkeitsstrahl durchweg Drehmagnetmeßwerke verwendet (Abb. 2.2.27). Der Widerstand des Meßwerks beträgt 17 Ω, 50 mH. Für die Winkeldrehung von $\pm 35°$ wird ein Strom von etwa 50 mA benötigt. Bis zu 12 Meßkanäle werden in einem Gerät untergebracht. Jedem Meßwerk ist ein Verstärker zugeordnet, mit dem sich die Empfindlichkeit auf 30 mV/cm für 40 mm Strahllänge steigern läßt. Dabei beträgt der Eingangswiderstand 1 MΩ.

Ausführung von Direktschreibern mit Flüssigkeitsstrahl. Das in Abb. 3.17.23 gezeigte Beispiel eines Direktschreibers mit Flüssigkeitsstrahl kann in ein 19″-Gestell oder ein Tischgehäuse eingesetzt werden. Bei mobilem Einsatz macht sich die geringe Leistungsaufnahme der Geräte angenehm bemerkbar. Sehr positiv sind weiterhin die niedrigen Kosten für das Registrierpapier zu bewerten. Kein anderes Prinzip ist in der Lage, Frequenzen bis zu 1 kHz in gleich günstiger Weise aufzuzeichnen. Der meßtechnisch entscheidende Vorteil ist jedoch das sofortige Vorliegen eines dokumentenfesten Oszillogrammes ohne irgendwelche Nachbehandlungen.

Alle Bedienungselemente des in Abb. 3.17.23 gezeigten Gerätes sind auf der Frontplatte und alle Anschlüsse an der Rückseite angebracht. Der Registrierteil stellt eine in sich geschlossene, betriebsfähige Einheit dar und hat alle für die Aufnahme eines Oszillogrammes notwendigen Einrichtungen.

Durch ein aufklappbares Plexiglasfenster mit Magnetverschluß kann man die Schreibstellen beobachten. Am unteren Ende des Fensters befindet sich der Auslauf für das Registrierpapier, das durch eine Rolle an die Transportwalze gedrückt wird. Darüber läuft auf dem Papier eine keramische Löschrolle mit, die die überflüssige Schreibflüssigkeit absaugt. Ein Konstanthalter sorgt für eine konstante Gleichspannung von 9 V, wobei Spannungsschwankungen von ±10% vollständig ausgeregelt werden. Das Versorgungssystem für die Schreibflüssigkeit ist zu einer geschlossenen Einheit zusammengefaßt. Ein Entlüftungsrohr sorgt für Druckausgleich.

Zur Aufnahme der Meßwerke ist auf einem Schlitten im Meßwerkraum ein Verteilerblock aus Plexiglas befestigt. Mit dem Anschrauben der Systeme werden auch die elektrischen und hydraulischen Anschlüsse hergestellt. Durch Heben oder Senken des Meßwerkschlittens läßt sich die Strahllänge verändern. Am Schlitten ist rechts ein Stellhebel befestigt, der bei 20, 40 und 60 mm Strahllänge einrastet.

Die elektrischen Verbindungen von drei Zweikanal-Gleichspannungsverstärkern werden über Messerleisten automatisch hergestellt. Der große Meßbereich (1 mV bis 300 V) der Verstärker und der hohe Eingangswiderstand (2 × 100 kΩ), sowie der potentialfreie Eingang erlauben universelle Anpassung an die Signalquelle sowie Schutz der Meßwerke vor Überlastung.

Die Korrekturschaltung linearisiert den Amplitudengang des Meßwerkes (Cosinus- und Tangensfehler). An der Frontplatte des Verstärkers

sind die Bedienungselemente für den Eingangsstufenabschwächer, den
Verstärkungsfeinregler und den Nullagesteller vorgesehen.

Registrierverfahren mit Lichtstrahl

Aufzeichnungsprinzip. Meßwerke für Lichtstrahloszillographen sind
ausführlich im Abschn. 2.2.1 beschrieben. Mit Lichtstrahloszillographen
können schnell veränderliche Meßgrößen bis zu Frequenzen von etwa
15 kHz auf lichtempfindliches Papier aufgezeichnet werden. Abb. 3.17.24

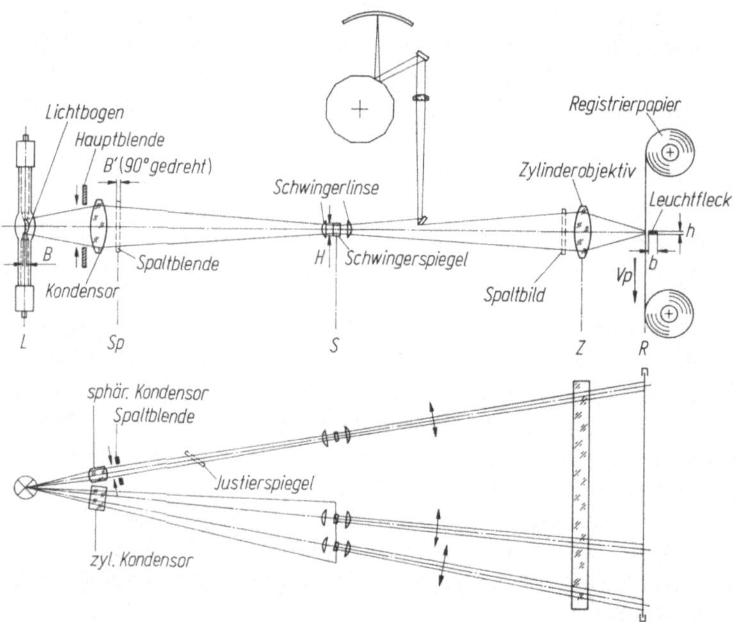

Abb. 3.17.24 Aufzeichnungsprinzip eines Lichtstrahl-Oszillographen

zeigt das Aufzeichnungsprinzip eines Lichtstrahloszillographen. Die
Papiergeschwindigkeit ist bei den meisten Geräten umschaltbar und
wird der Frequenz des aufzuzeichnenden Vorgangs angepaßt. Um die
Oszillogramme auswerten zu können, sollte sie so gewählt werden, daß
mindestens 1 mm Papierlänge einer Wellenlänge λ entspricht. Zum
Aufzeichnen von 10 kHz sollte die Papiergeschwindigkeit also mindestens
10 m/s betragen. Die üblichen Methoden des Papiertransports zeigt die
Abb. 3.17.25a bis c. Tabelle 3.17.2 zeigt wesentliche Merkmale der
Methoden. Die Geschwindigkeit, mit der der Lichtstrahl das Registrierpapier überstreicht, beträgt

$$v = \sqrt{v_p^2 + f^2(t)}\,.$$

Tabelle 3.17.2 Merkmale der Papiertransportmethoden

	Direktziehen	Trommel- kamera	Vorgabe- prinzip
kleinste Anlaufzeit	500 ms	0	20 ms
größte Papiergeschwindigkeit	4 m/s	80 m/s	15 m/s
größte Oszillogrammlänge	> 100 m	1 m	2 m

v_p ist die Papiergeschwindigkeit, $f(t)$ die aufzuzeichnende Funktion. Für $f(t) = \bar{A} \sin \omega t$ ergibt sich als maximale Schreibgeschwindigkeit

$$v_{\max} = \bar{A} \cdot \omega,$$

wenn man die wohl immer zutreffende Voraussetzung macht, daß $\bar{A}\omega \gg v_p$ ist. Zum Beispiel beträgt für 10000 Hz und $\bar{A} = 50$ mm $v_{\max} = 3{,}15$ km/s.

Von der Konstruktion des Oszillographen, der Güte der optischen Teile, der Empfindlichkeit des Papiers und der Lampe hängt es ab, wie

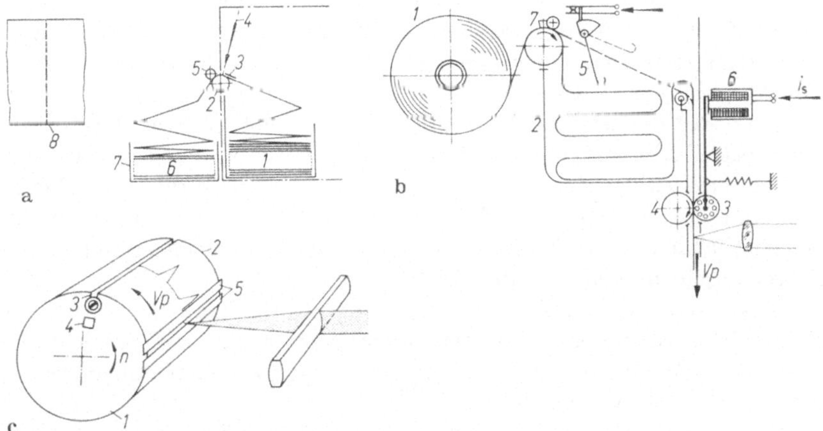

Abb. 3.17.25 a—c Papiertransportmethoden bei Lichtstrahloszillographen.
a) Direktziehen vom Faltenpack.
1 Vorratspack; *2* Transportwalze; *3* Niederhalter; *4* Licht- oder Flüssigkeitsstrahl, Schreibzeiger; *5* Andrückrolle; *6* Oszillogramm; *7* Auffangkorb; *8* Perforation in der Falte.
b) Vorgabeprinzip.
1 Vorratsrolle; *2* Wanne; *3* Andrückwalze; *4* Transport; *5* Schwinger; *6* Transportmagnet; *7* Einkurbelwalzen.
c) Trommelkamera.
1 Trommel; *2* aufgepannter Registrierstreifen; *3* Spannstelle; *4* Impulsmagnet für Verschlußsteuerung; *5* Verschluß

groß v_{max} sein darf, um noch eine ausreichende Schwärzung des Papiers zu erzielen.

Bei Naßentwicklung werden mit Spitzengeräten Schreibgeschwindigkeiten von 50 km/s und mehr erreicht. Mit besonders sensibilisierten Papieren und einer UV-Lichtquelle wird das Oszillogramm ohne Naßentwicklung bereits nach einigen Sekunden sichtbar. Um es für längere Zeit haltbar zu machen, sollte es stabilisiert werden. Die mit UV-Schrift erreichbare Schreibgeschwindigkeit liegt etwa bei 2 km/s.

Aufzeichnungsverfahren. Für die Auswahl des Aufzeichnungsverfahrens sind die Kriterien Schreibgeschwindigkeit, Wirtschaftlichkeit hinsichtlich des Papierpreises und des Aufwandes für die Entwicklung, Kontrast, und Haltbarkeit heranzuziehen.

Photografische Verfahren. Das klassische photographische Verfahren wird bis heute in allen Bereichen der Wissenschaft und Technik eingesetzt, weil es eine große Empfindlichkeit in einem sehr weiten Bereich der Wellenlänge der anregenden Strahlung besitzt. Die Belichtung kann mit Licht aus dem nahen Ultrarot, dem gesamten sichtbaren Spektrum, aber auch mit Röntgen- und γ-Strahlen und sogar mit Korpuskularstrahlen erfolgen. Für die Lichtstrahl-Oszillographen bedeutet dies, daß praktisch jede denkbare Lichtquelle (von der Autoscheinwerferlampe bis zur Quecksilberdampf-Höchstdrucklampe) verwendet werden kann. Allerdings zeigt sich die große Empfindlichkeit nicht im eigentlichen Belichtungsvorgang selbst, sondern erst im klassischen Entwicklungsvorgang, der die primäre Wirkung der Strahlung bis zum Faktor 10^9 verstärkt. Darin liegt wiederum ein großer Nachteil, indem das Oszillogramm erst einige Zeit nach der Aufnahme und durch zusätzlichen Aufwand zur Verfügung steht. Anderseits kann man auf die Lichtempfindlichkeit der Silbersalze nicht verzichten, wenn das Meßproblem Schreibgeschwindigkeiten über 1500 m/s erfordert.

Elektrostatische Verfahren. Als Aufzeichnungsverfahren kann auch die Photoleitfähigkeit von Halbleitern ausgenutzt werden. Weit verbreitet sind inzwischen Selen- und Zinkoxydschichten. Zu einer Aufzeichnung gelangt man folgendermaßen:

Über eine Entladung werden diese Schichten zunächst auf ein höheres Potential (einige Hundert Volt gegen Erde) gebracht. Die Selenschicht wird positiv, die Zinkoxydschicht negativ aufgeladen. Mit dem Lichtstrahl des Lichtstrahl-Oszillographen wird eine Belichtung durch Abbau des höheren Potentials erreicht. Die Halbleiteroberfläche trägt also nach Überschreiben mit dem Lichtstrahl ein elektrostatisches latentes Bild.

Um es sichtbar zu machen, braucht man nur noch gefärbtes Harzpulver entgegengesetzter Ladung über die Schicht zu stäuben und den Staub geeignet zu fixieren. Im Falle des Zinkoxyds, das in einer Binde-

mittelschicht auf Papier aufgetragen wird, braucht der Harzstaub nur
durch eine anschließende Wärmebehandlung in die Unterlage einge-
schmolzen zu werden, wobei allerdings zu beachten ist, daß die optische
Abbildung der Vorlage wegen der Seitenrichtigkeit über einen Spiegel
erfolgen muß. In vieler Hinsicht einfacher ist das Arbeiten mit Selen-
schichten, bei denen der elektrostatisch angezogene Staub schließlich
(wieder elektrostatisch) auf ein beliebiges Papier übertragen werden
und dort durch Hitze fixiert werden kann. Diese von der Haloid Xerox
Inc. (Rochester N. Y., USA) ständig weiter entwickelte Methode ist bei
Verwendung von beliebig oft benützbaren Selenplatten (oder im Lichtstrahl-Oszillographen besser Walze) als Xerographie bekannt, während
die ZnO-Papiere unter der Bezeichnung Elektrofax-Verfahren bekannt
wurden.

Die Xerographie besitzt gegenüber den phototechnischen Verfahren einige Vorteile. Das Registrierpapier ist etwa zehnmal niedriger
im Preis als Photopapier. Der Kontrast ist besser als bei UV-Papier,
wenn er auch nicht ganz den des klassischen photographischen Verfahrens erreicht; dafür ist aber auch keine Nachbehandlung erforderlich,
weil sich alle Prozesse im Oszillographen durchführen lassen. Verglichen
mit der UV-Schrift ist das Oszillogramm praktisch beliebig lange haltbar.
Ein entscheidender Nachteil ist indessen die wesentlich niedrigere
Empfindlichkeit gegenüber den photochemischen Verfahren. Immerhin
lassen sich inzwischen Schreibgeschwindigkeiten bis 100 m/s erzielen, so
daß Meßvorgänge mit Frequenzen um 1000 Hz noch aufgezeichnet
werden können. Außerdem ist eine Steigerung der Empfindlichkeit ohne
weiteres denkbar. Man wird die xerographische Aufzeichnung mindestens
mit der eines Flüssigkeitsstrahles vergleichen müssen.

Bei gleicher Frequenz läßt sich mit der xerographischen Aufzeichnung
etwa eine doppelt so große Amplitude schreiben; es ist leichter möglich,
eine größere Kanalzahl im Oszillographen unterzubringen und das Verfahren eignet sich im Gegensatz zu dem mit Flüssigkeitsstrahl-Oszillographen auch für sehr langsame Vorgänge.

Ausführung von Lichtstrahloszillographen. Abb. 3.17.26 zeigt einen
Lichtstrahloszillographen, der für 19″-Einschubtechnik und Tisch-
betrieb konstruiert wurde. Er ist ohne Einlaufkassette für Naßentwicklung mit Schwarzweiß- oder Farbschrift möglich. Es lassen sich
drei Galvanometereinschübe gleicher oder unterschiedlicher Ausführung
für die Aufnahme aller Schwingertypen einsetzen. Bis zu 36 Meßvorgänge
können mit kleinen Spulenschwingern gleichzeitig registriert werden.
Durch eine hochisolierte Einschubausführung sind auch Messungen an
Hochspannung möglich. Langzeitmessungen lassen sich in dem niedrig-
sten Geschwindigkeitsbereich über viele Stunden, beispielsweise zum
Überwachen von Produktionsanlagen, durchführen. Muß der Be-

dienende auch die Meßstelle mitüberwachen — weil nur die interessieren-
den Vorgänge registriert werden sollen — so kann man mit einem
Fernbediengerät den Papiertransport, seine Geschwindigkeitsstufen und
die Zeitordinate von fern schalten. Auch für gesteuerte oder gezielte
Aufnahmen, bei denen der Oszillograph den Meßvorgang und ein
Kontakt in der Meßschaltung den Papiertransport schaltet, ist das
Gerät vorbereitet.

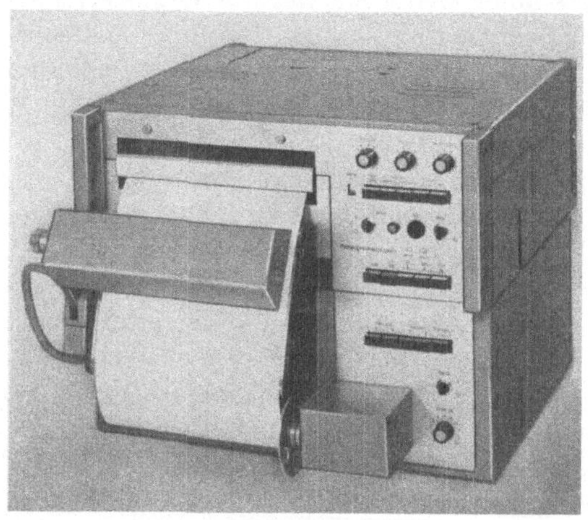

Abb. 3.17.26 Lichtstrahloszillograph mit Aufspuleinrichtung und Nachbelich-
tungslampen als Tischgerät (SIEMENS)

Für sehr lange UV-Oszillogramme kann man eine Aufspuleinrichtung
verwenden (Abb. 3.17.26). Ein Motor übernimmt das Aufspulen über
eine einstellbare Friktionskupplung. Zwei kleine Leuchtstoffröhren zum
Nachbelichten sind getrennt einschaltbar. Sie können in ihrem Abstand
zur Papierebene eingestellt oder seitlich weggeschwenkt werden.

Zum Registrieren der Vorgänge sind drei Strahlengänge vorhanden,
und zwar

für die Meßkanäle,
für die Zeitordinate und
für die Abszissen (Amplitudenbezugslinien).

Ihre Lichtquelle ist die Hauptlampe. Abb. 3.17.27 zeigt den optischen
Aufbau. Der Hauptstrahlengang führt von der Hauptlampe durch eine
torische Kondensorlinse mit Blende über den Umlenkspiegel zu den
Linsenfenstern und Spiegeln der Meßwerke (breites Lichtband, gemeinsam für alle Schwinger). Durch jeden Schwingerspiegel wird über sein

Linsenfenster ein schmales Lichtband (Lichtzeiger) reflektiert. Durch
das Zylinderobjektiv werden diese Lichtbänder als schreibende Licht-
punkte auf dem photographischen Papier abgebildet. Ihre Helligkeit
läßt sich mit der Schlitzblende einstellen. Zum Aufzeichnen der Zeit-
marke wird ein Lichtbündel der Hauptlampe durch eine zylindrische
Kondensorlinse über einen Umlenkspiegel und ein (im Bild nicht gezeichnete) Aperturblende zu einem schmalen Lichtband zusammen-

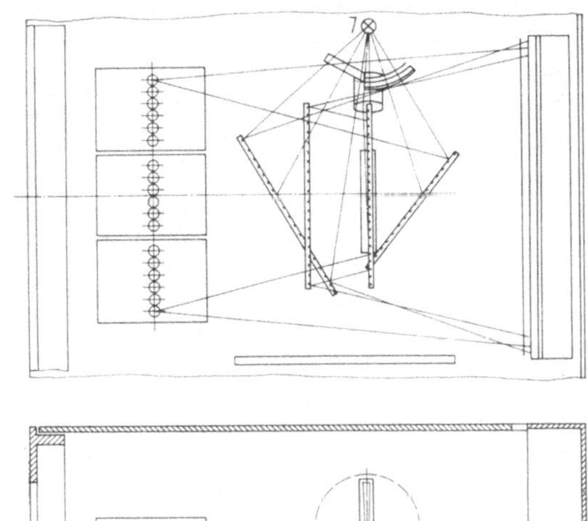

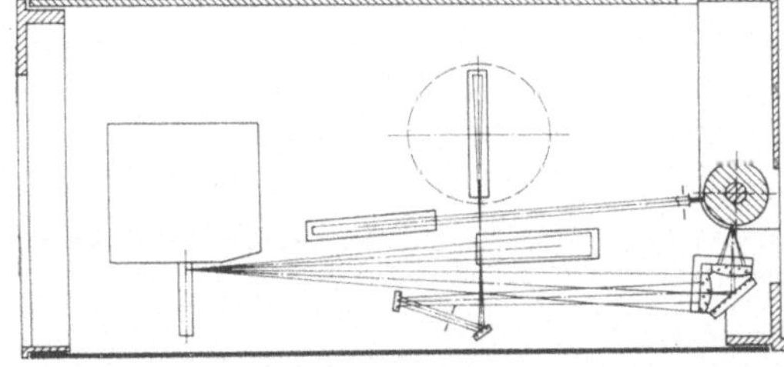

Abb. 3.17.27 Strahlengang (Schnitt und Draufsicht) eines Lichtstrahloszillographen (SIEMENS)

gezogen. Bei umlaufender Trommel tritt das Licht in regelmäßigen
Zeitabständen durch die Schlitze und wird von den Umlenkspiegeln
in den Strahlengang der Meßkanäle eingeblendet. Die Schlitzbreiten
werden durch das Zylinderobjektiv auf dem Papier scharf abgebildet.
Mit der Drehblende läßt sich die Helligkeit einstellen. Statt der Schlitz-
trommel kann eine (elektronisch gesteuerte) Blitzlampe verwendet
werden.

Der Strahlengang für die Abszissenlinien führt von der Hauptlampe
durch einen zylindrischen Kondensor über den Umlenkspiegel durch
einen zylindrischen Kondensor über den Umlenkspiegel durch eine
kammförmige Blende zum photographischen Papier. Mit einer Drehblende kann die Helligkeit für die Bezugslinien eingestellt werden.

Registrierverfahren mit Elektronenstrahl

Von den bisher behandelten Meßwerken lieferte das schnellschwingende Galvanometer für Lichtstrahl-Oszillographen die höchste Grenzfrequenz f_g, nämlich etwa 15 kHz. Viele Meßaufgaben verlangen jedoch eine weitaus höhere Grenzfrequenz und zusätzlich eine Aufzeichnungsdauer, in der die erfaßte Information nicht mehr auf dem Schirm eines Elektronenstrahl-Oszilloskopes untergebracht werden kann. Vor allem auch dann nicht, wenn simultan mehrere Meßgrößen aufgezeichnet werden müssen. Der Schaltvorgang bei einem Hochleistungsschalter ist typisch: Die Grenzfrequenz kann bei 50 kHz liegen; zu erfassen sind wenigstens drei Ströme, drei Spannungen und die Zeit, und das Oszillogramm sollte wenigstens 0,5 bis 1 m lang sein. Zur Lösung dieser Meßaufgaben wurden Geräte entwickelt, die die aus den Elektronenstrahl-Oszilloskopen bekannte Braunsche Röhre als Meßwerk benutzen (Abb. 3.17.28).

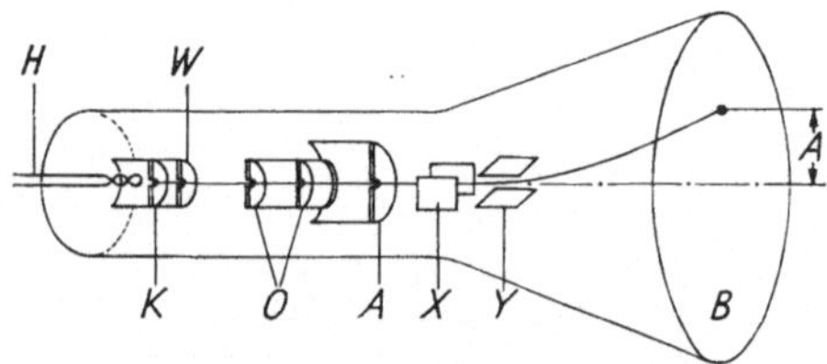

Abb. 3.17.28 Aufbau einer Braunschen Röhre.

H Heizung; K Kathode; W Wehneltzylinder; O Elektronenoptik; A Anode; XY Ablenkplatten; B Bildschirm

In einem langgestreckten, evakuierten Glaskolben werden von der Kathode K Elektronen emittiert. Die am sogenannten Wehnelt-Zylinder W anliegende Spannung steuert ähnlich dem Steuergitter einer Verstärkerröhre die Intensität des Elektronenstrahls und damit die Helligkeit des Oszillogramms. Die Elektronen werden von einer Elektronenoptik O gebündelt und von der Anode A beschleunigt. Beim Aufprall der Elektronen auf dem mit einer fluoreszierenden oder phosphoreszierenden Leuchtschicht versehenen Bildschirm entsteht ein Leuchtpunkt, dessen Helligkeit mit der Geschwindigkeit der aufprallenden Elektronen steigt. Die für die erzielbare Schreibgeschwindigkeit maßgebende Leuchtdichte ist der Stromdichte auf dem Schirm proportional, also auch der Elektronendichte i_B im Schirm-Bildpunkt. Für die Auswahl der Röhre als Meßwerk für den Oszillographen ist daher ein hoher Wert der Elektronendichte wichtig. Sowohl elektrische als auch konstruktive Daten bestimmen ihren Wert. Wenn i_k die Elektronendichte an der Kathode bedeutet, folgt i_B aus

$$i_B = i_k \left(1 + \frac{eU}{kT}\right) \sin^2 \Phi\,.$$

$e = 1{,}602 \cdot 10^{-11}$ As	spezifische Ladung des Elektrons
U	Potential im Bildpunkt gegen die Kathode gemessen
$k = 1{,}380 \cdot 10^{-23}$ J/K	Boltzmann-Konstante
T	absolute Temperatur der Kathode in K
Φ	Öffnungswinkel des Elektronenstrahls in Teilen des vollen Raumwinkels 4π.

Der Faktor $\sin^2 \Phi$ charakterisiert den elektronen-optischen Aufbau, der also für die erreichte Helligkeit ebenso wichtig ist, wie die durch die Größe U gegebene Beschleunigungsspannung. Unter der Beschleunigungsspannung U nehmen die Elektronen mit der Masse $m = 9{,}1 \cdot 10^{-28}$ g die kinetische Energie $\frac{m}{2}\,v^2$ auf (v Geschwindigkeit der Elektronen). Die zugeführte elektrische Energie ist eU, also

$$\frac{m}{2}\,v^2 = eU\,.$$

Zwischen Anode und Bildschirm sind zwei zueinander senkrecht stehende Plattenpaare angeordnet. Liegt an den Platten eine Spannung, so wird der Elektronenstrahl infolge des elektrischen Felds proportional der liegenden Spannung abgelenkt. Die Ablenkung ist um so größer, je länger der Elektronenstrahl dem Ablenkfeld ausgesetzt ist und je größer der Abstand der Ablenkplatten vom Bildschirm ist. Mit wachsender Anodenspannung steigt die Geschwindigkeit der Elektronen. Die Ablenkung und damit die Empfindlichkeit wird geringer. Der limitierende Faktor für die Grenzfrequenz ist in der Grenze der Schreibgeschwindigkeit zu suchen, die wiederum in der minimal möglichen Belichtung des Registrierpapiers gegeben ist. Die Braunschen Röhren werden nur in „Y-Richtung" (hier jedoch horizontal liegend) ausgenutzt, da die zeitliche Auflösung durch den Papierantrieb gegeben ist. Das Schirmbild, in diesem Falle also eine gerade Linie von der Länge der doppelten Meßamplitude, wird von einem photographischen Objektiv auf das Registrierpapier abgebildet. Die Anforderungen an die Röhre sind deshalb große Helligkeit des Schirmbildes und Linearität zwischen Eingangssignal und Strahlauslenkung.

Mit lichtstarken Objektiven, und hochempfindlichem Bromsilber-Photopapier wurde eine Schreibgeschwindigkeit v_s von

$$v_s = 2\pi f A = 20 \ \text{km/s}$$

erzielt. Bei der Amplitude $A = 2$ cm ergibt sich daraus die Grenzfrequenz

$$f_g = \frac{v_s}{2\pi A} = 174 \ \text{kHz}.$$

Die Meßempfindlichkeit von Braunschen Röhren ist gering; sie wird noch herabgesetzt durch die Forderung nach einer hohen Beschleunigungsspannung. Es ergeben sich Werte von $2 \cdots 20$ V/cm. Für die meisten Meßaufgaben sind deshalb Verstärker erforderlich. Diesen sich entgegenstehenden Forderungen, geringe Anodenspannung zugunsten einer großen Empfindlichkeit und hohe Anodenspannung zugunsten einer großen Leuchtfleckintensität, wird man durch die sogenannten Nachbeschleunigungsröhren gerecht. Bei diesen Röhren erfährt der Elektronenstrahl nach dem Durchlaufen der Ablenkplatten eine nochmalige Beschleunigung, indem er ein Feld durchlaufen muß, dessen Gradient in Strahlrichtung wirkt. Dieses Nachbeschleunigungsfeld befindet sich unmittelbar vor dem Bildschirm und wird durch leitende Beläge auf dem Glaskolben, an denen eine hohe Spannung liegt, erzeugt.

Diese Methode, mit Braunschen Röhren die Grenzfrequenz anzuheben, tritt mehr und mehr in den Hintergrund, weil mit Magnetbandgeräten für die analoge Datenaufzeichnung das Problem in den meisten Fällen weitaus besser gelöst werden kann. Die Handhabung der Magnetbandgeräte ist einfacher, die erfaßbare Information um Größenordnungen über der des Oszillogramms und überdies ist die Möglichkeit zur elektronischen Datenverarbeitung gegeben.

3.17.3. Elektronenstrahloszilloskope

Die in Abb. 3.17.28 gezeigte Braunsche Röhre als Meßwerk für elektrisch darstellbare Meßgrößen hat, wie bereits erläutert, ihre eigentliche Bedeutung in den vielfältigen Ausführungen von Elektronenstrahl-Oszilloskopen gefunden. Die obere Frequenzgrenze wird bei diesen Geräten durch die zum Ansteuern der Röhre notwendigen Verstärker gesetzt. Verstärker müssen hohe Wiedergabetreue (Linearität) haben. Nicht nur der Mittelwert der Meßspannung, sondern nach Möglichkeit alle Einzelheiten der Kurvenform, also auch die höchsten darin enthaltenen Oberschwingungen, sollen unverzerrt wiedergegeben werden. Daher ist der Nennfrequenzbereich ein wesentliches Merkmal von Elektronenstrahloszilloskopen. Er reicht von 0 Hz bis zur oberen

Frequenzgrenze, bei der die Verstärkung um 3 dB, d. h. etwa um 30% abfällt. Die obere Frequenzgrenze liegt bei etwa 500 MHz bei direkter Darstellung über Meßverstärker und bei ca. 18 GHz bei speziellen Sampling-Oszilloskopen.

Das Leuchtschirmbild hat eine bestimmte Nachleuchtdauer; sie wird durch das Abklingen der Helligkeit auf 10% des Anfangswertes charakterisiert und liegt bei den in Deutschland üblichen Röhren zwischen etwa 1 μs und mehreren Minuten, Stunden oder gar Tagen bei speziellen Speicher-Oszilloskopen. Der auf dem Bildschirm beobachtbare Bildablauf kann auch photographisch festgehalten werden. Der an den schaltungstechnischen Details der sehr unterschiedlich und oft spezifisch für bestimmte Meßaufgaben ausgeführten Oszilloskope interessierte Leser, muß auf die Spezialliteratur verwiesen werden. Die Arbeitsweise der Elektronenstrahloszilloskope soll hier nur in großen Zügen erläutert werden.

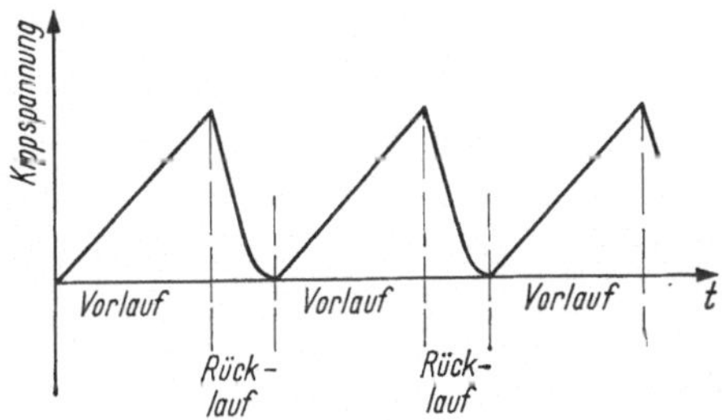

Abb. 3.17.29 Zeitlicher Verlauf der Spannung an den X-Platten

Zeitablenkung. Die zeitliche Auflösung der an den Y-Platten der Braunschen Röhre liegenden Meßgröße, die bei Lichtstrahloszillographen durch den Papiervorschub erreicht wird, steuert eine an den X-Platten liegende Kippspannung (Abb. 3.17.28). Die Kippspannung, die in den meisten Fällen im Gerät selbst erzeugt wird, muß wegen der gewünschten Linearität einen möglichst zeitproportionalen Amplitudenanstieg haben (Abb. 3.17.29). Um ein periodisches Wiederkehren der Oszillogramme zu erreichen und damit zu einem stehenden Bild zu kommen, muß nach erreichter Maximalamplitude die Kippspannung auf Null zurückspringen. Für die Dauer des Rücklaufs auf Null wird der Strahl durch eine Sperrspannung am Wehnelt-Zylinder abgedunkelt. Die Steilheit des Ablenkspannungsanstiegs und damit der Zeitmaßstab ist bei allen Elektronenstrahloszilloskopen in weiten Grenzen einstellbar. Mit besonderen Impulsen kann man Zeitmarkierungen einblenden. Durch Umschalten der Ablenkspannung kann das Oszillogramm in Richtung der X-Achse in weiten Grenzen zusammengedrängt oder gedehnt werden. Es sind Durchlaufzeiten für die Schreibbreite zwischen 50 ns und etwa 1 min möglich.

Zwischen Kippgeneratoren und X-Platten liegt der X-Verstärker. Bei einfachen Geräten wird für periodische Vorgänge ein stehendes Bild durch die Synchronisierung erreicht. Das heißt es wird erzwungen, daß die Periode der Zeitablenkung in einem ganzzahligen Vielfachen zur Periode der Meßfrequenz steht. Vom Y-Verstärker wird hierzu ein Teil der verstärkten Meßspannung auf die Kippgeneratoren geleitet, um deren Synchronisierung zu erzwingen.

Bei den meisten Elektronenstrahloszilloskopen sind auch die Eingänge des X-Verstärkers von außen zugänglich, um die X-Ablenkung statt durch die Spannung des Ablenkgenerators durch eine Fremdspannung steuern zu können.

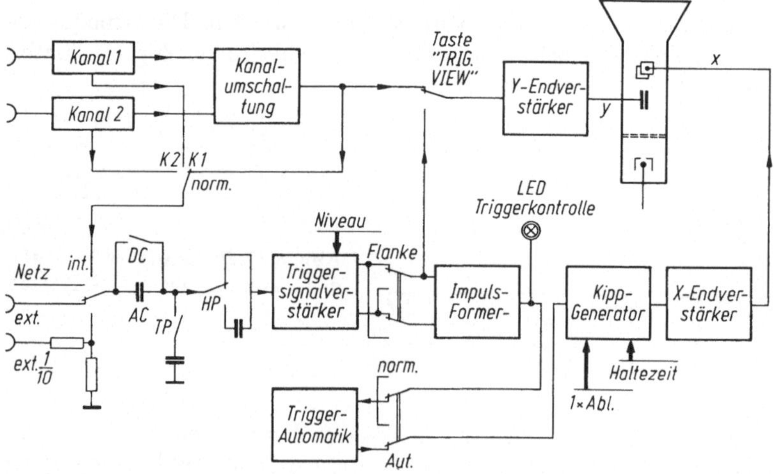

Abb. 3.17.30 Komplette Triggerung eines Oszilloskopes

Die Zeitablenkung muß so gesteuert werden, daß der Meßvorgang auf dem Bildschirm erscheint. Allgemein wird heute die „getriggerte Zeitablenkung" angewendet.

Triggerung. Unter Triggerung versteht man das Auslösen des Kippvorgangs durch den Meßvorgang selbst. Die Triggerung ist für einmalige Vorgänge und für in sehr unregelmäßiger Folge wiederkehrende Vorgänge die einzig brauchbare Art, um stehende Oszilloskope zu erhalten. Die Zeitablenkung ist auf einen elektrischen Auslöseimpuls angewiesen. Nach jedem Anstoß wird der Leuchtpunkt einmal über den Bildschirm abgelenkt. Die Ablenkung kann also vollkommen willkürlich durch einen einmaligen Impuls, durch eine aperiodische Impulsfolge oder auch durch einen periodischen Meßvorgang ausgelöst werden. Die Triggerschaltung reagiert auf Schwankungen des Eingangspegels, d. h. immer wenn der Meßvorgang einen bestimmten Pegel und damit eine bestimmte Stelle seines Kurvenzuges erreicht hat, entsteht ein Triggerimpuls. Die einzelnen Kurvenzüge eines periodischen Vorgangs decken sich bei jedem Überschreiben des Bildschirms und vermitteln den Eindruck eines stehenden Bildes. Abb. 3.17.30 zeigt die komplette Triggerung eines Oszilloskopes in einem Blockschaltbild. Auf Triggerimpulse, die bei laufender X-Ablenkung eintreffen, spricht die Schaltung nicht an. Um einzelne Abschnitte eines Meßvorganges besonders deutlich sichtbar zu machen, wird außer der Dehnung in X-Richtung auch die X-Punktlageverschiebung angewandt, mit deren Hilfe man den interessierenden Teil des Oszilloskopes in Bildmitte rücken kann. Darüber hinaus bieten hochwertige Elektronenstrahloszilloskope mit Hilfe des „verzögerten Kipps" in X-Richtung eine bis zu 10 000fache Auflösung jedes beliebigen Teilausschnitts des Meßvorgangs.

Y-Verstärker. An das Plattenpaar für die vertikale Ablenkung (Y-Platten) wird über eine Verzögerungsleitung und Verstärker die Meßspannung gelegt. Die Durchlaufzeit des Signals durch den Y-Verstärker ist kürzer als die Startzeit des Kippgenerators. Das bedeutet, daß der Anfang des Meßsignals nicht dargestellt wird. Mit Hilfe einer Verzögerungsleitung kann das Eintreffen des Meßsignals an den Ablenkplatten so weit hinausgezögert werden, bis der Strahl auf dem Bildschirm bereits eine gewisse Strecke in der Zeitachse zurückgelegt hat.

Verzögerungsleitungen können z. B. aus einem konzentrischen Kabel bestehen, an dessen Ende zwischen Kabelseele und Kabelmantel ein ohmscher Widerstand in der Größe des Kabelwellenwiderstands geschaltet ist. Ein solches reflexionsfreies Kabel gibt die am Kabelanfang liegende Meßgröße am Kabelende unverzerrt, jedoch je nach Kabellänge, zeitverzögert wieder. Bei größeren Oszilloskopen werden die Y-Verstärker im allgemeinen als Einschub ausgeführt und können für spezielle Meßaufgaben gegen entsprechende Sondereinschübe z. B. einen Differenzverstärker oder einen Zweikanalverstärker mit eingebautem elektronischem Umschalter ausgetauscht werden.

Empfindlichkeit und Bandbreite. Wesentlich für die Beurteilung von Elektronenstrahloszilloskopen sind Empfindlichkeit und Strahlbeschleunigung, von der die erreichbare Schreibgeschwindigkeit abhängt. Als Vergleichsgröße für die Empfindlichkeit von Elektronenstrahloszilloskopen und von Elektronenstrahlröhren definiert man den Ablenkkoeffizienten, das ist die Spannung, die man am Verstärkereingang bzw. an den Ablenkplatten anlegen muß, um den Leuchtpunkt auf dem Schirm um eine bestimmte Strecke zu verschieben. Sollen Spannungen, die größer als die zulässige Eingangsspannung des Verstärkers sind, dargestellt werden, so wendet man Eingangsspannungsteiler an. Sie setzen den Ablenkkoeffizienten in einem bestimmten

Verhältnis herab. Eingangsspannungsteiler sollen innerhalb der Bandbreite der Oszilloskope frequenzunabhängig sein.

Ein Oszilloskop großer Bandbreite kann nur dann voll ausgenutzt werden, wenn die Übertragungseigenschaften der Zuleitung entsprechend gut sind. Für hohe Frequenzen benutzt man meist Tastköpfe, die entweder einen Spannungsteiler aus Widerständen und Kondensatoren (Tastteiler) oder einen Verstärker (Tastverstärker) enthalten.

Ein Elektronenstrahloszilloskop hat gewöhnlich einen ohmschen Eingangswiderstand von 1 MΩ und eine Kapazität gegen Erde zwischen 20 und 50 pF. Der Eingangs-Scheinwiderstand ist also sehr hoch und bei den meisten Anwendungen ohne nennenswerten Einfluß auf die zu oszilloskopierende Spannung. Nur in Schaltungen mit sehr hohem Innenwiderstand, z. B. am Gitter einer Elektronenröhre, ist mit einer Rückwirkung des Oszilloskopes auf die zu messende Schaltung zu rechnen. Dann kann der Eingangswiderstand durch einen Tastteiler erhöht werden. Voraussetzung ist jedoch, daß die zu messende Spannung nicht zu klein ist. Tastteiler haben gewöhnlich ein Spannungsteilerverhältnis von 10:1; der Ablenkkoeffizient des Oszilloskopen wird entsprechend verändert. Die Eingangskapazität eines Tastteilers beträgt etwa 5 bis 20 pF.

Einige Oszilloskope, z. B. schon Geräte mittlerer Leistungsfähigkeit haben einen Rechteckgenerator, dessen einstell- und ablesbare Spannung an den Eingang gelegt werden kann. Dadurch kann man ein vor dem Leuchtschirm angebrachtes Raster kalibrieren und dann die Amplitude des Meßvorgangs bestimmen. Zweckmäßigerweise wird man den Ablenkkoeffizienten der Oszilloskope so wählen, daß der Maßstab des Rasters ganzzahlige Werte, z. B. 1 cm $\triangle$ 5 mV, annimmt.

Schirmbilddarstellung. Um mehrere Vorgänge auf einem Schirm darstellen zu können, gibt es zwei Möglichkeiten:

Verwendung einer Elektronenstrahlröhre mit mehreren Elektronenstrahlen. Diese Mehrstrahl-Röhren sind entweder mit mehreren kompletten Strahlsystemen ausgestattet oder ein von einer Kathode erzeugter Strahl wird durch eine Elektrodenoptik in mehrere Strahlen aufgeteilt (split-beam). Das letzte Verfahren hat den Vorteil einer exakt gemeinsamen X-Ablenkung.

Verwendung einer Einstrahlröhre und eines elektronischen Umschalters, der abwechselnd je einen der beiden Vorgänge einschaltet. Die Umschaltfrequenz ist einstellbar und kann bei periodischen Vorgängen auch durch die X-Ablenkung gesteuert werden, so daß das Umschalten in den Strahlrücklauf fällt und damit unsichtbar bleibt. Bei photographischen Aufnahmen muß die Umschaltfrequenz auf die Belichtungszeit abgestimmt werden.

Will man das Schirmbild als Unterlage für ein Prüfungsergebnis oder zum exakten Ausmessen der Kurven festhalten, so benutzt man einen Photovorsatz, d. h. eine Kamera, die mit einem lichtdichten Schacht vor dem Leuchtschirm befestigt ist. Zum schnellen Auswerten kann man das Polaroid-Verfahren anwenden. Die Belichtungszeit wird entweder mit dem Kameraverschluß oder durch Hell/Dunkel-Schaltung des Elektronenstrahls gesteuert. Sie muß so lang sein, daß bei periodischen Vorgängen mindestens ein voller Durchlauf aufgenommen wird.

Der Begriff der maximalen Schreibgeschwindigkeit wird heute generell auf die photographische Registrierung bezogen. Je nach dem Aufwand an photographischem Material und dem benutzten Entwicklungsverfahren ist ein relativ weiter Spielraum gegeben. Mit noch vertretbarem Aufwand können oszilloskopische Schriftzüge bis zu etwa 7000 km/s registriert werden.

Darüber hinaus erreichen Spezial-Oszilloskope für Stoßspannungsvorgänge Schreibgeschwindigkeiten bis zu etwa 10000 km/s. Bei Meßvorgängen in der Impulstechnik muß man davon ausgehen, daß die Impulsanstiegsflanken nicht unzulässig verfälscht werden. Die resultierende Anstiegszeit t_r ergibt sich aus den Anstiegszeiten t_i des Impulses und t_0 des Oszilloskopes nach der Beziehung $t_r = \sqrt{t_i^2 + t_0^2}$, so daß die Anstiegszeit des Oszilloskopes zum Einhalten einer Fehlergrenze von 2% (5%) fünfmal (dreimal) kleiner sein muß als die Impulsanstiegszeit.

Spezielle Ausführungen von Oszilloskopen. Die expandierende Entwicklung führt mit zunehmender Anwendungsbreite für Oszilloskope zu wachsenden Forderungen nach erhöhter Meßgenauigkeit, vielfacher Triggermöglichkeit, erweiterten Meßbereichen. Von der Spannungsmessung im μV-Bereich reicht sein Einsatzgebiet über die Darstellung

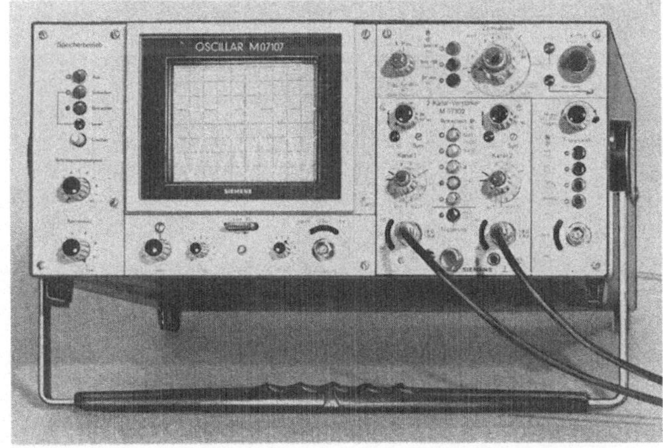

Abb. 3.17.31 Speicher-Oszilloskop mit variabler Nachleuchtdauer (SIEMENS)

höchstfrequenter Schwingungen oder die Bestimmung extrem kurzer Zeitabschnitte bis zur Aufzeichnung beliebiger Funktionen in kalibrierten X-Y-Koordinaten. Abb. 3.17.31 zeigt ein Elektronenstrahl-Oszilloskop, das sowohl als Normaloszilloskop als auch durch einfaches Umschalten als Speicheroszilloskop verwendet werden kann.

Das Oszilloskop erfaßt sowohl im Zweikanal- wie auch im Vierkanalbetrieb den Frequenzbereich 0 bis 40 MHz. Es besitzt viele Triggermöglichkeiten. Störspannungen beim Triggern lassen sich durch Einschalten eines Hoch- oder Tiefpasses eleminieren. Bei X-Y-Betrieb übernimmt der umgeschaltete Kanalverstärker die horizontale Ablenkung.

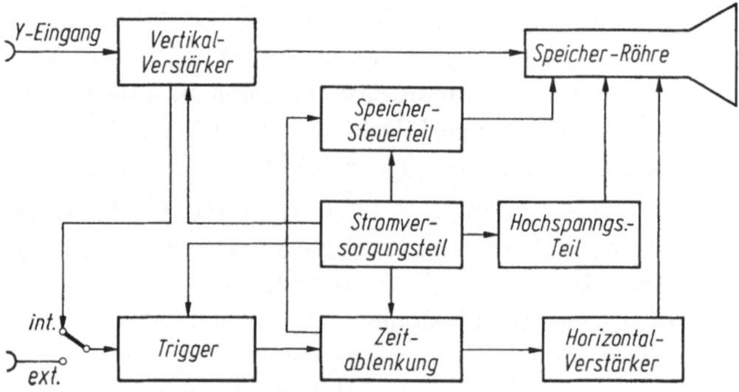

Abb. 3.17.32 Blockschaltbild eines Speicher-Oszilloskopes (Siemens)

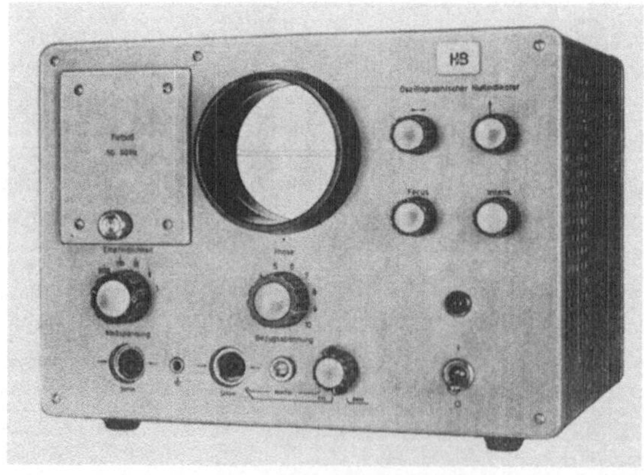

Abb. 3.17.33 Oszilloskopischer Wechselstrom-Nullindikator (H & B)

Nachleuchtdauer und Speicherzeit können stufenlos eingestellt werden, bei abgeschaltetem Gerät bleibt das Schirmbild bis zu 14 Tagen gespeichert. Durch die stufenlose Einstellung von Nachleuchtdauer und Speicherzeit können vor allem auch niederfrequente Schwingungen flimmerfrei abgebildet werden. Abb. 3.17.32 zeigt das Blockschaltbild eines Speicheroszilloskops.

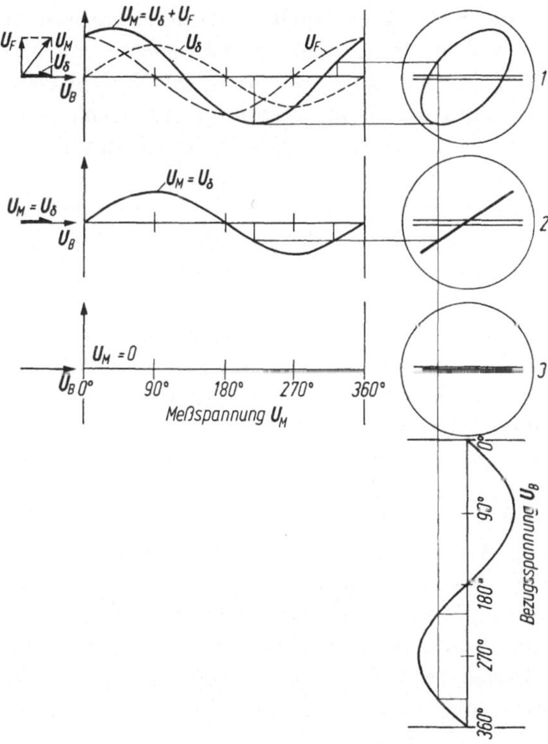

Abb. 3.17.34 Entstehung der Schirmbildfiguren aus Meß- und Bezugsspannung.
1. Schirmbild einer nicht abgeglichenen Brücke $U\delta \neq 0$; $U_F \neq 0$
2. Schirmbild nach erfolgtem Abgleich einer Komponente $U\delta \neq 0$; $U_F = 0$
3. Schirmbild nach dem Abgleich beider Komponenten $U\delta = 0$; $U_F = 0$

Oszilloskope eignen sich besonders gut als Indikatoren für Frequenzdifferenzen. Man legt je eine der beiden zu vergleichenden Spannungen an den X- und den Y-Eingang und kann aus Lage und Form der abgebildeten Figur auf die Amplituden-, Frequenz- und Phasenverhältnisse der Spannungen schließen. Stehende Figuren ergeben sich allerdings nur, wenn die beiden verglichenen Frequenzen in einem ganzzahligen Verhältnis zueinander stehen. Gleiche Verstärkungsmaßstäbe in beiden

Richtungen vorausgesetzt, entsteht bei übereinstimmender Amplitude, Frequenz und Phase der beiden Schwingungen eine um 45° geneigte Gerade als Abbildung, die mit zunehmender Phasenverschiebung in eine Ellipse und bei 90° Phasenverschiebung in einen Kreis übergeht (Abb. 3.17.34). Ist die Frequenz der einen Schwingung ein ganzzahliges Vielfaches der anderen, so erhält man die bekannten Lissajous-Figuren.

Außer zum Darstellen von Kurvenformen, Phasen- und Amplitudenbeziehungen und dgl. dienen Oszilloskope auch als Nullindikatoren in Wechselstrommeßbrücken, wobei sie gegenüber den sonst üblichen Anzeigen den Vorteil bieten, daß sie die Annäherung an Null phasenrichtig anzeigen. Sie sind empfindlicher als alle bekannten auf mechanisch-elektrischen Grundlagen beruhenden Konstruktionen von Nullindikatoren für Wechselstrom (Vibrationsgalvanometer, Kopfhörer usw.). Die Betrachtung des Schirmbildes ist wesentlich bequemer und ermüdet viel weniger als die anstrengende Beobachtung der häufig recht schwachen Lichtmarke des Vibrationsgalvanometers. Die Empfindlichkeit oszilloskopischer Nullindikatoren ist für 50 Hz etwa 10mal so groß wie die eines Vibrationsgalvanometers. Dabei hat der oszilloskopische Nullindikator für alle Frequenzen im Bereich von $16^2/_3$ Hz bis 1000 Hz etwa gleiche Empfindlichkeit, während sie beim Vibrationsgalvanometer proportional mit der Frequenz abnimmt.

Der in Abb. 3.17.33 gezeigte oszilloskopische Nullindikator enthält zwei unterschiedliche Niederfrequenz-Verstärker für Y- und X-Richtung mit automatischen Verstärkungsregelungen, die ein Übersteuern der Bildröhre verhindern. Dem Meßspannungsverstärker, der die Strahlauslenkung in vertikaler Richtung bewirkt, wird die Diagonal- oder Differenzspannung der Meßschaltung zugeführt, während eine Bezugsspannung gleicher Frequenz und passender Größe über den Hilfsverstärker den Strahl in horizontaler Richtung auslenkt. Abb. 3.17.34 zeigt die Entstehung der Schirmbildfiguren aus Meß- und Bezugsspannung.

3.18. Digitale Meßtechnik

3.18.1 Aufgabe und Grundlagen der digitalen Meßgeräte

Elektrische Meßwerte kann man sowohl analog als auch digital erfassen. Spielt der Zeiger eines Anzeigers stetig über die Skale, bewegt sich die Schreibvorrichtung eines Registriergerätes gleichmäßig über das Aufnahmeorgan, so ist die Bewegung fortlaufend. Man sagt, daß die Darstellung des Meßwertes der Änderung der zu messenden physikalischen Größe kontinuierlich folgt, sie ist ihr anlaog. An einem

Registrierstreifen ist daher der zeitliche Verlauf der Meßgröße ständig zu erkennen. Dabei können Zeiger oder Schreibstift theoretisch unendlich viele Stellungen im Skalenbereich einnehmen. Diese Art der Meßwerterfasssung sind wir von jeher gewohnt, sie bot sich dem Meßtechniker in der Frühgeschichte der Technik mit der Arbeitsweise der ersten elektrischen Meßgeräte, beispielsweise des Galvanometers oder des Drehspulmeßwerks an. Das elektrische Drehmoment wird in einer Winkelbewegung durch ein mechanisches Gegendrehmoment ausgewogen, so daß sich ein der Meßgröße analoger Ausschlag ergibt. Als „analog" bezeichnet man also die Methode, welche auf dem Vergleich der unbekannten Größe mit einer schon festgelegten und gut bestimmten Größe durch Auswägen beruht.

Ganz anders verhält es sich beim digitalen Messen. „Digital" fußt auf dem lateinischen „digitus" und ist über das englische „digit" (Finger, Ziffer) der Sammelbegriff aller Methoden geworden, eine unbekannte Größe durch Zählung zu ermitteln und in Ziffernform darzustellen.

Ein Meßgerät, das etwa ebenso alt ist wie die erwähnten Ausschlaginstrumente und das die wesentlichen Kennzeichen der digitalen Meßmethoden hat ist der klassische Kompensator, an dem eine unbekannte Spannung gegen eine Normalspannung kompensiert wird. Diese Kompensation wird mit dekadisch gestuften Widerstandssätzen ausgeführt. Damit ist bereits ein wesentliches Merkmal des digitalen Messens gegeben, nämlich die Quantisierung. Man kann nicht unendlich viele, sondern nur diskrete Werte der Meßgröße ermitteln, wobei deren Zahl von der Anzahl der Dekaden abhängt. Dabei ist die kleinste Einheit — das Quant — der zehnte Teil der letzten Widerstandsdekade. Die Größe des Quants richtet sich nach der Genauigkeit, mit der die Meßgröße ermittelt werden soll oder kann. Zum Beispiel können bei einem Kompensator mit vier Dekaden 9999 verschiedene Meßwerte ermittelt werden, mit einer Genauigkeit von $0,1^0/_{00}$.

Beim Abgleich des Kompensators vergleicht man ein Nullgalvanometer. Maßgebend für das Betätigen der Kurbelwiderstände ist nur, ob das Galvanometer nach rechts oder nach links ausschlägt, d. h. ob der eingestellte Wert zu groß oder zu klein ist. Hier zeigt sich das weitere Merkmal des digitalen Messens, nämlich, daß es sich bei jeder Änderung der Kurbelstellung um eine „Ja-Nein"-Entscheidung handelt. Das aber ermöglicht eine große Meßgenauigkeit, die durch die Empfindlichkeit des Nullindikators bestimmt wird. Alle Fehlereinflüsse beziehen sich lediglich auf die Nullstellung und können deshalb besonders klein gehalten werden. Als „digital" bezeichnet man die Methode, die auf dem Auszählen der unbekannten Größe, meist jedoch ohne Vergleichsmaßstab, beruht.

3.18.2. Codierung

Sehr wesentlich für das digitale Messen ist die Verschlüsselung (Codierung), d. h. in welcher Ziffernform die Meßgröße ermittelt oder dargestellt wird. Bei dem Beispiel des Kompensators ist die uns geläufige dekadische Anzeige üblich. Es sind aber noch andere Verschlüsselungsarten gebräuchlich, insbesondere die binäre und die tetradische (Abb. 3.18.1). Danach richtet sich die Zahl der zu treffenden Ja-Nein-Entscheidungen (bit = binary digit), auch Nachrichteneinheiten genannt.

Bei einer Verschlüsselung bis 999 sind bei der dekadischen Verschlüsselung 30 Nachrichteneinheiten, bei der binären 10 und bei der tetradischen 12 erforderlich. In vielen Fällen wird bei einer Messung

dekadisch			binär	tetradisch		
H	Z	E	$2^9 = 512$	H	Z	E
9	9	9	$2^8 = 256$	800	80	8
8	8	8	$2^7 = 128$	400	40	4
7	7	7	$2^6 = 64$	200	20	2
6	6	6	$2^5 = 32$	100	10	1
5	5	5	$2^4 = 16$			
4	4	4	$2^3 = 8$			
3	3	3	$2^2 = 4$			
2	2	2	$2^1 = 2$			
1	1	1	$2^0 = 1$			
0	0	0				
	30 bit		10 bit		12 bit	

Abb. 3.18.1 Verschlüsselungsarten

keine höhere Genauigkeit als $\pm 0{,}4\%$ verlangt, man kommt dann bei der binären Verschlüsselung mit der Summe 2^0 bis $2^6 = 128$ aus, also mit nur sieben Entscheidungen, so daß diese Verschlüsselungsart recht gebräuchlich geworden ist. Darüber hinaus gibt es viele andere Code, darunter die Sicherheitscode, die je nach dem Grad ihrer Weitschweifigkeit das Vorhandensein oder gar den Ort einer Störung erkennen lassen. Welcher Code einer Digitalmessung zugrunde gelegt wird, hängt ganz von der jeweiligen Aufgabe ab.

Die Sprache der digitalen Meßtechnik wird von der technischen Zweckmäßigkeit bestimmt ohne Rücksicht auf bequeme Erfaßbarkeit durch den Menschen.

3.18.3. Analog-Digital-Umsetzer

Bei den digitalen Meßverfahren müssen die Informationen entweder vom Menschen oder geeigneten Geräten eingegeben werden. Da diese Anlagen aber wesentlich schneller arbeiten, als der Mensch Daten eingeben kann, scheidet er als Bindeglied aus. Er vermag nicht mit der geforderten Geschwindigkeit, Genauigkeit oder Sicherheit die Meßwerte zu erfassen und weiterzugeben.

Ein Gerät, das die Verbindung zwischen den Meßgrößen und den digitalen Anlagen herstellt, nennt man einen Analog-Digital-Umsetzer (ADU). Ein ADU nimmt eine Information in Form einer physikalischen Meßgröße auf und gibt eine Information über die Eingangsgröße in Form einer Zahl weiter. Die Eingangsgröße bezeichnet man als analog, die Ausgangsgröße als digital.

Wie jedes Meßgerät, so benötigt auch der ADU eine Vergleichsgröße, um die Eingangsgröße messen zu können. Die Vergleichsgröße ist direkt oder indirekt in kleine Einheiten unterteilt, sie ist quantisiert, und jedem Quant ist eine Zahl zugeordnet. Die Vergleichsgröße bildet

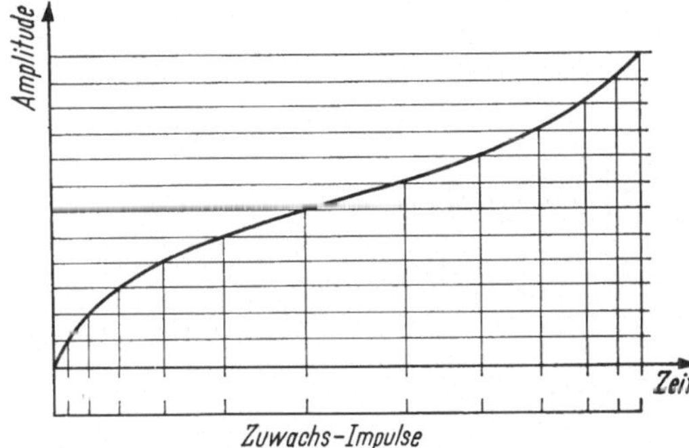

Abb. 3.18.2 Festmengenumsetzung

also einen Maßstab. An die Vergleichsgröße stellt man die Forderung einer möglichst feinen und genauen Unterteilung, d. h. eines guten Auflösungsvermögens, um möglichst genau messen zu können.

Von den physikalischen Größen eignen sich dafür am besten:
die Zeiteinheiten eines quarzgesteuerten Oszillators
die Spannungseinheiten des bekannten Kompensators
Längeneinheiten bestimmter Strecken.

Diese Größen ermöglichen ohne besonderen Aufwand eine Meßgenauigkeit von 0,1%, und es gibt nur wenige Umsetzertpyen (Verschlüssler), die nicht eine dieser drei Größen als Vergleichsgröße verwenden. Eingangsgrößen, die nicht direkt mit einem ADU verschlüsselt werden können, müssen mit einem Meßumformer angepaßt werden.

Festmengenumsetzer. Ein einfacher ADU ist der Festmengenumsetzer. Bei der Festmengenumsetzung (Abb. 3.18.2) wird ein Zählsystem jeweils um eine Einheit weitergeschaltet, wenn sich die Meßgröße um ein volles Quant geändert hat. Das setzt eine konstante Änderungsrichtung der Meßgröße voraus, wie sie z. B. bei den Integralwerten Arbeit und Energie gegeben ist. Festmengenumsetzer sind praktisch Impulszähler. Die Impulse können z. B. von Leistungs- oder Durchflußzählern gegeben werden. Die Zähltechnik bleibt nicht auf die Festmengenumsetzer beschränkt. Auch andere Umsetzertypen bedienen sich der Zähltechnik als Hilfsmittel.

Als Zählelemente werden z. B. elektromechanische Zählwerke, Kaltkathoden- und Elektronenstrahlzählröhren, lichtemittierende Dioden, Flüssigkeits-Kristalle usw. verwendet. Ihre Ansteuerung erfolgt über bistabile Kippstufen sowie Transistoren in TTL-Schaltung (Inte-

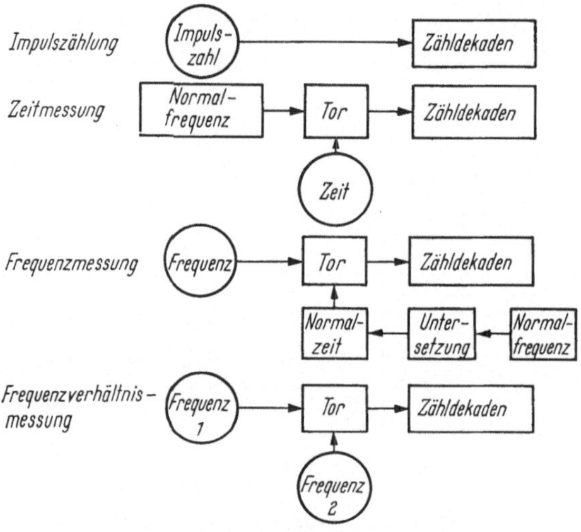

Abb. 3.18.3 Anwendung der Zähltechnik

grierte Transistor-Transistor-Logik-Schaltung), MSI-Schaltung (Medium scale integrated circuit), oder LSI-Schaltung (Large scale integrated circuit). Die Begriffe sind in Abschn. 3.18.4 näher erläutert. Jedes Zählgerät setzt sich aus einer Kette gleichartiger Zählelemente zusammen, so daß sich bei der Zähltechnik der Kombinationscharakter der Digitalmeßtechnik besonders deutlich zeigt und eine konsequente Anwendung des Baukastenprinzips nahe liegt.

Abbildung 3.18.3 zeigt Beispiele aus der Zähltechnik. Die Meßgrößen sind jeweils in einen Kreis eingetragen. Die Impulszählung z. B. wird beim Auszahlen von Stückzahlen angewendet. Bei der Zeitmessung gibt die Meßzeit über eine Torschaltung das Start- und Stopsignal für das Einzählen von Normalfrequenzimpulsen.

Bei der Frequenzmessung sind die Rollen vertauscht. Die Meßfrequenzimpulse werden während einer Normalzeit gezählt. Zeit- und

Frequenzmessungen sind außerordentlich genau, weil sich Normalfrequenzen mit einer Unsicherheit von etwa 10^{-8} erzeugen lassen.
Normalzeiten sind durch Untersetzen von den Normalfrequenzen abzuleiten.

Bei der Frequenzverhältnismessung werden während einer oder
mehrerer Perioden der Frequenz 1 die Impulse der Frequenz 2 gezählt.

Scheibenumsetzer. Zu den Analogdigitalumsetzern, die sich nicht der
Zähltechnik bedienen, gehören die Scheibenumsetzer und der weitaus
größere Teil der Stufenumsetzer. Abb. 3.18.4 zeigt einen Scheibenumsetzer zur digitalen Pegelstandsmessung. Mit Hilfe eines Kettenrads
wird bei einer Längenänderung die Umsetzerscheibe (Abb. 3.18.4 rechts)
um einen entsprechenden Winkel gedreht. Auf der Scheibe sind, dem

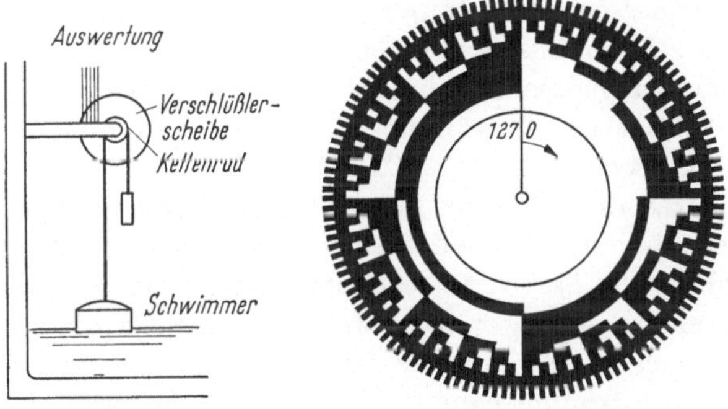

Abb. 3.18.4 Pegelstandsmessung mit Scheibenumsetzer

verwendeten Code entsprechend, Kontaktspuren angebracht. Jede der
konzentrischen Spuren trägt einen binären Signalumsetzer, der aus
einem Schleifkontakt oder einem berührungslosen Aufnehmer besteht.
In Frage kommen in erster Linie optische, aber auch magnetische,
induktive oder kapazitive Aufnehmer. Mit dem Scheibenumsetzer kann
eine Winkelstellung direkt elektrisch codiert werden. Er kann überall
dort noch nachträglich angebaut werden, wo der Meßwert bereits als
Winkel dargestellt wurde.

Häufig werden für eine Lösung der gleichen Aufgabe Impulsgeber
verwendet, die nur eine einzige Spur aufweisen, die wiederum in erster
Linie optisch, aber möglicherweise auch magnetisch, induktiv oder
kapazitiv abgetastet wird. Der Impulsgeber steuert einen elektronischen
Impulszähler. Die Zahl der gezählten Impulse ist proportional dem von
der Scheibe durchlaufenden Winkel. Es besteht bei dieser Lösung die
Gefahr, daß der Absolutwert, der eine bestimmte Stellung kennzeichnet,
durch Stromausfall oder andere Störungen verlorengeht. Hier stellt sich
auch das Problem der Eindeutigkeit der Ablesung. Falls die Codier

scheibe immer in der gleichen Richtung dreht, kommt man mit einem einzigen Aufnehmer aus. Falls beide Drehrichtungen vorkommen, müssen zwei phasenverschobene Aufnehmer vorgesehen werden. Den vollen Vorteil einer solchen Lösung verwertet man durch die Verwendung eines synchron arbeitenden elektronischen Ringzählers.

Bei Werkzeugmaschinen und anderen elektronisch gesteuerten Präzisionsmaschinen werden heute meistens Interferenzgitter verwendet. Zwei gegeneinander verschiebbare Gitter mit zwei optischen Aufnehmern verbunden bilden gewissermaßen eine Verfeinerung des optischen Impulsgebers, mit welchem Längen bis hinunter in den Bereich der Lichtwellenlänge und darunter codiert werden können.

Die digitale Darstellung von physikalischen Größen über den Umweg einer Impulszählung ist ein sehr verbreitetes Verfahren. Geschwindigkeiten werden digital gemessen durch Impulszählung an einem Impulsgeber. Die Erfassung des Durchflusses von Gasen und Flüssigkeiten sowie der elektrischen Leistung geschieht häufig über den Umweg eines in Drehung versetzten mechanischen Elementes, dessen Drehung in elektrische Impulse umgesetzt wird.

Skalenstreckenumsetzer. Ein Verfahren, das statt einer Winkelstellung eine Strecke elektrisch codiert, verwendet einen sog. Skalenstreckenumsetzer. Es ist möglich, die Meßwerte fast aller technischen Größen als Skalenstrecke an einem Anzeiger darzustellen. Die Meßgröße ist potentialmäßig vom eigentlichen Umsetzer getrennt. Der Meßgröße gegebenenfalls überlagerte Brummspannungen stören nicht, weil das Meßwerk infolge seiner niedrigen Eigenfrequenz als Tiefpaß wirkt.

Bei einem nach diesem Prinzip technisch ausgeführten Gerät wird von einem Schalttafel-Lichtmarkenmeßgerät ausgegangen (Abb. 3.18.5). Im Inneren des Meßgerätes ist oberhalb der Skale eine Abtasteinrichtung, bestehend aus einem zylindrischen Rasterspiegel und einer Photozelle, angebracht. Wird die Meßstelle kurzzeitig vom Meßwerk getrennt, kehrt der Lichtzeiger auf den Nullpunkt zurück. Dabei überstreicht er eine dem Ausschlag proportionale Rasterstrecke und erzeugt über die Photozelle Impulse, deren Zahl ein Maß für den Momentanwert der Meßgröße zum Zeitpunkt der Auslösung ist. Die Impulse werden verstärkt, elektronisch gezählt und bis zur nächsten Abfrage gespeichert. Das Zählen beim Zurückgehen des Lichtzeigers macht das Meßergebnis unabhängig vom Einschwingvorgang des Meßwerks. Nach Überschreiten des Nullpunktes wird die Meßstelle sofort wieder mit dem Meßwerk verbunden. Wie Abb. 3.18.5 zeigt, lassen sich die digital umgesetzten Meßwerte beliebig weiterverarbeiten.

Stufenumsetzer. Wo höchste Meßgenauigkeit erzielt werden soll, wird der Stufenumsetzer verwendet. Die Meßspannung wird auf die gleiche Weise wie beim klassischen Gleichstromkompensator mit einer Normalspannungsquelle verglichen. Als Normalspannungsquelle werden Zener-diodenschaltungen benutzt, wie sie im Abschnitt 3.3.2. beschrieben sind.

Der nach einem Spannungskompensationsverfahren arbeitende Stufencodierer besteht nach Abb. 3.18.6 aus einer Reihenschaltung von Präzisionswiderständen, deren Widerstandswerte zueinander im Verhältnis aufeinanderfolgender Zweierpotenzen stehen. Sie verhalten sich also zueinander wie $2^0 = 1 : 2^1 = 2 : 2^2 = 4 : 2^3 = 8 : 2^4 = 16 : 2^5 = 32$ zu $2^6 = 64$ usw. Durch die Widerstandskette wird ein konstanter Gleichstrom geschickt, dessen zeitliche Konstanz, ebenso wie die der Widerstandswerte für die Genauigkeit der Umsetzung maßgebend ist. Parallel

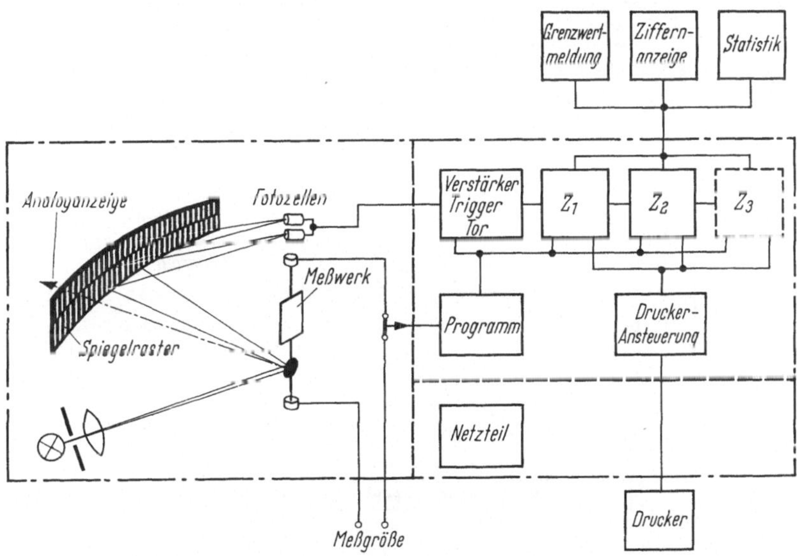

Abb. 3.18.5 Prinzip eines Skalenstreckenumsetzers

zu den Widerständen liegen Schalter, mit denen die Widerstände wahlweise überbrückt werden können. Der Gleichstrom ruft bei seinem Durchgang durch die Widerstandskette einen bestimmten Spannungsabfall U_{komp} hervor, dessen Höhe von der jeweiligen Kombination der Schalterstellungen abhängt.

Mit einem als Nullindikator betriebenen Spannungsvergleicher wird fortlaufend das in Form der Gleichspannung U_x vorliegende analoge Meßsignal mit dem Spannungsabfall U_{komp} verglichen, eben kompensiert, wie man auch sagt. Dieser Umsetzer gleicht schrittweise ab. Beginnend mit der höchsten Widerstandsstufe wird von einem sinnreichen Steuermechanismus einer Widerstandsstufe nach der anderen durch Öffnen des zugehörigen Schalters in Betrieb genommen und die dabei auftretende Vergleichsspannung U_{komp} der Meßspannung entgegengeschaltet.

Entscheidet nach dem jeweiligen Schaltvorgang der Nullindikator, daß die Vergleichsspannung höher als die Meßspannung ist, so wird die zuletzt eingeschaltete Widerstandsstufe wieder ausgeschaltet. Entscheidet der Nullindikator jedoch, daß die Vergleichsspannung niedriger oder gleich der Meßspannung ist, so bleibt die zuletzt in Betrieb genommene Stufe eingeschaltet. Der Umsetzprozeß vollzieht sich also nach einer Art Einschachtelungsverfahren. Der Vorgang des Verschlüsselns ist beendet, wenn das Auflösungsvermögen des Nullindikators

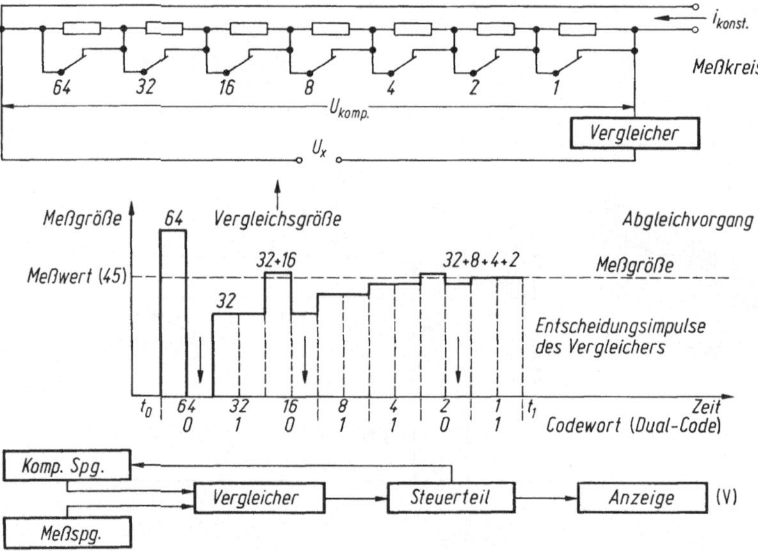

Abb. 3.18.6 Schaltschema (*oben*) und Darstellung des Wirkungsprinzips (*unten*) eines Stufenverschlüsslers. *Ganz unten:* Blockschaltplan des Gerätes

erreicht ist; dann ist eine ganz bestimmte, der Höhe der Meßspannung entsprechende Anzahl von Widerstandsstufen eingeschaltet.

Abbildung 3.18.6 veranschaulicht den Abgleichvorgang und die Ergebnisdarstellung für den Zahlenwert ≪45≫. Mit den gegenwärtig verfügbaren technischen Mitteln lassen sich Stufenverschlüßler bauen, deren kleinste Stufe etwa 10 µV und deren Eingangswiderstand nach erfolgtem Abgleich über 1 MΩ beträgt. Die Abgleichgeschwindigkeit je Stufe liegt bei etwa 5 ms. Das bedeutet also ungefähr 50 ms für die Verschlüsselung einer dreistelligen Zahl mit einer Genauigkeit von 1%.

Die Verschlüsselungsgeschwindigkeit eines ADU muß den geforderten Meßaufgaben angepaßt werden. Die Änderungsgeschwindigkeit des

Meßwertes hat stets klein zu sein gegenüber der Verschlüsselungszeit. Ändert sich die Meßgröße z. B. für eine kurze Zeit, die kleiner ist als die Verschlüsselungszeit, so kann es vorkommen, daß ein ADU einen falschen Wert anzeigt, der weder der normalen Meßgröße noch der Größe der Änderung entspricht. Diese Eigenschaft liegt in den Meßprinzipien der ADU begründet. Die ADU können nicht beliebig schnell verschlüsseln. Die Verschlüsselungszeit ist durch die Schaltgeschwindigkeit der Bauelemente und durch die Ansprechzeit des Meßorgans bestimmt. Je empfindlicher ein ADU messen kann, um so länger wird seine Verschlüsselungszeit sein.

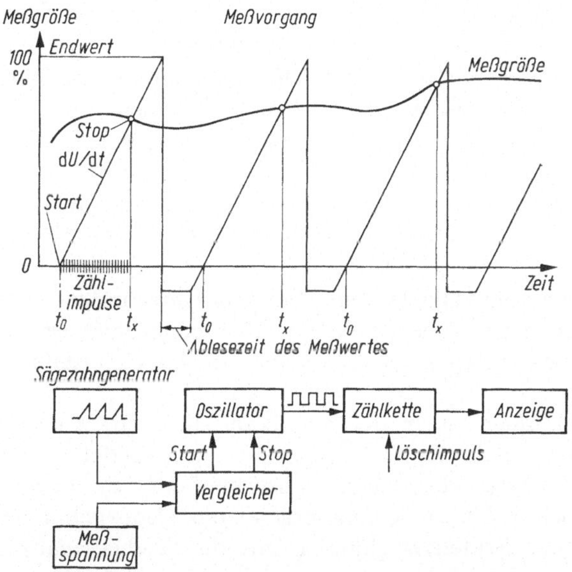

Abb. 3.18.7 Prinzip eines Spannungszeitumsetzers

Spannungszeitumsetzer. Es gibt zahlreiche technische Ausführungen der ADU. Einer der wichtigsten ist der Zeitverschlüßler. Hierbei handelt es sich um den Sägezahnverschlüßler. Die Eingangsspannung wird bei diesem Prinzip mit einer Sägezahnspannung (Ramp) verglichen. Abb. 3.18.7 zeigt das Prinzip eines Sägezahnverschlüßlers.

Auf der Abszisse sind die Zeiteinheiten des Quarzoszillators markiert, auf der Ordinate die Spannung der Meßgröße und des Sägezahngenerators. Die Sägezahnspannung, die nach der Funktion dU/dt ansteigt, verbindet die Eingangsgröße eindeutig mit der Zahlendarstellung auf der Abszisse. Sobald die Sägezahnspannung durch $U = 0$ geht, gibt ein Startimpuls die Zählkette frei, die nun mit Impulsen gleichen Abstandes

volläuft. Erreicht die Sägezahnspannung die Größe der Eingangsspannung, so unterbricht ein Stromimpuls den Zählvorgang. Die Zählkette speichert danach einen Wert, der ein Maß für die Größe der
Eingangsspannung ist.

Bei geeigneter Zuordnung der Zählimpulse zur Funktion dU/dt
der Sägezahnspannung gibt die Zählkette den Meßwert zahlenwert-
richtig wieder. In der Pause bis zur nächsten Anstiegsflanke der Sägezahnspannung wird der Meßwert abgelesen. Das Blockschaltbild zeigt
die für diese Verschlüsslertype notwendigen Baueinheiten. Ein Sägezahngenerator mit guter Linearität und Spannungskonstanz ist schwierig
herzustellen, da diese beiden Forderungen für große Genauigkeiten
nicht leicht zu erfüllen sind.

Der Differenzverstärker des Sägezahnverschlüßlers ist ein Gleichspannungsverstärker. Dieser Verstärker gibt die Kommandos für Start
und Stop der Zählimpulse. Zwischen diesen beiden Signalen summiert
die Zählkette die Impulse und zeigt am Ausgang den Meßwert als
Zahl an.

Vor Beginn des neuen Verschlüsselungsvorganges wird die Zählkette
gelöscht. Die üblichen Ausführungen solcher Sägezahnverschlüßler
haben eine Meßgenauigkeit von 0,2···0,5% bei einer Eingangsspannung
von 10 V. Diese Verschlüßlertype ist ein Momentanverschlüßler, der
für normale Meßaufgaben gerne benutzt wird, aber ungeeignet ist für
hohe Genauigkeiten oder extreme Anforderungen an die Empfindlichkeit.

Der Sägezahnverschlüßler ist in der amerikanischen Literatur als
„sweep time encoder" bekannt. Als Codesystem verwendet dieser
Verschlüsslertyp den binären oder den dekadischen Code. Im Prinzip
jedoch ist dieser Verschlüssler an keinen besonderen Code gebunden
und kann sich, wie der Stufenverschlüßler, an die nachgeschaltete
Anlage anpassen, wobei sich selbstverständlich der Aufwand ändert.

Die Güte der Vergleichsgröße hängt im wesentlichen vom Sägezahngenerator ab. Die erzeugte Sägezahnspannung soll linear und konstant
sein. Man erreicht bis jetzt Genauigkeiten von 0,5 bis 0,1%.

Die Grenze für die Anzahl der Verschlüsselungen pro Sekunde liegt,
wenn man eine Taktfrequenz von 20 MHz benutzt, bei ca. 10 000 Verschlüsselungen pro Sekunde. Verwendet wird der Sägezahngenerator
hauptsächlich als Digital-Voltmeter.

Integrierende Analog-Digital-Umsetzer. Sägezahnverschlüßler messen den Momentanwert der Eingangsspannung. Die Messung ist daher
anfällig auf Störspannungen höherer Frequenz. Wesentlich unempfind-
licher auf Störwechselspannungen sind die beiden im folgenden beschriebenen integrierenden Verfahren. In Abb. 3.18.8 ist das Blockschaltbild
des allgemein verbreiteten integrierenden Digitalvoltmeters gezeigt.

Die zu messende Eingangsspannung V_e lädt über den Widerstand R_1 unter Mitwirkung des Operationsverstärkers A die Kapazität C auf, bis die Ausgangsspannung von A den Schwellwert eines Diskriminators erreicht. Dieser löst einen Impulsgenerator aus, der einen genau abgemessenen Spannungsimpuls über den Widerstand R_2 auf den Eingang des Operationsverstärkers A schickt. Jeder Impuls baut eine bestimmte

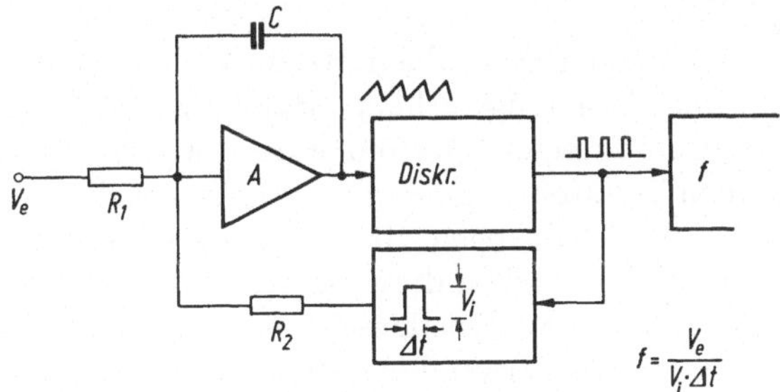

Abb. 3.18.8 Prinzip eines integrierenden Digital-Voltmeters (Spannungs-Frequenz-Umsetzer)

Ladungsmenge des Kondensators C ab. Wird das Gerät während eines längeren festen Zeitintervalles T betrieben, so kompensiert die durch den Impulsgenerator auf C zugeführte Ladungsmenge gerade die durch die Eingangsspannung während des Zeitintervalles über R_1 zugeführte Ladung. Die Zahl der Impulse ist daher eine Maß für den Mittelwert der Eingangsspannung V_e.

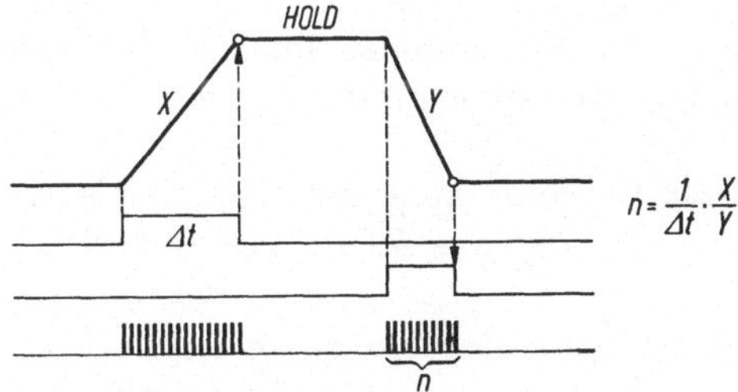

Abb. 3.18.9 Prinzip eines Doppel-Rampen (Dual-Slope) DVM

Ähnlich arbeitet das Prinzip der Doppelrampe (Dual-Slope). Wie in Abb. 3.18.9 schematisch gezeigt ist, lädt eine erste Spannung X einen Kondensator während eines gegebenen Intervalles Δt auf einen bestimmten Spannungswert auf. Durch eine zweite Spannung Y wird anschließend der Kondensator bis auf Null entladen. Die durch Abzählen der Impulse einer festen Frequenz ermittelte Entladungszeit ist proportional dem Quotienten X/Y der beiden Spannungen. Wird für Y eine Referenzspannung gewählt, so liefert das Abzählen den digitalen Wert der ausgemittelten Eingangsspannung X.

3.18.4. Ausführungen von digitalen Meßschaltungen

Immer stärker bestimmt die moderne Halbleitertechnik die Geräteentwicklung in der Meß- und Regelungstechnik. Halbleitertechniken die vor kurzer Zeit nur im Computer anzutreffen waren, werden jetzt in meß- und regeltechnischen Geräten angewendet. Als Beispiel seien die monolithischen integrierten Schaltungen (IC = integrated circuit) genannt: Auf einem Siliciumblock entstehen durch selektive Diffusionen Transistoren, Dioden, Widerstände und Kondensatoren und damit die gewünschten Schaltungen. Durch die Verwendung integrierter Schaltungen lassen sich Meßgeräte mit hoher Meßempfindlichkeit, verbesserter Genauigkeit, kleinem Eigenverbrauch, hoher Betriebszuverlässigkeit und mit mehr Meßkomfort entwickeln.

Für den mit der Halbleiter-Terminologie nicht vertrauten Leser können die gebräuchlichen Abkürzungen nur kurz interpretiert werden. Im übrigen muß auf die umfangreiche Spezial-Literatur verwiesen werden.

FET sind Feldeffekt-Transistoren, deren elektrische Eigenschaften mit der Vakuumröhre vergleichbar sind.

MOSFET sind Metalloxid-Silicium-Feldeffekt-Transistoren deren typische Eigenschaft der extrem hohe Eingangswiderstand ($10^{15}\,\Omega$) ist. Der Stromfluß wird über eine Metallelektrode, die durch eine Oxidschicht vom P- oder N-leitenden Kanal isoliert ist, gesteuert.

MOS-integrierte Schaltung ist eine digital oder linear arbeitende Schaltung, die aus vielen, in den Trägerplättchen integrierten MOSFETs besteht.

CMOS- oder COSMOS-Schaltung ist eine integrierte komplementär, symmetrische MOS-Schaltungstechnik, die aus MOSFETs mit N- als auch P-leitendem Kanal besteht.

TTL-Schaltung ist eine integrierte Transistor-Transistor-Logik-Schaltung, wo man anstelle der Eingangsdioden — die für die logische Entscheidung notwendig sind — einen Transistor mit mehreren Emittern verwendet.

MSI-Schaltung (Medium scale integrated circuit) integriert 10 bis 100 Schaltungsfunktionen.

LSI-Schaltung (Large scale integrated circuit) ist eine integrierte Halbleiter Großschaltung mit mehr als 100 Schaltungsfunktionen je Schaltungsplättchen.

Bei **linear integrierten Schaltungen** besteht im Gegensatz zur Logik- oder Digitalschaltung ein linearer Zusammenhang zwischen dem Ein- und Ausgangssignal. Eine wichtige Baugruppe ist der Operationsverstärker, der ursprünglich zum Ausführen mathematischer Operationen für den Analogrechner entwickelt wurde. Auf Grund der Vielseitigkeit benutzt man den Operationsverstärker jetzt auch in der Meß- und Regeltechnik für die analoge Signalverarbeitung.

Ein besonders starker Einfluß der Halbleitertechniken ist bei den Gleich- und Wechselspannungsmeßgeräten festzustellen, was sich durch folgende Vorzüge erklären läßt.

— die in der Halbleitertechnik von Jahr zu Jahr günstigere Preisentwicklung;

— eine immer kleiner werdende Ausfallrate der elektronischen Bauelemente;

— die hohe thermische Stabilität einer Halbleiterschaltung durch die im Kristall thermisch eng gekoppelten Schaltelemente;

— der geringe Einfluß von Störsignalen infolge der kurzen Leitungswege;

— eine Vielzahl von Schaltfunktionen je Volumeneinheit;

— kürzere Entwicklungszeiten für ein Gerät durch das breite Angebot an integrierten Logik- und Verstärkerschaltungen;

— verbesserte elektrische Geräteeigenschaften durch das Ausschalten subjektiver Ablese- oder Einstellfehler. Erst mit Hilfe der integrierten Schaltungen ist die automatische Meßtechnik (Meßwerterfassung, Meßwertverarbeitung und Meßwertregistrierung) wirtschaftlich geworden.

Abbildung 3.18.10 zeigt das Blockschaltbild eines Digitalmultimeter P-Kanal-MOS-Bausteins in LSI-Schaltung. Der Schaltkreis beinhaltet die logischen Funktionen für ein Digitalmultimeter nach dem Dual-Slope-Verfahren mit automatischer Bereichsumschaltung zur Ablaufsteuerung und Meßwertgenerierung. Durch vier Meßbereichsausgänge können kleine Geräte mit $3^3/_4$-Stellen und vier Meßbereichen ohne zusätzliche externe Komponenten für die Bereichsauswahl realisiert werden. Durch Umschaltung der Bereichslogik können bis zu 8 Meßbereiche automatisch umgeschaltet werden, die Dekodierung dieser Bereiche muß jedoch extern vorgenommen werden.

Durch die geringe Leistungsaufnahme von 60 mW können in Verbindung mit einer Flüssigkristallanzeige kleine Geräte mit Trockenbatterien wirtschaftlich betrieben werden. Die maximale Anzeige ist 6000. Das bedeutet mit 6000 Schritten einen relativ geringen Aufwand auf der Analogseite, andererseits können z. B. in den 4 Meßbereichen

Spannungen zwischen 100 µV und 600 V gemessen werden. Bei Überschreitung des höchsten Meßbereiches wird 6000 angezeigt. Durch eine zusätzliche Blinkschaltung, welche keinen zusätzlichen Anschlußpin benötigt, wird der Benutzer auf die Überschreitung des Meßbereiches aufmerksam gemacht.

Der externe Analogteil besteht nur aus Analogverstärkern, Referenzspannungsquelle und Analogschaltern für Meßphasen- und Bereichsumschaltung (Abb. 3.18.11).

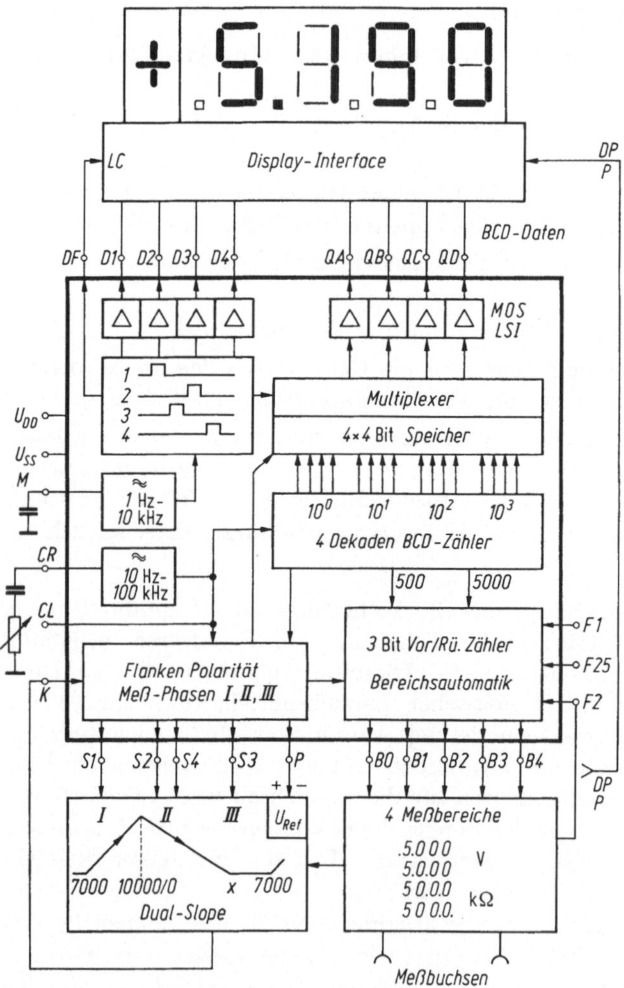

Abb. 3.18.10 Blockschaltbild eines Digital-Multimeter P-Kanal-MCS-Bausteins in LSI-Schaltung (SIEMENS)

Ein Digital-Multimeter mit 20 Grundmeßbereichen — von 200 mV bis 600 V —, von 2 bis 200 mA — und bis zu 2 MΩ ist in natürlicher Größe in Abb. 3.18.12 dargestellt.

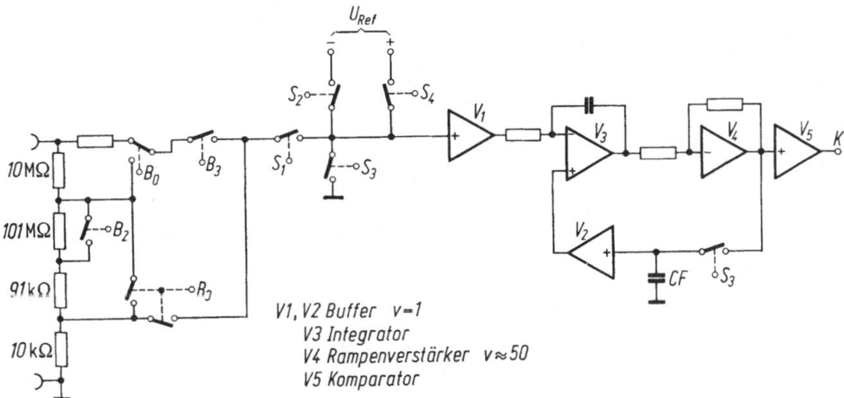

Abb. 3.18.11 Beispiel einer Schaltung für den externen Analogteil für ein Digital-Multimeter (Abb. 3.18.10)

Abb. 3.18.12 Digital-Multimeter im Taschenformat (Norma)

Die Analog-Digitalumwandlung erfolgt nach einem integrierenden Ladungskompensationsverfahren (charge balancing method) und vereinigt die Vorteile des Dual-slope-Verfahrens und der Spannung/Frequenzumsetzung. Abb. 3.18.13 zeigt das Funktionsprinzip in einem Blockschaltbild.

Die Basis ist der Ausgleich einer durch den Strom der Meßquelle in einem Integrationskondensator gespeicherten Ladung durch einen Referenzstrom. Die Umladung erfolgt je nach Polarität der Meßquelle im Schaltverhältnis 1:7 (Abintegration) oder 7:1 (Aufintegration).

In einem Vor- und Rückwärtszähler werden Taktpulse im jeweils vorhandenen Schaltverhältnis gezählt. Die Häufigkeit der Umschaltungen und damit die Summe der gezählten Taktpulse am Ende der Meßphase sind dem Betrag der Eingangsspannung direkt proportional.

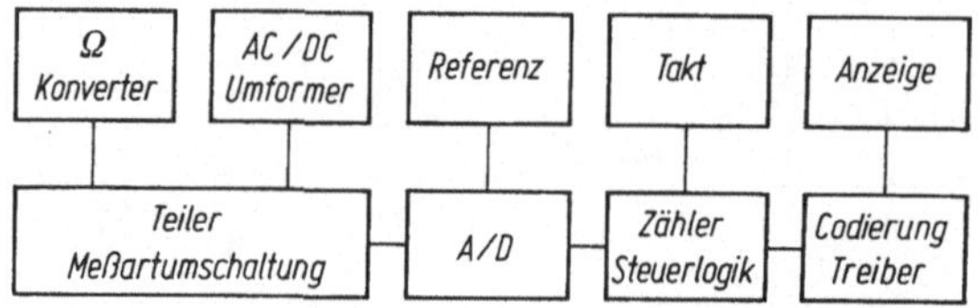

Abb. 3.18.13 Funktionsprinzip des Digital-Multimeters Abb. 3.18.12 (Norma)

Ähnlich dem Doppelintegrationsverfahren liegt die einzige Fehlerquelle in der Konstanz der Referenzspannung. Die im Binärcode (BCD) im Zähler enthaltene Information wird nach der Decodierung im Multiplexbetrieb über Treiberstufen durch lichtemittierende Dioden (LED) in 7-Segmentanzeige dargestellt.

In Wechselbereichen wird ein elektronischer Mittelwertgleichrichter in der üblichen Schaltung verwendet, die in Effektivwerten — bezogen auf eine sinusförmige Eingangsgröße — justiert ist. Durch die Verwendung von Schottky-Dioden und breitbandigen Operationsverstärkern kann ein Frequenzbereich bis 100 kHz erzielt werden.

Abb. 3.18.14 Digitales Einbaumeßgerät mit $3^1/_2$ Stellen (Gossen)

Mittels des Meßschalters wird diese Baugruppe zwischen den Eingangsteiler und den A/D-Konverter gelegt. In Ω-Konverter wird der zu messende Widerstand in den Gegenkopplungszweig eines Operationsverstärkers geschaltet. Der durch den zu messenden Widerstand fließende eingeprägte Gleichstrom wird durch eine im invertierenden Eingang des Operationsverstärkers liegende Referenzspannungsquelle und durch umschaltbare Bereichswiderstände erzeugt.

Die für den Betrieb der elektronischen Schaltung erforderliche Gleichspannung von ± 12 V wird mittels eines DC/DC-Wandlers aus der Batterie- bzw. Netzteilspannung von 5 V erzeugt. Digitale Einbaumeßgeräte erlauben die Kombination mit klassischen Schalttafelmeßgeräten. Abb. 3.18.14 zeigt ein besonders kompaktes Einbau-Meßgerät mit den Frontabmessungen 96 × 24 mm und einer 7-Segment-LED-Anzeige mit 10 mm Ziffernhöhe.

3.18.5. Meßwertspeicherung und Meßwertausgabe

Zum Registrieren von Meßwerten bedient man sich in der analogen Meßtechnik der Schreiber. Sie haben den Vorteil, daß die Tendenz einer Meßgröße aus dem Kurvenverlauf sofort zu erkennen ist.

Die digitale Meßtechnik ermöglicht das numerische Ausdrucken der Meßwerte. Beim Streifendrucker stehen die Meßwerte nebeneinander, beim Banddrucker untereinander. Mit Hilfe von Blattdruckern, zu denen die Fernschreibmaschine und die elektrische Schreibmaschine zu rechnen sind, können ganze Meßprotokolle automatisch gedruckt werden. Die Locher unterscheiden sich von den Druckern nur insofern, als sie keine unmittelbar lesbaren Zahlen ausgeben, sondern nur codierte Zeichen, die für eine Weiterverarbeitung bestimmt sind. Lochstreifen und Lochkarte sind also in erster Linie Zwischenspeicher.

Ein kommerziell überaus zuverlässiges, von den Kosten her nicht zu teures und von der Kapazität her ein unbegrenztes Speichermedium ist die magnetische Aufzeichnung auf Band oder Platte. Auch schnelle Rechner arbeiten mit Magnetbändern als Informationsspeicher.

Digitalanalogumsetzer. Das Umsetzen eines digital vorliegenden Meß-ergebnisses ins Analoge ist z. B. dann nötig, wenn man sich zwar zur Erfassung des Meßergebnisses digitaler Meßverfahren bedient, aber an einem Schreiberdiagramm die Tendenz der Meßgröße ablesen möchte. Das kann z. B. in der Strahlungsmeßtechnik der Fall sein, wo die Meß-größe quantisiert in Form von Zählrohrimpulsen vorliegt, die Zahl der Impulse pro Zeiteinheit aber analog registriert werden soll.

Einen Digitalanalogumsetzer wird man auch benötigen, um die von einem Prozeßrechner ausgegebene Führungszahl für einen analog arbeitenden Reglerkreis aufzubreiten. Analog-Digital-Umsetzer sind mit Umsetzzeiten von ca. 10 µs erhältlich und werden in integrierender Technik angeboten. Es wird eine Auflösung von 10 Bit und mehr erreicht. Mit solchen integrierenden Umsetzern können mit einer Auflösung von 10 Bit 1 Million Messungen erreicht werden. In jedem Analog-Digital-Umsetzer ist der Digital-Analog-Umsetzer indirekt enthalten, in dem auch die benötigten Zeitkonstanten über die darin enthaltenen Widerstände bestimmt werden.

Die Umsetzzeiten liegen heute bei 40 ns, in einigen Anwendungen auch bei 25 ns mit einer Auflösung von 10 bzw. 8 Bit. Der Stufenumsetzer (Abb. 3.18.15) enthält einen Digital-Analog-Umsetzer, der eine digitale

Größe in 40 ns in eine analoge Größe umsetzt. Wird der Digital-Analog-Umsetzer über eine einfache Schaltungsanordnung mit einem sehr schnellen Schieberegister mit einem dynamischen Speicher 10mal abgefragt, dann haben wir die analogen Größen in 10 Bit umgesetzt. Rechnet

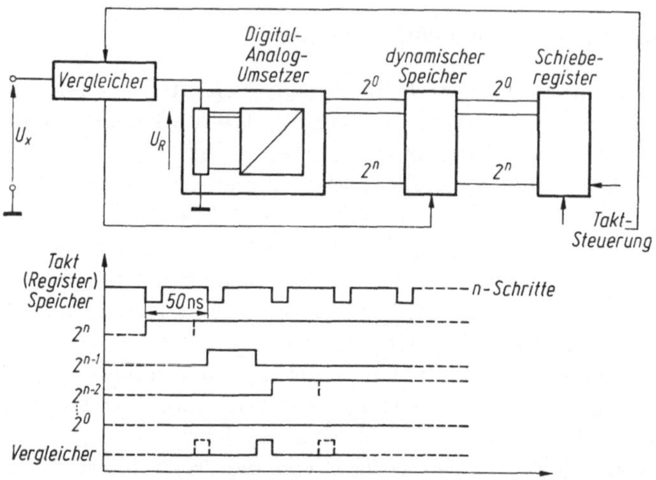

Abb. 3.18.15 Stufenumsetzer (Kompensationsverfahren)

man die Zeiten der digitalen Schaltelemente hinzu, so werden je Bit ca. 50 ns, für 10 Bit 500 ns benötigt. Wir können also 2 Millionen mal je sec messen. Werden für sämtliche Amplitudenstufen Vergleicher und Referenzstufen erstellt, so läßt sich die Umsetzung direkt parallel mit 25 Millionen Messungen/s mit einer Auflösung von 6 oder 8 Bit je nach Aufwand durchführen. Bei einer derartig hohen Zerlegungsrate fallen sehr viele Meßwerte je Zeiteinheit an, die abgespeichert werden müssen.

Digitale Speichermedien. Tabelle 3.18.1 gibt einen Überblick über die heute üblichen Speichermedien. Zu den Halbleiterspeichern gehören

Tabelle 3.18.1 Digitale Speichermedien

Speicherart	Schreibzyklusrate k Byte/s	Zugriffszeit μs
Lochstreifen	0,15 (1,2)	—
Digitalmagnetband	60 (120)	—
Plattenspeicher (Trommelsp.)	156	60 000 (10 000)
Kernspeicher	1 000	0,6
Magnetschichtdrahtspeicher	3 000	0,1
Magnetfilmspeicher	10 000	0,05
Halbleiterspeicher (LS I)	10 000	0,05 (0,02)

noch Random Excess Memories und die sog. CCD, die in ähnlicher Technologie entstehen, sowie holographische Speicher, die für sehr große Datenmengen angewendet werden.

Digitale Schieberegister. Bei den digitalen Schieberegistern sind statische und dynamische Schieberegister zu betrachten. Der Trend läuft in Richtung dynamischer Schieberegister. Es werden die auf Halbleiterbasis entstandenen MOS-Schieberegister, sog. Eimerkettenspeicher, CCD-Speicher und in Zukunft auch Magnetblasenspeicher verwendet. Abb. 3.18.16 zeigt das Prinzip eines Schieberegisters in TTL-Technik mit vier bistabilen Kippstufen.

Statische Schieberegister. Abb. 3.18.17 zeigt das Prinzip eines digitalen statischen Schieberegisters in MOS-Technologie. Kennzeichnend für

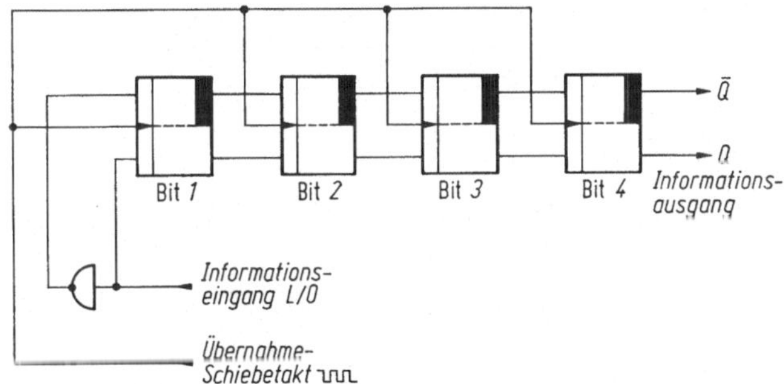

Abb. 3.18.16 Schieberegister (TTL) — Prinzip

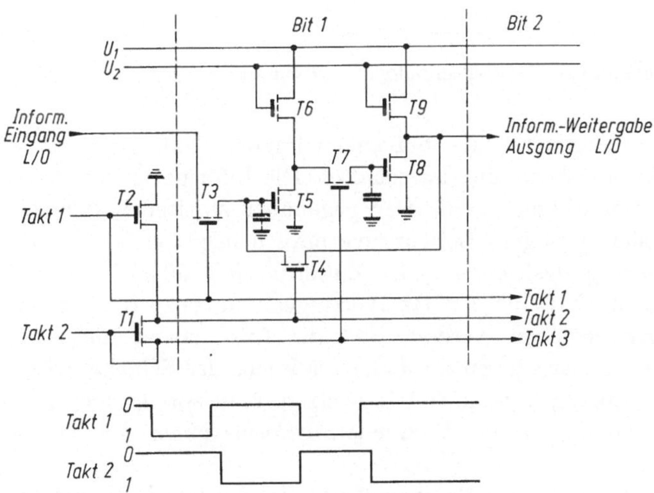

Abb. 3.18.17 Schieberegister in MOS-Technologie — statisch

ein statisches Schieberegister ist, daß die Flip-Flop stets in eine bestimmte
Lage eingestellt sind. Die Eingangswiderstände liegen bei 10^{16} Ohm,
so daß die in der MOS-Technik realisierbaren, sehr kleinen Kapazitäten
als Speicher vorteilhaft verwendet werden können. Die Entladezeit-
konstante ist sehr groß.

Nachteilig ist, daß je nachdem, ob eine L- oder O-Information vorliegt, immer ein Zweig durchgeschaltet ist. In der Taktzeit ist man hier
frei bis hinunter zu 0 Hz. Man kann von 0 Hz bis 1 MHz einschreiben.

Dynamische Schieberegister. *Schieberegister in MOS-Technologie.* Abb.
3.18.18 zeigt das Prinzip eines dynamischen Schieberegisters in MOS-
Technologie. Die Leistung hängt bei den dynamischen Schieberegistern

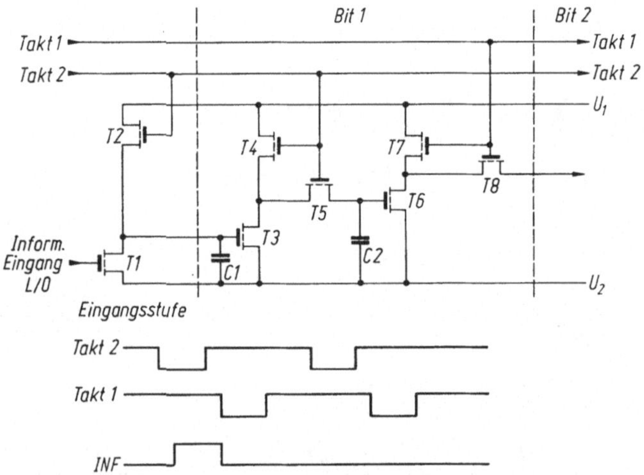

Abb. 3.18.18 Schieberegister MOS-Technologie — dynamisch

lediglich von den Taktzeiten ab. Bei einem kurzen Takt wird nur zu
diesem Zeitpunkt eine Stufe durchgeschaltet. Die Information wird von
den Kondensatoren übernommen. Der gegenüber statischen Schieberegistern wesentlich geringere Leistungsverbrauch liegt bei 0,5—1 mW
bei 1 MHz Übertragungsfrequenz. In Zukunft sind 50 µW pro Bit
möglich. Es können 30 Hz bis 10 MHz übertragen und bis zu 10 Millionen
Messungen/s eingeschrieben werden. Soll die Information mit einer
langsamen Frequenz ausgegeben werden, so läßt sich das Schieberegister
in einer verhältnismäßig kurzen Zeit umwälzen. Man spricht hier auch
von einer Auffrischung, die bei Frequenztransformationen von Vorteil
ist.

Eimerkettenspeicher. Abb. 3.18.19 zeigt das Prinzip von Eimerketten-
speichern mit MOS-Transistoren. Hier können auch analoge Größen

transportiert werden. Der jeweils folgende Kondensator wird auf den vorhergehenden entladen. Ladung besitzen nur immer die geradzahligen oder die ungeradzahligen Kondensatoren. Um Ladungsverluste bei der Hintereinanderschaltung zu vermeiden, werden Auffrischschaltungen dazwischen geschoben.

CCD-(charge coupled device)-Speicher. Der CCD-Speicher beruht in gleicher Weise wie der Eimerkettenspeicher auf der Speicherung und Verschiebung von Ladungen, wobei diese Verschiebung direkt unter der Siliziumdioxydschicht im Substrat durchgeführt wird. Im Ein- und Ausgang sind jedoch Treiberschaltungen notwendig. Wie bei der MOS-Technologie werden ebenfalls Auffrischschaltungen benötigt.

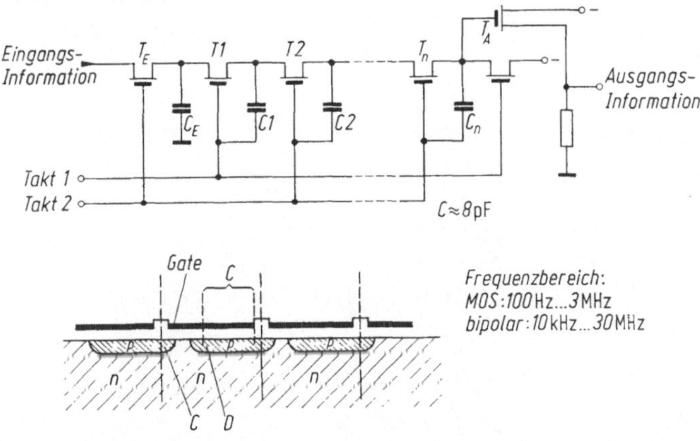

Abb. 3.18.19 Schieberegister (analog und digital). Eimerkettenspeicher mit MOS-Transistoren

Gegenüber MOS-Schieberegistern zeichnet sich eine Verdoppelung der Frequenz und eine Verminderung der Leistung auf 1/10 bis 1/20 ab.

Magnetblasenspeicher. Für die Speicher-Technik dürfte zukünftig eine neue magnetische Schicht, sog. magnetische Blasen (magnetic bubbles) Bedeutung gewinnen. In einer Schicht anisotropen magnetischen Materials — z. B. Orthoferrit — verläuft die Vorzugsrichtung der weißen Bezirke senkrecht zur Oberfläche. Die magnetischen Momente stehen abwechselnd nach oben und unten. Beim Anlegen eines äußeren magnetischen Feldes bewirken einige A/cm Inselbildungen. Bei richtiger Feldstärke ziehen sich Inseln zu Zylinder-Bezirken mit einem Radienverhältnis 1:3 zusammen. Diese Bezirke nennt man „Magnetic Bubbles". Die magnetische Schicht ist nur Bruchteile von mm dick, optisch durchscheinend, und die „Magnetblasen" sind im polarisierten Licht sichtbar. Die Magnetblasen lassen sich nun durch Stromschleifen, die als integrierte Schaltkreise vorstellbar sind, in großen Mengen verschieben (Abb. 3.18.20). Damit ist ein modernes Schieberegister realisiert. In einem Würfel mit 1 inch Kantenlänge lassen sich ca. 10^6 Bit unterbringen. Die Kanalkapazität ist größer als 300000 bit/s.

Neben den Magnetischen Blasen bieten sich für Schieberegister holographische Verfahren und auch Liquid Crystal (flüssige Kristalle) an. Nach dem Stand der Entwicklungen dürften aber Magnetic Bubbles zuerst zum Zuge kommen.

Automatische Auswertung von gespeicherten Meßdaten. Der Ferromagnetismus hat auch heute noch die hervorragenste Bedeutung zur Übertragung und Speicherung von Informationen und Meßdaten. Die Übernahme der analogen Meßdaten kann auf gleiche Art und Weise auf einem analogen Magnetbandgerät oder auf einem digitalen Magnetbandgerät (Spulen oder Kassettenlaufwerk) über entsprechende Anpassungen erfolgen.

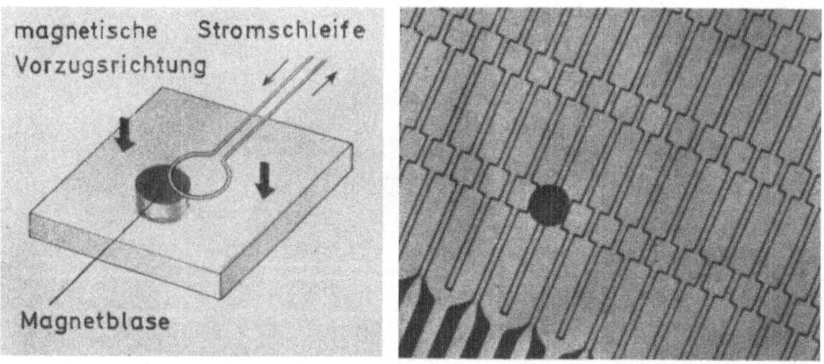

Abb. 3.18.20 Bildung von Magnetblasen in ansisotropischem magnetischen Material

Die Verbindung eines analogen Magnetbandgerätes mit einer digitalen Verzögerungsleitung, entsprechende Diskriminatoren und den entsprechenden Weiterverarbeitungsgeräten wie UV-Recorder, analoges Magnetbandgerät oder Rechner ergibt die Möglichkeit der Ausführung automatischer Auswertung von auf Magnetband aufgezeichneten Meßdaten (Abb. 3.18.21).

Der Vorteil des analogen Magnetbandgerätes liegt in der hohen Frequenzgrenze, der hohen Kanalzahl und einer langen Aufzeichnungsdauer auch hochfrequenter Signale. Bei der Wiedergabe steht oft das Problem an, nur diejenigen Teile des Magnetbandes auszuwerten, welche Informationen enthalten. In der Praxis bedeutet dies, daß bei einem aufgenommenen Meßvorgang nur jene Teile interessant sind, bei welchen Anomalien vorhanden sind.

Ein analog aufgezeichnetes Diagramm beinhaltet Informationsmengen, die in einem Rechner abgelegt enorme Speicherkapazitäten erfordern würden, die praktisch nicht zu realisieren sind.

Das Schieberegister ermöglicht, wie bereits vom Magnetbandgerät bekannt, Frequenztransformation. Während jedoch beim Magnetband für eine vernünftige Amplitudenaufzeichnung die Grenze bei einer Untersetzung im Verhältnis etwa 1:30 liegt, ist das Verhältnis beim Schieberegister theoretisch 1:∞. Für die Analyse eines bestimmten Vorgangs einer bestimmten Frequenz f_g wird die Dauer einer Periode beansprucht. Zur Feststellung, ob der Vorgang zu analysieren ist, vergeht die Dauer t_E einer Periode. Dann muß die Zeit t_A für den Anlauf

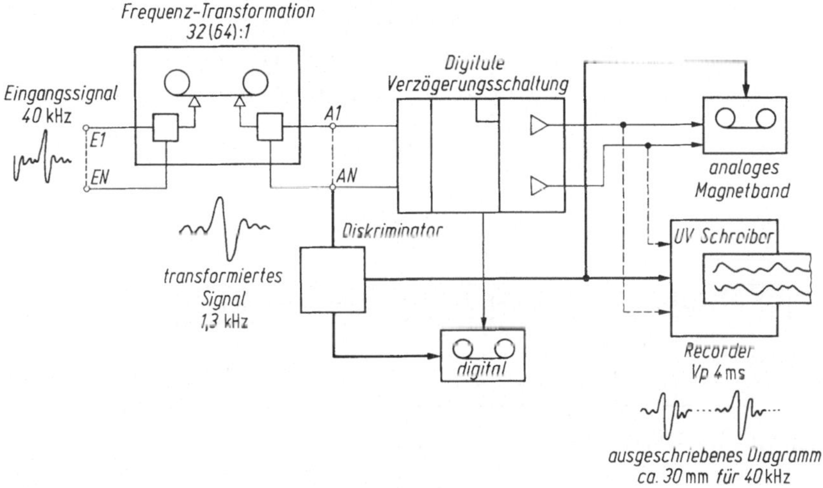

Abb. 3.18.21 Automatische Magnetbandauswertung

des Registriergerätes überbrückt werden, und die Zeit t_V für die Vorgeschichte erfordert etwa weitere 3 Perioden. Damit ist die Zeit t_L für die Laufzeitkette bestimmt:

$$t_L = t_E + t_A + t_V$$

oder

$$t_L = \frac{1}{f_g} + t_A + \frac{1}{3f_g}.$$

Beim Schieberegister ist die volle Information der Meßgröße enthalten, und es ist gleichgültig, wie schnell und wann die Information abgeholt wird. Bedingung ist, daß die obere Grenzfrequenz des Schieberegisters vom Registriergerät aufgelöst werden kann. Die Leistungsfähigkeit der Meßkette wird durch die höchste zu analysierende Frequenz bestimmt.

Die Ausgabe der Meßdaten ist an kein bestimmtes Registriergerät gebunden. Möglich sind:

Kompensationsschreiber
Licht- und Flüssigkeitsstrahl-Oszillographen
Elektronenstrahl-Oszilloskope
Alpha-numerische Ausgeber u. a.

Codeumsetzer. Arbeitet der Analogdigitalumsetzer mit einem anderen Code wie das verarbeitende Gerät oder soll das Meßergebnis im uns geläufigen Dezimalsystem, z. B. an einem Ziffernfeld angezeigt werden, so muß

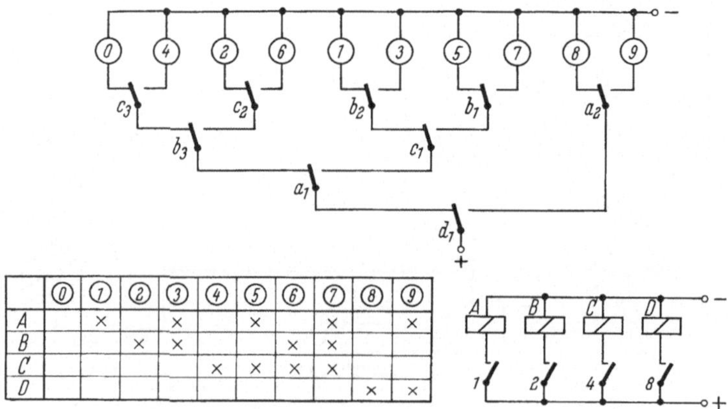

Abb. 3.18.22 Codeumsetzer tetradisch-dezimal

der Code entsprechend umgesetzt werden. Die Umsetzung kann durch eine entsprechende Schaltung von Relaiskontakten erreicht werden.

Codeumsetzer können auch ausschließlich mit elektronischen Bauelementen, z. B. als Diodenmatrix, aufgebaut werden. Welcher Weg beschritten wird, hängt in erster Linie von der zur Verfügung stehenden Zeit und von der Art des anzuschließenden Geräts ab. Der in Abb. 3.18.22 gezeigte Codeumsetzer mit Relaiskontakten setzt einen tetradischen Code ins Dezimalsystem um. Den Wertigkeiten $1, 2, 4, 8$ ist jeweils ein Relais A, B, C, D zugeordnet.

Ziffernausgaben. Neben den bereits im Abschnitt 3.18.3. erwähnten elektromechanischen Zählwerken, den Kaltkathoden- und Elektronenstrahlzählröhren (Nixie-Röhren) sowie Flüssigkeits-Kristallen verwendet man für digitale Meßgeräte auch Projektionsziffernanzeiger. Bei der Projektionsziffernanzeige nach Abb. 3.18.23 befindet sich vor einem Lämpchen eine Blende mit einem der Ziffernform entsprechenden Ausschnitt. Mit Hilfe eines gegossenen Linsensystems wird der Ausschnitt auf eine Mattscheibe projiziert. Jeder Ziffer ist ein solches optisches System zugeordnet.

Als Element alpha-numerischer Anzeigen hat sich heute die Lichtemittierende Diode (GaAs-Diode) durchgesetzt, die aus dem zusammengesetzten Halbleitermaterial Galliumarsenid besteht. Betreibt man die Diode in Durchlaßrichtung, so wird schon bei einer Spannung von 1,5 V und einem Strom von rd. 10 mA ein rotes Licht emittiert.

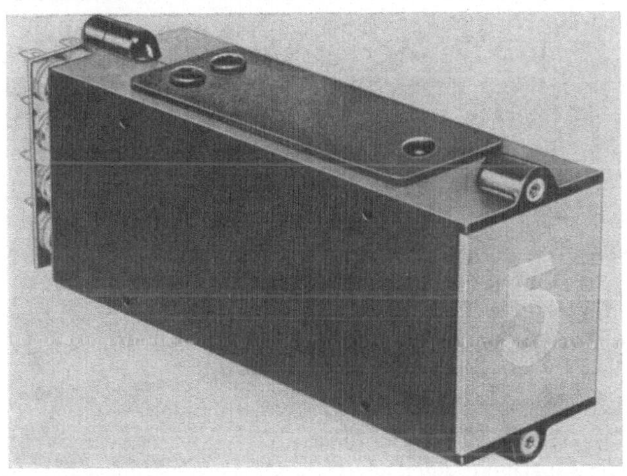

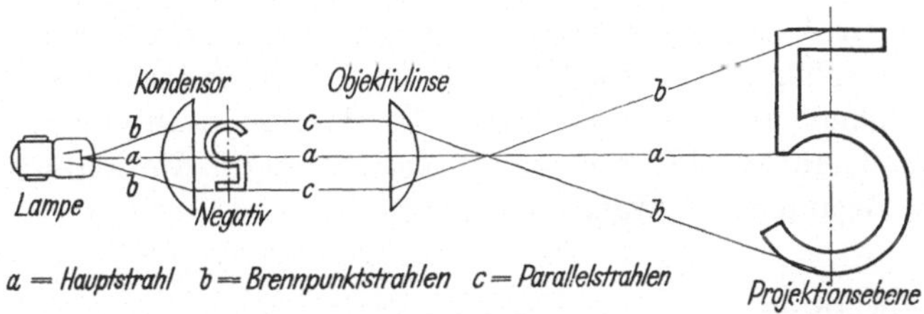

Abb. 3.18.23 Projektionsziffernanzeige

Welche Ziffernanzeige vorzuziehen ist, hängt von den Anforderungen an die Lebensdauer, Zifferngröße, Lesbarkeit und Einstellzeit ab. Auch technische Gesichtspunkte für die Ansteuerung der Ziffer und die Stromaufnahme spielen eine Rolle.

Meßwertansage. Gelegentlich ist auch eine akustische Ausgabe des Meßwertergebnisses gewünscht. Für das Meßergebnis charakteristische Texte, im einfachsten Falle die Ziffern 0···9 werden auf Tonbandspeicher aufgenommen. Der Analogdigitalumsetzer wählt die dem Meßergebnis entsprechenden Ziffernspuren der Reihe nach zur akustischen Ausgabe an.

3.19. Fernmessung

Von Fernmessung spricht man bei der Übertragung von Meßwerten über Kabel, Hochspannungsleitungen oder Funkverbindungen, wobei die Meßgröße so umgeformt wird, daß eine möglichst fehlerfreie Übertragung stattfindet.

Ob eine Einfach- oder Vielfachausnutzung der Übertragungsstrecke gewählt wird, ist nur zum Teil eine technische, meist eine wirtschaftliche Frage. Wenn nur eine Übertragungsstrecke zur Verfügung steht, können mehrere Meßwerte nur durch Vielfachausnutzung übertragen werden. Man spricht dann von einem Zeitmultiplexverfahren oder Frequenzmultiplexverfahren, bei dem eine Meßstelle nach der anderen abgefragt wird, bzw. gleichzeitig mit Hilfe von verschiedenen Frequenzen ausgesendet wird. Auf die hierzu erforderlichen Abfrage- und Steuereinrichtungen wird in diesem Rahmen nicht weiter eingegangen. Die Meßgröße wird am Sendeort in eine dem Augenblickswert proportionale elektrische Größe (Strom, Spannung oder Frequenz) umgeformt. Ströme und Spannungen kann man direkt über Leitungen und nur über begrenzte Entfernungen übertragen, während mit meßwertproportionalen Frequenzen oder Impulsfrequenzen bei entsprechender Verstärkung praktisch beliebige Entfernungen über Funk- und Trägerfrequenzstrecken überbrückbar sind.

Die Länge und die sonstigen Eigenschaften der Verbindungsstrecken bestimmen ebenso wie die Arbeitsweise und die Betriebsbedingungen der zu verbindenden Anlagen die Forderungen, die man an die Fernmeßeinrichtungen stellen muß. Die Anforderungen an Informationsvolumen, Schnelligkeit und Sicherheit und die daraus resultierenden Kosten für Fernmeßgeräte und Übertragungswege führen zur Anwendung unterschiedlicher Fernmeßverfahren.

3.19.1. Analoge Verfahren

Mehr als drei Jahrzehnte wurden vor allem in Stromversorgungsnetzen hauptsächlich Gleichrichterverfahren für die Meßgrößen Wechselstrom und Wechselspannung, sowie Drehmomentkompensationsverfahren mit Meßumformern für Ströme, Spannungen und Leistungen eingesetzt. Nun aber gewinnen vollelektronische Meßumformer immer mehr an Bedeutung.

Die mit den Hilfsmitteln der Fernmeßtechnik an meist weit voneinander entfernten Meßstellen erfaßten und zur Zentrale übertragenen Meßwerte müssen zur rationellen Auswertung sinnvoll geordnet werden. Durch Zusammenfassen zu Meßwertgruppen, Summen- oder Differenzbildung und Bewertung erfolgt eine Vorverarbeitung der Meßwerte mit nachfolgender Anzeige, Registrierung und gegebenenfalls Einführung in Steuer- und Regelkreise oder Weitergabe an Partnerzentralen. In Anlagen, bei denen die Meßwerte zur Weiterverarbeitung als stetiger Strom oder als Spannung benötigt werden, können diese Verknüpfungen vorteilhaft analog durchgeführt werden.

In der Schaltungstechnik für die Analog-Fernmessung und -Meßwertverarbeitung werden Baugruppen mit einheitlichen Normsignalen und aufeinander abgestimmten Signalpegeln verwendet. Den Kern

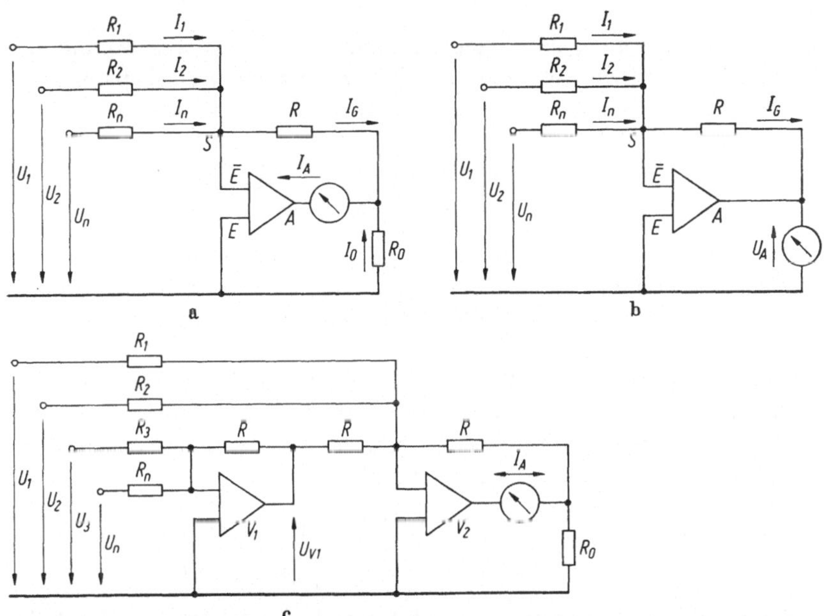

Abb. 3.19.1 a—c Summen- und Differenzbildung mit Operationsverstärkern.
a) Summenbildung, Stromausgang; b) Summenbildung, Spannungsausgang; c) Differenzbildung, Stromausgang

der Schaltungen bilden Operationsverstärker mit definierten, endlichen Werten für Verstärkung, Eingangs- und Ausgangswiderstand, Bandbreite und Driftverhalten, (Abschnitt 3.16). Durch starke Gegenkopplung mit passiven Elementen, insbesondere Widerständen, entsteht ein Meßverstärker, dessen Übertragungseigenschaften im wesentlichen durch das Gegenkopplungsnetzwerk bestimmt werden.

Abbildung 3.19.1 zeigt Beispiele für die Summen- und Differenzbildung mit Operationsverstärkern. Bei Annahme eines idealen Verstärkers (driftfrei, Verstärkung und Eingangswiderstand $\rightarrow \infty$, Ausgangswiderstand $\rightarrow 0$) gelten für die Ströme im Summenpunkt S (Abb.

3.19.1a) und den Ausgangsstrom I_A exakt folgende Beziehungen:

$$\sum_{p=1}^{n} I_p = I_G \qquad I_G + I_0 = I_A \qquad I_0 \cdot R_0 = I_G \cdot R$$

$$I_G\left(1 - \frac{R}{R_0}\right) = I_A \qquad I_n = \frac{U_n}{R_n} \qquad I_A = \left(1 + \frac{R}{R_0}\right)\sum_{p=1}^{n} I_p$$

$$I_A = \left(1 + \frac{R}{R_0}\right)\left(\frac{U_1}{R_1} + \frac{U_2}{R_2} + \frac{U_n}{R_n}\right).$$

Der Ausgangsstrom I_A ist eingeprägt und proportional der Summe der durch die zugeordneten Widerstände $R_1 \cdots R_n$ bewerteten Teilspannungen $U_1 \cdots U_n$. Für die Schaltung b in Abb. 3.19.1 gilt sinngemäß

$$U_A = R\left(\frac{U_1}{R_1} + \frac{U_2}{R_2} + \frac{U_n}{R_n}\right).$$

Die eingeprägte Ausgangsspannung U_A ist in gleicher Weise der Summe mittels zugeordneter Widerstände $R_1, \ldots, R_n$ bewerteter Teilspannungen $U_1, \ldots, U_n$ proportional. Eine der möglichen Schaltungen zur Differenzbildung ist in Abb. 3.19.1c dargestellt.

Der Verstärker V_1 invertiert die anliegenden Eingangsspannungen U_3, U_n. Sie werden mit umgekehrten Vorzeichen gemeinsam mit den direkt anstehenden Spannungen U_1, U_2 dem Verstärker V_2 zugeführt. Für die Verknüpfung der Spannungen gilt

$$I_A = \left(1 + \frac{R}{R_0}\right)\left(\frac{U_1}{R_1} + \frac{U_2}{R_2} - \frac{U_3}{R_3} - \frac{U_n}{R_n}\right).$$

Bei all diesen Schaltungen erfolgt durch entsprechende Wahl der Widerstände $R_1, \ldots, R_n$ die Bewertung der Meßströme, wobei die Spannungen $U_1, \ldots, U_n$ als interne Normspannungen $U_1 = U_2 = \cdots = U_n = 10\,\mathrm{V}$, jeweils dem Nennwert der Meßgröße entsprechend eingeführt werden. Mittels Widerstand R oder R_0 wird der gewünschte Ausgangsstrom I_A oder die Ausgangsspannung U_A eingestellt. Die Ein- und Ausgangspegel in derartigen Schaltungen (Größenordnung V, mA) liegen um $10^3 \cdots 10^5$ über den Driftgrößen direkt gekoppelter Differenzverstärker. Die benötigte Verstärkung im gegengekoppelten Zustand ist gering ($1 \cdots 20$). Häufig arbeiten die Verstärker nur als Impedanzwandler. Die Rechnung mit dem idealisierten Verstärker ist deshalb im vorliegenden Anwendungsbereich ohne Einschränkung zulässig.

Bei Verwendung hochwertiger Gegenkopplungswiderstände ist die Einhaltung einer für die Betriebstechnik recht hohen Genauigkeit und Konstanz der Übersetzung in der Größenordnung 10^3 ohne Schwierigkeiten möglich. Eine Meßwertverknüpfung in Operationsverstärkertechnik zeigt Abb. 3.19.2.

Das von den Meßstellen $A_1, \ldots, B_2$ kommende meßwertproportionale Signal wird nach Bedarf (abhängig von der Art der Übertragung) durch die Eingangsverstärker V_I auf das interne Normpotential 10 V angehoben. Diese Spannung von 10 V entspricht jeweils dem Nennwert der Meßgröße.

Die Anzeige- und Summierverstärker V_{II} erzeugen den Strom (Normsignal, z. B. 20 mA) für die Anzeige der Einzel- oder Summenwerte, wobei für die Summierung durch die Widerstände $R_1, \ldots, R_4$ eine Bewertung erfolgt.

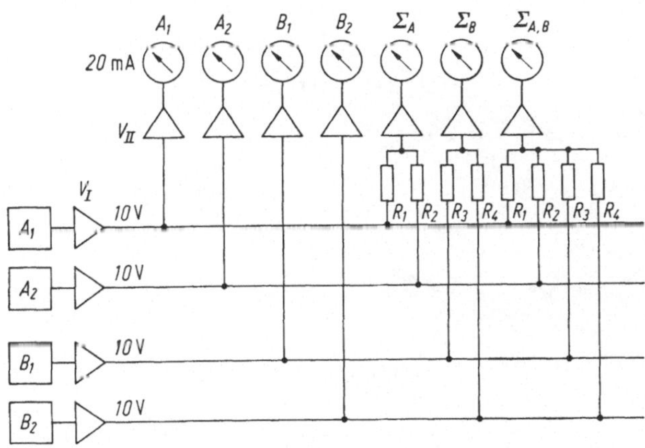

Abb. 3.19.2 Meßwertverknüpfung mit Operationsverstärkern

Abbildung 3.19.3 zeigt die Ausführung eines Operationsverstärkerbausteins mit zwei vollständigen Verstärkern mit Gegenkopplungselementen.

Zur Leistungsmessung im Netzfrequenzbereich haben sich bisher elektromechanische Meßumformer nach dem Prinzip der Drehmomentkompensation gut bewährt. Nachteilig ist bei diesen Geräten jedoch die Empfindlichkeit gegen mechanische Beeinflussung. Sie sind ferner an eine vorgegebene Gebrauchslage gebunden, und die hohe Präzision der Meßwerke stellt besondere Anforderungen an die Fertigung. Eine neue Schaltungstechnik, u. a. der Einsatz integrierter Schaltkreise und die ausschließliche Verwendung von Siliziumhalbleitern, verbessert die technische Eigenschaften gegenüber denen konventioneller Geräte in vielen Punkten wesentlich. So wird beispielsweise durch den Einsatz aktiver Filter das in der Fernmeßtechnik oft wichtige Verhältnis von Restwelligkeit zu Einstellzeit der Ausgangsgrößen optimiert. Hochwertige Bauelemente, wie Operationsverstärker, temperaturkompensierte Referenzdioden, Tantalkondensatoren und Metallschichtwiderstände, erhöhen die Zuverlässigkeit und die Langzeitkonstanz. Damit stehen Bauelemente zur Verfügung, mit denen ein wirtschaftlicher Aufbau elektronischer Multiplikatoren nach verschiedenen Prinzipien möglich ist sowie die Realisierung statischer Leistungsmeßumformer.

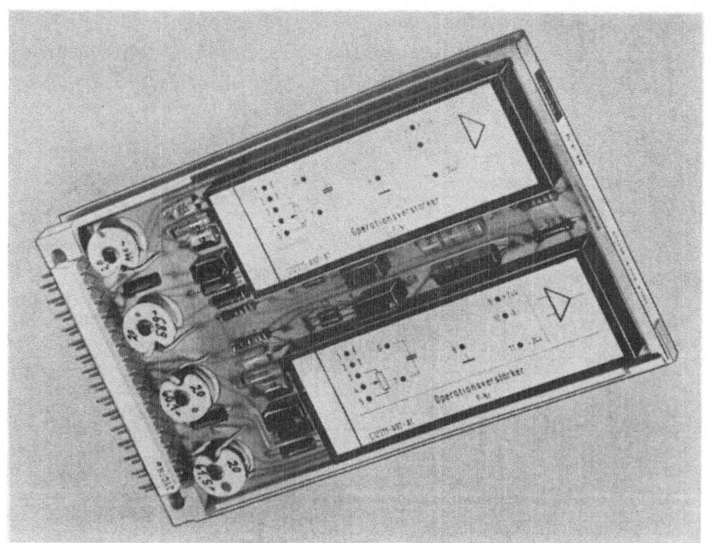

Abb. 3.19.3 Operationsverstärkerbaustein. Der Baustein enthält zwei vollständige Verstärker mit Gegenkopplungselementen (SIEMENS)

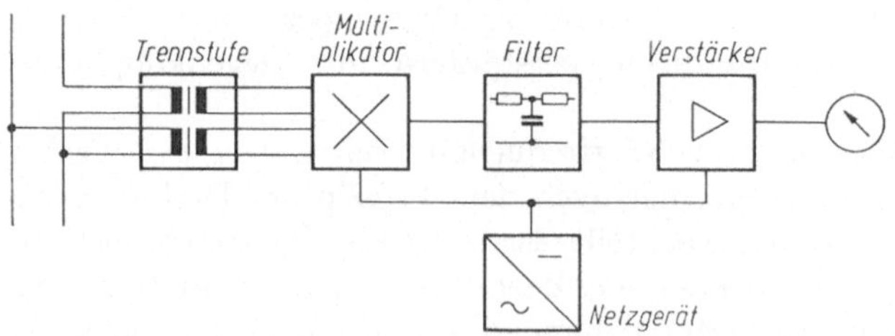

Abb. 3.19.4 Blockschaltplan eines statischen Leistungsmeßumformers

In Abb. 3.19.4 ist der grundsätzliche Aufbau eines statischen Leistungsumformers dargestellt. Die Trennstufe trennt die Starkstromkreise galvanisch von den nachfolgenden Elektronikschaltungen. Sie paßt die zu verknüpfenden Eingangsströme und -spannungen an den

Multiplikator an und enthält für Blindleistungsmessungen in Einphasenkreisen phasendrehende Glieder.

Der Multiplikator verknüpft die Momentanwerte von Strom und Spannung und erzeugt so ein Abbild der Momentanleistung.

Durch das Filter (Tiefpaß) wird der Wechselanteil des Signals am Multiplikatorausgang unterdrückt und die Gleichkomponente dem Verstärker zugeführt. Am Ausgang des Verstärkers steht eine eingeprägte Spannung oder ein eingeprägter Strom als leistungsproportionale Größe zur Verfügung. Das Netzgerät liefert die Hilfsgleichspannungen für den Multiplikator und den Verstärker. Für die richtige Arbeitsweise des Leistungsmeßumformers ist die Art des Multiplikators von wesentlicher Bedeutung. Die Abb. 3.19.5 gibt eine Übersicht über die wichtigsten elektronischen Multiplizierverfahren für Leistungsmeßumformer.

Zum Bilden des Produkts zweier elektrischer Größen ist der Hall-Effekt gut geeignet (vgl. Abschn. 3.6). In ähnlicher Weise läßt sich der Gauß-Effekt ausnutzen, der darin besteht, daß sich der Widerstand von Feldplatten (Halbleiterwiderstände aus Indiumantimonid) in einem Magnetfeld ändert. Dazu wird eine Brückenschaltung von einer der beiden zu multiplizierenden Größen (U) gespeist, während die zweite (I) über ein Magnetfeld auf die Feldplatten einwirkt. Durch eine konstante Induktion B, die beispielsweise ein Permanentmagnet erzeugt, wird dabei ein Ruhearbeitspunkt eingestellt.

Grundlage der Multiplikation zweier elektrischer Größen nach dem Parabelverfahren ist die Rechenoperation

$$(U_I + U_U)^2 - (U_I - U_U)^2 = U_I^2 + U_U^2 + 2U_I U_U - U_I^2 + U_U^2$$
$$- 2U_I U_U) = 4U_I U_U.$$

Es sind zunächst Summe und Differenz der Größen U_I und U_U zu bilden und diese dann zu quadrieren. Die Differenz dieser Quadrate ist dem Produkt der beiden Spannungen proportional. Zur elektronischen Quadratbildung wird ein Zweipol mit parabelförmiger Kennlinie benötigt. Diese Charakteristik ist durch eine Widerstands-Z-Dioden-Kette oder durch vorgespannte Dioden und ein Widerstandsnetzwerk abschnittsweise anzunähern.

Die meisten Vorteile für Leistungsmeßumformer aber bietet der TDM-Multiplikator (TDM time division multiplication oder Zeitverhältnis-Impulsamplituden-Modulation). Das Prinzip ist in Abb. 3.19.6 schematisch dargestellt. Im Schaltkreis fließt in der gezeichneten Schalterstellung durch den Lastwiderstand R_L ein von der Spannung u_2 abgeleiteter Strom i_L. Die Zeit, während der die synchron arbeitenden Schalter die gezeichnete Stellung einnehmen, sei mit t_1 bezeichnet, die Zeit, in der die Schalter umgelegt sind, mit t_2. Bei wechselnder Betätigung der Schalter ist somit der Mittelwert des Ausgangsstroms

$$i_{Lm} = \frac{U_2}{R_L} \cdot \frac{t_1 - t_2}{t_1 + t_2}.$$ (3.19.1)

	Prinzipschaltung	Vor- und Nachteile
Hall-Multiplikator *Anwendung des Hall-Effektes*	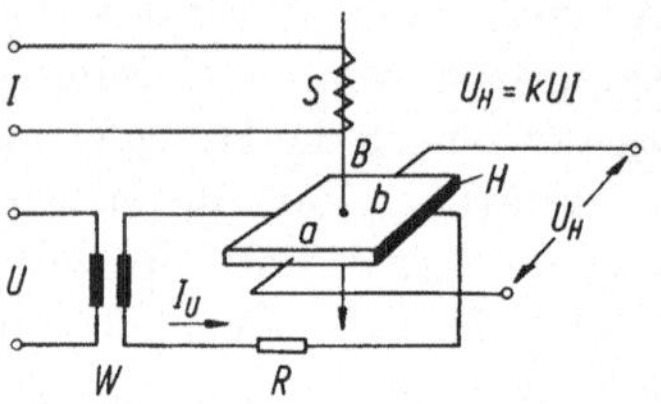 I — S — $U_H = kUI$ — B — H — a b — U_H — U — I_U — W — R	*Einfache Schaltung, arbeitet bis zu hohen Frequenzen* *Hoher Steuerstrombedarf, Hallspannung ist stark temperaturabhängig*
Feldplatten-Multiplikator *Anwendung des Gauß-Effekts*	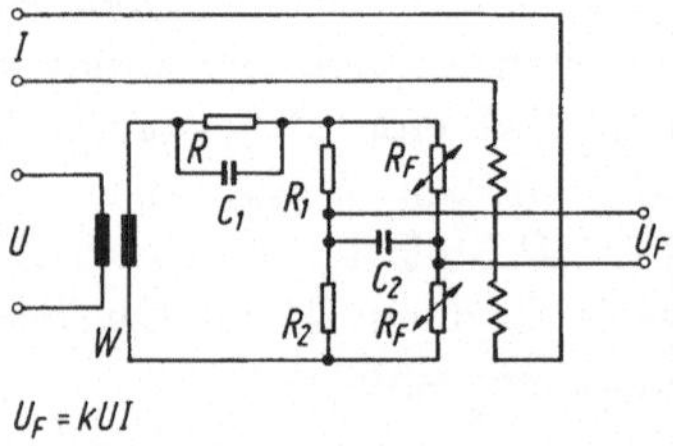 I — R — C_1 R_1 — R_F — U — U_F — C_2 — R_F — W — R_2 — $U_F = kUI$	*Verhältnismäßig hohe Ausgangsspannung möglich* *Gauß-Effekt ist temperaturabhängig, Feldplatten müssen möglichst gleiche Kennlinien haben*
Parabel-Multiplikator *Anwendung der quadratischen Verknüpfung* $(a+b)^2 - (a-b)^2 = 4ab$	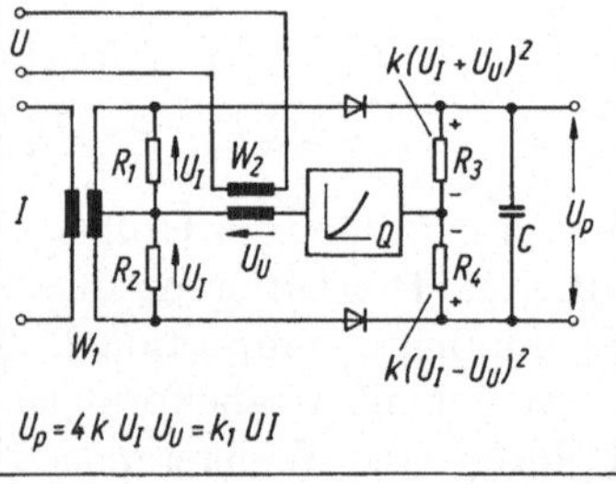 U — $k(U_I + U_U)^2$ — R_1 U_I W_2 — R_3 — I — Q — U_p — R_2 U_I U_U — C — R_4 — W_1 — $k(U_I - U_U)^2$ — $U_p = 4k\,U_I U_U = k_1 UI$	*Geringer Aufwand bei niedrigen Genauigkeitsansprüchen* *Ungenau bei kleiner Aussteuerung*
TDM-Multiplikator *(Time Division Multiplikation) Anwendung der Zeitverhältnis-Impulsamplitudenmodulation*	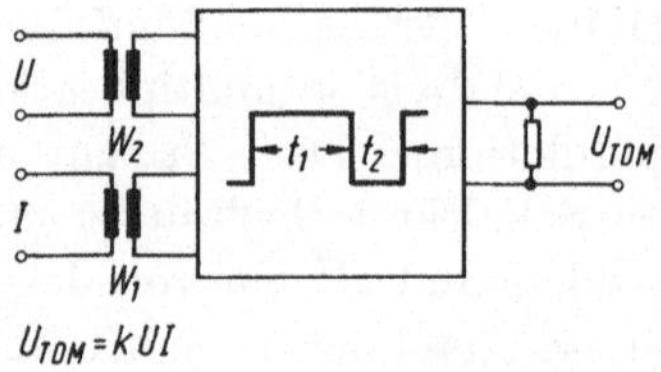 U — W_2 — t_1 t_2 — U_{TDM} — I — W_1 — $U_{TDM} = kUI$	*Hohe GenauigkeitsreserveMultiplikator ist integrierbar, geringer Platzbedarf, sehr niedrige Leistungsaufnahme im Eingang, geringer Temperaturfehler*

Abb. 3.19.5 Elektronische Multiplizierverfahren für Leistungsmeßumformer

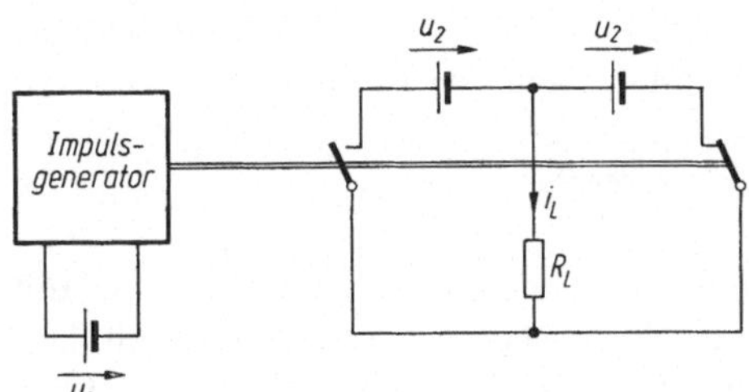

Abb. 3.19.6 Grundschaltung des TDM-Multiplikators

Der Impulsgenerator erzeugt die Schaltzeiten t_1 und t_2 und läßt sich durch die extreme Spannung u_1 derart modulieren, daß folgende Gleichung gilt:

$$\frac{t_1 - t_2}{t_1 + t_2} = K \cdot U_1. \tag{3.19.2}$$

Durch Gleichsetzen der Gln. (3.19.1) und (3.19.2) entsteht die Multiplikatorgleichung

$$i_{Lm} = \frac{K}{R_L}\, U_1 U_2.$$

Zum Messen der Leistung wird eine der beiden Spannungen (u_1 oder u_2) vom zu messenden Strom abgeleitet. Die vorstehenden Ausführungen gelten exakt für Gleichspannungen und Gleichströme, aber auch für Wechselspannungen und Wechselströme, wenn die kleinste Modulationsfrequenz $f = \dfrac{1}{T} = \dfrac{1}{t_1 + t_2}$ des Generators genügend groß gegenüber der Frequenz der zu verknüpfenden Wechselgrößen ist. Die Modulationsfrequenz ist nämlich nicht konstant, sie hängt von der Aussteuerung durch u_1 und damit vom Modulationsgrad m ab. Sie ist am größten, wenn $u_1 = 0$ ist (Nullfrequenz f_0). In diesem Fall sind die Schaltzeiten t_1 und t_2 gleich groß (Abb. 3.19.7).

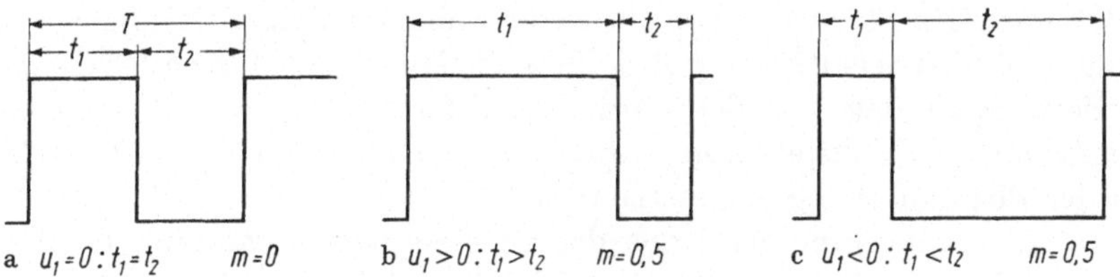

Abb. 3.19.7 Schaltzeiten des TDM-Multiplikators

Bei positiven oder negativen Werten von u_1 wird der Modulationsgrad $\neq 0$, und die Frequenz ändert sich nach der Beziehung

$$f = f_0(1 - m^2).$$

Es gibt verschiedene Möglichkeiten, einen Impulsgenerator mit den in Gl. (3.19.2) definierten Eigenschaften schaltungstechnisch zu verwirklichen. Beispielsweise kann eine übliche Wechselrichterschaltung nach dem Sättigungswandlerprinzip entsprechend modifiziert werden. Beim Anlegen einer konstanten Spannung steigt der Magnetisierungsstrom zeitlinear an. Wird die Sättigungsinduktion erreicht, kippt die Schaltung wegen verminderter Rückkopplung um. Durch Addieren bzw. Subtrahieren der Meßspannung u_1 zur bzw. von der Konstantspannung können die Schaltzeiten entsprechend Gl. (3.19.2) erreicht werden. Eine weitere Möglichkeit besteht darin, einen astabilen Multivibrator als Impulsgenerator zu benutzen, bei dem von dem Prinzip der Aufladung eines Kondensators mit einem eingeprägten Strom Gebrauch gemacht wird. Dabei steigt die Spannung am Kondensator zeitlinear an. Nach Erreichen eines bestimmten Wertes wird durch schaltungstechnische Maßnahmen ein Umkippen der Schaltung erzwungen.

Der bekannte kollektorgekoppelte astabile Multivibrator kann gut für die in Gl. (3.19.2) definierte Bedingung modifiziert werden. Eine weniger bekannte und besser geeignete Schaltungsvariante verwendet einen emittergekoppelten Multivibrator. Abb. 3.19.8 zeigt den Stromlaufplan des Multiplikatorbausteins. Seine Spannungsquellen werden durch die Z-Dioden D_1 und D_2 gebildet. Die Kollektorwiderstände sind aufgeteilt. Vom Abgriff werden die Treibertransistoren T_5 und T_6 gespeist. Durch R_1 und C_1 wird eine Vorspannung erzeugt, damit die Treibertransistoren sicher gesperrt werden können. Die Schalttransistoren T_7 und T_8 werden wegen der günstigeren Schalteigenschaften invers betrieben und entsprechen den Schaltkontakten in Abb. 3.19.6.

In Abb. 3.19.8 wird auch die Ankoppelung der Strom- und Spannungswandler an den Multiplikator gezeigt. Der zu messende Strom erzeugt über den Stromwandler am Nebenwiderstand $R_p + R_p'$ die Spannung u_2 für den Schaltkreis, wobei durch die Mittelanzapfung auch die invertierte Spannung gebildet wird. Die Z-Dioden Z_{11} und Z_{12} dienen dem Schutz des Multiplikators, wogegen der Kondensator C_{12} zur Korrektur der Phasendrehung eingesetzt wird.

Im Spannungskreis wird aus der zu messenden Spannung U über den Vorwiderstand R_v ein Strom abgeleitet, der die Primärwicklung des Spannungswandlers speist. Eine entsprechende Wahl des Vorwider-

standes R_v (temperaturunabhängiger Metallschichtwiderstand) ermöglicht das Anpassen an die jeweilige Primärspannung, so daß der zur
Aussteuerung erforderliche Primärstrom $2/\sqrt{3}$ mA fließt. Der auf der

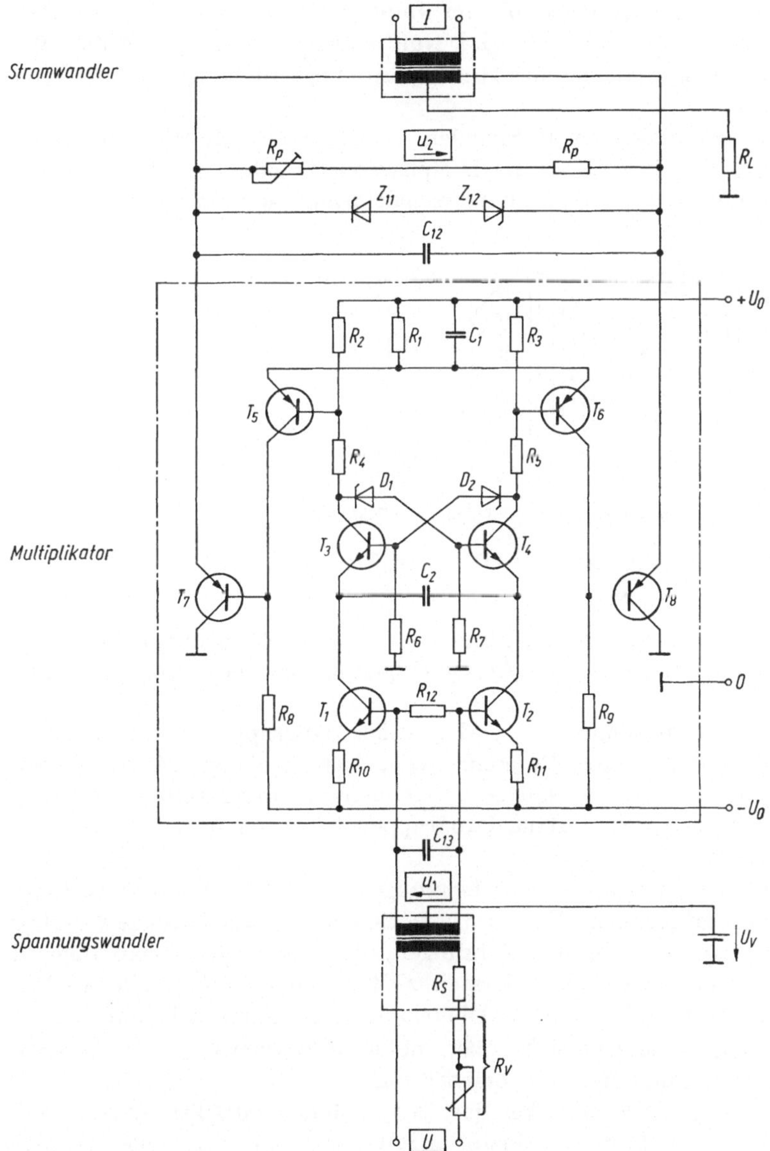

Abb. 3.19.8 Emittergekoppelter TDM-Multiplikator mit Ankopplung der Strom-
und Spannungswandler

Sekundärseite fließende Strom erzeugt am Eingangswiderstand R 12 des Multiplikators die Spannung u_1 für die Zeitverhältnismodulation. Diese Spannung liegt durch den Mittelabgriff der Sekundärwicklung auch invertiert vor. Gleichzeitig wird hier auch die konstante Referenzspannung U_v eingespeist, die im Impulsgenerator bei fehlender Aussteuerung ($u_1 = 0$, $m = 0$) die Nullfrequenz f_0 erzeugt. Abb. 3.19.9 zeigt das Ausgangssignal des Multiplikators bei Aussteuerung mit Wechselgrößen.

Zum Summieren von Signalen verschiedener Multiplikatoren ein und desselben Netzes (z. B. Dreiphasennetz) oder von Signalen aus verschiedenen Netzen (Summierschaltungen) werden Operationsver-

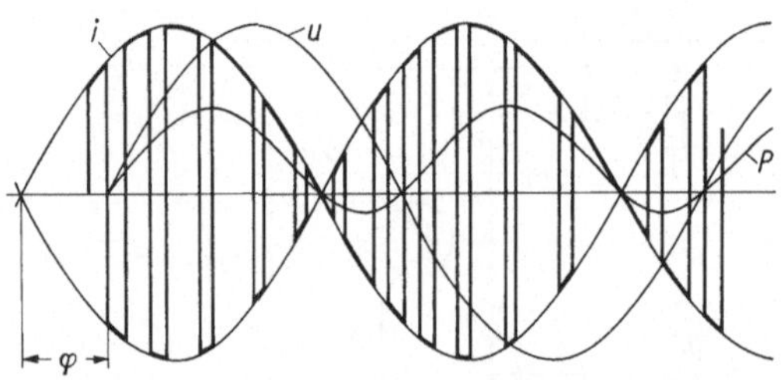

$$u = \hat{u} \sin \omega t, \quad i = \hat{i} \sin(\omega t + \varphi), \quad P = 1/2\, \hat{u}\hat{i}\,[\cos\varphi - \cos(2\omega t + \varphi)]$$

Abb. 3.19.9 Ausgangssignal des TDM-Multiplikators

stärker für eingeprägten Ausgangsstrom verwendet, die um die Leistungsstufe zum Erzeugen hoher Ausgangsspannungen und -ströme erweitert sind.

Ein Leistungsumformer wird aus den Baugruppen Wandler, Multiplikatoren, Verstärker, Referenzquelle, Auskoppelungswiderstände und gegebenenfalls Vortriebsquelle zusammengeschaltet. Dabei können je nach Schaltungsart einzelne Baugruppen fehlen, andere mehrfach vorhanden sein.

Das Spektrum klassischer Leistungsumformer in Kompaktbauweise ist sehr umfangreich. Für die verschiedenen Meßschaltungen gibt es eine Vielzahl von Geräteausführungen, die — auf Schalttafeln angeordnet — oft mit zusätzlichen Geräten, z. B. Trennverstärkern oder Impulsgebern zur Impuls-Frequenz-Übertragung, zusammenarbeiten. Tabelle 3.19.1 zeigt eine Übersicht über die Funktionsbausteine der Analog-Fernmessung und Meßwertverarbeitung.

Es war naheliegend, bei der Entwicklung vollelektronischer Meßumformer ein Bausteinprinzip anzuwenden, um rationeller fertigen zu können und die Flexibilität beim Aufbau von Fernmeßanlagen zu erhöhen.

Meßumformer, die nicht mehr als zwei Systeme erfordern, werden auf einer einzigen Flachbaugruppe montiert. Umfangreichere Kombinationen, z. B. Dreiwattmeterschaltungen und Summierschaltungen, bestehen aus mehreren Baugruppen. Sie werden in sogenannten Zeilengehäusen oder Funktionseinsätzen für Schrank- und Gestelleinbau gemeinsam mit den zugehörigen Netzteilen angeordnet. Wie die Tabelle 3.19.1 zeigt, werden im Rahmen der Analog-Fernmessung noch weitere

Tabelle 3.19.1 Funktionsbausteine der Analog-Fernmessung und Meßwertverarbeitung

Meßumformerbausteine	Verstärkerbausteine	Impuls-Frequenz-Bausteine	Ergänzungsbausteine	Stromversorgungsbausteine
Leistungsmeßumformer	Trennverstärker	Impulsgeber	Grenzwertmelder	Stromversorgungsbaustein für
Strommeßumformer	Operationsverstärker	Impulsempfänger	Widerstandsbaustein	Wechselspannungsanschluß
Spannungsmeßumformer	Summen- und Differenzverstärker	Tonfrequenz-Zusatzbausteine	Hilfsspannungs-Überwachungsbaustein	Stromversorgungsbaustein für Batterieanschluß
Widerstandsmeßumformer (Temperaturfühler, Ferngeber)	Impedanzwandler	Frequenzmultiplex-Übertragungsbausteine Filter	Relaisbaustein zur Meßbereichsumschaltung	Konstantspannungsquelle

Funktionsbaugruppen zur Meßwertverarbeitung und -übertragung verwendet. Hierzu gehören: Platten zur Aufnahme von Bewertungswiderständen, Bedienungsteile mit Präzisionspotentiometern, Relaisanordnungen und Verteiler.

Trennverstärker mischen und verstärken Gleichstromsignale, wenn Ein- und Ausgang galvanisch getrennt sein sollen. Der Verstärker besteht aus einer Magnetiktrennstufe mit zwei unabhängigen, frei verfügbaren Eingängen, sowie einer nachgeschalteten Transistor-Leistungsstufe. Die Übersetzung des Verstärkers ist auf einer Meßbereichplatte durch Widerstandsnetzwerke festgelegt. Der Ausgang, durch Zenerdioden gegen Fremdspannungen geschützt, kann dauernd offen bzw. im Kurzschluß betrieben werden. Speicherverstärker, für unterschiedliche Speicherzeiten ausgelegt, finden z. B. in Anlagen mit zyklischer Analogwertabtastung Verwendung. Die Baugruppe enthält als Eingangsschaltung eine Kondensator-Ladeschaltung, die durch einen Feldeffekttransistor abgetastet wird. Ein verhältnisgleicher Ausgangsstrom oder eine verhältnisgleiche Ausgangsspannung wird durch einen Transistorverstärker erzeugt.

Impulsgeber werden als Sendeumsetzer zur Meßwertübertragung nach dem Impuls-Frequenz-Verfahren verwendet. Die Baugruppe enthält eine nach dem Kompensationsprinzip arbeitende Schaltung zum Umsetzen von Gleichstrom oder Gleichspannung in eine proportionale Impulsfrequenz. An den Impulsausgängen stehen Einfach- oder Doppelstromzeichen zur Verfügung. Der Ausgang der Baugruppe ist kurzschlußfest und mittels Zenerdiode gegen Fremdspannungen geschützt. Eingangsschaltung und Impulsausgang sind bei Verwendung getrennter Stromversorgungsteile galvanisch getrennt.

Impulsempfangseinrichtungen werden als Empfangsumsetzer für Gleich- und Doppelstromimpulse bei der Meßwertübertragung nach dem Impuls-Frequenz-Verfahren verwendet. Die Baugruppe enthält eine nach dem Kondensator-Ladeprinzip arbeitende Schaltung zum Umsetzen von Gleich- und Doppelstromimpulsen in frequenzporportionale Ausgangsspannungen und Ausgangsströme; sie hat zwei Ausgänge. Am ersten Ausgang steht eine eingeprägte Meßspannung zur Verfügung. Diese Spannung ist geeignet zur direkten Ansteuerung von Puls-Code-Sendern, Kompensationsschreiber, Summenverstärkern usw. Am zweiten Ausgang kann ein eingeprägter Strom entnommen werden. Tonfrequenz-Zusatzbausteine werden als Sender oder Empfänger für Wechselstrom-Impulsübertragung verwendet.

Tonfrequenz-Multiplex-Baugruppen werden zur frequenzmultiplexen Übertragung nach dem Impuls-Frequenz-Verfahren mit maximal 20 verschiedenen Kanälen innerhalb des Sprachfrequenzbereiches eingesetzt. Aktive Filter werden als Anpassungsbaugruppe verwendet für Ströme oder Spannungen mit hohem Oberwellengehalt z. B. aus Anlagen mit ungesiebten Impuls-Frequenz-Ausgängen.

Zählimpuls-Stromumsetzer ermöglichen die Bildung des elektrischen Leistungswertes aus Zählerimpulsfolgen und z. B. auch die Durchflußmessung durch Auswertung von Mengenimpulsen. Grenzwertmelder erfassen Grenzwertüberschreitungen und dienen der Kanalüberwachung.

3.19.2. Digitale Verfahren

Den Aufbau einer einfachen digitalen Fernmeßstrecke zeigt Abb. 3.19.10. Sie besteht auf der Sendeseite aus den Meßumformern, einem Analogdigitalumsetzer und einem Sender. Auf der Empfangsseite sind ein Empfänger, mehrere Digitalanalogumsetzer und mehrere Speicher erforderlich. Eine in der Abbildung nicht eingezeichnete Kontrolleinrichtung kann mit einiger Sicherheit feststellen, ob der empfangene Meßwert richtig übertragen oder gestört wurde. Die Synchronisation von Sender und Empfänger wird durch ebenfalls nicht eingezeichnete Schaltungsmaßnahmen erzwungen. Die Meßumformer formen die Meßgrößen in eine meßwertproportionale Gleichspannung um. Diese wird mit einem der im Abschn. 3.18.3 beschriebenen Analogdigitalumsetzer in eine digitale Form umgesetzt und über den Sender auf die Fernleitung gegeben. Auf der Empfangsseite werden die digital vorliegenden Meßwerte in die den Meßkanälen zugeordneten Speicher gegeben, von Digitalanalogumsetzern wieder ins Analoge überführt und von Meßgeräten angezeigt oder registriert. Im Rahmen der Fernwirktechnik haben Fernmeß-Systeme die Aufgabe, den gesamten Prozeßzustand einer Anlage zu erfassen, darzustellen und nach bestimmten Anweisungen zu ändern.

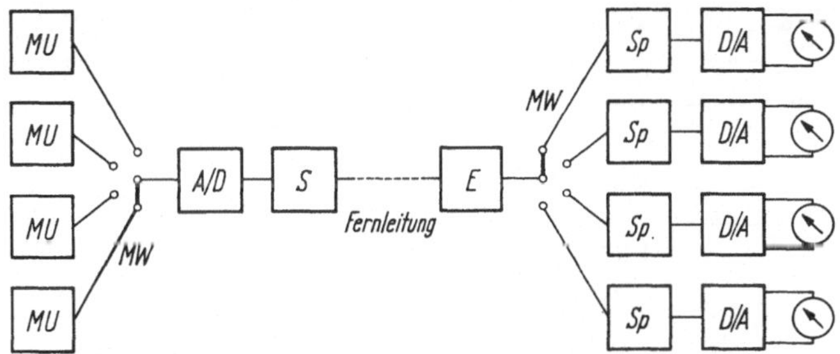

Abb. 3.19.10 Digitale Zeitmultiplexfernmessung.
MU Meßumformer; *A/D* Analogdigitalumsetzer; *S* Sender; *E* Empfänger; *D/A* Digitalanalogumsetzer; *Sp* Speicher; *MW* Meßstellenwähler

Bei den hier anfallenden großen Datenmengen ist es notwendig den Zustand meßtechnisch zu optimieren, d. h. nutzlose Daten nicht über eine Fernleitung oder in einen Prozeßrechner zu übertragen. Hierzu ist die Datenreduzierung, die Datenkomprimierung und die Datenordnung erforderlich.

Man kann weder die Übertragungswege überlasten, noch die Weiterverarbeitung durch unnütze Informationen überhäufen. Bei der Meßwertverarbeitung und Fernmessung sollen eigentlich nur Änderungsinformationen übertragen werden. Eine Schalterstellungsanzeige ist nur dann interessant, wenn sie sich geändert hat. Beim Meßwert führt man eine gleitende Grenzwertkontrolle ein. Es wird ein Grenzwert festgestellt, der Meßwert wird einmal übertragen und wird erst dann erneut übertragen, wenn er sich aus dem Grenzbereich herausbewegt hat.

Abbildung 3.19.11 zeigt ein Beispiel für die Verarbeitung eines Zustandes, der überwacht und gesteuert werden soll. Der Zustand wird in den Zustandsspeicher der Unterstation übernommen und im Zustandsabbild der Zentrale gezeigt. Es können verschiedene Arten von Infor-

mationen übernommen werden. Die Vorverarbeitung, d. h. die Differenz
zwischen Ist und Soll liegt zwischen Zustand und Zustandsspeicher.
Es findet hier eine problemorientierte Blockbildung statt, die im Zustandsspeicher zusammengefaßt und in die Zentrale übertragen wird
In der Zentrale erfolgt die Weiterverarbeitung ggf. mit Rechner.

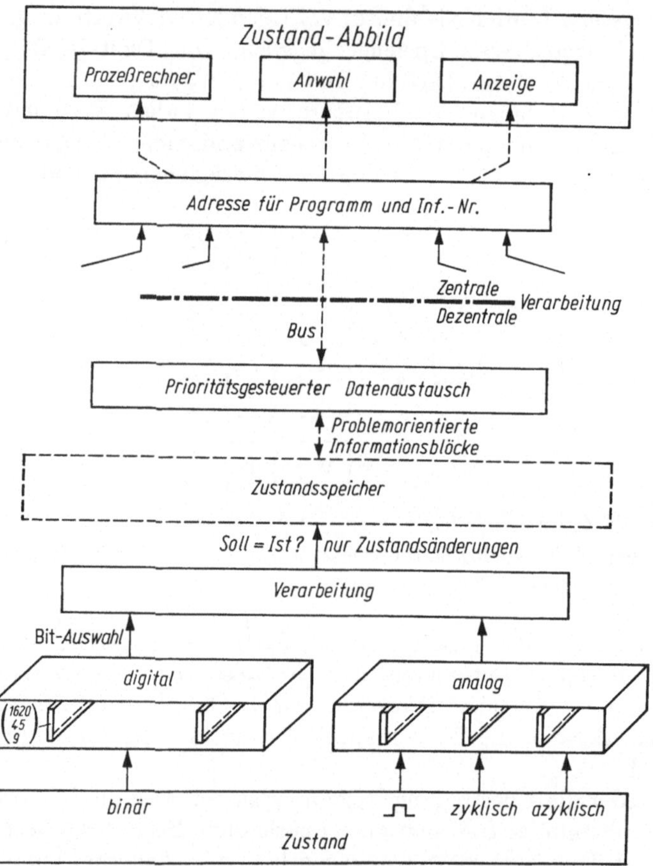

Abb. 3.19.11 Datenreduktion durch dezentrale Verarbeitung

In vielen Fällen genügt es, den zu überwachenden Vorgang nach
typischen Anomalien zu untersuchen und für die einzelnen Zustände
typische Bildmuster festzulegen. Werden nun solche zuvor festgelegten
„typischen Funktionsdiagramme" mit dem tatsächlichen Funktions-
ablauf verglichen und dabei Übereinstimmung festgestellt, so ist es
nicht mehr erforderlich, den gesamten Vorgang zu übertragen, sondern
es ist ausreichend, die in der Zentrale ebenfalls vorhandenen Funktions-

diagramme mit geringem Übertragungsaufwand anzusprechen und im Bedarfsfalle zu registrieren oder auszudrucken. Können Ablaufänderungen keinem vorgegebenen Bildmuster zugeordnet werden, so kann diese

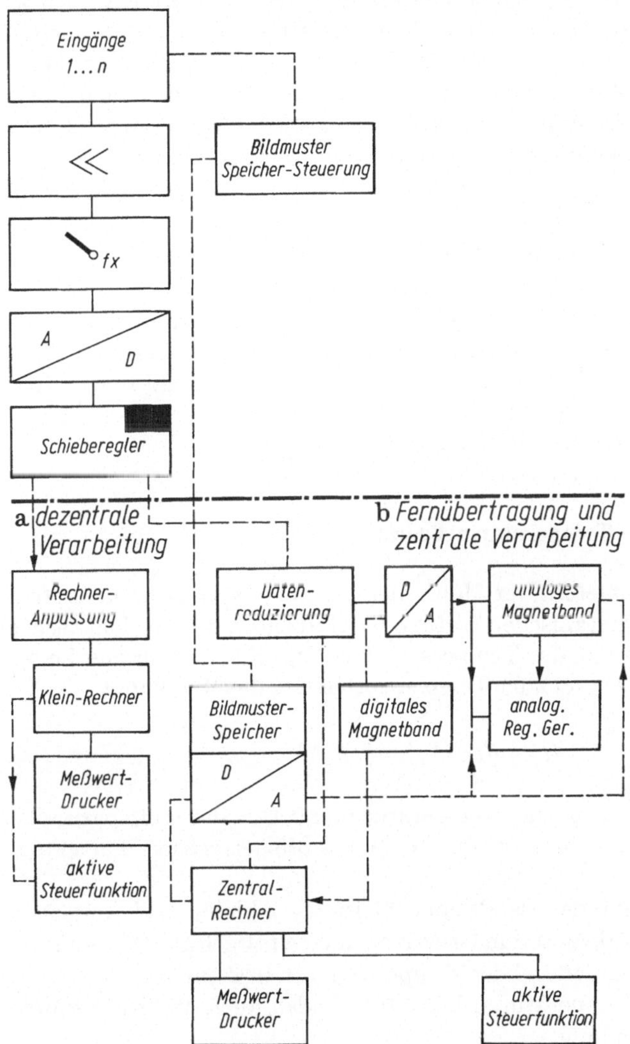

Abb. 3.19.12 Fernübertragung und Rechnerverarbeitung

Information auf dafür vorgesehenen Zwischenspeichern festgehalten und individuell abgerufen werden.

Ein nur bei ausgewählten Vorgängen registrierendes bzw. erfassendes System erfordert optimale Grenzwertfühler, welche an geeigneten Stellen

des Prozeßablaufes eingebaut sein müssen. Im Vordergrund stehen
hierbei Anregeeinheiten für Spannung, Strom, Leistung oder Frequenz.
Die prozeßtechnischen Größen Druck, Temperatur, relative Feuchte
usw. werden für die Anregung meist auf Spannungskriterien zurückgeführt, so daß dieselben unter dem Begriff „Spannungsanregung"
geführt werden können. Abb. 3.19.12 zeigt das Beispiel einer Fernübertragung und Rechnerverarbeitung von Meßdaten die nach Maß-
gabe der Zustandsänderungen aus Schieberegistern abgerufen, zwischen-
speichert, und analog oder digital ausgegeben werden können.

3.20. Meßverfahren zur Messung nichtelektrischer Größen

Nichtelektrische Größen werden mit Hilfe von Aufnehmern in elektrische
Größen umgewandelt und dann mit elektrischen Meßgeräten und Meßverfahren gemessen. Die Aufnehmer sind nicht nur Teile einer Meßeinrichtung und dienen nicht nur zur Überwachung eines Prozeßablaufs,
sondern sind auch ein wesentlicher Teil von Regelkreisen.

3.20.1. Elektrische Temperaturmeßgeräte

Widerstandsthermometer. Der Meßfühler des Widerstandsthermometers
besteht aus einem metallischen Leiter oder Halbleiter, dessen elektrischer
Widerstand R sich mit der Temperatur t ändert. Für metallische Leiter
gilt z. B. in einem begrenzten Temperaturbereich die Beziehung

$$R_t = R_0 \cdot (1 + \alpha t + \beta t^2).$$

R_0 ist der Widerstand bei der Temperatur von $0\,°C$, α der stoffspezifische
Temperaturkoeffizient und β ein weiterer stoffspezifischer Korrektur-
beiwert.

Für Meßwiderstände aus Pt und Ni ist die Abhängigkeit zwischen
Temperatur und Widerstand in Grundwertreihen festgelegt (DIN 43760).
Die Widerstände werden bei der Temperatur von $0\,°C$ auf $100\,\Omega \pm 0{,}1\,\Omega$
abgeglichen. Für Temperaturen bis $150\,°C$ finden auch Meßwiderstände
aus Kupfer Verwendung.

Heißleiter (Halbleiter, zumeist aus Schwermetalloxiden) haben einen
negativen Temperaturbeiwert ($\alpha = -2$ bis $-5\%/K$) und ändern ihren
Widerstand sehr stark mit der Temperatur nach einer exponentiellen
Funktion.

Heißleiter werden außer zur Temperaturmessung häufig in Meßschaltungen zur Temperaturkompensation verwendet. Für technische

Messungen baut man den Meßwiderstand stets in einen Meßeinsatz ein, diesen wiederum in eine Einbauarmatur (Abb. 3.20.1).

Für Meßschaltungen mit Widerstandsthermometern ist immer eine Spannungsquelle notwendig. Die Speisespannung beträgt normalerweise 6 V. Man benutzt Ausschlagsschaltungen, Schaltungen nach dem Brücken-Nullverfahren sowie Spannungskompensationsschaltungen (s. Abschnitt 3.3.3., 3.4.2., 3.4.3.).

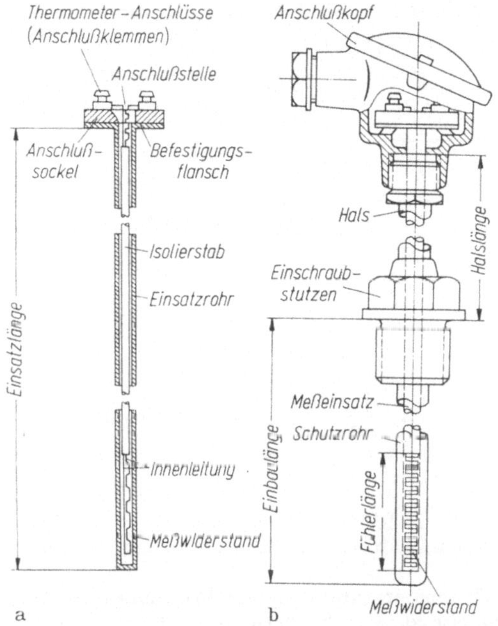

Abb. 3.20.1 a u. b Widerstandsthermometer.
a) Meßeinsatz; b) Schnittbild des vollständigen Widerstandsthermometers

Thermoelemente. Werden zwei Drähte aus verschiedenem Material an ihren Enden zusammengelötet oder verschweißt, so entsteht ein Thermopaar. Bei Temperaturdifferenzen zwischen der Meßstelle und der Vergleichsstelle wird eine EMK erzeugt. In DIN 43710 sind für die gebräuchlichsten Thermopaare Cu/Konstantan; Fe/Konstantan; NiCr/Ni und PtRh/Pt die Beziehungen zwischen Temperatur und Thermospannung angegeben. Das Thermopaar PtRh/Pt bietet von den angegebenen Thermopaaren die beste Meßsicherheit, liefert aber die kleinsten Thermospannungen.

Mit Thermoelementen werden Meßbereiche von $-200\,°C$ bis $1\,600\,°C$ erfaßt. Sie ermöglichen wie die Widerstandsthermometer die elektrische

Fernübertragung von Temperaturmeßwerten. Sie benötigen eine Hilfsspannung nur dann, wenn Kompensationsschaltungen angewendet werden. Abb. 3.20.2 zeigt Meßschaltungen mit Thermoelementen nach dem Ausschlags- und dem Kompensationsverfahren. Die Vergleichsstelle wird zumeist durch Anschließen einer Ausgleichsleitung an eine Stelle mit bekannter und ausreichend gleichbleibender Temperatur gelegt.

Der Einfluß von Temperaturschwankungen an der Vergleichsstelle läßt sich durch eine Ausgleichsschaltung mit einem temperaturabhängigen Widerstand (Kompensationsdose Abb. 3.20.2b) in einem weiten Bereich beseitigen.

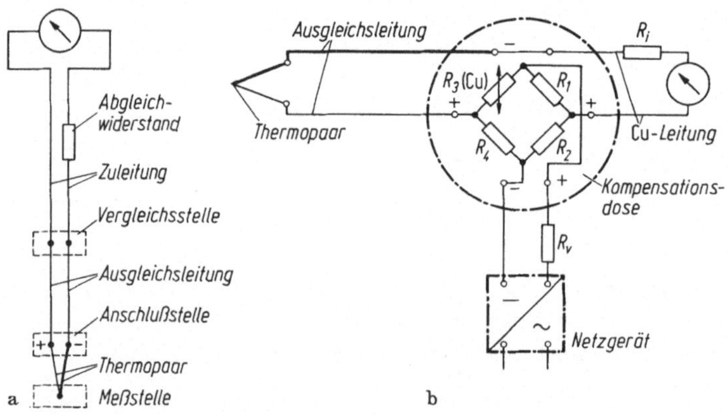

Abb. 3.20.2a u. b Meßschaltungen mit Thermoelementen.
a) mit Ausgleichsleitung; b) Zusammenschaltung von Thermoelement, Kompensationsdose und Netzgerät.
R_1, R_2, R_4 Brückenwiderstände; R_3 temperaturabhängiger Brückenwiderstand; R_i Abgleichwiderstand; R_v Vorwiderstand je nach Thermopaarart

Die Temperatur der Vergleichsstelle kann aber mit einem Thermostaten auf z. B. 50 °C oder — für Labormessungen — mit einem Eis-Wasser-Gemisch auf 0 °C mit einer Unsicherheit von 0,1 K konstant gehalten werden. Beim Messen hoher Temperaturen und bei geringen Genauigkeitsansprüchen genügt es, die Vergleichsstelle der Umgebungsluft auszusetzen.

Strahlungspyrometer. Strahlungspyrometer gestatten eine berührungslose Temperaturmessung, wodurch auch die Messung sehr hoher Schmelztemperaturen möglich ist, bei denen der Verschleiß von Widerstandsthermometern und Thermoelementen zu groß wäre. Die Temperaturmessung an bewegten Objekten, z. B. an Walzgütern ist möglich. Strahlungspyrometer messen sehr schnell. Ihre Arbeitsweise beruht auf dem Stefan-Boltzmannschen Gesetz.

Gesamt- und Bandstrahlungspyrometer[1]. Die vom anvisierten Teil des Meßobjekts ausgehende Gesamtstrahlung wird durch einen Hohlspiegel (Abb. 3.20.3) oder bei Bandstrahlungspyrometern, so weit die Strahlung durchgelassen wird, durch eine Sammellinse (Abb. 3.20.4) auf einen Strahlungsempfänger konzentriert und von ihm absorbiert. Dieser besteht entweder aus geschwärzten, blättchenförmig ausgebildeten

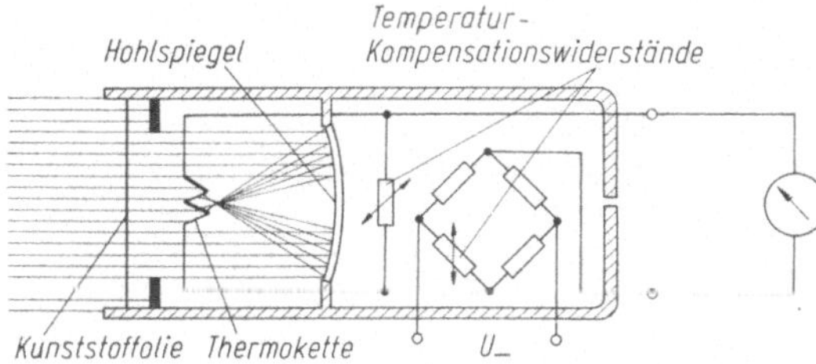

Abb. 3.20.3 Gesamtstrahlungspyrometer

Thermopaaren oder aus einem Germanium- bzw. Silizium-Fotoelement. Im ersten Fall ist die durch die Erwärmung der Meßstelle entstehende Thermospannung ein Maß für die Temperatur des Strahlers, im zweiten der ausgelöste lichtelektrische Strom. Es können Anzeiger, Schreiber und Regler unmittelbar an die Pyrometer angeschlossen werden. Bei sehr kleinem Meßbereichumfang wird ein Verstärker zwischengeschaltet.

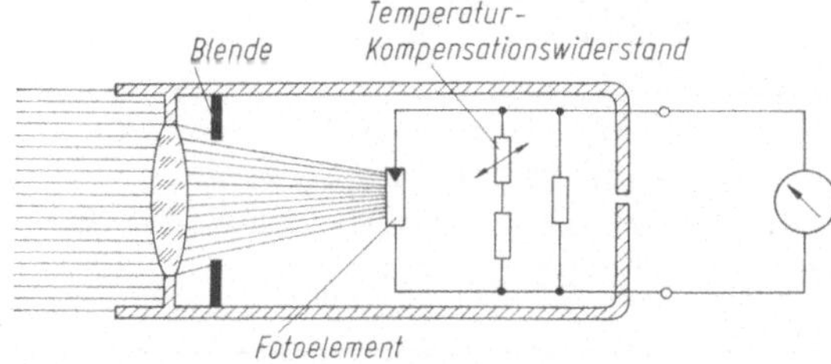

Abb. 3.20.4 Bandstrahlungspyrometer

Spektralpyrometer. Beim Spektralpyrometer wird die Strahldichte in einem engen Spektralbereich (meist $= 0{,}65$ µm) des vom untersuchten Körper ausgesandten Lichtes mit der eines am Schwarzen Körper justier-

---

[1] Nach VDE/VDI 3511, Februar 1967, erfolgt die Kennzeichnung a) nach dem spektralen Empfindlichkeitsverhalten (Spektralpyrometer, Bandstrahlungspyrometer, Gesamtstrahlungspyrometer), b) nach Art der Strahlungsmessung (Strahldichtepyrometer, Vergleichspyrometer, Verteilungspyrometer, Farbpyrometer), c) nach charakteristischen Bauteilen (Thermoelementpyrometer, Hohlspiegel, Glühfadenpyrometer usw.).

ten Vergleichsstrahlers in Übereinstimmung gebracht. Messungen mit Spektralpyrometern unterliegen den subjektiven Einflüssen des Beobachters.

Farbpyrometer. Mit dem Farbpyrometer wird die Temperatur aus dem Verhältnis der Strahldichten bei zwei Spektralbereichen bestimmt (Abb. 3.20.5). Durch ein Filter wird die vom Meßobjekt ausgehende Strahlung in zwei Teile mit verschiedenen Wellenlängen aufgespalten und mit

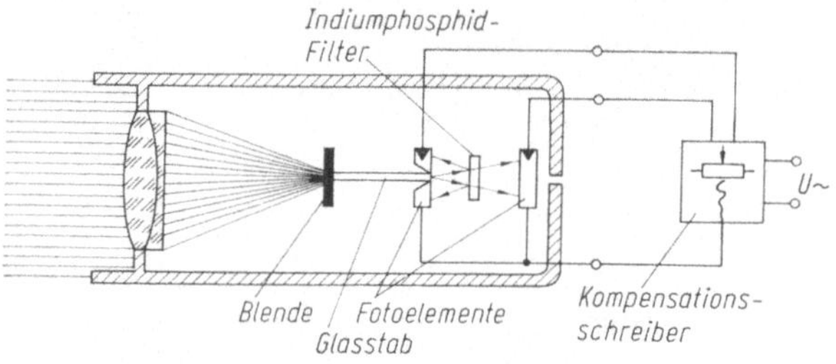

Abb. 3.20.5 Farbpyrometer

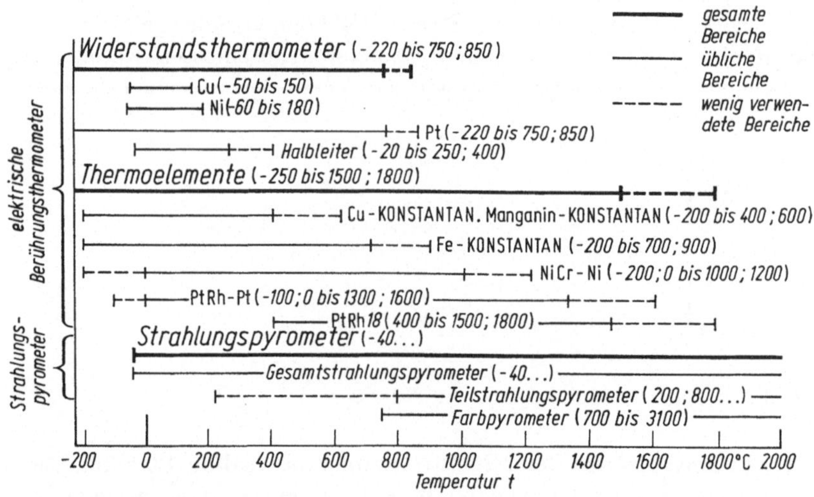

Abb. 3.20.6 Anwendungsbereiche von Temperaturmeßgeräten

je einem Fotoelement gemessen. Das Verhältnis der von den Fotoelementen abgegebenen Spannungen ist ein Maß für die Temperatur.
Einen Überblick über gebräuchliche Temperaturmeßgeräte und deren Anwendungsbereiche gibt Abb. 3.20.6. Bei Temperaturmessungen ist

stets zu beachten, daß — unabhängig von der Toleranz des verwendeten Meßgerätes — beträchtliche Meßfehler durch äußere Einflüsse auftreten können, z. B. durch ungenügenden Wärmeausgleich zwischen Meßobjekt und Meßfühler, durch Wärmeleitung, Wärmestrahlung und natürliche Konvektion.

3.20.2. Elektrische Gasanalysegeräte

Im Gegensatz zu fast allen chemischen Analysenverfahren erfolgt die Messung selbsttätig und kontinuierlich. Den Meßverfahren liegen physikalische Eigenschaften der Gase zugrunde, wie z. B. die unterschiedliche Wärmeleitfähigkeit, die Infrarotabsorption oder der Paramagnetismus.

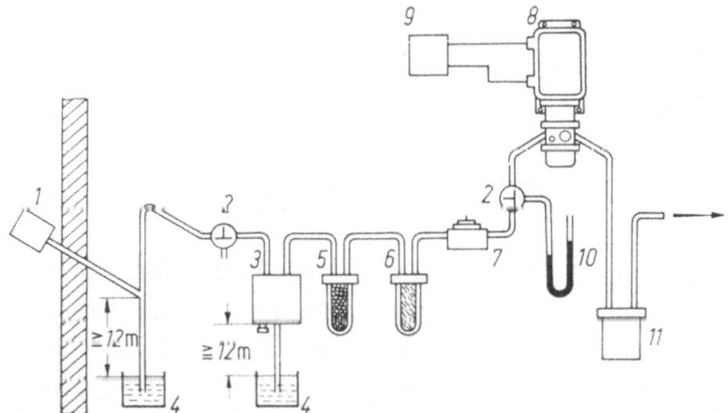

Abb. 3.20.7 Schema einer Gasentnahme- und Aufbereitungsanlage.
1 Gasentnahmegerät; *2* Dreiwegehahn; *3* Gaskühler; *4* Kondenswassertopf; *5* H_2S-Filter (Luxmassefüllung); *6* H_2SO_4-Filter (Glaswollefüllung); *7* Membranfilter; *8* Gasanalysegerät; *9* Netzgerät; *10* U-Rohr für Dichtigkeitsprüfung; *11* Saugpumpe

Die Meßwerte können angezeigt, aufgezeichnet und fernübertragen werden. Mit Hilfe von Grenzwertschaltern ist die optische und akustische Meldung von unzulässigen Konzentrationen möglich. Ein besonderer Vorteil liegt darin, daß Regler und Meßwertverarbeitungsanlagen angeschlossen werden können.

Voraussetzung für genaue Meßergebnisse ist die Verwendung einer geeigneten Entnahme- und Aufbereitungsanlage. Ein Beispiel einer solchen Anlage zeigt Abb. 3.20.7. Das Gasanalysegerät ist stets an der wärmsten, der Kondenswassertopf an der kältesten Stelle der Meßanlage anzubringen.

Gasanalysegeräte nach dem Wärmeleitfähigkeitsverfahren. Die Meßverfahren dieser elektrischen Gasanalysegeräte beruhen auf der Eigenschaft eines elektrischen Leiters, seinen elektrischen Widerstand zu

ändern, wenn sich die Temperatur ändert. Beim Wärmeleitfähigkeitsverfahren wird die Temperaturänderung des Leiters von der Wärmeleitfähigkeit des ihn umgebenden Meßgases bestimmt. Vier solche Leiter
sind zu einer Brücke geschaltet. Zwei werden vom Meßgas und die beiden
anderen vom Vergleichsgas umspült (Abb. 3.20.8). Ein konstanter
Strom erwärmt die vier in Brücke geschalteten Pt-Meßdrähte auf eine

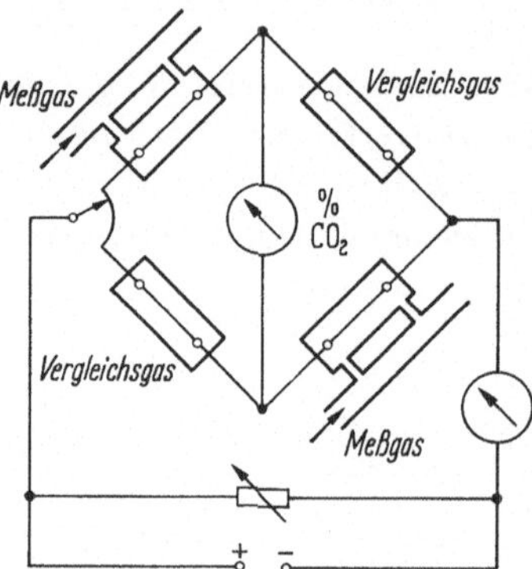

Abb. 3.20.8 Gasanalytisches Meßgerät nach
Wärmeleitfähigkeitsverfahren mit ab-
geschlossener Vergleichskammer

Übertemperatur von etwa 100 °C. Wegen der unterschiedlichen Wärmeleitfähigkeit von Meß- und Vergleichsgas werden die in den Drähten
erzeugten Wärmemengen in ungleichem Maße an den Kammerblock
abgeführt. Hierdurch nehmen die Drähte in den Meß- und Vergleichs-
kammern unterschiedliche Temperaturen und daher auch unterschied-

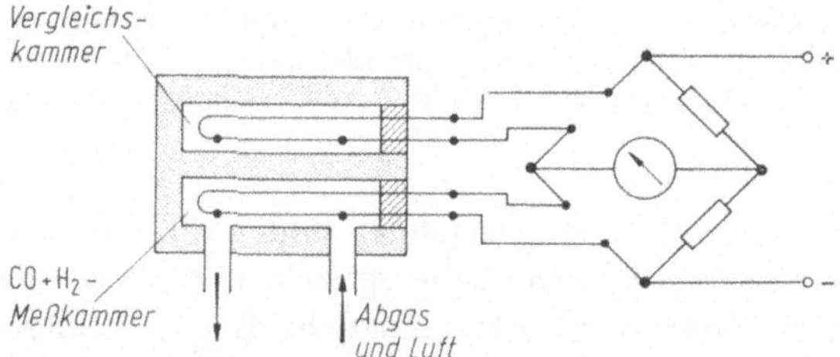

Abb. 3.20.9 Gasanalytisches Meßgerät nach dem Wärmetönungsverfahren

liche Widerstandswerte an. Das (elektrische) Gleichgewicht der Meßbrücke wird gestört, und in der Brückendiagonale fließt ein zur Konzentration der Meßkomponente proportionaler Strom. Der Anzeiger in der
Brückendiagonale kann unmittelbar in % CO_2, % H_2, % CH_4 usw.
kalibriert werden.

Zur Messung des CO- und H_2-Gehaltes in Abgasen — allgemein im
Anschluß eine CO_2-Messung durchgeführt — wird das Wärmetönungs-

verfahren angewendet. Es beruht auf der Messung der bei einer chemischen Reaktion freiwerdenden Wärmemenge. Der eine von zwei elektrisch auf die Temperatur 500 °C geheizten Pt-Ir-Meßdrähte wird in einer Meßkammer vom Prüfgas (Abgas mit Luftzusatz) umspült, der andere ist in einer Vergleichskammer von Luft umgeben (Abb. 3.20.9). Am Meßdraht verbrennen CO und H_2. Die Temperatur des Meßkammerdrahtes erhöht sich dadurch verhältnismäßig stark und also auch sein elektrischer Widerstand; zum Messen der Widerstandserhöhung dient eine Wheatstonesche Brücke (Zweidrahtbrücke).

Gasanalysegeräte nach dem Infrarotabsorptions-Verfahren. Das Meßprinzip verwendet die spezifische Strahlungsabsorption mehratomiger nichtelementarer Gase im Spektralbereich (2,5···12 μ) als Meßeffekt.

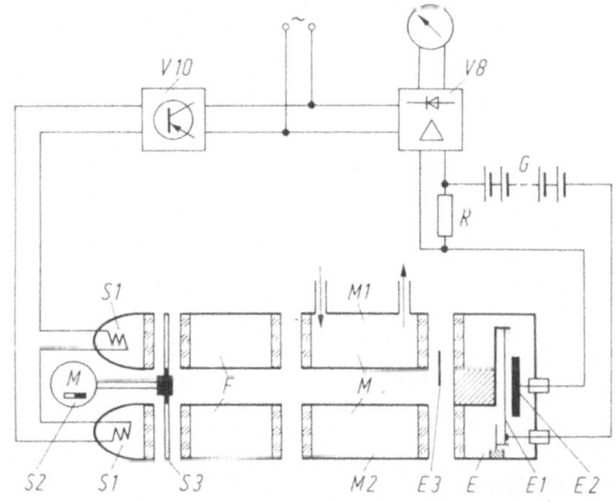

Abb. 3.20.10 Gasanalyse durch Infrarotabsorption (H & B).
E Empfänger; *E1* Membran; *E2* Gegenelektrode; *E3* Empfängerblende; *F* Filterküvette; *G* Gleichspannungsquelle; *M* Meßküvette; *M1* Analysenkammer; *M2* Vergleichskammer; *R* Hochohmwiderstand; *S1* Strahlungsquellen; *S2* Blendenradmotor; *S3* Blendenrad; *V8* Verstärker; *V10* Netzstabilisierung

Die Absorption wird in einer Wechsellicht-Photometeranordnung mit zwei parallelen Strahlengängen und einem selektiv wirkenden, mit der zu bestimmenden Gaskomponente gefüllten Strahlungsempfänger gemessen. Das Meßgas wird durch die im Meßstrahlengang liegende Analysenkammer geleitet. In der Vergleichskammer im zweiten Strahlengang befindet sich Stickstoff, der keine infrarote Strahlung absorbiert. Die von der Absorption in der Analysenkammer abhängige Differenz der aus den Kammern austretenden Strahlungen bewirkt eine unterschiedliche Aufheizung und damit eine Druckdifferenz in den beiden Empfängerkammern. Die Druckdifferenz wird durch einen Membrankondensator erfaßt und in ein elektrisches Signal umgewandelt. Abbildung 3.20.10 zeigt das Schema einer Gasanalyse durch Infrarotabsorption.

Gasanalysegeräte nach dem paramagnetischen Verfahren. Die magnetische Sauerstoffmessung (Abb. 3.20.11) nutzt den Paramagnetismus des Sauerstoffs aus. Das Meßgas wird in 4 Bohrungen eines Metallblocks geleitet, in denen sich je ein auf 300 °C erhitzter Pt-Draht befindet. Zwei Platindrähte befinden sich im Magnetfeld eines Dauermagneten. Dieses bewirkt eine Gaszirkulation, die sich mit dem O_2-Gehalt vergrößert. O_2 ist nämlich von den technisch interessierenden Gasen allein paramagnetisch. Seine Magnetisierbarkeit nimmt mit der Temperatur ab. Der Magnet zieht also den Sauerstoff zunächst an, bei Erreichen des erhitzten Pt-Drahtes verliert er seine Magnetisierbarkeit und kalter,

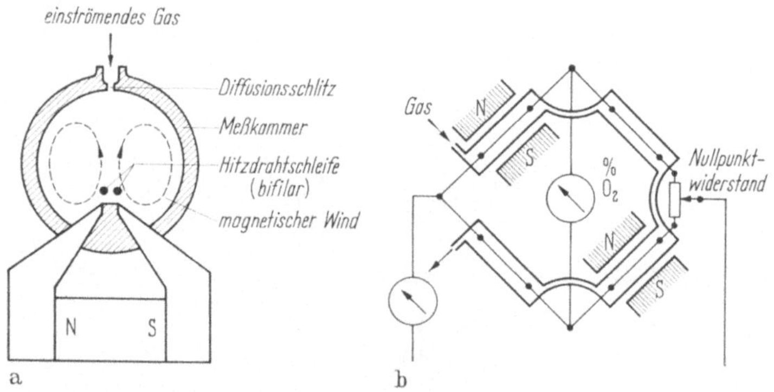

Abb. 3.20.11 a u. b Magnetischer O_2-Messer.
a) Meßkammer; b) Grundschaltung

magnetischer O_2 drängt nach. In den dem Magnetfeld ausgesetzten Zellen entsteht durch die zusätzliche Gaszirkulation eine Abkühlung des Drahtes und damit über die Widerstandsänderung eine Verstimmung der Brücke. Magnetische O_2-Messer werden für Meßbereiche von $0\cdots1\%$ O_2 bis zu $0\cdots100\%$ O_2 ausgelegt. Auch eine Nullpunktunterdrückung ist möglich.

Gas-Chromatographen. Die Gas-Chromatographie (GC) stellt ein Analyseverfahren dar, das innerhalb kurzer Zeit und in einem Arbeitsgang sowohl quantitative wie qualitative Ergebnisse liefert. Es können gasförmige und, soweit diese unzersetzt verdampfbar sind, auch flüssige und feste Stoffgemische analysiert werden. Die GC stellt gleichzeitig ein Trennverfahren dar, bei dem die Stoffkomponenten mit hohem Reinheitsgrad gewonnen werden (präparative GC).

Mit der herkömmlichen Gas-Chromatographie lassen sich Komponenten mit einem Anteil von Bruchteilen von ppm (parts per million $= 10^{-4}$ Vol.-%) noch reproduzierbar nachweisen. Spezielle Techniken, z. B. mit zusätzlicher Spurenanreicherung (speichernde Dosierung), ermöglichen Analysen bis unterhalb des ppm-Bereiches (10^{-7} Vol.-%).

Nach Verwendungszweck unterscheidet man Labor-Chromatographen für Forschungs- und Entwicklungsarbeiten, Routineanalysen und präparative Arbeiten sowie Prozeß-Chromatographen zum Überwachen, Steuern und Regeln von physikalisch-chemischen Prozessen in den unterschiedlichsten Industriezweigen. Das Grundprinzip der Gas-Chromatographie ist in Abb. 3.20.12 dargestellt. Zu einem stetig strömenden Trägergas (z. B. H_2, He, N_2) wird die zu analysierende Probe mit bestimmtem Volumen dosiert. Trägergas und Probe strömen gemeinsam

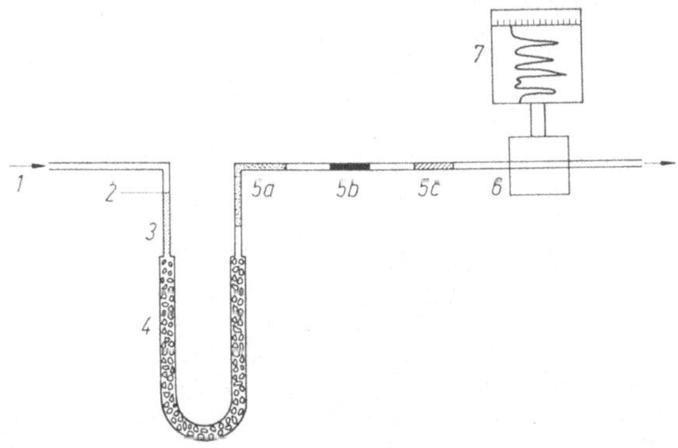

Abb. 3.20.12 Grundprinzip eines Gaschromatographen.
1 Trägergas; *2* Probeneingabe (Dosierung); *3* Meßgas (Trägergas und Analysenprobe); *4* Trennsäule; *4* Komponenten (mit Trägergas); *6* Detektor; *7* Linienschreiber

durch die Trennsäule, wobei die einzelnen Probenkomponenten die Säule unterschiedlich schnell durchwandern und so voneinander getrennt werden. Im Anschluß an die Trennsäule wird das Trägergas mit den aufgetrennten Analysenkomponenten in den Detektor geleitet. Dieser erfaßt die Konzentration bzw. die Masse der einzelnen Komponenten in der Reihenfolge, wie sie die Trennsäule verlassen haben. Das vom Detektor abgegebene elektrische Signal ist proportional der jeweiligen Konzentration (Masse) und wird von einem angeschlossenen Schreiber in Form von Peaks aufgezeichnet. Das geschriebene Diagramm wird als Chromatogramm (Abb. 3.20.13) bezeichnet. Zur quantitativen Analyse der in der Trennsäule aufgetrennten Komponenten werden Detektoren verwendet, die nach unterschiedlichen Verfahren arbeiten.

Der Wärmeleitfähigkeitsdetektor (WLD) ist ein robuster, universell verwendbarer Konzentrationsdetektor und kann mit einem kleinstmöglichen Meßbereich von 0 bis 0,1 bzw. 2% (problemabhängig) bis zu einem Meßbereich von 0 bis 100% eingesetzt werden. Das Meßprinzip entspricht dem des Gasanalysegerätes nach dem Wärmeleitfähigkeitsverfahren (Abb. 3.20.8).

Der Flammenionisationsdetektor (FID) ist ein Massedetektor. Mit ihm können alle brennbaren Kohlenwasserstoffe gemessen werden. Der FID hat eine Nachweisgrenze von etwa 10^{-12} g/s. Der große Linearbereich ermöglicht es auch, große Massen zu messen. Beim FID wird durch

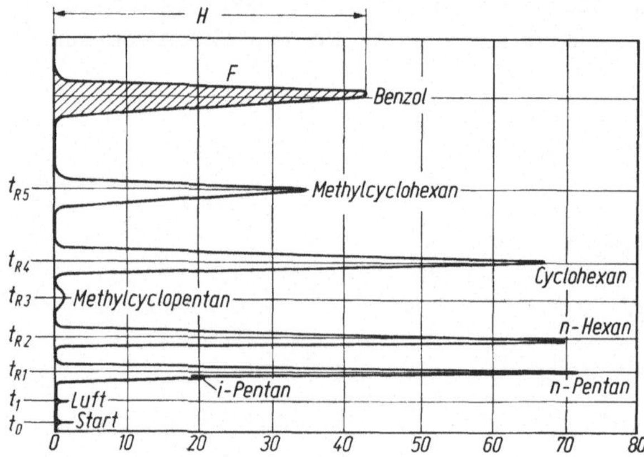

Abb. 3.20.13 Chromatogramm.

t_0 Zeitpunkt der Proben-Eingabe; t_0 bis t_1 Zeitspanne für Austritt der nicht verzögerten Gaskomponenten; t_{R1} bis t_{R5} Rückhaltezeiten; F Bandenfläche; H Bandenhöhe

Verbrennen der Analysenkomponente in einer Wasserstoffflamme ein Ionenstrom erzeugt, der proportional der jeweiligen Masse der Komponente ist und sich mit einem empfindlichen Verstärker messen läßt.

Der Electron-Capture-Detektor (ECD) ist ein selektiver Massedetektor zum Nachweis von Komponenten mit großer Elektronenaffinität, z. B. von halogenierten Kohlenwasserstoffen und Blei-Alkylverbindungen. Er eignet sich besonders zur Spurenanalyse. In einer Ionisationskammer, einer zylinderförmigen Elektrode mit einem radioaktiven Strahler, wird Trägergas (z. B. N_2) durch Bestrahlung mit radioaktiver Substanz ionisiert.

Durch Anlegen einer „Zugspannung" wird ein Ionisationsstrom erzeugt, dessen Größe proportional zur Anzahl der erzeugten freien Elektronen ist. Enthält das vom Trägergas transportierte Meßgas

Substanzen mit einer Elektronenaffinität, so werden die Elektronen der negativen Ladungsträger eingefangen. Es entstehen dadurch weitere negative Ionen, die wiederum mit den positiven Trägergasionen rekombinieren. Durch diese Vorgänge werden Ladungsträger neutralisiert, es tritt eine Änderung des Grundionisationsstromes ein. Diese wird im Verstärker verstärkt und mit einem Schreiber aufgezeichnet. Die Größe des Meßsignals, d. h. die Verringerung des Ionisationsstromes, ist stark abhängig von der Art der Substanz und vom Molekülaufbau.

3.20.3. Meßverfahren zur Feuchtemessung

Lithiumchlorid-Feuchtemesser. Als Beispiel für Feuchtemesser soll hier nur der Lithiumchloridfeuchtemesser erwähnt werden (Abb. 3.20.14). Zur Bestimmung der absoluten Feuchte wird die Umwandlungstemperatur von LiCl-Lösung in LiCl-Salz gemessen, die nur vom Druck

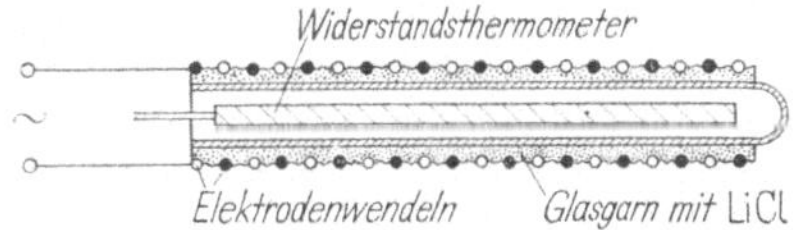

Abb. 3.20.14 Aufbau eines Lithiumchloridfeuchtemessers

des Wasserdampfanteils der umgebenden Luft oder des umgebenden Gases abhängt. Die Umwandlungstemperatur wird mit einem Widerstandsthermometer gemessen, das sich in einer dünnen zylindrischen Hülse befindet. Die Hülse steckt in einer mit Glasgarn umgebenden Isolierhülse, auf der wendelförmig zwei Edelmetallelektroden aufgebracht sind. Das Glasgarn wird mit LiCl-Lösung getränkt. Eine an den Elektrodenwendeln liegende Wechselspannung erzeugt in der Lösung einen Strom und erwärmt sich. Die Temperatur steigt an bis der Dampfdruck der LiCl-Lösung größer als der Partialdruck des in der Luft enthaltenen Wasserdampfes ist. Die Lösung gibt dann Wasser ab und möchte in LiCl-Salz übergehen. Mit der am Umwandlungspunkt stark abnehmenden Leitfähigkeit verringert sich aber der Strom und die Temperatur sinkt. Das LiCl-Salz nimmt wieder Wasser auf, der Widerstand sinkt und Strom und Temperatur steigen wieder, bis sich ein Gleichgewichtszustand zwischen dem Wasserdampfgehalt, der Luft und der Heizleistung eingestellt hat. Dabei nimmt die LiCl-Schicht die Umwandlungstemperatur an, die mit dem Widerstandsthermometer meistens mit Hilfe eines Kreuzspul-Meßwerks gemessen wird.

Auch die relative Feuchte kann mit LiCl-Feuchtemessern gemessen werden, wenn die Temperatur durch ein besonderes Widerstandsthermometer berücksichtigt wird.

3.20.4. Elektrometrische Messung nichtelektrischer Größen

pH-Wert-Meßgeräte. In der Betriebsmeßtechnik beruht die Bestimmung des pH-Wertes auf dem Messen der Zellenspannung (Kettenspannung) einer galvanischen Zelle, die aus zwei in die Meßlösung getauchten Elektroden besteht (Abb. 3.20.15). An beiden Elektroden stellt sich je eine Galvanispannung ein. Während die Galvanispannung der einen Elektrode vom pH-Wert und der Zusammensetzung der Meßlösung unabhängig ist (Bezugselektrode), wird die Galvanispannung an der zweiten Elektrode durch den pH-Wert der Meßlösung bedingt (Meß-elektrode). Die Zellspannung ist somit ein Maß für den pH-Wert der Meßlösung. Sie ändert sich mit dem pH-Wert geradlinig. Der Zellen-

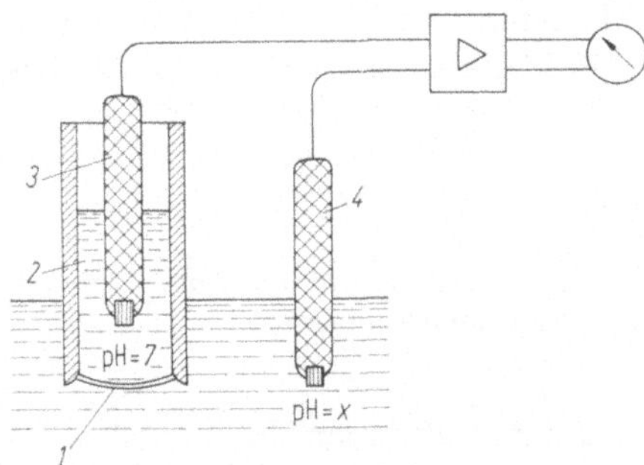

Abb. 3.20.15 Prinzip der pH-Messung.

1 Glasmembran der Glaselektrode
2 Bezugslösung (Pufferlösung)
3 Ableitelektrode   Meßelektrode
4 Bezugselektrode

nullpunkt wird durch den pH-Wert des Innenpuffers der Meßelektrode festgelegt. Der Zellennullpunkt ist der pH-Wert, bei dem die Zellenspannung Null ist. Er liegt normalerweise bei pH = 7 und ist auf der Meßelektrode vermerkt. An die galvanische Zelle müssen die Ausgabegeräte (Anzeiger, Schreiber, Regler) über einen Meßverstärker angeschlossen werden. Dieser pH-Meßverstärker befindet sich in einem pH-Meßzusatz bzw. pH-Messer.

Redoxpotential-Meßgeräte. Oxydation und Reduktion sind chemische Vorgänge, bei denen Elektronen ausgetauscht werden. Dabei ändern sich die Wertigkeiten der an der Reaktion beteiligten Stoffe, und es entstehen andere chemische Verbindungen. Oxydierend wirkende Stoffe haben das Bestreben, Elektronen aufzunehmen, während reduzierend wirkende Stoffe Elektronen abgeben. Nimmt z. B. ein Oxydationsmittel von einem anderen Stoff Elektronen auf, so wird der erste Stoff reduziert, während der

zweite Stoff durch die Elektronenabgabe oxydiert wird. Oxydation und
Reduktion finden immer gemeinsam statt. Man bezeichnet solche Elek-
tronenübergabe-Reaktionen als Redoxvorgänge.

Oxydierend wirkende Stoffe sind z. B. Salpetersäure, Kaliumchlorat,
Natriumbichromat, Chlor, Brom und Jod. Reduzierende Mittel sind
u. a. Cyanide, Metalle (insbesondere Alkalimetalle), Schwefelwasserstoff
und schwefelige Säure. Um das Redoxpotential einer wäßrigen Lösung
zu bestimmen, mißt man das elektrische Potential zwischen zwei in die
Lösung getauchten Elektroden, einer Meßelektrode aus Edelmetall und
einer Bezugselektrode (Abb. 3.20.16). Wird die Edelmetallelektrode
positiv aufgeladen, so sind ihr Elektronen entzogen worden. In der
Lösung überwiegen daher die Oxydationsmittel. Enthält dagegen die

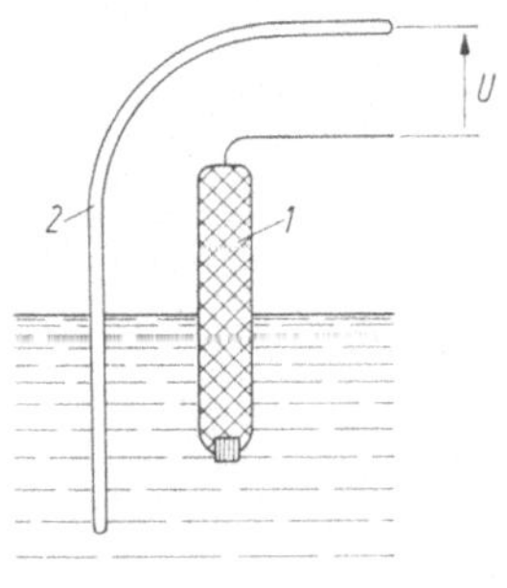

Abb. 3.20.16 Prinzip der Redoxpotential-Messung.
1 Bezugselektrode; *2* Edelmetallelektrode;
U Potentialdifferenz

Elektrode negatives Potential gegenüber der Bezugselektrode, so sind
der Elektrode Elektronen zugeführt worden. Die Meßlösung ist daher
überwiegend reduziert.

Für die Größe des Redoxpotentials ist das Konzentrationsverhältnis
der oxydierten zu den reduzierten Ionen [Ox]/[Red] sowie die Art der
Ionen maßgebend. Die Elektrodenspannung U der Redoxkette in mV
errechnet sich (bei der Temperatur von 20 °C) aus

$$U = U_0 + \frac{58}{z} \cdot \lg [\text{Ox}]/[\text{Red}].$$

Die Größe U_0 enthält die konstanten Störpotentiale einschließlich des
Eigenpotentials der Bezugselektrode. U_0 kann 100 mV und mehr
betragen (je nach Bezugselektrode). Die Größe z ist die Wertigkeits-
stufung der Elektronen (entspricht praktisch der Anzahl der je Molekül
beteiligten Elektronen). Das Redoxpotential kann in manchen Fällen
nur in einem begrenzten Bereich zwischen einer Ansprechschwelle und
einem Sättigungswert gemessen werden.

Die Skalen der Ausgabegeräte sind in mV geteilt. Im allgemeinen ist nur ein bestimmter Spannungsbereich für die Messung wichtig. Nicht benötigte Spannungsbereiche werden unterdrückt.

Leitfähigkeits-Meßeinrichtungen. Leitfähigkeits-Meßeinrichtungen werden zum Bestimmen und Überwachen der Konzentrationen von Salzen, Laugen und Säuren in wäßrigen Lösungen verwendet. Während bei der pH-Messung nur die Wasserstoffionenaktivität bzw. -konzentration in Säuren und Basen ermittelt werden kann, ist es mit Hilfe einer Leitfähigkeitsmessung auch möglich, die Konzentration von Salzen zu bestimmen.

Taucht man in einen Elektrolyten, z. B. eine stark verdünnte Salzlösung, zwei plattenförmige Elektroden ein und legt an diese eine Spannung an, so fließt in der Lösung von der einen Elektrode zur

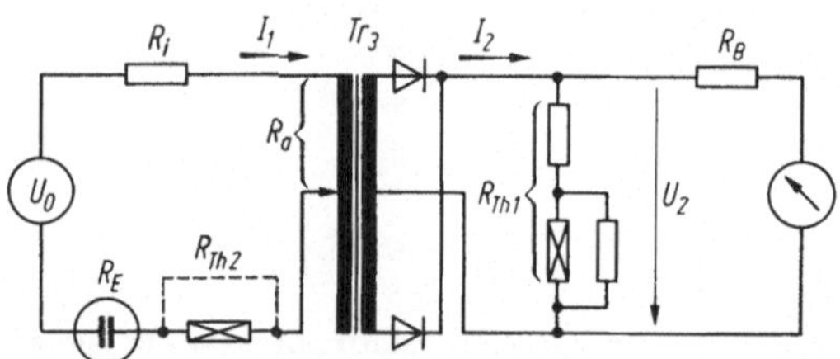

Abb. 3.20.17 Grundschaltung des Leitfähigkeits-Meßzusatzes

anderen ein Strom. Ist U die an den Elektroden angelegte Spannung, so läßt sich der Widerstand R der zwischen den Elektroden befindlichen Flüssigkeitssäule aus einer Strommessung bestimmen. Andererseits ergibt sich die Größe R aus der Länge l und Querschnittsfläche A der Flüssigkeitssäule und dem spezifischen Widerstand ϱ bzw. spezifischen Leitfähigkeit $\varkappa = \dfrac{1}{\varrho}$ der Flüssigkeit.

$$R = \frac{U}{I} = \varrho\,\frac{l}{A} = \frac{1}{\varkappa}\cdot\frac{l}{A} \quad\text{und}\quad \varkappa = \frac{1}{R}\cdot\frac{l}{A} = \frac{1}{R}\cdot C.$$

$C = l/A$ wird als Widerstandskapazität bezeichnet und in cm^{-1} angegeben. Sie ist für feste Abmessungen der Elektroden eine Konstante. Der Widerstand ist, wie die Gleichung zeigt, bei bekannter Widerstandskapazität ein Maß für die Leitfähigkeit und damit ein Maß für den Salzgehalt. Entsprechendes gilt für Säuren und Laugen.

Die vollständige Leitfähigkeits-Meßeinrichtung besteht aus dem Leitfähigkeitsgeber mit den Meßelektroden, dem Meßzusatz, bzw.

Netzgerät und, falls erforderlich, einem Temperaturfühler zum Kompensieren des Temperaturganges der Lösung. Das Ausgangssignal ist ein eingeprägter Gleichstrom für den Anschluß von Anzeigern, Schreibern oder Reglern.

Der Leitfähigkeits-Meßzusatz Abb. 3.20.17 enthält einen Wechselspannungskonstanthalter mit einem sehr kleinen Innenwiderstand. Er dient zur Spannungsversorgung der Meßelektrode. Der Strom, der über die Elektroden mit dem Elektrolytwiderstand R_E und die niederohmige Primärwicklung des Wandlers Tr_3 fließt, ist ein Maß für die Leitfähigkeit der Meßlösung. Mit $R_1 + R_a \ll R_E$ ist

$$I_1 = \frac{U_0}{R_E}.$$

Dieser Strom wird mit dem Meßwandler Tr_3 in den Ausgangskreis transformiert und gleichgerichtet. An die Gleichrichter ist im Ausgang die Heißleiter-Widerstandskombination R_{Th1} angeschlossen, und dazu sind die Bürdenwiderstände R_B für die Ausgabegeräte parallelgeschaltet.

3.20.5. Durchflußmessung und Mengenzählung flüssiger und gasförmiger Stoffe

Strömende Flüssigkeiten, Gase und Dämpfe lassen sich nach Durchfluß und Menge erfassen. Durchflüsse sind Mengen je Zeiteinheit und können als Volumendurchflüsse (z. B. in m³/h, l/min) oder Massendurchflüsse (z. B. in t/h, kg/h, Nm³/h) gemessen werden. Mengen (Massen, Gewichte, Volumen) werden durch Summieren von Durchflüssen über die Zeit gezählt. Der Übergang von der Durchflußmessung zur Mengenmessung und umgekehrt ist durch entsprechende Zusatzeinrichtungen möglich.

Wirkdruckverfahren. Die Durchflußmessung nach dem Wirkdruckverfahren beruht auf den Bernoullischen Gesetzen, das heißt in einer Rohrleitung ist der Durchfluß an allen Stellen gleich. In gleichen Zeiten fließen gleiche Mengen. Wird an einer Stelle der Querschnitt vermindert, so muß die Strömungsgeschwindigkeit ansteigen. An der Stelle erhöhter Strömungsgeschwindigkeit sinkt aber der statische Druck. Zur Durchflußmessung wird in der Rohrleitung eine Drossel eingebaut. Mit einem Differenzdruckmesser wird die Druckdifferenz ΔP der statischen Drücke vor und nach der Drossel gemessen. Berücksichtigt man mit einem Faktor c die Bauform der Drossel, die Abmessungen der Rohrleitung sowie die Wichte des strömenden Mediums, so kann man für den Durchfluß Q schreiben

$$Q = c\sqrt{\Delta T}.$$

Die zum Erzeugen des Wirkdrucks verwendeten Drosseln, Düsen und Blenden sind genormt und in den Durchflußmeßregeln DIN 1952 zusammengestellt.

Induktive Durchflußmessung. Das Meßprinzip beruht auf dem Induktionsgesetz von Faraday: Schneidet ein in einem Magnetfeld bewegter elektrischer Leiter die magnetischen Feldlinien, dann wird in dem Leiter bekanntlich eine EMK erzeugt. Bei der induktiven Durchflußmessung nimmt der strömende Stoff die Stelle des bewegten Leiters ein. Seine Leitfähigkeit muß mindestens 0,5 µS/cm betragen. Praktisch genügen alle technischen Flüssigkeiten dieser Forderung, mit Ausnahme der Kohlenwasserstoffe. (Die Leitfähigkeit von destilliertem Wasser beträgt z. B. 10 µS/cm und die von Leitungswasser 200 bis 500 µS/cm.)

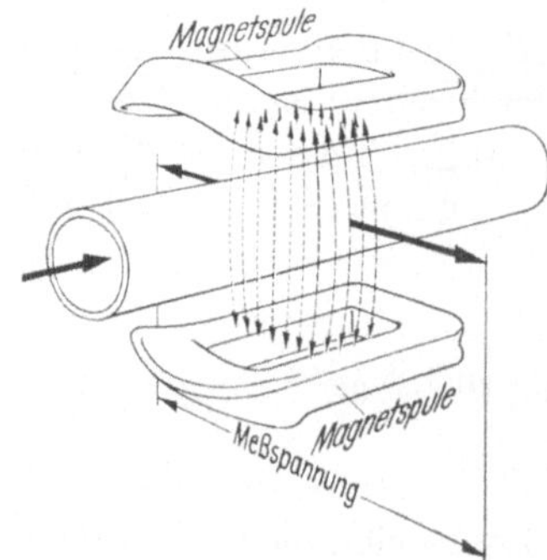

Abb. 3.20.18 Prinzip der induktiven Durchflußmessung

Der zwischen Normflaschen unmittelbar in die Rohrleitung eingebaute Durchflußgeber (Abb. 3.20.18) besteht im wesentlichen aus einem zylindrischen Rohr, zwei am Rohr sich gegenüberliegenden Spulen zur Erzeugung des Magnetfeldes und zwei zu den Spulen wiederum senkrecht angeordneten Elektroden. Um Polarisationserscheinungen an den Elektroden und elektrochemische Wirkungen in dem zu messenden Stoff zu vermeiden, werden die Magnetspulen mit Wechselstrom erregt.

Das Magnetfeld durchsetzt das nicht magnetisierbare, innen elektrisch isolierte Rohr sowie den durchströmenden Stoff. Die induzierte Spannung U_m, die dem Durchfluß Q proportional ist, wird an den Elektroden gemessen.

$$U_M \sim B \cdot Q.$$

3.20.6. Meßverfahren zur Kraft-, Dehnungs- und Schwingungsmessung

Es ist hier lediglich beabsichtigt, einige typische Meßwertaufnehmer als Meßquelle für Kraft, Dehnung, mechanische Spannung usw. zu betrachten, deren Signale das Meßwerk eines Ausgebers speisen.

Dehnungsmeßstreifen. In seiner einfachsten Form besteht ein Dehnungsmeßstreifen (DMS) aus einem isolierten Träger, auf dem mäanderförmig ein feiner Meßdraht mit verstärkten Enden für den elektrischen Anschluß aufgedampft ist. Mit einem Klebstoff wird der DMS auf das zu untersuchende Meßobjekt aufgebracht. Die Dehnung $\varepsilon = \Delta l/l$ des Meßobjektes überträgt sich proportional auch auf den DMS, der dadurch eine relative Widerstandsänderung $\Delta R/R = (1 + 2\mu)\,\varepsilon + \Delta\varrho/\varrho$ erfährt.

Ein konstanter K-Faktor ist letztlich Voraussetzung für die Verwendung der Dehnungsmeßstreifen. Dehnung des Meßobjektes und

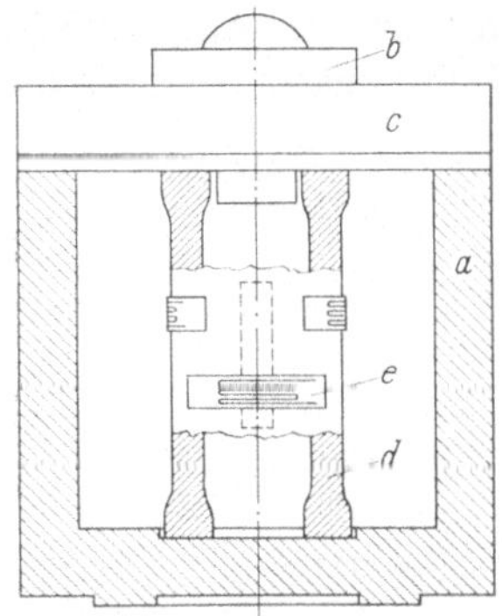

Abb. 3.20.19 Kraftmeßzelle mit Dehnungsmeßstreifen, schematischer Aufbau.

a Gehäuse; b Druckstück; c Deckel; d Hohlzylinder; e Dehnungsmeßstreifen

relative Widerstandsänderung hängen also einfach zusammen nach

$$\Delta R/R = K\varepsilon.$$

Der Proportionalfaktor K, kurz K-Faktor genannt, ist eine Materialkonstante. Das am häufigsten verwendete Widerstandsmaterial Konstantan, das eine besonders gute Linearität und eine geringe Temperaturempfindlichkeit aufweist, hat den K-Faktor 2. Bei den üblichen Materialdehnungen liegt der Meßeffekt $(\Delta R/R)_{\mathrm{max}}$ in der Größenordnung von 10^{-3}.

In den meisten Anwendungsfällen sind ein oder zwei Dehnungsmeßstreifen Teil einer Wheatstoneschen Brücke oder es bilden vier eine vollständige Brücke. Dehnungsmeßstreifen (DMS) werden z. B. in Kraftmeßzellen als mechanisch-elektrischer Meßgrößenumformer bei elektromechanischen Waagen verwendet (Abb. 3.20.19).

Die Kraftmessung wird z. B. auf die Messung kleinster Längenänderungen eines Hohlzylinders zurückgeführt. Auf dessen Wandung sind hierzu Dehnungsmeßstreifen (Träger mit mäanderförmig aufgebrachten Widerstandsdraht) geklebt. Zwei Dehnungsmeßstreifen sind waagerecht, zwei senkrecht aufgeklebt. Die Widerstände der waagerecht aufgeklebten Streifen werden bei Belastung des Zylinders größer, die der senkrecht aufgeklebten kleiner. Entsprechend zu einer Wheatstone-Brücke zusammengeschaltet ist deren Ausgangsspannung der auf den Zylinder wirkenden Kraft proportional.

Um zu einer betriebsmäßig brauchbaren Meßeinrichtung zu kommen, werden z. B. Auswägeeinrichtungen mit selbstabgleichenden Kompensatoren verwendet. Bei diesem Verfahren wird die zu bestimmende Meßgröße — dargestellt durch die Spannung U_M — durch eine gleich große, bekannte Vergleichsspannung U_K kompensiert (Abb. 3.20.20); diese wird einem veränderlichen ohmschen Spannungsteiler entnommen. Die Aussage über den Kompensationszustand ist in Abb. 3.20.20 symbolisch durch einen hochempfindlichen Nullindikator dargestellt.

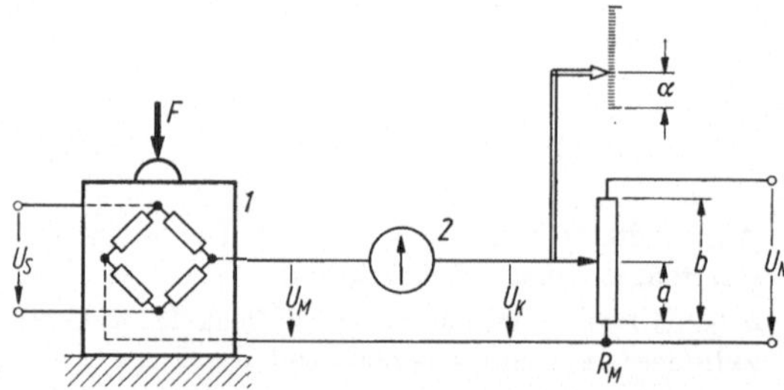

Abb. 3.20.20 Spannungskompensationsverfahren zur hochgenauen Kraftmessung.
1 Kraftmeßzelle; *2* Nullindikator; F Gewichtskraft; U_S Speisespannung; U_M Meßspannung; U_K Kompensationsspannung; R_M Spannungsteiler; U_N Normalspannung; a/b Spannungsteilerverhältnis; α Schleiferstellung

Die Größe der Kompensationsspannung ist nur vom Spannungsteilerverhältnis a/b und der Normalspannung U_N abhängig. Die Größe der Meßspannung wird von der Auflagekraft F auf die Meßzelle sowie der Meßzellenspeisespannung U_S bestimmt. Stehen die Größen U_S und U_N in einem festen Verhältnis zueinander, so bleibt auch die absolute Höhe beider Spannungen ohne Einfluß auf den Abgleichzustand. Damit besteht ein unmittelbarer linearer Zusammenhang zwischen der Auflagekraft F und dem Teilerverhältnis a/b, so daß die Schleiferstellung am Spannungsteiler ein direktes Maß für die auf die Kraftmeßzelle einwirkende Kraft ist.

Wird der Nullindikator des Kompensators durch einen hochempfindlichen Verstärker ersetzt, der einen mit dem Potentiometerschleifer gekuppelten Stellmotor treibt, so verschiebt der Motor den Schleifer so lange, bis der Abgleichzustand erreicht ist. Die Kopplung von Potentiometerschleifer und Skale bzw. Zeiger ergibt einen automatischen Kompensator mit analoger Anzeige.

Veränderliche Induktivität als Meßwertaufnehmer. Die Wirkungsweise der induktiven Meßwertaufnehmer beruht auf der Möglichkeit, sehr genau die Verschiebung von einem induktiven Element zu einem anderen zu messen. Das Meßelement verändert entweder die Selbstinduktion L oder auch den Scheinwiderstand $\underline{Z} = R + \mathrm{j}\omega L$ des Meßwertaufnehmers.

Das Prinzip ist aus Abb. 3.20.21 ersichtlich: Eine Spule baut ein der Speisespannung U (Wechselspannung) proportionales Feld auf, das außerdem noch von der Verschiebung Δs des im Luftspalt befindlichen Meßelementes abhängt. Δs bestimmt somit das Ausgangssignal u über eine Änderung der Selbstinduktion ΔL:

$$u = U \frac{\mathrm{j}\omega \cdot L}{R + \mathrm{j}\omega L}.$$

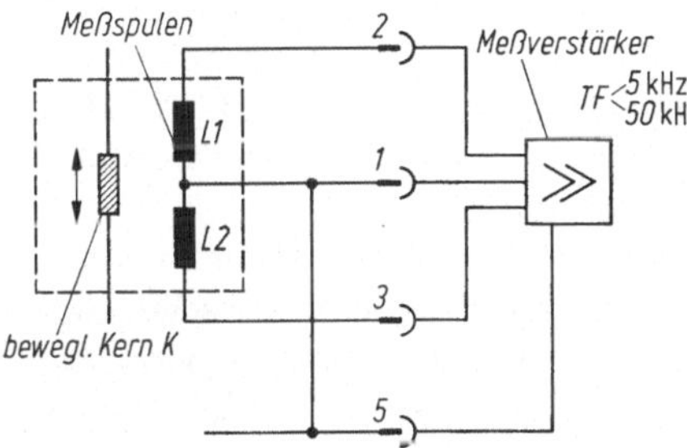

Abb. 3.20.21 Prinzip eines induktiven Wegaufnehmers

Die über die Verschiebung Δs erzielte Änderung der Selbstinduktion ΔL kann wiederum durch mehrere Effekte bewirkt werden. Die Berechnung der Größe L führt auf

$$L = \frac{\mu\mu_0 w^2 A}{l}$$

$\mu_0 = 1{,}256 \cdot 10^{-6}$ Vs/Am magnetische Feldkonstante
μ relative Permeabilität
A Gesamtfläche, die von den Feldlinien durchsetzt wird
l mittlere Länge der Feldlinien
w Windungszahl der Spule

Es können also die Größen μ, A oder l geändert werden, um ein ΔL hervorzurufen.

Der induktive Meßwertaufnehmer wird entweder mit Hilfe eines Trägerfrequenzverstärkers betrieben, oder er enthält selbst den Oszillator und Demodulator. In beiden Fällen steht ein der Wegänderung proportionales Ausgangssginal zur Verfügung, mit dem schnellschwingende Meßwerke angesteuert werden können.

Durch Verwendung einer speziellen Brückenschaltung, die vier Dioden in ringmodulatorähnlicher Schaltung und Resonanzkreise enthält, entfällt die Verstärkung der Brückendiagonalausgangsspannung (Abb. 3.20.22). Durch die Gleichrichtung der Ausgangsspannung fällt als Verstimmung eine pulsierende Gleichspannung an. Der arithmetische Mittelwert der Verstimmung der Brücke ist der Meßgröße proportional.

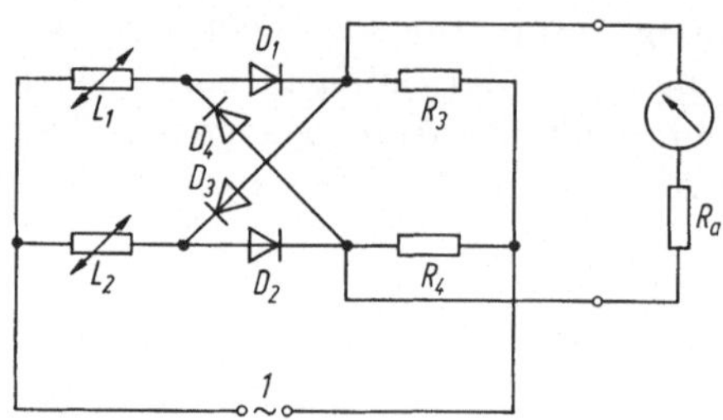

Abb. 3.20.22 Schaltung der Meßbrücke.

L_1, L_2 Meßspulen; $D_1 \cdots D_4$ Dioden; R_3, R_4 Brückenwiderstände; R_a Bürde; *1* Wechselspannung 925 Hz

Die Spezialbrücke wird mit einer Wechselspannung von z. B. 925 Hz gespeist. An den Ausgang der Brückenschaltung können Anzeige- und Registriergeräte direkt angeschlossen werden.

Die Messung von Schwingungen mit induktiven Wegaufnehmern. Die Umwandlung der mechanischen Schwingungen in ein elektrisches Signal erfolgt z. B. in einem seismischen Meßgeber, der nach dem permanent-dynamischen Verfahren unter Anwendung des Tauchspul-Prinzips

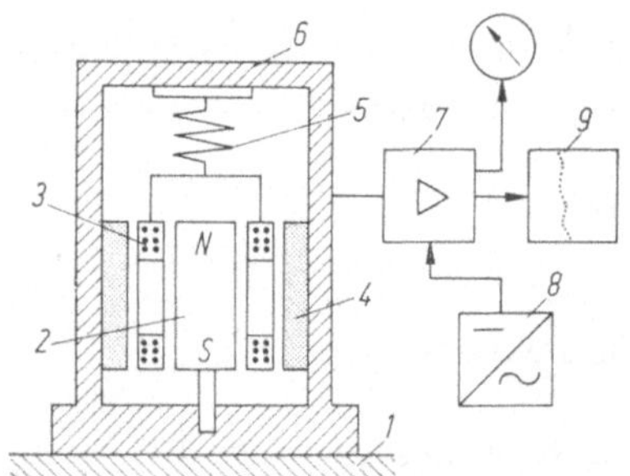

Abb. 3.20.23 Prinzip der Messung der Absolutschwingung mit einem permanent-dynamischen Tauchspulsystem.

1 Schwingerreger; *2* Permanentmagnet; *3* Tauchspule; *4* Magnetischer Rückschluß; *5* Feder; *6* Gebergehäuse; *7* Verstärkereinsatz; *8* Netzteil; *9* Kompensationsschreiber

arbeitet (Abb. 3.20.23). Der Permanentmagnet ist fest mit dem Gehäuse und dem magnetischen Rückschluß verbunden. Die Tauchspule ist dagegen über die Feder am Gehäuse aufgehängt. Oberhalb der Eigenfrequenz des Feder-Masse-Systems steht die Spule im Raum still. Wird der Meßgeber fest mit der Oberfläche eines schwingenden Bauteils verbunden, so entsteht zwischen Permanentmagnet und Tauchspule eine Relativbewegung, und es wird in der Spule eine der Schwinggeschwindigkeit proportionale Spannung induziert.

Anwendung des piezoelektrischen Effektes in Meßwertaufnehmern.
Unter dem piezoelektrischen Effekt versteht man die Erscheinung, daß
Materialien mit Dipolstruktur (z. B. Quarz) bei mechanischer Belastung an ihrer Oberfläche elektrische Ladungen zeigen. Es ist deshalb
möglich, ohne zusätzliche Energiequelle die Belastung oder eine aus ihr
abgeleitete Größe, direkt an der auftretenden Ladung Q oder der ihr
proportionalen Spannung U zu messen. Man nennt Meßwertaufnehmer
dieser Art aktiv. (Passive Meßwertaufnehmer benötigen dagegen eine
zusätzliche Energiequelle, wie z. B. DMS-Meßbrücken und induktive
Wegaufnehmer.) Eine einfache Erklärung des piezoelektrischen Effekts
und die Ableitung der charakteristischen Eigenschaften sind am besten
am Hauptvertreter der piezoelektrischen Materialien, dem Quarz,
möglich.

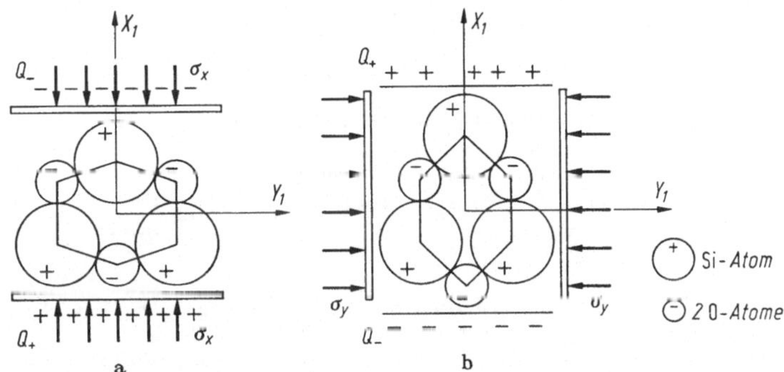

Abb. 3.20.24 Ladungsverschiebung im Quarzkristall bei mechanischer Belastung.
a) Longitudinaler piezoelektrischer Effekt; b) transversaler piezoelektrischer
Effekt

Die durch die mechanische Spannung σ bewirkte Dipolbildung ist
definiert als Summe der molekularen Momente (Ladung · Hebel-
arm $\triangle$ Coulomb · Meter) je Volumeneinheit m³. Seine Einheit ist danach
Coulomb/m².

In Abb. 3.20.24 ist die Ladungsverschiebung der ionisierten Si-
Atome und O_2-Moleküle skizziert. Man erkennt daraus, daß ein Vor-
zeichenwechsel in σ auch einen solchen in Q zur Folge hat (polarer
Effekt). Die auch in der Praxis ausgenützten Möglichkeiten der mechanischen Belastung in X-Richtung (σ_x) und Y-Richtung (σ_y) heißen
longitudinaler und transversaler piezoelektrischer Effekt.

Eine Abschätzung der Meßempfindlichkeit gelingt in einfacher
Weise, wenn man sich den piezoelektrischen Meßwertaufnehmer als
Quarzwürfel mit den Kantenlängen a, b und c vorstellt. Die erzeugte
Ladung Q in As erhält man durch Multiplikation der mechanischen

Spannung σ mit dem piezoelektrischen Modul d_{11} der den Betrag der elektrischen Aufladung bestimmt. Sein Wert ist

$$d_{11} = 2{,}26 \cdot 10^{-11} \text{ As/kp} = 2{,}30 \cdot 10^{-12} \text{ As/N}.$$

Die erzeugte Ladung Q ist

$$Q = d_{11} \cdot \sigma \cdot b \cdot c.$$

Die letztlich am Verstärkereingang liegende Spannung folgt aus der allgemein gültigen Beziehung

$$U = \frac{Q}{c}.$$

Die benötigte Kapazität C ist

$$C = \varepsilon_0 \varepsilon_r \, \frac{b \cdot c}{a}.$$

Die absolute Dielektrizitätskonstante hat den Wert

$$\varepsilon_0 = 8{,}859 \cdot 10^{-12} \, \frac{\text{As}}{\text{Vm}} = 8{,}859 \cdot 10^{-12} \, \frac{\text{F}}{\text{m}} = 8{,}859 \, \frac{\text{pF}}{\text{m}}$$

und die relative Dielektrizitätskonstante ist für Quarz $\varepsilon_r = 4{,}5$. Der Empfindlichkeitsfaktor $d \, \dfrac{a}{\varepsilon_0 \cdot \varepsilon_r}$ ist beim transversalen piezoelektrischen Effekt von der geometrischen Abmessung des Quarzkristalles abhängig, was man selbstverständlich bei der Formgebung des Aufnehmers berücksichtigt.

Für die erzeugte elektrische Spannung U ergibt sich somit

$$U = -d \, \frac{a}{\varepsilon_0 \cdot \varepsilon_r} \, \sigma.$$

Nimmt man an $a = 1$ cm und $\sigma = 1 \text{ N/mm}^2$, dann folgt

$$U = \frac{-2{,}3 \cdot 10^{-12} \, \dfrac{\text{As}}{\text{N}} \cdot 10^{-2}\,\text{m} \cdot 10^{6} \, \dfrac{\text{N}}{\text{m}^2}}{8{,}86 \cdot 10^{-12} \, \dfrac{\text{As}}{\text{Vm}} \cdot 4{,}5} = -580 \text{ V}.$$

Diese hohe Spannung ist jedoch in der Praxis nicht verfügbar, weil sich zu der kleinen Kapazität des Quarzes C_a noch die größeren Werte der

Kabelkapazität und des Verstärkereinganges hinzuaddieren. Im obigen
Beispiel ist

$$C_a = \varepsilon_0 \varepsilon_r \, \frac{A_x}{a} = \frac{4{,}5 \cdot 8{,}86 \cdot \dfrac{\mathrm{pF}}{\mathrm{m}} \cdot 10^{-4}\,\mathrm{m}^2}{10^{-2}\,\mathrm{m}} = 0{,}4\,\mathrm{pF}.$$

Die wirklich erreichbare Gesamtkapazität liegt bei 100 pF, so daß die
Spannung einige Volt beträgt.

Die am piezoelektrischen Meßwertaufnehmer anstehende Meßgröße
kann nicht direkt einem Meßwerk zugeführt werden, weil über deren
niedrigen Widerstand die Ladung abfließen und die Spannung zusammenbrechen würde. Um wenigstens quasistatische Messungen durchführen
zu können, muß man dem piezoelektrischen Meßwertaufnehmer einen
Verstärker mit sehr hohem Eingangswiderstand nachschalten. Abbildung 3.20.25 zeigt die Prinzipschaltung eines Ladungsverstärkers.

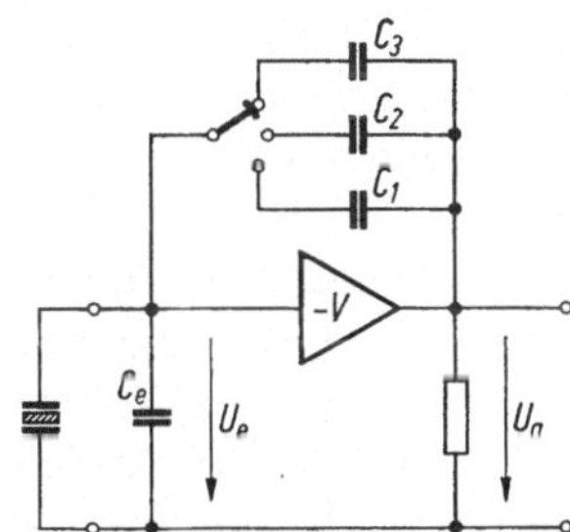

Abb. 3.20.25 Ladungsverstärker für piezo-
elektrische Meßwertaufnehmer

Grundelement ist der Spannungsverstärker $-V$ mit hohem Verstärkungsfaktor und hohem Eingangswiderstand. Durch Verwendung
von sogenannten MOSFET (Metalloxid-Silicium-Feldeffekt-Transistoren)
werden Eingangswiderstände $R_E > 10^{10}\,\Omega$ erreicht. Durch Umschalten
der Rückkopplungskapazitäten C_1, C_2 und C_3 kann man den Meßbereich
umschalten.

Mit dem Verstärkungsfaktor $V > 2000$ und nicht zu großer Eingangskapazität besteht Proportionalität zwischen Meßgröße und Ausgangsspannung des Ladungsverstärkers. Die Ausgangsstufe kann leicht so
ausgelegt werden, daß nunmehr ein schnellschwingendes Galvanometer
oder ein Meßmotor ausgesteuert werden können.

3.20.7. Strahlungsmeßgeräte

Die Atomkerne radioaktiver Stoffe sind instabil und zerfallen unter
Aussendung von Strahlen. Dabei gelangen sie entweder direkt oder
über radioaktive Zwischenstufen in einen stabilen Endzustand.

Die Zusammensetzung der ausgesandten Strahlung ist von Stoff zu Stoff unterschiedlich. Man unterscheidet in erster Linie α-Strahlen (Heliumkerne), β-Strahlen (energiereiche Elektronen), γ-Strahlen (elektromagnetische Strahlungsquanten hoher Energie) und Neutronen.

Es gibt natürliche und künstlich hergestellte radioaktive Stoffe. Zu den natürlichen Stoffen gehören z. B. Uran, Radium und Thorium. Künstliche, in Reaktoren oder Teilchenbeschleunigern erzeugte radioaktive Stoffe sind die instabilen Isotope natürlicher Elemente, z. B. Phosphor 32, Kobalt 60, Jod 131 sowie die sogenannten Transurane (Isotope sind Atomarten mit unterschiedlichen Massezahlen, aber gleichen Kernladungen. Sie haben gleiche chemische, jedoch unterschiedliche physikalische Eigenschaften).

Radioaktive Stoffe dienen in vielen Fällen als Hilfsmittel bei Messungen in Industrie und Forschung und in der Medizin. Beispiele sind Messen von Behälterfüllständen, Schichtdicken, Feuchte, Dichte, Fehlersuche an Rohrleitungen und medizinische Diagnoseverfahren mit Hilfe radioaktiver Isotope. Nicht Hilfsmittel, sondern Meßobjekt sind die Strahlungsarten beim Überwachen von Reaktoren und kerntechnischen Prozessen, in der Strahlenschutz-Meßtechnik mit ihren zahlreichen Geräten zur Aktivitätsüberwachung und bei der Dosisüberwachung in der Strahlentherapie. Bedeutung hat die Strahlungsmeßtechnik auch bei einigen röntgenographischen und elektronenmikroskopischen Analyseverfahren.

Die Aktivität einer Strahlungsquelle wird durch die Anzahl der in einer Sekunde zerfallenen Atome angegeben. Wenn $3{,}7 \cdot 10^{10}$ Atome in einer Sekunde zerfallen, spricht man von einem Curie (C). Die Energie der Strahlung wird in Elektronenvolt angegeben ($1\ \text{eV} = 1{,}6 \cdot 10^{-19}$ Ws). Vom Strahlungsmeßgerät wird die in Röntgen (r) angegebene Strahlungsdosis, das ist das Produkt aus Intensität und Zeit, erfaßt. Die Strahlungsdosis 1 r erzeugt in 1 cm³ Luft bei normalen Verhältnissen eine elektrostatische Ladungseinheit.

Eine ständige Überwachung der Radioaktivität ist nötig, um gesundheitliche Schädigungen zu vermeiden. Für den Menschen ist eine Dosis von 6 mr/h, bzw. 300 mr/Woche zulässig. Für die einzelnen Strahlungsarten steht eine Reihe von Strahlungsdetektoren zur Verfügung. Man unterscheidet Szintillationszähler, Proportional- und Auslöse-Zählrohre und Ionisationskammern. Neuerdings werden auch Halbleiter-Detektoren angewandt. Der Szintillationszähler arbeitet nach folgendem Prinzip:

Dringt Strahlung in eine Szintillationssubstanz, z. B. thalliumaktivierte Natriumjodid-Kristalle, NaJ(Tl), ein, so entstehen durch die im Kristall absorbierte Energie kleine Lichtblitze (Szintillationen). — β-Strahlung bringt die Atome des Szintillators z. B. in einem „angeregten" Zustand; die Emission des Lichtes erfolgt bei der unmittelbar anschließenden Rückkehr in den Grundzustand. γ-Strahlung setzt im

Kristall zuerst Elektronen durch Photoeffekt, Comptoneffekt oder bei Energien $> 1{,}022$ MeV durch Paarbildungseffekt frei, die dann die Szintillation hervorrufen.

Die Lichtblitze gelangen auf die Photokathode eines Sekundärelektronen-Vervielfachers (Multiplier). Die von der Photokathode des Vervielfachers (Caesium-Antimon) ausgesandten Elektronen gelangen fortlaufend über mehrere Prallbleche (Dynoden), die aus einem Material mit geringer Austrittsarbeit bestehen, zur Anode. Die an der Anode ankommende Elektronenwolke ergibt am Gitter einer galvanisch angekoppelten Kathodenstufe einen entsprechenden Spannungsimpuls, der an der Kathode ausgekoppelt und auf den Verstärker des nachgeschalteten Strahlungsmeßgerätes gegeben wird.

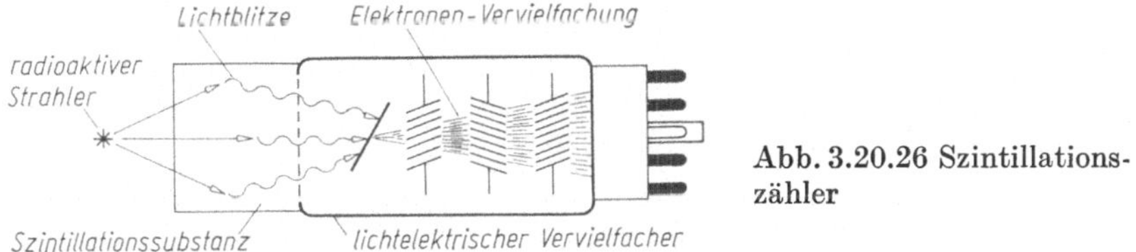

Abb. 3.20.26 Szintillationszähler

Abbildung 3.20.26 zeigt das Schema eines Szintillationszählers. Der Szintillationszähler wird meist mit stabilisierter Hochspannung zwischen 500 V und 1500 V betrieben. Das Zählvermögen beträgt etwa 10^5 Impulse je Sekunde.

Bei den Zählrohren ist in der Achse einer Zylinderkathode eine dünne Drahtanode ausgespannt, so daß ein sehr inhomogenes Feld erzeugt, und ein eingedrungenes Elektron immer in Richtung auf die Anode hin beschleunigt wird. Dabei werden im anodennahen Bereich hoher Feldstärke Ionisationsprozesse ausgelöst. Es entsteht eine „radiale Primärlawine", die so lange energiereiche, ihrerseits in der Umgebung ionisierend wirkende Photonen abstrahlt, bis — im Falle des Geiger-Müller-Zählrohres — der ganze Anodendraht von einer Schlauchentladung umgeben ist. Diese innere Elektronenvervielfachung geschieht so rasch, daß während ihrer Ausbildung die um drei Größenordnungen trägeren positiven Ionen keine nennenswerte Verschiebung erfahren, sondern um die Anode einen Ionenschlauch bilden, dessen Raumladung die Feldstärke herabsetzt. Es können sich zunächst keine weiteren Lawinen mehr ausbilden. Die Ionen wandern nun verhältnismäßig langsam zur Kathode. Dabei bleibt das Zählrohr gegenüber weiteren Primärionisierungen so lange unempfindlich, bis die Mehrzahl der positiven Ionen neutralisiert ist („Totzeit" des Zählrohres).

Die während der Ionisierungsvorgänge in die Anode eingetretenen Elektronen bleiben zunächst von der das Feld bildenden Kraft der

Ionen gebunden. Erst mit der Ausweitung des Ionenschlauches verringert sich die Kraft, und die Elektronen wandern ab (Abb. 3.20.27 zeigt das Schema eines Geiger-Müller-Zählrohres). Ein direktes Messen des Zählrohrstromes ist möglich.

Meßtechnisch günstiger ist jedoch die Verstärkung des Spannungsimpulses, der an einem dem Zählrohr vorgeschalteten Arbeitswiderstand auftritt, und das anschließende Zählen der Impulse oder das Messen der Impulsrate. Das Meßergebnis ist also eine Impulszahl. Im Gegensatz zu dem bei direkter Strommessung gewonnenen ist es in einem weiten Bereich unabhängig von der Betriebsspannung des Zählrohres. Im Proportionalbereich betriebene Zählrohre geben Impulse ab, deren Amplitude proportional der absorbierten Strahlungsenergie ist.

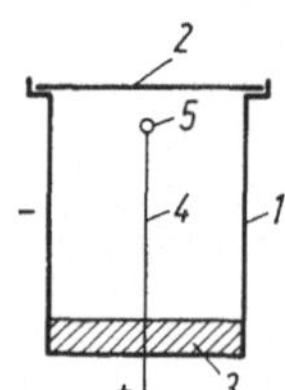

Abb. 3.20.27 Geiger-Müller-Zählrohr (Glockenzählrohr).
1 Metallmantel, Kathode; *2* Fenster; *3* Isolierstopfen; *4* Zähldraht, Anode; *5* Glasperle

Zu den Zählrohren gehören auch die Methan-Durchflußzähler, in deren Zählraum energiearme Präparate eingebracht werden können („Innenzähler"); man kann auch eine Fensterfolie anbringen, die von der Strahlung durchdrungen werden muß („Außenzähler"). Es ist Proportional- und Auslösebetrieb bei Betriebsspannungen bis 4000 oder 5000 V möglich.

In den Ionisationskammern herrscht bei angelegter Spannung (Innenelektrode an +) zwischen den Elektroden eine annähernd gleichmäßige Feldverteilung, so daß bei Sättigungsspannung alle im Meßvolumen von der Strahlung erzeugten positiven und negativen Ladungsträger auf den Elektroden gesammelt werden. Die abfließenden geringen Ladungsmengen gelangen über hochempfindliche Gleichstromverstärker zu Anzeige- oder Registriergeräten.

Zu den herkömmlichen Arten der spektrometrischen und quantitativen Strahlungsmessung sind in letzter Zeit die Meßmethoden mit Halbleiter-Strahlungsdetektoren hinzugekommen. Hierbei dient z. B. die Raumladungszone am pn-Übergang einer Zähldiode als Ionisationsraum. Die in den Kristall eintretenden ionisierenden Teilchen bilden Ladungsträger entlang ihrer Bahn. Zur Bildung eines Ladungsträgerpaares wird eine bestimmte Energie benötigt, und zwar in Silizium 3,6 eV, in Germanium 2,9 eV. Die Ladungsstöße, deren Intensität also proportional der Teilchenenergie ist, werden in einem in die Halbleitersonde eingebauten Vorverstärker in analoge Spannungsimpulse verwandelt und zur Impulshöhenanalyse dem Strahlungsmeßgerät zugeführt.

4. Normen und Regeln für elektrische Meßgeräte

VDI/VDE 2600, Blatt 1—6, November 1973
„Metrologie" (Meßtechnik)

IEC Publikation 51
"Direct actin indicating electrical measuring instruments and their accessories"

VDE 0410b/3.68 (ungültig ab 31. Juli 1979)
„Regeln für elektrische Meßgeräte"

DIN 43781/VDE 0410, Teil 3/8. 74 — DIN 57410/VDE 0410, Okt. 1976
„VDE-Bestimmungen für elektrische Meßgeräte"

VDE 0410, Teil 4/5. 67
„Bestimmungen für elektrische Meßgeräte"
Teil 4: Gleichstrom-Präzisionswiderstände

VDE 0410, Teil 5/1. 69
„Bestimmungen für elektrische Meßgeräte"
Teil 5: Präzisions-Gleichspannungsteiler und Gleichspannungskompensatoren

VDE 4010, Teil 6/8. 70
„Bestimmungen für elektrische Meßgeräte"
Teil 6: Präzisions-Widerstandsmeßbrücken für Gleichstrom

DIN 43700, März 1971
Gehäuse und Schalttafelausschnitte für anzeigende Meßinstrumente und Zubehör

DIN 43802, Blatt 1—6, Juni 1964
Skalen und Zeiger für elektrische Meßinstrumente

IEC Publikation 414
"Safety requirements for indicating and recording electrical measuring instruments and their accessories"

IEC Publikation 258
"Direct recording electrical measuring instruments and their accessories"
1. Ausg. 1968

DIN 43831, April 1971
Schreibende Meßinstrumente für Einbau

DIN 57411/VDE 0411, Teil 1/10. 73
VDE-Bestimmungen für elektronische Meßgeräte und Regler
Teil 1: Schutzmaßnahmen für elektronische Meßgeräte

IEC Publikation 359 (1. Ausg. 1971)
"Functional performance of electronic measuring equipment"

DIN 43745, Februar 1975
„Elektronische Meßeinrichtungen"

VDE 0414, Teil 1/12. 70 — Teil 2/12. 70 — Teil 3/12. 70 — Teil 4/8. 73
— Teil 5/8. 73
„Bestimmungen für Meßwandler"

DIN 43782, Mai 1977
Elektrische Meßgeräte, Selbstabgleichende elektrische Kompensationsmeßgeräte

DIN 1319, Bl 1/11. 71 — Bl 2/12. 68; 3. 78 — Bl 3/1. 72
Grundbegriffe der Meßtechnik

Literaturverzeichnis

Die Literaturhinweise sind abschnittsweise chronologisch geordnet

1.1. Meßtechnische Begriffe und Grundlagen

Blamberg, E.: Gegenwartsfragen beim Bau elektrischer Meßgeräte. Z. VDI 92 (1950) 41—45.

Neumann, H.: Das Messen mit elektrischen Geräten, Berlin, Göttingen, Heidelberg: Springer 1960.

Stille, U.: Messen und Rechnen in der Physik, 2. Aufl., Braunschweig: Vieweg & Sohn 1961.

Palm, A.: Elektrische Meßgeräte und Meßeinrichtungen, 4. Aufl., Berlin, Göttingen, Heidelberg: Springer 1963.

Mollenhauer, C.: Zum Gesetz über Einheiten im Meßwesen. Werkstattechn. 61 (1971) 499—504.

Bartak, W. II., Wolloch, J.: Genauigkeit und Fehler elektrischer Meßgeräte (Norma-Meßtechnik GmbH, Wien). Elektr. Ausrüst. 14 (1973) 27—29.

Schulz, K.: Empfehlungen zu den neuen Einheiten im Meßwesen. DIN-MITT. 53 (1974) 422—423 MF 011837.

Wieland, H. (Bearb.); G. Schenck: Meßtechnik 1: Allgemeine Regeln und Durchführen von Messungen. Der Dienst bei der Deutschen Bundespost, Bd. 6: Fernmeldetechnik, 8, Hamburg: R. v. Decker 1975.

2.1. Aufbau und Eigenschaften von elektrischen Meßwerken

Keinath, G.: Gütefaktor der beweglichen Organe von Meßgeräten. ATM J 011-1 (September 1933).

Merz, L.: Physikalische Grundlagen des mechanischen Gütefaktors in Spitzen gelagerter Meßgeräte. ATM J 011-2 (Januar 1950).

Weingärtner, F.: Über die Spannbandlagerung bei elektrischen Betriebsinstrumenten. Siemens-Z. 27 (1953) 129—134.

Samal, E.: Die Spannbandlagerung, ATM-Blätter J 013-6 bis 9. Die Spannbandlagerung elektrischer Meßgeräte. Dissertation Juni 1954 TH Braunschweig (Möller, Kuhlenkamp).

Weingärtner, F.: Spannbandlagerung bei Dreheisen-Betriebsinstrumenten. ATM J 731-7 (August 1954).

Weiss, A. v.: Prüfverfahren und Ausführung stoßfester Meßwerke. Bull. SEV 45 (1954) 972—977.

Luder, W.: Kritische Betrachtung über den Keinath-Gütefaktor. ATM Oktober 1955.

Matusche, H.: Die Spannbandlagerung bei Dreheisenmeßgeräten. Z. VDI 97 (1955) 70/71.

Staub, S.: Neue Wege im Bau stoßfester, zeigender und schreibender Meßgeräte. Bull. SEV 46 (1955) 837—840.

Metal, A.: Zum Problem der Spannbandlagerung. Dtsch. Elektrotechn. 10 (1956) 302—304.

Weiss, A. v.: Erschütterungsfreies Aufstellen und die erschütterungsfeste Konstruktion von Meßinstrumenten. Z. BDI 98 (1956) 205—208.

Bubert, J.: Betrachtungen über den Keinath-Gütefaktor. Feinwerktechn. 65 (1961) 235 und 296.

Bubert, J.: Die mathematisch-physikalische Interpretation des Keinath-Gütefaktors und ihrer Bedeutung für die Praxis. Feinwerktechn. 67 (1963) 237 bis 247.

Götze, S.: Zur Begründung einer Gütezahl für spannbandgelagerte Meßgeräte. Feinwerkstechn. 67 (Jan. 1963) 1—10.

Metal, A.: Zur Systematik der Berechnung von Spannbandlagerungen. Messen-Steuern-Regeln 11 (1968) 307—310.

Reineck, H.: Untersuchungen an erschütterten spannbandgelagerten Zeigermeßwerken. Messen-Steuern-Regeln 11 (1968) 312—314.

Reineck, H.: Beitrag zur Untersuchung des Schwingungsverhaltens spannbandgelagerter elektrischer Zeigerinstrumente. Messen-Steuern-Regeln 12 (1969) 164.

Pawlat, J.: Präzisions-Gleichstrom-Mehrbereichsinstrumente mit Spannbandmeßwerk. BBC-Nachr. 52 (1970) 340—344.

Templeton, F. J.: Neue elektrische Meßinstrumente ohne Spitzenlager. Schweiz. Techn. Z. 67 (1970) 121—124.

Rotsch, H.: Kinematische Untersuchungen zur Erholung der Genauigkeit spitzengelagerter Systeme. Feingerätetechn. 20 (1971) 86—87.

Merz, L.: Die Statik der Spitzenlagerung elektrischer Meßgeräte. ATM u. Industr. Meßtechn. 455, J 013-10 (1973) 235—240.

Poux, J. P,: Le système B.N.M., Evaluation et qualification des instruments de mesure (Bewertung und Güte von Meßinstrumenten durch das B.N.M.). Automatisme (1974) 624—628.

Arciulis, A. P.: A method for evaluating the technical level of measuring devices (Eine Methode zur Bewertung des technischen Niveaus von Meßeinrichtungen). Measurem. Techn. (1974) 782—6.

2.2. Ausführung und Wirkungsweise von elektrischen Meßwerken

2.2.1. Drehspulmeßwerke

Merz, L.: Kennziffern des Drehspulgalvanometers, Bestimmung aus dem periodischen Einschwingvorgang. ATM J 014-8 (Dezember) 1938.

Hull, A. V.: Moving coil galvanometers of short period and their amplification. J. sci. Instrum. 25 (1948) 225—229.

Fischer, J.: Über Dauermagnete, Eigenschaften, Bemessung, Baustoffe. Arch. Elektrotechn. 39 (1949) 327.

Bubert, I.: Drehspulgalvanometer in Technik und Wissenschaft. Feinwerktechn. 54 (1950) 195—199.

Hug, A.: Permanente Magnete, Dimensionierung ihres Kreises. Bull. SEV 41 (1950), 661—669.

Merz, L.: Drehspulmeßtechnik mit ausgeschliffenem Magneten. ATM J 721-13 (April 1951) — J 721-14 (November 1961) u. ETZ 73 (1952) 497.

Breitling, W.: Ein graphisches Verfahren zur Ermittlung des günstigsten Arbeitspunktes von Dauermagnetsystemen. Arch. Elektrotechn. 40 (1952) H. 6.

Meyer, E.: Auswertung der Kennlinien von Dauermagnetwerkstoffen. Arch. Elektrotechn. 40 (1952) 363—366.

Holland-Moritz, H.: Zur Dimensionierung der Eisenteile von Dauermagnetkreisen. Elektrotechn. 7 (1953) 437—439.

Winterling, K. H.: Schnellschwingende Galvanometer. ATM J 721-19 (1957).

Zschaage, W.: Die zeichnerische Bestimmung des $(HB)_{max}$-Punktes bei Entmagnetisierungskurven von Dauermagnetwerkstoffen. Z. VDI 97 (1955) 984.

Clasen, R.; Jahn, H.: Neue hochempfindliche Spulenschwinger für Lichtstrahloszillographen. Siemens-Z. 31 (1957) 583—587.

Moerder, C.: Grundlagen der Drehspulinstrumente und verwandter Systeme. Karlsruhe: G. Braun 1960.

Schlosser-Winterling: Galvanometer. Karlsruhe: G. Braun 1960.

Hederer; Jahn, H.: Schnellschwingende Galvanometer für Lichtstrahloszillographen. Siemens-Z. 35. Jg. (1961) 654—658.

Müller, P. F.: Schnellschwingende Galvanometer. IV. Hochfrequente Spulenschwinger und ihre Dämpfung. Teil I ATM J 721-20 (April 1964); Teil II ATM J 721—21 (Mai 1964).

Ball, M. A.: Choosing a moving coil panel meter. Ind. Electronics 6 (1968) 138—142.

Kühnel, M.: Außenmagnet- oder Kernmagnetsystem. Elektrie 22 (1968) 169—171.

Fahlenbrach, H.: Dauermagnete und ihre Anwendungen. Elektrizitätsverwrt. 44 (1969) 35—52.

Gould, J. E.: Permanent Magnets — Characteristics and Applications (Dauermagnete — Eigenschaften und Anwendungen). Electr. Rev. 189 (1971) 2526, S. 894—986. 4 B 1T.

Walcher, Th.: Die Stromimpulsmessung mit dem Drehspulinstrument. Meßtechn. 79 (1971) 117—125.

Fahlenbach, H.: Moderne Dauermagnete und ihre Grundlagen. Radio Mento (1972) 329—331; 374—376. 4 B 160.

Ziermann, A.: Das Drehspulgerät und seine Bemessung. Feinwerktechn. u. Micronic 76 (1972) 187—196.

Joksch, C.: Die Dauermagnetentwicklung vom Kohlenstoffstahl bis zum Samarium-Kobalt. Feinwerktechn. u. Micronik (1973) 364—371.

Anonym: Meßgeräte mit Drehspul-Kernmagnetwerk. Ing.-Dig. (1974) 70.

Fahlenbrach, M.: Magnete in Theorie und Praxis. Bild d. Wiss. (1974) 44—50.

Fahlenbrach, H.: Verformbare Dauermagnet-Werkstoffe. Elektrotechn. Z. Ausg. B (1974) 581.

Mager, A.; Wagner, R.: Neuartige Dauermagnete auf der Basis der Legierungen mit seltenen Erden. Elektron. Ind. (1974) 85—87.

Wainwright, D. P.: Sintermagnete, Elektrotechn. u. Masch.-Bau (1974) 564—565.

Ball, M. A.: Developmets in moving-coil panel meters (Entwicklungen bei den Drehspul-Schalttafelinstrumenten), Electron. Equip. News (GB) (Nov. 1975) 14—15.

Baran, W.: Verformbare Dauermagnetwerkstoffe in der Meß- und Automatisierungstechnik. Messen u. Prüfen-Verein. M. Automatik (1975) 193—196.

Boge, K.: Weitwinkelinstrumente. Elektriker (1975) 3—4.

McGinnis, B. W.: Fast actuator (Schnelles Einstellelement für ein Drehspulmeßwerk), IAM Technic. Disclosure Bull. (1975).

Gedrat, G.: Grundig Anzeigeinstrumente. Grundig Techn. Inform. (1975) 665 bis 667.

Fahlenbrach, H.: Der Wandel bei den Dauermagneten. F u. M Feinwerktechn. u. Meßtechn. (1976) 97—105.

2.2.2. Kreuzspulmeßwerke

Grüss, H.: Eine neue Form von Kreuzspul-Instrumenten. Wiss. Veröff. Siemens, W 10 (1931) 137—152.

Grüss, H.: Elektrische Quotientenmeßgeräte. Meßtechn. 9 (1933) 233—238.

Blamberg, E.: Kreuzspul-Instrumente. ATM J 726-2.

Eggers, H. R.: Meßtechnische Eigenschaften der T-Spulgeräte, AEG-Mitt. 41 (1951) 42—53; Elektrotechn. u. Masch.-Bau 68 (1951) 477—478.

— Anwendungsmöglichkeiten der T-Spulgeräte. AEG-Mitt. 41 (1951) H. 3/4.

Euler, J.; Fischer, G. O.: Kreuzspulinstrumente. Elektrotechn. u. Masch.-Bau, 68 (1951) 497—498; Elektrotechn. 2 (1950) 163—167.

Hunsinger, W.; Schaewen, J. v.: Der Temperaturfehler und sein Ausgleich beim Kreuzspulgerät. ATM J 023-5 (April 1952).

Moerder, C.: Drehspulquotientenmesser. ATM J 726-5 (Okt. 1955).

2.2.3. Drehmagnet-Meßwerke

Meissner, W.; Doll, R.: Höchstempfindliches Panzergalvanometer. Z. angew. Physik 7 (1955) 461—468

Peter, H.: Das Drehmagnetinstrument. Dtsch. Elektrotechn. 9 (1955).

Furuno, F.: Fixed cross coils, moving magnet type temperature indicator (Feststehende Kreuzspulen, Drehmagnet-Temperatur-Meßgerät). Trans. Soc. Instrum A. Control Eng. (1975) 57—62.

2.2.4. Dreheisen-Meßwerke

Toeller, H.: Das Dreheisenfeinmeßgerät. Arch. Elektrotechn. 33 (1939) 593—608.

Miller, I. H.: Compensation of instruments for variations in frequency. Electr. Engng. 70 (1951) 494—497.

Pauler, W.: Das neue Dreheisen-Präzisionsinstrument. Siemens-Z. 26 (1952) 129—133.

Partenfelder, H.: Neue Präzisions-Dreheiseninstrumente. AEG-Mitt. 44 (1954) 109—111.

Weingärtner, F.: Spannbandlagerung bei Dreheisen-Betriebsinstrumenten. ATM J 731-7 (Aug. 1954).

Jahn, H.: Ein neues Präzisions-Dreheiseninstrument Kl. 0,5. Siemens-Z. 30 (1956) 109—110.

Partenfelder, H.; Schmidt, R.: Neue Präzisions-Lichtmarkeninstrumente der AEG für Gleich- und Wechselstrom, Spannung und Leistung. AEG-Mitt. 47 (1957) S. 84—86.

Partenfelder, H.: Dreheisen-Präzisionsinstrumente. ATM J 731-9 (Sept. 1957).

Pfeffer, W.: Neue Präzisionsinstrumente der Kl. 0,2 mit Spannbandlagerung. ETZ B 9 (1957) 135.

Kobbe, U.; Münch, G.; Partenfelder, H.: Elektrische Präzisionsinstrumente. ETZ-A. 85 (1964) 213—219.

Partenfelder, H.: Dreheisen-Präzisionsinstrumente der Kl. 0,2 mit Massezeiger. ATM J 731-10 (Jull 1964).

2.2.5/6/7. Elektrodynamische Meßwerke

Kafka, H.: Über elektrische Meßinstrumente für Wechselstrom mit elektromagnetischem Richtmoment. Elektrotechn. u. Masch.-Bau 42 (1924) 1—5.

Blamberg, E.: Über ein neues eisengeschlossenes Elektrodynamometer ohne mech. Richtkraft und dessen verschiedene Verwendungsmöglichkeiten. Arch. Elektrotechn. 17 (1926) 281—315.

Blamberg, E.: Universalgerät für Leistungsmessungen. Bull. SEV 41 (1950), 452—453.

Hufbauer, W., Münch, G.: Fortschritte auf dem Gebiet der Präzisions-Meß-

instrumente erläutert an einem Lichtmarken-Leistungsmesser der Kl. 0,1.
ETZ A 78 (1957) 606—610.

Jahn, H.: Das Milliwattmeter, ein neues Präzisionsinstrument der Kl. 0,5 mit
Spannbandlagerung und Lichtmarkenablesung. Siemens-Z. 32 (1958) 211 bis
213.

Kobbe, U., Münch, G. Partenfelder, H.: Elektrische Präzisionsinstrumente.
ETZ-A 85 (1964) 213—219.

Münch, G.: Elektrodynamische Präzisionsleistungsmesser der Kl. 0,2 mit Massezeiger. ATM 343 J 741-13 (August 1964).

2.2.8/9. Induktions- und Hysteresemeßwerke

Wichmann, H. J.: Frequenz- und Temperaturfehlerkompensation bei Ferraris-
meßwerken mit mechanischem Gegendrehmoment. ETZ 71 (1950) 161.

Pflier, P. M.: Elektrizitätszähler, Berlin, Göttingen, Heidelberg: Springer 1954.

Spälti, A.: Elektrische Zähler. VDE-Buchreihe 9 S. 102—123.

Sturm, C. H.: Das Hysteresemeßwerk. ATM J 754-2 (Dez. 1954); Arch. Elektrotechn. 40 (1952) 421—434.

Hinze, A.: Grenzen der Meßgenauigkeit und der Meßunsicherheit von Zählern,
Frankfurt a. M.: Verlags- und Wirtschaftsgesellschaft der Elektrizitätswerke
m.b.H. 1960.

Franck, S.: Der Aufbau der Elektrizitätszähler, Karlsruhe: Braun 1964.

Peters, W.: Aus der Geschichte des Elektrizitätszählers. Elektrotechn. Z.B. 20
(1968) 523—527.

Meierhofer, W.: Typen- und Klasseneigenschaften von Elektrizitätszählern.
Landis u. Gyr Mitt. (1970) 5—11.

Stenka, K.: Siemens-Elektrizitätszähler lösen jede Meßaufgabe. Elektrodienst 12
(1970) 31.

Oberreisser, F.: Gesetzliche Vorschriften für Elektrizitätszähler. Elektrodienst 13
(1971) 15.

Kaemmerer, W.: Aufbau und Wirkungsweise moderner Wechsel- und Drehstrom-
zähler. Technica 21 (1972) 315—320, 332.

Peters, W.: Bestimmungen für Elektrizitätszähler. Mögliche Änderungen
auf Grund der Beratungen in internationalen Gremien, Elektrizitätswirtsch.
71 (1972) 295—297.

Castelberg, A.: Die Fabrikation von Tragmagneten für Elektrizitätszähler,
Landis u. Gyr Mitt. (1973) 11—13.

Claus, G.: Elektrizitätszähler. ATM u. Meßtechn. Prax. (1974) 465 Rep.-Nr.
V340-F11, S. 177—180.

Fucks, K.; Klenert, G.: Automatische Prüfung von Elektrizitätszählern mit
dem Prozeßrechner 320. Siemens-Z. (1974) 558—562.

Keen, G. H. D.: Static energy meters (Statistische Meßgeräte für elektrische
Energiezähler). Electron. A. Power (1974) 576—578.

2.2.10/11. Elektrostatische- und Vibrationsmeßwerke

Pelier, P.: Elektrostatische Meßgeräte. Siemens-Z. 22 (1942) 66—71.

MacNeice, C. B.: Ein einfaches elektrostatisches Voltmeter mit hohem Widerstand. J. sci. Instrum. 25 (1948) 189—190.

Radus, W.: Ein direkt zeigender Scheitelspannungsmesser mit Hochvakuum-
gleichrichtern und elektrostatischem Voltmeter. Z. Elektrotechnik 2 (1949)
97—104.

Grainacher, H.: Über ein linear anzeigendes statisches Voltmeter. Bull. SEV 44 (1953) 1081—1083.
Radus, W.: Messung von Überspannungen und Stoßspannungen mit Hochvakuumventil und elektrostatischem Spannungsmesser. ETZ 74 (1953) 676—681.
Roosdorp, H. I.: Elektrostatisches Messen auf elektronischem Weg. Industrie-Elektronik 2 (1954) 8—11.

2.2.12. Bimetallmeßwerke

Bingel, J.: Thermobimetalle. Arch. Metallkde. 3 (1949) 422—426; ETZ 72 (1951) 617.
Roth, K.: Bimetallmeßgeräte. ATM J 711—1 (1952).
Heilos, E.: Bimetall-Meßinstrumente. Elektr. Ausrüst. 13 (1972) 27—29.

2.2.13. Überlastungsschutzeinrichtungen für Meßgeräte

D.P.A. Nr. 1065527
Duffing, P.: Der Sperrmagnet. EZT-A. (Juni 1953) 343—346.
Ö.P. Nr. 197895, 209408
Thiele, O.: Schnellschaltende Relais. Dissertation TH Stuttgart, Mai 1962 (Wolman, Lotze).
Sokolovskij, G. G.: Überlastungsschutz elektrischer Meßgeräte (Text russisch) Izmeritelnaya Tekhnika (1971) 74—75.
Jentsch, G.; Kuligowski, G.: Probleme eines Fehlbedienungs- und Überlastschutzes für Vielfach-Meßinstrumente (DE). Messen u. Prüfen 9 (1973) 37—39.
Kuzmin, J. B.: Titel kyrillisch (Überlastungsschutz von elektrischen Meßgeräten und die Automation bei der Meßbereichswahl) Elektr. STANCII (1974) 68—70.

2.2.14. Kontaktgebende Meßwerke

Hunsinger, W.; Oppelt, W.: Weiterentwicklung von Reglern mit Fotozellenabgriff. Reglungstechnik 1 (1953) 87.
Klisch, R.: Entwicklungsstand der Zweipunktregler. Elektro-Post (1953) 199.
Samal, E.: Anwendung des Schwenkspulreglers in der Verfahrensregelung. AEG Mitt. 45 (1955) 216.
Unter, E.: Verschiedene Zeigerabgriffeinrichtungen und ihre kennzeichnenden Eigenschaften. Elektrotechn. Z. Ausg. A, 78 (1957) 778.
Weber, K.-P.: Ein neuartiges photoelektrisches Abtastsystem für elektrische Zeigermeßgeräte. Elektrotechn. Z. Ausg. B, 11 (1959) 253.
Zeitz, K. H.: Kontakteinrichtungen für empfindliche Zeigermeßgeräte. ATM 304—7 u. 8 (Febr., April 1962).
Rolland, G.: Les contacteurs auxiliaires et contacteurs Serie S sont des composants de premier choix pour la construction des equipements d'Automatismes Industriels (Hilfskontaktgeber Serie S als Komponenten erster Wahl bei automatisierten Industrieanlagen). Techniques Cem (1970) 78, 29—39.
Anonym: Elektronischer Dreipunkt-Schrittregler mit Signal-Schaltpunkt. Ing.-Dig. 13 (1974) 138.
Anonym: Grenzwertmelder für BCD-codierte Information. Ing.-Dig. 13 (1974) 70.

3. Meßeinrichtungen und Meßverfahren

SIEMENS AG, Flektromeßtechnik. Herausgeber und Verlag Siemens AG Berlin und München 1968.

Bunkenburg, P.; Spahn, N.: Funktion und Gestalt in Einklang bringen. Meßwerte H.u.B. (Juni 1968) 35—41.

Grave, H. F.: Die elektrische Meßtechnik. Von der Elektromechanik zur Elektronik. Elektro-Anz. 26 (1973) Sonderh., S. 99—101.

Barschdorff, D.; Oetker, R.: Mess- und Regelungstechnik — heute und morgen. Bericht über die erste Jahrestagung der VDI/VDE-Gesellschaft Meß- und Regelungstechnik. RT-Regelungstechn. 22 (1974) 129—133.

Eleccion, M.: Instruments and test equipment (Meßinstrumente und Prüfgeräte). IEEE SECTRUM 11 (1974) 82—84.

Naumann, G.: Methoden und Probleme der Konzipierung und Realisierung größerer Meßeinrichtungen auf der Basis eines Systems von Funktionsblöcken. Nachrichtentechnik Elektronik 24 (1974) 443—445.

Profos, P.: Handbuch der Industriellen Meßtechnik, Essen: Vulkan Vlg. 1974.

Anonym: (Hartmann & Braun): Entwicklungstrend der elektronischen Meß- und Regeltechnik. Technica (Ch) 24 (1975) 1203.

3.1. Meßgeräte zur Messung von Gleichspannungen und -strömen mit hoher Empfindlichkeit

Meyer, E.: Über die Empfindlichkeit von Spiegelgalvanometern. ETZ 70 (1949) 195—198.

Moerder, C.: Die Galvanometerauswahl beim ballistischen Galvanometer und Fluxmeter. ATM J 27—6 (Okt. 1950).

Meyer, E.: Empfindlichkeitsregler fur Spiegelgalvanometer. ATM Z 65—6 (Mai 1951).

Moerder, C.: Ein Vergleich von Fluxmeter und ballistischen Galvanometer und ihrer speziellen Anwendungsgebiete. Arch. Elektrotechn. 40 (1952) 230.

Ebinger, A.: Fortschritte und Neuerungen in der Entwicklung von Präzisionsinstrumenten für Gleich- und Wechselstrom. Elektrotechn. u. Masch.-Bau, 73 (1956) 440—449.

Wohlmut, H.: Ein Lichtmarkeninstrument für Schalttafeln. Siemens-Z. 30 (1956) 113.

Meyer, E., Moerder, C.: Spiegelgalvanometer und Lichtzeigerinstrumente. 2. Aufl., Leipzig: Akademische Verlagsgesellschaft Geest & Portig KG 1957.

Ebinger, A.: Fortschritte und Neuerungen in der Entwicklung von Präzisionsinstrumenten für Gleich- und Wechselstrom. Elektrotechn. u. Masch.-Bau 73 (1956) 440—449.

Lösslein, K.: Präzisions-Mehrzweckinstrumente für Summen- und Differenzmessungen. ATM Lfg. 324 (Januar 1963) R1—R3.

Kobbe, U.; Münch, G.; Partenfelder, H.: Elektrische Präzisionsinstrumente. ETZ-A. 85 (1964) 213—219.

Murbach, W.: Reparaturprobleme bei Präzisionsinstrumenten. Bull. Sev (1975) 1353—1358.

3.2. Strom- und Spannungsmessung mit Neben- und Vorwiderständen

Arnold, A. H. M.: Nickel-Cromium-Aluminium-Copper Resistance Wire. Mitteilung des National-Physical-Laboratory. Paper No. 2084 M, (July 1956).

Eckhardt, G.: Einfluß von temperaturabhängigen Vor- und Nebenwiderständen auf die Anzeige eines Meßinstrumentes. ATM J 023—7 (November 1961).

Herman, F.: Ein neuer drahtgewickelter Präzisions-Hochohmwiderstand. ETZ-B 16 (1964) H. 23.

Siegfried, G.: Präzisions- und Normalwiderstände. Techn. Mitt. AEG-Telefunken 58 (1968) 358—360.

Schwab, A. J.: Low-resistance shunts for impulse currents. IEEE Trans. Power App. Syst. 90 (1971) 2251—2257.

3.3. Gleichspannungskompensatoren

Walcher, T.: Die praktische Anwendung des Kompensationsverfahrens in der elektrischen Meßtechnik. Elektrotechn. u. Masch.-Bau 67 (1950) 257—268.

AEG: Stufenkompensatoren. ATM J 931—8 (Aug. 1953).

Samal, E.: Schwenkspulkompensator zum Aufzeichnen kleiner Gleichspannungen. ETZ 74 (1953) H. 20.

Witting, R.: Das Kompensationsprinzip nach H. Busch und seine Anwendungen. ETZ 75 (1954) 210—211.

Blamberg, E.: Selbstkompensierende Spezialmeßgeräte. Bull. SEV 46 (1955) 721—725.

Angersbach, F.: Über die Genauigkeit von Messungen mit dem Gleichstrom-Kompensator. ATM J 930—1 (Dez. 1956).

Enstein, K.: Characteristic of Silicon Junction Diodes as Precision Voltage. References Devices IRE Trans. (1957) Teil I, S. 105.

Worcester, K.: A DC Reference Voltage, IRE Wescon Convention Record (1958) 104.

Meyer-Brötz, G.: Eigenschaften von Zenerdioden und ihre Anwendung als Spannungsnormal. Elektron. Rundschau 13 (1959) 94.

Siegfried, G.: Thermospannungsfreier Präzisionskompensator. AEG Mitt. 50 (1960) 368—371.

Schrader, H.-J.: Normalien der Meßtechnik. VDE-Buchreihe 9 (1962) 7—25.

Froehlich, M.: Normalelemente. ATM Lfg. 329 (Juni 1963) Z. 41—2, S. 141.

Melchert, F.: Brückenschaltung mit Zenerdioden zur Erzeugung von Gleichspannungen hoher Konstanz. EZT-A (Mai 1963) 277/280.

Ebinger, A.; Siegfried, G.: Technischer Kompensator mit elektronisch stabilisierter Hilfsstromquelle. AEG-Mitt. 54 (1964) 193—195.

Traenkler, H.-R.; Kranz, H.: Normalspannungsquellen mit Zenerdioden unter besonderer Berücksichtigung der Temperaturkompensation. ATM Lfg. 383 (Dez. 1967) 277—282.

Karoli, A. R.: Capabilities of modern unsaturated cells. ISA-Trans. 7 (1968) 1—5.

Froehlich, M.: Das Normalelement. PTB-Mitt. 79 (1969) 426—432.

Anonym: Reference base of the volt to be changed (die Bezugsbasis des Volt soll geändert werden). Nat. Bur. Stand. Techn. News Bull. 52 (1968) 204—206.

Luther, H.: Präzisions-Gleichspannungskompensatoren. Konstruktionsmerkmale und gegenwärtiger Stand. ATM Lfg. 407 (Dez. 1969) J 931—10, S. 279—282; 408 (Jan. 1970) J 931—11, S. 17—20.

Wende, J.: Fehlerabschätzung bei Kompensationsmeßverfahren für elektrische Größen. Messen, Steuern, Regeln 12 (1969) 280—282.

Mueller, S.: Die Prüfung von Gleichspannungskompensatoren ohne äusseres Normal (DE). Wiss. Z. Techn. Hochsch. Ilmenau 19 (1973) 41—52.

Wilbur-Ham, J.: Internal comparison of a large group of standard cells. (Internationaler Vergleich von Normalelementen). Gov.-Rep. (1973) Mai Rep.-Nr. AD-773752.

Antonov, G. A.; Glukhov, N. N.: Precision class 0.015 DC comparator bridge (Präzisions-Vergleicher-Gleichstrommeßbrücke der Klasse 0.015, Measurem. Techn. (1974) 147—150.

Arutyunov, V. O.: Basic principles on which the system of standards for electrical units can be perfected (Grundprinzipien, auf welchen das Standard-System für elektrische Einheiten verbessert werden kann). Measurem. Techn. (1974) 1554—1560.

Baranski, A.: Kompensator pradu stalego-komparator pradowy (Gleichstrom-Potentiometer-Stromkomparator). Pomiary Automatyka Kontrola (1974) 485—486.

Boichuk, V. G.; Ogirko, N. M.; Tsaryuk, N. M.: A simple comparator for testing normal cells (Ein einfacher Komparator zum Prüfen von Normalelementen). Measurem. Techn. (1974) 381—384.

Helke, H.: Selbstabgleichende Gleichspannungskompensatoren. ATM u. Industr. Meßtechn. (1974) 462—464, Rep. Nr. J932-13 S. 129—134; J932-14· S. 143—148; I932-15 S. 165—170.

Klein, K.-D.: Zur Spannungs-Temperatur-Hysterese des Internationalen Weston-Elements. PTB-Mitt. (1974) 104—109.

Kose, V.; Melchert, F.; Engelland, W.; Fack, H., Fuhrmann: Maintraining the unit of voltage at PTB via the Josephson effect (Die Aufrechterhaltung der Einheitsspannung bei der PTB mit Hilfe des Josephson-Effektes). IEEE Trans. Instrum. Meas. (1974) 271—275.

Witt, T. J.: The Josephson effect standard of electromotive force (Josephson-Effekt-Normal für die EMK). Onde Electrique (1975) 575—579.

3.4. Widerstandsmeßverfahren

Lorenz, E.: Automatische Präzisions-Widerstandsmessung. ATM J9131 Lfg. 33 (1964).

Helke, H.: Ausgewählte Gleichstrom-Meßbrücken. ATM u. Meßtechn. Prax., (1972) 438, J910-15, S. 131—136; 439, J910-16, S. 153—158; 440, J910-17, S. 171—174.

Kusters, N. L.; MacMartin, M. P.: A direct current comparator bridge for high resistance measurements (Eine Gleichstrom-Komparator-Brücke für die Messung hoher Widerstände). IEEE Trans. Instrum. Meas. (1973) 382—386.

Anderson, G. P.; Groot, J. J. de; Kestin, J.; Wakeham, W. A.: Automatic operation of a high-precision Wheatstone bridge (Automatisierung einer Präzisions-Wheatstone-Brücke). J. Physics E/SCI. Instrum. (1974) 948—951.

Antonov, G. A.; Glukhov, N. N.: Precision class 0,015 DC comparator bridge (Präzisions-Vergleicher-Gleichstrombrücke der Klasse 0,015). Measurem. Techn. (1974) 147—150.

Albrecht, P.: Präzisions-Meßbrücken und Kompensatoren für Gleichstrom. Bull. Sev. (1975) 1367—1371.

Riebisch, W.: Normalmeßeinrichtung für Widerstände von 10 (hoch 5) bis 10 (hoch 10) Ohm. Elektrie (1975) 188—190.

3.5. Elektrostatische Meßverfahren

Stearn, A. E.: Maintenance of fibre vibrations in automatic vibroscopes (Schwingung mechanisch, Messung). Electron. Engng. 40 (1968) 698—700.

Konkova, E. G.: Betriebseigenarten elektrostatischer Kilovoltmeter (Text russ.). Izmeritelnaya Tekhnika (russ.) (1971) 56—57.

Veksler, M. S.: Einige Fragen zur Konstruktion elektrostatischer Komparatorwandler (Text russ.) Z. Pribori I Sistemi Upravleniya (russ.) (1971) 28—29.

Yamazaki, T.; Shida, K.; Knno, M.: Absolute measurement of Voltage by an electrostatic energy-changing method (Absolute Messung der Spannung durch eine elektrostatische, energie-ändernde Methode) (EN). IEEE Trans. Instrum. Meas. 21 (1972) 372—375.

Bespalov, V. K.: Zelenevskij, V. S.; Borisenko, N. A.: Verwendung eines elektrostatischen Elektrometers für Leistungsmessungen (russ.). Izmeritelnaya Technika (russ.) (1973) 51—53.

Rungis, J.; Brown, D. E.: Construction of an ellipsoid voltmeter (Die Konstruktion eines Ellipsoid-Voltmeters) (EN). J. Phys. E 6 (1973) 724—726.

Rungis, J.: Optimizing an ellipsoid Voltmeter (Optimale Dimensionierung eines Ellipsoid-Voltmeters) (EN). J. Phys. E 6 (1973) 365—368.

Vosteen, R. E.: DC electrostatic voltmeters and fieldmeters (Elektrostatischer Gleichspannungs- und Feldstärkemesser) IEEE industry applications society, 9th annual meeting Pittsburgh, Pennsylvania, 7.—10. Oct. 1974. (Okt. 1974) 799—810.

Konjkova, E. G.: Titel kyrillisch (Die Verwendung von elektrostatischen Kilovoltmetern zur Messung hoher Wechselspannungen in ungeerdeten Kreisen). ELEKTRICESTVO (1975) 86—87.

Muz, E.: Messen elektrostatischer Ladungen. Neue Verpack. (1975) 1044—1046.

Smith, W. E.; Rungis, J.: Twin adhering conducting spheres in an electric field — an alternative geometry for an electrostatic voltmeter (Leitender Kugelzwilling im elektrischen Feld als elektrostatisches Voltmeter). J. Physics E/SCI. Instrum. (1975) 379—382.

Waterton, F. W.: A 300 kV electrostatic voltmeter (Ein elektrostatisches Voltmeter für 300 kV). J. Physics E/SCI. Instrum. 9 (1976) 647—650.

3.6. Hallgeneratoren

Hartel, W.: Anwendung der Hallgeneratoren. Siemens-Z. Jg. 28 (1954) 376—384.

Assmus, F.; Boll, R.: Messungen an weichmagnetischen Werkstoffen mit dem Hallgenerator. ETZ A 77 (1956) 234—236.

Kuhrt, F.; Maaz, K.: Messung hoher Gleichströme mit Hallgeneratoren. ETZ-A 77 (1956) 487.

Schwalbold, E.: Der Halleffekt und seine technische Anwendung. ATM V 943-2 u. 3 (Juli 1956 u. Sept. 1960).

Schillmann, E.: Der Hallgenerator, ein neuartiges Bauelement der Elektrotechnik. Techn. Rdsch. Bern (1957) 9—13.

Chasmar, R. P.; Openshaw, B.: A Hall Effect D.C. to A.C. Converter. Electronic Engineering (Nov. 1962) 755—759.

Lippmann, H.-J.; Wiehl, K.: Modulation kleiner Gleichspannungen und Gleichströme mit Hilfe des Hall-Effektes. EZT A 84 (1963) 252—256.

Borkmann, D.: Hochstrommessung mit Hallgeneratoren. Elektrie 18 (1964) 46—50.

Weiß, H.: Feldplatten — magnetisch steuerbare Widerstände. Elektrotechn. Z., Ausg. B, 17 (1965) 289—293.

3.7. Leistungsmeßverfahren

Hufbauer, W.; Münch, G.: Die Messung kleiner Leistungen. ETZ B 4 (1952) 286.

Zawischa, R.: Drehstromleistungen. Elektrotechn. u. Masch.-Bau 70 (1953) 354—357.

Strutt, M. J. O.; Sun, S. F.: Leistungsmessung und Leistungsregulierung in Mehrphasennetzen mittels Halbleiter. Arch. Elektronik 42 (1955/56) 155—164.

Meinhardt, J.: Effektivwert- und Leistungsmessung mit Transistoren. Nachr. Techn. 15 (1965) 232—237.

Ehrenstrasser, G.: Elektronische Leistungs- und Energiemessung. Elektrotechn. u. Masch.-Bau 86 (1969) 361—366.

Philipp, W.: Elektrische Leistungsmessung. ATM Lfg. 404 (Sept. 1969) V340—F9, 213—216.

Schuster, G.: A hig-resolution electrodynamic AC-to-DC power transfer instrument (Ein hochauflösendes elektrodynamisches Instrument für die Wechselstrom-Gleichstrom-Leistungsübertragung). IEEE Trans. Instrum. Meas. (1974) 330—333.

Roeloffzen, H.: Leistungsmessung in der Energieelektronik. Elektrotechn. Z. B. 23 (1971) 634—635.

3.8. Meßwandler

Imhof, A.: Kunstharz-Trocken-Meßwandler. Bull SEV 41 (1950) 716—723.

Kalthofen, A.: Das Verhalten der Stromwandler im Überstromgebiet. ETZ 72 (1951) S. 707—710.

Keller, A.: Ein neuer Transformator-Übersetzungsmesser. ETZ 72 (1951) 463—464.

Linckh, H. E.: Absolute Messung von Stromwandlern. ETZ 73 (1952) 747—749.

Bauer, R.: Die Meßwandler, Berlin, Göttingen, Heidelberg: Springer 1953.

Helke, H.: Messung von Höchststromwandlern. ETZ 74 (1953) 263—265.

Linckh, H. E.; Helke, H.: Messung von Stromwandlern für sehr kleine primäre Nennströme. ETZ 74 (1953) 349—351.

Küchler, R.: Bestimmung der Überstromkennlinie bei Stromwandlern. ETZ 73 (1953) 480—481.

Zinn, E.; Forger, K.: Ein Meßverfahren zum absoluten Bestimmen der Fehler von Spannungswandlern. ETZ 75 (1954) 805—809.

Stauber, G.; Wellhöfer, F.: Großbereichstromwandler. Siemens-Z. 29 (1955) 450—456.

Erb, O.: Transformator-Übersetzungsmesser mit elektronischem Nullindikator. Elektrotechn. u. Masch.-Bau 73 (1956) 346.

Fritz, W.: Fehlermessungen an Spannungswandlern bei kleinen Spannungen. ETZ 77 (1956) 695—696.

Poleck, H.: Grundlagen des kapazitiven Spannungswandlers. Siemens-Z. 30. Jg. (Juni 1956) 326—333.

Raupach, F.: Trockenspannungswandler, ETZ A (1956) 174—177.

Kettler, H.: Entwicklungstendenzen im Meßwandlerbau. Siemens-Z. 31 (1957) 427—434.

Kettler, H.: Normalspannungswandler höchster Genauigkeit. ATM Z 32, 2, (Okt. 1960).

Rutloh, F. W.: Strommessung an Hochspannungsfreileitungen mittels Trägerfrequenz. ETZ A 82 (1961) 809—814.

Kind, D.: Elektrische Meßwandler. VDE-Buchreihe 9 (1962) 83—101.

Bösendorfer, K.; Ringlage, P.: Gießharzwandler für Mittelspannungen. Siemens-Z. 37. Jg. (1963) 249—251.

Geise, F.; Ringlage, P.: Kabelumbauwandler und ihre Verwendung in der Meß- und Schutztechnik. Siemens-Z. 37. Jg. (1963) 247—248.

Hermstein, W.: Hochspannungs-Meßwandler der Zwillingsbauform für 60 bis 220 kV. Siemens-Z. 37 (1963) 252—254.

Ringger, W.: Über einige Meßwandlerprobleme. Bulletin SEV 54 (1963) 22.

Klingler, H.: Zur Frage der Betriebssicherheit von Meßwandlern nach längerer Betriebszeit. Elektrizitätswirtschaft Jg. 52, (1964) 619—622.

Rosenberger, G.: Abbildungstreue kapazitiver Spannungswandler. ETZ-A 86 (1965) 161—166.

Hermstein, W.; Kettler, H.: Meßwandler für Höchstspannungsnetze. Siemens-Z. 39 (1965) 1224—1229.

Rosenberger, G.: Betriebseigenschaften kapazitiver Spannungswandler. ETZ-A 87 (1966) 556—560.

Rosenberger, G.: Stromwandler für neuzeitlichen Netzschutz. Siemens-Z. 40 (1966) 18—23.

Wallauer, G.: Teilentladungsprüfungen an Meßwandlern. Siemens Z. 41 (1967) 867—870.

Friedl, R.: Stromwandler mit elektronischer Fehlerkompensation. Meßtechnik 76 (1968) 241—250.

Fischer, A.; Rosenberger, G.: Verhalten von linearen und eisengeschlossenen Stromwandlern bei verlagerten Kurzschlußströmen. Elektrizitätswirtschaft 67 (1968) 310—315.

Mehlan, H.: Gießharzisolierte Meßwandler. Siemens-Z. 42 (1968) 330—332.

Maenicke, E.: Abschätzung des Linearbereiches von Stromwandlern für Schutzzwecke bei verlagerten Kurzschlußströmen. E u. M 85 (1968) 363—374.

Wölken, H.: Spannungswandler. ATM Lfg. 6.387 (April 1968) Z30-F1, S. 87—88.

Umlauf, A.: Meßgenauigkeit linearisierter Stromwandler im stationären Betrieb. Elektrotechn. Z. 20 (1968) 613—616.

Wölken, H.: Stromwandler. ATM Lfg. 6.388 (Mai 1968) Z20-F2, S. 111—112.

Gericke, G.: Verhalten von Linearwandlern. Siemens-Z. 43 (1969) 103—106.

Hermstein, W.: Entwicklungstendenzen im Wandlerbau unter besonderer Berücksichtigung unkonventioneller Meßwandler für hohe Spannungen. Elektrizitätswirtschaft 68 (1969) 246—257.

Pohl, M.; Schröder, H.: Einfluß der Ausgleichsvorgänge in kapazitiven Spannungswandlern auf den Richtungsentscheid von Distanzschutzgeräten, ETZ-A (1969) 84—88.

Gericke, G.; Thomas, R.: Messung verlagerter Kurzschlußströme in Prüffeldern mit Hilfe von Linearstromwandlern. ETZ-A 91 (1970) 462—466.

Kräft, H.: Über die erforderliche Kurzschlußfestigkeit von Stromwandlern. Energie 22 (1970) 298—300.

Kräft, H.: Über die zulässige Überlastungsdauer von Meßwandlern. Energie 23 (1971) 117—118.

Informationen zu den neuen VDE-Bestimmungen für Meßwandler, VDE 0414/12.70, Teile 1 bis 3. Meßtechnische Mitteilungen November 1972.

Müller, W.: Unkonventionelle Meßwandler für Höchstspannungsanlagen. ETZ-A 93 (1972) 362—366.

Müller, W.: Entwicklungstendenzen im Meßwandlerbau (DE). Elektro-Anz. 26 (1973) 405—408.

Zinn, E.: Spannungswandler. ATM, meßtechn. Praxis (1973) 449, Z30-F2, S. 115—118.

Zinn, E.: Stromwandler (DE). ATM und Meßtechn. Praxis (1973) 445, Z20-F3, S. 37—40.

Brückel, W.: Eine neue digital einstellbare Meßwandler-Prüfeinrichtung mit Fehlerkompensation. ATM und Industr. Meßtechn. (1974) 456.

Kräft, H.: Einfaches Rechnen mit Linear-Kernen. Elektro-Techn. (1974) 20—21.

Kräft, H.: Kurzschlußfestigkeit von Stromwandlern. Elektro-Techn. (1974) 14—16.

Rosenberger, G.: Stromwandler mit Linearkernen. Siemens-Z. (1974) 51—53.

Wolloch, J.: Meßwandler erfüllen wichtige Aufgaben. Elektromeister und dt. Elektrohandwerk (1974) 851—853; 1104—1107.

Zinn, E.: Der Einfluß der Spannung auf die Meßgenauigkeit der Stromwandler. PTB-Mitt. (1974) 396—400.

Gous, S. J.: Test apparatus for current transformers (Prüfgeräte für Stromwandler). Trans. S. Afric. Inst. Electr. Eng. (1975) 114—117.

Sauer, H.-G.: Einfluß von Gleichstromanteil auf das Übertragungsverhalten des Stromwandlers. Messen und Prüfen — Verein. m. Automatik (1975) 267—275.

Tomic, B.: Neue Gießharzwandler. Brown Boveri Mitt. (1976) 241—246.

3.9. Das Zusammenarbeiten von Wandlern und Meßgeräten

Corson, A. J.: On the Application of Zenerdiodes to Expanded Scale Instruments Communication and Electronics No. 38 (1958) 535.

Höllermann, A.: Beeinflussung des Skalenverlaufs von Drehspulmeßwerken durch Halbleiter. AEG-Mitt. 49 (1959) 130.

Sangl, M.: Vielfachinstrumente zur Messung von Wechselstromgrößen nach Betrag und Phase. ATM V3631-9 (Juni 1959).

Reinsch, H.: Beeinflussung des Skalenverlaufs von Drehspul-Meßgeräten durch Halbleiterschaltungen zu größerer Genauigkeit. Jomen und Elektronen Nr. 4 (1961) 22.

Niegel, W.: Die Zenerdiode und ihre Anwendung in der Meßtechnik. ATM J821—2 (Oktober 1962).

Sangl, M.: Zeigerfrequenzmesser mit Zenerdioden. ATM V3612-11 (April 1962). — Meßgeräte und Meßschaltungen mit Halbleiterdioden. VDE-Buchreihe, Bd. 7.

Heilos, E.: Elektrische Kreisskalen-Meßgeräte mit 240 Grad Zeigerausschlag, elektr. Ausrüst. 13 (1972) 19—21 5B 20.

Bespalov, V. K.; Zelenevskij, V. S.; Borisenko, N. A.: Verwendung eines elektrostatischen Elektrometers für Leistungsmessungen (RU). Izmeritelnaya Tekhnika (RU) (1973) 51—53.

Gubisch, R. W.: DPMs vs analog meters (Digitale oder analoge Schalttafelinstrumente). Electron. Design (1973) 158—163.

Anonym: Vielfachmeßinstrument Multizet L für den Lehrbetrieb. Elektriker (1974) 29.

Ebinger, A.: Strommessung. Verfahren zur Messung hoher Stromstärken. ATM und meßtechn. Prax. (1974) 467 Rep.-Nr. V320-F4 S. 211—214.

Kräft, H.: Strom- und Spannungswandler für die Erdschlußortung. Elektro-Anz. (1974) 39—44.

Kuligowski, G.; Neubehler, G.: Vielbereichs-Meßinstrumente MULTIZET für elektrische Größen. Siemens-Z. (1974) 116—118.

Litscheva, I.; Pereni, B., Ekkard, Khe., u. a.: Titel kyrillisch (Gewährleistung der Einheitlichkeit bei der Messung elektrischer Kapazitäten, Widerstände und Induktivitäten). Izmerit. Technika (1974) 30—32.

Matter, U.: Analoge Effektivwerterfassung. Neue Techn. (1974) 500—507.

Schuster, G.: A high-resolution electrodynamic AC-to-DC power transfer instrument (ein hochauflösendes elektrodynamisches Instrument für die Wechselstrom-Gleichstrom-Leistungsübertragung). IEEE Trans. Instrum. Meas. (1974) 330—333.

Boge, K.: Neue Vielfachmeßgeräte. Elektriker (1975) 1—3.

Geyer, A.: Erfahrungen bei der Leistungsmessung mit Hilfe von Summenstromwandlern. ELEKTRIE (1976) 54, 55.

3.10. Gleichrichtermeßverfahren

Walter, C. H.: Über eine neue Gleichrichtermeßanordnung. Z. techn. Physik 13 (1932) 363.

Geyger, W.: Fremdgesteuerte Meßgleichrichter. ATM Z541-1 (Aug. 1949).

Koppelmann, F.: Mechanische Gleichrichter. ATM Z52-7 (Okt. 1948).

Walcher, T.: Das Trockengleichrichter-Vielfachmeßgerät. Wien: Springer 1950.

Grave, H. F.: Gleichrichtermeßtechnik. Leipzig: Akad. Verlagsges. 1950.

Jäger, H.: Die Leerlaufspannung des Trocken-Gleichrichters. Elektrotechn. u. Masch.-Bau 68 (1951) 404—410.

Klein, O.: Fortschritte in der Entwicklung der Selen-Gleichrichter. ETZ 74 (1953) 258—262.

Kümmel, F.: Der Kurvenformfehler von Gleichrichtermeßgeräten. ETZ 74 (1953) 656—668.

Möller, F.: Verwendung von Sperrschichtgleichrichtern zur Messung kleinster Wechselspannungen. ATM J82-8 (Nov. 1953).

Schiele, J.: Die Verwendung des Germanium-Richtleiters für die Messung von Strom, Spannung und Leistung bei Hochfrequenz. ATM J82-9 (Dez. 1953).

Wilde, H.: Hochfrequenzleistungsmesser mit Trockengleichrichter. ATM V3415-1 (Jan. 1953).

Hajek, J.: Zur Theorie der Temperaturabhängigkeit von Gleichrichtermeßgeräten. Elektrotechnik 8 (1954) 402—406.

Gruyter, E. de: Meßgleichrichterschaltungen. Bull. SEV 45 (1954) 243—248.

Grave, H. F.: Universalinstrumente mit Trockengleichrichter. ATM J82-11 (Jan. 1955).

Hajek, J.: Die Theorie der Frequenzabhängigkeit der Gleichrichtermeßgeräte. Dtsch. Elektrotechn. 10 (1956) 417—422.

Koppelmann, F.: Wechselstrommeßtechnik unter besonderer Berücksichtigung des mechanischen Gleichrichters, Berlin, Heidelberg, Göttingen: Springer 1956.

Grave, H. F.: Der grundsätzliche Fehler bei der Messung mit fremdgesteuerten Trockengleichrichtern. ATM Z52-10 (Sept. 1957).

Szabó, G.: Kurvenformfehler von Gleichrichterinstrumenten. ATM J82-13 (April 1959).

Wilbur, H.-J.; Cibbs, W. E. K.: Fehler von Gleichrichter-Milliamperemetern in Kreisen niedrigen Widerstandes. Journal of Scientific Instruments 37. (Sept. 1960) No. 9.

Fey, E.: Die Effektivwertmessung, ihre Probleme und Lösungswege. Bauelemente d. Elektrotechn. (1974) 34, 36, 41—44, 46—47.

Matter, U.: Analoge Effektivwerterfassung. Neue Techn. (1974) 500—507.

Anonym: Rectifiers-What are the options open to designers today? (Gleichrichter — welche Auswahl hat ein Entwickler heute?). Electr. Times (1975) 4344 S. 5—6.

Erk, M. H. von; Rauch, S.: How to measure ac signals accurately (Wie man Wechselstromsignale genau mißt). ELECTRONICS (1976) 94—96.

3.11. Thermoumformer

Jaumann, A.: Ein thermischer Leistungsmesser als Spannungsnormal im Frequenzgebiet von 0···3000 MHz. Siemens-Z. 27 (1943) 416—420.

Lindenhovius, H. J.: Ein Millivoltmeter für den Frequenzbereich von 1000 bis
30 · 10^6 Hz. Philips techn. Rdsch. 11 (1950) 210—220; ETZ 71 (1950) 175.

Coulson, N.: Thermisches Hochfrequenzvoltmeter. Proc. IEE 97/III (1950)
344—348; ETZ (1951) 473.

Grave, H. F.: Strom- und Spannungsmesser für Hochfrequenz. Feinwerktechn.
55 (1951) 162—166.

Wechsung, H.: Hochfrequenz-Strommessung mit Betriebsinstrumenten. ETZ 72
(1951) 255—257.

McAninch, O. G.: Thermocouple-type ammeters for use at very high frequencies.
Electr. Engng. 73 (1954) 431—435.

Wechsung, H.: Stand der Technik der Thermoumformer. ATM J712-5 (Jan.
1954); Elektrotechn. u. Masch.-Bau 72 (1955) 44/45.

Philips-Firmendruckschrift. Registrierende elektronische Kompensatoren für
Gleichspannungsmessungen und für Temperaturmessungen mit Thermoelementen.

Wilkins, F. J.: Vielfach-Thermoumformer als Wechselstrom/Gleichstrom-
Transfer-Instrument. Meßtechnik 76 (1968) 258—265.

Ott, W. E.: Monolithic converter augments ac-measurement capabilities (Thermoumformer als Effektivwertmesser). ELECTRONICS (1975) 79—83.

3.12. Wechselspannungskompensatoren

Geyger, W.: Wechselstrom Kompensatoren mit zusammengesetzter Vergleichsspannung. ATM J94-1 (1932).

Poleck, H.: Eine neue Kapazitäts- und Verlustfaktor-Meßbrücke für Niederfrequenz mit Hand- und Selbstabgleich. Wiss. Veröff. Siemens 18 (1939)
129—147.

Shotter, G. F., Hawkes, H. D.: A precision AC-DC comparator for power and
voltage measurements. J. Inst. Electr. Eng. 93 (1946) Part 2, 34, 5 S. 314
bis 324.

Rump, W.: Über die genaue Absolutmessung von Wechselspannungen und einen
Kompensator zur Prüfung von Wechselstrom-Feinmeßgeräten. Elektrotechnik 5 (Febr. 1951) 64—67.

Hermach, F. L.: Thermal converters as AC-DC transfer Standards for current
and voltage measurements at audiofrequencies. J. Res. Standards 48 (1952)
121—138.

Keller, A.: Neuzeitliche Meßwandler-Prüfeinrichtung nach dem Differential-
verfahren. ETZ 74 (1953) 105—108.

Angersbach, F.: Die genaue Messung von Wechselstrom, -spannung und -leistung.
I-IV. ATM V3412-3 (1954) H. 222, S. 153—156; V3412-4 (1954) H. 226,
S. 245—248; V3412-5 (1956) H. 241, S. 29—32; V3412-7 (1961) H. 310,
241—242.

Busse, G.; Hoffmann, H.-J.: Wandlermeßeinrichtung für höhere Frequenzen.
ETZ A78 (1957) 789—792.

Keller, A.: Eine neue tragbare Wandlermeßeinrichtung nach dem Kompensationsverfahren. ETZ A78 (1957) 150—155.

Partenfelder: Neuerungen am Wechselstromnormal. AEG Mitt. 47 (1957) 87—89.

Schrader, H.-J.: Dynamometrischer Gleichstrom-Wechselstrom-Kompensator.
Z. Instr.-Kde. 65 (1957) 191—193.

Friedl, R.: Elektrodynamische Leistungswaage für die Prüfung von Elektrizitätszählern und Leistungsmessern. Z. Instr.-Kde. 67 (1959) 318—323.

Keller, A.: Konstanz der Kapazität von Preßgaskondensatoren. ETZ A Jg. 80
(1959) 757—761.

Ebinger, A.: Verfahren und Geräte zur genauesten Strom-, Spannungs- und Leistungsmessung bei Wechselstrom. ETZ B12 (1960) 360—366.

Schlamp, G.: Der komplexe Wechselstromkompensator und seine Anwendung. ETZ A81 (1960) 784—789.

Helke, H.: Ausgewählte Wechselstrom-Meßbrücken für Nieder- und Tonfrequenz. ATM tech. Messen LF6.406 (Nov. 1969) J921-19, S. 257—260. 400 (Mai 1969) J921-17, S. 113—118. 408 (1970) 1, J921-21. 409 (1970) 2, J921-22.

Simak, P.: Einige grundsätzliche Fragen von Stromkomparatoren. Elektrotechnika, Budapest, 62 (1969) 186—192.

Szumski, E.: Selbsttätiger Abgleich von Wechselstrom-Meßbrücken, unter Anwendung magnetisch steuerbarer Widerstände. Ind.-Elektrik und Elektronik 14 (1969) 466—469.

Godec, Z.: Allgemeine Theorie der Wechselstrommeßbrücke nach Hohle. ATM techn. Messen LF6.435 (April 1972) J921-23, S. 77—80.

Parchanski, J.: Titel polnisch (Wechselstrommeßbrücke mit phasenempfindlichem Detektor). Zeszyty naukowe Politechniki Slaskiej (1972) 107—117.

Zinn, E.: Komplexer Wechselspannungskompensator mit selbsttätiger Abgleichung (DE). ATM und meßtechn. Praxis (1973) 447, J94-16, S. 73—76.

Anonym: Neue Digitalmeßbrücke. Elektriker (1974) 16.

Arri, E.; Noce, G.: A high accuracy self-calibrating bridge with coupled induktive ratio arms used for standard inductors comparison (Eine hochgenaue selbstabgleichende Brücke für ein Vergleichsnormal für Induktivitäten mit induktiv gekoppelten Zweigen). IEEE TRANS.INSTRUM.MEAS. (1974) 72—79.

Moore, W. J. M:. A technique for calibrating power frequency wattmeters at very low power factors (Eine Eichtechnik für Leistungs-Frequenz-Wattmeter bei sehr niedrigen Leistungsfaktoren). IEEE TRANS.INSTRUM.MEAS. (1974) 318—322.

Neumann, D.: Wechselstrombrücke. Deutsche Offenlegungsschrift 2310818; (1974) 19. 9.

Veraksich, E. A.: A self-balancing a.c. System (Eine selbstabgleichende Wechselstrom-Brücke. MEASUREM.TECHN. (1974) 1755—1756.

Pons, A.: Bridge, for measuring resistances and capacitors (engl. Übers. d. orig. Titels) (Eine Brücke zur Widerstands- und Kapazitätsmessung). REV. ESPANOLA DE ELECTRONICA (1975) 249 S. 22—26.

3.13. Isolationsmeßverfahren

Paschen, H.: Neuartige Magnetinduktoren. ETZ 71 (1950) 195—196.

Norman, R. H.: Measurement of electrical resistance of insulating materials. J. sci. Instrum. 27 (1950) S. 200—202.

Brancato, E. L.; McClinton, A. T.: Measurement of insulating resistance on energized systems. Electr. Engng. 70 (1951) 150—154.

Catlin, F. H.; Rohats, N.: Insulation tester for the windings of large d.c. machine armatures. Electr. Engng. 70 (1951) 591—594.

Petersen, H.: Die Messung sehr hoher Widerstände bei hoher Wechselspannung. Elektrotechn. u. Masch.-Bau 68 (1951) 524.

Povery, E. H.; Oliver, F. S.: Nondestructive testing of generator insulation. Electr. Engng. 70 (1951) 498.

Durnbostel, W.: Isolationsprüf- und Meßeinrichtung in der Kabeltechnik. Bull. SEV 43 (1952) 33—36.

Moerder, C.: Ohmmeter mit einfachem Meßwerk. ATM V3512-1 (Aug. 1952).

Winterling, K. H.: Die Messung von Widerständen über 10^{12} Ohm. ATM V3512 (Aug. 1952).

Witte, E.: Messung des Isolationswiderstandes von Batterien gegen Erde. Arch. Elektrotechn. 40 (1952) 238—249.

Schulz-DuBois, E.: Ein Präzisionswiderstandsmesser mit linearer Anzeige. ETZ 75 (1954) 783—786.

DBP 1 071 819 (15. 6. 60): Einrichtung zur Konstanthaltung der Klemmenspannung eines Kurbelinduktors.

Lorenz, E.: Isolationsmesser. ATM V35 193-6 (Mai 1962).

Kalous, K.: Isolationsmesser für die Überprüfung von Elektroinstallationen und Elektrogeräten. Elektrorechn. Würzburg 50 (1968) A3, S. 31—33.

Kalous, K.: Isolationsmesser in der Praxis. Elektrotechn., Würzburg 53 (1971) 16—19.

Leschanz, A.: PALZ, 6. Automatisierte Meßplätze für Isolationsmessungen. Elektrotechn. und Masch.-Bau 88 (1971) 317—322.

Herrmann, F.-H.: Geräteprogramm zum Messen von Isolations- und Hochohmwiderständen. Elektrie 27 (1973) 610—615.

3.14. Erdungsmeßverfahren

Pelier, P.: Messung von Erdungswiderständen. ATM V35 192-2 (März 1933).

Fritsch, V.: Neuere Gesichtspunkte für die Messung von Blitzerdern. Dtsch. Bergwerksztg. 30 (1940) 11.

Fritsch, V.: Die Anlage von Erdern und die Messung ihres Widerstandes. Eloktr. Naohr. Techn. 17 (1940) 77.

Schmidt, C.: Erdungen in elektrischen Anlagen. Z. VDI 91 (1949) 180.

Petroschkin, M. D.: De la prise de terre localisée au réseau de terre étendu. Rev. gen. Electr. 34 (1950) 53—70.

Fritsch, V.: Bestimmung des wirksamen Widerstandes von induktiven Erdern. ATM V31 192-8 (Nov. 1951).

Norinder, H.; Salka, O.: Stoßwiderstände der verschiedenen Erdelektroden und Einbettungsmaterialien. Bull. SEV 42 (1951) 321—327.

Wettstein, M.: Vorausberechnung der Maße, der Form und der Anordnung der Erdelektroden bei der Erstellung von Erdungsanlagen. Bull. SEV 42 (1951) 49—63.

Boll, G.: Zur Frage der zulässigen Berührungs- und Schrittspannungen in Anlagen über 1 kV. ETZ 73 (1952) 253—256.

Koch, W.: Neuere Untersuchungen über Erdungen in Frankreich. ETZ 73 (1952) 257—258.

Koch, W.: Zur Frage der Schrittspannung in Hochspannungsanlagen. Siemens-Z. 26 (1952) 249—252.

Obpacher, H.: Erfahrungen mit dem Siemens-Erdungsmesser für Bodenuntersuchungen. Siemens-Z. 27 (1953) 281—287.

Sanick, J. H.: Einfluß der Elektrolytgel-Behandlung von Elektroden auf den Erdungswiderstand. Bull. SEV 44 (1953) 1052—1057.

Marenesi/Paolucci/Galeazzi: Messung des Widerstandes von Freileitungen mit Erdseil gegen Erde. ETZ 75 (1954) 23.

Koch, W.: Erdungsfragen. ETZ-B 12 (1960) 154—158.

Lorenz, E.: Erdungsmesser. ATM V35 192-9 (Juli 1963).

Feist, K.-H.: Erdungsmessungen in öffentlichen und industriellen Stromversorgungsanlagen. Siemens-Z. 42 (1968) 486—491.

Bartak, H.: Erdungswiderstand. Isolationswiderstand und ihre meßtechnische Erfassung. Z. der Elektromeister 46 (24.) (1971) 1012—1014.

Homberger, E.: Die neuen Erdungsvorschriften aus der Sicht des Starkstrominspektorates. BULL. SEV (1974) 377—580.

Lange, W.; Fränzel, C.-D.; Meeser, K.: Die neuen Errichtungsvorschriften für Erdungsanlagen — TGL 200-0603 (Teil 3). Der Elektro-Praktiker (1975) 114—116.

3.15. Kabelfehlerortungsverfahren

Planer, F. E.: Kabelfehler-Finder. Electr. Rev. 145 (1949) 57—58.

Hughes, R. W.; Weintraub, N.: Fault location by pulse-time modulation. Electr. Engng. 69 (1950) 1009—1011.

Doebeli, P.: Fernkabel-Fehleranzeige. Techn. Mitt. PTT 28 (1950) 173—179.

Béguin, M. Ch.; Mangard, G.: Fehlerortbestimmung auf Leitungen durch oszillographische Beobachtung eines Impulses. Bull. Soc. franc. Electr. 10 (1950) 313—328; ETZ 72 (1951) 237.

Planer, F. E.: Geräte zur Fehlerortung, Lage und Tiefenbestimmung von Kabeln. ETZ 72 (1951) 117—118.

Henneberg, H.: Der Reflektograph, ein Ortungsgerät für Kabel und Freileitungen nach dem Reflexions-Meßverfahren. Siemens-Z. 26 (Nov. 1952) 312ff.

Wechsung, H.: Fehlerortung an Starkstromkabeln mit Hochfrequenz. Elektr. Wirtsch. 51 (1952) 230ff.

Friegler, H. I.: Die Fehlerortung nach dem Laufzeit-Meßverfahren. ETZ 74 (1953) 255—257.

Graf, W.: Fehlermessungen an Fernmeldekabeln. ATM V35194-5 (Okt. 1954).

Bauer, K.; Steinhauer, H.; Wechsung, H.: Verfahren zur Ortung intermittierender Überschläge in Hochspannungskabeln. ETZ 76 (1955) 225—228.

Hoffmeister, W.: Ein Fehler-Ortungsgerät für Freileitungen. Z. VDI 98 (1956) 1681—1682.

Henneberg, H.: Ein neues Punktortungssystem für Starkstrom-Erdkabel, Siemens-Z. 33 (1959) 698—703.

Röschlau, H.: Ortung von Kabelfehlern mit dem Impuls-Echo-Verfahren. Elektr.-Wirtsch. 60 (1961) 131—138.

Widl, E.: Ortung von Kabelfehlern nach klassischen Verfahren. Elektr.-Wirtsch. 60 (1961) 122—125.

Widl, E.: Fehlerortungen, ihre Meßverfahren in Fernmelde- und Starkstromkabeln, Heidelberg: Dr. A. Hüthig Verlag GmbH 1961.

Bauer, K.: Fehlerortungsgeräte für Starkstrom. BDE-Buchreihe 9 (1962) 59—82.

Winker, H.: Ein neues Fehlerortungsgerät. Energie und Techn. 20 (1968) 330—331.

Imlau, W.: Orten von Isolationsfehlern mit Gleichstrom-Brückenschaltungen. Fernmeldetechn. 9 (1969) 19—21; 90—93; 121—124; 188—192.

Bolton, K. G. W.: Experience with modern high voltage cable fault location methods (Erfahrungen mit der modernen Fehlerortbestimmung an Hochspannungskabeln) (Text engl.). Electr. Rev. 187 (1970) 477—480.

Anonym: Seminar „Kabelfehlerortung aus internationaler Sicht“ in Wuppertal. Elektrizitätswirtsch. 70 (1971) 729—738.

Rietz, W.: Fehlerortung im Niederspannungsnetz. Elektrotechn. Z. B 23 (1971) 486—488.

Sutter, H.: Automatisierte Kabel-Prüf- und Brenneinrichtung mit 10 kV und 70 kV-Geräten. Siemens-Z. 46 (1972) 382—386.

Imlau, W.: Vereinfachte Ortung von Isolationsfehlern an Kabelleitungen. Fernmeldetechnik (1973) 87—91.

Rackham, D. J.; Briant, T. A.: Wider use of pulse-echo cable fault location

(Weiterverbreitete Anwendung der Kabelfehlerortung mittels Impulsecho). Electr. Times (1974) 4309 S. 8.

Sutter, H.: Kabelfehler rasch geortet — Verfahren und Meßgeräte zur Kabelfehlerortung. Electro-Techn. (1974) 10—13.

Anonym: Location of discharges in cables (Die Lokalisierung von Fehlerstellen in Kabeln). ELECTRA (F) 39 (1975) 11—27.

Clegg, B.; Lord, N. G.: Modern cable-fault-location methods (Verfahren moderner Kabelfehlerortung). Proc. Instn. Electr. Eng. (1975) 395—402.

Jaeckel, E.: Praxisgerechte Kabelfehler-Ortung. Energie (1975) 158—162.

Proksch, A.: Kabelfehlerortung. Elektrotechn. u. Masch.-Bau (1975) 373—377.

Sturm, G.: Mantelfehler an isolierten Kabeltypen. Energie (1975) 261—262.

Wilsor, A. E.: How — and with what — to find calbe faults (Methoden und Geräte zum Auffinden von Kabelfehlern). Telephony (USA) (1975) 38, 40, 43—45.

Sutter, H.: Rationelles Orten von Kabelfehlern. Elektro-Jahr (1976) 49—50.

Simpkins, A. B.: Locating dirty opens in PIC cable (Fehlerortung von „schmutzigen" Unterbrechungen in kunststoffisolierten Fernsprechkabeln). Telephony (USA) (1976) 56, 58, 60.

Trudel, J.: Time domain reflectometry: versatile new way of testing cable (Reflektometrie mit Zeitmessung: eine neue Methode der Fehlererkennung und Fehlerortung in Fernsprechkabeln). Telephony (USA) (1976) 33, 36—39, 49.

3.16. Elektrische Meßverstärker

Fritze, G.; Kalusche, H.: Präz. Meßverstärker für Wechselströme- und -spannungen. Siemens-Z. 29 (1955) 461—465.

Eckhardt, G.: Hochempfindliche Zeigerinstrumente für Gleich- und Wechselstrom mit Transistorverstärker. AEG-Mitt. Jg. 50 (1960) 365—368.

Meyer-Brötz: Modulatoren zur Umsetzung sehr kleiner Gleichspannungen in Wechselspannungen. Elektronik (1960) 59.

Eckhardf, G.: Zeigerinstrument mit Transistorverstärkung. ATM Lfg. 318 (1962) Z64-10.

Wehrle, G.: Schwingkondensatorverstärker höchster Empfindlichkeit. Dissertation Karlsruhe 1962 (Fischer, Engl).

Wilke, K. H.: Einfache Gleichspannungsverstärker mit Halbleiter-Bauelementen. Elektronik (1962) 267—271; 303—304.

Gilly, A.; Mićić, L.: Gleichspannungsverstärker und Kapazitätsdioden für kleine Eingangsleistungen. Elektronik (1963) 263.

Wunderer, P.: Meßverstärker. ATM Lfg. 300 (1963) Z630-F3, S. 176—168.

Kalusche, H.: Präzisions-Wechselstromverstärker. ATM Lfg. 338 (1964) Z631-7 S. 67/70.

Wunderer, P.: Meßverstärker. ATM LF6.300 (Sept. 1967) Z630-F5, S. 211—212.

Steudel, E.: Gleichstromverstärker kleiner Signale, Frankfurt Akad. Verlagsges. (1967), 4285.

Henke, H.: Untersuchungen an Meßverstärkern für den Pico-Ampere-Bereich. Elektronik 17 (1968) 276.

Henkelmann, D.: Eigenschaften und Grenzen direktgekoppelter Gleichspannungs-Meßverstärker. ATM LF6.391 (Aug. 1968) Z634-13, S. 179—184.

Lang, B.: Meßverstärker für kleine Gleichströme. Siemens-Z. 42 (1968) 556—558.

Hübner, R.: Gleichstrommeßverstärker in der Meßtechnik und Automatisierung. Automatik 14 (1969) 186—188.

Wunderer, P.: Meßverstärker. ATM LF6.405 (Okt. 1969) Z630-14, S. 239—240.

Meid, G.: Gleichspannungsmeßverstärker mit eingeprägtem Ausgangsstrom, ATM LF6.423 (April 1971) Z634-17, S. 77—80 (Mai 1971) Z634-18, S. 97—100.

Hausen, D.; Sima, H.: Eine Reihe direktgekoppelter Gleichspannungs-Meßverstärker. Siemens-Z. 45 (1971) 253—255.

Sima, H. J.: Universell anwendbare Gleichspannungs-Meßverstärker mit hoher Gleichtaktunterdrückung. Neue Techn. 14 (1972) 67—75.

Wunderer, P.: Meßverstärker. ATM LF6.432 (Jan. 1972) Z630-F7, S. 19—20.

Anonym: Präzisions-Trägerfrequenz-Meßverstärker mit automatischem Abgleich. Werkstatt u. Betr. (1973) 894.

Grave, H. F.: Gegenkopplungsverfahren für Meßverstärker — eine Übersicht über die Grundlagen (DE). Elektro-Anz. 26 (1973) 206—209.

Higo, T.; Muroi, N.: Galva-amplifiers for DC voltage amplification in nanovolt region (Galvanometer-Verstärker zur Verstärkung von Gleichspannungen im Nanovolt-Bereich). Electr. Engng. Jap. (1973) 8—16.

Marek, E.: Für präzises Messen. Elektrodynamische Instrumente mit Meßverstärkern (DE). Elektro-Techn., Würzburg 55 (1973) 16—17.

Anonym: Neue Akzente in der Gleichspannungs-Meßverstärkung. Messen und Prüfen-Verein. m. Automatik (1974) 247—249.

Knoll, P. M.: Untersuchungen an Magnetverstärkern kleinster Eingangsleistung (Meßverstärker), bei einem Betrieb mit Speisespannungen verschiedener technischer Kurvenformen. ATM und Meßtechn. PRA (1974) 466 Rep. Nr. Z 634—20, S. 203—206.

Jones, B. E.: Feedback measuring systems (Meßsysteme mit Rückkopplung). Electron. A. Power (1974) 566—569.

Miller, B.: For tough measurements, try IAs (Meßverstärker für schwierige Messungen) Electron. Design (1974) 84—87.

Blankenburg, K. H.: Meßwertgleichrichtung (2): Spitzenwert-, Mittelwert- und Quasi-Effektivwert-Gleichrichter. Neues v. Rohde & Schwarz (1975) 22—25.

Harms, G.: Grundlagen und Praxis der Linearverstärker. Elektrotechnik (1975) 29—30.

Moullard, C.: Amplificateurs et mesures différentielles (Differentialverstärker und differentielle Messungen). Electron. et Microelektron. ind (1975) 61—66.

Katzmann, F. L.: How to choose and use an rms meter correctly (Auswahl und Einsatz eines Effektivwertmessers). Electronics (1976) 97—100.

3.17. Registrierverfahren

Registrierverfahren mit körperlichem Schreibarm

Tucker, M. J.: Reibung zwischen Papier und Feder bei schreibenden Instrumenten. ETZ 73 (1952) 267.

Ortlieb, A.: Metallregistrierverfahren. ETZ 71 (1950) 653—656; Elektrotechn. und Masch.-Bau 69 (1952) 52.

Mall, K.: Schreibverfahren in der Meßtechnik. Z. VDI 97 (1955) 991; Feinwerktechn. 59 (1955) 29—34.

Simon, G.: Schreibende Meßgeräte für elektrische Größen. ETZ A 78. Jg. (Okt. 1957) 721—725.

Palm, A.: Registrierinstrumente, 2. Aufl., Berlin, Göttingen, Heidelberg: Springer 1959.

Hederer, A.: Schnellregistrierende Meßgeräte. Feinwerktechn. 66 (1962) 311—314.

Nelson, R. C.: Recorder Survey. Instruments & Control Systems (Juli 1962) 75/126.

Riemer, H.-J.: Betriebsregistriergeräte. VDE-Buchreihe 9 (1962) 124—148.

Oesinghaus, W.: Schreibgeräte. ATM J030-F2 (Juni 1964).

Clevite-Brush: Metripak transducer. Bulletin 639—5 (Juli 1967).

Knöller, Ph. M.: Kompensationsschreiber Kompensograph 2 für elektrische Meßgrößen. Siemens-Z. 42 (1968) 333—335.

Seiler, G.; Kleiner, H.-O.: Genau und zuverlässig registrieren. Meßwerte H & B (Juni 1968) 9—14, 5B.

Brückner, G.; Knöller, M.: Schnellschreiber M 02963. Siemens-Z. 43 (1969) 368—370.

Grave, H. F.; Ösinghaus, W.: Elektrische Registriergeräte zur Signalaufzeichnung und Störungsaufklärung. Elektro-Anz. Ausg. Ges. Ind. 22 (1969) 2930, S. 396—399.

Heiden, H.: Geschichte der elektrischen Meßtechnik: Meßwertschreiber Technica 18 (1969) 1579—1586.

Kaulfersch, H.: Selbstabgleichende elektrische Kompensationsmeßgeräte. ATM LF6.400 (Mai 1969) J0340—F3, S. 119—120.

Rossner, W.: Einsatz eines Universalschreibers für Meßbereiche von 67 Mikro-V bis 100 V. Messen und Prüfen 5 (1969) 901—902, 904.

Görtz, P.: Arbeitsweise und Einsatzmöglichkeiten moderner Mehrkanalschreiber, Regelungstechn. Prax. Prozeß-Rechentechn. 12 (1970) H. 2.

Hederer, A.: Kriterien zur Auswahl von schnellschreibenden Meßgeräten. Siemens-Z. 44 (1970) 301—304.

Knöller, P. M.: Neue Schnellschreiber. Siemens-Z. 44 (1970) 210—212.

Freyberger, F.; Künzel, O.: Grenzen und Möglichkeiten analoger elektrischer Registriergeräte. Elektro-Techn., Würzburg 53 (1971) 10—16.

Fricke, H. W.: Eigenschaften analoger Registriergeräte. Elektronik-Anz. 3 (1971) 169—172.

Zulauf, H.; Maschor, R.: Ein neues kapazitives Abtastsystem mit Anwendung bei Kompensationslinienschreibern. Feinwerktechn. 75 (1971) 215—217.

Ortlieb, A.: Das Metallpapier-Registrierverfahren. Bosch Techn. Ber. 3 (1971) 266—271.

Bienecke, O.; Hederer, A.; Sörensen, Ch.: Schnellschreibende Meßgeräte, Berlin und München: Siemens AG (1972).

Thomas, J. A.: Chart Recorders (Linienschreiber) (Text engl.). Elektron. A. Power 18 (1972) 244—248.

Graf, M.: Transientenschreiber — Aufbau und Anwendung (DE). Neue Techn. 15 (1973) 219—222.

Anonym: Elektrostatische Schreiber mit hoher Grenzfrequenz. Regel-Techn. Prax. u. Proz.-Rechentechn. (1974) 133.

Amrein, O.; Weidemann, H.: Schreibende elektrische Meßgeräte. Bauarten und Leistung moderner Registriergeräte. Elektr. Ausrüst. (1975) 12—14, 16.

Anonym: Schreibende Meß- und Registriergeräte (Schreiber). Messen und Prüfen — Verein. m. Automatik (1975) 199—214, 345—348.

Brennan, P. J.: Another look at chart recorders. Pen and ink are still the best to show your data's dip and up (Ein Blick auf die Koordinatenschreiber. Feder und Tinte sind immer noch am besten geeignet, das Auf und Ab Ihrer Daten zu zeigen). Instrum. A. Control Syst. (1975) 31—34.

Guther, H.: Tintensystem für Schnellschreiber. Elektrotechn. z. Ausg. B (1975) 494—495.

Kuligowski, G.: Lenkeranordnungen für Registriergeräte. ATM u. Meßtechn. Prax. (1975) 471 Rep.-Nr. I033-2 S. 57—58.

Runyon, S.: Focus on graphic recorders (Im Blickpunkt: Linienschreiber). Electron. Design (1975) 54—65.

Franke, R.-D.; Höhne, W.: Linienschreiber in Bausteintechnik. Siemens-Z. (1976) 105—109.

Registrierverfahren mit Flüssigkeitsstrahl

Kaiser, W.: Vielfach-Direktregistrierung mit Flüssigkeitsstrahl. Siemens-Z. Jg. 36 (1962) 324—325.
Hederer, A.: OSCILLOMINK E, ein Flüssigkeitsstrahl-Oszillograph für sechs Meßkanäle. Siemens-Z. 40 (1966) 348—350.
Sanderson, R. A.: Pressurized ink recording on Z-fold strip charts. Hewlett Packard J. (Juli 1967).
Schäfer, R.: Einsatz des Flüssigkeitsstrahl-Oszillographen OSCILLOMINK E in der Schweißtechnik. Siemens-Z. 42 (1968) 915—918.
Gerson, G.; Schuler, H.: Beispiele für die Verwendung von Flüssigkeitsstrahl-Oszillographen OSCILLOMINK. Messen und Prüfen 7 (1971) 29—36.
Saur, W.: Flüssigkeitsstrahl-Oszillographen. Schnellschreibende elektrische Meßgeräte mit praktischen Vorzügen. Elektr. Ausrüst. (1976) 16—18, 20, 22.

Registrierverfahren mit Lichtstrahl

Stabe, H.: Der Lichtpunktlinienschreiber mit sofort sichtbarer Photoschrift. Feinwerktechn. 57 (1953) 198—203.
Härtel, W.; Oemigk, J.: Fortschritte auf dem Gebiet der Aufnahmetechnik mit Lichtstrahl-Oszillographen. I. Aufnahmeverfahren, II. Aufzeichnungs- und Steuereinrichtung. ATM 219 (April 1954) S. 85—86; ATM 220 (Mai 1954) S. 111—114.
Härtel, W.: Die Schreibgeschwindigkeit bei Lichtstrahl-Oszillographen. Frequenz 9 (1955) H. 9.
Lange, W.; Sörensen, Chr.; Schmidt, E.: Neue Wege in der Oszillographie. Siemens-Z. 34 (1960) 718—723.
Lange, W.; Sörensen, Chr.: Anwendung des UV-Direktschriftverfahrens bei Siemens-Lichtstrahl-Oszillographen. Siemens-Z. 34 (1960) 724—726.
Lange, W.; Bienecke, O.; Klein, P. E.: Der Elektronenstrahl-OSCILLOMAT, eine direktschreibende Registriereinrichtung mit Braunschen Röhren. ATM (Okt. 1960), S.R. 141—146.
Härtel, W.: Lichtstrahloszillographen, München: Oldenbourg 1961.
Hederer, A.: Labor-Registriergeräte. VDE-Buchreihe 9 (1962) 207—220.
Hederer, A.: Schnellregistrierende Meßgeräte. Feinwerktechn. Jg. 66 (1962) 311—314.
Jahn, H.; Schmidt, E.: Fortschritte der Lichtstrahloszillographie. ATM Lfg. 321 (Okt. 1962) J0350-F1 S. 239—240.
Hederer, A.; Lindner, H.: Die Direktschrift in der Oszillographie. Siemens-Z. 37 (1963) 241—243.
Hederer, A.: Stand der Lichtstrahl-Oszillographie. Siemens-Z. 39 (1965) 1122—1127.
Sima, H.: Auswahl von Lichtstrahl-Oszillographen für den Einsatz in der Elektrotechnik und Leistungselektronik. Messen und Prüfen 5 (1969) H. 7.
Puch, K. D.: Meßwertregistrierung und -Speicherung. Meßwerterfassung und Datenverarbeitung in der Versuchstechnik, Lehrgang 1.9, Vorträge, Dez. 72 (1972) 1—129.
Goupil, A.: Les enregistreurs oscillographiques (Oszillographische Registriergeräte). Electron. et a Croelektron. Ind. (1973) 181 S. 31—36.
Fricke, H. W.: Übersicht über die wichtigsten Registriergeräte. ATM und industr. Meßtechn. (1974) 461 S. R95-R104.

Scurfield, B. T.: Direct-writing ultra-violet recorders (Direkt schreibendes Ultraviolett-Registriergerät). Automation (GB) (1975) 15—19.

3.17.3. Elektronenstrahloszilloskope

Czech, J.: Oszillografen-Meßtechnik, Berlin: Vlg. für Foto-Kino-Technik 1959.
Klein, P. E.: Elektronenstrahloszillographen. Berlin: Weidemannsche Verlagsbuchh.
Richter, H.: Hilfsbuch für Katodenstrahl-Oszillografie. 4. Aufl., Stuttgart: Franckh 1961.
Anonym: Oszilloscope survey (Übersicht über Oszillographentypen). Instrum. a. control syst. 41 (1968) 67—68.
House, C.: Those "simple" oscilloscope controls. Z. electron. eng. design mag. (EDN) 14 (1969) 37—46.
Bell, R.: Select the right oscilloscope. Electron. design 18 (1970) 70—72.
Baier, H.: Elektronenstrahl-Oszillograph Oszillar M07223 für Messungen an Hochspannung führenden Einrichtungen. Siemens-Z. 46 (1972) 702—705.
Fricke, H. W.: Stand und Entwicklungstendenzen von Oszillografen (DE). Elektro-Anz. 26 (1973) 1516, 333—334.
Anonym. Computergesteuerter Oszillograf. Radio-Elektronikschau (1973) 138—139.
Burlas, G.: L'oscilloscope et ses applications industrielles (Der Oszillograph und seine industriellen Anwendungen). Electron. et Microelectron. ind. (1074) 193 S. 37—39.
Herrick, C. N.: Oscilloscope handbook (Oszillographen-Handbuch) reston, virginia: reston publishing (prentice hall) 1974.
Hoitz, R.: Elektronenstrahl-Oszillografen. Messen und Prüfen-Verein, m. Automatik (1974) 308—316.
Lipinski, K.: Elektronenstrahl-Oszillografen. ATM und Meßtechn. Prax. (1974) 464 Rep.-Nr. I8340-F3. S. 163—164.
Alleman, J. P.; Moulard, C.: La mesure numérique associée à L'oscilloscopie (Digitale Meßtechnik vereinigt mit Oszillographie). Electron. et Microelectron. ind. (1975) 199 S. 67—71.
Lipinski, K.: Der Speicheroszillograph als vielseitiges Meßgerät. Elektro-Jahr (1975) 101—102, 104.
Santoni, A.: Tektronix' DMM/scope: a new record in portability (Kombination von Oszillograph und Digitalvoltmeter).
Van Erk, M. H.: x-y measurements with the oscilloscope (x-y-Messungen mit dem Oszillograph). Polytech. Tijdschr. Elektrot. Elektron. (1975) 246—251.

3.18. Digitale Meßtechnik

Sorge, J.: Grundsätzliches über das digitale Messen. ATM (Juli 1952) R67-R70.
Schneider, H.: Digitale Meßtechnik. Elektronik 7. Jg. (Juli 1958) 201—212.
Ziegler, K. H.: Digitale Meßtechnik. Z. Messen, Steuern, Regeln (1959) H. 5.
Fritzsche, W.: Digitale Erfassung von Meßwerten. Die elektrische Ausrüstung 2. Jg. (1961) 78—87.
Kürner, H.: Automatische Auswertung von Meßergebnissen. VDI-Z. 103 (1961) S. 1386—1392.
Weber, E.: Digitale Meßmethoden. VDE-Buchreihe 2 (1958) 85—97.
Weber, E.: Meßwertverarbeitung. ATM J080-F1 (Juni 1961).
Jahn, H.: Digitale Meßtechnik. VDE-Buchreihe 9 (1962) 149—165.

Zörner, K.-H.: Betrachtungen zum Skalenstreckenumsetzer. Z. Instr. 71 (1963) 304—307.

Herman, F.: Widerstände und Schalter in Digitalmeßgeräten hoher Genauigkeit. ATM Lfg. 329 (April 1964) J077-4, S. 85/88.

Bakey, T.: Digital-Voltmeter considerations (Betrachtungen über Digitalvoltmeter). Instrum. A. Control Syst. 41 (1968) 95—98.

Klose, M.: Die Grundlagen digitaler Spannungsmesser. Elektronik 17 (1968) 117—120.

Renouard, J.: Digitale Präzisionsmessungen von Strom, Spannung und Widerstand. ATM Lfg. 395 (Dez. 1968) S. R145-R150. 5B.

Wanka, H.: Digitalvoltmeter mit integrierten Schaltungen. Elektronik 17 (1968) 97—100.

Herzog, R.: Digitalmeter, ein Vielfachmeßgerät mit integrierten Schaltungen. Funkschau 42 (1970) 65—68; 117—120.

Anonym: Digital panel meter survey (Übersicht über digitale Schalttafelinstrumente (Text engl.). Instrum. a. control syst. 45 (1972) 93—99.

Eckert, K.: Das Erzeugnissystem, digitale Meßwerterfassung und -ausgabe, Grundgeräte. Elektrie 26 (1972) 71—76.

Hoffmann, K. O.: Wirkungsweise und Einsatz von digitalen Meßgeräten. BBC-Nachr. 54 (1972) 241—252.

Hoffmann, K. O.: Betrachtungen über Wirkungsweise und Verwendbarkeit von Meßgeräten mit digitaler Anzeige. Messen und Prüfen 8 (1972) 213—220.

Riezenman, M.: Choosing a digital panel meter is not as easy as it looks (die geeignete Wahl digitaler Anzeigeneinheiten). Electronics 45 (1972) 77—81.

Simmons, P. O.: Technique des voltmètres et compteurs-frequence-mètres digitaux, 1ère Partie: les voltmètres (Technik der digitalen Voltmeter und zählenden Frequenz-Messer.).

Veith, P.: Digitalmeßsystem moderner Konzeption. Steuerungstechn. 5 (1972) 81—84.

Burckhardt, C. W.: Digitale mechanisch-elektrische Wandler (DE). neue Techn. 15 (1973) 56—64.

Stots, S.; Detterer, M.: Genauigkeitssteigerung analoger Meßvorgänge mit digitalen Systemen. Ber. d. Fraunhofer-Gesellschaft (1973) Rep.-Nr. 8.

Coombs, L.: Dials and displays (Anzeigeinstrumente). Engineering (1974) 6 S. I—VIII.

Gutmann, J.: Digital-Analog-Wandler. Techn. Rdsch. (1974) 29, 31.

Kaye, D.: In 3 major ways look for changes in compatible equipment (drei Hauptwege zu kompatiblen Meßgeräten). Electron. design (1974) 74—79.

Kime, R. C.; Kusterer: "Charge balancing" — ein neues A/D-Integrationsverfahren. Elektronik (1974) 469—472.

Lang, W.; Wenk, J.: DATAREG, ein modulares System für das dezentrale Erfassen und Registrieren von Daten. Siemens-Z. (1974) 736—739.

Piermont, M.: Les systèmes d'acquisition numérique de mesures, critères de choix (digitale Meßwerterfassungs-Systeme. Auswahlkriterien). Electron. et Microelectron. Ind. (1974) 31—39.

Georg, O.: Digitale Meßtechnik, ATM und meßtechn. Prax. (1975) 470 Rep.-Nr. I0070-F4, S. 37—40.

Scheerer, J.: AD-Wandler — hochauflösend, integrierend; Realisierung des Mehrfachrampenverfahrens. Elektronikpraxis (1975) 12, 14.

Schendl, A.: Wir stellen vor: Normaltest digital. Electron. Internat. (A) (1975) 399—402.

Anonym: BBC-Flüssigkristallanzeigen. Elektron Internat. (A) (1976) 60.

Borutta, H.; Hart, H.; Reinhardt, H.: Übersicht über Effektivwert-Meß-verfahren in der digitalen Meßtechnik. Messen, Steuern, Regeln automatis. Prax. (1975) ap89—ap90.

Darr, J.: Digital panel meters (Digitale Schalttafelinstrumente). Radio electronics (1975) 35, 40—1.

Morris, K.: Digital voltmeters (Digitalvoltmeter). Control A. Instrumentat. (1976) 23—25.

3.19. Fernmessung

Hölzler/Holzwarth: Theorie und Technik der Pulsmodulation, Berlin, Göttingen, Heidelberg: Springer 1957.

Weber, E.: Betrachtung der Methoden der Fernwirktechnik, insbesondere der Fernmeßtechnik, mit Hilfe der Informationstheorie. Nachr.-techn. Fachber. (Fernwirktechnik III) 16 (1959).

Bowes, R. C.: A new linear delay circuit based on an emitter-coupled multivibrator. Proc. Inst. Electr. & Electronics Eng. 106 B (1960) 793—800.

Dittmann, J.; Darilek, H.: Elektronische Zeitmultiplex-Puls-Code-Fernmessung. Siemens-Z. 34. Jg. (1960) 288—293.

Plazza, G. F.; Cuendet, J. P.: Das digitale zyklische Fernmeßsystem. Brown Boveri Mitt. 47 (1960) 723—732.

Schneider, W.: Ein transistorierter Time-Division-Multiplikator hoher Genauigkeit. Telefunken-Z. 33 (1960) 189—197.

John, S.: Die Fernmessung Bd. I (1961), Bd. II (1957), Bd. III (1963), Karlsruhe: G. Braun.

Barber, D. L. A.: A high speed analogue multiplier. Electronic Engng. 35 (1963) 242—245.

Firmenschrift General Electric: Type 4701 Transducer for watt and var measurements. April 1963.

John, S.: Meßumformer mit Drehmomentkompensation für die Fernmessung elektrischer Größen. ATM Lfg. 324 (1963) V38242-1.

Lee, B. W., Pritchett, W. S.: Magnetic core 4-quadrant multiplier circuit and watt transducer. IEEE-Transactions Paper No. 63—946, New York 1963.

Heinrich, W.: Leistungsmeßumformer mit Feldplattenwiderständen. ATM Lfg. 394, (1968) S. R133—R135.

Luder, W.: Meßumformer für elektrische Leistung. Elektrotechn. Z., Ausg. B, 20 (1968) 550—559.

Günzel, K.; Litsche, W.; Tscherbatschoff, R.: Bausteinsystem für die Analog-Fernmessung und -Meßwertverarbeitung. Siemens-Z. 43 (1969) 362—364.

Günzel, K.; Ratz, E.: Fernmessung mit analoger Meßwertverarbeitung in Lastverteilerzentralen der Energieversorgungsunternehmen. ATM LF6.399 (April 1969) S. R45—R49.

Mahler, R.: Elektrische Fernübertragung von Meßwerten. Automatik 14 (1969) 161—164.

Reinisch, G.: Fernmeßtechnik. ATM LF6.396 (Jan. 1969) V380-F2, S. 21—22.

Seyfried, P.; Lange, W.: Eine einfache Analog-Multiplizierstufe mit Feldeffekt-Transistoren. Meßtechnik 79 (1969) 187—192.

Sommer, R.: Leistungsmeßumformer nach dem Prinzip der Impulsbreiten-Modulation. Elektroniker 8 (1969) 291—294.

Vonarburg, H.: Statische Meßumformer für elektrische Leistung. Landis & Gyr Mitt. (1969) 14—24, 17B 320.

Günzel, K.: Operationsverstärker in integrierter Schaltungstechnik für Geräte und Anlagen der Fernmeßtechnik. Siemens-Z. 44 (1970) 80—87.

Günzel, K.: Spießberger, G.: Statische Leistungsmeßumformer zur Fernmessung von Leistungen in Starkstromnetzen. Siemens-Z. 45 (1971) 41—48.

Anonym: Remote control system organization, Colloquium, London, 31. Oct., 1973 (Fernüberwachungssystem-Organisation. Colloquium London). Institution of electronic and radio engineers (Okt. 1973) 1—68.

Günzel, K.: Fernmeßtechnik. ATM und meßtechn. Prax. (1974) 467 Rep.-Nr. V380-F3. S. 219—220.

Halsall, J. R.; Kriby, I. J.: Media telemetry systems for data acquisition and transfer (Fernmeßsysteme für Datenabruf und -Übertragung). IEEE Trans. Power App. Syst. (1974) 1090—1095.

Bizer, W.; Demmelmair, K.; Gerner, G.; Tisi, F.: Modularsystem Indactic. Techn. Rdsch. (1974) 49, 51.

Donner, F.: System zur Übertragung oder Speicherung mehrerer analoger Meßwerte. Radio Fernsehen Elektronik (1974) 345—350.

Kaufmann, W.; Schmitz, G.: Die Fernwirktechnik in der großstädtischen Elektrizitätsversorgung. Elektrizitätswirtsch. (1974) 444—448.

Binder, U. W.: Fernwirktechnik — Systematik, Begriffe, Definitionen. Nachrichtentechn. Fachber. (1975) 5—26.

Glockmann, H. P.: PCM-Technik: Ein Trendbericht. Und-Oder-Nor-Steuerungstech. (1975) 17—21.

Kubon, P.: Telemetriesysteme für die Meßdatenübertragung. Messen und Prüfen — Verein. m. Automatik (1975) 383—388.

Zandra, W.: C-MOS-Schaltungen für PCM-Übertragung in der Fernwirktechnik. Elektrotechn. u. Masch.-Bau (1975) 419—424.

3.20. Meßverfahren zur Messung nichtelektrischer Größen

Möller, M.: Technische Gasanalyse durch Messung der Wärmeleitfähigkeit. Wiss. Veröff. Siemens-Konzern 1 (1920—1922) 147—153.

Schmick, H.: DRP 465899 v. 5. 9. 1926: Einrichtung zur Bestimmung eines Bestandteils in einem Gemisch insbesondere von Gasen, mit Hilfe der Absorption der vorzugsweise ultraroten Gesamtstrahlung.

Merz, L.; Scharwächter, H.: Magneto-elastische Druckmessung. ATM (Nov. 1937) V. 132—150.

Lindorf, H.: Verfahren der Temperaturmessung. Feinwerktechnik 56 (1952) 67—73.

Lotz, H.: Richtlinien für den Einbau der Temperaturfühler. Feinwerktechnik 56 (1952) 237—240.

Oetker, R.: Verfahren der Temperaturregelung. Feinwerktechnik 56 (1952) 237—240.

Lindorf, H.: Über technische Temperaturmessungen mit Berührungsthermometern. Draht 4 (1953) 348—351.

Pflier, P. M.: Elektrische Messung mechanischer Größen. 4. Aufl., Berlin, Göttingen, Heidelberg: Springer 1956.

Hengstenberg, J.; Sturm, B.; Winkler, O.: Messen und Regeln in der chemischen Technik, Berlin, Göttingen, Heidelberg: Springer 1957.

Kolbe, W.: Strahlungsmeßgeräte. ATM V660-F2 (Juni 1964).

Kudrna, W.: Meßwertgeber zur elektrischen Messung nichtelektrischer Größen. Techn. Rdsch. 56 (1964) 17, 19, 21, 23.

Fünfer, E.; Neuert, H.: Zählrohre und Szintillationszähler. 2. Aufl., Karlsruhe: G. Braun 1959.

Lieneweg, F.: Temperaturmessung. In: Handb. techn. Betriebskontrolle. Hrsg.
J. Krönert. 3. Bd. 3. Aufl. Leipzig: Akadem. Verlagsges. Geest & Portig KG
1959.

Rinn, F. H.: Meßmethoden der Kernphysik. Elektronische Rdsch. Jg. 14 (1960)
H. 10; Jg. 15 (1961) H. 6, 7, 9, 10.

Plesch, R.: Zählen, Messen und Registrieren in der Strahlungsmeßtechnik. ATM
(Mai 1961) S. R73—R76.

Emschermann, H. H.: Kraftmessung. ATM Lfg. 333 (1963) V1310-f2, S.
237—238.

Slevogt, K. E.: Die Messung der elektrolytischen Leitfähigkeit. Zeitschrift f.
Instr. 72 (1964) 157—165.

Winter, F. W.: Messung und Verarbeitung mechanischer Größen auf elektrischem
Wege. Brennst.-Chem. 49 (1968) T67—T69.

Merz, L.: Elektrisches Messen nichtelektrischer Größen. Elektro-Techn., Würzburg 51 (1969) Sonderheft 136—141.

Thalmann, V.: Drehzahlmessor, elektronische Analog- und Digitalmeßsysteme.
Techn. Rdsch. Bern 61 (1969) 17—19.

Masse, Y.: Electromètre/PH Mètre à affichage numérique asservi (Text franz.).
Electron. et. microelectron. ind. (bisher Electron. Ind., Paris) (1971) 140,
S. 53—55.

SIEMENS AG: Messen in der Prozeßtechnik. Herausgeber und Verlag Siemens
Aktiengesellschaft, Berlin und München 1972.

Felgner, K.: Eigenschaften und Anwendung ohmscher und induktiver Meßwertaufnehmer. Ind. Elektrik und Elektronik 17 (1972) 29—31.

Sennhenn, E.: Meßverstärker, Kompensatoren und Folgegeräte für ohmsche
und induktive Meßwertaufnehmer (DE). Ind. Elektrik und Elektronik 17
(1972) 591—594.

Kautsch, R.: Mechanische Aufnehmer für elektrische Messungen (Aufnehmer für
das elektrische Messen mechanischer Größen). Messen und Prüfen 9 (1973)
463—469, 541—546, 619—625.

Beckers, I. H.: Elektrisches Messen mechanischer Größen (aus Jahresübersicht:
Meß- und Regelungstechnik — Nachrichtentechnik — Licht- und Elektronen-
mikroskopie) (DE). VDI-Z. 115 (1973) 177—186.

Hrubant, L.; Roskovec, P.; Kozak, K.: Anwendungsmöglichkeiten von Halbleiter-DMS in Kraftgebern. VDI-Ber. (1973) 202 S. 15—19.

Bretschi, J.: Integrierte Halbleiter-Systeme zur elektrischen Messung mechanischer Größen. Deutsche Dissertation (1973).

Anonym: Elektrische Temperatur-Meßeinrichtungen für Heizungs-, Lüftungs-
und Klimaanlagen. Install. Klimatechn. Zentralheiz. (1974) 56—57, 59,
60—62, 64—67.

Kronmüller, H.; Barakat, F.: Prozeßmeßtechnik, Teil I: Elektrisches Messen
nichtelektrischer Größen. Berlin, Heidelberg, New York: Springer 1974.

Jacob, L.: (Optoelectronics) non-contacting measurement systems in industry
(Berührungslose industrielle Meßsysteme (Optoelektronik)). New Electronics
(1974) 47, 49.

Jüttemann, H.: Grundlagen des elektrischen Messens nicht-elektrischer Größen.
Fachbuch (1974).

Polster, J.; Siefert, F.: pH-Meßverstärker mit zwei hochohmigen Eingängen.
Siemens-Z. (1974) 632—634.

Anonym: Elektrische Meßinstrumente und -Geräte. Techn. Rdsch. (1974) 45,47,49.

Spitzner, A.: Drehspulinstrument für Temperaturmessungen ohne Leitungsabgleich. Siemens-Z. (1974) 510—511.

Binova, V.; Brokes, A.: Miniaturni odporove teplomery (Miniatur-Widerstands-
thermometer). Mereni a regulace (1974) 127—128.

Feucht, P.; Hederer, A.; Zuther, F.: Gleichspannungs-DMS-Brücke in Sechs-
und Siebenleitertechnik. Elektronik (1974) 80—82.

Samal, E.: Elektrische Messung von Prozeßgrößen (AEG-Telefunken-Handbuch),
Fachbuch, Berlin: Elitera 1974.

Schulz, P.: Meßumformer. Messen, Steuern, Regeln Automatis. Prax. (1975)
ap13—ap14.

Merz, L.: Grundkurs der Meßtechnik. Teil 2: Das elektrische Messen nichtelektrischer Größen, 4. Aufl., München: R. Oldenborg 1975.

Hamerak, K.: Der pH-Wert und seine elektrische Messung. Konstr. Elemente
Meth. (1975) 90—92.

Bailey, S. J.: solid-state strain techniques help put force measurement on-line
(Die Messung mechanischer Spannung mit Hilfe von Halbleiterbauelementen
ermöglicht on-line Kraftmessungen). Control Engng. (1975) 26—29.

Anonym: Die Temperaturmeßverfahren. Elektriker (1975) 5—6.

Thomas, F.; Bullinger, H.: Neue Methoden der Überwachung und Registrierung
in der Prozeßtechnik. Vers. und Forschg.-Ing. (1975) 18—19.

Fricke, H. W.; Runde, B.: Dehnungsmeßstreifen-Meßtechnik für den Praktiker.
Messen und Prüfen-Verein. m. Automatik (1975) 183—188, 337—348,
459—462, 513—520; (1976) 195—201.

Bretsch, J.: Meßumformer mit integrierten Halbleiter-DMS. Techn. Messen
ATM (1976) 6 S. 181—186 (I135-30).

Reisinger, H.: Industrielle Temperaturmessung mit Bimetall-Doppelwendel-
Fühlern. ATM und Meßtechn., Prax. (1976) 1 S. 3—6.

Krüger, W.: Wege zur Automatisierung der Röntgen-Analyse. F u. M Feinwerktechn. und Meßtechn. (1975) 225—230.

London, A.: Thermometers — a look at the options and a guide to suppliers
(Thermometer — ein Blick auf das Angebot und ein Leitfaden für den
Anwender). Control a. Instrumentat. (1975) 33—39.

Sachverzeichnis